金属表面转化膜技术

JINSHU BIAOMIAN
ZHUANHUAMO JISHU

陈治良　主编

化学工业出版社
·北京·

内 容 简 介

　　本书系统地介绍了金属表面转化膜技术，归纳和总结了转化膜技术的共性特点、腐蚀规律。首先介绍化学转化膜的原理与作用，在此基础上，分别介绍了表面转化的前处理、盐类转化膜、化学氧化处理、阳极氧化、微弧氧化、QPQ技术、钝化与着色，最后介绍了化学转化膜的性能测试。每种处理技术均附有大量的工艺流程和配方介绍，具有很高的实用性。

　　本书可供金属表面处理领域的工程技术人员阅读，还可供高等院校金属加工、金属表面处理、金属热处理、电化学等相关专业的师生参考。

图书在版编目（CIP）数据

　　金属表面转化膜技术/陈治良主编． —北京：化学工业出版社，2023.8

　　ISBN 978-7-122-43464-7

　　Ⅰ.①金… Ⅱ.①陈… Ⅲ.①金属表面处理-化学转化膜 Ⅳ.①TG174.4

　　中国国家版本馆 CIP 数据核字（2023）第 084745 号

责任编辑：韩霄翠 仇志刚	文字编辑：毕梅芳 师明远
责任校对：宋 玮	装帧设计：王晓宇

出版发行：化学工业出版社（北京市东城区青年湖南街 13 号　邮政编码 100011）

印　　刷：北京云浩印刷有限责任公司

装　　订：三河市振勇印装有限公司

787mm×1092mm　1/16　印张 28¾　字数 715 千字　2023 年 9 月北京第 1 版第 1 次印刷

购书咨询：010-64518888　　　　　　　　售后服务：010-64518899

网　　址：http://www.cip.com.cn

凡购买本书，如有缺损质量问题，本社销售中心负责调换。

定　　价：148.00 元

前言
PREFACE

金属表面转化膜技术的发展一方面体现在转化膜工艺技术水平的提高，另一方面也体现在开发新的转化膜膜层，以满足各种使用要求。转化膜技术在提高产品耐腐蚀性能方面是传统的常用方法，目前的转化处理常常采用多种转化技术复合进行，使转化膜耐腐蚀性能有了很大提高。转化处理能使产品具有美观的外表和颜色。转化处理使零件具有较高硬度和较好耐磨性能，具有较好的导电性或者绝缘性、隔热性等，这些都能使产品性能得到很大提高。现今的产品，往往要求转化膜同时具有多种功能，例如要求转化处理后零件既硬度高又耐腐蚀。转化处理技术的发展，都能很好地满足这些要求。目前，生产上使用的材料越来越多，各方面的要求也越来越多，这些都在转化处理方法、转化种类方面对转化处理技术提出了较高的要求。

随着我国现代化水平的提高，各种产品不断打入国际市场，参与国际竞争，对转化膜的种类和性能都提出了更高的要求。编写一本转化膜方面的书籍，归纳和总结国内外最新研究成果，对提高转化膜技术的理论水平、促进转化膜技术的推广应用、推动工业产品防腐蚀技术发展等具有重要意义。本书的编写中，既结合了国内外的最新研究成果，又结合了生产实际应用。大量的工艺，无法去一一实验验证，笔者结合自己生产科研实际，尽最大可能编写出满足生产要求的工艺。书中比较系统地提出了微弧氧化的原理。在转化膜层研究方面，也阐述了自己的一些研究成果。这些研究成果一是要在理论上经得起推敲，二是基本与实验事实符合。因此，笔者认为在生产和科研中能够起到很好的指导作用，值得读者借鉴并应用到生产科研中。

本书在编写过程中，刘菊英等同志进行了大量文字校核及编排工作。长安望江工业集团熊焱、陈端杰、肖秀松、林巧，重庆表面工程协会胡国辉以及西安理工大学郭延峰博士等提供了资料，并介绍了一些应用经验，在此表示感谢。

在本书编写过程中，还得到了长安望江工业集团王忠强副总工程师、瞿章林副总工程师、杜彬副总工程师、装备及工艺研究所王帅所长、罗金山书记及陈希林副所长等领导的大力支持和帮助，得到了重庆大学陈昌国教授、刘渝萍副教授及中国人民解放军陆军勤务学院欧忠文教授的支持和帮助，在此表示感谢。

由于时间仓促，加之作者水平有限，疏漏之处在所难免，热忱欢迎广大读者批评指正。

陈治良

2023 年 5 月于重庆

目录
CONTENTS

符号说明

φ	体积分数，电位
φ_B	B 的体积分数
ψ	体积比
w	质量分数
w_B	B 的质量分数
ρ_B	B 的质量浓度
HR	洛氏硬度
DLC	类金刚石处理层
ΔE_1	颜色深度
$\Delta E_{1\text{-}2}$	色差
E	电极电位
N_i	能量超过 ε 的原子数量
E	电子能级，电极电位
i	电流密度
i_d	极限扩散电流
t_λ	循环伏安法逆向扫描开始的时间
η	过电位

第 **1** 章

化学转化膜原理与作用

1.1 化学转化膜概述

利用化学方法或者电化学方法，在金属表面生成致密氧化物、硫化物、磷酸盐、铬酸盐或钼酸盐等膜层，使金属表面具有某种功能，如耐腐蚀、硬度高、耐磨、绝缘或导电等，这就是金属表面化学转化技术。现在如微弧氧化一类转化膜，在膜层中能添加具有特殊作用的物质如磷钙等，使其具有医疗等方面的特殊功能。

表面处理大致可以分为覆盖、渗透和转化等。覆盖如电镀；渗透如渗氮与渗氮；金属表面转化，则是基体金属参与反应成膜，可以是基体金属直接与转化物质发生反应生成转化膜，也可以是基体金属先生成金属离子，再与 O^{2-} 结合生成氧化物型转化膜，或者与酸根离子结合生成盐类转化膜。如 Al^{3+} 与 O^{2-} 结合生成 Al_2O_3 转化膜，Fe^{2+} 与磷酸根生成磷酸铁膜等。金属表面转化在化学或电化学作用下进行，一般通过 H^+ 的置换反应或者电离作用使基体金属表面生成金属离子。化学转化可以与覆盖和渗透这些技术结合起来，使金属表面具有更好的耐腐蚀性能等功能。如磷化转化膜与硅烷覆盖技术结合，在磷化膜上覆盖一层硅烷处理层，可增强膜层耐腐蚀性能。转化技术与渗透技术结合如 QPQ，后面将详述。

化学转化膜技术有很多分类方法，按不同的分类方法分类如下：

① 按转化膜制备方法与其形成机理，可分为化学转化膜和电化学转化膜。电化学方法常用于制备氧化膜，如阳极氧化与微弧氧化；而化学方法除形成化学氧化膜外，还形成磷化膜、铬酸盐钝化膜、草酸盐膜等。

② 按转化膜的成膜物质分类，可分为氧化物膜和盐类转化膜，盐类转化膜又可分为磷酸盐膜、铬酸盐膜、草酸盐膜等。

③ 按转化膜用途和使用目的可分为各种功能性膜，如耐磨、减摩、润滑、电绝缘、冷成形加工、涂层基底，以及防护性、装饰性等各种功能化学转化膜。通常耐腐蚀是各种功能性膜都应具备的性能。膜层按使用目的分类见表 1-1。

表 1-1　膜层按使用目的分类

处 理 层	使 用 目 的
防护处理层	防止基体金属在使用环境下被腐蚀，延长使用寿命
耐磨、减摩处理层	使基体金属耐磨或减小基体金属的摩擦系数
防护装饰处理层	在大气条件下，使基体金属既防腐蚀又美观

处　理　层	使　用　目　的
绝缘处理层	使导电基体成为电的不良导体
涂层、镀层或着色的底层	提高基体金属与表面涂镀层的结合力或提高基体金属的着色能力
消光层	使光学系统内部获得黑色的处理层 枪械零件消光
防护导电层	满足零件的低电阻性能并具有一定的耐蚀性能
医疗适应处理层	通过表面处理,增强与人体的适应性

处理层使用环境条件分类见表 1-2。

表 1-2　处理层使用环境条件分类

类　别	使用环境条件
轻度	相对湿度不大于 70%,周围无工业废气及腐蚀气体;不直接暴露在大气中
中等	相对湿度达 70%～95%,不受阳光、雨雪、海水等直接侵害,但周围有少量工业废气或海水的水蒸气
严酷	相对湿度经常在 95%,周围有大量工业废气或海水的水蒸气,受雨、雪、雾、沙尘的侵害或腐蚀环境的侵蚀
极严酷	处于海洋大气中或直接与海水接触;处于腐蚀性溶液中或受到高温、高压、高速气流冲刷、烧蚀、磨蚀和机械损坏

　　化学转化膜方法广泛用于处理钢铁、铝、锌等金属材料。化学方法成膜不需电源设备,只需将工件浸渍在一定的处理液中,在规定的温度下处理一定时间(通常数分钟)即可形成转化膜层。通过电化学方法在金属表面形成转化膜,是将工件作为电极(一般作为阳极),在一定的电解液中进行电解处理,绝大多数形成氧化层,称为阳极氧化膜。

　　制备转化膜时,最常用的方法是将零件浸泡在溶液中,也可刷涂或喷洒处理溶液于零件表面。处理零件的药品可以是水溶液,也可以是熔融盐。可以是化学处理,也可以是电化学处理。

　　需要特别指出的是,转化膜正向着复合处理的方向发展。所谓复合处理,就是膜层的制备不仅仅是一种方法,而是用多种方法交替处理。例如,钢铁零件磷化后再氧化处理,使得膜层不仅厚实,而且耐磨。本书介绍的 QPQ 技术,是热处理的渗氮与氧化处理相结合的复合处理技术。渗氮后的零件不容易被常规钢件氧化工艺氧化,但却能在盐浴中被氧化,这就是 QPQ 技术。

　　为了达到某种目的制作的转化膜,如高硬度、高耐腐蚀、耐高温、绝热等,目前关于这类转化膜的研究较多,采取的工艺各不相同,比较复杂。各单位都研究出了一些特殊的膜,这些膜很难归结为某一类转化膜,且各单位制作工艺保密,在这里不进行介绍。

1.2　化学转化膜原理

　　化学转化膜原理涉及化学反应与电化学反应、结核与生长成膜及物质扩散等方面内容。

　　转化膜涉及金属表面元素参与反应,可通过氧直接使其氧化,也可通过 H^+ 置换出表层元素参与反应,或在电极作用下电离出金属离子参与转化。例如在通电的情况下,阳极材料表层电离出金属离子,而 H^+ 随着电压的升高容易在阴极获取电子,从而促进 O 与 O^{2-} 的形成。形成的 O 增强了氧化性，作用于表面形成氧化物。电化学氧化形成的 O^{2-} 与 M^{n+} 结合形成氧化物，而不是通常情况下的 $M+O_2$ 氧化反应。$M+O_2$ 的反应速率较慢，在电化学反应中也可能包括该化学过程。在电化学阳极氧化反应过程中，氧化液中往往有含氧酸盐。这些含氧酸盐吸附在电极表面，增加了膜层电阻，促进了 O^{2-} 与 M^{n+} 的产生与结合。金属阳极若无含氧酸盐的吸附，则容易持续电离溶解，电压不能升高，导致 O^{2-} 的形成困难，影响成膜。

化学氧化方法形成氧化物类转化膜，是直接使用氧化剂氧化金属，氧化剂直接从金属基体获取电子，这就是氧化型转化膜的成膜原理。促进氧化的方法包括使用氧化性更强的氧化剂，例如在钢件氧化常规氧化液中加入重铬酸钾，使其能够氧化不锈钢；熔融盐氧化则是采用高温熔融盐氧化金属，这种氧化能将渗氮及渗碳零件氧化。这些都将在化学氧化一章中详细介绍。

如 Al_2O_3 与 Fe_2O_3 等氧化物，因为不同条件形成的金属氧化物构型不一样，硬度及耐磨性也就不一样。我们应当尽量创造条件生成硬度更高、耐磨性更好、更耐高温的 $\alpha\text{-}Al_2O_3$ 与 Fe_2O_3 氧化物构型成分，这将在以后的章节中结合具体的转化膜类别详细阐述。

转化膜的性能不仅与构成转化膜的成分有关，还与膜结构有关。硬质阳极氧化膜的条件不能生成高硬度的 $\alpha\text{-}Al_2O_3$，但是其硬度却比普通阳极氧化高，可见膜的硬度与其致密度和孔隙率等相关。

盐类转化膜可以磷化膜为例说明。磷化过程中 H^+ 与基体作用置换出 Fe^{2+}，表面酸度下降，Fe^{2+} 的浓度升高，使磷酸盐类很容易在表面沉积生长，生成磷化膜。

转化膜的结核与通常的结核理论有所区别。通常结核理论是几个分子碰撞在一起，形成最初的核，然后逐渐生长，这样的理论目前已经成熟完备。而转化膜结核，其单个粒子并不相同，往往是正负离子相互吸引。当正离子与负离子结合，若正离子有剩余电价，则又与另一负离子结合，也就是一个正离子与多个负离子结合，而一个负离子又与多个正离子结合，这样交替结合生长。目前关于膜层生长的研究较少。一般的研究是通过实验形成某种转化膜的工艺，然后测试转化膜性能。

转化膜的生长，分为岛状生长与面状生长。它在面上有许多生长点，每个生长点又像是岛状生长。

转化膜形成过程中，金属离子及氧（氧原子或氧分子）等在膜层中的扩散起着重要作用。一般盐类的酸根离子直径较大，在膜层中不容易扩散；而金属离子与氧，则能在膜层中扩散，一些金属离子如 Al^{3+}、Mg^{2+} 的直径比氧原子更小，在膜层中更容易扩散。铁离子直径比氧原子更大，膜层中氧原子更易扩散。O^{2-} 又比 Fe^{3+} 直径更大，因此，Fe^{3+} 比 O^{2-} 容易扩散。分子或离子的大小是影响其扩散的主要因素，此外，在电场中，离子的带电性也影响分子的扩散。

物质的扩散过程影响膜层厚度。因此如磷化膜一类转化膜，当金属表面与溶液反应到一定程度（通常 15min，最多 30min），由于反应物扩散受阻，反应就停止了。微弧氧化膜利用大电流产生高温使膜层熔融，能够解决金属离子在膜层中的扩散问题，但熔融的膜容易溶解在溶液中。

当容易扩散的分子或离子出现在不易扩散分子或离子聚集的地方，就结合成膜并生长。因此扩散往往与生长规律相关。

如微弧氧化一类转化膜，还牵涉到能量的产生与传递以及等离子体电化学等方面。所以转化膜的原理，除了化学与电化学反应、结核生长及扩散外，具体的转化过程还涉及其他多个方面，这些方面较难概括总结，将结合具体转化过程详细阐述。

1.3 化学转化膜作用

化学转化膜使零件表面具有一定功能，如美观和防护功能。其防护功能主要通过将化学性质活泼的金属单质转化为化学性质不活泼的金属化合物，如氧化物、铬酸盐、磷酸盐等，使金属本体和腐蚀介质隔离开来，免遭腐蚀介质的直接接触而腐蚀。对于质地较软的金属，如铝合金、镁合金等，化学转化膜还为金属提供一层较硬的外壳，以提高基体金属的耐磨性。此外，转化膜还可具备如绝热、导电或绝缘等功能。

铬酸盐膜是各种金属上最常见、在多数金属上可生成的化学转化膜。这种转化膜即使在厚度很薄的情况下，也能极大地提高基体金属的耐蚀性。例如，在金属锌的表面上，如果存在仅仅为 $0.5mg/dm^2$ 的无色铬酸盐转化膜，其在盐雾试验箱中，每小时喷雾一次质量分数为 3％ 的氯化钠溶液时，首次出现腐蚀的时间为 200h；而未经处理的锌，仅 10h 就会发生腐蚀。由于试验所涉及的膜是很薄的，耐蚀性的提高是由于金属表面化学活泼性降低（钝化），铬酸盐转化膜优异的防护性能还在于，当膜层受到机械损伤时，它能使裸露的基体金属再次钝化而重新得到保护，即具有所谓的自愈能力。

对于其他类型的化学转化膜，也或多或少地像上述铬酸盐转化膜那样，依靠表面的钝化使金属得到保护。例如，钢铁的磷酸盐转化膜，无论所得的膜是属于厚度低于 $1\mu m$ 的转化型的，还是属于厚度达 $15\sim20\mu m$ 的假转化型的，它们对钢铁的防护都以形成由 $\gamma\text{-}Fe_2O_3$ 和磷酸铁组成的钝化膜为特征。较厚的磷酸盐结晶膜层的防护作用，则是钝化和物理覆盖所起的联合效果。

化学转化膜的防护性能及功效主要取决于以下因素：①被转化处理的金属性质及其表面组织结构。②化学转化膜的种类、膜的成分和组织结构。③化学转化膜本身的性能，如与基体金属的结合力、在介质中热稳定性等。④化学转化膜所接触的环境介质及条件。

由于化学转化膜的致密性和韧性相对较差，所以其防护性能不及金属镀层等其他防护层。因此，金属在进行化学转化处理之后，如果防护功能要求高，则还需要做其他防护处理。最普通的就是在转化膜上再喷涂各种有机涂料，和其他防护措施联合使用，提高防护效果。化学转化膜作为有机涂层的底层，以及防腐蚀和其他功能的覆盖层，已广泛应用于机械制造、仪器仪表、家用电器、国防兵器及航空航天等领域。在冷加工时，转化膜层可以起润滑作用并减少磨损，使工件能够承受较高的负荷；多孔的转化膜可以吸附有机染料或无机染料，染成各种颜色。有许多化学转化膜本身就具有不同的颜色，因此，转化膜不但可以防护、耐磨、润滑，还可以着色装饰。转化膜的用途主要体现在以下几个方面：

① 防腐蚀。一般化学转化处理后，均能增加腐蚀反应的电阻，提高基体耐腐蚀性能。目前许多情况下，耐腐蚀表面层采用复合处理，表面转化只是作为其中一个或两个处理层，表面防护层局部损坏或被腐蚀介质蚀穿时，转化层可使金属基体免遭介质的直接腐蚀，防止发生表面防护层底下的金属腐蚀扩展。例如，铝合金建筑型材通过阳极氧化处理后，在阳极膜的表面上喷涂固体粉末涂料或电泳涂漆，使铝合金型材形成了多元防护装饰系统。汽车车身则是在磷化＋电泳涂漆基础上，再涂覆漆层。

② 耐磨。某些化学转化膜除了能耐大气等环境介质的侵蚀，还具有非常优异的耐磨性

能。此类耐磨型化学转化膜被广泛应用于金属面互相摩擦的部位。例如铝合金的硬质阳极氧化膜，其硬度及耐磨性与镀硬铬接近。

③ 绝缘功能。具有绝缘功能的化学转化膜大多是电的不良导体，很早以前就已经有利用磷酸盐膜作为硅钢片绝缘层的例子，这种绝缘功能膜的特点是占空系数小，耐热性好，在冲裁加工时可以减少模具的磨损。铝导线经阳极氧化后，具有防护绝缘的双重功能，且耐高温。在工程或机械的结构设计中，必须考虑到两种不同金属的工件接触时产生电偶腐蚀的可能性。化学转化膜的应用可避免电偶腐蚀的发生，可以将两种金属绝缘。采用一些复合处理措施，如磷化或氧化后再硅烷处理，使其绝缘性增强。

④ 塑性加工中的作用。先将金属材料表面进行磷酸盐处理成膜，然后再进行塑性加工。在金属冷加工中，化学转化膜有十分广泛的用途。采用这种方法对钢材进行拉拔加工时，可以减少拉拔力，延长拉拔模具的寿命，减少拉拔的次数。因为它可以同时起到润滑和减摩的作用，从而允许工件在较高负荷下工作。

⑤ 装饰用途。膜的组成成分不同，显现出的颜色也不同。有些构成转化膜的化合物是有颜色的，因此是有色转化膜，有些膜层是无色透明的。在光的干涉下，不同厚度的膜也可显示不同的颜色。因此化学转化膜因其自身的外观，用于各种金属制品的外观装饰，特别是在日用工业制品上得到了广泛的应用。此外，有些化学转化膜虽然不能自身显色，但膜有多孔性，能够吸附不同颜色的无机或有机染料，也可以使产品通过转化膜的染色而达到装饰的目的。

⑥ 其他作用。如化学转化膜的吸光性或反光性、染色性等。

综上所述，目前几乎所有工业上使用的金属及镀层金属，如铁、铜、铝、锌、镉、锡、铅、镁、钛及其合金，均有可能生成转化膜。通过各种转化膜处理，使各类金属产品提高了耐蚀性、耐磨性、表面硬度或润滑性能及绝缘性等各种物理性能，在着色装饰方面也显示出了它的重要作用。

1.4　化学转化膜的发展趋势

近年来，转化膜技术有了很大发展，主要表现在传统转化膜技术水平的提升、新的转化技术方法的研究及其综合技术的应用等方面。转化膜技术更加注重膜的特种使用功能。

这里限于篇幅，只进行简要介绍。

（1）传统方法技术水平提高

例如磷化技术向着常温化方向发展，膜的质量更高。阳极氧化则在电源方面更为先进。

（2）新转化方法的研究

如在硝酸铵与硝酸锌组成的溶液中，加入少量氨水，然后将铝件浸入溶液中，将形成锌、铝双金属氢氧化物及盐类的转化膜，转化过程中由 pH 值变化，会形成具有渐进变化性质的转化膜。据报道，这类转化膜甚至具有记忆功能。

（3）综合处理

综合采用一种或几种转化技术，同时还可与可控离子渗透及热处理技术相结合。例如可将钢铁零件磷化后再将钢件氧化，氧化物质可以渗透到较深入的部位，形成较厚的氧化膜。现在采用可控离子渗透技术，将氧渗透到钢铁基体中，也能形成很厚的氧化膜。这类技术往往在零件渗氮或渗碳后再渗入氧，使零件具有高硬度、耐磨且耐腐蚀等性能，应用于活塞杆及齿轮等零件。

综合处理不但是几种化学转化复合处理，还可与热处理技术、等离子喷涂及激光处理等技术结合，研制具有特定功能的膜。

（4）更加注重某种特定功能

许多单位都研制出了新的转化膜，这些转化膜都具有特定功能，如高的硬度与好的耐磨性，绝热性或导电性，以适应某种特定的环境。

第 **2** 章

表面转化的前处理

化学转化膜的工艺过程通常可分为前处理、化学转化、后处理三个过程。化学转化的前处理与电镀大致相同，因材料不同而略有差异。

化学转化前处理包括粗糙表面的整平、除油、除锈（又称活化、浸蚀）。除锈即除去表面的氧化物、锈蚀物、钝化膜等（包括强浸蚀、电化学浸蚀和弱浸蚀）。金属前处理并非都要经过以上各工序，要根据具体要求而定。若转化处理之前，工件表面不清洁或者有锈，则生成的转化膜会有锈蚀点、麻点等，严重时不能生成转化膜。化学转化前处理方法可分为机械法、化学法和电化学法。

2.1 粗糙表面的整平

铸造零件表面都残留着许多毛刺和型砂，造成表面砂眼、凹坑和不平整状态，必须采取相应的方法除去，如刷光、磨光、机械抛光、电抛光、滚光、喷砂等。

2.1.1 刷光

刷光是用金属丝、动物毛、天然或人造纤维制成的刷光轮或刷子，在刷光机上或手工对零件表面进行加工的过程。刷光轮用金属丝（如钢丝、黄铜丝、不锈钢丝、镍-银丝等）、动物鬃毛或人造纤维制成。刷光轮上的弹性金属丝，工作时能刷光除去金属表面的锈皮、污垢、棱角毛刺等；或对零件基材表面进行装饰性底层加工，如丝纹刷光、缎面修饰等。

零件材质较硬时，应选用硬金属丝的刷光轮。对有较高要求的精细零件，特别是对金、银、铜、锌及其合金零件，应采用带有波纹的黄铜丝刷。刷光轮的转速一般控制在 $1500\sim2800r/min$。硬质材料的零件采用较高的转速。可干法刷光，也可采用水或溶液作刷光液。黑色金属的镀前刷光，除采用水以外，还可以采用 $3\%\sim5\%$ 磷酸三钠溶液和碳酸钠溶液。机械刷光时，刷光液滴从刷光机上部的容器滴到刷子和零件上。

2.1.2 磨光

磨光是借助粘有磨料的特制磨光轮（或带）的旋转，去掉零件表面的毛刺、锈蚀、划痕、焊瘤、焊缝、砂眼、氧化皮等各种宏观缺陷的过程。

磨轮装在磨光机上，磨轮上用骨胶、牛皮胶、明胶或水玻璃加立德粉调制而成的无机胶黏剂黏附不同磨粒。磨轮做高速旋转，切削零件表面。磨光时，磨粒本身的棱角被磨平而变钝，降低了对金属表面的切削能力，但磨粒破碎，会产生无数的新棱尖，使磨粒的磨削能力"再生"。

磨光可根据零件表面状态和质量要求高低，进行一次磨光和几次（磨料粒度逐渐减小）

磨光，磨光后零件表面粗糙度值 R_a 可达 $0.4\mu m$，油磨效果更好。磨光适于加工一切金属材料和部分非金属材料。磨光效果主要取决于磨料的特性、磨光轮的刚性和轮轴的旋转速度。

目前有许多品牌的商业磨光机，这些磨光机可以更换不同的磨轮，既可进行磨光，也可进行不同程度的抛光。此外，还有一种带式磨光机，结构如图2-1所示，零件在带上磨光。

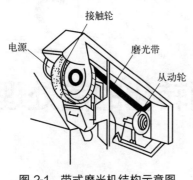

图 2-1　带式磨光机结构示意图

2.1.2.1　磨轮

除带式磨光机外，其他磨光机都有磨轮。磨轮用皮革、毛毡、呢绒、棉布为原料，经过压粘或缝合而成，轮子有很好的强度和刚度。根据金属制件材质的软硬以及磨削量的大小，可分别采用硬磨轮或软磨轮。新磨轮使用前或长时间使用后，磨轮要刮制和粘磨砂时，金刚砂型号不允许相混；要根据零件形状、大小、表面粗糙度等，选择适宜的磨轮；各种型号磨轮，应分类标号保管，专号使用，以免影响磨光质量。

2.1.2.2　磨料与胶黏剂

各种磨料的物理性能及适用范围参见表2-1。粗磨粒度为 $1.400\sim0.380mm$；中磨粒度为 $0.270\sim0.106mm$，用于切削量中等或尺寸较小的零件，可以消除粗磨的痕迹和轻度锈蚀层；精磨粒度为 $0.080\sim0.040mm$，可以得到平整的表面。磨削硬质金属时，一般选用 $0.120mm$ 左右的金刚砂；磨削中硬质金属时，一般选用 $0.080mm$ 左右的金刚砂；磨削轻质金属时，一般选用 $0.061mm$ 左右的金刚砂。

表 2-1　各种磨光材料的物理性能及适用范围

磨料名称	成分	物理性能					用途
		硬度	韧性	结构形状	粒度/mm	外观	
人造金刚砂（碳化硅）	SiC	9.2	脆	尖锐	$0.045\sim0.700$	紫黑闪光晶粒	脆性、低强度材料的磨光，如黄铜、锌、锡、铸铁、青铜、铝
刚玉	Al_2O_3	9.0	较韧	较圆		白色晶粒	韧性、高强度材料的磨光，如淬火钢、可锻铸铁
金刚砂（杂刚玉）	Al_2O_3、Fe_2O_3 及杂质	$7\sim8$	韧	圆粒	$0.061\sim0.700$	灰红至黑色砂粒	各种金属的磨光，一般黑色金属及有色金属
硅藻土	SiO_2	$6\sim7$	韧	较尖锐	0.061	白至灰红粉末	磨光、抛光均适用
浮石		6	松脆	无定形	$0.045\sim0.120$	灰黄海绵状块或粉末	磨光、抛光均适用
石英砂	SiO_2	7	韧	较圆	$0.045\sim0.700$	白至黄砂粒	磨光、滚光、喷砂用
氧化铁红	Fe_2O_3	$6\sim7$			0.075	红色细粉	磨光、抛光均适用
绿铬粉	Cr_2O_3	$7\sim8$		尖形		绿色粉末	磨光、抛光均适用
煅烧石灰	CaO	$5\sim6$		圆形		白色	磨光、抛光均适用

2.1.2.3　磨轮黏结磨料的操作

先用冷水浸泡8h左右溶胀，加热胶水（＜100℃，并在 $60\sim80℃$ 下预热金刚砂及磨轮）；然后在水浴中隔水加热，将其全部溶解，胶水的体积分数约为 $30\%\sim40\%$，趁热用刷子将其均匀地涂覆到磨轮上，刷第一层胶水，干燥后刷第二层胶水，并滚粘磨料，要粘均匀并压紧，在60℃左右进行干燥，或在室温下干燥24h。

水与胶的比例与金刚砂粒尺寸有关，黏结0.120mm左右的金刚砂时，水与胶比例为7：3；黏结0.250mm左右的金刚砂时，水与胶比例为6：4；黏结0.380mm左右的金刚砂时，水与胶比例为5：5。

2.1.2.4 磨轮速度

金属制件的材料及表面状态、磨轮与磨料以及磨轮速度之间相互适应才能得到较好的磨光质量，见表2-2。不同磨料的优缺点比较见表2-3。

表2-2 磨光不同金属材料的参考速度 　　　　　　单位：r/min

金属材料	圆周速度 $v/(m/s)$	磨轮直径 d/mm				
		200	250	300	350	400
钢、铸铁、镍、铬	18～30	2850	2300	1880	1620	1440
铜、锌、银	14～18	2400	900	1500	1350	1196
铝、铅、锡、塑料	10～14	900	570	1260	1090	960

表2-3 不同磨料的优缺点比较

磨料类别	举　例	优　缺　点
天然磨料	金刚砂、花岗岩、大理石、石灰石颗粒、建筑用砂	金刚砂磨削力强、硬度高，用得多，其余几种容易破碎
烧结磨料	氧化铝或碳化硅	磨削力强，能得到光饰质量高的表面
预成型磨料	烧制陶瓷磨料、树脂黏结成型磨料	有球形、圆柱形等各种形状，以适应不同形状零件
钢材磨料	钢珠、钢砂	不易破碎、光饰质量高
动植物磨料	玉米芯、胡桃壳、锯末、碎皮革、碎毛毡	用于比较精密零件或光饰后干燥

2.1.2.5 磨光润滑剂

一般由动物油、脂肪酸和蜡制成，其熔点较低；有时也可用抛光膏代替，使用润滑剂时应少加、勤加，切勿使用低闪点的易燃润滑剂。可根据金属类型和所要求表面粗糙度选用。

2.1.3 机械抛光

2.1.3.1 机械抛光操作

机械抛光可手工或机器操作。机器操作时，抛光机带动抛光轮，抛光轮上涂抛光膏，对零件表面加工，以降低零件表面的粗糙度，获得光亮的外观。机械抛光一般用于平整表面，对基材并无明显磨耗，既可用于化学转化前处理，也可用于化学转化后精加工。

机械抛光与磨光基本类似，只是用布叠起来做成圆轮，代替磨光轮，抛光轮有弹性，表面没有黏结磨粒。抛光轮所用的材料有棉布、麻、毛、纸、丝绸、皮革以及它们的混合物。这些材料以缝合式、非缝合式、褶皱式（也称风冷布轮）的结构形式构成抛光轮。

抛光金属表面时，抛去金属的氧化层。大多数金属的表面，很容易在极短时间（50ms）内生成一层薄氧化膜（厚约$1.4\mu m$），这层膜被抛光后，新的金属表面又迅速氧化被抛去，最终就能获得平整、光亮的抛光表面。

抛光可分为粗抛、中抛和精抛几种。粗抛用硬轮，用于经过或未经过磨光的表面，对基材有一定的磨削作用，能除去粗的磨痕；中抛是用较硬抛光轮对经过粗抛的表面作进一步加工，它可除去粗抛留下的划痕，产生中等光亮的表面，它对基体材料的磨削作用很小。精抛是用较软抛光轮在中抛后的表面进行抛光，其磨削量更小，获取的表面更光亮。

抛光应正确选择抛光轮和其运转圆周速度。通常抛光轮的圆周速度要比磨光轮稍大，一般粗抛时，可选较大的圆周速度，精抛光时则选较小的圆周速度，见表2-4。抛光轮上涂有抛光膏，抛光膏由磨料、硬脂酸和黏结剂等多种成分组成，分为白膏、红膏、绿膏和黄膏几种。

表 2-4　不同基材适用的圆周速度

被抛光基体材料	圆周速度 $v/(m/s)$	被抛光基体材料	圆周速度 $v/(m/s)$
形状复杂的钢零件	$20\sim25$	铜及其合金、银	$20\sim30$
形状简单的钢零件	$30\sim35$	锌、铝、锡、铅及其合金	$18\sim25$
铸铁、镍、铬	$30\sim35$	塑料（选用白抛光膏）	$10\sim15$

白膏中的磨料为无水氧化钙和少量氧化镁，氧化钙粒子很细，圆形，无锐利的棱面，适于抛光软金属及要求低粗糙度的精抛光，如镍、黄铜、铝、银等有色金属的前处理。一种白色抛光膏成分为：石灰，72.0%；精制地蜡，1.5%；硬脂酸，23.0%；牛油，1.5%；松节油，2.0%。不同的白色抛光膏成分含量有所差异。

红膏中的磨料为 Fe_2O_3，其粒子中等硬度，加一些白蜡、脂肪酸，适于钢铁工件的转化处理前抛光，铜及其合金转化前处理的抛光或金、银等贵金属的精细抛光。

另一类黄抛光膏，俗称红抛光膏，是用氧化铁、长石粉等加一些硬脂酸、石蜡、地蜡等黏结剂配制而成的，为棕色或棕色条纹固体油膏，适于一般钢铁和部分有色金属的粗抛。一种配方为：氧化铁，73.0%；硬脂酸，18.5%；混脂酸，1.0%；精制地蜡，2.0%；石蜡，5.5%。

绿膏中的磨料为 Cr_2O_3，粒子硬而锋利，适用于不锈钢、硬质合金钢等较硬金属的抛光。一种绿膏的配方为：氧化铬，73.0%；硬脂酸，23.0%；油酸，4.0%。

也可不用抛光膏，而用抛光液，抛光液使用的磨料与抛光膏相同。使用时，抛光液由加压供料箱、高位供料箱或泵打入喷枪，再喷至抛光轮上。供料箱的压力或泵的功率由抛光液的黏度、所需供给量等因素决定。抛光液可减少抛光轮的磨损和抛光剂在零件表面的凝固。

零件形状简单、表面较硬的零件，抛光轮转速可大些；反之则小些。根据被抛光零件的材料，选用适合的抛光膏。抛光时并不切削金属，只是抛去氧化膜。抛光软金属时，例如铝，应注意防止材料局部过热。因为过热产生的痕印可能造成镀层质量不好。

2.1.3.2　磨光、抛光常见问题及解决办法

磨（抛）光轮、磨（抛）光料和抛光剂等选择不当，尤其是采用了太大的抛光压力或磨触时间太长时，工件表面易留下暗色的斑纹，通常称为"烧焦"印。若浸入电解抛光液中取出观察，则更加清晰，显示出雾状乳白色的斑纹。常采用下列办法解决。

① 在稀碱溶液中进行轻微的碱蚀。

② 用温和的酸浸蚀，如铬酸-硫酸溶液，或者用加温后的质量分数为 10% 的硫酸溶液。

③ 质量分数为 3% 的碳酸钠和 2% 的磷酸钠溶液，在 $40\sim50$℃ 的温度下处理。时间为 5min，严重的可延长至 $10\sim15$min。

经上述处理、清洗并干燥后，应立即用精抛轮或镜面抛光轮重新抛光。操作时应注意下列事项：

① 选择合适的磨光轮或抛光轮。磨光轮或抛光轮太硬，容易使工件表面烧焦。若抛光

轮太软，抛光剂中的磨粒不能与工件直接接触。在抛光时，磨抛下的铝屑有时会粘在轮缘表面，使抛光轮打滑，要选用合适的抛光压力和转速。

② 选用适宜的抛光剂。同一种抛光剂，若其中黏合剂含量少，会降低磨削力。如增加黏合剂比例，在大多数情况下，磨削会更尖锐，但润滑性好。抛光膏与液体抛光剂，都应做到少量但多次添加。

③ 要适当掌握工件与抛轮的磨触时间。磨触时间只能以"秒"计，不可停留太长。在自动生产线上，要根据机器的类型、生产条件等因素进行计算，简单的可用下式计算：

$$t = \frac{b \times 60}{v}$$

式中，t 为磨触时间，s；b 为轮面宽度，m；v 为传送速度，m/min。

2.1.4 电解抛光和化学抛光

在适当溶液中，用电化学或化学方法抛光能获得镜面光亮表面。电解抛光常用于某些工具的表面精加工，或用于制取高度反光的表面以及制造金相试片等。

在电解抛光过程中，阳极表面形成了具有高电阻率的稠性黏膜。这层黏膜在表面的微观凸出部分厚度较小，而在微观凹入处则厚度较大，因此，电流密度的微观分布不均匀。微观凸出部分，电流密度较高，溶解较快，而微观凹入处，电流密度较低，溶解较慢，从而使表面平整而光亮，这就是黏膜理论。氧化膜理论则认为凸出部分与凹入部分都形成氧化膜，但凸处氧化膜疏松，阳极电流密度高，氧气产生多，使凸处氧化膜生成与溶解比凹处更快，反复进行使平面光滑。

电解抛光可用来代替繁重的机械抛光。但电解抛光不能去除或掩饰深划痕、深麻点等表面缺陷，也不能除去金属中的非金属夹杂物。多相合金中，当有一相不易阳极溶解时，将会影响电解抛光的质量。电化学抛光不适用于形状复杂的零件。

化学抛光，是金属零件在特定条件下的化学浸蚀。在浸蚀过程中，金属表面被溶液浸蚀和整平，从而获得了较光亮的表面。通常化学抛光液中同时含有氧化剂和酸浸蚀液。

在化学抛光过程中，或因金属微观凸凹表面具有不同自由能，形成钝化膜后具有不同的自由能变化，从而形成了不均匀的钝化膜；或因形成类似电解抛光过程中所形成的稠性黏膜，使表面微观凸出部分的溶解速度显著大于微观凹入部分，因此降低了零件表面的显微粗糙程度，使零件表面比较光亮和平整。

化学抛光可以处理细管、深孔及形状更为复杂的零件，但化学抛光的表面质量一般略低于电解抛光，溶液的调整和再生也较困难，往往抛光过程中会析出氧化氮等有害气体。

2.1.4.1 钢铁零件的电解抛光和化学抛光

（1）电解抛光

碳素钢和低合金钢，广泛采用磷酸-铬酐型抛光溶液。钢铁零件的电解抛光工艺规范见表 2-5。

表 2-5　钢铁零件的电解抛光工艺规范

工艺条件	质量分数 w_B（除注明外）/%							
	配方 1	配方 2	配方 3	配方 4	配方 5	配方 6	配方 7	配方 8
磷酸（$\rho = 1.70\text{g/mL}$）	50～60	42	560mL/L	65～70	72	66～70	60～62	500
硫酸（$\rho = 1.84\text{g/mL}$）	20～30		400mL/L	12～15			18～22	130

工艺条件	质量分数 w_B（除注明外）/%							
	配方1	配方2	配方3	配方4	配方5	配方6	配方7	配方8
铬酐		50g/L	5～6	23	12～14			
$(COOH)_2 \cdot 2H_2O$							10～15g/L	
硫脲							8～12g/L	
乙二胺四乙酸二钠							1	
聚乙二醇(18%水液)								130
甘油		47						
明胶			7～8g/L					
水	20	11	40mL/L	12～14	5	18～20	18～20	
溶液密度 ρ/(g/mL)	1.64～1.75		1.76～1.82	1.73～1.75		1.70～1.74	1.60～1.70	
温度/℃	50～60	100	55～65	60～70	65～75	75～80	室温	75～90
阳极电流/(A/dm²)	20～100	5～15	20～50	20～30	20～100	20～30	10～25	8～15
电压/V	6～8	15～30	10～20					
时间/min	10	30	4～5	10～15	3～5	10～15	10～30	

注：1. 配方1～3为不锈钢电解抛光工艺。其中配方1为1Cr18Ni9Ti、0Cr18Ni9等奥氏体不锈钢抛光工艺；配方2溶液抛光质量好，但成本高、使用寿命短、有气味；配方3为手表等精密零件抛光工艺，溶液抛光质量好，寿命长；配方4～7为碳素钢和低合金钢电解抛光工艺，电压约12V。其中，配方4为含碳量低于0.45%的碳素钢抛光工艺；配方5为各种类型钢材抛光工艺，当采用较大电流密度和进行间断通电时，可以进一步提高表面的光洁度；配方6为各种类型钢材抛光工艺；配方7为碳素钢和含锰及含镍的模具钢抛光工艺；配方8作为不锈钢抛光液，能使表面达到镜面抛光效果。

2. 可用铅作为阳极。

磷酸或硫酸的用量按下式计算：

$$A = \frac{a\rho \times 1000}{b\rho_1}$$

式中，A 为配制 1000mL 溶液所需磷酸或硫酸的体积，mL；ρ 为已配制溶液的密度，g/mL；ρ_1 为磷酸或硫酸的实测密度，g/mL；b 为磷酸或硫酸的质量分数；a 为配方中规定的质量分数。

配制溶液时先用少量的水分别溶解铬酐、EDTA 和草酸，然后加入磷酸并在不断搅拌的条件下加入硫酸。配制后的溶液需测量其密度，当其密度低于规定值时，可将溶液在 115～200℃加热浓缩，以除去多余的水分。新配制的溶液，需在阴极面积大于阳极面积几倍的情况下，进行通电处理，使一部分 Cr^{6+} 还原为 Cr^{3+}，这时阳极电流密度为 30～40A/dm²，通电量为 5～6A·h/L。经通电处理后，即可进行电解抛光。

配制 1 号溶液时，应将磷酸和硫酸依次缓慢加入水中，冷至室温后，测量密度，并分析各成分含量。溶液应在 70～80℃下，以 60～80A/dm² 的阳极电流密度进行通电处理，待通电量达 40A·h/L 后，即可使用。配制 3 号溶液时，应将磷酸与硫酸混合，铬酐与水混合溶解，然后将磷酸和硫酸混合液倒入铬酐的水溶液中加热至 80℃，在搅拌的条件下慢慢加入明胶，此时溶液反应激烈，大约 1h 后反应完毕，溶液变为均匀的草绿色。测定并校正溶液的密度，密度合格后，在低的阳极电流密度下，通电处理数十分钟，即可用于生产。

溶液在使用过程中，由于阳极溶解而不断累积铁离子，与此同时，零件抛光后的光亮度将会下降，可通过铁电沉积或沉淀除去。当铁含量（按 Fe_2O_3 计算）达到 7%～8%时，溶液需部分或全部更换。

溶液中 Cr^{3+} 累积过多（Cr_2O_3 超过 20g/L）时，同样会使抛光后的零件表面光亮不足。这时，可以在阳极面积大于阴极面积几倍的情况下，进行通电处理（阳极用石墨），阴极最好用素烧陶瓷予以隔离，通电处理完毕时，除去阴极室内 Cr^{3+} 化合物。

溶液中磷酸、铬酐、硫酸和 Cr^{3+} 的含量，应定期分析和调整，溶液的密度应经常测定，并及时加水或浓缩溶液，校正密度。

抛光液的温度和电流密度都对抛光效果有重要影响。如采用配方 8 对不锈钢抛光，其电流密度/电压曲线如图 2-2 所示。对于不同的抛光液配方与不同的不锈钢材料，其 I/U 曲线略有差异，但变化趋势大致相同。

电流密度过小，抛光面灰白，发生酸的腐蚀，起不到抛光的效果；电流密度过大时，H_2 和 O_2 气泡大量产生，溶液温度迅速上升，甚至过大的电流击穿黏膜层，产生麻坑，局部腐蚀。抛光电流密度的选择和温度相联系，温度高时电流要小些。温度较低时，电流要大些。抛光液在一定温度范围内，如果电位太低，则无黏液膜形成，也无电解抛光作用发生，试样表面灰白；若电位略微升高时，虽有黏液膜产生，但很不稳定，即使形成也会立即溶入电解液中，也不产生抛光作用，仅有浸蚀现象产生；若电位进一步增加，达到某一值之后，才开始产生稳定的黏液膜，电解抛光才得以产生，并有氧气逸出，抛光效果逐步提高。

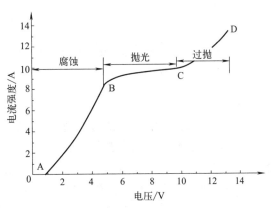

图 2-2　不锈钢阳极电抛光的 I/U 曲线

（2）化学抛光

钢铁零件化学抛光工艺规范见表 2-6。

表 2-6　钢铁零件的化学抛光工艺规范

工 艺 条 件	w_B（除注明外）/%					
	配方 1	配方 2	配方 3	配方 4	配方 5	配方 6
磷酸（$\rho=1.70g/mL$）			$\varphi60\%$			
硫酸（$\rho=1.84g/mL$）		227mL/L	$\varphi30\%$	0.1		
盐酸（$\rho=1.19g/mL$）	66～77	67mL/L				
铬酐			5～10			
硝酸（$\rho=1.40g/mL$）	180～200	40mL/L	$\varphi10\%$			
氢氟酸（$\rho=1.14g/mL$）	70～90					
硝酸铁	18～25					
冰醋酸	20～25					
柠檬酸饱和溶液	60mL/L					
磷酸氢二钠饱和溶液	60mL/L					
30%过氧化氢				30～50	35～40	70～80

工艺条件	w_B（除注明外）/%					
	配方 1	配方 2	配方 3	配方 4	配方 5	配方 6
草酸[$(COOH)_2 \cdot 2H_2O$]				25～40		
NH_4HF_2					10	20(10)
尿素					20	20
苯甲酸					0.5～1.0	1～1.5
润湿剂					0.2～0.4	0.2～0.4
水		660mL/L				
pH 值					2.1	2.1
温度/℃	50～60	50～80	120～140	15～30	15～30	15～30
时间/min	0.5～5	3～20	<10	2～30 至光亮	1～2.5	0.5～2
搅拌				可采用	需要	需要

注：1. 配方1、2适用于不锈钢零件，抛光时要抖动零件，避免气泡在表面停滞，加入甘油可以改善抛光质量；配方3适用于低、中碳钢零件和低合金钢零件；配方4～6适用于低碳钢零件，其中配方5、配方6的pH值用pH为1.4～3.0的试纸进行测定。

2. 润湿剂可用6501、6504洗净剂或聚乙二醇等。

操作中注意：①溶液中铁离子含量不应超过 35g/L。铁含量过高时，抛光速度和抛光质量都将下降。若补充过氧化氢及其他成分后不能恢复溶液的功能，应更换溶液。②溶液温度最好控制在 15～25℃。温度过高，会使过氧化氢加速分解，影响溶液的寿命。以上抛光过程，是一个放热反应过程，需进行冷却降温。③由于过氧化氢分解较快，需要及时补充过氧化氢（每次 5～10g/L）。同时，需按 4～6g/L 补充氢氟酸，使溶液 pH 值约为 2.1。当铁含量较高时，pH 值应控制在 1.7～2.1。配方4草酸的补充量约为双氧水补充量的一半。④对于配方3，溶液中水含量过多，会导致抛光后的零件表面被腐蚀和失去光泽。故抛光前的零件，必须在干燥并加热至同溶液温度接近后再进槽，溶液使用一段时间后，如果发现抛光过程中 NO_2 的逸出减少，则可酌量加入硝酸（$\rho=1.40g/mL$）使 $\varphi(HNO_3)=2\%～8\%$。

2.1.4.2 铜及铜合金的电解抛光和化学抛光

铜及铜合金的电解抛光工艺和化学抛光工艺规范见表 2-7。

表 2-7 铜及铜合金的电解抛光工艺与化学抛光工艺规范

工艺条件	配方 1[①]/%	配方 2[①]%	配方 3[②]/%	配方 4[②]/%	配方 5[①]/%
磷酸($\rho=1.70g/mL$)	72	74	44	41.5	70.5～93.6
硫酸($\rho=1.84g/mL$)			19		
硝酸($\rho=1.40g/mL$)					2.95～6.4
铬酐		6			
苯并三氮唑	0.5mL/L				
水	28	20	37	8.7	
溶液密度/(g/mL)	1.55～1.60	1.60			
电压/V	1.7～2				
阳极电流密度/(A/dm²)	6～8	30～50	10	7～8	
温度/℃	室温	20～40	20	5～15	25～45
时间/min	15～30	1～3	15	25～30	1～2
阳极材料	铜	铅	铜	铜、不锈钢	

工艺条件	配方 6	配方 7[②]/%	配方 8[②]/%	配方 9	配方 10[③]/(g/L)	配方 11	配方 12
H_2O_2(30%)						140～160mL	430～470mL
磷酸(ρ=1.70g/mL)		54	40～50				
硫酸(ρ=1.84g/mL)	250～280mL/L			400～500mL/L	200	87～108mL	
硝酸(ρ=1.40g/mL)	40～50mL/L	10	6～8	40～60g/L			50～60mL
尿素				40～60g/L			2g/L
明胶				1～2g/L			
聚乙二醇				1～2g/L			
平平加				0.5g/L			
冰醋酸		30	35～45			30～40mL	
无水乙醇					重铬酸钠 600	40～60mL	60～70mL
铬酐	180～200						
盐酸(ρ=1.19g/mL)					2		
二乙基二硫代氨基甲酸钠					0.4		
温度/℃	20～40	55～65	40～60	<40	30～40	20～50	30～35
时间/min	0.2～3	3～5	3～10	15～30s	3～4	0.5～1.5	0.5～1.5

① 此处为质量分数 w_B。

② 此处为体积分数 φ。

③ 此处为质量浓度 ρ_B。

注：1. 配方 1～4 为电解抛光工艺；配方 5～12 为化学抛光工艺。

2. 配方 3 为黄铜和其他铜合金抛光工艺；配方 4 为黄铜与青铜抛光工艺，但需配制溶液 φ（磷酸：水：甘油：乙二醇：乳酸）=41.5：8.7：24.9：16.6：8.3；配方 5 为铜铁组合件抛光工艺；配方 6 为较精密的零件抛光工艺；配方 7 为铜和黄铜零件抛光工艺；配方 8 为铜和黄铜零件抛光工艺，当温度降至 20℃ 时，可用于抛光白铜零件；配方 9 为黄铜零件抛光工艺；配方 10 为铜零件抛光工艺；配方 11 和 12 为铜和黄铜化学抛光工艺。

新配制的溶液，应进行通电处理。配方 1 通电量为 5A·h/L，此时溶液中的含铜量为 3～5g/L；配方 2 通电量为 10A·h/L。

在使用过程中，溶液的密度和各组分含量将发生变化，应经常测定密度并及时调整。配方 2 溶液中 Cr^{3+} 的含量（以 Cr_2O_3 计算）超过 30g/L 时，可以在阳极电流密度为 10A/dm² 和温度为 40～50℃ 下，用大面积阳极通电处理，将 Cr^{3+} 氧化为 Cr^{6+}。不工作时，应将溶液盖严，以防溶液吸收空气中的水分。

铜及铜合金的电解抛光，广泛采用磷酸电解液。阴极表面的铜粉应经常除去。

化学抛光过程中，需经常补充硝酸，抛光时若二氧化氮（黄烟）析出较少，零件表面呈暗红色时，可按配制量 1/3 补充硝酸。为防止过量的水带入槽内，零件应干燥后再行抛光。

2.1.4.3　铝及铝合金的电解抛光和化学抛光

（1）酸性抛光

铝及铝合金的酸性抛光（电解抛光和化学抛光）工艺规范见表 2-8。

表 2-8　铝及铝合金的酸性抛光工艺规范

工艺条件	质量浓度 ρ_B/(g/L)（除注明外）				
	配方 1	配方 2	配方 3	配方 4	配方 5
磷酸($\rho=1.70$g/mL)	77.5	80～85	75	75～80	
硫酸($\rho=1.84$g/mL)	15.5		8.8	10～15	
硝酸($\rho=1.40$g/mL)	6	2.5～5	8.8	3～5	60～65mL
冰醋酸		10～15			
五水硫酸铜	0.5		0.02		
硫酸铵			4.4		
尿素			3.1		
硼酸	0.4				
铬酐				2～5	
氢氟酸($\rho=1.13$g/mL)					15～20mL
甘油					1～2mL
温度/℃	100～105	90～105	100～120	95～105	室温
时间/min	1～3	2～3	2～3	2～3	2s

工艺条件	质量浓度 ρ_B/(g/L)（除注明外）						
	配方 6	配方 7	配方 8	配方 9	配方 10	配方 11	配方 12 w_B/%
磷酸($\rho=1.70$g/mL)	86～88	43	34	37～42	58	70	42
硫酸($\rho=1.84$g/mL)		43	34	37～42	41	5	20～30
铬酐	14～12	3	4	4.3～4.9			
氢氟酸($\rho=1.13$g/mL)						10	
甘油					1	15	47
乙醇							11
水	1.72～1.74	11	28	12～22			
温度/℃	75～100	80～90	85～90	80～85	75～85	80～100	80～90
电压/V	10～30	10～15	10～18	12～18	12～20		
阳极电流密度/(A/dm²)	7～12（20～40）	8～12	20～30	40～50	20～30	≥10	30～40
时间/min	3～5	5～8	5～8	1～3	3～5	5～10	8～10
阳极材料	铅或不锈钢						

注：1. 配方 1～5 为化学抛光工艺；配方 6～11 为电解抛光工艺。

2. 配方 1 为纯铝和含铜量较低的铝合金抛光工艺；配方 2 为纯铝和铝镁铜合金抛光工艺；配方 3 为工业纯铝和铝镁合金抛光工艺；配方 4 为含铜、锌较高的高强度铝合金抛光工艺；配方 5 为硅铝合金化学抛光工艺；配方 6 为纯铝、铝镁合金（Mg 0.3%～0.5%）及经过热处理后的铝镁硅合金抛光工艺。抛光时应搅拌溶液或上下移动阳极 20～30 次/min，行程 5～7cm/次。配方 7、配方 9 为铝及硬铝合金 LY12 抛光工艺；配方 8 为铝、铝镁合金、铝锰合金以及硬铝合金 LY1 及 LY2 抛光工艺；配方 10 为纯铝及铝镁合金 LT66 抛光工艺；配方 11 为铝硅合金压铸件抛光工艺；配方 12 为纯铝、铝镁合金化学抛光工艺。

3. 配方 12 抛光质量较好。

电解液在使用过程中，Cr^{3+} 的含量将逐渐升高，过多的 Cr^{3+}，可以用大面积的阳极通电处理，使之氧化为 Cr^{6+}。当溶液中的铝含量超过 50g/L 时，溶液应部分或全部更换。

Cl^- 对电解抛光有不利的影响，当 Cl^- 含量超过 10g/L 时，零件极易出现点状腐蚀，配制溶液所用的水中，Cl^- 应少于 80mg/L。

化学抛光溶液中，硝酸的浓度对抛光质量有很大影响。当硝酸浓度过低时，反应速度低，抛光后的表面光泽较差且往往沉积出较厚的接触铜。硝酸浓度过高时，则容易出现点状腐蚀。磷酸浓度低时，不能获得光亮的表面。醋酸可抑制点状腐蚀，使抛光表面均匀、细致。硫酸不挥发，价格低，虽效果略低于醋酸，但生产中应用广泛。硫酸铵和尿素可减少氧化氮的析出，有助于改善抛光质量。铬酐可以提高铝锌铜合金的抛光质量，含锌、铜较高的高强度铝合金，在不含铬酐的溶液中，难以获得光亮的表面。抛光结束，迅速取出零件，充分洗涤。若需除氧化膜，可在 100g/L 氢氧化钠中，于 50℃ 左右去膜。

经化学抛光的零件，一般应在 400～500g/L 硝酸中，或者在 100～200g/L 铬酐溶液中，于室温下浸渍数秒至数十秒，以除去表面的接触铜。

（2）碱性抛光

碱性电化学抛光工艺规范见表 2-9。

表 2-9　碱性电化学抛光工艺规范

工艺条件	质量浓度 ρ_B/(g/L)		
	配方 1	配方 2	配方 3
$Na_3PO_4 \cdot 12H_2O$	130～150		
碳酸钠	350～380		
NaOH	3～5	12	12
EDTA		10	25～40
pH	11～12		
电压/V	12～25	正向 15，负向 10，电流换向频率 1Hz	7
阳极电流密度/(A/dm²)	8～12		20
温度/℃	94～98	40	45～50
时间/min	6～10		
适用范围	纯铝和 LT66 等		工业纯铝

注：1. 配方 1 以不锈钢板或普通钢板作为阳极，溶液需搅拌或阳极移动。
2. 配方 2、3 抛光后，零件表面反射率达到约 90%，铝材损耗为 0.01～0.02g/cm²。

① 碱性电化学抛光溶液虽可用于抛光 L1、L2、L3 等纯铝和 LT66 铝镁合金零件，但易在抛光表面生成半透明氧化膜。因此，必须把抛光后的零件浸入磷酸-铬酸混合溶液（30mL/L H_3PO_4＋10g/L CrO_3）中除膜，以降低其表面粗糙度。

② 当抛光零件表面出现麻点、斑点、条纹或乳白色氧化膜时，可在碱液（100～150g/L NaOH；温度 50～60℃；时间 10～30s）中去除全部蚀点和氧化膜，以便重新抛光和回收。

③ 当抛光制件表面出现少量接触铜时，可把零件浸入酸液（2～5mL/L HNO_3；室温；时间 30～120s）中溶解接触铜，以呈现光亮表面。

2.1.4.4　镍的电解抛光和化学抛光

镍的电解抛光和化学抛光工艺规范见表 2-10。

表 2-10 镍的电解抛光和化学抛光工艺规范

工艺条件	配方 1 w_B/%	配方 2 w_B/%	配方 3 w_B/%	配方 4 ρ_B/(g/L)	配方 5 φ_B/%
磷酸($\rho=1.70$g/mL)	65			750	60
硫酸($\rho=1.84$g/mL)	15	72~75	70	900	20
硝酸($\rho=1.40$g/mL)					20
铬酐	6	2~3			
甘油		2~3			
柠檬酸				60	
柠檬酸铵				20	
水	14	18~24	30		
溶液密度/(g/mL)	1.74	1.62~1.66	1.60~1.62		
电压/V	12~18	12~18	12	6~12	
阳极电流密度/(A/dm²)	30~40	30~40	30~40	15~20	
温度/℃	室温	室温	35~45	室温	80~85
时间/min	0.3~2	0.3~2	0.5~1.5	0.5~1	1~3
阴极材料	铅	铅	铅	铅、不锈钢	

注：配方 1 为镍镀层抛光工艺；配方 2 为镍镀层和镍基体抛光工艺；配方 3 为镍基体抛光工艺；配方 4 为镍和镍铁合金抛光工艺；配方 5 为半光亮镀镍层化学抛光工艺。

2.1.4.5 其他金属的电解抛光和化学抛光

（1）金及合金

盐酸（$\rho=1.19$g/mL），80mL/L；硫脲，80g/L；甘油，60mL/L；洗净剂，100mL/L；30~40℃；1~5min。

（2）锌和镉

① 铬酐，100~150g/L；硫酸（$\rho=1.84$g/mL），2~4g/L；室温；0.2~1min。

② 铬酐，200~250g/L；硝酸（$\rho=1.40$g/mL），60~100g/L；硫酸（$\rho=1.84$g/mL），3~4mL/L；室温；0.2~0.5min。

（3）钛及某些钛合金

硝酸（$\rho=1.40$g/mL），400mL/L；氟化氢铵，100g/L；氟硅酸（$w=30\%\sim31\%$），200mL/L；水，余量；20~26℃。

（4）银

纯银可用镀银层的浸亮溶液进行化学抛光，也可以在含 20~30g/L 氰化钠、70~80mL/L 30%过氧化氢混合溶液中，于室温下进行化学抛光。抛光时应轻轻地抖动零件，到气体开始析出时，取出零件，经水洗后，浸入含 35~40g/L 氰化钠的溶液中，随即重新浸入抛光槽，如此反复，直到获得光亮的表面。

（5）钨

钨可以在 $w(\text{NaOH})=10\sim12$g/L 溶液中于室温下进行电解抛光，阳极电流密度 3~6A/dm²，10~30min。

2.1.5 滚光

滚光是将零件和磨削介质一起放入滚桶中，滚桶做一定速度的旋转，依靠零件与磨料、零件与零件之间的相互摩擦和介质的化学作用来清理小零件表面上的锈、毛刺和粗糙不平，得到较光滑的表面。滚光适用于大批量、形状较简单的小零件，对形状复杂、带有螺纹、深孔和尖角的零件，不宜采用滚光处理。滚光可以全部或部分替代镀前的磨光和抛光工序。

2.1.6 振动光饰

振动光饰是通过振动电机等带动容器做上下、左右或旋转运动，从而使零件与磨料介质相互摩擦，以达到整平、修饰零件目的的过程。

2.1.7 喷砂

喷砂是前处理中非常常用的方法。若用河沙，可节约成本，效果亦非常理想。喷砂具有优良的除油去锈功能。经过喷砂的零件，水洗后可直接进行化学转化处理。如果将砂粒替换为塑料颗粒，就是所谓的"塑喷"。塑喷生产上多用于有机材料，或者去除漆膜又不影响尺寸的场合，其原理与喷砂同，不再单独叙述。

喷砂是以压缩空气为动力，使砂粒形成高速砂流射向金属制件表面，依靠砂粒的切削进行处理的。经过喷砂处理后可以得到比较均匀、细致的麻面，清除了金属制品表面的毛刺、氧化皮、焊渣，铸件表面的熔渣、旧漆层或其他旧涂层。还用于某些不易采用常规前处理方法的材料和零件，如对氢脆性非常敏感的高强度钢；在水溶液中极易腐蚀的镁合金制件。喷砂还可用来清理焊接件的焊缝，对保证组合件的质量也有很大意义。喷砂要注意不要吹过头，否则会影响零件的大小。经验丰富的吹砂工能对较精密零件进行吹砂。

喷砂常用磨料为石英砂、钢砂、氧化铝及碳化硅等，车间一般使用石英砂。石英砂可以反复使用，至其颗粒成为粉末。现在许多工厂为节约成本，大量使用河沙，使用时注意河沙中不能有泥质。经过喷砂处理的零件，其转化膜质量较好，甚至优于经过除油、浸蚀处理后的转化膜质量。

按磨料使用条件，喷砂分为干喷砂与湿喷砂两类。干喷砂除锈效率较高，加工表面较粗糙，粉尘较大，磨料破碎率高；湿喷砂对表面有一定的光饰与保护作用，常用于较精密零件的加工。对零件尺寸要求较高的零件也可以用使用过的较细的砂粒吹砂。钢铁除锈常用粒度在 $0.5\sim2mm$ 左右的磨料。湿喷砂的水砂比值一般控制在 $7:3$ 为宜，$0.045\sim0.038mm$ 的水砂粒中，应加入膨润土作为悬浮剂；为防止钢铁锈蚀，往往在水中加入缓蚀剂，如 0.5% 的碳酸钠和 0.5% 的重铬酸钠等，湿喷砂后的钢铁件，应浸入 $8.66g/L$ 苯甲酸钠、$4.33g/L$ 亚硝酸钠的热防锈溶液（$>70℃$）中处理。湿喷砂应用较少，这是由于若不加缓蚀剂，零件没干燥就锈蚀，因此在水干之前必须进行下一道工序。

喷砂常用于热喷涂或涂料涂装前除锈。零件喷砂皆有除油除锈功能，经过喷砂的零件可以直接进入磷化槽等转化膜槽；或者在进入这些槽之前用热水洗；或者经过简单处理后进入转化膜槽，如喷砂水洗后不用表调直接进入磷化槽。在喷砂后 8h 内应及时进入下一道工序，否则喷砂处理面在空气中暴露时间过长，活性降低、重新生长氧化膜。

喷砂质量一般应达到标准要求，喷砂后零件应是均匀的灰色，表面不允许有大量氧化皮及大量铁锈和油斑。喷砂质量也可以达到某些国际标准的要求。车间喷砂一般都能达到要求，需要注意的是不要将零件的尺寸吹得过小。

将喷砂所用磨料改为钢丸、玻璃丸或陶瓷丸等丸状颗粒对工件表面进行喷射，就成为喷丸处理。喷丸粒度一般在 $0.250\sim0.270mm$，其破碎率控制在 15% 以下。喷丸除锈效果较喷砂差，但可在工件表面产生显著的压应力而提高疲劳强度和抗应力腐蚀能力。

2.1.8 喷丸

喷丸是利用风力吹动铁丸打击零件，去除零件表面锈斑，改变表面应力状态。铁丸越细，喷打出的表面越细致。在表面处理工艺中，喷丸将零件表面锈蚀除去，然后涂漆，喷丸后也可磷化涂漆，在此不做详细介绍。

2.2 除油

除油（脱脂）效果直接影响化学转化膜质量。脱脂的方法按使用温度分为：常温脱脂法（0～40℃）、低温脱脂法（35～55℃）、中温脱脂法（60～75℃）、高温脱脂法（80～100℃）。

工件表面的油脂主要是各种碳氢化合物，有些与碱不起反应，不可皂化，故称为非皂化油脂，去除这种油只能依靠乳化或溶解作用来实现；而另一些油与碱发生皂化作用，称为皂化油脂，可通过皂化、乳化和溶解作用去除。皂化油脂主要是各种脂肪酸的甘油酯，皂化产物是可溶于水的肥皂和甘油。在化学除油过程中，常有预脱脂、再脱脂工艺。预脱脂工艺除去非皂化油，从而有利于后一道脱脂工序脱去皂化油，皂化油水解的时间较长。

常用的除油方法有：有机溶剂除油法、化学除油法、电化学除油法、擦拭除油法（包括滚筒除油法）以及上述的联合法。一些特殊场合及特殊零件，还常用到一些特殊的方法。如长管体零件内部去油，常用高压清洗，称为高压去油，以及蒸汽-水循环联合去油等；野外常用高压水冲洗去油等。

除尽油脂的零件，可用以下两法检验。

① 水滴试验法。又称水珠试验法。即将水珠滴于零件表面，若零件表面除油不彻底，水珠便呈球形，当零件摆动时，球形水珠会立即滚落下来。反之，当除油彻底时，水滴则呈水膜状散布于零件表面。

② 挂水试验法。将被检查的零件放入水中，然后提起，观察挂水后水膜被油膜间断的状态。若零件表面有一层连续的水膜存在，无间断状态，即表示零件整个表面除油彻底；反之，除油不彻底，还需继续除油。

2.2.1 物理机械法除油

这是采用化学或电化学方法脱脂有困难时采取的一种脱脂方法，有以下三种：

（1）擦揩法（包括滚筒脱脂）

这是用毛刷或抹布粘上脱脂剂在工件表面擦揩进行脱脂的方法。常使用的脱脂剂有去污粉、洗衣粉、维也纳石灰、金属清洗剂等。

滚筒脱脂法适用于批量大、尺寸小而重量轻，用浸渍法脱脂易互相贴在一起或成团的工件脱脂。对于易变形的薄壁工件此方法不适用。

（2）燃烧法

把含有油脂的工件加热到 300～400℃，将油脂炭化后予以清除的方法。

（3）喷砂或喷丸法

这种在除锈中使用较多的方法也可用于脱脂处理。喷砂见前节所述，皆有除油除锈功能。经喷砂处理的零件，可直接进行电镀或化学转化。

2.2.2 有机溶剂除油

有机溶剂除油就是利用有机溶剂溶解除去油脂。有机溶剂除油在小规模脱脂中较为常用，能去除碱液难以除净的高黏度、高滴落点油脂。在常温下用简单的器具和汽油、煤油等就可进行手工清洗，对于各种尺寸和形状的金属工件都能适用。

常用的有机溶剂有：汽油、煤油、酒精、丙酮、苯类（苯、甲苯、二甲苯）以及某些氯化烷烃（三氯乙烯、四氯化碳、四氯乙烯等）。生产上常用汽油，如用棉纱、棉布和180#汽油擦拭零件除油，进行预脱脂。最有效的是使用三氯乙烯和四氯化碳，它们不会燃烧，可在较高温度下除油。前面列举的汽油煤油、酒精、丙酮、苯类有机溶剂属于有机烃类溶剂，其特点是毒性较小，易燃，对大多数金属无腐蚀作用，多用于冷态浸渍或擦拭除油。它们的蒸气在空气中达到一定浓度时，遇火即能爆炸，在生产中必须搞好通风、防火、防爆等安全措施。苯类有毒，在生产中必须注意通风和防护。列举的三氯乙烯、四氯化碳、四氯乙烯等属于有机氯化烃类溶剂，其特点是不燃，对油脂的溶解能力很强，除油效率高，除铝、镁外，对大多数金属无腐蚀作用。可用于浸渍擦拭法，也允许加温操作，进行气、液相联合除油，溶剂还可以再生循环使用。

对有些金属零件，如锌及合金，以及有色金属与非金属压合在一起的零件，或者油污较厚的其他金属零件，只能或必须采用有机溶剂除油。

易燃性有机烃类溶剂，只能用于浸渍、擦拭、刷洗等冷态加工方法的除油。该方法设备简单，只需一个盛溶剂的容器和简单的擦洗工具。适用于多种材料的金属零件，应用比较广泛。

采用不燃性有机氯化烃类溶剂除油时，三氯乙烷、三氟三氯乙烷使用方法与设备同有机烃类溶剂，可用于各种有机涂层或由有机复合材料制成的零件除油。需注意对有机层的溶胀作用。应用最多的三氯乙烯和四氯化碳，除油效果最好，但必须有通风和密封性良好的专用设备。可进行冷法加工，也可加温进行处理。其除油方法有蒸气除油法、喷射除油法、浸渍-蒸气除油法、浸渍-喷淋-蒸气联合除油法等。现就三氯乙烯溶剂除油作重点介绍。

（1）三氯乙烯的特性与除油作用

三氯乙烯燃点为410℃，对油脂的溶解能力比汽油强数倍。除能进行浸渍除油外，还可进行三氯乙烯蒸气除油。加热三氯乙烯，使之变成蒸气，其密度比空气大得多，故可以在设备中保持一个三氯乙烯蒸气层，与空气有一个明显的分界面。有油垢的零件进入三氯乙烯蒸气层后，蒸气立即冷凝在零件表面，溶解除去零件表面油垢。又由于三氯乙烯的沸点比一般油脂低得多，以致被溶解的油脂不再和三氯乙烯一同被气化，从而始终保持三氯乙烯蒸气层的纯净，不使油脂再污染零件。

（2）三槽式三氯乙烯除油专用设备

三氯乙烯除油方法专用设备有：通用蒸气除油设备、带喷洗器的蒸气除油设备、带浸洗槽的蒸气除油设备和改进型三槽式三氯乙烯除油专用设备等。三槽式三氯乙烯除油专用设备国外应用最多。其结构如图2-3所示。第一槽，加温浸泡，溶解除去大部分油脂；第二槽，常温较干净冷液，用于除去一槽浸泡后残留的油污；第三槽，进行蒸气除油。这种三槽除油设备是集原单纯蒸气除油、浸渍-蒸气除油于一体的除油设备。若在浸渍槽底部加入超声波，可加速污垢物脱离、除去抛光膏残渣等；若加喷淋装置可快速冲掉大颗粒粉尘，或用于大型零件蒸气除油后的辅助除油。

设备中的滴水冷却管用于冷却三氯乙烯和水的界面，防止三氯乙烯蒸气逸散。从冷却管上凝结下来的三氯乙烯不可避免地含有一些水分（来自空气中的水蒸气），这种含水的三氯乙烯回到除油设备里，会加速三氯乙烯的分解，故又在设备上加装水分离器，利用水与三氯乙烯的密度不同、互不相溶、形成分层的特性，连续分离、纯化三氯乙烯。

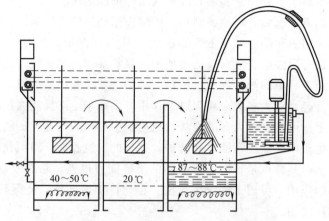

图 2-3　三槽式溶剂除油设备示意图

（3）三氯乙烯溶剂除油注意事项

多数有机溶剂的蒸气有毒，三氯乙烯毒性更大，部分有机溶剂易燃（有机烃类），故必须采取必要的通风、防火、防爆等安全措施，用三氯乙烯更应注意：

① 三氯乙烯在紫外线照射下，受光、热、氧气、水的作用，会分解出剧毒的碳酰氯（即光气）和强腐蚀的氯化氢。若在铝、镁金属的催化下，这种分解作用更强烈，因此采用三氯乙烯除油，应避免日光照射和带水入槽。铝、镁零件不宜采用三氯乙烯除油。

② 三氯乙烯要避免与苛性钠或水中 pH 值大于 12 的任何物质接触。因为苛性钠与三氯乙烯一起被加热时，会产生二氯乙炔，可能发生爆炸。

③ 设备密闭性良好，谨防蒸气泄漏。除油设备底部的集液池要有足量的三氯乙烯，一般应超过加热器 50mm，不高于零件托架高度；加热器不能露出液面，采用水蒸气加热，水蒸气压力不得超过 $20N/cm^2$，以控制三氯乙烯的气化率。

④ 三氯乙烯气体毒性大，有强烈的麻醉作用，因此严禁在除油设备附近吸烟。及时捞出落入槽内的铝、镁零件，槽壁应涂以富锌漆等防腐涂层，槽侧需有抽风装置。

⑤ 尽量避免三氯乙烯与皮肤接触，以免引起皮肤脱脂而燥裂，应戴好防护手套。

⑥ 零件进出槽的速度一般不超过 3m/min，避免把三氯乙烯蒸气挤出和带出设备之外。

⑦ 经常检查设备有无腐蚀迹象，以及时排除造成三氯乙烯分解呈酸性的因素（过热、水、铝、镁）。

⑧ 使用三氯乙烯除油要定期测量其密度，控制 w(油量)$\leqslant$30%。以防三氯乙烯沸点升高和分解，降低设备效率，沾污零件。故当 w(油量)=25%～30%时，应更新溶剂。

（4）正溴丙烷溶剂除油

正溴丙烷是一种新型工业清洗剂，它具有与三氯乙烯相似的物理性质与清洗效力，因三氯乙烯污染环境而被禁止使用，而正溴丙烷符合环保要求，因此被普遍使用。当正溴丙烷溶剂被加热到 71℃时，产生正溴丙烷蒸气，由于其蒸气密度比空气大几倍，形成的蒸气层呈水平面缓慢上升。上升到上部冷凝蛇形管时，立即凝结成液体滴入槽中。而下部始终笼罩一层密度较大的正溴丙烷蒸气。当冷的零件进入蒸气层，正溴丙烷蒸气凝结在上面，溶解掉零件上面的油污。正溴丙烷除油效率高，不易燃烧，溶剂能蒸馏回收，反复利用。其设备可参照图 2-3。

有机溶剂可制成乳化液去油，2.2.3.1节将详细叙述。

2.2.3 化学除油

化学除油是利用表面活性剂的乳化作用除去非皂化油脂；利用热碱溶液对油脂的皂化和乳化作用，除去皂化油脂。化学除油分为碱性除油、酸性除油、乳化液除油。另外，为降低碱液成分浓度，节约能源，提高除油效果，也开发了低温多功能除油。除油方式有喷淋脱脂和浸渍脱脂。

2.2.3.1 除油原理

（1）碱性除油

碱性除油过程包括对各种油类的乳化作用和对少数皂化油的皂化作用。

皂化作用：酯在碱液中发生反应

$$(RCOO)_3C_3H_5 + 3NaOH \longrightarrow 3RCOONa + C_3H_5(OH)_3$$

原来不溶于水的油脂变成可溶于水（特别是热水）的肥皂和甘油而被除去。

乳化作用：除油时，乳化剂分子的憎水基团与零件表面的油发生亲和作用，亲水基团则与除油水溶液接近，改变溶液与油污的表面张力，使零件与溶液界面张力降低，增加溶液与油污的表面积，使油污变得易于与水作用，油污和零件的表面引力逐渐减弱，在温度、对流和搅拌的作用下，除去油污。乳化剂吸附在脱离金属表面的油污表面，防止小油珠重新黏附在零件上，使其稳定存在于溶液中。

零件上非皂化油脂居多，只有通过乳化作用才能除去，因此应充分考虑乳化作用。

① 组分和工艺条件的影响

a. NaOH。它的作用是与动植物油发生皂化反应。当pH低于8.5时，皂化反应停止。铝、锌、锡、铅及其合金的碱洗液中一般不用NaOH。因为这些金属溶于碱。一般黑色金属采用pH值=12～14；有色金属和轻金属，采用pH值=10～11为宜。钢铁表面除油时，NaOH含量宜小于100g/L。因为碱与动植物油反应所生成的肥皂在浓的碱液中附在金属表面上，很难溶解；对于铜及铜合金，碱易使其变色，应控制在20g/L以下。NaOH虽然是一种强碱，具有很强的皂化能力，但润湿、乳化作用及水洗性均较差。

b. 碳酸钠。是除油溶液的良好缓冲剂，当pH值降低时发生水解，生成的NaOH可维持溶液的碱度。碳酸钠的皂化作用和对油脂的分散作用都较弱，但碱性低，是有色金属除油的主要成分。它对锌、铝、锡等两性金属无显著腐蚀作用。碳酸钠吸收空气中的CO_2后，能部分转变为碳酸氢钠，对溶液的pH值有一定缓冲作用。碳酸钠有一定除油作用，水洗性不够好。

c. 磷酸钠。磷酸钠起缓冲作用，将除油液维持在一定的碱度范围。其清洗性好，能使水玻璃易于从零件表面洗去。同时它还可使硬水软化，防止除油时形成的固体钙、镁肥皂覆盖于制品表面。磷酸钠除油效果较好，还具有一定的乳化能力。还有一种三聚磷酸钠（$Na_5P_3O_{10}$）除油效果更好。

d. 硅酸钠。在化学除油中常用的有：正硅酸钠$Na_4SiO_4[M(2Na_2O)：M(SiO_2)≈2：1]$、偏硅酸钠$Na_2SiO_3[M(Na_2O)：M(SiO_2)≈1：1]$或固体与液体的水玻璃的用量为1：（2～3）。硅酸钠水解生成游离碱和硅酸。碱有皂化作用，硅酸对悬浮的油污具有吸附和包裹作用，形成胶质硅酸而乳化。硅酸钠有很强的吸附性，在零件表面能形成一层不可见的薄膜，如果洗不净，零件进入酸性浸蚀剂时可能发以下反应：

$$Na_2SiO_3 + 2HCl \longrightarrow H_2SiO_3\downarrow + 2NaCl$$

生成的硅酸是胶体物质，具有很强的吸附性，开始并不沉淀，逐渐缩合后会变成不溶性的硅胶，影响镀层结合力。因此除油后必须注意清洗。为了提高水洗能力，必须同时加入磷酸钠或其它表面活性剂来改善清洗效果。当这类硅酸钠的相对碱度下降时，缓蚀性能增强。硅酸钠本身具有较好的表面活性作用和一定的皂化能力，且对铝、锌等有色金属有缓蚀作用。当它与其它表面活性剂组合时，便成了碱类化合物中最佳的润湿剂、乳化剂和分散剂。偏硅酸钠在有色金属除油时还被用作缓蚀剂。

e. 焦磷酸钠。具有磷酸三钠相似的除油特点。此外，焦磷酸钠还具有络合作用，酸根能与许多金属离子络合成环状结构的螯合物，防止零件上生成不溶性的硬水皂膜，促使零件表面容易被水洗净。

f. 乳化剂。乳化剂的分子上有两种类型的官能团，一种是极性的亲水基团，以羟基（—OH）、羧基（—COOH）、氨基（—NH$_2$）、磺酸基（—SO$_3^-$）、醚基（—O—）等极性基团为代表，除油时这种基团向着水。另一种是非极性的憎水亲油基团（亲油基以长的碳链为主），除油时这种基团附着油。溶液中乳化剂分子极性基团与非极性基团的这种定向排列，使表面不饱和性得到某种程度上的平衡，从而降低了表面张力，因此乳化剂也是表面活性剂。乳化剂能促进油脂乳化，从而除去油脂。

常用的乳化剂有 OP-10、平平加（A-20、O-20）、TX-10、FM 和 6501、6503 等。

乳化剂 FM（三乙醇胺油酸皂），乳化能力强，用于黑色金属及铝合金，清洗除油效果好，清洗也比较容易，但易被硬水中的钙、镁离子沉淀出来。一般用量 5～10mL/L。

乳化剂 OP-10（辛基酚聚氧乙烯醚）、TX-10（仲辛烷基酚聚氧乙烯醚），是一种良好的乳化剂，除油效果良好，但不易从零件上洗掉。为保证镀层与零件的结合力，必须加强清洗，用量也不宜过高，一般在 1～5g/L 范围内。

平平加系列的乳化剂 A-20（高级醇聚氧乙烯醚）、O-20（月桂醇环氧乙烷缩合物）对动植物油、矿物油均有良好的乳化作用，分散洗净能力强。

乳化剂 6501（十二烷基二乙醇酰胺）、6503（十二烷基二乙醇酰胺磷酸酯）是良好的乳化剂、发泡剂，用于硬水及盐类溶液中，性能稳定，不会被钙、镁离子沉淀，但用量比 OP-10 大，一般在 5～20mL/L 范围内。十二烷基苯磺酸钠去污、渗透、乳化、起泡性好，但防油污再附力差。

g. 其它添加剂。可增加清洗作用或改善工件表面的化合物有：乙二醇、乙二醇醚、络合剂、多价金属盐。在某些新型脱脂剂中用络合剂来取代磷酸盐组分。广泛使用的络合剂有：葡萄糖酸钠、柠檬酸钠、乙二胺四乙酸（EDTA）、次氮基三乙酸三钠和三乙醇胺等。

h. 温度。化学除油温度是重要的工艺参数，黑色金属应在 70～80℃下进行。温度升高可加快皂化反应、增加油脂和硬脂酸钠的溶解度，对除去油脂是有利的。但温度过高会降低乳状液的稳定性，使油脂提前析出、聚集，甚至重新附着在零件表面。

i. 其它条件。抖动零件、搅拌或喷射溶液以及施加超声波，都能加快除油过程。

② 碱性除油工艺。碱性除油工艺见表 2-11、表 2-12。

表 2-11　钢、铜及合金除油工艺规范

工艺条件	质量浓度 ρ_B/(g/L)							
	配方 1	配方 2	配方 3	配方 4	配方 5	配方 6	配方 7	配方 8
NaOH	60～100	20～40	60～100	20～30	20～30	20～40	5～10	
Na$_2$CO$_3$	20～60	20～30	20～40	30～40	30～40	20～30	35～40	

工艺条件	质量浓度 ρ_B/(g/L)							
	配方 1	配方 2	配方 3	配方 4	配方 5	配方 6	配方 7	配方 8
$Na_3PO_4 \cdot 12H_2O$	15～30	5～10	50～70	5～10	30～40	5～10	40～60	60～100
Na_2SiO_3	5～10	5～15	10～15	5～15		5～15	5～10	5～10
洗涤剂				2～4	2～4			
OP-10 乳化剂		1～3				1～3	2～3	1～3
温度/℃	80～90	80～90	80～100	80～90	80～90	80～90	70	70～90

工艺条件	质量浓度 ρ_B/(g/L)							
	配方 9	配方 10	配方 11	配方 12	配方 13	配方 14	配方 15	配方 16
NaOH	10～15		8～12	50～80	30	10～30	5～10	
Na_2CO_3	20～30	10～20	50～60	15～20	50		35～40	10～20
$Na_3PO_4 \cdot 12H_2O$	50～70	10～20	50～60	15～20	70		40～60	10～20
Na_2SiO_3	10～15	10～20	5～10	5		30～50		10～20
OP-10 乳化剂		2～3		1～2	3～5	3～5	2～3	2～3
温度/℃	80～95	70	70～80	90～100	70～100	70～80	70	65～85

注：1. 时间选择以除尽油为止。

2. 配方 1～6、12～14 为钢铁去油工艺；配方 7～11、15、16 为铜及合金去油工艺；配方 12～16 中数据为 Na_3PO_4 数值。

3. 化学除油后的零件，应首先用 60℃ 左右的热水清洗，将皂化产生的肥皂洗去，然后再用流动冷水洗净。

4. 洗涤剂是由三种非离子型表面活性剂配制而成的。洗涤剂配方（w_B）为：聚氧乙烯脂肪醇醚硫酸钠（将聚氧乙烯脂肪醇醚用硫酸酯化，再以碱中和而得）：85%；聚氧乙烯辛烷苯酚醚-10：5%；椰子油烷基醇酰胺（月桂酰二乙醇胺）：10%。

表 2-12 锌等金属化学除油工艺规范

工艺条件	质量浓度 ρ_B（除注明外）/(g/L)							
	配方 1	配方 2	配方 3	配方 4	配方 5	配方 6	配方 7	配方 8
NaOH			10～15					
Na_2CO_3	40～50	15～20		15～20		10～20	25～30	
$Na_3PO_4 \cdot 12H_2O$	40～50		40～60			10～20	20～25	
Na_2SiO_3	15～25	1～2	20～30	10～20		10～20	5～10	
$NaHCO_3$		5～10						
$Na_4P_2O_7 \cdot 12H_2O$		10～20		10～15				
OP-10 乳化剂				1～3		1～3		
6501 洗净剂					20mL/L			8mL/L
6503 洗净剂					5mL/L			8mL/L
三乙醇胺油酸皂					20mL/L			8mL/L
苯骈三氮唑 $C_6H_5N_3$					0.1～0.2mL/L			
温度/℃	70	40～70	60～80	60～80	70～80	60～80	60～80	70～80

工艺条件	质量浓度 ρ_B/(g/L)								
	配方 9	配方 10	配方 11	配方 12	配方 13	配方 14	配方 15	配方 16	配方 17
NaOH						25～30			60
Na_2CO_3	10～20		15～30	15～30	10～20	25～30		50-60	
$Na_3PO_4 \cdot 12H_2O$	10～20	40	15～30	10～20			10～30	80～130	6～15
Na_2SiO_3	10～20	10～15	10～20	10～20		20～30	3～5	20～30	
OP-10 乳化剂				1～3		1～3	2～3		肥皂 0.75
温度/℃	30～50	50～60	60～80	60～80	80～90	70～80	50～60	50～60	88～100

注：1. 时间选择以除尽油为止。

2. 配方 1～4 为铝、镁及合金去油工艺；配方 6、7 为铝、镁、锌、锡及合金去油工艺；配方 5、8 为各种精密零件去油工艺；配方 9、11 为锌及锌合金去油工艺；配方 12、16、17 为镁及合金去油工艺；配方 13、14 为锡及锡合金去油工艺；配方 10、15 为铝及铝合金去油工艺。

3. 配方 9、10、15 中数据为 Na_3PO_4 数值。

4. 6501 洗净剂的主要成分是椰油烷基醇酰胺。

5. 6503 洗净剂的主要成分是椰油烷基醇酰胺磷酸酯。

6. 配方 1、2 适用于钢铁零件去油。

（2）酸性除油

酸性除油液是由有机或无机酸加表面活性剂混合配制而成的。这是一种除油除锈一步法工艺。零件在这种除油液中，表面上的锈蚀氧化层溶于浸蚀剂中，而油污则借助于表面活性剂的乳化作用而被除去。生产中一般只用于对油污和锈蚀不太严重的金属零件进行镀前预处理。常用工艺规范见表 2-13。

表 2-13 酸性除油工艺规范

工艺条件	质量浓度 ρ_B（除注明外）/(g/L)						
	配方 1	配方 2	配方 3	配方 4	配方 5	配方 6	配方 7
硫酸（$\rho=1.84$g/mL)	256	80～135			35～45	100	300
盐酸（$\rho=1.19$g/mL)			220	800～900mL/L	950～960mL/L		
重铬酸钾							15
硫脲		1～2		10			
烷基磺酸钠				48～49			
OP-10 乳化剂	9.2		5～7.5		1～2	25	8
平平加乳化剂		15～25mL/L					
若丁	5						
六次甲基四胺			5		3～5		
自来水							200
温度/℃	60～65	70～85	50～60	室温	80～95	室温	室温

注：配方 6 为铜及铜合金除油工艺。配方 3、4 为黑色金属（氧化皮疏松）除油工艺。配方 1、2、5 为黑色金属除油工艺。

酸性除油只适用于有少量油污的金属制品，当零件表面油污严重时，应先用棉纱浸汽油擦洗。

（3）乳化液除油

用烃类石油溶剂去油时，虽去污能力强，但闪点低，易燃易爆。用适当表面活性剂乳化后，由于乳化液仍基本保持对油污的溶解能力，与多数材料相容性好，生物降解性好，对金属不腐蚀，对多数塑料与橡胶不溶解溶胀，是一种很好的去油剂。这种去油剂能较大程度消除有机溶剂易燃、易爆、易挥发、具有刺激性和毒性、破坏臭氧层等缺点。可用于乳化的有机溶剂有烃类、乙二醇醚类等。生产上常用的煤油、汽油等烃类有机溶剂，用表面活性剂乳化成乳化液后，清洗零件表面的重油污，除油速度快，效果好，能除去大量油脂，特别是机油、黄油、防锈油、抛光膏等。

乳化除油液性能的好坏，关键是选择表面活性剂。工艺规范见表2-14。

表 2-14　乳化除油液工艺规范

工艺条件	配方 1	配方 2	配方 3(质量比 ζ)	配方 4(质量比 ζ)
Na_2SiO_3	150～200g/L			
煤油			89.0	
粗汽油				82.0
OP 乳化剂	4～5g/L			
三乙醇胺油酸皂		8mL/L	3.2	4.3
6501 洗净剂		8mL/L		
6503 洗净剂		8mL/L		
表面活性剂			10.0	14.0
水（自来水）	1000g		100	100
温度/℃	60～70	70～80	室温	室温

配方 3 也可先用煤油 45％～50％、表面活性剂 10％、其余水配成原液，再将原液按 5％～15％稀释后即得乳化液。清洗温度 45～50℃最佳。可用于浸洗、喷洗及超声波清洗。

（4）低温多功能除油

为降低碱液成分浓度，节约能源，提高除油效果，现已研制出低温、低浓度、高效率、多功能的除油剂，市场有售。化学除油后，一般先用 60℃左右的热水清洗，将皂化产生的肥皂洗去，再用流动冷水清洗。若直接用冷水清洗，则皂化物黏附在零件表面，不易除去。

2.2.3.2　除油方式

（1）喷淋脱脂

将脱脂剂直接喷射到工件表面进行脱脂。这种脱脂方法的优点是脱脂速度快，去污效果好，脱脂剂浓度低，但槽液蒸发快，脱脂剂未直接喷射到的表面脱脂效果差，广泛应用于结构较简单的工件脱脂。喷淋脱脂中最常见的问题是脱脂的泡沫溢出。脱脂槽中适量的泡沫有助于悬浮油污，对脱脂起到间接的促进作用，但喷淋脱脂槽的泡沫过多，会溢出槽外，导致脱脂槽液流失，液面下降，而液面过低或泡沫过多，都会影响喷射泵的正常运转，影响喷射压力和流量，严重的还会停止工作。所以必须控制泡沫量。其方法有以下三种。

① 选择喷淋专用脱脂剂，并对泡沫指标进行专项检查。

② 添加消泡剂。其消泡原理是消泡剂在气泡液膜表面铺展时，会自动带走邻近表面层的溶液，使液膜局部变薄，直至液膜破裂。常见的消泡剂有以下四类：

a. 硅油类。消泡非常有效，使用浓度极低，仅万分之几就可，但价格贵，成本高，清洗不彻底，易影响涂膜的外观和附着力。

b. 醇类。高级醇（如辛醇、壬醇）比低级醇（如丁醇、乙醇）的消泡效果更好，不挥发，持久性好，但不溶于水，需要溶于较低级的醇后一起加入。

c. 磷酸酯类。如磷酸三丁酯，消泡作用好，但易挥发，消泡效果不持久。

d. 聚醚类。如聚氧乙烯聚氧丙烯醚，是目前实际使用中效果最为稳定的一种，有良好的消泡效果，并能抑制泡沫再度产生。

③ 检查设备的压力、喷嘴位置、距离等是否合理。

高压清洗是用具有高压的水或除油溶剂冲刷工件表面，从而将油污去掉的方法。如野外高压水清洗，压力可以很高。另外一些如长管体零件的内部腔体去油清洗，目前已有专门的商业高压清洗设备，配合不同工件设计相应夹具，是生产中常用的行之有效的方法。

（2）浸渍脱脂

将零件浸入除油液中脱脂。

2.2.4 电化学除油

电化学除油，是将零件挂在碱性电解液的阴极或阳极上，在直流电的作用下将零件表面的油脂除去。电化学除油彻底、效果好。电化学除油使用直流电源，另一电极用镍板、镀镍的铁板、不锈钢板或钛板，只起导电的作用。阳极不能用铁板。

电化学除油是车间常用的方法。这种脱脂方法有阴极脱脂法、阳极脱脂法和阴阳极联合脱脂法等。

阴极脱脂：溶液中如含有金属杂质，会在工件表面沉积，影响结合力。

阳极脱脂：金属工件无氢脆，能除去工件表面的浸渍残渣和某些金属薄膜。

阴阳极联合脱脂：交替进行阴极电解和阳极电解，用于无特殊要求的钢铁工件脱脂。比较常见的是先阴极去油后阳极去油。

2.2.4.1 电化学除油原理

带有油污的零件浸入电解液中后，油-溶液界面的表面张力降低，油膜产生收缩变形和裂纹。同时，由于电极的极化作用，零件表面电荷逐渐增多，电荷密度加大。由于同性电荷的相斥作用，力图将金属与溶液界面的双电层面积扩展，界面张力降低，表面电荷密度越大，界面张力越小，溶液对金属的润湿性增加，溶液便从油膜裂纹和不连续处对油膜发生排挤作用，因而油在金属上的附着力大大减弱。电极上所析出的氢或氧气泡，对油膜具有强烈的撕裂作用，能够促使油膜迅速转变为细小的油珠；气泡上升时的机械搅拌作用进一步强化了除油过程。

零件作阴极时析出氢气：$4H_2O + 4e^- \longrightarrow 2H_2 \uparrow + 4OH^-$

零件作阳极时析出氧气：$4OH^- - 4e^- \longrightarrow O_2 \uparrow + 2H_2O$

显然，阴极析出氢气要比阳极析出氧气多、除油快、效果好，且阴极附近 pH 升高，有利于除油。但阴极除油易产生氢脆，也就是氢渗入钢铁基体，毁坏零件。当电解液中含有少量锌、锡、铅等金属时，零件表面将有海绵状金属析出。

阳极除油不产生氢脆，但易腐蚀，效率比阴极低。实际应用中，应根据具体情况选用。也可以阴极与阳极联合除油。有色金属如铝、锌、锡、铅等一般采用阴极除油。对于黑色金属零件，大多数可采用联合除油方法。一般先阴极除油 3～7min，后阳极除油 0.5～2min；

也可先阳极除油，后短时间阴极除油。承受重负荷的高强度抗力零件、薄钢片、弹簧件和硬质高碳钢等只宜用阳极除油。对于铜和铜合金采用阴极除油，且碱液中不应含苛性钠。应防止阳极除油时铜及其合金会发生阳极溶解和氧化变色。

2.2.4.2 工艺规范

电化学除油液的工艺规范见表 2-15。

表 2-15　电化学除油液工艺规范

工艺条件	质量浓度 ρ_B/(g/L)					
	配方 1	配方 2	配方 3	配方 4	配方 5	配方 6
NaOH	40~60	10~20	10~20	20~30	10~30	7.5~15
Na$_2$CO$_3$	≤60	20~30	50~60	10~20		30~45
Na$_3$PO$_4$·12H$_2$O	15~30	20~30	30~40	30~50		15~30
Na$_2$SiO$_3$	3~5		5~10		30~50	
表面活性剂				1~2		1~2
温度/℃	70~80	70~80	60~80	60	80	90
电流密度/(A/dm^2)	2~5	5~10	5~10	10	10	10
阴极除油时间/min		5~10	1	1~2	1	1~2
阳极除油时间/min	5~10	0.2~0.5	15s	0.2~0.5	0.2~0.5	0.2~0.5
说明	阳极法	交替法	交替法	交替法	交替法	交替法

工艺条件	质量浓度 ρ_B/(g/L)							
	配方 7	配方 8	配方 9	配方 10	配方 11	配方 12	配方 13	配方 14
NaOH	10~15		10~20	5~10		0~5		10~12
Na$_2$CO$_3$	20~30	20~40	20~30	10~20	5~10	0~20	25~30	20~30
Na$_3$PO$_4$·12H$_2$O	50~70	20~40			10~20	20~30	25~30	
Na$_2$SiO$_3$	10~15	3~5	5~10	20~30	5~10			
表面活性剂				1~2		稍多		
温度/℃	70~90	70~80	50~80	60	40~50	40~70	70~80	80~90
电流密度/(A/dm^2)	3~8	2~8	6~12	5~10	5~7	5~10	2~5	电压 5~7V
阴极除油时间/min	5~8	1~3	0.5	1	0.5	0.4~1	1~3	
阳极除油时间/min	0.3~0.5	0.5						2~5
说明	交替法	交替法	阴极	阴极	阴极	阴极	阴极	交替法

注：配方 1~6 为钢铁除油工艺，其中配方 1 用于一般钢铁高强度抗力件，配方 2 用于形状复杂的非抗力件；配方 7~10 为铜及铜合金除油工艺；配方 11、12 为锌及锌合金除油工艺，其中配方 12 加入适量缓蚀剂；配方 13、14 为铝、镁及其合金除油工艺。

2.2.4.3 成分和工艺条件的影响

① NaOH。在电化学除油液中，NaOH 主要起导电作用。在工艺范围内，提高 NaOH 浓度，可以提高电流密度，加快除油速度。此外，NaOH 对钢铁表面有钝化作用，可以防止钢铁零件在阳极除油时遭受腐蚀。NaOH 对锌、铝等金属有腐蚀作用，一般不用于这些金属的除油。碳酸钠、磷酸钠的作用，与在化学除油液中基本相同，只是碱的浓度稍低一些，可少加或者不加乳化剂。即便用也要选择低泡表面活性剂，以免产生大量泡沫浮在溶液表面，阻碍氢气和氧气的顺利逸出。当电接触不良而打火花时，易引起小规模的氢氧反应

（鸣爆），导致溶液溅出，危及安全。水玻璃是低泡乳化剂，但因其黏度大，会降低溶液的导电性，增加槽电压，同时使溶液的分散能力下降，对坑凹处油污去除不利。因此水玻璃在电化学除油液中，也尽量少用或不用。

② 温度。溶液要求一定的温度是为了皂化作用和增加溶液的导电能力。提高温度可以降低溶液的电阻，从而提高电导率、降低槽电压。但温度过高不仅消耗了大量热能，还污染了车间空气，且也有可能造成铝、锌等金属零件的腐蚀。溶液温度通常为 60～80℃。

③ 电流密度。提高电流密度，可以相应提高除油速度和改善深孔除油质量。但电流密度与除油速度不完全成正比。电流密度过高，槽电压增高，电能消耗太大，形成的大量碱雾不仅污染空气，而且还可能腐蚀零件（钢铁件阳极除油和铝及铝合金阴极除油，都可能产生腐蚀）。电流密度一般控制在 5～15A/dm^2。

2.2.5　擦拭除油和滚筒除油

用毛刷或布蘸上一些除油物质如石灰浆、氧化镁、洗衣粉、肥皂水、去污粉、磷酸钠、碳酸钠、草木灰以及有机溶剂，在零件表面擦拭，除去表面上的油污。这种方法效率低，一般只用于大型零件或批量小、形状特别复杂、用其它方法不易处理的零件。在碱液中易变暗的零件也可采用擦拭除油。

滚筒除油是一种机械化的擦拭除油方法。除油零件可以和木屑、皂角以及弱碱性溶液等一同放入筒内，加盖密封，在 60～100r/min 的转速下，进行除油。对于形状简单的零件，也可以不加木屑，直接加入除油溶液进行滚动除油。这种除油方法不适用于易变形的薄片零件。有外螺纹的、精密度高的零件，不能采用滚筒除油。黑色金属零件，一般应先用硫酸滚光 1～2 次后，再用碱液除油。在换碱液前，应用自来水冲洗净硫酸。由于锌既能溶于酸又能溶于碱，因此锌及锌合金除油只宜采用较稀的酸和较弱的碱。没有生锈的钢铁零件，可直接采用碱液滚筒除油。

2.2.6　超声波除油

在以上介绍的除油方法中，如对有机溶剂除油、化学除油施加超声波振荡，不但能加快除油速度，而且能提高除油质量。

将黏附油污的制品放在除油液中以一定频率的超声波进行除油的过程，叫作超声波除油。超声波是通过超声波发生器产生的，频率一般为 30kHz 左右，小型工件使用较高的频率，大型工件使用较低的频率。这种频率已超出了人耳的听力。超声波除油的基本原理是空化作用。当超声波作用于液体时，反复交替地产生瞬间负压力和瞬间正压力，在振动产生负压的半周期内，液体中产生真空空穴，液体蒸气或者溶解于溶液中的气体进入空穴中形成气泡，接着在正压力的半周期内，气泡被压缩而破裂，瞬间产生强大压力（可高达上千个大气压），可产生巨大的冲击波，对溶液产生强烈的搅拌作用，并形成冲刷工件表面油污的冲击力，使零件表面深凹和孔隙处的油脂也易于除去。超声波除油可应用于有机溶剂除油、化学除油和电化学除油过程。除油过程中的化学及物理化学的作用主要是靠除油溶液本身的性质，但超声波的引入能大大加强这些过程的作用，从而可以提高除油的效率和能力。

超声波强化除油对于形状复杂件、多孔隙的铸件、压铸件、小零件以及经抛光附有抛光膏油脂的制件，除油效果远优于一般除油方法。由于超声波直线传播，难以到达被遮蔽部分，因此应使零件在除油槽内旋转翻动，以使其表面各个部位都能得到超声波的辐照，从而得到良好的除油效果。在丙酮、乙醇等有机溶剂中，配合高压，能收到非常好的效果，有机溶剂也可用 180$^\#$ 航空汽油。

2.2.7 水蒸气与热水除油

利用水蒸气或热水改变油脂黏度，降低油污在零件表面的黏附力，再利用水蒸气或热水的冲击力除去油污。当用水蒸气时，产生的 100℃以上水蒸气用喷枪喷射冲击零件，将油污从零件上烫下来。水蒸气除油的蒸汽压力约为 0.5～2 kPa，为避免水蒸气烫伤人，应在专门的工作室内进行。当用热水时，采用 85～95℃的热水，热水槽应配置机械或空气搅拌装置，通过在线油水分离装置进行油水分离。

2.3 除锈

不同金属表面锈蚀产物不同。钢铁表面氧化物外层结构以 Fe_2O_3 为主，较疏松，内层多为 FeO，氧化层由外向内越来越紧密。以上几种氧化物中，FeO 和含水 Fe_2O_3 易溶于水，Fe_2O_3 和 Fe_3O_4 则难溶于硫酸和室温下的盐酸，但当基体金属被溶解时，由于氢的析出，Fe_2O_3 和 Fe_3O_4 可借助于氢原子还原成容易与酸起作用的物质而被溶解，或借助于氢气泡的机械作用而被剥落。钢铁零件浸蚀后，表面往往留有浸蚀残渣，其主要成分是磁性氧化铁（Fe_3O_4）的晶粒以及金属的碳化物。

有些金属如铝合金等是极易氧化的金属，在空气中氧化生成一层比较致密的氧化膜，以致使用常规方法除去氧化膜后，还来不及进行电镀就立即氧化。

除锈方法有多种，常用机械法（包括吹砂）和浸蚀法。以下将逐一讨论这些方法。另外，现新发展一种激光法，激光束作用于零件表面能够除去锈蚀。但这种方法耗能较高、效率低，不适合工厂大规模生产，虽有商业激光去锈机出售，但应用极少，只应用于一些非常特殊的场合，这里不进行介绍。

2.3.1 机械法除锈

机械法包括喷砂、切削、刷除或打磨等。喷砂见 2.1.7 节，喷砂皆有除油去锈功能。经过喷砂的零件可直接进行电镀或化学转化膜工艺。

2.3.2 浸蚀法除锈

浸蚀一般分为化学浸蚀和电化学浸蚀。浸蚀过程中往往还采用电解、超声波振荡及熔盐加热-淬冷等辅助措施，以更好地除去某些较厚较致密的氧化皮。化学法除锈所用浸蚀剂主要为盐酸等无机酸，也称酸洗。有时根据工作特点还采用火焰烘烧法或滚筒法除锈，后者适用于小零件成批作业。常用金属酸洗法除锈工艺基本上为强酸+缓蚀剂体系。浸蚀方法按浸蚀强度及用途有一般浸蚀、强浸蚀、光亮浸蚀和弱浸蚀几种。

① 一般浸蚀。除去金属零件表面的氧化皮和锈蚀产物。

② 强浸蚀。强浸蚀能溶去零件上的厚氧化皮或不良的表面组织、硬化表层、脱碳层、疏松层等以及粗化零件表面。

③ 光亮浸蚀。溶解金属零件上的薄层氧化膜，去除浸蚀残渣（挂灰），并提高零件的光泽。光亮浸蚀与化学抛光没有严格的界限，仅在光亮程度上，化学抛光要求高一些，原则上各种化学抛光溶液都可用于同一金属的光亮浸蚀。

④ 弱浸蚀。一般都是在强浸蚀（或一般浸蚀）后进入电镀槽之前进行，用于溶解零件表面的钝化薄膜，使表面活化，以保证镀层与基体金属的牢固结合。该工序之后不允许金属制品在空气中停留太久，且要保持湿润。

浸蚀溶液多由各种酸类组成，铝锌等两性金属采用碱液浸蚀。多数浸蚀溶液，不仅能溶解金属氧化物，同时也能溶解基体金属并析出氢，析氢易使金属基体发生过腐蚀和氢脆现象。为了抑制基体金属溶解，浸蚀液中往往需加入一些"缓蚀剂"。

注意，如果酸洗液中浸泡活性不同的金属，这两种金属可能发生置换反应。

2.3.2.1　常用浸蚀液中各成分作用

（1）硫酸

w 为 25% 的 H_2SO_4 具有最大浸蚀速度。高于 25% 时，浸蚀速度再次下降。w 达到 40% 以上时，对氧化皮几乎不溶解。为减少铁基体的损失，一般采用 w（H_2SO_4）为 20%。

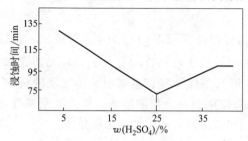

图 2-4　室温下钢在硫酸中浸蚀时间与酸浓度的关系

硫酸随温度升高，浸蚀速度大大加快。热硫酸对钢铁基体浸蚀能力较强，为减少基体腐蚀和防止酸雾逸出，硫酸浸蚀温度不超过 60℃；一般加热到 50～60℃，加入适当缓蚀剂。室温下钢在硫酸中浸蚀时间与硫酸含量关系如图 2-4 所示。浸蚀生成的硫酸铁溶解度较小，析氢的机械剥离起较大作用。浸蚀过程中累积的铁盐能显著降低硫酸溶液的浸蚀能力，减缓浸蚀速度，使浸蚀后的零件表面残渣增加，质量降低。因此，硫酸溶液中的铁含量一般不应大于 60g/L。

当铁含量超过 80g/L、硫酸亚铁超过 215g/L 时，应更换浸蚀液。此时，溶液中 w（H_2SO_4）为 3%～5%。硫酸溶液广泛用于钢铁、铜和黄铜零件的浸蚀。硫酸阳极浸蚀是钢铁去除氧化皮和挂灰的有效方法。浓硫酸与硝酸混合使用，可提高光亮浸蚀的质量，并能减缓硝酸对铜、铁基体的腐蚀速度。硫酸与铬酸及重铬酸盐一起使用，可作为铝制品的去氧化剂和去挂灰剂。硫酸与氢氟酸、硝酸或二者之一混合，可用于不锈钢去除氧化皮。

（2）盐酸

由于 $FeCl_2$ 和 $FeCl_3$ 溶解度较大，盐酸室温下对金属氧化物具有较强的化学溶解作用，能有效地浸蚀多种金属。但在室温下对钢铁基体的溶解却比较缓慢，使用盐酸浸蚀钢铁零件不易发生过腐蚀和氢脆现象，浸蚀后的零件表面残渣也较少，质量较高。当金属表面只有疏松的锈蚀物时，可单用盐酸浸蚀。盐酸随温度升高，腐蚀速度加快，但其挥发性亦加大。室温下铁和氧化物浸蚀速度与盐酸浓度的关系如图 2-5 所示。w（HCl）达到 20% 以上时，基体的溶解速度比氧化物的溶解速度要大得多。因此，生产上很少使用浓盐酸。在浓度、温度相同时，盐酸浸蚀速度比硫酸快 1.5～2 倍。盐酸挥发性较大（尤其是加热时），易腐蚀设备，故多在室温下进行操作，盐酸或其混酸一般不超过 40℃。

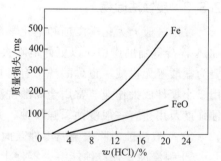

图 2-5　室温下铁和氧化物浸蚀速度与盐酸关系

（3）硝酸

硝酸是多种光亮浸蚀液的重要组成成分。在 w（HNO_3）为 30% 的硝酸溶液中，低碳钢溶解很激烈，浸蚀后表面洁净、均匀；中、高碳钢和低合金钢零件，在上述浓度硝酸中浸蚀后，表面残渣较多，需在碱液中进行阳极处理，方能获得均匀、洁净的表面。硝酸与氢氟酸的混合液，广泛用于除去铅、不锈钢、镍基和铁基合金、钛、锆及某些钴基合金上的热处理氧化皮。然而纯硝酸却易使不锈钢、耐热钢等钝化。硝酸挥发性强，与不同金属作用放出大量的氮氧化物和大量的热。硝酸对人体有很强的腐蚀性，操作时必须穿戴好防护用具。硝酸槽要有冷却降温装置，酸槽和其后的水洗槽应设有抽风装置。硝酸与硫酸混合（有时加入少量盐酸），可用于铜及铜合金零件的光亮浸蚀。

（4）磷酸

因磷酸一氢盐和正磷酸盐难溶于水，因此磷酸的浸蚀能力较低，为弥补这一缺点，磷酸浸蚀溶液一般都要加热，磷酸浸蚀的突出优点是：浸蚀后残留在零件表面的少量溶液能转化为不溶性的磷酸盐保护膜，适于钢铁焊接组合件喷涂漆前的除锈。在温度为 80℃ 时，用 $w(\mathrm{H_3PO_4})$ 为 2% 的溶液对钢铁件除锈。浓磷酸和一定比例的硝酸、硫酸、醋酸或铬酸混合，可用于铝、铜、等金属的光亮浸蚀。

（5）氢氟酸

氢氟酸能溶解含硅的化合物，对铝、铬等金属的氧化物也具有较好的溶解能力，因此，氢氟酸常用来浸蚀铸件和不锈钢等特殊材料制件。铸件表面一般都夹杂有硅，只有氢氟酸能与其反应生成可溶性的氟硅酸。

$$\mathrm{SiO_2 + 6HF = H_2SiF_6 + 2H_2O}$$

生产中多用 $w(\mathrm{HF})$ 为 2%~5% 的溶液。$w(\mathrm{HF})$ 约为 10% 时，对镁和镁合金腐蚀比较缓和，故常将其用于镁制品的浸蚀。

氢氟酸有剧毒且挥发性强，使用时要防止氢氟酸及氟化氢气体与人体皮肤接触。浸蚀槽需有良好的通风装置，含氟废水需严格处理。

（6）铬酐

铬酐有毒，铬酐溶液（铬酸、重铬酸钾）具有很强的氧化能力和钝化能力，但对金属氧化物的溶解能力较低，故一般多用于消除浸蚀残渣和浸蚀后的钝化处理。

（7）缓蚀剂

缓蚀剂能吸附在裸露金属的活性表面，从而提高析氢的超电压，减缓金属的腐蚀。但是缓蚀剂一般不被金属的氧化物所吸附，因此，不影响氧化物的溶解。

缓蚀剂多数是具有不同结构的含氮或含硫的有机化合物，通过抑制金属在电解质中的电化学过程来抑制金属的腐蚀。缓蚀剂中含 N、O、S、P 等元素，其亲水性极性基团吸附于金属表面活性点或整个表面，改变了金属表面的电荷状态和界面性质，使金属表面的能量状态趋于稳定，增加腐蚀反应的活化能，减缓腐蚀速度。另一方面，缓蚀剂中非极性基团在金属表面形成一层疏水性保护层，阻碍与腐蚀反应有关的电荷或物质的转移，也使腐蚀速度减小。缓蚀剂对金属的吸附可以分为物理吸附或化学吸附。一般酸洗过程中缓蚀剂对金属的吸附应为可逆的物理吸附，易吸附也易解吸。

某些缓蚀剂（如若丁）在金属表面吸附得比较牢固。若浸蚀后清洗不净，则会影响镀层的结合力或抑制磷化、氧化等化学反应，因此，金属浸蚀后的零件要认真清洗。缓蚀剂的种类和用量，也应经过工艺试验，慎重选用。

常用的缓蚀剂有：若丁（主要成分为二邻甲苯硫脲）、六次甲基四胺（乌洛托品）、硫脲、丁炔二醇（或丙炔醇）、磺化动物蛋白、皂角浸出液、硫胺、磺化木工胶及氯化亚锡

（酸中）等。阴极浸蚀缓蚀剂用甲醛或乌洛托品。生产中最为常用的是若丁、六次甲基四胺和丁炔二醇，硫酸中多用若丁（也可用乌洛托品），盐酸中则几种皆可用。

目前从天然蛋白物、明胶、鱼粉、棉饼水解物制成的缓蚀剂，对碳钢在硫酸中浸蚀具有良好的缓蚀作用。这种缓蚀剂是由分子量较小的多种 α-氨基酸构成，是一种既含氨基又含羧基的缓蚀剂。上述几种天然蛋白水解物的添加量达到 w_B 为 0.3% 时，缓蚀率为 95% 左右。若介质温度升高，添加量增大，其缓蚀率均有不同程度增加。

在硫酸浸蚀液中加入邻甲苯硫脲、二邻甲苯硫脲（若丁主要成分）、磺化煤焦油、尿素等阴离子型缓蚀剂，其离解出的阴离子吸附在金属表面微阳极区，使铁的溶解过电位升高。为提高缓蚀效果，可加入一些 $NaCl$、KI 等卤素化合物。因为 $NaCl$、KI 等中的阴离子能吸附在金属表面，并形成表面配合物，有助于提高溶解金属的过电位和析氢过电位。在盐酸浸蚀液中加入六次甲基四胺（H 促进剂）、苯胺和六次甲基四胺的缩合物等阳离子型缓蚀剂，其离解出的阳离子吸附在金属表面微阴极区，阻化阴极过程。金属表面阳离子浓度升高，铁的溶解过电位增加，起到缓蚀作用。缓蚀剂用量在 $1\sim3g/L$ 左右。由于缓蚀剂的缓蚀作用随温度升高而下降，故不宜在加热条件下操作。缓蚀剂的种类和用量，应经工艺试验，慎重选择。

（8）抑雾剂

在酸洗时，盐酸容易挥发，因此可以使用抑雾剂，以有效抑制酸雾挥发。下列配方对盐酸皆有缓蚀和抑雾效果：$0.51g/L$ 六次甲基四胺，$0.42g/L$ 葡萄糖酸钠，$0.034g/L$ 十二烷基硫酸钠，$0.30g/L$ 1,4-丁炔二醇，$0.035g/L$ OP-10。在 $30\sim35℃$，$w(HCl)$ 为 18% 酸洗液中，该缓蚀抑雾剂缓蚀效率达到 92%，抑雾效率达到 97% 以上，且添加剂对除去氧化皮有促进作用。

2.3.2.2 化学法除锈

（1）钢铁零件的酸洗

① 原理。去除钢铁表面的锈与黑皮，主要应用硫酸和盐酸或其混合酸。采用硫酸或盐酸时，发生如下反应：

$$Fe_2O_3 + 6H^+ \longrightarrow 2Fe^{3+} + 3H_2O$$

$$Fe_3O_4 + 8H^+ \longrightarrow 2Fe^{3+} + 4H_2O + Fe^{2+}$$

$$FeO + 2H^+ \longrightarrow H_2O + Fe^{2+}$$

酸还可以通过疏松、多孔的氧化皮渗透至内部，并与铁发生反应并析出氢气：

$$Fe + 2H^+ \longrightarrow Fe^{2+} + H_2 \uparrow$$

铁的溶解使氧化层与基体之间出现了间隙，又由于析出氢气的冲击作用，氧化皮能很快脱落。由于 Fe_2O_3、Fe_3O_4 处于氧化皮的最外层，二者的溶解速度决定了氧化皮整体的溶解速度。硫酸渗透至内部与铁反应，基体金属的过量溶解会使零件出现过腐蚀，大量析氢会造成氢脆。氢的析出能把高价铁还原成低价铁（$Fe_2O_3 + 2H^+ \Longrightarrow 2FeO + H_2O$），有利于氧化物的溶解。大量累积的 Fe^{3+}，特别是 Fe^{3+} 浓度太高时有害。它与基体铁发生反应：$2Fe^{3+} + Fe \Longrightarrow 3Fe^{2+}$，使基体溶解量加大。

当零件表面只有少量锈蚀产物和氧化膜时，可用盐酸浸蚀。对于氧化皮较厚者，需要进行强浸蚀，应采用硫酸或盐酸与硫酸的混合酸进行处理，主要是利用氢气对氧化皮的撕裂作用加强浸蚀效果。但应特别注意防止金属的过腐蚀与氢脆。

通常加入 w（质量分数）为 2% 左右的缓蚀剂。为避免盐酸挥发损耗和污染环境，宜用 w 为 15% 左右的盐酸。采用混合酸时，用 $w(H_2SO_4)=10\%$ 与 $w(HCl)=10\%$ 相混合。可根据实际情况调整，有的还使用硫酸与硝酸相混合。酸洗温度以 <80℃ 为宜，一般常温即可。

② 工艺规范。

a. 一般钢铁件的化学酸洗工艺规范，及浸蚀后去除接触铜、消除浸蚀残渣的工艺规范，分别见表 2-16、表 2-17。

表 2-16　钢铁件化学酸洗工艺规范

工艺条件	质量浓度 ρ_B/(g/L)（除注明外）					
	配方 1	配方 2(φ_B/%)	配方 3	配方 4(w_B/%)	配方 5	配方 6
$H_2SO_4(\rho=1.84g/mL)$	80~150	10		75	230	
$HCl(\rho=1.19g/mL)$			100		270	450
$HNO_3(\rho=1.40g/mL)$						50
$HF(\rho=1.13g/mL)$		10	10~20	25		
$(NH_2)_2CS$	2~3					
磺化煤焦油					10mL/L	10mL/L
水		80				
温度/℃	30~40	室温或加热	30~40	室温	50~60	30~50
时间/min	至氧化皮除净				1	0.1

工艺条件	质量浓度 ρ_B/(g/L)（除注明外）					
	配方 7	配方 8	配方 9	配方 10	配方 11	配方 12	配方 13
硫酸($\rho=1.84g/mL$)		100~200	120~250	200		200~250	
盐酸($\rho=1.19g/mL$)	150~360	100~200		480	150~200		浓
六次甲基四胺	6~10				1~3		
硫脲						2~3	
若丁		0~0.5	0.3~0.5				
温度/℃	室温	40~60	50~70	室温	30~40	30~50	15~30
时间/min	1~5	5~20	≤60，至除净	10	至除净		

工艺条件	质量浓度 ρ_B/(g/L)（除注明外）					
	配方 14	配方 15	配方 16	配方 17(φ_B/%)	配方 18(φ_B/%)	配方 19(φ_B/%)	配方 20
$H_2SO_4(\rho=1.84g/mL)$		600~800	0.1		5~10	10	
$HCl(\rho=1.19g/mL)$		5~15		5~15			
$HNO_3(\rho=1.40g/mL)$	800~1200	400~600					
$HF(\rho=1.13g/mL)$						1~2	
草酸($H_2C_2O_4 \cdot 2H_2O$)			25~30				
柠檬酸($H_6C_8O_7 \cdot H_2O$)							50~70
30%H_2O_2			40~50				
温度/℃	≤45	≤50	室温	室温	室温	室温	室温
时间/min	3~10s	3~10s		0.5~2	0.5~2	0.5~1	

注：配方 1、2 为一般有氧化皮的钢铁件酸洗工艺；配方 3、4 为铸铁酸洗工艺，浸蚀前零件应喷砂或滚光，要求配方 4 酸洗至粘砂除净；配方 5、6 为合金钢工艺；配方 7 为表面光泽少锈并有氧化皮的碳钢及有氧化皮的弹簧或高强度拉力钢酸洗工艺；配方 8 为有氧化皮的中高碳钢、低合金钢酸洗工艺；配方 9 为有氧化皮的低碳钢酸洗工艺；配方 10 为经热处理（淬火）后的厚氧化皮钢铁件酸洗工艺；配方 11、12 为有黑皮的钢铁件酸洗工艺；配方 13 为有黑皮的一般钢铁件或冲压件酸洗工艺；配方 14~16 为光亮浸蚀酸洗工艺，可用于有氧化皮的低碳钢、厚氧化皮的零件、厚氧化皮的中高碳钢冷压加工件（其中配方 15 为低、中高碳钢材料使用）；配方 17 为各种钢铁件酸洗工艺；配方 18 为含锰较高的弹簧钢酸洗工艺；配方 19 为含硅量高的弹簧钢酸洗工艺；配方 20 为含硫磷易切削钢酸洗工艺。其中配方 17~20 为弱浸蚀。

表 2-17　浸蚀后去除接触铜、消除浸蚀残渣工艺规范

工艺条件	质量浓度 ρ_B/(g/L)				
	配方 1	配方 2	配方 3	配方 4	配方 5
H_2SO_4(ρ＝1.84g/mL)	30～50		30～50		
HNO_3(ρ＝1.40g/mL)				30～50	
CrO_3	150～250	150～250	200～300		
$(NH_4)_2SO_4$		80～100			
30%H_2O_2				5～15	
NaOH					50～100
阳极电流密度/(A/dm^2)					2～5
温度/℃	室温	室温	室温	室温	70～80
时间/min	去净为止	去净为止	2～5	0.5～1	5～15s

注：1. 配方 1、2 为化学浸蚀去除接触铜工艺；配方 3、4 为化学、电化学消除浸蚀残渣工艺，其中配方 3 用于有厚氧化皮零件的浸蚀，配方 4 用于有氧化皮的低、中高碳钢零件的浸蚀；配方 5 为电化学浸蚀残渣工艺，用于有氧化皮的中、高碳钢，低合金钢，铸件等零件的浸蚀。

2. 薄壁钢件清理浸蚀工艺。

盐酸型为主的浸蚀液，多用于零件的预浸蚀。盐酸-硝酸型对基体和氧化皮都有很强的溶解能力。铸件的浸蚀往往需加氢氟酸，这是由于铸件表面一般都夹杂有硅，其它酸不能溶解它，氢氟酸能与其反应生成可溶性的氟硅酸。

$$SiO_2+6HF \Longrightarrow H_2SiF_6+2H_2O$$

生产中多用 w(HF)＝2%～5%溶液，注意氢氟酸的毒性。硝酸-氢氟酸型对氧化皮有较强的溶解能力和一定的松动能力，但对基体的腐蚀速度则比盐酸-硝酸型溶液低得多。

b. 苛性钠-高锰酸钾去厚氧化皮工艺规范：NaOH 70～100g/L；$KMnO_4$ 70～100g/L；80～100℃；8～20min 至除尽。浸蚀漂洗工艺规范：HCl（ρ＝1.19g/mL）160～220g/L；室温；2～5min。

c. 电炉热处理硅钢片的清理浸蚀工艺。第一步去氧化皮工艺规范：NaOH 650g/L；$NaNO_2$ 250g/L；130～140℃；10～20min。第二步强浸蚀工艺规范：HF（ρ＝1.13g/mL）74mL/L；HNO_3（ρ＝1.40g/mL）70mL/L；HCl（ρ＝1.19g/mL）633mL/L；洗涤剂 5～18mL/L；H_2O 余量（洗涤剂按高限配制，用水 205mL）；浸蚀数秒至均匀无锈。第三步出光工艺：CrO_3 90g/L；H_2SO_4（ρ＝1.84g/mL）30mL/L；时间数秒。最后用酒精脱水吹干。

③ 酸洗后处理。钢铁酸洗（或电酸洗）后一般在电镀前还进行一道弱浸蚀工艺，见本章弱腐蚀一节。

（2）不锈钢和耐热钢的浸蚀

热处理后的不锈钢和耐热钢表面，往往附有一层致密难溶的氧化皮，这层氧化皮中含有大量的氧化铬、氧化镍及十分难溶的氧化铁铬（FeO·Cr_2O_3）。为了有效地去除这些氧化皮并尽量减少基体金属的腐蚀，不锈钢和耐热钢的浸蚀，往往在浸蚀前对氧化皮进行松动处理，浸蚀以后再清除挂灰，才能得到光亮的表面。

① 松动氧化皮。主要是借助氧化剂的作用，使低价铬、铁等氧化物，转变为高价化合物，转变过程中，氧化物的结构发生变化，附着力降低。然后通过骤然冷却，使氧化皮受震

动和内应力的作用而脱落。松动氧化皮时，基体金属很少腐蚀。若零件直接浸入浸蚀液，不仅浸蚀速度很慢且不均匀，表面质量也较差。在浸蚀前应对氧化皮进行松动处理，浸蚀后再清除挂灰，才能得到光亮的表面。松动氧化皮工艺规范见表2-18。

表 2-18　松动氧化皮的工艺规范

工艺条件	质量浓度 ρ_B/(g/L)		
	配方 1	配方 2	配方 3
NaOH	650~750	600~800	
NaNO₃	200~250		
HNO₃($\rho=1.40$g/mL)			80~120
温度/℃	140~150	140~150	室温
阳极电流密度/(A/dm²)		5~10	
时间/min	20~60	8~12	约60

配方 1 对高温固溶时效的不锈钢进行松动，处理时氧化膜中难溶的含铬氧化物可以转化为易溶的铬酸盐。其反应如下：

$$Cr_2O_3 + 2NaOH \longrightarrow 2NaCrO_2 + H_2O$$

$$2NaCrO_2 + 2NaOH + 3NaNO_3 \longrightarrow 2Na_2CrO_4 + 3NaNO_2 + H_2O$$

这样，酸洗加工时可以轻松除去。酸洗后如果有挂灰，再清除挂灰。

② 浸蚀。浸蚀工艺见表 2-19、不锈钢氧化膜清除工艺见表 2-20。

表 2-19　不锈钢和耐热钢的浸蚀工艺规范

工艺条件	质量浓度 ρ_B/(g/L)(除注明外)							
	配方 1	配方 2	配方 3(φ_B/%)	配方 4	配方 5	配方 6	配方 7(φ_B/%)	配方 8
H₂SO₄($\rho=1.84$g/mL)	200~250		10	60~80				
HCl($\rho=1.19$g/mL)	80~120	300~337	10			60~80	30	
HNO₃($\rho=1.40$g/mL)				20~30	300~400	250~300	20	100~250
HF($\rho=1.13$g/mL)			10		80~140	100~120		20~60
H₂O			70				50	
若丁	0.1~0.2							
温度/℃	40~60	50~70	55~60	55~65	室温	室温	55~60	室温
时间/min	约60	20~25		50~60	15~45	5~10		15~45

工艺条件	质量浓度 ρ_B/(g/L)(除注明外)						
	配方 9	配方 10	配方 11	配方 12	配方 13(φ_B/%)	配方 14(φ_B/%)	
H₂SO₄($\rho=1.84$g/mL)	80~100	80~100	140~160		25	20~50	1
HCl($\rho=1.19$g/mL)				60~75	4		0.1
HNO₃($\rho=1.40$g/mL)	130~170	70~80		180~200	3	一步	二步
HF($\rho=1.13$g/mL)	60~70	50~60		70~90			
Fe₃(SO₄)₂			90~100				
FeNO₃				18~25			

工艺条件	质量浓度 ρ_B/(g/L)(除注明外)					
	配方 9	配方 10	配方 11	配方 12	配方 13(φ_B/%)	配方 14(φ_B/%)
冰醋酸				20~25		
柠檬酸饱和溶液				60mL/L		
磷酸一氢钠饱和溶液				60mL/L		
若丁	1~2	1~1.5				
温度/℃	室温	室温	室温	50~60	室温	室温
时间/min	5~60	30~50	5~10			

注：1. 配方1~3为一般不锈钢和耐热钢的预浸蚀工艺；配方4为1Cr13、2Cr13、3 Cr13等不含镍不锈钢的浸蚀工艺；配方5为1Cr18Ni9Ti等不锈钢和表面具有较厚氧化皮的GH30、GH39等耐热合金的浸蚀工艺，浸蚀耐热合金时，浸蚀时间控制在上限；配方6为1Cr18Ni9、1Cr18Ni9Ti等不锈钢的光亮浸蚀工艺；配方7为含镍不锈钢光亮浸蚀工艺；配方8为w(Cr)＝18%以上高铬钢及奥氏体镍铬钢机械加工零件的浸蚀工艺；配方9为1Cr18Ni9Ti、4Cr14Ni14W2Mo、GH30、GH39、GH33的浸蚀工艺；配方10为1Cr18Ni9Ti等较精密零件的浸蚀工艺；配方11为较精密的不锈钢件的浸蚀工艺；配方12为铬镍不锈钢的光亮浸蚀工艺和化学铣切加工。在光亮浸蚀时，浸蚀时间为数十秒至数分钟。用于化学铣切时，一般情况下，每小时可铣切3mm左右。

表 2-20　不锈钢氧化膜清除工艺

工艺条件	质量浓度 ρ_B/(g/L)(除注明外)			
	配方 1	配方 2	配方 3	配方 4
浓硝酸	200~250	100	4%(质量分数)	
浓盐酸			36%(质量分数)	
柠檬酸钠				10%(质量分数)
氯化钠	15~25			
氟化钠	15~25	4		
温度/℃	室温	60~70	35~40	30~50
时间/min	15~90	除尽为止	3~6	3~10
适用范围	普通不锈钢	普通不锈钢	热处理后的氧化膜	不锈钢产品存放期的膜

盐酸型（有时加硫酸）浸蚀液浸蚀留在表面的残渣较多，多用于预浸蚀。盐酸-硝酸型，溶解强、溶后光亮，注意过腐蚀。硝酸-氢氟酸型，有松动能力，溶解强，注意 HF 的毒性。盐酸-氢氟酸型，工作范围宽，溶后光亮。高铁盐型，对厚氧化皮浸蚀能力较弱，浸蚀缓和。

一些传统的清除不锈钢氧化膜的配方及工艺多采用硝酸、氢氟酸、铬酸、亚硝酸等有毒有害化学剂。除膜后的废液不好处理，设备腐蚀严重，要采取有效的防护措施。利用下述的无毒无害常温清除剂可避免这类问题。常温无毒无害不锈钢氧化膜清除工艺见表 2-21。

表 2-21　常温无毒无害不锈钢氧化膜清除工艺

工艺条件	体积分数 φ_B/%	工艺条件	质量浓度 ρ_B/(g/L)
硫酸(H_2SO_4)	19~24	乌洛托品[$(CH_2)_6N_4$]	适量
盐酸(HCl)	28~33	温度/℃	20~35
双氧水(H_2O_2)	23~28	时间	除尽为止
乙醇(C_2H_5OH)	11~13		

一些厚的不锈钢氧化膜，可以不经过松动处理，而是采用预浸工艺。先用体积份数为 6~8 份硫酸、2~4 份盐酸、100 份水的混合酸液进行预浸泡，使氧化膜变得疏松易脱。然后再用体积份数为 20 份盐酸、5 份硝酸、5 份磷酸、70 份水的混合酸溶液进行酸洗浸洗。这样可以直接得到有光泽的不锈钢裸露面。

③ 清除挂灰。如果浸蚀后的零件表面有挂灰，可以采用表 2-22 所示工艺规范去除。

表 2-22 不锈钢和耐热钢零件去除浸蚀残渣的工艺规范（表面挂灰）

工艺条件	质量浓度 ρ_B/(g/L)						
	配方 1	配方 2	配方 3	配方 4	配方 5	配方 6	配方 7
HNO_3($\rho=1.40g/mL$)	30~50					250~300	
30% H_2O_2	5~15						
H_3PO_4(mL/L)		50~70					
CrO_3			70~100				
H_2SO_4($\rho=1.84g/mL$)			20~40				50~200
HCl($\rho=1.19g/mL$)					300~370	60~80	
NaCl			1~2				
HF($\rho=1.13g/mL$)					100~120		
$FeCl_3$				40~50			
温度/℃	室温	室温	室温	40~50	室温	室温	40~50
时间/min	10~60s	5~10	2~10	1~5	20~25	5~10	5~10

注：配方 4 中可以加入适量的盐酸，用来消除氢氧化铁沉淀；配方 5 用于预酸洗；配方 6 用于光亮酸洗。

经过光亮浸蚀或浸蚀后表面洁净的零件，可不进行去除浸蚀残渣的工序。

除了用化学溶液活化清除不锈钢表面的氧化膜之外，也可以用电解法处理。特别是当化学除锈、机械喷射及机械抛磨等方法都不能完全清除氧化膜的情况下，选用电解法可以解决问题。电解法使用的电解液成分比较简单，主要依靠析出的气体强化除膜作用。电解法除膜工艺见表 2-23。

表 2-23 电解法除膜工艺

工艺条件	质量浓度 ρ_B/(g/L)（除注明外）			
	配方 1	配方 2	配方 3(w_B/%)	配方 4
硫酸（H_2SO_4）	10%(φ)	2~3	40	
磷酸（H_3PO_4）	80%(φ)		38	100
硫酸钙（含铬）	100	200~250		
非离子型表面活性剂			1	
复合添加剂			0.2	
水	10%(φ)	余量	余量	
温度/℃	70~75	30~50	50~80	室温
阳极电流密度/(A/dm²)	70~75	40~50	40~100	
电压/V			12~14	
阴极材料	铅板	铅板	铅板	
时间/min	5~10	3~10	1~3	
适用范围	普通不锈钢	奥氏体不锈钢	不锈钢表面带油及氧化膜	

④ 活化处理。若浸蚀后锈蚀未去除干净，则应在浸蚀后进行弱浸蚀处理。如果弱浸蚀后不能立即进行化学转化，应将零件放在质量分数为 3% 的碳酸钠溶液中，当需化学转化处理时，重新进行弱浸蚀。不锈钢弱浸蚀的工艺规范见表 2-24。

表 2-24　不锈钢弱浸蚀工艺规范

工艺条件	质量浓度 $\rho_B/(g/L)$						
	配方 1	配方 2	配方 3	配方 4	配方 5	配方 6	
						一次	二次
硫酸($\rho=1.84g/mL$)	200~500	10	50~500		150~200		50~500
盐酸($\rho=1.19g/mL$)		1		50~500		100~300	
温度/℃	60~80	室温	室温	室温	室温	室温	室温
电流密度/(A/dm²)			0.5~5	2	1~2		0.5~3
时间/min	析出气		1~5	1~5	1	0.5~1	1~5

一个弱浸蚀效果较佳的工艺：硫酸 50~70mL/L、氟硅酸 5~7mL/L、硫酸铵 100~120g/L、磷酸 3~7mL/L、D_A 0.067A/dm²，20~40℃、5~7min。

（3）铜及铜合金酸洗

铜及铜合金（主要是黄铜）化学酸洗后要求零件表面光亮，电镀后才光亮。表面有黑膜的铜及铜合金零件，在化学酸洗前，要先用 $w=10\%$ 的硫酸溶液进行预酸洗，再进行光亮酸洗。铜及铜合金浸蚀液的主要成分是浓硫酸、浓硝酸和盐酸。这三种酸都能和铜的氧化膜发生反应。

浸蚀铜合金时，各种酸与合金内各种成分的反应速度不同，只有各种金属成分的溶解速度符合它们在合金中的含量时，酸洗液中各种酸的浓度比才是正确的。

黄铜由铜与锌两种成分构成，当浸蚀液中硫酸与盐酸含量不变时，铜的溶解速度随硝酸含量增加而迅速增大，锌及其氧化物的溶解速度则保持不变。当硝酸及硫酸浓度一定时，锌的溶解速度随盐酸含量的增加而上升，铜的溶解速度却稍有降低。酸洗时，当铜与锌的溶解速度比符合它们在黄铜中的含量比时，则酸洗液中各种酸的浓度比是正确的。在没有盐酸或盐酸不足时，黄铜表面呈现发暗的淡黄色，说明表面的锌多了；当酸洗液中盐酸过多时，由于锌的过度溶解及铜的溶解不足，黄铜表面有棕褐色斑点。当溶液中硝酸含量过高时，浸蚀后的黄铜表面发灰，反之发红。对于黄铜的浸蚀，Cl^- 的作用主要是加速锌的溶解，如果混酸中不加 Cl^-，浸蚀后黄铜表面锌富集而发灰，Cl^- 过高，则因铜富集而发红。对黄铜浸蚀一定要注意时间，否则极易造成过腐蚀，使零件表面发花或变成麻面。

酸与氧化膜的反应平静。其反应如下：

$$CuO+2H^+ \longrightarrow Cu^{2+}+H_2O$$
$$Cu_2O+2H^+ \longrightarrow Cu^{2+}+Cu+H_2O$$

但当氧化膜溶解后，酸与铜起反应，这时反应剧烈。但这种反应是铜与具有氧化性的酸的反应，放出的不是氢气，而是大量棕色刺鼻的二氧化氮和有窒息性的 SO_2 气体。其反应为：

$$4HNO_3+Cu \longrightarrow Cu(NO_3)_2+2NO_2\uparrow+2H_2O$$
$$2H_2SO_4(浓)+Cu \longrightarrow CuSO_4+SO_2\uparrow+2H_2O$$

当浸蚀铸造铜合金时，为了除去裹夹的砂粒，要在浸蚀液中添加一定量的氢氟酸。当浸蚀青铜时，可不加硫酸，因为锡在盐酸中溶解较快，但浸蚀液中硝酸的浓度应该高一些。这是因为锡在较浓的硝酸中才能较快溶解。对于薄壁铜及铜合金零件，为防止过腐蚀而报废，通常都不使用浓硝酸和盐酸进行浸蚀（见表 2-25～表 2-27）。此时铜的氧化物能很好地溶解，而铜的溶解却很缓慢。有时也加入一些铬酸（或铬酸盐）把低价铜的氧化物氧化成 CuO，促使表面更均匀地溶解。

表 2-25　铜及铜合金的一般酸洗工艺规范

工艺条件	质量浓度 ρ_B/(g/L)（除注明外）					
	配方 1	配方 2	配方 3	配方 4	配方 5	配方 6
$H_2SO_4(\rho=1.84g/mL)$	150～250		500mL/L	100	200～300	
$HNO_3(\rho=1.40g/mL)$			200～250mL/L			750
硫酸铁				100		
$HF(\rho=1.13g/mL)$						1000
氯化钠						20
$HCl(\rho=1.19g/mL)$		100～360	微量		100～120	
水			余量			
温度/℃	40～60	室温	20～30	40～50	80～100	室温
时间/s			3～5			

注：配方 1～3 为一般铜和铜合金零件酸洗工艺；配方 4 为薄壁铜材酸洗工艺；配方 5 为铍青铜酸洗工艺；配方 6 为铜铸件酸洗工艺。

表 2-26　铜及合金光亮浸蚀工艺规范

工艺条件	质量浓度 ρ_B/(g/L)（除注明外）					
	配方 7	配方 8	配方 9(φ_B/%)	配方 10	配方 11	配方 12(φ_B/%)
硫酸($\rho=1.84g/mL$)	100(ψ)	900	50	700～850	600～800	
硝酸($\rho=1.40g/mL$)	100(ψ)		25～30	100～150	300～400	10～15
磷酸($\rho=1.70g/mL$)						50～60
醋酸						25～40
氯化钠		0.5～1			3～5	
硝酸钠		100				
$HCl(\rho=1.19g/mL)$	2(ψ)		0.3～0.5	2～3		
水		500mL/L	余量			
温度/℃	室温	15～40	＜30	≤45	≤45	20～60
时间/s		10～30	60～180			

注：1. 配方 7～9 为铜和一般铜合金零件光亮浸蚀工艺；配方 10 为铜、黄铜光亮浸蚀工艺；配方 11 为铜、黄铜、低锡青铜、磷青铜光亮浸蚀工艺；配方 12 为铜、黄铜、铜-锌-镍合金光亮浸蚀工艺。

2. ψ 为体积比。

表 2-27　铜及合金光亮浸蚀和弱浸蚀工艺规范

工艺条件	质量浓度 ρ_B/(g/L)						
	配方 13	配方 14	配方 15	配方 16	配方 17		配方 18
					预浸	光亮	
H_2SO_4(ρ=1.84g/mL)	10～20		100 或 30～50	10%～15%(φ)	500	500	30～50
HNO_3(ρ=1.40g/mL)		1000			200～250	250～300	
铬酐	100～200						200～250
盐酸(ρ=1.19g/mL)		4			微量	3～50	
水					余量	余量	
重铬酸钠				15～30			
重铬酸钾			50(或 150)				
温度/℃	室温	室温	40～50	室温	20～30	<30	室温
时间/s					3～5	1～3	0.5～2

注：配方 13 为铜、铍青铜浸蚀工艺；配方 14 为锡青铜浸蚀工艺；配方 15、16 为薄壁铜件、铜零件浸蚀工艺；配方 17 为一般铜零件浸蚀工艺；配方 18 为铜、黄铜零件浸蚀工艺。

酸洗作用还取决于温度，当酸洗液温度升高到 50℃时，铜的溶解速度先增大而后迅速降低。锌的溶解速度随温度改变不大。温度在 30℃左右为宜。

铜及合金浸蚀后的处理见本章弱腐蚀一节。

（4）铝及其合金的浸蚀

铝为两性金属，可用碱浸蚀，生产上称为碱蚀，也可用酸浸蚀。碱液浸蚀速度较快，且当制件表面油污较少时可不必预先除油，因为在碱性浸蚀液中可同时完成除油和除锈两道工序。若采用酸浸蚀时，制件须先较彻底地除油。铝零件在碱性溶液中发生以下反应：

$$Al_2O_3 + 2NaOH \longrightarrow 2NaAlO_2 + H_2O$$
$$2Al + 2NaOH + 2H_2O \longrightarrow 2NaAlO_2 + 3H_2 \uparrow$$

采用碱液浸蚀时要求操作温度较高，浸蚀时间较长。若铝合金中含有铜、镍、锰、硅等合金元素时，经碱液浸蚀后，表面会生成暗色膜，这是合金元素生成的氧化物及其他杂质形成的浮尘，如含铜时表面呈黑色；含硅时表面呈灰褐色。

铝及铝合金碱液浸蚀、酸液浸蚀工艺规范见表 2-28～表 2-30。

表 2-28　铝及铝合金碱液浸蚀工艺规范

工艺条件	质量浓度 ρ_B/(g/L)							
	配方 1	配方 2	配方 3	配方 4	配方 5	配方 6	配方 7	配方 8
NaOH	2～4	50～80	40～50	50～100	(w)3%～5%		15～20	20～25
Na_2CO_3	30					20	40～50	20～30
$NaHCO_3$ 或 Na_2HPO_4	30							
Na_3PO_4						20	15～25	
NaF			40～60					
非离子型表面活性剂		适量				适量		
洗涤剂	0.5～1							
温度/℃	80～85	60～70	40～60	50～60	室温	70～80	50～80	40～55
时间/s	视需要	15～100	30～120	30～60	1～3	1～3	≤2min	

注：1. 配方 1～4 为一般浸蚀，配方 5 为弱浸蚀。

2. 配方 1 为铸铝、防锈铝浸蚀工艺，用此法可省去除油；配方 2 为各种铝合金浸蚀工艺，可加入适量非离子型表面活性剂；配方 3 为各种铝合金阳极氧化前的浸蚀工艺；配方 4 为有氧化皮的铸铝浸蚀工艺，若浸蚀温度为室温，则为弱浸蚀；在室温下，30～50g/L 盐酸也可弱浸蚀。

表 2-29　铝及铝合金酸液浸蚀工艺规范

工艺条件	质量浓度 ρ_B/(g/L)(除注明外)					
	配方 1	配方 2	配方 3	配方 4(w_B/%)	配方 5	配方 6
硝酸($\rho=1.40$g/mL)	200~270			10~30	(w)15%	500
硫酸($\rho=1.84$g/mL)			100			
磷酸($\rho=1.70$g/mL)		40~50				
铬酐		40~50	35			
HF($\rho=1.13$g/mL)				1~3		
水				89~67		500
温度/℃	室温	室温	70~80	室温	80~90	室温
时间/min	3~5	1~3	3~5	0.1~0.3	2~3	5~15s

工艺条件	质量浓度 ρ_B/(g/L)							
	配方 7	配方 8	配方 9	配方 10	配方 11	配方 12	配方 13	配方 14
硝酸($\rho=1.40$g/mL)	500	630	750	500	700		500	
硫酸($\rho=1.84$g/mL)	500	320				100		
盐酸($\rho=1.19$g/mL)							500	(w)3%~5%
HF($\rho=1.13$g/mL)		50	250	500	100			
30%过氧化氢						50		
温度/℃	室温	室温	室温	室温	室温	室温	室温	室温
时间/s	5~15	5~15	3~5	5~30	5~15	30~60		30~60

注：1. 配方 1~5 为一般浸蚀；配方 6~13 为光亮浸蚀；配方 14 为弱浸蚀。

2. 配方 1、2 为有自然氧化膜的一般铝及其合金的浸蚀工艺；配方 3 为经热处理表面有氧化皮的锻铝浸蚀工艺；配方 4 为有氧化皮的含硅铝合金浸蚀工艺；配方 5 为纯铝及含铜量高的铝合金浸蚀工艺，铝镁、铝镁硅合金浸蚀后去残液，配方 5 浸蚀后再用 $w=50\%$ 的硫酸浸 5~10s；配方 6 为纯铝及铝锰合金浸蚀工艺；配方 7、8 为硬铝、防锈铝等大多数铝合金碱蚀后的光亮浸蚀；配方 9 为 $w(Si)<10\%$ 的硅铝合金及热处理表面的氧化皮浸蚀工艺；配方 10 为 $w(Si)>10\%$ 的硅铝合金浸蚀工艺；配方 11 为在重金属盐溶液中处理后的硅铝合金浸蚀工艺；配方 12 为大多数铝及其合金浸蚀工艺；配方 13 为铝板浸蚀工艺。

表 2-30　不同焊料铝合金酸液浸蚀工艺规范

工艺条件	成分含量/(mL/L)			
	配方 1	配方 2	配方 3	配方 4
硝酸($\rho=1.40$g/mL)	1	3	2	3
硫酸($\rho=1.84$g/mL)			1	
冰乙酸($\rho=1.05$g/mL)				1
HF($\rho=1.13$g/mL)		1	0.3	
水	1			
温度/℃	室温	室温	室温	室温
时间/min	5~6	5~6	5~6	5~6

注：配方 1 为 Al-Zn 浸蚀工艺；配方 2 为 Al-Si-Zn 浸蚀工艺；配方 3 为 Al-Mg-Si-Be 浸蚀工艺；配方 4 为 Al-Si-Ge 浸蚀工艺。

对于铅焊铝零件在浸蚀前需在如下工艺规范下去焊渣：铬酐 60g/L、Na_2SiF_6 10g/L、$NaHSO_4 \cdot H_2O$ 30g/L、温度 20~30℃、时间 3~6min。

碱蚀液成分和工艺条件的影响：

① 氢氧化钠。碱蚀槽中的苛性碱系指游离量。其含量对保障碱蚀质量、防止水解起重要作用。有长寿命碱蚀剂存在时，40g/L 以下碱蚀速度基本相同；大于 70g/L 碱蚀速度随浓度升高而加快，所以保持 50～60g/L 之间最好。生产中每日分析一次游离碱含量，及时补充。

② 长寿命碱蚀剂。防止偏铝酸钠水解形成硬铝酸石的必要成分。它是由多种化合物（络合剂、加速剂、缓蚀剂、整平光亮剂及润湿剂等）复配而成的。产品的质量和功能已达到较先进的水平，通常加 20g/L 浓缩液即可，一般凭经验进行补加。含量适宜时碱蚀液呈灰黑色，表面有一层小气泡覆盖。含量不足时碱蚀液泛白，气泡消失。也可按碱量补加，即苛性钠与碱蚀剂按质量比 ζ 为 5∶1 的比例添加。

③ 温度。随温度升高，碱蚀速度呈线性升高，大于 70℃，易产生过腐蚀，出现砂面亚光等现象。温度过高还会导致晶间腐蚀加剧。低于 40℃ 碱蚀速度很慢，挤压纹不易消除。最好在 50～60℃ 下使用，不用时亦应保温，防止温度低，偏铝酸钠水解生成 $Al(OH)_3$ 沉淀。

④ 时间。碱蚀时间受碱浓度、温度、Al^{3+} 溶存量的影响，通常在 50～60g/L 碱量和 50～60℃ 下，碱蚀 1～3min 是适当的，时间太短，挤压纹不能消除；太长则易产生过腐蚀，容易使零件尺寸受到影响。一般银白材比着色材碱蚀时间要长一点。

⑤ Al^{3+} 浓度的影响。碱蚀液中要有一定的 Al^{3+} 存在才能正常工作，新配槽液要加一些铝屑溶于液中，$Al^{3+}<30g/L$ 时易过腐蚀，注意时间。30～45g/L 时碱蚀操作最容易，碱蚀质量好。Al^{3+} 更高时，缓蚀作用显著，不易发生过腐蚀，整平性能提高，碱蚀时间可延长，适合于得到亚光和砂面层。Al^{3+} 溶存量对碱蚀质量的影响见表 2-31。

表 2-31　Al^{3+} 溶存量对碱蚀质量的影响

Al^{3+} 溶存量/(g/L)	碱蚀现象与效果
0～10	碱蚀控制最困难，最易产生过腐蚀，碱蚀时间宜短
30～45	能获得最理想的碱蚀效果
60 以上	获细平滑表面
90 以上	可获粗平颗粒表面
120 以上	碱蚀整平效果最佳，在温度较高、时间稍长的条件下可得到砂面和麻面

（5）镁及镁合金的浸蚀

由于镁合金是两性的，浸蚀溶液既可以是碱性的也可以是酸性的，而且在除膜的同时，还能清除表面残存的油污。镁及镁合金浸蚀工艺规范见表 2-32。

表 2-32　镁及镁铝合金浸蚀工艺规范

工艺条件	质量浓度 ρ_B/(g/L)（除注明外）											
	配方 1	配方 2	配方 3	配方 4	配方 5	配方 6	配方 7	配方 8	配方 9	配方 10	配方 11	配方 12
CrO_3	150～250		80～100			120	180	180	60			
硝酸（$\rho=1.40g/mL$）		15～30mL/L				110mL/L			90mL/L			
$NaNO_3$			5～8									

工艺条件	质量浓度 ρ_B/(g/L)(除注明外)											
	配方1	配方2	配方3	配方4	配方5	配方6	配方7	配方8	配方9	配方10	配方11	配方12
$Fe(NO_3)_3 \cdot 9H_2O$								40				
KF								3.5				
氢氟酸 ($\rho=1.13g/mL$)					80~120mL/L					54mL/L	200mL/L	
NH_4HF_2												50
磷酸($\rho=1.70g/mL$)												200mL/L
NaOH				350~400								
温度/℃	室温	室温	40~50	70~80	室温	室温	16~93	16~38	室温	室温	室温	16~30
时间/min	8~12	1~2	2~15	1~15	数秒	0.5~2	2~10	0.5~3	0.3~1	10	10	0.5~2

注：1. 配方1～9为一般浸蚀；配方10～11为弱浸蚀；配方12为活化。

2. 配方1用于一般镁及镁合金浸蚀或去除氧化膜；配方2为铸造毛坯浸蚀工艺，在配方2溶液中浸蚀时，反应极为激烈，必须严格控制溶液的浓度、温度和浸蚀时间，硝酸用量不得超过30mL/L，否则容易引起零件尺寸超差和起火；配方3用于消除变形镁合金表面润滑剂的燃烧残渣；配方4去除旧氧化皮时，还需用质量分数为5%～15%的铬酐溶液中和；配方5为含硅的镁合金浸蚀工艺；配方6为含铝高的镁合金浸蚀工艺；配方7为精密零件浸蚀工艺；配方8为一般零件浸蚀工艺；配方9为一般镁合金化学镀镍前的浸蚀工艺；配方10为镁及镁合金化学镀镍前浸蚀工艺；配方11为含铝高的镁合金化学镀镍前弱浸蚀工艺；配方12为镁及镁合金浸蚀后活化工艺。

3. 浸蚀后的零件，应迅速进行氧化处理或镀前浸金属处理，否则极易发生腐蚀。

4. 最好用镁合金或铝镁合金制造浸蚀用挂具、盛具，并用绝缘材料隔离挂具与零件以免产生电化学腐蚀。

配方1常用于旧的氧化膜以及不合格膜去除，去除时与表2-12配方12、16或17交替浸渍，能彻底去膜。铬酐浸渍液通常对零件尺寸影响小，只溶解氧化物。铬酸腐蚀不会引起镁合金工件尺寸的变化，故可用于对接近下极限尺寸工件的表面处理。它可用轮流浸入铬酸腐蚀液和碱性清洗液的方法除去先前的化学氧化膜。这种腐蚀用于普通工件除去表面氧化膜，腐蚀效果令人满意。但用它除去砂铸的效果不理想，也不能用它处理嵌有铜合金的工件。溶液中阴离子杂质含量不能累积超过规定值，否则会对镁合金表面产生腐蚀。这些阴离子杂质包括氯离子、硫酸根离子、氟离子。硝酸银可以用来沉淀氯离子，以延长溶液的使用寿命。但最好是废弃杂质超标的溶液，配制新溶液。酸性腐蚀工艺见表2-33。

表2-33 酸性腐蚀工艺

处理液	组成		浸渍时间 /min	操作温度 /℃	槽结构	金属腐蚀量 /μm
	材料	质量浓度 ρ_B/(g/L)				
铬酸	铬酐 CrO_3	180	1~15	88~94	钢槽衬PP板、陶瓷、玻璃或橡胶	无
铬酸-硝酸钠	铬酐 CrO_3 硝酸钠 $NaNO_3$	180 30	2~20	16~32	钢槽或3003铝合金衬PP板、陶瓷、玻璃或橡胶	12.7
硫酸	硫酸($\rho=1.84g/cm^3$)	3.12%①	10~15s	21~32	不锈钢槽衬PP板、陶瓷、玻璃或橡胶	50.8
硝酸-硫酸	硝酸($\rho=1.42g/cm^3$) 硫酸($\rho=1.84g/cm^3$)	1.95%～7.81%① 0.78%～1.56%①	10~15s	21~32	不锈钢槽衬PP板、陶瓷、玻璃或橡胶	58.4

处理液	组成		浸渍时间/min	操作温度/℃	槽结构	金属腐蚀量/μm
	材料	质量浓度 $\rho_B/(g/L)$				
铬酸-硝酸-氢氟酸	铬酸 CrO_3 硝酸($\rho=1.42g/cm^3$) 氢氟酸(60%② HF)	139～277 2.34%① 0.78%①	1～2	21～32	不锈钢衬 PP 板、人造橡胶或衬乙烯基材料	12.7～25.4
磷酸	磷酸 H_3PO_4(85%)②	90%①	0.5～1	21～27	不锈钢衬陶瓷、铅、玻璃或橡胶	12.7
醋酸-硝酸钠	醋酸 硝酸钠 $NaNO_3$	195mL 30～45	0.5～1	21～27	3003 铝合金或不锈钢衬 PP 板、陶瓷或衬橡胶	12.7～25.4
羟基乙酸-硝酸	羟基乙酸(70%②) 硝酸镁 硝酸	240 202.5 3%①	3～4	21～27	不锈钢衬 PP 板、陶瓷或其他适合的材料	12.7～25.4
点焊铬酸-硫酸	铬酐 CrO_3 硫酸($\rho=1.84g/cm^3$)	180 0.05%①	3	21～32	不锈钢或 1100 铝材衬 PP 板、铅板、陶瓷或人造橡胶	7.62

① 体积分数。

② 质量分数。

注：溶液的剩余部分为水；铬酸溶液也可以在室温下操作，但处理时间要延长；铬酸-硝酸溶液的 pH 为 0.0～1.7。

几种处理工艺的特点如下。

① 铬酸盐腐蚀的特点在前面已介绍。

② 铬酸-硝酸腐蚀。铬酸-硝酸腐蚀可替代铬酸腐蚀，用来清除石墨润滑剂。它用于清除砂铸的产物不能令人满意，同时它不能用于腐蚀嵌有铜合金的工件。如果溶液 pH 高于1.7，将失去化学活性。可以通过添加铬酸的方法，使溶液的 pH 降到初始的 0.5～0.7 恢复活性。大槽子可以通过排放 1/4 老槽液、再用新槽液补充的方法再生。这样可以减少铬酸的使用量，并可减少腐蚀速度和使镁合金着色的深度。处理的温度和时间要严格按表 2-33 中规定执行。

③ 硫酸腐蚀。硫酸腐蚀用于清除砂铸镁合金的表面产物。此腐蚀工序应该在所有机械加工之前进行，因为溶液对金属的溶解速度很快，容易引起工件的超差。

④ 硝酸-硫酸腐蚀。也可以用硝酸-硫酸腐蚀代替硫酸腐蚀。

⑤ 铬酸-硝酸-氢氟酸腐蚀。铬酸-硝酸-氢氟酸腐蚀溶液可以用来处理铸件，特别是压铸件，它对基体金属的腐蚀速度达 $12.7\mu m/min$。

⑥ 磷酸腐蚀。磷酸腐蚀溶液可以用来处理所有铸件，特别是压铸件。清除 AZ91A 和AZ91B 镁合金表面的铝特别有效，还可以用于一些锻造镁合金，如 HK31A 的电镀预处理。对基体金属的腐蚀速度达 $12.7\mu m/min$。

⑦ 醋酸-硝酸腐蚀。醋酸-硝酸腐蚀用于除去镁合金工件表面的硬壳和其他污染物，以达到最大的防护效果。这种腐蚀可以用于处理锻压镁合金和盐浴热处理镁合金铸件。铸造条件或盐浴热处理和时效情况下不能用醋酸-硝酸溶液除去表面形成的灰色粉状物。镁合金铸件在这种条件下应该用铬酸-硝酸-氢氟酸溶液腐蚀。在大多数条件下，醋酸-硝酸溶液对基体金属的腐蚀速度为 $12.7～25.5\mu m/min$，对于尺寸接近公差值的工件不能使用这种溶液处理。

⑧ 羟基乙酸-硝酸腐蚀。采用喷淋方式处理镁合金工件时，醋酸-硝酸溶液会产生酸雾污染环境，这时可用羟基乙酸-硝酸溶液替代。

⑨ 点焊铬酸-硫酸腐蚀。一种用于镁合金工件点焊部位清洗的铬酸-硫酸溶液。工件先浸

入碱性清洗剂中清洗，并用流动冷水清洗，再用弱酸性溶液中和工件表面的碱性。中和溶液的成分为：体积分数为 0.5％～1％的硫酸或质量分数为 1％～2％的硫酸氢钠（酸性硫酸钠）。中和后，工件再浸入点焊铬酸-硫酸溶液中处理，这样可以得到一个低腐蚀的点焊表面。

为了保证阳极氧化膜的结合力，在阳极氧化前需要在弱酸溶液中活化，除去薄的氧化膜，活化表面。活化的工艺方法随脱脂除膜方法的不同而不同，见表 2-34。

表 2-34　镁及镁合金的弱酸活化工艺

组成及条件	化学除膜后	电化学除膜后
φ[磷酸(H_3PO_4)]/％	20	20
氟化氢铵(NH_4HF_2)/(g/L)	100	
酸性氟化铵(NH_4F)/(g/L)		100
温度/℃	20～30	20～30
时间/min	0.5～1.5	0.5～1.5

（6）其它金属的浸蚀

除了前面所述金属的浸蚀外，还有锌、镉、锡和铅等，它们的酸洗配方见表 2-35～表 2-37。

表 2-35　锌、镉及其合金浸蚀工艺规范

工艺条件	质量浓度 ρ_B（除注明外）/(g/L)									
	配方 1	配方 2	配方 3	配方 4	配方 5	配方 6	配方 7	配方 8	配方 9	配方 10
H_2SO_4(ρ=1.84g/mL)	50～100		2～4		2～4mL/L					φ0.25％～1％
HNO_3(ρ=1.40g/mL)				10～20	60～100mL/L					
CrO_3			100～150		200～250	240～600	200～300	250		
HCl(ρ=1.19g/mL)						94mL/L		100mL/L		
Na_2SO_4							15～30			
$NaOH$		50～100								w5％～10％
温度/℃	室温	60～70	室温	室温	室温	室温		室温		
时间/min	<1	<1	0.5～1	<1	0.1～0.5			0.2～0.5		
适用范围	锌、镉	锌	锌、镉	锌、镉	锌、镉	锌	锌	镉、锌	锌	锌

注：1. 配方 1、2 为一般浸蚀；配方 3～8 为光亮浸蚀；配方 9～10 为弱浸蚀。

2. 配方 6 在零件浸蚀 1min 并清洗后，若表面有不鲜明的黄铜色泽，可在 w 10％～20％的铬酐溶液中，于室温下浸渍 1min 去除；配方 7 在浸蚀后出现黄膜，应于纯碱或 ρ(H_2SO_4)=8g/L 的硫酸溶液中去除。

表 2-36　铅、锡及其合金浸蚀工艺规范

工艺条件	成分含量（除注明外）/(mL/L)								
	配方 1	配方 2	配方 3	配方 4	配方 5	配方 6	配方 7	配方 8	配方 9
HF(ρ=1.13g/mL)	250								
冰乙酸		80							

工艺条件	成分含量(除注明外)/(mL/L)								
	配方1	配方2	配方3	配方4	配方5	配方6	配方7	配方8	配方9
$H_2SO_4(\rho=1.84g/mL)$		50							
$HCl(\rho=1.19g/mL)$				30		100~300			
$HNO_3(\rho=1.40g/mL)$					50~100				
NaOH							50~100		
30%H_2O_2	45	45							
NaF或KF		23g/L	23g/L						
$HBF_4(w42\%)$								120~150	10%~25%
温度/℃	室温	室温	室温	室温	室温	室温	60~70	室温	室温
时间/min	数秒	<1	<1	<1	<1	1~3	0.5~1	10~15s	
适用范围	铅	铅	铅	铅	铅	锡	铅、锡	铅钎焊件	铅及合金

表 2-37　钛合金、钨合金等浸蚀工艺规范

工艺条件	质量浓度ρ_B(除注明外)/(g/L)						
	配方1	配方2	配方3	配方4	配方5	配方6	配方7
氢氟酸($\rho=1.13g/mL$)	4~5	65	34	220	50~60	23.4	50~70
硝酸($\rho=1.40g/mL$)	15~25					188	
盐酸($\rho=1.19g/mL$)					200~250		
铬酐				135			
$Na_2Cr_2O_7 \cdot 2H_2O$		250	390				
氟化钠					40~50		
温度/℃	室温	80~100	80~100	20~30	室温	室温	室温
时间/min	至冒红烟	20	20	2~4	2~5		1~2
适用范围	纯钛、6Al-4V、4Al-4Mn、3Al-5Cr	纯钛、6Al-4V、4Al-4Mn	3Al-5Cr	纯钛	纯钛	钛及钛合金	钨及钨合金

工艺条件	质量浓度ρ_B(除注明外)/(g/L)						
	配方8	配方9	配方10	配方11	配方12	配方13	配方14
硫酸($\rho=1.84g/mL$)		50~150		350~360	0.47 L		12~15
硝酸($\rho=1.40g/mL$)				180~190		125	75~125
磷酸($\rho=1.70g/mL$)				800~850			
盐酸($\rho=1.19g/mL$)	85~250	100~500	150~170				
$FeCl_3 \cdot 6H_2O$			250~330				
铬酐						120	
铬酸钠					225		
水					9L		
温度/℃	室温	室温	室温	室温	室温	室温	室温
时间/min	1~3	0.2~1		1~3			
适用范围	镍	新鲜干净的镍镀层,铬层	镍合金活化	镍及镍合金出光	镍银合金	锰及锰合金	锰及锰合金

工艺条件	质量浓度 ρ_B（除注明外）/(g/L)			
	配方 15	配方 16	配方 17	配方 18
硫酸（$\rho=1.84$g/mL）	85～95		150	25～35
盐酸（$\rho=1.19$g/mL）	80～100		150	
NaOH		100		
$KMnO_4$		50		
铬酐			60～100	90～100
温度/℃	室温	65～68	室温	
时间/min		5～10	5～10	1～3
适用范围	镍及镍合金弱浸蚀	钼及钼合金		

注：配方 1 作为配方 2、3 的预浸蚀；配方 8 在浸蚀后，需在硫酸 200g/L、铬酐 20～30g/L，于 60～80℃的溶液中进行光亮浸蚀；配方 16 用于氧化；配方 17 用于酸浸蚀；配方 18 用于出光。

铅及铅合金在浸蚀前，应先用机械方法去除零件表面的毛刺、熔合线、铸造残渣等，然后用普通碱性除油溶液或清洗剂除去油污再进行浸蚀。铅能与大多数酸或碱形成不溶性的铅化合物。

锌是两性金属，镉不溶于碱。钛和钼容易生成氧化物，但钼的氧化物无耐蚀能力。

钨及钨合金用机械方法清除氧化皮和按钢铁除油工艺进行除油后，在预镀铬前可按表所列工艺进行浸蚀。

另外，铸件上的氧化皮去除需要使用氢氟酸，其浓度一般为 2%～5% 的氢氟酸溶液；铸铜件酸洗时，溶液中应添加氢氟酸；零件清洗后表面发红，是零件在酸洗溶液中析出置换铜所致。因此，在操作中应注意不要把铜件带入酸洗槽，并严禁铜件使用钢铁件酸洗槽。

2.3.2.3 电化学浸蚀

去除氧化皮有化学浸蚀法和电化学浸蚀法。电化学浸蚀利用直流电（也可用交流电），在浸蚀液中除去金属表面的氧化皮、废旧镀层及其它腐蚀产物。电化学浸蚀常用于黑色金属，是较强烈的浸蚀。此法浸蚀速度快，且浓度变化和铁盐的累积对浸蚀速度影响不大。各种成分的碳钢、合金钢都可以进行电解浸蚀。形状复杂的零件应注意装挂的位置，否则浸蚀效果降低。若零件表面带有致密的氧化皮，应先进行化学溶解或松动处理，使氧化皮疏松才可进入溶液，因为过厚的氧化皮使电解电压增高。零件作为阳极时称为阳极浸蚀，零件作为阴极时称为阴极浸蚀，二者各有不同的特点及应用。浸蚀溶液主要是酸性的，少数是碱性的。对于形状较复杂而几何尺寸要求严格的零件，先用阴极进行浸蚀，而后转为阳极浸蚀。后者可以除去阴极腐蚀附着于零件表面的污物。通常阴极过程进行的时间比阳极过程要长一些，以保持零件尺寸的精度。这种联合工艺可以在一定程度上减轻渗氢现象和阳极过腐蚀。目前采用的多是阳极浸蚀，或阴极-阳极联合浸蚀法。电化学既用于强浸蚀，也用于弱浸蚀。

（1）阳极浸蚀

零件在阳极依靠电化学溶解、电极上析出氧气的机械剥离以及化学溶解作用将氧化物除去，所以浸蚀速度快、表面质量好，不存在氢脆和杂质在零件表面沉积，在生产上应用得较多，但不可避免基体金属的溶解。

阳极浸蚀在硫酸或酸化了的 Fe^{2+} 中进行。Fe^{2+} 能在阳极氧化为 Fe^{3+}，减缓了基体金属的钝化，提高了金属钝化电流，允许采用较高的电流密度，提高了浸蚀速度。氯化钠起着导电及加速浸蚀的作用。电流密度是影响表面质量的重要因素，随着电流密度升高，浸蚀速度加快，这是由于阳极析出大量氧气对氧化膜的剥离起着主要作用。但电流密度不能太大，以免引起金属的钝化。升温可增加浸蚀速度，但其效果并不像化学浸蚀那样明显，在一般情况下可在室温下进行操作，必要时可加热至 50～60℃。阳极浸蚀可采用铅或铁板作阴极。为了防止基体金属过腐蚀，可以加入邻二甲苯硫脲（若丁）或磺化木工胶，含量为 3～5g/L。

（2）阴极浸蚀

零件的阴极浸蚀，主要是依靠电极上析出氢气的机械剥离和化学溶解作用、氢对氧化物的还原作用等。不存在电化学溶解，大大降低了基体金属过腐蚀的危险。但因大量析氢带来了严重的氢脆问题，高强度钢及对氢脆比较敏感的合金钢和弹簧等不宜采用阴极浸蚀。同时，一些金属杂质能在阴极沉积污染零件表面。阴极浸蚀应适当加入 Cl^-，可促进表面氧化皮的疏松和加快溶解。可加入六次甲基四胺缓蚀剂。

黑色金属可在硫酸液中先在阴极进行较长时间的浸蚀，将氧化物基本除净；然后转向阳极短时间浸蚀，溶去在阴极浸蚀时附着在零件表面的沉积物，并能减少氢脆的危害。这样可以利用阴阳极浸蚀的优点。电化学浸蚀工艺规范见表 2-38、表 2-39。

表 2-38　钢铁零件的电化学浸蚀工艺规范

工艺条件	质量浓度 ρ_B/(g/L)								
	配方 1	配方 2	配方 3	配方 4	配方 5	配方 6	配方 7	配方 8	配方 9
H_2SO_4($\rho=1.84$g/mL)	200～250	150～250	10～20				100～150	40～50	120～150
$FeSO_4 \cdot 7H_2O$			200～300						
HCl($\rho=1.19$g/mL)					320～380	100		25～30	
HF($\rho=1.13$g/mL)					0.15～0.3				
H_3PO_4($\rho=1.70$g/mL)									
NaCl		30～50	50～60			50		20～22	
$CaCl_2$				40～60					
$FeCl_2$						150			
$FeCl_3$			70～80						
邻二甲苯硫脲			3～5						
温度/℃	20～60	20～30	20～60	25～35	30～40	20～50	40～50	60～70	30～50
电流密度/(A/dm²)	5～10	2～6	5～10	20～30	5～10	5～10	3～10	7～10	3～10
时间/min	10～20	10～20	10～20	10～30	1～10		10～15		4～8

注：1. 配方 1～6 为阳极浸蚀，其中配方 4 用于电解铁或碳钢制成的印刷版；配方 5 为含硅铸铁浸蚀工艺；配方 7、8 为阴极浸蚀，其中配方 7 为非弹性、非高强度零件及电解后的零件浸蚀工艺，配方 8 为形状复杂的零件浸蚀工艺，特别适用于除去氧化皮，孔隙中存在有聚合油的热处理黑皮，可加入六次甲基四胺或甲醛缓蚀剂，用量为 3～5g/L；配方 9 采用交流电。

2. 阳极浸蚀缓蚀剂用邻二甲苯硫脲、磺化木工胶、六次甲基四胺，阴极浸蚀缓蚀剂用甲醛或六次甲基四胺。

3. 阴极浸蚀的阳极上加占阳极面积 1%～2% 的铅和锡板，沉积在已除掉氧化皮的铁上，防止了铁的进一步溶解和阻止氢在该处的析出和渗入，使电流集中到尚未除掉氧化皮的部位，加速该处浸蚀过程。阴极浸蚀后镀上的 Pb 或 Sn 薄层在下述溶液中通过阳极清理来除去，其工艺为 85g/L 氢氧化钠、30g/L 磷酸钠，电流密度 5～8A/dm²，温度 50～60℃，阴极为铁板，时间 8～12min。

4. 阳极浸蚀阴极时，阳极为铁或铅；阴极浸蚀阳极时，用铅或含锑 w 6%～10% 的铅锑合金。

5. 使用无渗氢阴极浸蚀工艺，Fe^{3+} 是有害杂质。当 Fe^{3+} 多时，Pb 和 Sn 镀不上去，可用硅铸铁作阳极来防止。在溶液中，Fe^{3+} 达到饱和时，用冷却电解液的方法以 $FeSO_4$ 结晶析出。

表 2-39　一些材料的电化学浸蚀工艺规范

工艺条件	成分含量/(mL/L)							
	配方 1	配方 2	配方 3	配方 4	配方 5	配方 6	配方 7	配方 8
氢氟酸($\rho=1.19$g/mL)	125	125	180~200	500~800				
硫酸($\rho=1.84$g/mL)								165
KOH/(g/L)					300			
冰乙酸($\rho=1.05$g/mL)	875	875						
乙酸酐		100						
乙二醇			800~820					
磷酸($\rho=1.70$g/mL)/(g/L)						160		
磷酸三钠/(g/L)							160	
温度/℃	>50	>50	55~60	20~27	48~60	40~50	40~55	20~25
时间/min				1~2	2~5	10	10	
阳极电流密度/(A/dm²)				AC 2~5	3~6	0.07	9	见表注
阴极材料				石墨	钢	铅	钢	
适用范围	纯钛		钨及其合金					镍及其合金

注：配方 1、2 操作方法为先化学浸蚀 10~15min，再接交流电，在 40V、2 A/dm² 下持续 10min，配方 2 为 6Al-4V 钛合金上镀铬镍；配方 3 的阴极为碳棒或镍、铜、铅，先在 5.4 A/dm² 以上的电流密度下处理至局部浸蚀停止（以气泡停止析出为准），再在 5.4 A/dm² 下持续 15~30min，适用范围为纯钛、4Al-4Mn 钛合金上氰化预镀铜后镀铜、镉、银、镍；在用配方 5 处理后，需在 $\rho(H_2SO_4)=100$g/L 的硫酸溶液中浸 10min；用配方 8 时，先在 2 A/dm² 下阳极浸蚀 10min，再在 20 A/dm² 下钝化 2min，最后在 20 A/dm² 下阴极活化 2~3s（该法结合力好）。

2.3.2.4　弱腐蚀

　　零件经整平、除油和酸洗后，在运送和储存过程中，表面还会形成一薄层氧化膜。因此镀前应进行弱腐蚀（工艺规范见表 2-40），以保证镀层与基体金属间的良好结合。金属制品经弱浸蚀处理后，应立即予以清洗，用稀（通常 3%~5%）碳酸钠中和后转入镀液进行电镀。弱腐蚀也可采用阳极浸蚀。在进行弱腐蚀时，注意钢铁零件与铜零件不能合用一个弱腐蚀溶液，避免铜在铁表面置换出来。

表 2-40　弱腐蚀工艺规范

工艺条件	钢铁制品				锌			
	配方 1	配方 2	配方 3	配方 4	配方 5	配方 6	配方 7	配方 8
硫酸($\rho=1.84$g/mL)			100g/L	30~50g/L		30~50g/L	φ1%~1.5%	φ3%~5%
盐酸($\rho=1.19$g/mL)	φ3%~5%	30~50g/L	50g/L					
NaOH					30~50g/L			
HF($\rho=1.13$g/mL)							φ2%~3%	
温度/℃	室温	室温	室温	室温	60	室温	室温	室温
阳极电流密度/(A/dm²)			7~10					
时间/s	20~60		30~60				10~20	

注：若配方 3 中硫酸含量 w 达到 10%、盐酸含量 w 达 5% 时，则电浸时间 20~30s。

零件酸洗后，通常还进行弱浸蚀等处理，然后化学转化处理或存放。不同金属酸洗后的处理不同。铝及合金、不锈钢、耐热钢等的处理见酸洗（浸蚀）一节。

铜及合金弱浸蚀工艺规范见表2-41。

表 2-41　铜及合金弱浸蚀工艺规范

工艺条件	质量浓度 ρ_B（除注明外）/(g/L)			
	配方 1	配方 2	配方 3	配方 4
硫酸($\rho=1.84$g/mL)	70～80		$\varphi 5\%\sim10\%$	
盐酸($\rho=1.19$g/mL)				$\varphi 10\%\sim20\%$
NaCN		30～40		
碳酸钾		20～30		
温度/℃	室温	室温	室温	室温
阳极电流密度/(A/dm²)		3～5		
时间/min	0.5～1	0.5～1		10～30s

2.3.2.5　铝合金去除挂灰

铝件碱蚀后零件表面往往会出现一层黑色的膜，需去除，该道工序也习惯称为出光或浸亮，工艺规范如表2-42所示。在进行出光前，要水洗掉残留在零件上的碱蚀液，出光后清洗干净，进入化学氧化与阳极氧化工序。一般在如配方1硝酸溶液中进行即可，铸铝则适当加入氟化物。生产中操作时间为1～3min，若取出后观察膜未去干净，则浸入重新去膜。一些缝隙较多的零件需用刷子在去灰槽液中刷洗去灰干净，至露出光亮基体为止。

表 2-42　铝合金去除挂灰工艺规范

工艺条件	质量浓度 ρ_B（除注明外）/(g/L)						
	配方 1	配方 2	配方 3	配方 4	配方 5	配方 6	配方 7
铬酐			43～50	20～50			
硝酸	100～300	100～300	75～104mL/L		30～50		
硫酸				150～180	150～180	150～200	90～120
氢氟酸		$w1\%\sim3\%$	9mL/L（按需要）				
NaF							7.5～15
温度/℃	室温	室温	室温	35～60	常温	常温	常温
时间/min	1～3	1～3	1～3，单面腐蚀速率 0.020～0.025mm/h	3～5	2～4	3～5	3～5

注：配方1浓度为350～650，可用于化学抛光后除灰。配方2适用于含硅铸铝件，当HNO_3：HF体积比为3：1时，该工艺适于高硅铝合金，注意操作安全。对于配方3，通过添加氢氟酸控制单面腐蚀率。正常情况下，100L溶液中添加31mL氢氟酸，单面腐蚀率约增加0.0025mm/h，表中括号内的值为控制范围量，括号外的为配制量。配方6仅适用于6063铝材。配方7也可用90～120g/L的硝酸替代硫酸。

2.3.2.6　超声波浸蚀

超声波可显著提高浸蚀速度并有助于氧化皮和浸蚀残渣的脱落，浸蚀质量较好，适于氧化皮较厚、较致密或形状较复杂零件的浸蚀。可在原有浸蚀溶液的基础上施加超声波，溶液的浓度和温度允许稍低一些。在超声波的作用下，缓蚀剂发生解吸现象，从而降低了缓蚀效果，但由于超声波浸蚀可以相应降低溶液的浓度和温度，以上缺点可以得到弥补。

长时间的超声波作用，会使浸蚀零件表面产生微观针孔，失去光泽，这对零件的外观和耐蚀性能有不利的影响，但有利于提高镀层的结合力。

超声波浸蚀对于基体渗氢现象，有双重影响：一方面，金属表面活化，促进了渗氢作用；另一方面则由于超声波的空穴效应，有利于已吸附氢的排除，通过合理地优选振动频率、强度等超声波参数，可以避免其不利的方面，发挥其有利的方面，从而大大减少氢脆危害。因此，超声波浸蚀，适用于对氢脆比较敏感的材料。钢铁零件，一般可选用频率为 $22 \sim 23 kHz$ 的超声波段进行浸蚀。

2.3.2.7 工序间防锈

经过除油浸蚀后的零件，表面活性较高，很容易生锈腐蚀。由于某些原因浸蚀后不能立即进行化学转化处理或其它工序时，应进行工序间防锈处理，来达到防止生锈的目的。

钢、铝及铝合金、铜及铜合金，防锈工艺规范见表2-43。

表2-43 工序间防锈工艺规范

工艺条件	质量浓度 ρ_B/(g/L)					
	配方1	配方2	配方3[①]	配方4	配方5	配方6
Na_2NO_2	30~80	150~200				180~200
Na_2CO_3	3~5	5~6	30~50		3~5	3~5
甘油		250~300				
六次甲基四胺	20~30					
重铬酸钾					30~50	
氢氧化钠				20~600		
温度/℃	室温	室温	室温	室温~80	室温~80	室温
使用方法及适用范围	钢铁零件全浸。如采用涂液法,涂液后需进行烘干	钢铁零件全浸或采用涂液法时,涂液后可不烘干	全浸,钢铁零件短时间防锈	钢铁零件全浸防锈	铝、铜及其合金全浸防锈	钢铁零件全浸或涂液防锈,涂液后可不烘干

① 配方3适合于短时间钢铁防锈。

钢、铜和铜合金可按表2-44的工艺规范进行钝化处理，以达到工序间防锈。

表2-44 钢、铜和铜合金钝化工艺规范

工艺条件	φ_B/(mL/L)				
	配方1	配方2	配方3	配方4	配方5
CrO_3	3~5		100~150		
$H_3PO_4(\rho=1.70g/mL)$	3~5	15~30	30~50		
$K_2Cr_2O_7$				50~100	30~50
$H_2SO_4(\rho=1.84g/mL)$	20~30		8~12		
NaCl			0.5~1.5		
Na_2CO_3					30~50
温度/℃	80~100	80~100	室温	70~90	室温~80
时间/min	1~5	0.5~2	10~15s	2~5	2~10
使用方法及适用范围	钢铁零件	钢铁零件	铜、黄铜	铜和铜合金	

注：经配方1、2处理后的钢铁零件不进行水洗，直接用压缩空气吹干，然后烘干。但在电镀前需要进行弱浸蚀，以除去钝化膜。

钝化后不进行水洗，直接吹干、烘干，镀前需进行弱浸蚀，以除去钝化膜。

2.4 不同基体金属的化学转化前处理

基体金属化学转化前处理的质量，对化学转化膜质量有重要影响。若油污极多，首先进行有机溶剂擦拭除油，当油污不严重时进行一般化学去油。若锈蚀严重，除油后就要考虑机械方法去锈、松动浸蚀等。一般只需常规化学去锈，根据不同材料的不同情况决定是否电酸洗。一般情况下化学转化处理不用进行电化学去油与电酸洗，只需进行一般化学去油与酸洗。吹砂件则水洗后直接进行转化处理。去油后要进行热水洗和冷水洗。

这里各道工序工艺在其他各相关小节均有介绍。前处理完成后若不立刻进行转化处理，则进行工序间防锈处理。

（1）钢铁零件

①机械处理→②除油→③阳极电化学除油→④浸蚀→⑤弱腐蚀→⑥中和→⑦化学转化处理。各道工序间清洗干净，除油后先热水清洗，再冷水清洗。中和工序：碳酸钠（3%～5%，1～3min）中和残酸。

（2）铜及铜合金零件

①化学除油→②电化学除油→③浸酸→④电酸洗→⑤化学转化。

（3）铝及铝合金零件

①碱蚀→②清洗→③去除挂灰→④清洗→转化处理

零件需要在酸溶液中漂洗才能得到光亮的表面，这一工序称为除光（去除挂灰）。对于一般铝合金均可采用 $\varphi(HNO_3)=30\%～50\%$ 的溶液。高硅铝合金和铸铝合金，采用 $\psi(HNO_3:HF)=1:3$ 的混合酸，使硅变成氟硅酸而脱离铝基。对于建筑铝合金，因含 Si、Mg 少，基本不含 Cu、Mn、Fe 等，可采用废硫酸氧化液，既废物利用，又防止将杂质带入氧化槽。

纯铝：$w20\%～50\%$ 硝酸；铝铜合金、铝镁硅合金、铝铜硅铸件：ψ（硝酸:氢氟酸）=3:1；铝锰合金、铝镁合金：$w30\%$ 硝酸，30g/L 氟氢化铵；铝锌合金，$w15\%$ 硫酸，2%H_2O_2。

（4）铸铁零件

① 化学除油。按钢铁零件的化学除油规程进行。

② 阴极电化学除油。在阴极电化学除油后，接着进行短时间的阳极电化学除油，按钢铁零件的电化学除油规程进行。

③ 阳极电化学浸蚀和浸酸。采用阳极电化学浸蚀时，使用 25%～30% 的硫酸溶液，阳极电流密度为 $10～20A/dm^2$。浸酸采用 1:1 的盐酸溶液。

（5）锌压铸零件

① 机械抛光。

② 有机溶剂除油。

③ 阳极电化学除油。Na_2CO_3 5～10g/L；$Na_3PO_4 \cdot 12H_2O$ 20～30g/L；阳极电流密度 5～7A/dm^2；40～50℃，时间 30s。

④ 浸酸。采用 0.25%～1% 的硫酸、盐酸或氢氟酸。还可以采用 100g/L 的盐酸与 10g/L 的氢氟酸的混合溶液。

（6）镁及镁合金零件

除膜的同时，还能清除表面残存的油污。因此，对表面污染不太严重的镁合金，可以同时完成脱脂、除膜工序。

① 有机溶剂除油（或乳化剂除油）；

② 碱洗，表 2-12 配方 12、16 及 17；

③ 浸蚀，参见表 2-32 工艺规范进行；

④ 当油污较少时，可不经碱洗。

2.5 化学转化前处理实施

2.5.1 预处理

金属制品的预处理要根据基体材料、油污和锈蚀情况来选择。确定合理预处理流程的一般原则是：

制品黏附矿物油多或抛光膏多时，最好先用有机溶剂除油。若有大量油污且锈蚀严重时，在浸蚀之前必须进行粗除油，否则浸蚀液不能与金属氧化物接触，化学溶解反应受阻，还会造成局部过浸蚀。可用干净的棉纱、棉布、毛刷在 180# 汽油中清洗（或用其它有机溶剂）。除油后要等有机溶剂挥发后再转入化学除油，以防带入有机溶剂。制品经化学除油后，应在 80℃ 以上热水中清洗，这有利于肥皂、碱液、乳浊液特别是 Na_2SiO_3 的清除。若只用一次热水洗，热水应是流动的，否则应定期更换。热水洗后应再在流动冷水中充分清洗。若清洗不净，将水玻璃和肥皂带入浸蚀液中，会形成固体硅胶和脂肪酸，妨碍酸洗过程进行。

制品强浸蚀后，至少要经过两次逆流冷水漂洗，第一道是固定水洗，第二道是流动水洗，漂洗槽中水的流动方向要设计合理，以利于污物排出，不要用热水洗，以防腐蚀。

2.5.2 局部化学转化前的绝缘方法

硬质阳极氧化进行局部电镀时，可对零件进行局部涂漆保护，如涂料绝缘法（涂过氯乙烯、硝基胶、过氯乙烯可剥漆、HJ56-1 氯丁橡胶可剥漆、J64-1 黑色氯丁橡胶可剥漆、油墨漆、印铁油墨、耐高温耐碱涂料、市售聚氯乙烯绝缘涂料等）和设计专用夹具等方法。

第3章

盐类转化膜

3.1 磷化

3.1.1 钢铁零件磷化

将金属零件浸入含有磷酸盐的溶液中进行化学处理，在零件表面生成一层难溶于水的磷酸盐保护膜，叫作磷化。目前，大多采用在含有锌、锰、铁、钙和碱金属磷酸一代盐溶液中进行化学处理。黑色金属（包括铸铁、碳钢、合金钢等）、有色金属（包括锌、铝、镁、铜、锡及其合金等）均可进行磷酸盐处理。目前磷酸盐处理主要用于钢铁材料。

磷化方法按磷化温度分类，分为高温磷化（>80℃）、中温磷化（50~70℃）、低温磷化（35℃左右）；磷化液一般由磷酸二氢盐与硝酸盐组成。常温磷化成分简单、膜性能优良，值得推广应用。按磷化速度分，磷化方法可分为普通磷化和快速磷化。磷化处理一般用浸渍法和喷淋法，以及刷涂、半浸半喷及流动法等。磷化可以是一步处理或两步处理，磷化处理后形成的磷酸盐膜可用铬酸盐钝化、有机物封闭或进一步进行综合处理，使其耐腐蚀性大大提高。磷化膜具有的良好吸附性，除由于本身毛细吸附外，还由于膜上正离子化学吸附如肥皂中脂肪酸根等负离子。磷化膜与基体金属有较好的结合强度。磷化膜是涂料的优良底层，磷化后上漆（电泳、涂漆等）在工业上普遍应用。磷化膜还具有不黏附熔融金属、电绝缘、脆性等特点。磷化处理对基体金属的机械性能影响不大。

不同的磷化方法，所形成的磷化膜的性能、涂装后涂膜的耐蚀性等有一定的差别。

3.1.1.1 原理

磷化膜的形成过程是一种人工诱导及控制的腐蚀过程，零件上不断有金属溶解和氢气析出，晶粒不断生成和成长，直到生成连续的不溶于水的磷化膜。可通过观察气泡逸出的情况来判断磷化是否终止。

磷化过程包含一系列化学过程和电化学过程。当金属零件浸入磷化液中时，在其表面就形成了许多腐蚀微电池，此时铁素体是微阳极区，而珠光体、碳粒、合金元素以及应力集中部位的电位比铁素体正，是微阴极区。

微阳极区铁被氧化而溶解　　　　$Fe-2e^- \longrightarrow Fe^{2+}$

微阴极区 H^+ 得到电子而还原 $2H^+ + 2e^- \longrightarrow H_2 \uparrow$

因酸的作用，钢铁表面附近液层中铁离子浓度升高，pH 值也升高，磷酸二氢盐水解生成的 HPO_4^{2-}、PO_4^{3-}，HPO_4^{2-} 和 PO_4^{3-} 浓度升高，而 Fe^{2+}、Zn^{2+} 等离子（这些离子可能是溶液中原有的，也可能是基体铁电离产生的）由于基体电离，它们在微区的浓度高于液体浓度，在基体附近阴阳离子浓度达到相应溶度积时，磷化膜就在零件表面微阴极区结晶析出：

$$H_2PO_4^- \longrightarrow HPO_4^{2-} + H^+ \longrightarrow PO_4^{3-} + 2H^+ \quad (H^+ 由于变成 H_2 而使反应左移)$$

$$Me + HPO_4^{2-} \longrightarrow MeHPO_4 \downarrow$$

$$2PO_4^{3-} + 3Me \longrightarrow Me_3(PO_4)_2 \downarrow$$

生成的沉淀沉积于基体之上构成磷化膜。Me 为 Fe^{2+}、Zn^{2+}、Mn^{2+}、Ca^{2+} 等。可能有两种或以上的金属离子与 HPO_4^{2-}、PO_4^{3-} 形成一个沉淀分子。例如：

$$2Zn^{2+} + Fe^{2+} + 2PO_4^{3-} + 4H_2O \longrightarrow Zn_2Fe(PO_4)_2 \cdot 4H_2O \downarrow$$

$$3Zn^{2+} + 2PO_4^{3-} + 4H_2O \longrightarrow Zn_3(PO_4)_2 \cdot 4H_2O \downarrow$$

由于 $MeHPO_4$ 溶解度很小，亦有可能下列反应占优势：

$$Me(H_2PO_4)_2 \longrightarrow MeHPO_4 \downarrow + H_3PO_4$$

$$3MeHPO_4 \longrightarrow Me_3(PO_4)_2 \downarrow + H_3PO_4$$

生成的 H_3PO_4 将发生三级离解：

$$H_3PO_4 \Longrightarrow H_2PO_4^- + H^+ \Longrightarrow HPO_4^{2-} + 2H^+ \Longrightarrow PO_4^{3-} + 3H^+$$

产生的 HPO_4^{2-}、PO_4^{3-} 再与 Me（Me 为 Zn^{2+}、Mn^{2+}、Fe^{2+} 等）形成沉淀分子构成磷化膜。同时，基体金属和磷酸二氢盐之间可以直接发生反应：

$$Fe + Me(H_2PO_4)_2 \longrightarrow MeHPO_4 \downarrow + FeHPO_4 \downarrow + H_2 \uparrow$$

$$或\ Fe + Me(H_2PO_4)_2 \longrightarrow MeFe(HPO_4)_2 \downarrow + H_2 \uparrow$$

铁、锌和锰的磷酸二氢盐易溶于水，磷酸一氢盐除镍微溶外，其余均不溶于水，成为磷酸盐膜的主要成分。

反应所产生的 H^+ 几乎补偿了反应中消耗的 H^+，整个溶液的酸度变化甚微。

然而在常温、低浓度下，金属的氧化能力弱，磷化反应靠铁溶解放出的热量作驱动力是远远不够的。常温磷化时钢铁表面进行了全面的化学腐蚀反应，即钢铁表面的混合电位低于氧化促进剂的电极电位。例如磷化液 pH＝2.3～2.7 时，氢电极电位等于 0.14～0.16V，H^+ 氧化能力弱，所以磷化困难，必须有足够的氧化促进剂来提供常温磷化化学反应的内动力，即氧化剂的电位应大于钢表面的混合电位。这就是常温磷化与高、中温磷化的差异。这个理论提供了常温磷化选择促进剂的依据。按照马丘的磷化加速理论，凡是有利于阴极极化、扩大阴极区的物质都可以加速磷化，并为实验所证实。因此，加速磷化的着眼点不仅仅是选择氧化剂，还有许多物质如还原剂、金属盐及有机杂环化合物等可供选择。

3.1.1.2 磷酸盐膜的组成和结构

磷化膜分为假转化膜和转化膜两类。假转化膜是靠磷化液中本身含有的阳离子来成膜的，其膜是结晶型的；转化膜型则是靠铁基体有限的腐蚀产生的铁离子来成膜的，加入的碱金属离子不参加成膜，其膜为无定形的。

钢上磷酸盐膜为孔隙率 0.5%～1.5% 的晶体结构。磷酸盐膜主要由重金属的二代（取代磷酸两个氢原子）和三代磷酸盐的晶体所组成，不同的处理溶液得到的膜层组成不同。

锌系磷化膜的 P/(P＋H) 值是保障电泳涂装质量的重要指标，磷化膜中磷酸锌铁 $[Zn_2Fe(PO_4)_2 \cdot 4H_2O]$ 简称 P，磷酸锌 $[Zn_3(PO_4)_2 \cdot 4H_2O]$ 简称 H。P 是不溶于碱的，而 H 是溶于碱的。因此 P/(P＋H) 越大，磷化膜越耐碱，当 P/(P＋H)＞0.8 时，膜层的耐碱性好，在磷化后电泳涂漆时，虽然槽液产生碱性，磷化膜却不至于溶解，适合于阴极电泳。如果磷化膜不耐碱，在电泳槽中即使部分溶解，也严重影响涂层质量。为此，锌离子浓度要低于2g/L，并加入镍、锰等离子为好。

3.1.1.3 磷化的工艺过程

（1）一般工艺流程

①检查零件外观→②汽油清洗→③分类装挂→④去油→⑤热水洗→⑥冷水洗→⑦酸洗→⑧冷水洗→⑨中和→⑩冷水洗→⑪热水洗→⑫表调→⑬磷化→⑭回收→⑮冷水洗→⑯水洗→⑰皂化（封闭）→（水洗）→⑱烘干→⑲浸油→⑳检验。

前处理工艺同第2章。零件装挂时注意：光胚件、喷砂件、组合件、电镀件应分别装。

现在生产上有时将去油分为两个步骤：预脱脂→水洗→脱脂，在预脱脂步骤中主要通过乳化作用脱去油脂，在后面步骤中通过皂化作用、乳化作用脱脂。因为油脂皂化作用所需时间较长，所以放在后面步骤中。关于油脂的性质及除去见第2章除油的有关内容。

a. 表调。见稍后叙述。喷砂件等可不经该步，水洗后从下步开始操作。

b. 磷化。磷化过程中应注意分析磷化液的总酸和游离酸，一般磷化5～30min，磷化后涂漆的零件时间短一些，磷化后的膜薄一些。未经吹砂的零部件，磷化后允许膜颜色不一致。经表调处理的零件，磷化时间一般较短。当时间超过15min，磷化膜增厚极为缓慢，超过30min，一般不会再增厚。

c. 磷化后水洗。磷化后要进行水洗，以去除吸附在磷化膜表面的某些可溶性盐酸性物质，以防止涂膜在湿热条件下早期起泡，提高涂膜附着力、耐蚀性。磷化后冲洗水的水质对磷化膜有一定影响。磷化后的水洗一般分为三级，即第一、二级用循环去离子水洗，第三级用新鲜去离子水洗。也有用两级或一级去离子水洗的。磷化后的水洗方法同样可以用浸渍或喷淋的方法。对于形状和结构简单的工件，清洗一道即可，清洗时间一般不低于30s。如果工件有盲孔或深凹槽等，应增加一道喷淋水清洗。清洗槽应有溢流装置，以保证清洗水不断流动和更新，防止杂质超过允许范围。电泳涂装尤其是阴极电泳涂装，涂装前的最后一道清洗水应用去离子水清洗，其电阻率低于0.5MΩ·cm。

d. 皂化（封闭）。这一工序见稍后的后处理有关内容。

e. 烘干。干燥对磷化膜的抗蚀性能有着一定影响。一般用压缩空气吹干即可。各种磷化膜均含一定的结晶水，适当的烘烤能除去结晶水，提高膜层性能。磷化膜结晶水脱离磷化膜的顺序为：四水盐→二水盐→无水盐。各种磷化膜干燥时失水情况不同。但若烘干超过80℃，磷化膜结构就会消失。这对磷化后涂漆是非常不利的。所以生产上烘干磷化膜，温度不宜超过60℃，一般用压缩空气吹干即可。

f. 浸油。油槽应无水分，对零件无腐蚀性，可加入油溶性缓释剂。铸件、形状复杂零件浸油时间为5～20min。磷化后立即涂漆的零部件不浸油。所用油为锭子油或防锈油。零件先充分干燥后，再在热油中浸5～10min，使磷化孔隙充分填充。可采用脱水防锈油。

g. 检验。按有关标准如国际标准或制定的相关标准检验。

磷化膜应均匀、无污点、无缺膜区、无划痕、无粉状物和白色残渣。镀镉、锌后磷化膜颜色通常为致密均匀的灰白色，其它磷化件通常为致密均匀的灰黑色，磷化液不同，也可能有其它颜色。根据具体情况，有时允许有因零件的金属材料和组织（局部热处理或焊接）、光洁度等级及加工方法（铸锻、焊、局部喷砂等）不同所引起的零件磷化膜色泽不一致和结晶组织的不均匀；磷化处理后，经重铬酸盐钝化和肥皂处理的零件，其表面和焊、铆结合处及配合部位有隐约的流痕；图纸允许的焊接缺陷（气孔夹渣等）上磷化膜不完整；直径

9mm 以下盲孔其深度大于 16 个直径，及直径 10mm 以上盲孔其深度大于 3 个直径处磷化膜不完整。未经吹砂的零部件，允许磷化膜颜色不一致。

一般不允许有损坏磷化膜完整性的擦伤和碰伤；不允许磷化膜上有锈迹、腐蚀；不允许磷化膜上有未擦去的白色沉淀物。零件表面有未磷化的部位和斑点。对磷化后外观发花的零件可进行附着力检验：用白色干净棉纱布擦拭，如果棉纱布发现黑色印痕，即认为附着力不合格，应去掉（可喷砂）原来磷化膜，重新进行磷化处理。为提高磷化膜层质量，零件磷化最好采用喷砂处理。喷砂后不宜搁置太久才磷化。一般 6h 内磷化，不得超过 24h。喷砂件可不进行去油酸洗工序。对于喷漆件，磷化与喷漆间隔不应超过 24h，尽管可适当延长间隔时间。

不同的磷化方法可能有不同的工艺流程。

汽车车身磷化工艺：预脱脂→脱脂→水洗→酸洗→水洗→表调→磷化→水洗→后处理（封闭）→去离子水洗→新鲜去离子水洗→烘干→浸油。

汽车车身磷化大多采用工艺比较复杂的低温金属全浸式磷化工艺，且在浸渍槽的出入口处设有喷淋工序。用新鲜去离子水洗的目的有二：一是满足汽车车身的高防腐性能要求，二是可以使电泳槽等免受外来离子和杂质、酸的影响（磷化后接着电泳漆）。

（2）表调

指采用机械或物理化学等手段，使金属工件表面微观状态发生改变，促使金属工件在磷化过程中形成结晶细小、均匀、致密磷化膜的方法。

表调的方式既可用抛丸、喷砂、砂布轻度擦拭等机械法，也可用酸洗增加有效表面积等化学法，还可用物理化学吸附法。经过喷砂的零件，可以不经表调，水洗后直接磷化。吹砂可能对零件尺寸有影响。只能采用酸洗去锈的零件，一般酸洗后应用碳酸钠中和，并经过表调工序，才能获得理想的磷化膜。

① 作用。表调可克服粗化效应。消除金属工件经强碱性脱脂或强酸性除锈所引起的腐蚀不均等缺陷。例如，用含钛盐表调剂处理工件表面活性点，形成了大量结晶核，使工件表面的活性均一化；可缩短磷化时间 1 倍左右；细化晶粒；改善磷化膜外观；减少磷化液沉渣。

表调后的工件，一般不经水洗工序即进行磷化，也有水洗后再磷化的（如草酸作表调的）。

② 种类及典型配方。最好的表调剂是磷酸胶态表调剂，用于锌系磷化液。胶态的磷酸一氢锰盐表调剂，用于锰系磷化液。

a. 含钛表调剂。主要由胶体磷酸钛、碱金属盐、稳定剂等成分组成。胶体磷酸钛含量以 5g/L 较佳。

配方 1：K_2TiF_6 适量；Na_2HPO_4 1g/L；$Na_5P_3O_{10}$ 3g/L。

配方 2：$(TiO)SO_4$ 5%；Na_2HPO_4 55%；$Na_4P_2O_7$ 15%；$NaHCO_3$ 10%；H_2O 15%。

配方 3：（液体表调剂）（仅供参考）；去离子水 240/g；Na_2HPO_4（工业品）80/g；三聚磷酸钠（工业品）50/g；氟钛酸钾（分析纯）5/g；氢氧化钠（分析纯）2/g；稳定剂 150/g；阻垢分散剂 10/g；总计 537/g。稳定剂是高浓度磷酸盐和多聚磷酸盐水溶液。阻垢分散剂为多羧基环状化合物与有机磷酸的复合物，主要是为了消除水中钙、镁离子的影响。

b. 含钛、镁表调剂。主要由胶体磷酸钛、硫酸镁、焦磷酸盐等组成。添加镁盐可以防止 $P_2O_4^{2-}$ 对金属工件的钝化作用，防止产生不活性膜。配方为：$(TiO)SO_4$ 6.22g；Na_2HPO_4 5.8g/L；$Na_4P_2O_7$ 2.89g/L；其余为水。

c. 含钛、铁表调剂。主要由胶体磷酸钛、三氯化铁、碳酸盐等组成。少量铁盐的加入，可提高 Ti 的活性效率。配方为胶体磷酸钛 $3\% \sim 6\%$；Na_2HPO_4 $85\% \sim 93\%$；Na_2CO_3 9%；$FeCl_3$ $0.2\% \sim 0.5\%$。

d. 含钛、硼砂表调剂。主要由胶体磷酸钛、硼砂等组成。添加硼砂，有利于细化磷化膜结晶。

配方 1：胶体 Ti $6mg/L$；PO_4^{3-} $400mg/L$；硼砂 $3500mg/L$。

配方 2：$Ti(PO_4)_2$ $0.1\% \sim 0.7\%$；$Na_3PO_4 < 30\%$；$Na_4P_2O_7$ $20\% \sim 30\%$；$Na_2B_4O_7 < 50\%$；$Na_3B_3O_{10}$ $15\% \sim 20\%$；表面活性剂 $5\% \sim 15\%$。

e. 含锰表调剂。主要由锰盐、磷酸盐、碱金属多聚磷酸盐和水溶性聚合物等组成。配方为：$MnCO_3$ 或 $Mn(NO_3)_2$ $5\% \sim 25\%$；Na_2HPO_4 $1\% \sim 12\%$；$Na_4P_2O_7$ $5\% \sim 15\%$；聚乙烯醇 $0.002\% \sim 0.5\%$。

f. 含草酸表调剂。主要由草酸、表面活性剂、络合剂等组成，也有只含草酸的。这种表调剂与以上五种碱性表调剂的不同处是：表调后的工件经过水洗工序之后磷化。

配方：草酸，$3 \sim 10g/L$。钛胶体微粒表面能很高，对工件表面有较强的吸附作用，它吸附在工件表面形成均匀的吸附层，既促进晶核快速增长，又限制大晶体的生长。

③ 表调槽液日常管理。一般只控制 pH，也可用比色法测定表调剂含量，对于含钛表调剂其方法可是：

a. 将表调剂配制成 w 0.1% 的溶液，于 $25mL$ 的比色管中，并加入 $5mL$ H_2SO_4，摇匀后再加入 $5mL$ 30% H_2O_2，摇匀即显色，以此作为 0.1% 表调槽液的标准颜色。用同样方法制取 0.15%、0.20% 的表调液标准颜色。也可根据表调剂成分自己制定方法。

b. 按同样的方法制取工作槽液的颜色。

c. 将工作槽液的颜色与各标准颜色进行目视对比，以确定其含量。

④ 注意事项。

a. 钛盐表调剂是种胶体物质，在补加时应缓慢均匀地加入槽液中，有条件时最好把粉末状的表调剂先配成浆状溶液，然后用泵按消耗定额定期补加，同时溢流掉一定量的旧槽液。一般消耗量按 $0.5g/m^2$ 计算。

b. 按处理工件的表面积计算表调剂的消耗量，一周后将整槽表调剂更新。稳定性好的表调剂，更新周期可适当延长。

⑤ 液态表调剂。这种表调剂优点是不需要经常换槽和补充，表调槽液的使用寿命更长，可用滴加泵直接自动滴加来取代手工添加，可节约大量水，槽液中浓度较低，溶解充分，扩散均匀。但储存期仅 6 个月，存放温度必须大于 $-7℃$。固体表调剂无这些缺点。

（3）后处理

磷化后可根据零件的用途进行后处理，包括钝化、封闭和浸油。磷化膜的钝化，可使磷化膜孔隙中暴露的金属进一步氧化，或生成钝化层，对磷化膜起到填充、氧化作用，使磷化膜稳定于大气之中。可以溶解磷化膜表面疏松层，改善磷化膜综合性能。磷化后封闭能使其孔隙被填充，提高磷化膜耐蚀性。

① 中铬钝化。这种钝化能够将磷化膜较疏松的粉状物膜退除，避免吸附的沉渣对涂膜附着力的不良影响。但存在含铬量大的缺点，目前已很少应用。工艺规范如表 3-1 所示。

表 3-1　中铬封闭工艺规范

工艺条件	质量浓度 ρ_B（除注明外）/(g/L)			
	配方 1	配方 2	配方 3	配方 4
$K_2Cr_2O_7$	60～80	50～80		20～30
$Na_2Cr_2O_7$			30～40	
H_3PO_4			5mg/L	
HNO_3				10mL/L
碳酸钠	4～6			
钝化温度/℃	80～85	70～80	室温～沸腾	80～95
钝化时间/min	5～10	8～12	1～2	2～5

② 低铬钝化。含铬量在 2～5g/L，钝化温度在 10～70℃，其优点是槽液稳定、钝化时间短、使用寿命长；缺点是含铬量仍然太高，目前仍有部分单位采用。工艺规范如表 3-2 所示。

表 3-2　低铬超低铬封闭工艺规范

工艺条件	质量浓度 ρ_B（除注明外）/(g/L)					
	低铬				超低铬	
	配方 1	配方 2	配方 3	配方 4	配方 5	配方 6
CrO_3	1～3	3～5	3	1～3	0.2～0.5	0.3
$Cr(Ac)_3$			1			0.1
H_3PO_4		2～3mg/L			0.1～0.3	0.2
三乙醇胺				8～9		
亚硝酸钠				3～5		
HCOOH			10^{-4}mL/L			
钝化温度/℃	70～90	室温～70	室温	70～90	常温	常温
钝化时间/min	3～5	10～15s	20～30s	3～5	20～30s	20～30s

③ 超低铬钝化。含铬量在 0.0125～0.05g/L，钝化温度在室温～50℃，其优点是孔隙封闭效果好、钝化温度低、速度快、槽液稳定。工艺规范如表 3-2 所示。

④ 无铬钝化。目前国内外已开发出多种无铬钝化剂，氧化未磷化部位、填充磷化空隙，其品种有钛盐钝化剂、钼酸铵钝化剂、亚锡盐钝化剂、锆盐钝化剂等。这些钝化剂的综合性能从总体上说尚未达到或超过含铬钝化，因而其应用还不广泛，主要原因是钝化后的性能不如传统的含铬钝化。但无铬钝化剂不能像六价铬钝化剂那样，可单独用来保护裸钢铁工件。

⑤ 封闭。采用有机大分子填充磷化膜疏松的孔。如用工业肥皂 30～35g/L 进行封闭，80～90℃，3～5min。磷化膜中金属阳离子与脂肪酸阴离子结合。除了用肥皂皂化外，目前有其它如多胺的大分子封闭剂，磷化后能较大提高膜的耐腐蚀能力。特别对于磷化后不喷漆的工艺，有较好作用。磷化时加入纳米 MoS_2，能使耐蚀性显著提高，磷化与封闭同时进行。

⑥ 综合处理。综合处理可见镀锌后的综合处理技术，可用硅酸盐、稀土铈盐、钼酸盐及有机植酸等对磷化膜进行综合处理，可以是多种药品共同处理，也可分步处理等。这是提

高磷化膜性能最有潜力的方法。一些工艺如下：

a. 硅酸盐封闭液的组成及封闭工艺条件（包括温度与含量）：硅酸钠 8g/L，硫脲 3g/L，80℃，封闭 10min；钼酸钠 1～20g/L，磷酸钠 1～20g/L，植酸 0.5～10g/L，封闭时间 1min，室温。

b. 硅酸盐溶胶封闭后处理的工艺为：硅酸钠（19% Na_2O 和 38% SiO_2）5g/L，10min，85℃。

c. 硅烷封闭液的组成及工艺条件：3mL/L KH-560，5g/L 硝酸铈，封闭时间 15min，70℃，20min。磷化膜经过硅烷封闭处理后，极化曲线表明阴阳极过程都受到一定程度抑制，硅烷封闭处理的磷化膜自腐蚀电流仅为铬酸盐封闭的十分之一，中性盐雾试验达到 72h。

3.1.1.4 高温及中温磷化

目前的中高温磷化液，大多由以下物质组成：马日夫盐、硝酸锌、磷酸二氢锌、硝酸镍、硝酸锰等，选取其中二到三种物质，就能配制很好的生产用磷化液。成分多的磷化液，不一定膜性能就更好，如添加剂一类的物质，由于含量很少，准确检测困难，给生产控制带来极大不便。生产中应用的磷化液一般简单易行，便于进行生产管理。

（1）工艺特点

① 高温磷化。在 90～98℃下进行，处理时间为 10～30min，其优点是膜层耐蚀性、结合力、硬度和耐热性好；缺点是高温操作，磷化膜容易夹杂沉淀物，结晶粗细不均。

高温磷化主要用于防锈、耐磨减摩磷化。所用主盐是锰系、锌系或锌锰系。锰系磷化作为防锈磷化具有最佳性能，微观结构呈颗粒密堆积状。锰系膜还具有较高硬度和热稳定性，故也具有减摩润滑作用。

② 中温磷化。一般 50～70℃，10～15min。其优点是膜层耐蚀性接近高温磷化膜，溶液稳定，磷化速度快。常在磷化前进行表面调整或加入组合促进剂。中温磷化采用锌系、锌锰系和锌钙系居多。中温厚膜磷化用于防锈、冷加工润滑、减摩等；其薄膜磷化用于涂装底层。

（2）工艺规范

高、中温磷化工艺规范见表3-3、表3-4。

表 3-3　高温磷化工艺规范

工艺条件	质量浓度 ρ_B（除注明外）/(g/L)				
	配方 1	配方 2	配方 3	配方 4	配方 5
马日夫盐[$X\mathrm{Fe}(H_2PO_4)_2 \cdot Y\mathrm{Mn}(H_2PO_4)_2$]	30～40	30～35			
$Zn(H_2PO_4)_2$			30～40	28～36	
$Zn(NO_3)_2 \cdot 6H_2O$		55～65	55～65	42～56	15～18
$Mn(NO_3)_2 \cdot 6H_2O$	15～25				
H_3PO_4				9.5～13.5	0.98～2.74
$NH_4H_2PO_4$					7～9
$Ca(NO_3)_2$					11～5
$ZnCl_2$					3.5～4.5
游离酸度	3.5～5 点	5～8 点	6～9 点	12～15 点	1～2.8 点

工艺条件	质量浓度 ρ_B（除注明外）/(g/L)				
	配方 1	配方 2	配方 3	配方 4	配方 5
总酸度	36～50 点	40～60 点	40～58 点	60～80 点	20～28 点
温度/℃	94～98	90～98	88～95	92～98	85～95
时间/min	15～20	15～20	8～15	10～15	6～9

注：配方 4 适合冷挤压加工磷化。另一高温锰系含钙磷化液的最佳配方及工艺条件为：磷酸 140mL/L、硝酸 10mL/L、碳酸锰 90g/L、氢氧化钙 10g/L、柠檬酸 2g/L，pH 值 1.20，温度 90℃，时间 16min。该工艺得到的磷化膜呈黑色，表面平滑、致密且有反光颗粒，用手摸有粗糙感。

表 3-4　中温磷化工艺规范

工艺条件	质量浓度 ρ_B（除注明外）/(g/L)					
	配方 1	配方 2	配方 3	配方 4	配方 5	配方 6
马日夫盐[$XFe(H_2PO_4)_2 \cdot YMn(H_2PO_4)_2$]	30～40	30～40	30～40	40		磷酸 8
$Zn(H_2PO_4)_2$			30～40		35～45	55
$Zn(NO_3)_2 \cdot 6H_2O$	70～100	80～100	80～100	120	90～110（无水）	50
$Mn(NO_3)_2 \cdot 6H_2O$	25～40			50		氯酸钠 4
$NaNO_2$			1～2			NaF1.8
EDTA				1～2		硫酸羟胺 3
游离酸度	5～8 点	5～7.5 点	4～7 点	3～7 点	5.5～7.5 点	pH2.5
总酸度	60～100 点	60～80 点	60～80 点	90～120 点	65～90 点	
温度/℃	60～70	60～70	50～70	55～65	65～80	40
时间/min	7～15	10～15	10～15	20	15	30

注：配方 4 可获得厚度 20μm，磷化后无需钝化，作防锈用。

含钙磷化膜在原有的磷酸锰铁晶核的基础上又形成了很多硫酸锰钙晶核，晶核长大后形成的晶体致密、均匀，且晶体之间的缝隙小，提高了磷化膜的耐蚀性。氧化钙、氯化钙、硝酸钙和氢氧化钙这四种钙剂中，最优的钙剂为氢氧化钙，其最佳用量为 10g/L。

此外还有两种配方。

配方 1：氧化锌 8.5g/L，磷酸 40mL/L，十二烷基苯磺酸钠 1g/L，硝酸镍 0.5g/L，硝酸铜 20g/L，柠檬酸钠 0.05g/L，酒石酸 5mL/L，pH 值 2.5，60℃，时间 0.5h。该工艺条件下得到的膜层具有较快的沉积速率［达到 52.6g/($m^2 \cdot h$)］和较强的耐蚀性（耐硫酸铜点滴时间可达 138s），膜厚为 28.1μm，孔隙率低，与基体结合良好。

配方 2：氧化锌 2.5～3.1g/L，磷酸 15.7mL/L，氟化钠 0.5g/L，硝酸钙 0.6～0.7g/L，硝酸镍 8g/L，马日夫盐 3.1g/L，钼酸铵 2g/L，OP-10 乳化剂 0.1～0.2mL/L，柠檬酸 0.5～1.2g/L，总酸度 25～35 点，游离酸度 1.5～2.5 点，40～45℃，7～10min。

（3）磷化液的配制和调整

① 磷化液的配制。在槽中加入总体积 2/3 的水，加入计算量的各种药品（酸性物先加），搅拌溶解，必要时加热促溶，加水到工作液面后搅匀。加入已经除油锈的铁屑，以增加一定的 Fe^{2+}。铁屑也可反复进行酸洗—水洗—再磷化，直至用小试验检验磷化正常后再投产，这时溶液变成稳定的棕绿色或棕黄色。

② 游离酸度、总酸度及酸比值的意义和调整。游离酸度是表示游离磷酸含量的特征参数，也表示溶液酸度的强弱以及对钢铁浸蚀的强弱。高温磷化游离酸度比中温磷化偏高，具体控制数值与溶液组成和操作温度有关。游离酸度太高磷化困难，结晶粗糙疏松，耐蚀性差；过低则泥渣多，并产生粉末状白色附着物。

总酸度是表示磷酸一代盐和游离磷酸浓度的特征参数。它反映磷化内动力的大小，总酸度高，磷化动力大，速度快，结晶细，过高则产生的泥渣多并产生粉末附着物；过低则磷化慢、结晶粗。高温磷化总酸度一般控制在 40~60 点，中温磷化控制在 60~100 点。"点"的含义是 10mL 磷化工作液分析滴定时消耗 0.1mol/L NaOH 标准液的毫升数。

$$酸比 = 总酸度（点）/游离酸度（点）$$

酸比小意味着游离酸太高，反之意味着游离酸低。高温磷化酸比值控制在 7~8；中温磷化控制在 10~15。一般规律是随操作温度升高酸比值减小，随温度降低而酸比增大。

游离酸度和总酸度的调整方法（适用于常温磷化液）如下。按 100L 磷化槽液计，加入下列药品，可提高总酸度约 1 点：磷酸 20~21g；磷酸二氢锌 46~47g；硝酸锌 47~48g。或氧化锌 30g；磷酸 70g；硝酸 28g；去离子水 42g。

当游离酸度降低时，可加入磷酸二氢锌或马日夫盐（磷酸铁锰盐）5~6g/L，游离酸度升高 1 点，同时总酸度升高 5 点左右。若游离酸度高，加入 Na_2CO_3 0.53g/L 可降低游离酸度 1 点。加入硝酸 0.27g/L，游离酸度约可提高 1 点。加入氧化锌 0.5g/L，游离酸度可降低约 1 点。加入硝酸锌 2~2.2g/L，总酸度约可提高 1 点。加入磷酸二氢锌 1~1.2g/L，总酸度约可提高 1 点。总酸度偏高，可用水稀释溶液。

（4）成分和工艺条件的影响

① Zn^{2+}。可加快磷化速度，使磷化膜致密，结晶闪烁有光。含锌盐的磷化溶液允许在较宽的工艺范围内工作。含锰的磷化液在中温下不能形成磷化膜，必须有 Zn^{2+} 共存时才能磷化，这一点与高温磷化不同。锌含量低，磷化膜疏松发暗，磷化速度慢；锌含量过高（特别当 Fe^{2+} 和 P_2O_5 较高时）磷化膜晶粗，排列紊乱，磷化膜性脆且白粉增多。

② Mn^{2+}。可提高磷化膜的硬度、附着力和耐蚀性，并使磷化膜颜色加深，结晶均匀。但中温磷化时锰含量过高则成膜困难，中温磷化时宜保持 $\rho(Zn^{2+})/\rho(Mn^{2+}) = 1.5~2$。

③ Fe^{2+}。高、中、低温磷化都需含一定量的 Fe^{2+}，磷化槽液中的 Fe^{2+} 主要来源于磷化粉（液）和磷化工件时的腐蚀产物，在新配制的磷化液中，Fe^{2+} 常不足，这时用铁片进行磷化，使溶液中 Fe^{2+} 增多，调试合格后即可进行生产。有的加有铁盐（马日夫盐）。随着处理工件数量（表面积）的增加，Fe^{2+} 会增多，在磷化槽液中 Fe^{2+} 控制在 1.5~3g/L 范围。当 Fe^{2+} 超过 2.5g/L 时，磷化膜性能会降低。一般中温磷化控制在 1~1.5g/L。

去除过多 Fe^{2+} 的方法是加入 H_2O_2，降低 1g Fe^{2+} 约需 1mL 30% H_2O_2 和 0.05mg Zn。也可用高锰酸钾来处理，加入量为：高锰酸钾 0.6g/L，可降低 Fe^{2+} 0.18g/L。

高温时，Fe^{2+} 不稳定，易被氧化为 Fe^{3+} 并转化为磷酸盐沉淀，从而导致溶液浑浊，沉渣多，游离酸度升高，需要经常进行调整。

④ 磷酸根离子。它有加快磷化速度、使磷化膜致密、晶粒闪烁发光的作用。含量低则磷化膜不致密，耐蚀性差甚至不生成磷化膜。过高则膜结晶排列紊乱、附着力差、表面白粉多。

⑤ NO_3^-。氧化促进剂，可加快磷化速度和提高致密性，还可降低磷化处理温度。在适当条件下 NO_3^- 与钢铁反应生成少量 NO，与亚铁形成 $Fe(NO)^{2+}$ 络合物，使 Fe^{2+} 稳定。NO_3^- 含量过高会导致高温磷化膜变薄；过低会使中温磷化液中亚铁聚集过多。

⑥ NO_2^-。能提高常温磷化速度，促使磷化膜结晶细致，减少孔隙，提高抗蚀性。含量过高时，膜层易出现白点。

⑦ 其它成分。加入钙使磷化膜晶粒细化；在锌系磷化液中添加适量的钡盐，在常温下可快速生成彩色磷化膜，能提高磷化膜的耐蚀性能，同时也不影响磷化液的稳定，能保持加钡离子前所形成的磷化膜的形貌，其含量一般不超过 0.9g/L。在锌锰系磷化液中加入 1.5~3.0g/L 的柠檬酸，能得到均匀的金黄色磷化膜。

⑧ 温度。同一磷化液，磷化温度不同，可能会生成不同颜色的磷化膜。加温可提高磷化速度、附着力、硬度、耐蚀性和耐热性。但高温下溶液稳定性差、能耗大，除重质厚膜外，宜采用中、低温磷化，经不断改进和提高，目前，中、低温磷化已能满足生产要求。

（5）杂质的处理

磷化溶液中常见的杂质有 SO_4^{2-}、Cl^-、Cu^{2+}。SO_4^{2-}、Cl^- 会使磷化过程延长，磷化膜多孔易生锈，两者的含量均不能超过 0.5g/L。

① SO_4^{2-}。SO_4^{2-} 阻碍磷化过程，导致磷化膜多孔易锈。过量的 SO_4^{2-} 可用硝酸钡沉淀，1g SO_4^{2-} 用 2.72g 硝酸钡。硝酸钡不宜过量，否则磷化速度慢，结晶粗大，表面白灰粉增多。

② Cl^-。过量 Cl^- 虽可用硝酸根除去，但成本太高。只宜采用更换部分新液的方法以降低其浓度。

③ Cu^{2+}。当 Cu^{2+} 含量在 0.002~0.004g/L 之间时，可加快磷化速度。当其含量增大时，会使磷化零件表面发红，耐蚀性降低。Cu^{2+} 可用铁屑置换除去。

（6）故障及处理

故障及处理方法见表 3-5。

表 3-5　高、中温磷化常见故障及处理方法

故障现象	可能的原因及处理方法
磷化膜结晶粗而多孔	①游离酸度太高 ②硝酸根不足 ③Fe^{2+}含量过高或过低,过低浸铁,过高用双氧水除去 ④零件表面过腐蚀
磷化膜不易生成	①零件表面有冷加工存在的硬化层,用喷砂或强酸浸蚀除去 ②磷化液中杂质多,如 Al^{3+}、SO_4^{2-}、Cl^- 超标更换部分磷化液 ③总酸度低(P_2O_5 低)补加磷酸二氢盐
膜薄,无明显结晶	①总酸度过高,适当稀释 ②零件表面有樱花层,喷砂或酸浸蚀 ③亚铁含量过低,加马日夫盐 ④温度低,时间短
磷化膜耐蚀性差,易生锈	①磷化晶粒过粗或细而多孔,调整酸比 ②游离酸含量过高,用碳酸钠溶液中和 ③基体材料过腐蚀 ④磷酸盐含量不足 ⑤硝酸盐不足

故障现象	可能的原因及处理方法
磷化膜不均匀,发花	①除油不净 ②磷化温度偏低 ③氧化促进剂过高,表面局部被钝化,提高游离酸度
冷挤压后磷化膜产生条纹脱落	①皂化液中有杂质,需更换之 ②皂化前零件表面有杂质或其白灰沉淀物
磷化膜发红,抗蚀能力下降	①酸浸蚀中有铁渣附在表面,加强清洗 ②磷化液中铜离子多,用铁屑置换除去
磷化膜上有白色附着物	①磷化时零件靠底部泥渣,或泥渣被搅动泛起,捞去部分沉泥 ②磷化后清洗不净 ③溶液中存在钙盐或硫酸根过高 ④硝酸根不足,补加硝酸盐

3.1.1.5 常(低)温磷化

常(低)温磷化节约能源,操作简便,配方简单,值得广泛推广。

（1）工艺特点

常（低）温磷化一般指温度为 $35\sim45℃$ 下的磷化,绝大部分以轻铁系磷化、锌系磷化为主。也有在锌系磷化中加入锰、钙、镍等改性,习称锌系磷化。其成膜温度较低,因此其成膜必须含有能在低温或常温条件下较快溶解铁的物质组合,同时磷化槽液中必须含有成膜剂、氧化剂、氢离子及其它离子反应物质以促进磷化膜在低温条件下的生成。必须着重考虑磷化促进剂和磷化助剂的选择和使用,常加入 Ca^{2+}、Mn^{2+}、Ni^{2+} 等改性离子,使磷化膜呈覆膜状态,使磷化膜的成分增加 $Zn_2Ni(PO_4)_2\cdot 2H_2O$、$Zn_2Mn(PO_4)_2\cdot 4H_2O$ 和 $Zn_2Ca(PO_4)_2\cdot 2H_2O$ 等组分。

轻铁系磷化膜呈彩虹色或灰暗的彩虹色外观,单用钼酸盐促进剂时得蓝紫彩虹膜;单用 NO_3^- 或 ClO_3^- 作促进剂时得灰暗色膜;用钼酸盐和 NO_3^-、ClO_3^- 作促进剂时得彩虹灰色相混的复合色膜。轻铁磷化膜薄,膜重小于 $1g/m^2$。它与涂料配套的显著特点是使涂料的抗弯曲、抗冲击性能特别好。这种磷化液不需表面调整,但耐盐雾性能差。可与粉末涂装、阴极电泳配套。一般常(低)温磷化需表面调整和加入强有力的促进剂。

表面调整剂一般采用胶态磷酸钛。它的均匀吸附可改善零件表面状态,变成了易于磷化的均匀表面。同时,钛胶粒可成为磷化结晶的活性点,是初期磷化结晶的晶核。经表面调整的零件在 $30℃$ 下,喷淋只需 $1.5\sim2min$,浸渍磷化只需 $4\sim5min$,即可形成厚 $1\sim2\mu m$、膜重 $1.5\sim2.5g/m^2$ 的细密磷化膜。这种磷化膜与各种涂料都具有很好的配套性。常(低)温磷化常用促进剂体系及性能见表3-6。

表 3-6 常(低)温磷化常用促进剂体系及性能

比较项目	NO_3^-/NO_2^- 促进剂体系	$NO_3^-/ClO_3^-/NO_2^-$ 促进剂体系	NO_3^-/ClO_3^- 促进剂体系	$NO_3^-/$有机硝基化合物促进剂体系
槽中泥渣	一般	多	多	较少
槽液颜色	无色-微蓝	无色-微蓝	无色	深柠檬色
槽液补加	经常补加	经常补加	定期补加	定期补加
槽液管理	简单方便	简单方便	一般	一般
磷化成膜速度	快	快	较慢	较快

含亚硝酸盐的体系因 NO_2^- 易分解，每班要测气体点并及时补加，喷淋时有 NO_2 气体逸出，污染环境；ClO_3^- 的加入使泥渣增多；Cl^- 的累积将污染磷化液；NO_3^-/有机硝基化合物槽液管理较难，但溶液很稳定，泥渣较少。

（2）工艺规范

常（低）温锌系磷化工艺规范见表 3-7。

表 3-7　常（低）温锌系磷化工艺规范

工艺条件	质量浓度 ρ_B（除注明外）/（g/L）							
	配方 1	配方 2	配方 3	配方 4	配方 5	配方 6	配方 7	配方 8
马日夫盐 $[XFe(H_2PO_4)_2 \cdot YMn(H_2PO_4)_2]$			40~65	30~40	HNO_3 22.5	HNO_3 22.5		
$Zn(H_2PO_4)_2$		60~70					60~90	150~170
NaH_2PO_4	10							
H_3PO_4	10				41	41		5~8
$NaNO_3$								40~60
$Na_2C_2O_4$	4							
$NaClO_3$	5							
$H_2C_2O_4$	5							
$Zn(NO_3)_2 \cdot 6H_2O$		60~80	50~100	140~160	30（无水）	硝酸钠 38	60~100	140~160
NaF		3~4.5	3~4.5	3~5	2	2	3~6	
碳酸铜					3	3		硝酸铜 0.4~0.5
硝酸镍								1~2
H_2O_2								适量
六次甲基四胺					5	2		
ZnO		4~8	4~8		27.5	27.5		
游离酸度	3~4 点		3.5~5 点		6.8 点	6.6 点		27~34 点
总酸度	10~20 点	70~90 点	50~90 点	85~100 点	87 点	84 点		395~415 点
温度/℃	>20	25~30	20~30	室温	室温	室温	室温	15
时间/min	>5	30~40	30~45	40~60	30	30	20~30	5~7

工艺条件	质量浓度 ρ_B（除注明外）/（g/L）					
	配方 9	配方 10	配方 11	配方 12	配方 13	配方 14
$Zn(H_2PO_4)_2$	50~70		30~45	50~70	NaOH 10	60~80
硝酸锰			10~20	80~100		OP10 0.04~0.08
$Mn(H_2PO_4)_2$		27				
六水硝酸镍		15				
酒石酸钾钠		10				
HNO_3		30mL/L				
H_3PO_4		80mL/L			90	
柠檬酸		30				

工艺条件	质量浓度 ρ_B（除注明外）/(g/L)					
	配方 9	配方 10	配方 11	配方 12	配方 13	配方 14
$Zn(NO_3)_2 \cdot 6H_2O$	80～100		90～120			80～100
硝酸铜						0.06～0.1
NaF	8～10	15				3～5
ZnO		50			17～18	
$NaNO_2$	0.2～1	0.6～0.9		0.2～1	1.5～2	0.3～0.8
游离酸度	4～6 点	0.8～1.8 点	2～3 点	4～6 点		2.5～4.5 点
总酸度	75～95 点		80～90 点	75～100 点	pH 2～3	60～80 点
温度/℃	20～35	30～50	15～70	室温		10～35
时间/min	20～40	5～15	15	20～30		10～15

配方 10 中 $NaNO_2$ 应分装。生产时单独添加，少加勤加。镀液配制时先用磷酸溶解 ZnO，再加硝酸，再添加其它药品。配方 11、12 可直接应用于生产。笔者强烈推荐配方 11，经笔者应用效果极好，需注意的是要用氧化锌调游离酸度。

除表 3-7 所列工艺外，还有以下配方。

配方 1：氧化锌 15g/L，磷酸二氢锌 12g/L，磷酸 25mL/L，氟化钠 0.6g/L，氯酸钾 0.3g/L，柠檬酸 0.2g/L，乌洛托品 0.25g/L，钼酸钠 0.18g/L，十二烷基苯磺酸钠 0.18g/L，磷酸锌 3.5g/L，硝酸锰 3.5g/L，40℃。采用柠檬酸作为磷化的促进剂，柠檬酸具有加速铁溶解、利于 Fe_2O_3 和 Fe_3O_4 剥落的作用，能提高处理液的除锈能力，缩短处理时间，增加处理液的稳定性，减少沉渣生成，防止过腐蚀等。

配方 2：磷酸 6～10mL/L，磷酸二氢钠 10～14g/L，酒石酸钾钠 3～5g/L，氯酸钾（促进剂）3～5g/L，硝酸镍 1～3g/L，乙二胺四乙酸（增重剂）3～5g/L，钼酸铵 1g/L，10～40℃，15～30min。

配方 3：铁系磷化液，氧化锌 0.5g/L，磷酸 5mL/L，酒石酸 0.5g/L，马日夫盐 0.5g/L，氟钛酸 5.0g/L，氟锆酸 1.5g/L，铬明矾 5.0g/L，硫脲 2.0g/L，钼酸钠 0.75g/L，成膜时间 6min。游离酸度为 3 点，总酸度为 17 点。该工艺形成的磷化膜致密性和耐腐蚀性高，耐硫酸铜点滴时间达到 50s，与漆膜的附着力为 0 级，冲击强度达 50kg·cm。该工艺无亚硝酸钠，温度为常温，沉渣少，整体配料用量小，处理成本较低，可与各种涂装工艺配合使用。

配方 4：氧化锌 20g/L，磷酸 34mL/L，磷酸二氢锌 22g/L，柠檬酸 0.45g/L，氟化钠 0.19g/L，钼酸钠 0.21g/L，间硝基苯磺酸钠 0.35g/L，氯化钠 0.17g/L，pH 2.5～3.5，23～30℃，13～17min。采用喷淋磷化可缩短为 3～5min。

配方 5：常温锌镍锰系磷化液，马日夫盐 45～55g/L，磷酸二氢锌 10～14g/L，硝酸锌 73～80g/L，硝酸镍 6～8g/L，钼酸钠 0.2～0.6g/L，游离酸度 2.1～4.1 点，总酸度 53～85 点，游离酸度∶总酸度＝(1∶20)～(1∶40)；25～30℃，15～20min。

此外，喷液法与刷涂法磷化液也属于常温磷化液。

喷淋法磷化液配方：Zn^{2+} 0.35%；锰离子 0.05%；Ni^{2+} 0.02%；PO_4^{3+} 1.16%；酒石酸 0.1%；BF_4^- 0.07%；间硝基苯磺酸钠 0.1%；Cl^- 0.35%；NO_3^- 0.4%；35℃；80s。

带锈涂刷磷化液：85％磷酸 550～650g/L；氧化锌 20～30g/L；硝酸钠 4～8g/L；酒石酸 2～4g/L；草酸 2～5g/L；氯酸钠 1～3g/L；pH 0.4～0.5。本磷化液呈浅黄色，相对密度 1.2～1.23。

（3）磷化液的配制

以表 3-7 常（低）温锌系磷化工艺规范配方 2 为例。

在槽中放入总体积 2/3 的水，将计算量的磷酸二氢锌、硝酸锌和氟化钠加入槽中，充分搅拌溶解。用少量水将氧化锌调成糊状，在搅拌下慢慢加入槽中，务必使氧化锌充分溶解，最后稀释至总体积搅匀即可，加入 $2dm^2/L$ 的铁屑浸渍 24h 熟化，即可使用。

（4）磷化液的基本成分

常（低）温磷化除成膜物质外，通常还含促进剂、改性剂、降渣剂、添加剂等多种成分。

① 成膜物质。

a. 磷酸二氢锌。磷酸二氢锌的制取，一般用氧化锌与磷酸反应，其用量为：制取 1g $Zn(H_2PO_4)_2$，约需 0.28g ZnO，0.8g H_3PO_4。在锌系磷化粉（液）中，Zn^{2+} 含量对磷化膜的影响较大。一般 Zn^{2+} 含量高，能形成更多的晶核，能加速磷化反应，使磷化膜致密、规则性好；但 Zn^{2+} 含量过高时，磷化膜结晶粗大，膜脆，挂灰，影响涂膜附着力；Zn^{2+} 含量过低时，磷化膜变薄，不利于磷化膜的形成，磷化时间延长，且磷化膜颜色发暗。

根据锌系磷化粉（液）中 Zn^{2+} 的含量不同，把锌系磷化粉（液）分为高锌系、中锌系和低锌系。对于阴极电泳涂装，主要采用锌含量在 0.3～1.3g/L 的低锌系磷化粉（液）；对于镀锌钢铁工件的磷化，则主要采用锌含量在 0.9～1.1g/L 的低锌系磷化粉（液）。

b. 碱金属磷酸盐。这类成膜物质主要用在铁系磷化粉（液）之中，常用的碱金属磷酸盐包括碱金属一代磷酸盐、碱金属二代焦磷酸盐、碱金属多磷酸盐等，它使磷酸与金属离子形成磷酸盐，构成磷化膜的成分。碱金属磷酸盐通常在金属工件表面形成均匀、致密的彩虹色磷化膜，其成膜反应为：

$$4Fe+4NaH_2PO_4+3O_2 \Longrightarrow 2FePO_4+Fe_2O_3+2Na_2HPO_4+3H_2O$$

碱金属磷酸盐所发生的磷化反应，产生的磷化沉渣少，槽液易于管理，使用成本较低，但由于磷化膜极薄，抗蚀性较差。

c. 磷酸（H_3PO_4）。它是与金属离子形成磷酸盐的成膜物质，其含量过多或过少都会直接影响磷化膜的质量。当磷酸含量过高时，游离酸度会增加，磷化膜易返锈；当磷酸含量过低时，槽液的稳定性会降低，磷化沉渣会增加，磷化膜易发暗、多孔，甚至磷化不上。磷酸在磷化槽液中含量一般以 14～16g/L 为宜。磷酸根与硝酸根比例直接影响磷化效果。

d. 硝酸钙盐。作为成膜物质的硝酸钙盐主要用在锌钙系磷化粉（液）中。硝酸钙盐一般用硝酸与碳酸钙反应制取。钙离子的加入，使磷化膜的结晶得到改善，并可减少磷化前表调工序。$\rho(Ca^{2+})/\rho(Zn^{2+})=0.8$ 是 Ca^{2+} 含量的临界值，当 $\rho(Ca^{2+})/\rho(Zn^{2+}) \geqslant 0.8$，$Ca^{2+}$ 才参与成膜。低于此值，Ca^{2+} 便不能作为成膜剂。因为磷酸锌的溶度积要比磷酸钙小得多，在磷化时，Zn^{2+} 比 Ca^{2+} 更易进入磷化膜。

② 促进剂。磷化促进剂是参与反应的，其作用主要是促进磷化膜的生长、加快磷化速度、降低磷化温度。促进剂的种类、含量等对磷化槽液的影响很大。常（低）温磷化液的区别主要体现在促进剂的差别上，主要是某些氧化剂，其主要作用是加速 H^+ 在阴极的放电速度，促进磷化第一阶段的腐蚀速度加快，这在磷化成膜原理中已有述及，这里进一步阐述如下。

当金属工件表面接触到磷化槽液时，首先发生如下反应：

$$Fe + 2H^+ \longrightarrow Fe^{2+} + H_2 \uparrow$$

上述反应消耗大量的 H^+，使固液界面 pH 上升，进而促进磷化槽液中的 $Me(H_2PO_4)_2$ 三级电离平衡右移，使 Zn^{2+} 浓度和 PO_4^{3-} 浓度在界面处达到溶度积而成膜。但若磷化槽液中不含促进剂，那么阴极析出 H_2 的滞留会造成阴极极化，使上式不能继续反应，导致磷化膜不能继续沉积。所以，磷化槽液中必须加入能加速上式反应的促进剂。

促进磷化膜生长的方法有三大类，一是氧化剂法；二是重金属盐法，如铜、镍等；三是物理方法，主要是吹砂法。在新型磷化粉（液）中，常用促进剂有硝酸盐、亚硝酸盐、过氧化氢、氯酸盐、溴酸盐、碘酸盐、钼酸盐、有机硝基化合物、有机过氧化氢、镍盐、铜盐等。它们可单独使用，也可联合使用。

常（低）温磷化液中常用的促进剂有：

a. 硝酸盐。一般磷化液由硝酸盐与磷酸二氢盐组成，加入硝酸锰能使磷化在常温下进行。硝酸盐促进剂有硝酸锰盐、硝酸锌盐、硝酸镍盐、硝酸钙盐、硝酸镁盐等。硝酸盐既可单独使用，也可与其它促进剂复合使用，其促进能力强、Fe^{2+} 累积减少、槽液稳定、磷化沉渣少，可直接加入磷化浓缩液或磷化粉中。

硝酸盐促进剂在锌系磷化槽液中的促进能力，可用 $\rho(NO_3^-)/\rho(PO_4^{3-})$ 来衡量。比值越高，生成最大膜重所需要时间越短，膜重也越低。同时，可有效地减少单位膜重的沉渣量。

b. 亚硝酸盐。既是氧化剂，又是还原剂，是一种强有力的氧化促进剂。在低温和常温条件下都是特别好的促进剂，磷化质量高，用量在 $0.1\sim1g/L$ 以下，但在酸性槽液中极不稳定，易分解产生 NO_2，不磷化工件时也会自行分解，使用过程中需频繁补加或连续滴加。亚硝酸盐用量太少，磷化速度慢，不能在规定的时间内生成连续的磷化膜，磷化膜也易泛黄；用量过多，磷化膜呈蓝黑色，抗蚀性能低，沉渣增加，药剂消耗增多，不能直接将其加入磷化粉或磷化浓缩液中。

c. 过氧化物。常用的过氧化物是过氧化氢、过硼酸盐等。其中 H_2O_2 的促进能力特别强，使用浓度低，仅 $0.01\sim0.1g/L$，能使磷化膜光滑、细致，可以减少 Fe^{2+} 的累积。

H_2O_2 在酸性磷化槽液中很不稳定，必须连续而少量地添加，使 H_2O_2 的有效浓度保持在 $0.05g/L$。磷化槽液的维护和控制必须十分严格。H_2O_2 的磷化沉渣多，只适用于作锌系磷化槽液的促进剂，且最好是喷淋使用。

过硼酸钠作为促进剂具有磷化槽液稳定性好，磷化沉渣少，磷化速度快，磷化膜光滑、细致、均匀等突出优点，但用量过高时，易增加沉渣，工件表面易挂灰。其促进作用为：

$$2NaBO_3 \cdot 4H_2O + 4Fe(H_2PO_4)_2 \longrightarrow 4FePO_4 \downarrow + 2NaBO_2 \cdot 3H_2O + 4H_3PO_4 + 4H_2O$$

d. 氯酸盐类。强氧化剂之一，促进能力强，可直接氧化磷化过程产生的氢和铁，磷化膜结晶细致、均匀，膜薄，磷化槽液稳定，可直接加入磷化浓缩液中，配槽和补充时都可以采用同一溶液，用量范围较宽，在 $w\ 0.5\%\sim1\%$ 范围内均有效。

其产生促进作用时发生下列反应：$2Fe + ClO_3^- + 6H^+ \Longrightarrow 2Fe^{3+} + Cl^- + 3H_2O$

但氯酸盐促进剂还原的 Cl^- 会被磷化膜吸收，并以络合物 $[Fe^{3+}(Cl_3 \cdot PO_4)]^{3-}$ 的形式参与磷化膜结晶，不利于磷化膜的抗蚀。ClO_3^- 单独使用时，会形成 $FePO_4$ 悬浮物，使磷化难以进行，ClO_3^- 仅适用于锌系磷化，对于铁系磷化、锰系磷化不适用。

e. 有机硝基类。常用的有硝基胍和间硝基苯磺酸盐。其中，硝基胍是性能优良的促进剂，其优点是促进速度快，既不增加也不减少磷化槽中的生成物，硝基胍本身及还原产物都没有腐蚀性，所以即使残留在工件上也不会腐蚀工件，但硝基胍溶解度低，不能直接加入磷化浓缩液中，不能氧化 Fe^{2+}，必须加入其它强氧化剂才能控制磷化槽液中 Fe^{2+} 的量，属易爆炸物品。固体形态的硝基胍运输和储存较困难。

间硝基苯磺酸盐的溶解度比硝基胍稍高，但促进作用较弱，通常与其它促进剂联合使用，且磷化槽液颜色随着磷化工件数量（表面积）的增加而变深，会影响磷化槽液的检测。

f. 重金属盐。这类促进剂主要使用铜盐和镍盐，其它还有钼、钴、钨、钒等的盐类。这类促进剂比铁电位正，有利于晶核生成和细化晶粒。据资料介绍只要加入 $w(Cu)$ 0.002%~0.004%（以可溶性铜盐形式加入）便可提高磷化速度 6 倍。但若加入过多铜，则得到铜的覆盖层而得不到磷化膜。通常铜盐与其它氧化性促进剂如硝酸盐或亚硝酸盐联合作用。

铜在钢上沉积，增加了钢表面的阴极区，因而加速了磷化膜的形成。此外，铜盐还可以催化硝酸盐的分解和促进氧化。镍盐也有加速作用，它不产生置换，但会形成磷酸镍晶核，对磷化膜初期胶体形态有影响，可增加活性点，并成为磷化膜的组成部分。用含 Ni 磷化槽液处理冷轧钢件时，初始生成的结晶致密，晶界生长成墙状结构，并在晶间扩散呈点状生长。大量的镍盐不会产生不良影响。

将微量镍盐引入磷化粉（液）中，镍与锌构成一种新型磷化膜结构，改变了过去简单的磷化锌膜，从而使磷化膜更均匀、更致密完整，具有更高的抗蚀耐碱溶性能。

g. 钼酸盐。钼酸盐是常温磷化较理想的金属氧化性促进剂，其优点如下。

钼酸盐在酸性磷化槽液中具有很强的氧化性，并与磷化槽液主成分间有很好的缓蚀协同效应。它既有加速作用，又有钝化作用，同时还起到缓蚀剂、活化剂和降低膜层重量的作用，形成的磷化膜薄而致密。钼酸盐促进剂不需与其它氧化剂联用，即能迅速成膜，且不需表调。宜采用喷淋方式，有溶解氧存在更为有利。

h. 加入多种金属离子后，磷化工件质量可显著提高，耐蚀性也提高很快，这是由于金属离子与钢铁之间形成了微电池。

添加 Mn^{2+}、Ni^{2+}、Ca^{2+} 等金属离子（见改性剂），这些离子能代替铁离子，在普通钢板和镀锌钢板表面形成多晶结构的磷化膜。膜层结晶细小、致密、孔隙率低，且有很高的耐碱性和膜下耐蚀性，可改善涂膜外观。

硫酸羟胺是较好的常温促进剂，单独使用时最低用量 5g/L，与氯酸钠配合使用可大大降低其用量，最低成膜浓度 2g/L，氯酸钠 0.5~1g/L，氯酸钠与硫酸羟胺能发生反应，达到动态平衡。比氯酸钠氧化性较低的氧化剂与硫酸羟胺复配，效果较佳。

③ 改性剂。主要增加磷化膜结晶的晶核，提高磷化膜的附着点，减少磷化膜孔隙率，改变晶粒结构。常（低）温磷化液中常用的改性剂如下。

阳离子改性剂：Mn^{2+}、Ni^{2+}、Ca^{2+} 等离子，都具改性作用，能加快磷化膜的形成，提高磷化膜的耐碱性和抗热性。例如，在锌系磷化粉（液）中，加入 Mn^{2+} 0.3~1.5g/L，可提高磷化反应速度，降低磷化槽液温度，降低磷化膜厚度，提高钢板和镀锌钢板工件焊接件接缝处的抗蚀性能，提高磷化膜的抗碱性能，增强磷化膜的涂膜附着力。

又如在锌系磷化粉（液）中加入适量的 Ni^{2+} 盐，可以提高磷化速度，细化磷化膜的结晶，提高磷化膜的耐蚀性。若适当提高 Ni^{2+} 盐的含量，可提高 $\rho(Ni^{2+})/\rho(Zn)$ 值，使

Ni^{2+} 与 Zn^{2+} 构成一种新型的磷化膜结构，使磷化膜更均匀、更致密，更具抗蚀性、抗碱性。

既含 Mn^{2+} 又含 Ni^{2+} 的锌系磷化称为锌-锰-镍三元磷化，若锌含量较低，则称为低锌含锰含镍磷化，其钢铁工件的磷化膜结构为：$Zn_2Fe(PO_4)_2 \cdot 4H_2O$、$Zn_2Mn(PO_4)_2 \cdot 4H_2O$、$Mn_2Zn(PO_4)_2 \cdot 4H_2O$、$Zn_3(PO_4)_2 \cdot 4H_2O$、$Ni_3(PO_4)_2 \cdot 4H_2O$。

Ca^{2+} 在锌系磷化中少量添加，可以促进磷化膜的生长。调节磷化膜的薄厚和结晶粗细，用 Ca^{2+} 作改性剂的磷化膜中含有菱形晶体 $Zn_2Ca(PO_4)_2 \cdot 2H_2O$。

（5）磷化液中的工艺管理

① 工艺参数。

a. 游离酸度（FA）。游离酸度可促使工件溶解，以形成较多晶核，使磷化膜结晶细致。控制游离酸度的目的在于控制磷化槽液中磷酸二氢盐的离解度，把成膜离子浓度预先控制在一个必须的范围内。

一般地，新型磷化槽液的游离酸度过高、过低，都会对磷化产生不良影响。游离酸度过高，阴极附近的 HPO_4^{2-} 和 PO_4^{3-} 及 Zn^{2+} 消耗大，钢铁工件表面的腐蚀反应过快，阴极会不断析出，因反应所产生的气泡过多而在磷化槽液中起到搅拌作用，进而破坏金属工件与磷化槽液界面的 Fe^{2+}、HPO_4^{2-}、PO_4^{3-}、Zn^{2+} 等离子浓度，使锌盐浓度达不到饱和状态，造成成膜困难，磷化时间延长，磷化膜不连续且粗糙、多孔、疏松，工件表面泛黄，抗蚀性能降低，磷化膜表面浮粉增多，产生额外沉渣。游离酸度过低，钢铁工件腐蚀反应缓慢，磷化膜难以形成，磷化槽液不稳定，易产生磷酸锌沉淀，引起工件表面挂灰，甚至堵塞喷淋磷化的喷嘴，还会导致工件边角部位产生发花现象，磷化膜变薄，甚至没有磷化膜。随着磷化温度的降低，游离酸度应相应低一些，所以新型磷化槽液的游离酸度的下限一般控制在0.3点左右，有的甚至没有游离酸度。磷化槽液在正常使用过程中，在总酸度不变的前提下，游离酸度都有小幅度升高，需注意用碱进行中和调整。

b. 总酸度（TA）。控制总酸度的目的在于保持磷化槽液中成膜离子的浓度在规定的工艺范围内。总酸度过高和过低，也会对磷化质量产生不良影响。总酸度过高，磷化膜结晶粗糙，表面易产生浮粉，磷化沉渣增加，反而不易生成磷化膜；总酸度过低，磷化速度缓慢，磷化膜生成困难，磷化膜结晶粗糙疏松，磷化膜变薄，耐蚀性也差。常低温磷化液的总酸度范围较大。例如，低温磷化槽液的总酸度一般控制在13~32点，常温磷化的总酸度一般控制在22~60点，有的更高。在使用过程中，总酸度有降低趋势。因此，随着磷化工件数量（表面积）的增加，需要不断补充磷化粉或浓缩液来提高总酸度。

c. 酸比。一般酸比值越高，磷化膜越细、越薄，但酸比过高不宜成膜，磷化沉渣也多；酸比值过小，磷化膜结晶粗大、疏松。酸比较小的磷化槽液，游离酸度高，磷化速度慢，磷化温度也高；而酸比大的磷化槽液，磷化速度快，磷化温度也低。新型磷化槽液的温度较低，所以酸比一般较大。磷化槽液配方确定，酸比也相应确定，往往只测总酸度和游离酸度的值即可。

d. 磷化槽液的pH值。低温锌系新型磷化槽液pH值可控制在2~3，并以2.5最佳。若pH<2，则析氢的速度较快；若pH>3，则磷化沉渣增多。铁系磷化槽液pH值控制在3.0~5.5之间较好。

e. 磷化温度。常（低）温磷化虽可在10~45℃下使用，但温度太低，磷化时间长、药品消耗大、磷化质量下降，最好在20~40℃下使用，以25~30℃最佳。总的来说，温度高有利于磷化膜形成。因磷酸二氢盐的离解度大，成膜离子浓度相应较高，磷化速度就快，磷化膜较厚。反之，磷化温度低，磷化速度慢，磷化时间就长。在新型磷化槽液中，磷化温度均较低，不利于磷化成膜。因磷化温度低，游离酸度也显著降低，而游离酸度对工件的溶解速度又决定着磷化速度。对特定的磷化液，若超过工艺规定上限，易产生大量沉渣，使磷化槽液失去平衡，易使工件挂灰。磷化速度过快，磷化膜的结晶粗大，磷化膜质量变差。磷化温度若低于工艺规定的下限，则成膜离子浓度达不到溶度积，磷化速度就慢，甚至在规定的时间内不能成膜，进而使工件在空气中易被氧化生锈。若磷化温度超过工艺规定的上限后，再降到原定的磷化温度，槽液的平衡并不能恢复，必须进行必要的调整。这是因为磷化温度升高，酸比也升高，而再降低磷化温度时，酸比并不随之降低，升高温度与降低温度的化学反应是不可逆的。

f. 磷化时间。与磷化槽液的浓度、温度、磷化方式、工件表面状态和性质及促进剂种类、含量等因素相关。磷化开始成膜速度较快，后逐渐变慢。一般 15min 后磷化膜不再增厚，最长不超过 30min。时间过长，磷化膜粗糙，孔隙率反而大。时间过短膜不连续、不完整。

② 技术管理。

a. 游离酸度过高。可用中和剂加以调整。加入规定量的中和剂后，若游离酸度无明显下降，表明磷化槽液中的 Zn^{2+} 含量较高，这时可加水稀释磷化槽液。对于新型常温槽液，因游离酸度较低，有的甚至接近于零，调整游离酸时要防止中和剂加入过量。

b. 正确认识和掌握游离酸度、酸比、pH 值和温度的相互关系。游离酸度高则磷化慢，甚至不上膜；游离酸度低（pH 值高）又易造成钢铁局部或全部钝化，零件上有彩色膜，磷化膜不连续或无膜。酸比值与温度和 pH 值要相互协调。随温度升高，酸比值要降低，pH 值要小些；温度低时则相反，酸比值和 pH 值都要大些。浸渍磷化比喷淋磷化的总酸度、游离酸度高些，酸比值小些。总酸度、温度、游离酸度、酸比、pH 值相互关系见表 3-8。

表 3-8 总酸度、游离酸度、温度、酸比、pH 值相互关系

磷化方式	总酸度/点	温度/℃	游离酸度/点	酸比（总酸/游离酸）	pH 值
浸渍磷化	25～30	20 以下	0.5	＞50	3.5 以上
		25～30	0.5～1	30～40	3.1～3.4
		30 以上	1～1.5	20～30	2.8～3.0
喷淋磷化	15～20	30～40	0.1～0.5	50～80	3.5～3.9

在实际操作中掌握了上述关系，磷化处理就很顺利。

c. 表面调整。以胶态磷酸钛表调剂最好，含量为 $1～3g/L$，pH＝8～9，溶液要呈乳白色混浊态，表调时间＞30s。表调液变成透明状则失效。表调液最好每天更换 10%。

d. Zn^{2+}、PO_4^{3-} 和促进剂。Zn^{2+} $1.5～5g/L$，PO_4^{3-} $15～25g/L$ 之间变化，喷淋偏低，浸渍偏高。若用于阴极电泳则 Zn^{2+} 应控制在 $2g/L$ 以下，并加入少量 Ni 等以提高膜层的耐碱性。若总酸度和游离酸度正常，磷化速度慢往往是促进剂不足。但促进剂过量，在低酸、低温下最容易导致钢铁钝化，磷化不全，取出干燥后有蓝色膜，这时略提高游离酸度即能正常工作。

e. 轻铁系磷化虽比锌系灰膜容易掌握，但需掌握膜外观与耐蚀性的关系，通常蓝色或蓝紫色膜较薄而疏松，耐蚀性差，以金黄彩膜耐蚀性最好。其膜外观和质量同样与温度有

关，温度＜15℃，15～20min；20～25℃时，大于10min；25～35℃时，为7～8min；35℃以上时，为4～5min。铁系磷化pH值2.5左右最好，pH值＞3.2要加浓缩液或磷酸以降低pH值。

③故障及处理。

故障及处理方法如表3-9所示。

表3-9　常（低）温磷化常见故障及处理方法

故障现象	可能产生原因及处理方法
磷化不上	①油和锈未除净,表面不亲水; ②表调液失效或未表调,检查表调液; ③游离酸度太高,加组合促进剂降之; ④游离酸度太低,表面有彩虹色钝化膜,加浓缩液适当提高; ⑤促进剂太少,钢被钝化,加浓缩液提高游离酸度; ⑥温度低,磷化时间短; ⑦冷加工件表面有硬化层,强酸浸蚀除去硬化层
磷化速度慢	①总酸度低或酸比失调,分析调整; ②游离酸度高而温度低,加组合促进剂降之; ③促进剂不足,加组合促进剂; ④表调剂性能降低,补加表调剂
磷化膜不完整,发花,色泽不均	①除油不净,局部残留油膜; ②锈或氧化皮未除净; ③温度低,pH值高; ④表面局部钝化,略升高游离酸度
氧化膜薄,结晶不致密	①总酸度低,加浓缩液提高; ②Fe^{2+}含量低,加铁屑熟化; ③钢表面有硬化层,强酸浸蚀除去; ④温度低,磷化时间短
磷化膜结晶粗	①促进剂太少,加组合促进剂; ②游离酸度太高,用碳酸钠降低; ③钢表面过腐蚀; ④表调剂效果降低,加表调剂
磷化膜上白粉	①磷化工件搅动了游渣沉渣; ②磷化前和磷化后水洗不净; ③总酸度高或酸比值大,适当冲稀

3.1.1.6　黑色磷化

黑色磷化膜结晶细致，色泽均匀，外观呈黑灰色。黑色磷化膜能减少仪器内壁的漫反射。磷化前需用硫化钠溶液（5～10g/L）在室温下处理5～20s。工艺规范见表3-10。

表3-10　黑色磷化工艺规范

工艺条件	质量浓度 ρ_B（除注明外）/（g/L）					
	配方1	配方2	配方3	配方4	配方5	配方6
马日夫盐 $[XFe(H_2PO_4)_2 \cdot$ $YZn(H_2PO_4)_2]$	25～35	55	30	氧化锌 30～50	60	$Mn(H_2PO_4)_2 \cdot$ $2H_2O$ 30

工艺条件	质量浓度 ρ_B(除注明外)/(g/L)					
	配方 1	配方 2	配方 3	配方 4	配方 5	配方 6
磷酸	1～3mL/L	13.6mL/L		30～40(浓)	柠檬酸 1	H_2O_2 1
磷酸二氢锌			20	浓硝酸 10～20	硝酸镍 20	NaF 0.4
硝酸钙	30～50					$Na_2MoO_4 \cdot 2H_2O$ 0.4
硝酸锰			10	Ni^{2+} 0.5～1	20	
硝酸钡		0.57		Ca^{2+} 2～5		$Zn(NO_3)_2$ 40
$ZnNO_3 \cdot 6H_2O$	16～25	2.5	8～11	柠檬酸钠 1～3	35～50	40～60
亚硝酸钠	8～12				十二烷基磺酸钠 0.4	$CuSO_4 \cdot 5H_2O$ 0.8
氧化钙		6～7		助剂适量		$Ni(NO_3)_2$ 1
游离酸/点	1～3	4.5～7.5	10～12	0.8～1.5		4
总酸度/点	24～46	58～84	60～70	30～50		50
pH					2.5	2.37
温度/℃	85～95	96～98	65～75	30～50	60	60
时间/min	30	视情况而定	15		30	15

也可在磷化液中加入硝酸铋、硫酸铜及亚硒酸等发黑剂。如：氧化锌 2.5/L，磷酸 5mL/L，氯化钾 0.025g/L，酒石酸 1.25g/L，柠檬酸 1g/L，硫酸铜为变量，溶液 250mL。

表 3-11 也可采用钼酸钠和硫酸铜作为发黑剂，该类发黑剂具有无毒、安全、高效、发黑效果好等优点。控制硫酸铜与钼酸钠的相对比例及两者在溶液中的总体含量，可获得质量较好的发黑磷化膜。硫酸铜和钼酸钠的质量比控制在 2:1 左右比较合适。

有些磷化发黑工艺采用先磷化后发黑的技术，如一种黑膜磷化技术，先用黑化液进行黑化，然后水洗、干燥后再进行磷化。或者先磷化，然后不烘干直接发黑。其处理液组成见表 3-11。

表 3-11 黑化液及磷化液的组成

工艺	药品名称	溶液质量分数 w_B/%	工艺	药品名称	溶液质量分数 w_B/%
黑化液	氯化锰	0.22	磷化液	磷酸二氢锌	8.09
	发黑剂 A	0.19		硝酸钙	11.81
	三氯化铁	0.87		促进剂 B	1.00
	磷酸	3.01		络合剂 C	0.88
	盐酸	4.63		硼酸	0.41
	钼酸铵	0.06		EDTA	0.10
	酒石酸	0.56			
参数	温度/℃	室温	参数	温度/℃	70
	时间/min	3.5		时间/min	8

磷化发黑配方 1：磷酸二氢锌 60g/L，硝酸锌 90g/L，亚硝酸钠 0.6g/L，硫酸铜 5g/L，亚硒酸 0.5g/L，磷酸 2g/L，硝酸钠 2g/L，柠檬酸钠 3g/L，20℃，20min。

发黑配方 2：硫酸铜 4g/L，亚硒酸 0.5g/L，磷酸 2g/L，硝酸钠 2g/L，柠檬酸钠 3g/L；铜-硒系中，硫酸铜是主要发黑剂成分，含量以 2～4g/L 为宜。过低，黑度不好；含量大于 5g/L，膜层红色，发黑效果较差。在保证较好成膜前提下，适当提高 Cu/Se 元素比，可充分利用价格较高的亚硒酸，并能提高发黑膜的结合力。发黑温度 20℃，发黑时间 6min 时，发黑膜性能最好。发黑工艺中，发黑温度对膜层性能有影响，但影响不大；但发黑时间对膜层形成质量影响较大，发黑时间在 6～7min 范围内发黑膜厚度以及各方面性能最好，时间过长膜层结合力不好，过短发黑膜不均匀且膜层过薄。

3.1.1.7 "四合一"磷化

"四合一"磷化处理液配方及工艺条件：磷酸 200mL/L，氧化锌 35g/L，氟锆酸钾 2.0g/L，钼酸钠 2.0g/L，植酸 25mL/L，硝酸 10mL/L，柠檬酸 2.0g/L，硝酸镍 1.0g/L，OP-10 4mL/L，常温，20min。磷化膜的耐硫酸铜点滴时间达到 253s。该磷化液具有除油、除锈、磷化和钝化"四合一"的功能，通过调整、改进磷化工艺配方，选择合适的配位剂及促进剂，达到了稳定溶液、减少沉渣、降低磷化温度以及提高磷化膜性能的目的。

3.1.1.8 磷化后的处理

前面工艺过程一节已阐述磷化的后处理。磷化膜是非常好的漆膜底层。漆膜在其疏松多孔的表面浸润，具有较好的附着力和耐腐蚀性。磷化本身耐腐蚀性不理想，因此常常后续封闭后再浸油以提高其耐腐蚀性能。在磷化后封闭的封闭剂中或在所浸油中加入缓蚀剂等，能较好地提高其耐腐蚀性能。磷化膜浸油是很好的工序间防锈方式。磷化后，后续涂漆零件不浸油。

3.1.2 锌及锌合金磷化

锌及锌合金磷化处理主要是提高其防护性能和对涂装层的黏结力，以作为涂漆的底层。由于锌很少作为工件整体原材料，所以锌及锌合金磷化处理通常应用于热浸镀锌板、电镀锌工件以及一些锌合金的压铸件上。对这种金属最适宜采用慢的磷化处理方法。磷化溶液可在与钢铁磷化处理液相似的配方中加入某些物质（如铁、锰或镍等阳离子），其作用主要是调节晶核生成与生长的过程，改善膜层的均匀度及晶粒的粗细。作为电镀层锌及合金后的磷化，因不能吹砂，不能省去表调工序，其它电镀层亦如此，以后不再多述。

3.1.2.1 锌的磷化处理

（1）磷化处理

钢铁的镀锌件磷化最好在室温下进行，用含有加速剂的磷酸锌型溶液进行处理，在此条件下，锌的溶解较缓慢，不会损害到锌镀层，但不能与其它钢铁件同槽处理。锌铝合金件的磷化处理比较困难，因为铝离子的存在会使磷化成膜的过程停止。为了避免铝对磷化过程的影响，可选用锌的室温磷化液，以尽量减少铝的溶解量，也可以在溶液中加入适量的氟化钠或氟硅酸钠，使铝从溶液中沉淀出来。此外，也可以在磷化前先将锌铝合金件在 6%（质量分数）的氢氧化钠溶液中浸渍一下，使表面的铝先选择性溶解，然后再在室温的磷化液中处理。锌及合金磷化封闭后电泳涂漆，在生产中有一定应用，磷化工艺见表 3-12。

表 3-12　镀锌钢板常温磷化液配方

工艺条件	质量浓度 ρ_B（除注明外）/(g/L)									
	配方 1	配方 2	配方 3	配方 4	配方 5	配方 6	配方 7	配方 8	配方 9	配方 10
磷酸二氢锌	30	32		40	35	30		45	Zn^{2+} 1.4	ZnO 10
磷酸二氢锰铁			30				40		Mn^{2+} 0.6	H_3PO_4 25mL/L
六水硝酸锌	8	10	20	80	10	30	60	60	PO_4^{3-} 25	$Ni(NO_3)_2$ 1.4
六水硝酸锰					10		20	40	NO_3^- 20	0.6～1.5

工艺条件	质量浓度 ρ_B(除注明外)/(g/L)									
	配方 1	配方 2	配方 3	配方 4	配方 5	配方 6	配方 7	配方 8	配方 9	配方 10
亚硝酸钠	3				1			3	F^- 1	酒石酸 0.2
钼酸铵		3		1			3	2		
硫酸羟胺			4	4				2		
磺基水杨酸			0.5	0.5				0.5		
硝酸钠						80				1.7
氟化钠			5							
游离酸度(总酸度)										2.9(49)
温度/℃	10~35	10~35	10~35	10~35	10~35	10~35	10~35	10~35	35~45	50~60
时间/min	12	12	12	12	12	12	12	12	10	3~5
效果	优	优	优	优	优	良	良	良		

锌及锌合金磷化工艺见表 3-13,锌及锌合金工件在磷化前要先活化表面。活化可采用磷酸盐溶液浸渍一下,或在表面喷涂不溶性的磷酸锌浆料,使表面活性点增加,提高表面的活性,促进晶粒的形成。

表 3-13 锌及锌合金磷化工艺

工艺条件	质量浓度 ρ_B(除注明外)/(g/L)			
	配方 1	配方 2	配方 3	配方 4
磷酸锰铁盐(马日夫盐)	25~35	30~40	60~65	
$Zn(H_2PO_4)_2 \cdot 2H_2O$				35~45
ZnO			12~15	
$Zn(NO_3)_2 \cdot 6H_2O$	55~65	75~100	45~55	
$Mn(NO_3)_2 \cdot 6H_2O$		30~40		
H_3PO_4(w 为 85%)				20~30
$NaNO_2$	1.5~2.5			
NaF			7~9	
游离酸度/点	0.5~1.4	6~9		12~15
总酸度/点	38~48	80~100		60~75
溶液 pH			3~3.2	
溶液温度/℃	18~25	50~70	20~30	85~95
处理时间/min	20~30	15~20	22~30	10~15
适用范围(材料种类)	锌		锌合金	

(2)磷铬化处理

铬酐 30~50g/L;磷酸 15~25g/L;硫酸 10~15g/L;硝酸银 0.2~0.4g/L;pH 0.5~1.5;20~30℃;1~2min。一般保持铬酐:硫酸=(2~3):1 为好,铬酐:磷酸=(1~1.5):1;当 pH=0.5~1.5 时,铬酐:磷酸:硫酸=3:2:1;当 pH=1.5~2.5 时,铬酐:磷酸:硫酸=3:3:1。如磷铬化处理后配合有机溶剂封闭,能较大幅度提高耐腐蚀能

力。新配液应加入 1g/L 锌粉，放置 4~8h，让一部分 Cr^{6+} 还原为 Cr^{3+} 并置换出重金属，夹具采用锌、铝与塑料。

（3）封闭处理

对钝化层进行封闭处理，有利于延长零件的使用寿命，也可以改善其力学性能。实质上，封闭处理是在钝化膜微观空隙中填充一些微细物质，并在其表面形成一层连续的覆盖层，以提高抗腐蚀能力并可同时赋予其它性能的工艺过程。

封闭剂分为水溶性和油性两种，前者用水做稀释剂，后者必须使用有机溶剂。由于水溶性的操作比较方便，所以被广泛应用。常见的水溶性封闭剂包括无机物、有机物、有机物＋无机物等三种类型。

无机封闭剂包括氧化剂、无机聚合物等，如常见的在钝化后的最后一道水洗水中，加入 0.2~0.4g/L 的铬酐，在 40~60℃ 的温度下浸泡 30~60s，可以显著提高钝化膜的抗变色能力和抗潮湿性能；无机聚合物包括前已述及的聚合硅酸锂等。

有机物封闭剂包括厚膜封闭剂和薄膜封闭剂。由于使用的成膜物质不同，获得的封闭效果也不完全相同。薄膜型封闭剂使用一些特定结构的阴离子薄膜活性剂和螯合物，在钝化膜干燥前薄膜活性剂中的阴离子和螯合物与膜层中的金属离子形成化合物，疏水端朝向膜层外，形成均匀的疏水膜。厚膜型封闭剂采用水溶性有机聚合物，经较低的温度固化后形成一层致密性好、透明度高的膜层。薄膜型封闭适合于浅色钝化，不改变其外观；厚膜型封闭适合于深色钝化，操作比较方便，膜层油亮，特别是与三价铬黑色钝化配合使用，膜层呈油亮的深黑色。厚膜型封闭剂中加入适当的染料可以用于厚膜钝化以提高外观质量。

有机物＋无机物封闭剂是在有机物封闭剂的基础上改进的，膜层饱满，耐蚀性显著提高。在封闭中加入纳米微粒润滑剂，不但提高耐蚀性，同时降低膜层的摩擦系数至 0.1~0.15。

所使用封闭剂的种类应根据加工的零件的外观要求等进行选择。不同厂家封闭剂的适用范围、使用方法和操作条件各不相同，选择时应遵循厂家意见并严格按照要求使用，否则可能会适得其反。

3.1.2.2　锌铁合金磷化

Zn^{2+} 1.4g/L；Mn^{2+} 0.68g/L；PO_4^{3-} 25g/L；NO_3^- 20g/L；F^- 1 g/L；10min；35~45℃。

另一种锌系常温磷化液：$Zn(H_2PO_4)_2 \cdot 2H_2O$ 40~60g/L；$Zn(NO_3)_2 \cdot 6H_2O$ 15~30g/L；$NaNO_2$ 0.5~1.5g/L；$Ni(NO_3)_2$ 1.0~1.5g/L；$Mn(H_2PO_4)_2 \cdot 2H_2O$ 或 $Mn(NO_3)_2$ 4~6g/L；NaF 0.5~1.0g/L；$C_{12}H_{25}SO_4Na$ 0.1g/L；添加剂 20mL/L；总酸度（TA）15~30点，游离酸度（FA）0.5~1.5点，酸比（TA/FA）30~40，20~30℃，pH 值 3.5~4.5，2~4min。ZP 添加剂是由 2 个以上羧基和羧基有机酸（盐）组成。在磷化过程中，起着减少沉淀、细化结晶、疏松垢物、加速磷化的作用。

表面调整是常温磷化不可缺少的重要工序。胶体钛盐表面调整剂的 pH 为 8.0~9.5，对镀层基本不溶解，适于锌-铁合金磷化。表面调整后不清洗，直接磷化，能加速成膜速率。工艺参数：胶体钛盐表面调整剂 1~3g/L，pH 8.0~9.5，室温，30~60s，表面调整液呈乳白浑浊状态。

3.1.3　镁及镁合金磷化

镁合金通过铬酸盐处理可以得到具有良好耐蚀性的氧化膜。镁合金磷化处理后所得的磷化膜，其性能比不上铬酸盐膜。镁合金磷化液成分以磷酸锰为主，而磷化膜的成分取决于磷化液的组成，用含氟化钠的磷化液所得到的膜主要由磷酸锰等组成，而用氟硼酸钠溶液所得到的膜，则主要由磷酸镁等组成。镁及镁合金磷化工艺见表3-14。

表 3-14　镁及镁合金磷化工艺

工艺条件	质量浓度 ρ_B（除注明外）/(g/L)				
	配方 1	配方 2	配方 3	配方 4	配方 5
磷酸二氢锰[Mn(H$_2$PO$_4$)$_2$]	25～35				磷酸二氢铵 0.025mol/L
磷酸(H$_3$PO$_4$,ρ=1.75g/cm³)		3～6mL/L	12～18	12.5mL/L	
磷酸二氢钡[Ba(H$_2$PO$_4$)$_2$]		45～70		C$_6$H$_8$O$_7$·H$_2$O 3	
硝酸锌[Zn(NO$_3$)$_2$·6H$_2$O]			20～25	ZnO 5.5	硝酸钙 0.042mol/L
氟硼酸钠(NaBF$_4$)			13～17	NaNO$_3$ 1.25	
氟化钠(NaF)	0.3～0.5	1～2		2.5	Ca(OH)$_2$ 预处理
温度/℃	95～98	95～98	75～85	50	常温
浸液时间/min	20～30	15～30	0.5～1.0	30(AZ91D)	90

3.1.4　镉磷化

镉磷化主要是镉镀层的磷化。其磷化处理工艺与锌的磷化处理基本相同。镉磷化工艺见表3-15。

表 3-15　镉磷化工艺

工艺条件	质量浓度 ρ_B（除注明外）/(g/L)		
	配方 1	配方 2	配方 3
磷酸锰铁盐(马日夫盐)	55～65	30	—
磷酸(H$_3$PO$_4$,85%)			20～30
氧化锌(ZnO)			20～25
硝酸(HNO$_3$)			20～30
硝酸锌[Zn(NO$_3$)$_2$·6H$_2$O]	45～55	60	
亚硝酸钠(NaNO$_2$)		2～3	1.5～2.5
氟化钠(NaF)	5～8		
游离酸度/点		0.5～1.4	2～5
总酸度/点		35～48	50～60
溶液 pH			2.4～2.5
溶液温度/℃	20～30	18～25	28～35
处理时间/min	10～20	20～30	25～30

3.1.5　钛及钛合金磷化

钛及钛合金的化学转化膜处理用得较多的是磷化处理。钛合金的磷化膜可用作涂漆的底层，可增强钛合金表面与有机涂料之间的结合力，而一般的氧化膜和涂层的结合力很差。钛合金一般耐腐蚀性能优异，无需磷化防护。磷化膜具有很好的润滑作用，用于钛合金工件的冲压成形和拉拔加工，可取得很好的润滑耐磨效果。磷化后封闭处理，一般是将磷化后的工件浸在油或肥皂液内达到封闭的目的。钛及钛合金磷化工艺见表 3-16。

表 3-16　钛及钛合金磷化工艺

工艺条件	质量浓度 ρ_B（除注明外）/(g/L)	
	配方 1	配方 2
磷酸钠($Na_3PO_4 \cdot 12H_2O$)	35～50	45～55
醋酸(CH_3COOH,36%)	50～70	
氟化钠(NaF)	25～40	
氟化钾(KF)		18～23
氢氟酸(HF,50%)		24～28mL/L
温度/℃	20～30	20～30
浸液时间/min	2～9	2～3

3.1.6　铝及铝合金磷化

这种工艺一般生产中不应用。铝及铝合金底层采用阳极氧化或硬质阳极氧化。铝及铝合金磷化有两种方法：一种是在钢铁磷化中加入适量的氟化物进行磷化处理，但其膜层的耐蚀性远远低于阳极氧化或铬酸盐处理得到的膜层，一般不用于防护目的，只作为冷变形加工的预处理；另一种是阿洛丁法，得到的膜层附着力较强，常用于涂漆底层，以提高其结合力和防护性。铝及铝合金磷化工艺见表 3-17。

表 3-17　铝及铝合金磷化工艺

工艺条件	质量浓度 ρ_B（除注明外）/(g/L)				
	配方 1	配方 2	配方 3	配方 4	配方 5
铬酐	12	7	10	3.6	6.8
磷酸	67	58	64	12	24
氟化钠	4～5	3～5	5	3.1	5
温度/℃	50	25～50	25～50	25～50	25～50
浸液时间/min	2	10	1.5～5	1.5～5	1.5～5

3.2　锆盐转化技术

锆盐转化以氟锆酸为主要成膜物质，在清洁的金属表面形成一层锆盐转化膜。这种膜由无定形氧化锆组成，结构致密，阻隔性强，与金属表面和后续的有机涂层具有良好的附着力，能显著提高金属涂层的耐蚀性。但这种膜含 F^-，膜性能也无特别优势，生产上未广泛应用。

3.2.1　成膜机理

锆盐转化膜一般采用溶胶-凝胶法生成。处理液以含氟锆盐为主剂，配合促进剂、调整剂，使金属表面溶解，析氢引起金属工件与溶液界面附近 pH 升高，并在促进剂的作用下，含氟锆盐溶解形成胶体。主要反应式为：

$H_2ZrF_6 + M + 2H_2O \Longrightarrow ZrO_2 + M^{2+} + 4H^+ + 6F^- + H_2$（其中 M 为 Fe、Zn 等金属）

上述反应形成一种"ZrO_2-M-ZrO_2"结构的溶胶粒子，随着反应的进行，溶胶结构交联密度增大，不断凝聚沉积，直至产生 ZrO_2 纳米陶瓷膜。

这种转化处理方法的不足之处就是处理液对硬水或前水处理液所引起的污染比较敏感，因此在转化处理之前必须用去离子水清洗。表 3-18 为氟锆酸盐转化膜配方及工艺，氟锆酸钾浓度对膜层质量的影响见表 3-19。

表 3-18　氟锆酸盐转化膜配方及工艺

成　分	质量浓度 ρ_B/(g/L)	工　艺
Zr^{4+}	0.01～0.5	
Ca^{2+}	0.08～0.13	25～60℃,pH=2.5 浸渍,水洗,干燥
F^-	0.01～0.6	

表 3-19　氟锆酸钾浓度对膜层质量的影响

氟锆酸钾浓度/(g/L)	实验现象与结果	$CuSO_4$ 点滴结果/s
0	吹干后表面没有膜层生成	6
0.5	所形成膜层呈浅黄色、疏松较均匀、光泽较差	25
1	所形成膜层呈浅金黄色带蓝色、致密均匀、光泽好	300
1.5	所形成膜层呈浅金黄色带蓝色、致密均匀、光泽好	298
2	所形成膜层呈浅金黄色带蓝色、致密均匀、光泽好	350
2.5	所形成膜层呈深黄色偏蓝色、致密较均匀、光泽好	180
3	所形成膜层偏紫有发黑现象、疏松不均匀、光泽差	100

3.2.2　工艺流程及优缺点

（1）典型工艺流程

以电泳涂装预处理为例，其工艺流程为：预脱脂→脱脂→水洗→纯水洗→锆盐处理→纯水洗→电泳。锆盐处理不需要表调和钝化处理。因处理槽液比磷化槽液易被污染，处理前的清洗更严格，需用纯水洗。

（2）工艺优缺点

锆盐陶化技术在室温下操作，处理时间短，不需要表调和钝化处理，无重金属排放，无磷，少渣，水耗和能耗低。锆盐技术运作成本比磷化低，膜层薄（处理面积大），耐蚀性与磷化相当，膜层颜色易与底材颜色区分。但存在以下缺陷：体系中含氢氟酸，有危害；处理的工件比磷化处理的更易被侵蚀；膜层薄，不易遮盖底材缺陷，对底材的表面状态要求较高；适用范围比磷化技术窄。

3.2.3　工业现状和发展方向

① 锆盐陶化技术可沿用磷化处理设备，处理前只需增加一道水洗工序，可将原表调槽更换为水洗槽。

② 锆盐处理槽液 pH 要求精确控制在 3.8～4.5。pH 低于 3.8，工件表面会出现发黄、锈蚀现象；pH 高于 4.5，工件表面也会出现发黄现象，并且槽液出现浑浊。如何扩大 pH 的适用范围，是目前该领域的研究热点。氟锆酸盐加某种金属离子，溶液 pH 控制在 3.5，温度为 75～80℃，时间为 30min。用这种工艺生产出来的转化膜表面均匀、平整，呈白色。

③ 锆系薄膜电阻非常小，易导致电泳漆泳透力下降，因此选用的涂料品种和电泳施工

控制参数需做相应调整。如何配套使用涂料品种并进行相应的工艺改进，是广大科技工作者努力的方向。

3.2.4 锡酸盐转化膜技术

锡酸盐转化膜层几乎透明，外观均匀平整，厚度通常为 $1\sim5\mu m$，且表面富有光泽，装饰效果较好。研究表明，经过锡酸盐化学转化处理的镁合金表面形成厚 $2\sim5\mu m$ 的膜层，膜层由水合锡酸镁（$MgSnO_3 \cdot 3H_2O$）颗粒组成，膜层耐蚀性较基体有明显提高。通常采用的锡酸盐处理工艺为：$10g/L$ $NaOH$、$50g/L$ $K_2SnO_3 \cdot 3H_2O$、$10g/L$ $NaC_2H_3O_2 \cdot 3H_2O$ 和 $50g/L$ $Na_4P_2O_7$，溶液温度为 $82℃$，转化处理时间为 $10min$。

化学镍镀层作为防腐、耐磨的功能性镀层在镁合金的防护方面备受关注，如果能将镁合金的化学转化和化学镀镍结合在一起，不但可以解决化学转化膜防护能力稍差的问题，还可解决镁合金化学镀镍预处理过程存在的一些难题，并提高合金的耐蚀性。研究表明，在转化处理期间，阳极极化作用会加速镁的溶解，促进膜层的形成。在 $-1.1V$（vs. Ag/AgCl 电极）时，试样表面膜层的均匀性得到显著改善，膜层的耐蚀性明显提高。

锡酸盐膜层具有良好的导电性，因而在 3C 电子产品中的应用具有特殊意义。但因膜层的性能不佳（如柔韧性、抗摩擦性和耐蚀性较差）而使材料得不到有效的防护，通常还需要其它防护措施。

3.3 钼酸盐与稀土转化膜技术

稀土转化膜以一种稀土为主盐，外加一种或几种氧化剂，大多应用于铝、锌与镁的处理。钼酸盐作为一种氧化剂，既可与稀土一起处理零件，也可单独氧化处理零件。钼酸盐及稀土转化技术严格来说属于氧化或钝化处理，主要在第 8 章各种金属处理中介绍。

钼和铬化学性质较为相近，钼酸盐广泛用作钢铁及有色金属的缓蚀剂和钝化剂。钼酸盐的缓蚀作用并不十分明显，但它与其它缓蚀剂有很好的协调作用，在钼合金表面生成金黄色带蓝色的钼酸盐转化膜。典型稀土盐转化膜配方及工艺条件见表 3-20。

表 3-20　典型稀土盐转化膜配方及工艺条件

序号	成分	质量浓度 ρ_B（除注明外）/(g/L)	工艺条件
1	$CeCl_3$	0.01	室温,浸渍 $30\sim180s$, 去离子水冲洗,热风吹干
	H_2O_2	5%	
2	$Ce(NO_3)_3$	3	0℃,浸渍 $20min$,去离子水冲洗, 热风吹干
	$CeCl_3$	3	
	$Ce(SO_4)_2$	3	
	$La(NO_3)_3$	3	
	$Nd(NO_3)_3$	3	

钼酸盐钝化液处理金属表面，大多数是利用单一的钝化液试剂（钼酸盐）处理金属表层，这种工艺反应时间长，所得转化膜层薄，且耐蚀性和耐磨性不是太好。随着钝化研究的深入，人们开始研究利用钼酸盐与多种组分复合配方，通过分子间协同缓蚀作用来提高转化膜的使用性能。用钼酸盐-磷酸盐体系处理锌电镀层表面，在无添加剂的情况下可以产生与深黄色铬酸盐钝化相似的耐蚀效果，而有添加剂时，则可缩短最佳钝化时间使之小于 $5min$。

目前钼酸盐转化层与底层的附着力及与有机涂层结合力的研究较少，然而用钼酸盐对其它类型的转化膜进行封闭处理却可以明显提高零件的耐蚀性和耐磨性。钼酸盐与铬酸盐钝化工艺的比较见表 3-21。钼酸盐钝化同铬酸盐钝化相比，在某些方面有一定的优势，但是也存在着不足，仍需要改进。

表 3-21　钼酸盐与铬酸盐钝化工艺比较

工艺	耐蚀性	强度	耐磨性	膜层自修复	涂层附着性	毒性	成本
铬酸盐	好	好	好	可以	好	剧毒	低
钼酸盐	一般	好	很好	无	很好	无	较高

3.4　有机酸处理

3.4.1　植酸转化膜技术

植酸（肌醇六磷酸）是从粮食等作物中提取的天然无毒有机磷酸化合物，它是一种少见的金属多齿螯合物，当其与金属络合时，易形成多个螯合环，且所形成的络合物稳定性极强。同时，该膜表面富含羟基和磷酸基等有机官能团，这对提高金属表面涂装的附着力进而提高其耐蚀性，具有非常重要的意义。采用植酸对金属表面进行转化处理，其转化膜覆盖度高，无开裂现象，成膜后自腐蚀电流密度降低 6 个数量级，可以明显地提高金属的耐蚀性。这是由于植酸中的磷酸基与镁合金表面的镁离子络合形成了稳定的螯合物，在表面形成了致密的保护膜。

植酸处理后，金属表面形成的化学转化膜具有网状裂纹结构，合金的电化学性能和耐蚀性都有较大提高。植酸分子中的 6 个磷酸基只有 1 个磷酸基处在 α 位，其它 5 个均在 β 位，其中又有 4 个磷酸基共处于同一平面。其在水溶液中发生离子反应，植酸溶液中存在 H_3O^+。当金属与溶液接触时，金属易失去电子而带正电荷；同时由于溶液中具有 6 个磷酸基，每个磷酸基中的氧原子都可以作为配体与金属离子进行螯合，因此极易与呈正电性的金属离子结合，在金属表面发生化学吸附，形成植酸盐转化膜。它能有效地阻止侵蚀性阴离子进入金属表面、金属基体与腐蚀介质，从而减缓金属的腐蚀。

然而，植酸转化膜处理与磷酸盐转化膜处理一样，处理液消耗过快，pH 对其影响很大，成膜质量不易控制。金属在植酸溶液中制备植酸转化膜的过程中，植酸溶液存在一个临界 pH（pH＝8）。该条件下转化膜生长速度最快，完整性最好，致密度最高，且其耐蚀性最好；pH 高于临界值时，由于金属的溶解速度减慢，转化膜生长速度降低，其耐蚀性稍差；pH 低于临界值时，金属-溶液界面难以达到生成难溶物的条件，转化膜生长速度最低，且有裂纹，其耐蚀性最差，但仍然高于未处理试样。植酸体系绿色环保、耐蚀性好、颜色可调、膜层平整、与顶层有机涂层的附着力优异等优点，是化学转化膜的一个重要研究方向。

3.4.2　单宁酸转化膜技术

单宁酸是一种多元酸的复杂化合物，水解后溶液呈酸性，用单宁酸盐处理金属也能在其表面形成一层钝化膜。单宁酸盐处理工艺毒性低、污染小、用量少，形成的膜色泽均匀、鲜艳，兼具装饰与耐蚀性。单宁酸盐体系中单宁酸本身对改善金属耐蚀性的作用并不大，需要与金属盐类、有机缓蚀剂等添加剂联合使用。

3.5　钒酸盐转化膜技术

把钒酸盐的化合物溶液涂覆在铝合金表面，并在钒酸盐转化膜上施涂氟树脂，所生成的涂膜可在多种环境工况下使用，并获得了极好的耐蚀性。把钒酸盐的溶液涂覆在镁合金上，所获得的转化膜为镁及镁合金提供了优异的附着力和耐蚀性。据介绍，它可以与铬酸钝化膜相媲美。冷轧钢表面钒酸盐转化膜与磷酸铁转化膜的性能对比见表3-22。

表3-22　钒酸盐转化膜与磷酸铁转化膜的性能对比

涂料	钒酸盐转化膜	磷酸铁转化膜	t(暴露)/h
聚酯粉末涂料	0.3mm 划痕蠕变	4.3mm 划痕蠕变	504
混合粉末涂料	2.5mm 划痕蠕变	>4mm 划痕蠕变	504
阴极电泳涂料	0.6mm 划痕蠕变	3.2mm 划痕蠕变	504
阳极电泳涂料	0.2mm 划痕蠕变	6.3mm 划痕蠕变	1000

① 对基材为冷轧钢的表面进行钒酸盐转化膜处理，然后再涂覆混合粉末涂料，其暴露试验实际可以达到888h。

② 聚酯粉末涂料涂在磷酸铁转化膜上，要求其盐雾试验是在暴露504h后，划痕蠕变应小于4.67mm（磷化膜为4.33mm，钒化膜为0.3mm）。由表3-22可知，钒酸盐转化膜要优于磷酸铁转化膜。

③ 高压交流电元件及系统制造厂的试验表明，钒酸盐转化膜与氯酸盐加速的磷酸铁转化膜相比，阴极电泳涂装后盐雾暴露504h，钒酸盐转化膜性能优于磷酸铁转化膜。

3.6　硅酸盐-钨酸盐转化膜技术

钨酸盐在酸性条件下具有氧化性，是一种缓蚀剂，钨酸根被还原后生成钨的化合物，其缓蚀作用属于阳极抑制型缓蚀机理，对镁合金基体起到保护作用。硅酸盐也是一种对环境友好的缓蚀剂。硅酸盐-钨酸盐转化膜反应过程中，可观察到金属试片周围的溶液变成蓝色，并有气泡析出，这表明发生了氢气的析出和钨酸根离子的还原。硅酸盐-钨酸盐转化膜是非晶态结构，主要成分为钨的化合物，镁、铝及锰的氧化物。形成的转化膜提高了金属的耐蚀性。SEM照片显示膜层的微观结构呈现干涸河床状龟裂纹，这种微观形态有利于提高转化膜与涂层的附着力。钨酸盐可提高膜层性能，但要控制钨酸盐的量，否则过多的钨酸盐反而会影响膜层对基体的保护。

还有其它种类的盐类转化膜，可参见第8章钝化与着色。

第 **4** 章

化学氧化处理

4.1 钢铁的化学氧化处理

钢铁在水溶液中的氧化，分为高温氧化与常温氧化。

4.1.1 钢铁高温氧化法

高温发蓝是将钢铁浸入浓苛性钠溶液中，在大于 100℃ 的高温下氧化处理，氧化膜的主要成分是磁性氧化铁（Fe_3O_4）。其实膜层颜色并非都是蓝黑色，它取决于钢材成分、表面状态和氧化工艺规范。一般钢铁呈黑色和蓝黑色；铸钢和含硅较高的钢呈黑褐色。氧化膜厚度在 $1.5\mu m$ 以内，耐腐蚀性不够理想，但膜的耐磨性能好于磷化膜，故氧化浸油后常用于耐腐蚀要求不高的机器内部零件。若对耐磨和耐腐蚀要求都较高，则选择 QPQ，见第 7 章。

4.1.1.1 基本原理

高温发蓝的机理相当复杂，目前尚无定论，有化学反应和电化学反应两种假说。

（1）化学成膜假说

钢铁表面在热碱溶液和氧化剂作用下生成亚铁酸钠：

$$3Fe+5NaOH+NaNO_2 \longrightarrow 3Na_2FeO_2+H_2O+NH_3\uparrow$$

亚铁酸钠进一步与溶液中的氧化剂反应生成铁酸钠：

$$6Na_2FeO_2+NaNO_2+5H_2O \longrightarrow 3Na_2Fe_2O_4+7NaOH+NH_3\uparrow$$

Na_2FeO_2 和 $Na_2Fe_2O_4$ 在浓碱中有较大的溶解度，但当两者混合在一起时会互相作用生成四氧化三铁：

$$Na_2Fe_2O_4+Na_2FeO_2+2H_2O \longrightarrow Fe_3O_4+4NaOH$$

四氧化三铁在溶液中溶解度小，当浓度达到饱和时结晶，先形成晶核再长大，最终连成一片完整的膜。当钢铁表面被氧化膜完全覆盖后，溶液与基体被隔开，铁的溶解和氧化膜的形成都随之降低。在形成四氧化三铁的同时，铁酸钠容易发生水解变成氢氧化铁，称为红色挂灰，部分存在于溶液中，部分黏附于零件上不易洗脱，影响外观质量。

（2）电化学成膜假说

钢铁氧化是一个电化学过程，即在微阳极区发生铁的溶解反应 $Fe-2e^- \longrightarrow Fe^{2+}$，在有氧化剂存在下的强碱溶液中生成铁酸：

$$2Fe^{2+}+4OH^-+1/2O_2 \longrightarrow 2FeOOH+H_2O$$

在微阴极上 FeOOH 被还原：

$$FeOOH+e^- \longrightarrow HFeO_2^-$$

$FeOOH$ 和 $HFeO_2^-$ 发生中和及脱水反应生成 Fe_3O_4：

$$2FeOOH + HFeO_2^- \longrightarrow Fe_3O_4 + OH^- + H_2O$$

但并不排除部分 $Fe(OH)_2$ 在微阴极上氧化的可能性：

$$3Fe(OH)_2 + [O] \longrightarrow Fe_3O_4 + 3H_2O$$

钢铁的氧化速度与化学成分和金相组织有关，通常含碳量高的氧化速度快，氧化温度可低一点，时间可缩短，低碳钢则相反。为获得较高的耐蚀性和无红色挂灰的氧化膜，可采用两槽法，一些厂家也采用三槽氧化工艺。第一槽主要形成晶种，进而形成致密氧化膜，易于氧化的物质首先在第一槽中氧化，然后在第二槽中加厚，氧化相对难于氧化的物质。

4.1.1.2　工艺规范

高温氧化工艺规范如表 4-1 所示。

表 4-1　高温氧化工艺规范

工艺条件	质量浓度 ρ_B/(g/L)							
	配方 1	配方 2	配方 3	配方 4	配方 5		配方 6	
					第一槽	第二槽	第一槽	第二槽
NaOH	550~650	600~700	600~700	650~700	550~650	700~840	550~650	770~850
$NaNO_2$	150~200	200~250	180~220	200~220	100~150	150~200	70~100	100~150
$NaNO_3$			50~70	50~70				
重铬酸钾		25~35						
MnO_2				20~25				
温度/℃	135~145	130~135	138~155	135~155	130~135	140~150	130~135	140~152
时间/min	40~120	15	30~60	20~60	15	45~60	15~20	45~60
工艺特点	单槽氧化只能获得较薄和保护性较低的膜，易形成红色挂灰				双槽氧化可获得较厚且防护性较高的膜，可避免挂灰的形成。第一槽到第二槽中间不必清洗			

在生产中，还常在 NaOH 和 $NaNO_2$ 的槽液中加入 2g/L 左右的亚铁氰化钾以消除红色挂灰，亚铁氰化钾在槽液配制时加入，或者当膜层质量较差时，加入 0.5g/L 甘油消除故障。

在浸油槽中可加入油溶性缓释剂，以增强膜层耐腐蚀能力。

4.1.1.3　溶液的配制

在氧化槽内先加入总体积 2/3 的水，将计算量的苛性钠在搅拌下慢慢加入槽内，这是剧烈放热反应，要防止溅出。待其溶解后，在搅拌下加入亚硝酸钠或硝酸钠。全部溶解后稀释至总体积搅匀。新配的溶液要进行"铁屑处理"，或加入 20% 以下的旧溶液，使溶液中含有一定量的铁，否则对氧化膜的附着力和均匀性将产生不良影响。

4.1.1.4　工艺流程

碱性化学除油→热水洗→冷水洗→酸洗→冷水洗两次→氧化处理→回收→温水洗→冷水洗→浸肥皂水或重铬酸钾溶液填充→干燥→浸油。

4.1.1.5　成分和工艺条件的影响

① NaOH。NaOH 含量影响钢铁的氧化速度，高碳钢氧化速度快，可采用较低的浓度 550~650g/L；而低碳钢或合金氧化速度慢，故采用较高浓度 600~700g/L。当 NaOH 浓度较高时氧化膜较厚，但膜层疏松多孔易出现红色挂灰，若 NaOH 超过 1100g/L，则磁性氧

化铁被溶解而不能成膜；NaOH 浓度太低则氧化膜薄且表面发花，保护性能差。

溶液的沸腾温度与溶液中各组分的浓度密切相关，其中因 NaOH 的含量最多，故它对沸腾温度起主导作用（如表 4-2 所示）。测定氧化溶液沸腾时的温度。若温度在工艺规程内，说明 NaOH 含量适当；若温度低，说明 NaOH 不足，按温度升高 1℃加入 NaOH 10～15g/L 添加。若温度高于工艺规程，说明 NaOH 过多，应进行稀释，工件放入槽中 1～3min 后取出观察初生氧化膜颜色。若工件表面转为蓝色，或水洗后呈灰黑色，说明溶液正常；若工件表面呈深黑色，说明溶液浓度太高；若工件表面无色，说明溶液浓度太低，应补加物料。

表 4-2　NaOH 的含量与溶液沸腾关系

NaOH/(g/L)	400	500	600	700	800	900	1000	1100
沸点/℃	117.5	125	131	136.5	142	147	152	157

② 氧化剂。提高氧化剂的浓度可加快氧化速度，获得的膜层致密牢固；当氧化剂不足时氧化膜厚而疏松。通常采用亚硝酸钠作氧化剂，所获得的膜呈蓝黑色，光泽较好。

③ 铁离子。氧化液中需要含一定量的铁离子以获得致密且结合力好的膜层，一般控制在 0.5～2g/L 之间。当铁含量过高时会影响氧化速度且出现红色挂灰。

④ 氧化温度、时间与钢铁含碳量的关系见表 4-3。钢铁含碳量不同氧化速度也不同，含碳高者易氧化，故所需温度较低、时间较短，反之亦然。

表 4-3　氧化温度、时间与含碳量的关系

钢铁含碳量 $w/\%$	氧化液温度/℃	氧化时间/min
0.7 以上	135～138	15～20
0.4～0.7	138～142	20～24
0.1～0.4	140～145	35～60
合金钢	140～145	50～60
高速钢	135～138	30～40

⑤ 钢铁件氧化膜的颜色因材质的不同而各异。一般含硫量高的工件易氧化，可采用较低氧化温度。但合金钢不易氧化，其氧化时间需延长且颜色为棕褐色。氧化膜颜色的控制，除了材质的影响外，主要依靠氢氧化钠和亚硝酸含量来调节；其次是控制铁的含量。若氢氧化钠和亚硝酸的含量比例处于正常状况，而氧化膜上红色挂灰很多，膜色不黑，原因是含铁太多，应捞出氧化溶液中的红色悬浮物，并稀释氧化液，以降低铁含量，并补充其它成分至正常范围即可。氢氧化钠和亚硝酸含量的控制，除了通过化学分析外，可通过观察氧化液颜色来确定。当含量配比正常时，在工作温度时，液面上有一层青灰色薄膜，膜上有很多白色或灰色的气泡。若膜较厚，说明溶液中氢氧化钠含量较高。当液面无膜时，可用铁勺取出部分溶液，会明显看出溶液很稠，说明 NaOH 太多，应加水稀释，并补加 $NaNO_2$，否则膜的颜色变红，甚至溶解，使氧化困难。若膜很薄，说明溶液成分含量不足，浓度太稀，应补加物料。若膜为紫红色，说明 $NaNO_2$ 太多，应补加 NaOH。

4.1.1.6　操作注意事项

① 红色挂灰。红色挂灰是三氧化二铁，可在氧化液中加入少量亚铁氰化钾，使其与溶液中铁盐反应，避免其干扰，防止红色挂灰产生；也可氧化后在氰化钠溶液中漂一下，使红色挂灰消失，工件经充分冲洗后即可转入后处理工序；或者氧化 5～10min 后取出工件，用

自来水猛冲。要加强溶液维护，在氧化后溶液尚未冷却之前清除槽底沉淀物。

② 工件串扎。用铁丝而不用铜丝，串扎时避免兜水、窝气等，大面积件还要避免相互贴合。精加工件与有氧化皮的工件要分别串扎。高碳钢与低碳钢、合金钢分别串扎。批量较大的标准件、小零件等均可放在铁丝编织的篮筐内进行，但要不断在液面下轻轻抖动。氧化用的挂钩、篮子等，都必须用铁质的，切忌用铜或铝质的，否则将很快被腐蚀坏。

③ 严格进行前处理，前处理最好采用喷砂。酸洗时，有盲孔、螺纹等的复杂件，应防止残渣沉积在盲孔、螺纹中，使氧化时无法成膜。工件前处理后，不要停放时间太长，氧化前，还需用 20% 的硫酸去除自然生成的氧化膜，以增强经氧化处理生成的氧化膜的附着力。

④ 观察氧化溶液沸腾时（130℃）显得不特别稠，即说明溶液成分含量较适当；通常高碳钢氧化时间不少于 30min，低碳钢不少于 60min，不宜见黑即停，会影响防护性能。氧化过程中，取出工件观察氧化情况后，应进行清洗并滴尽水后，再放入槽中氧化．

⑤ 氧化膜颜色有黑蓝色或棕褐色。氧化后期可从剧烈沸腾改为缓和的沸腾，减少溶液分解。溶解 NaOH 时将大块弄成小块，装于铁丝筐内溶解，溶解后再加热。热溶液要添加热水，或在冷溶液时加冷水。油槽准备盖子，着火时盖上。氧化温度高，蒸发快，补加水时用铁瓢将水沿槽壁慢慢加入，切忌直接倒入镀液中。若冷水突然加入，会致热浓碱液产生暴溅，引起安全事故。

⑥ 后处理。氧化水洗后达中性为佳，可用 pH 试纸检测。浸肥皂水温度不低于 90℃（3min）。配制肥皂水的水必须经过软化处理，以免产生絮状物。之后浸油，浸油前必须干燥处理，油温不低于 105℃，浸油至无水滴爆裂声为止。

4.1.1.7 故障及处理

高温氧化故障及处理方法如表 4-4 所示。

表 4-4 高温氧化故障及处理方法

故障现象	可能的原因及处理方法
氧化膜上附红色挂灰	①氧化钠含量太高,应适当稀释 ②温度过高 ③溶液中含铁太高,稀释溶液使其沸点降至120℃左右,部分铁盐水解成 Fe(OH)₃ 沉淀,倾泻法除去沉淀然后加热浓缩,使沸点上升至工艺条件,亦可加入甘油捞去浮渣
氧化膜发花,色泽不均	①氧化时间短 ②氢氧化钠不足,补充碱使溶液沸点升高 ③除油不净
氧化膜附着力差	亚硝酸盐等氧化剂不足
膜很薄甚至不成膜	①氧化温度低或时间短 ②溶液浓度低,补充各组分或蒸发水分,提高沸点
局部无膜或局部氧化膜脱落	①零件互相重叠,氧化时要经常抖动 ②氧化前除油不净
零件上有黄绿色挂霜	①氧化温度过高,补充水以降低沸点 ②亚硝酸钠含量高,稀释溶液
氧化膜上有白斑	①填充用的肥皂液水质硬 ②氧化后清洗不净,有碱附着
零件存放期间出现白色挂霜	氧化后清洗不彻底,有碱液残留

4.1.1.8 氧化后处理

为提高氧化膜的耐蚀性，钢铁氧化后要进行肥皂或重铬酸盐填充，然后清洗干燥，最后在 105～110℃机油、锭子油或变压器油中浸泡 5～10min，也可不经填充处理直接浸含 TS-1 脱水防锈油的机油（含 TS-1 脱水防锈油含量 w 为 5%～10%）。填充处理工艺如表 4-5 所示。

表 4-5 填充处理工艺

填充剂	质量分数 w/%	温度/℃	时间/min
肥皂液	3～5	80～90	3～5
重铬酸钾液	3～5	90～95	10～15
CrO_3	2	60～70	0.5～1
磷酸(85%)	1		

钢件氧化的封闭，近来已产生了高分子封闭剂，其分子大小与肥皂水解分子大小相当。

4.1.2 钢铁常温氧化法

（1）常温发黑基本原理

常温发黑剂是以亚硒酸盐和硫酸铜为基本成分，再辅以其它化学药品以改善成膜环境和提高成膜质量。在酸性条件下，钢铁零件与铜离子发生置换反应，析出的铜形成 Fe-Cu 电偶加速成膜：

$$Fe+Cu^{2+} \longrightarrow Cu \downarrow +Fe^{2+}$$

溶液中的 SeO_3^{2-} 与 Fe、Cu^{2+} 反应形成黑膜：

$$3Fe+Cu^{2+}+SeO_3^{2-}+6H^+ \longrightarrow CuSe(黑色) \downarrow +3Fe^{2+}+3H_2O$$

$$3Fe+SeO_3^{2-}+6H^+ \longrightarrow FeSe(黑色)+2Fe^{2+}+3H_2O$$

$$3Cu+2SeO_3^{2-}+6H^+ \longrightarrow 2CuSe(黑色)+Cu^{2+}+3H_2O$$

反应生成的 Fe^{2+} 进一步氧化成 Fe^{3+}，与 SeO_3^{2-} 反应生成黑色的 $Fe_2(SeO_3)_3 \downarrow$ 参与成膜。

在有磷酸盐和氧化剂存在下，还可能有 $FeHPO_4$ 和 $FePO_4$ 参与成膜，进一步提高了膜层的结合力和综合性能。

（2）工艺规范

常温发黑工艺规范如表 4-6 所示。

表 4-6 常温发黑工艺规范

工艺条件	质量浓度 ρ_B(除注明外)/(g/L)			
	配方 1	配方 2	配方 3	配方 4
$CuSO_4 \cdot 5H_2O$	2～4	1～3	10	硝酸铜 4～8
亚硒酸	3～5		10	3～6
磷酸	3～5			2～4
磷酸二氢钾	5～10			磷酸二氢锌 3～6
硝酸	3～5			
添加剂	2～4mL/L			丙烯酸酯乳液(固含量>65%) 4～10
有机酸		1～1.5		柠檬酸 8～15
十二烷基硅酸钠		0.1～0.15		

工艺条件	质量浓度 ρ_B（除注明外）/（g/L）			
	配方1	配方2	配方3	配方4
复合添加剂		10～15		
二氧化硒			20	
硝酸铵			5～10	
氨基磺酸酐			10～30	
聚氧乙烯醇醚			1	
pH值	1.5～2.5	2～3	2～3	2～3
温度	室温	室温	室温	游离酸度3～5,总酸度9～15
时间/min	3～10	4～20	3～5	

配方4能进行钢铁与铜的常温发黑,有报道还加入了对苯二酚2～4g/L。

（3）溶液的配制（以配方1为例）

在槽中注入总体积1/4的水,加入计算量的硝酸、磷酸和添加剂,注意搅拌均匀,然后分别加入亚硒酸、硫酸铜和磷酸二氢钾等,搅拌至全部溶解后,稀释至总体积,搅匀,调整pH值后即可使用。市售的钢铁发黑浓缩液按说明书进行稀释。

（4）常温发黑工艺流程

化学除油→热水洗→冷水洗→除锈酸蚀→冷水洗→中和（视需要）→冷水洗

　　　　　↗水洗→浸脱水油封闭 → 干燥

→常温发黑→水洗→热水烫干或肥皂水处理→浸热机油

　　　　↘水洗→ 热水烫干→浸清漆封闭

（5）成分作用及工艺条件的影响（以配方1为例）

① 硫酸铜和亚硒酸,是发黑的主剂。硫酸铜含量低则黑度不好,含量大于5g/L则铜置换速度过快,引起结合力不牢,以2～4g/L为宜。亚硒酸是氧化剂,小于1.5g/L仍呈红色,含量过高黑度虽好,但带出损失太大,以3～5g/L为宜。

② 磷酸和磷酸二氢钾。一是起缓冲pH值的作用,因使用中pH值呈上升趋势,它们可保持相对稳定;二是 PO_4^{3-} 的存在和 NO_3^-、SeO_3^{2-} 的去极化作用及氧化作用,有可能形成 $FeHPO_4$ 和 $FePO_4$ 等磷酸盐参与成膜,使氧化和磷化协同,增强了膜的结合力和抗蚀能力。

③ 硝酸。调节酸度和起氧化作用。

④ 添加剂。它是由络合剂和稳定剂复配的,选择一种以上对 Cu^{2+} 和 Fe^{2+} 起络合作用的物质如柠檬酸盐、酒石酸盐、葡萄糖酸盐、磺基水杨酸、氨基磺酸等。少量邻菲罗啉起稳定作用,防止大量淤渣的产生,淤渣是 $Fe(OH)_3$、Cu_2Se、Se、$Fe_2(SeO_3)_3$ 等。

⑤ 添加剂。表4-6配方2中复合添加剂是 Cu^{2+}、Fe^{2+}、Fe^{3+} 的络合剂复配而成的,主成分是羟基羧酸盐,主要作用是控制铜的置换速度,增强结合力,同时减少淤渣的生成。

⑥ pH值。控制发黑氧化还原条件和反应速度。pH值过低,氧化能力强,反应速度过快,膜层疏松,附着力不牢（铜置换过快）,抗蚀性能下降。酸度高,铁溶解多,淤渣也多。反应中pH值有上升趋势,当pH＞3时,反应速度慢,膜层不连续,外观不理想。当pH＞3时标志着溶液老化,需补加浓缩液调节pH值。pH值以2～2.5为宜。

⑦ 温度。原则上可在5～45℃下使用,但温度低于10℃时反应慢,黑度和均匀性均差,

此时溶液浓度可高一些；温度高于40℃反应速度过快，膜结合力不好。宜在15～35℃下使用。

⑧ 时间。根据溶液种类和使用温度而定，一般为4～8min，时间太短，膜不连续，黑度不足，时间过长，膜厚而疏松，结合力不好。

（6）操作和维护管理

① 前处理一定要彻底。油锈要处理干净，这是获得均匀发黑膜的关键。油除不净引起发黑膜发花，附着力不牢；锈不净亦难发黑均匀，膜黑度和耐蚀性差。除锈采用硫酸和盐酸混合酸，加缓蚀剂为好。但铸铁不宜用浓盐酸腐蚀，可用100～150g/L稀盐酸除锈。

② 发黑操作。发黑时抖动不能太勤，1min抖动一次；根据零件材料成分、发黑液新旧及使用温度控制发黑时间。一般新配槽液发黑时间为3～5min，随槽液成分消耗和pH值升高，发黑时间要相对延长。对于薄零件或板材发黑时不能重叠，必要时可采用刷涂。

③ 漂洗。发黑后零件要经清水反复漂洗干净，否则发黑膜耐蚀性下降。

④ 脱水封闭。发黑零件充分清洗后立即浸入防锈油中，它能排挤掉零件表面及渗入孔隙中的水分，使油浸润零件表面，起到封闭和防锈作用。浸脱水防锈油时零件一定要抖动几次，浸泡时间不小于2min。零件不能放在槽底，因底部是从零件上脱下来的水而不是油。不用脱水油时，可在3～5g/L的肥皂液中浸泡干燥后，浸热机油。对于要求高的装饰件发黑后用热水烫干后浸丙烯酸等清漆保护。

⑤ 溶液调整。当药效降低、溶液蓝绿色逐渐褪去，pH值上升至3左右，并有白色沉淀产生时说明溶液老化。将溶液滤去沉渣，往清液中加入其总体积15%的浓缩液，使pH值降至2～2.5时，即可恢复效能。

（7）故障及处理

常温发黑故障及处理方法如表4-7所示。

表4-7　常温发黑故障及处理方法

故障现象	可能产生的主要原因及处理方法
表面发花	①油脂污物、锈及氧化皮未除净 ②发黑后残留液未洗净 ③零件抖动太快或互相重叠或没有翻动
表面不上黑或局部不黑	①表面油污严重 ②溶液成分失调，需补充调整 ③零件重叠，要适时翻动
膜层疏松	①发黑时间太长 ②发黑溶液浓度高，适当稀释 ③溶液酸度高，用NaOH中和 ④铜置换快，添加剂不足
黑度差，色浅	①发黑时间短 ②发黑液酸度低，补加浓缩液 ③溶液成分失调，补充调整

（8）非硒酸盐常温发黑剂

以亚硒酸盐和铜盐为主的发黑液虽可获得与高温发蓝相媲美的发黑膜，但硒盐贵且有较大毒性。所以开发了不含亚硒酸盐的发黑液，这种发黑液在钢铁表面生成以Cu_2O为主的Cu_2O和CuO复合黑膜，参考配方为：$CuSO_4 \cdot 5H_2O$ 10g/L；葡萄糖酸钠5g/L；冰醋酸3mL/L；催化剂A 0.01～0.03g/L；聚胺类表面活性剂B 0.01～0.1g/L；pH 2～2.5；室温；1～3min。

4.1.3 不锈钢等难氧化材料的化学氧化处理

通常不锈钢与渗氮后零件难以用前面介绍的工艺进行氧化。渗氮后的零件可用高温熔融盐氧化，参见 QPQ 一章。

如果我们将表 4-1 中亚硝酸钠用氧化性更强的重铬酸钾替代，就能氧化 480℃以下回火的马氏体不锈钢。工艺条件为：硝酸钠若干、重铬酸钠若干、氢氧化钠若干，溶解于水中，在 115～125℃以下氧化 30～45min。

4.1.4 磷化-氧化复合处理

磷化膜层摩擦性能不理想，一般只用于涂漆底层，而钢件氧化膜则较薄，将磷化工艺与钢件氧化工艺结合起来，就能获得一种新型磷化-氧化复合膜。这种膜外观（包括电镜扫描）与钢件氧化膜无异，但膜层厚，摩擦性能好，既经久耐磨，又经长时间磨损，零件仍然耐腐蚀。即使膜被摩擦掉一些，防锈油仍然浸到剩余膜层中，大大提高了膜层的防腐蚀能力。

4.1.4.1 磷化-氧化复合膜工艺

工艺流程：去油→水洗→酸洗→水洗→中和→水洗→表调（胶体钛 6mg/L，PO_4^{3-} 400mg/L，硼砂 3.5g/L，3min，30～40℃）→磷化→水洗→钢件氧化→水洗→浸油。

前半部分磷化工艺参见磷化部分，后面钢件氧化则为一般钢件氧化工艺。若采用吹砂磷化工艺，则表调至以前的工序可不进行。

4.1.4.2 磷化-氧化复合膜耐腐蚀性能

这种膜层比较疏松，腐蚀可分为基体表面的腐蚀与膜本身的腐蚀。膜比较疏松，则腐蚀性气体如氧气、水蒸气等容易透过膜层，与基体发生腐蚀反应。基体的腐蚀反应与基体的腐蚀特性和膜的疏松程度密切相关。膜的腐蚀特性则与膜的氧化还原电位和膜的腐蚀电阻密切相关。膜的氧化还原电位即开路电位，当腐蚀反应发生时，开路电位须克服腐蚀电阻发生反应，表现为腐蚀电位与腐蚀电流，也就是通常 Tafel 曲线测定的腐蚀电位与腐蚀电流。

磷化-氧化复合膜与磷化膜相比，增大了开路电位；与钢件氧化膜相比，则增大了膜的腐蚀电阻，所以耐腐蚀性能更加优异。三种膜的 Tafel 曲线（扫描速度 0.001V/s）见图 4-1。几种膜的开路电位曲线对比见图 4-2。

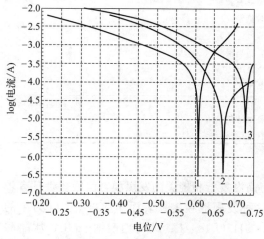

图 4-1 三种膜的 Tafel 曲线（扫描速度 0.001V/s）

1—磷化-钢件氧化膜；2—磷化膜；3—钢件氧化膜

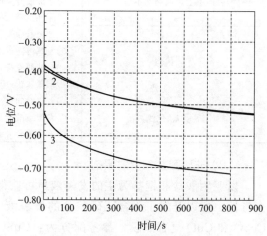

图 4-2 几种膜的开路电位曲线对比

1—磷化-钢件氧化膜；2—磷化膜；3—钢件氧化膜

4.2 铝及铝合金的化学氧化处理

4.2.1 铝及铝合金氧化的特性与分类

铝属两性金属,其表面与空气中的氧结合形成的氧化膜极薄,但自然生成的氧化膜不能作为有效的防护层。铝及铝合金必须采用氧化的方法生成一层氧化膜,以达到防护装饰的目的。有光泽要求的零件最好采用纯铝材料,氧化前抛光有利于提高膜的质量。

铝及铝合金的氧化处理可分为化学氧化和电化学氧化(俗称阳极氧化)两大类。铝阳极氧化膜耐蚀性能优于化学氧化膜,将在第5章详细叙述。化学氧化都有一定导电性,其中导电性较好的工艺称为化学导电氧化。铝及铝合金镀覆层的选择见表4-8。

表 4-8 铝及铝合金镀覆层的选择

目　的	镀　覆　层
大气条件防腐蚀	硫酸阳极氧化膜层+封闭
涂料底层	化学氧化膜层、铬酸阳极氧化膜层、硫酸阳极氧化膜层、硼硫酸阳极氧化膜层
装饰	瓷质阳极氧化膜层、硫酸阳极氧化膜层+着色
减少对基体疲劳性能的影响	化学氧化膜层、铬酸阳极氧化膜层、硼酸+硫酸体系阳极氧化膜层
耐磨	硬质阳极氧化膜层、硬铬镀层、化学镀镍层
识别标志	硫酸阳极氧化膜层+着色
绝缘	绝缘阳极氧化膜层、硬质阳极氧化膜层
胶接	磷酸阳极氧化膜层、铬酸阳极氧化膜层
导电	铜镀层、化学氧化膜层,导电氧化后涂石墨烯填料导电涂料,导电氧化后进行其它导电膜如聚苯胺等处理
钎焊	化学镀镍层、铜镀层
消光	喷砂-阳极氧化膜层
电磁屏蔽	化学镀镍层

4.2.2 化学氧化

铝及铝合金的化学氧化处理,按其溶液的性质,可分为碱性溶液氧化处理和酸性溶液氧化处理两类。按其膜的性质则可分为氧化物膜层、磷酸盐膜层、铬酸盐膜层以及铬酸-磷酸盐膜层等。化学氧化能满足一些特殊要求。

4.2.2.1 基本原理

铝及铝合金的化学氧化是指在一定的温度下,使清洁的铝表面与氧化溶液通过化学作用,形成一层致密氧化膜的方法。可在含有氧化剂的弱酸性或弱碱性溶液中进行。在弱碱性溶液中 Al^{3+} 与溶液中的 OH^- 形成可溶性的 $Al(OH)_3$,而后转化为难溶的 $\gamma\text{-}Al_2O_3 \cdot H_2O$ 附着在铝及铝合金的表面;在含有磷酸、铬酸和氟化物的弱酸性溶液中,Al 与 H_3PO_4、$Cr_2O_7^{2-}$ 反应生成 Al_2O_3 及 $AlPO_4 \cdot CrPO_4$ 薄膜。

由化学反应生成的膜厚达一定值($0.5 \sim 4\mu m$)时,由于膜无松孔,阻碍了溶液与基体金属的接触,使膜生长停止,为了保持一定的孔隙,使膜继续增厚,需向溶液中加入弱酸或弱碱,所以酸和碱是化学氧化成膜的主要成分。同时,为了抑制酸和碱对膜的过度溶解腐蚀,还应向溶液中加入氧化剂铬酐或铬酸盐,使膜的生长和溶解保持一定的平衡,以达到较厚的膜层(碱性溶液中厚度可达 $2 \sim 3\mu m$;酸性溶液中厚度可达 $3 \sim 4\mu m$。

4.2.2.2 工艺规范

工艺规范见表4-9。

表4-9　铝及铝合金的化学氧化工艺规范

质量浓度 ρ_B（除注明外）/(g/L)及工艺条件			适用范围	备　注
配方1	磷酸	50～60mL/L	各种铝合金	氧化膜颜色为无色到带红绿的浅蓝色。厚度约为 3～4μm，膜层致密，抗蚀性较高，氧化后零件尺寸无变化
	铬酐	20～25		
	NH_4HF_2	3～3.5		
	磷酸氢二铵	2～2.5		
	硼酸	1～1.2		
	温度/℃	30～36		
	时间/min	3～6		
配方2	Na_2CO_3	50	纯铝、铝镁合金	氧化后工件即清洗干净→钝化：铬酸（20g/L），室温，5～15s→清洗→干燥→呈金黄色，厚0.5～1μm
	Na_2CrO_4	15		
	氢氧化钠	2～2.5		
	温度/℃	80～100		
	时间/min	5～8		
配方3	Na_2CO_3	60		钝化后呈金黄色，多孔，作涂料底层好，适合于纯铝、铝镁、铝硅、铝锰合金
	Na_2CrO_4	20		
	磷酸氢二钠	2		
配方4	铬酐	4	阳极氧化的较大部件或组合件，及无涂装的零件	孔少，抗蚀性好，无色至深棕色，膜薄
	重铬酸钠	3～3.5		
	氟化钠	0.8		
	温度/℃	室温		
	时间/min	3		
配方5	CrO_3	4～6	导电性能有较高要求的铝制电气工件	氧化膜为彩虹色，膜薄，导电性能良好
	铁氰化钾$[K_3Fe(CN)_6]$	0.5		
	氟化钠	1		
	温度/℃	室温		
	时间/s	25～60		
配方6	CrO_3	4～6	航空、电气和各种机械制造业，及日用品生产等方面	膜层无色透明，具有良好的导电和抗蚀性能，与有机涂层有良好的结合力
	$Na_2Cr_2O_7$	3～4		
	NaF	0.8		
	pH	1.5		
	温度/℃	20～30		
	时间/min	3～5		
配方7	Na_2CO_3	40～60	纯铝、铝镁合金、铝锰合金和铝硅合金氧化	膜层经钝化后为金黄色，膜软，厚0.5～4μm，多孔，抗蚀性较差，可作喷漆底层
	$Na_2CrO_4 \cdot 4H_2O$	10～20		
	Na_3PO_4	2		
	温度/℃	95～100		
	时间/min	8～10		
配方8	磷酸	45	氧化后需要变形的铝和铝合金制件	膜层较薄，韧性好，抗蚀能力较强
	铬酐	6		
	氟化钠	3		
	温度/℃	15～35		
	时间/min	10～15		

质量浓度 ρ_B（除注明外）/(g/L)及工艺条件			适用范围	备　注
配方9	磷酸 铬酐 氟化钠 硼酸 温度 时间/s	22 2～4 5 2 室温 15～60	变形的铝制电气零件	此法又名化学导电氧化，氧化膜无色透明，膜层薄，约为 0.3～0.5μm，导电性良好
配方10	钼酸铵 氯化铵 温度/℃ 时间/min	10～20 15 90～100 1～5	装饰	膜层为钼的氧化物，外观呈黑色，表面涂罩光漆可作装饰用
配方11	铬酐 硅酸钠	5 5	涂料底层	膜厚度小于1μm
配方12	锰酸盐 锆盐 pH 温度/℃ 时间/s	5 0.05 1.5 65 60		后处理为常温氟化镍＋沸水处理，具有金黄色外观
配方13	铬酐 磷酸 氟化钠 醋酸镍 pH 时间/min	10～15 40～70 4～8 4～8 1.4～2.0 8～12		

此外，还有硅烷化处理。

4.2.2.3　工艺流程

铝制件→机械抛光→化学除油→清洗→弱腐蚀（碱）→流动温水→清洗→出光（酸洗）→清洗→纯水洗→化学氧化→清洗→热水洗→压缩空气吹干→（上有机保护层）→烘干→成品检验。

生产前用有机溶剂或水基清洗剂去除零件表面的残余油脂、标记、贴保护纸的残胶或其它污染物。装挂用铝合金或塑料制的挂具，并注意在化学转化处理过程中避免产生气囊，尽量减少零件与挂具的接触面积及零件表面间的相互重叠。铝件碱蚀及稀硝酸清除挂灰的工艺参见第2章。

4.2.2.4　溶液配制

以表4-9中配方1为例。在槽中放入1/2体积的水，将计算量的铬酐、氟化氢铵放入槽中搅拌至完全溶解，磷酸氢二铵和硼酸分别用适量热水溶解后倒入槽中（亦可加热溶解），然后加入磷酸，稀释至总体积（各化学药品皆可用少量水分别溶解后再依序加入）。

4.2.2.5　成分和工艺条件的影响

① 磷酸。成膜的主要成分，一般不含磷酸则成膜困难。含量低于50g/L和高于80g/L时膜薄，抗腐蚀能力较低。

② 铬酐。作为氧化剂是促使形成氧化膜不可缺少的成分。若溶液中不含铬酐，则溶液的腐蚀性加强，很难成膜。铬酐达到7g/L时即能成膜，超过28g/L时，所成膜变坏。

③ 氟化氢铵。它是溶液中的活化剂，与磷酸、铬酐共同作用，能生成致密的膜。若含

量低于 1.5g/L，根本不能成膜；含量在 2.2g/L 时，才能形成带红色的薄膜；达到 3g/L 时所得膜抗腐蚀性最好。如果含量太高，成膜太快太厚，反而导致膜层疏松。

④ 硼酸。加入硼酸是为了控制氧化反应速度和改善膜层的外观，使膜层更为致密。

⑤ 磷酸氢二铵。起稳定溶液的作用，并进一步改善膜的质量。

⑥ 温度。当溶液工作正常时，温度是决定膜层质量的主要因素。低于 20℃ 膜薄且耐腐蚀性差，高于 40℃ 膜过厚且疏松，结合力差。最好在 30～35℃ 下进行。

⑦ 时间。要根据溶液的氧化能力和温度来确定氧化时间。若温度较高、溶液氧化能力较强时，可适当缩短氧化时间。

4.2.2.6　氧化膜的后处理

经化学氧化处理后的零件，为了提高耐蚀性，需进行填充或钝化处理。

① 填充。一般零件在表 4-9 中配方 1 溶液里氧化后的填充处理工艺规范为：$K_2Cr_2O_7$ 40～55g/L（30～60）；90～98（90～95）℃，10（5～10）min，pH 值 6～6.8，干燥温度≤70℃。括号内工艺适用于一般工艺。铆钉在 1 号液里氧化后的填充处理工艺规范为：H_3BO_3 20～30g/L；90～98℃；10～15min；干燥温度≤70℃。

② 钝化。一般零件在表 4-9 中配方 2、3、7 溶液里氧化后的钝化处理工艺（括号内工艺适用于一般工艺）：CrO_3 20g/L，温度 40～45℃，5～15min，干燥温度≤50℃；或 CrO_3 5g/L，温度 40～45℃，10～15s，干燥温度≤50℃。

作为涂装底层时则不进行封闭。合金元素含量不高的铝合金，转化处理后可以着色，而后用清漆或蜡封闭。

4.2.2.7　故障及处理

故障及处理方法如表 4-10 所示。

表 4-10　故障及处理方法

故障现象	原　　因	处理方法
由 LF2、LF21 等材料制成的铝制件，氧化后有亮点或长条纹，不易生成氧化膜	①表面沾污 ②长条纹是合金表面不均匀	①清理去污 ②用细砂纸打磨后重新氧化
没有氧化膜或氧化膜薄	①表面前处理不好 ②硼酸含量过高	①加强前处理 ②调到工艺规范要求
膜层疏松	①氟化物含量过高 ②硼酸含量过低 ③磷酸含量过高	①调低到工艺要求 ②调到工艺要求 ③调到工艺要求
合金铝铸件表面有挂灰	出光不彻底	用硝酸加氢氟酸进行表面出光

4.2.3　铝化学导电膜氧化

通常铝件化学氧化膜导电性远远好于阳极氧化膜，实际上许多金属的铬酸盐化学转化膜都具有导电性。一些金属铬酸盐膜的电阻率见表 4-11。与相同负荷下铝件阳极氧化膜相比，电阻率可有 5 个数量级以上的差距。化学氧化中导电性较好的工艺就是导电氧化工艺。计算机、雷达、电台机箱等产品都需专门导电氧化工艺处理。

4.2.3.1　工艺过程

化学除油（可采用碱性化学除油）→60～70℃ 热水清洗→冷水清洗→出光→水洗→导电膜氧化→水洗→热水洗→烘干。当处理有盲孔零件时，要注意各道工序的清洗。

表 4-11 一些金属铬酸盐膜的电阻率

基底金属	膜的种类	电阻率/$(\mu\Omega/cm^2)$	基底金属	膜的种类	电阻率/$(\mu\Omega/cm^2)$
电镀锌	无膜	3～8	电镀镉	黄色膜	15～150
电镀锌	透明膜	8～15	电镀镉	黄褐色膜	150～300
电镀锌	黄色膜	15～150	铝	无膜洁净表面	30～125
电镀锌	黄褐色膜	150～300	铝	黄色膜	140～300
电镀镉	透明膜	11～20			

注：接触负荷为 0.7MPa。

前处理工艺参见第 2 章。有的工序在烘干后涂保护膜或涂装，涂层应具有导电性。氧化后水洗及吹干要迅速。

① 首先检查零件表面质量应符合设计规定。点焊组合件应无焊点发黑的现象，板料应无砂纸打磨破坏包铝层的情况。油污不太严重的可在溶剂中短时间浸泡；油污严重的应采用棉纱蘸溶剂揩擦，或用鬃刷刷洗。零件装挂时用铝丝、钛材、尼龙或 PVC 等制成的挂具。对于形状复杂的零件，应注意其凹部尽量向上，以避免形成气袋；夹具与零件接点应尽量小，防止出现大的夹具印。在处理过程中，可利用改变装夹点的方式尽量减少夹具印或使夹具印完全消失。较大工件装挂时，不能重叠；用塑料篮（网）盛小工件氧化过程中，应适当翻动工件，避免接触面无氧化膜。绑扎用的材料宜选用铝线，禁用铜线和镀锌铁线，但可用退去锌层的铁线。稍大件的单件应尽可能绑在离零件边缘最近的孔眼中，以减少对工件表面的影响。不同材质的工件不宜绑于同一串，因不同成分（牌号）的铝材氧化处理时间有区别。

有防水密闭要求的零件，为防止处理液渗入微孔或细缝，可先用渗透型低黏度厌氧胶进行封堵，固化充分后，将表面残胶清理干净，再转入表面氧化处理。

② 碱性化学除油后用 35～60℃ 热水清洗，以利于洗净工件表面的碱性物质；在碱性除油时，应控制好浓度、液温和除油时间。否则，铝容易被"煮毛"而报废。

精细加工零件虽然表面的自然氧化膜刚生成，较易清除，但油腻重（因机加工过程中润滑需要而添加润滑油或乳化液），必须先经有机溶剂清洗，若直接用碱洗不但油腻重难以除净，而且由于精细加工件承受不了长时间的强碱腐蚀，会影响到工件表面的粗糙程度和公差精度，严重时可能导致零件成为废品。有机溶剂除油后应晾干，让有机溶剂挥发。

工件经前处理后要立即转入氧化工序，以防工件在大气中搁置太久而又生成自然氧化膜，进而影响后续导电氧化层的质量。泡在清水中优于暴露在大气中，但不宜浸泡过久。

③ 老化。氧化膜形成之初与尚未干燥时呈无定形状态和凝胶状，其硬度甚低，并具有吸附能力；干燥后，膜层变硬且难以润湿。同时，对铝来说，膜层经过 50℃ 处理后，膜层中可溶解部分的铬化合物转化为难溶的铬化合物，使膜层坚固。随着温度升高，膜层会出现少量裂纹，对抗蚀性和导电性都不利。因此，浸热水或烘干时温度都不宜超过 50℃。

氧化后的水洗应迅速，一般在 5～10s 之间，以防止湿态膜水解和六价铬溶解；然后在 40～50℃ 热水（去离子水）中浸 3～5min，再用冷风（压缩空气）吹干或晾干（夏季时日光下暴晒），可以不烘干。或者清洗后迅速用压缩空气吹干，并在烘箱内 40～50℃，烘 10～15min。否则，成膜不完全，抗蚀性降低。进入烘箱前，必须将滞留的水分设法除去（盲孔中的水分可用注射器吸出）。氧化零件晾干时让工件表面的滞留水以垂直方向向下流，流至下端角边的水珠用毛巾吸去，按此法晾干的膜层色彩不受影响，显得自然。

化学导电氧化膜随脱水时效而变硬，所以，氧化处理后24h内不要任意触摸，测试也宜在24h后进行。化学导电氧化膜上喷漆应在氧化处理24h内进行，效果最佳。

4.2.3.2 氧化工艺

化学导电氧化工艺规范如表4-12所示。配方1，氧化膜表面无色透明，膜层厚度较薄，约为$0.3\sim0.5\mu m$，导电性良好，主要用于变形的铝制电气零件。这是一类磷铬化的导电氧化，其彩虹色导电氧化工艺为：磷酸$10\sim20g/L$，铬酐$8g/L$，氟化钠$0.5g/L$，常温，$5\sim15min$。配方2，膜层厚约$0.5\mu m$，无色至彩虹色、深棕色，抗腐蚀性好，孔少。应用于不适用于阳极氧化的较大部件或组合件。配方3，氧化膜呈金黄色，耐腐蚀性铝合金焊接件的局部氧化。配方4，氧化膜呈金黄色，耐腐蚀性铝合金焊接件的局部氧化。配方5，彩虹色，膜薄，其导电性比配方2更好，适合于要求有一定导电性的零件，经化学导电氧化后，其膜层需进行后处理填充工艺。其后处理配方为：重铬酸钾$30\sim50g/L$（或重铬酸钠）（CP级）；$90\sim95℃$，$5\sim10min$。它通常用于喷漆工艺或电泳漆工艺的底层。配方6，膜为土黄色，仅提高氟化钠含量，降低铁氰化钾含量，氧化时间更短一些，外观呈土黄色，不再是彩虹色。配方7，颜色为彩虹色，主要用于要求导电的电气零件，膜外观均匀，干燥后无掉膜现象。主要适用于工业纯铝、铝锰、铝镁、铝硅（铸件），对于含铜量高的硬铝防护效果不理想。配方8，$60℃$烘干，化学导电氧化膜色泽鲜艳，防护与导电能力佳。配方9零件氧化水洗后用压缩空气吹干。

表 4-12　化学导电氧化工艺规范

工艺条件	质量浓度 ρ_B（除注明外）/(g/L)								
	配方1	配方2	配方3	配方4	配方5	配方6	配方7	配方8	配方9
铬酐	2~4	3.5~4	3.0~4.5	4.0	4.0~6	4.0	4.0~5.0	2	8~10
氟化钠	5	0.8~1	0.8~1.4	0.5~1.0	1.0	2.0	1.0~1.2	1	0.5~1
重铬酸钾			2.0~8.0	3.0~4.0					
重铬酸钠		3.0~3.5							
磷酸	22								10~20
硼酸	2								
铁氰化钾						0.3	0.5~0.7	0.5	
pH		1.5	1.5~2.0	1.5	0.5				
温度/℃	室温	30~40	30~35	45~55	20~40	30~35	25~35	35	室温
时间/min	0.8~1	2.0~3.0	3.0~3.5	3.0~15.0	0.5~1.0	0.4~0.5	0.5~1.0	50s	5~15

有些配方也加入缓蚀剂$0.5g/L$，铜、硅含量大的铝合金前处理，应当用硝酸浸亮或双酸出光，将灰除净。氧化后的热水洗与老化工序若使氧化膜开裂，可将其温度控制在$50\sim60℃$以下。

4.2.3.3 溶液配制

以表4-12中配方1为例。①先在槽内加入1/2体积的去离子水。②按工艺配方的顺序，在小容器内将药品溶解后倒入大槽中。氟化钠溶解较慢，可适当加热；硼酸也要用少量热水溶解后再倒入槽中；然后加入磷酸，稀释至总体积。③加足水量，搅拌均匀，然后进行试氧化，合格后投入生产。

4.2.3.4 成分和工艺条件的影响

① 铬酐、重铬酸钾和重铬酸钠。它们是氧化液的基本成分，氧化液中这些成分的含量与氧化质量有着非常密切的关系。铬酐、重铬酸钾和重铬酸钠属强氧化剂，能使铝合金制件表面生成氧化膜，并对氧化膜的厚度、色泽有直接影响。氧化剂含量高，则生成的氧化膜致密程度较差，因此，耐蚀性也较差。若氧化剂含量低，则氧化膜生成较困难，且色泽暗淡。

② 磷酸。磷酸是成膜剂。磷酸含量过低，膜薄，抗腐蚀性下降。含量过高时，膜层疏松，抗腐蚀性也下降。

③ 硼酸。可控制氧化反应速度和改善膜层的外观，使膜层更为致密。

④ NaF。NaF 是成膜反应的活化剂，成膜时铝先溶解下来，NaF 可使铝迅速溶解，加快反应速度。同时，活化剂浓度不可过大或过小，过大则溶解加快，生成的膜层呈粉末状，影响强度；过小会使成膜反应难以进行。通过试验发现，NaF 与三氧化铬的物质的量之比在 0.25～0.30 之间时有较好的成膜性，若其比值过大，则氧化膜附着性变差；若比值过小，则不能形成氧化膜。NaF 含量的高低除了可以通过分析判断外，还可以根据零件氧化时放出气泡的快慢和多少来判断，一般零件放入溶液中，10s 以内有气泡出现为正常。氟化钠的含量对氧化膜色泽影响较大，含量过高，氧化膜失去黄色；含量过低，上色较慢。

⑤ 铁氰化钾。铁氰化钾是加速剂，可显著加快铬酸盐膜的形成，因而可降低获得一定氧化膜厚度所需的处理时间和降低槽液温度。

⑥ 缓蚀剂。有时候可在氧化液中添加缓蚀剂，缓蚀剂含量也与 CrO_3 的含量有关，具有降低过度腐蚀、使反应均匀发生的作用，对 CrO_3 的强氧化作用具有一定的平衡效果，可提高膜层的致密度和牢度。若 CrO_3 为 4g/L，缓蚀剂含量在 0.5g/L 较为理想。不同的铝材，因材料反应速度不同而有所不同，可根据实际需要通过调整缓蚀剂含量调节成膜时间。缓蚀剂含量不可过高，否则成膜较慢，甚至不能生成金黄色氧化膜。

⑦ 温度。铬酸盐膜的硬度在很大程度上取决于它的形成条件，适当增加槽液温度有利于形成较硬的膜层，但膜层不太致密。液温高于 40℃时，成膜速度加快，氧化膜容易粉化，膜过厚而疏松。当液温低于 20℃时，成膜速度缓慢，所生成的膜色调偏淡，附着力差，膜薄且耐腐蚀性差。因此，液温最好控制在 30～35℃范围内。

⑧ 时间。要根据溶液氧化能力和温度来确定氧化时间。若温度较高，溶液氧化能力较强，氧化时间要适当缩短，反之则相对延长时间。同一型号铝材为获得表面基本一致的色泽，应在同一液温下处理同样时间。铝材纯度越高，所需的氧化处理时间越长。氧化处理时间不足，则生成的氧化膜过于浅淡；若铝材纯度低，则氧化时间应相应缩短，否则氧化膜显陈旧，甚至影响膜层的导电性能。若氧化时间短，则膜层薄而光滑；若氧化时间过长，则膜层粗糙、疏松。

氧化时要注意溶液的性能、成分、温度、时间的合理控制，其中任一因素波动都能引起膜层质量不稳。可先做小样，根据膜层颜色确定具体时间，以达到批次间颜色一致的效果。

⑨ pH 值。应经常检测，调整在工艺范围内。

⑩ 搅拌。搅拌可加速溶液对流，有利于提高反应速度、缩短反应时间、提高膜层颜色的均匀度，但过度搅拌会使膜层反应过速，生成的氧化膜呈粉状膜。因此，要根据工件大小、溶液状况、铝合金材料等选择搅拌强度。

为了获得均匀的氧化膜色彩，小件氧化时可在溶液中多晃动。大件可搅拌溶液或静处理（不搅拌溶液、不晃动工件），以防工件的边缘部位与溶液的交换机会比工件的中心部位多而导致氧化膜色彩不均。

⑪ 铝合金的成分。铝合金的成分或热处理状态不同，其表面特性也不同，因此相同处理工艺也可能得到不同的结果。如含铜、硅、镁等较多的合金成膜反应速度比较快，颜色会偏深，且膜层外观质量不如纯铝所获得的金黄色膜。

4.2.3.5 溶液的维护

① 经常清洁液面，不允许有油污及机械杂质漂浮。

② 溶液应定期过滤，以清除固体杂质和氧化过程中产生的黑色沉渣。

③ 防止其它溶液带入氧化液中。

④ 根据零件处理量定期分析溶液，并按分析结果调整溶液。

⑤ 新配氧化溶液使用一段时间后，氧化效果会更稳定。当氧化液氧化效果不好时，可以通过事先按比例配制好的浓缩液来补加有效成分。

⑥ 在新配氧化液时，最好加入 20% 旧液。这样，氧化液的稳定性会更好一些。Al^{3+} 浓度高时，氧化液不稳定，只有 Al^{3+} 浓度在一定范围内时，才有较好的氧化效果，其所得转化膜色泽鲜艳，厚度适中。

⑦ 对于磷酸铬酸盐氧化体系而言，随使用时间延长，磷酸铬酸盐膜会出现淡绿色甚至彩色，需要调整。当 Al^{3+} 累积过高时，会影响成膜。此时，可弃去部分溶液，补加 H_3PO_4、CrO_3 等成分。H_3PO_4 及 NaF 含量过高，都会使膜疏松，甚至难以成膜。

4.2.3.6 故障及处理

① 由 LF1、LF2 制成的铝零件，氧化后有亮点或长条纹，或不生成氧化膜。故障原因：零件表面油污未除净；长条纹是由于合金表面不均匀。

处理方法：加强前处理；用细砂纸打磨后再氧化。

② 无氧化膜或膜太薄。故障原因：可能是前处理不良或者硼酸含量过高。

处理方法：加强前处理；稀释氧化液使硼酸含量在工艺范围内。

③ 膜层疏松。故障原因：a. 氟化钠含量过高；b. 硼酸含量低；c. 磷酸含量高；d. pH 值未在工艺范围内；e. 铝材质有问题；f. 氧化液组分比例失调；g. 溶液温度太低；h. 氧化时间过长。

处理方法：a. 分析调整氟化钠含量；b. 分析调整硼酸含量；c. 分析调整磷酸含量；d. 调整 pH 值；e. 选用优质铝材；f. 调整氧化液组分比例；g. 调整液温；h. 控制氧化时间。

④ 氧化膜导电不理想。故障原因：氧化时间过长，氧化膜过厚。按工艺要求的 30~60s 操作时，所获得的氧化膜呈彩虹色，膜层导电性良好，基本上测不到电阻；若氧化时间过长，膜层厚度增加，不但会影响膜层的导电性能，膜层还会呈土黄色，显得陈旧。

处理方法：严格控制操作时间。

⑤ 氧化膜附着力差。故障原因：a. 氧化膜过厚；b. 氧化液浓度过高；c. 氧化液温度过高；d. 氧化膜未经老化处理。

处理方法：对影响氧化膜附着力的相应因素进行调整，以获得满意的效果。

⑥ 零件的孔眼及其周围较难形成氧化膜。故障原因：a. 工件碱洗后冲洗不彻底。碱洗时进入孔眼内的碱液如未能冲洗干净，氧化处理后会从孔眼中流出来，致使孔眼周围的氧化膜遭到腐蚀。b. 工件的孔眼周围有黄油。在铝件攻螺孔时，操作者常通过涂黄油来提高润滑性，碱洗时如果碱液中缺乏乳化剂，黄油是很难除净的。

处理方法：a. 在碱洗之前先用汽油洗刷一遍，碱洗液中应添有乳化剂；b. 工件碱洗后应冲洗干净。

⑦ 膜层花斑。故障原因：前处理不好。处理方法：加强前处理。

⑧ 工件的部分表面不易生成氧化膜。故障原因：这一现象多出现于平面件。a. 轧制板材表面常有致密焦糊物，碱洗时未能清除干净；b. 工件碱洗后在硝酸中漂洗不彻底，工件局部表面仍呈碱性，在空气中会很快形成一层很薄的自然氧化膜，由于导电氧化溶液酸性弱，氧化时不能使该膜退去，故导电氧化膜也不可能在此处形成，故工件碱洗后一定要在硝酸中充分漂洗，并尽可能当时清洗，当时氧化处理，防止工件在工序之间被自然氧化而影响导电氧化膜质量；c. 碱洗液中积有过多的铝离子，溶液的黏度变大，很难从工件表面洗脱下来，阻隔了铝基材表面与氧化溶液的亲和力，结果氧化后常出现黄白相间的条纹状（显现黄色部位表面由于阻隔物被洗去而获得了氧化膜，白色部位因表面有氢氧化铝阻隔物的存在而未能形成氧化膜）。

处理方法：a. 铝件碱洗前用细砂纸打磨去除焦糊物；b. 铝件清洗后在硝酸溶液中充分漂洗；c. 更换碱洗溶液。

⑨ 氧化件的盲孔及其周围出现深黄色斑点。故障原因：氧化后在清水中冲洗不彻底，干燥过程中孔眼内的残留溶液外流。

处理方法：工件经氧化后必须加强冲洗，甩尽残液，必要时可以用医用注射器来吸取上面的残液。

⑩ 氧化膜表面出现深浅不一的花斑。故障原因：包铝件加工时部分包铝件层切削掉，外层包铝属优质铝，被包内层是杂铝，两种材质差异较大，故氧化后出现"白癜风"似的斑点。

处理方法：更换铝材。

⑪ 大面积件氧化膜出现接点影印。故障原因：铝件面积大，采取了分段氧化处理。

处理方法：进行整体处理。取一块塑料布铺在地上，根据氧化件的外沿尺寸，用木条或砖块围成一个池子，池子高度100mm左右即可，一般平板件都可以在池内直接操作；遇有立体形状件，若池的高度不够，也可采取在池内分面处理，即前后、上下、左右依次在溶液中处理，这样做能获得与在大槽内氧化同样的效果。

⑫ 氧化膜表面色彩不均匀。故障原因：铝件面积大，在氧化槽内摆动过大，边沿和中心部位与溶液的接触、更新、对流有很大的区别，从而导致氧化膜色彩不一。

处理方法：氧化时工件摆动幅度要小，静处理也可以，但当溶液温度过低时容易出现地图状花斑，显得不自然。

⑬ 氧化件绑扎处出现灰色影印。故障原因：用镀锌铁丝绑扎氧化件。

处理方法：铁丝使用前必须先退出锌层。

⑭ 合金铝铸件有灰色，氧化质量差。故障原因：前处理中出光不好。

处理方法：用 φ（硝酸：氢氟酸）＝3：1 混合出光后再氧化。

4.2.3.7　涂导电漆

铝件导电氧化后中性盐雾试验在1000h左右会出现粉状腐蚀，在海洋环境等严重腐蚀环境下，可在导电氧化膜上涂导电漆，这种导电漆可以石墨烯为填料，或专门的有机导电膜处理。

4.2.3.8　不合格零件的退膜

工件经化学导电氧化和流动水清洗后，应立即检查质量，对有缺陷的工件可在碱蚀槽中退除，出光后重新氧化。对于有尺寸精度要求的，可在下列溶液中退除：

CrO_3 12～20g/L；H_3PO_4（$w=85\%$）35～40mL/L；温度 70～90℃；除净为止。

不合格导电化学氧化膜件宜在干燥老化工序之前先挑出来。因干燥老化后，膜层较难退除并会影响工件表面的粗糙度。对于膜层形成时间超过 3h 或经烘干过的膜层，可先在碱性化学除油槽中浸泡 100min 左右，再于 1＋1 硝酸中退除。

对已老化后处理过的不合格膜层，在退除时应不影响工件表面的质量。首先，将不合格的工件夹在铝阳极氧化用的夹具上，然后按铝件在硫酸溶液中阳极氧化的方法进行阳极处理 2～3min，待膜层松软、脱落，再经碱液稍加清洗及出光后，即可重新进行导电氧化。也可用吹砂或碱蚀方法去膜后重新氧化。

4.2.3.9 同一零件上两种氧化膜工艺

同一零件在不同部位分别采用导电氧化膜和阳极氧化膜的工艺如下：去油→腐蚀→热水洗→水洗→硝酸浸亮→水洗→阳极氧化→水洗→着黑色→水洗→干燥→老化→检验→贴电镀胶带→碱蚀→热水洗→水洗→硝酸浸亮→水洗→导电氧化→水洗→封闭→干燥→去电镀胶带→检验。

孔处胶带要贴牢，避免孔内空气受热而胀破胶带。阳极氧化后的零件染色前，只能用冷水洗，不能用手摸，也可用 w 为 1%～2% 的氨水中和膜层中残留的酸液。对于一般阳极氧化，电镀胶带或涂漆能保护不受氧化。对于硬质阳极氧化，由于在溶液中浸泡时间长，一般电镀胶带会松弛，涂漆膜会脱掉，不能起保护作用。

封闭：去离子水＞97℃，15～20min，pH 6.5～7.0。

4.2.4 其它氧化工艺

如一种适合铝锌铟合金的氧化工艺，能使该金属作为被腐蚀的阳极，其工艺为：10g/L $KMnO_4$，9g/L $(NH_4)_6Mo_7O_{24}\cdot4H_2O$，1g/L NaF，4.5g/L NaOH，转化时间为 20min，转化温度为 45℃。

4.3 镁合金的化学氧化处理

镁合金化学活性高，在空气中生成碱式碳酸盐膜（腐蚀产物），所以镁合金作结构材料用时，必须采取可靠的防护措施。

镁合金表面氧化防护有化学氧化、电化学氧化和微弧氧化三种方法。这里介绍第一种，另两种在其它章节介绍。化学氧化可获得 0.5～3μm 的薄膜层。由于化学氧化膜薄而软，故镁合金氧化除作装饰和中间工序防护外，很少单独使用。为提高镁合金的耐蚀性，一般在氧化之后都要进行喷涂涂料、树脂及塑料等有机膜。经电化学氧化并加涂层者抗蚀能力高。

镁合金可在铬酸盐或氟化物等溶液中获得化学氧化膜。根据零件的材料、使用要求选择其氧化方法。镁合金前处理参见第 2 章。

4.3.1 铬酸盐化学转化过程

镁合金氧化的氧化剂有多种，如高锰酸钾、重铬酸钾等，比较常用的是重铬酸钾。

在浸入铬酸盐溶液时，镁合金的微阴极会发生氧化而析氢，随着镁合金表面附近溶液pH 值的升高，在金属表面会沉积一薄层铬酸盐与金属胶状物的混合物，这种胶状物包含 Cr^{6+} 及 Cr^{3+} 的铬酸盐和基体金属。这层胶状物初时非常软，经过不高于 80℃ 的热处理，可以提高膜的硬度与耐磨性。干燥后膜的厚度只有湿状时的 1/4，并且膜形貌具有显微网状裂纹，或称为"干枯河床"形貌。当镁合金基体遭到腐蚀时，Cr^{6+} 就会被还原为不溶性的

Cr^{3+} 化合物，起到一定的缓蚀作用，从而阻止腐蚀行为的进一步发生，即铬酸盐转化膜具有一定的自愈能力。此外，铬酸盐转化膜在未失去结晶水时，能保持吸湿性能，因此在湿气和空气中还能起到惰性屏障作用，减缓腐蚀。当其受到机械损坏或者磨损时，铬酸盐转化膜能够吸水膨胀，从而具有很强的自修复功能。但当环境温度高于 80℃ 时，铬酸盐转化膜因温度过高而失去结晶水，从而导致转化膜破裂和自修复功能丧失，防腐性能降低。

同其它铬酸盐转化膜的形成过程相类似，目前一般认为镁合金铬酸盐膜的形成过程大致分为三步：

① 表面镁原子被氧化并以 Mg^{2+} 的形式进入溶液，与此同时镁合金表面析出氢。

$$Mg + H_2SO_4 \longrightarrow MgSO_4 + H_2 \uparrow$$

② 氢的析出促使一部分 Cr^{6+} 还原为 Cr^{3+}，并且由于金属/溶液界面相区 pH 值的提高，Cr^{3+} 便以氢氧化铬胶体的形式沉淀。

$$3H_2 + 2Na_2Cr_2O_7 \longrightarrow 2Cr(OH)_3 + 2Na_2CrO_4$$

③ 氢氧化铬胶体自溶液中吸附一定数量的六价铬，构成具有某种组成的转化膜。

$$2Cr(OH)_3 + Na_2CrO_4 \longrightarrow Cr(OH)_3 \cdot Cr(OH)CrO_4 + 2NaOH$$

经铬酸盐化学转化处理后所形成的膜结构可分为内部致密层和外部多孔层。致密的 $Mg(OH)_2$ 和 $Cr(OH)_3$ 层覆盖基体镁合金，其上覆盖着一层多孔的 $Cr(OH)_3$ 层。这一多孔的 $Cr(OH)_3$ 层是由致密层的 $Mg(OH)_2$ 选择溶解而产生的。增加致密层厚度能够提高铬酸盐转化膜层在 Cl^- 溶液中的耐蚀性能。铬酸盐转化膜能提高镁合金耐蚀性能的原因是转化膜层中含有 $Cr(OH)_3$。增加处理液中铬酸盐浓度，提高致密层中的 $Cr(OH)_3$ 含量，能够提高转化膜的保护性能。增加处理液中 Zn^{2+} 浓度也能提高铬酸盐转化膜的性能。

4.3.2 镁合金化学氧化工艺规范

镁合金化学氧化工艺规范如表 4-13 所示。

表 4-13 镁合金化学氧化工艺规范

序号	溶液配方		工艺条件		膜层外观	适用范围
	成分	含量/(g/L)	温度/℃	时间/min		
1	重铬酸钾($K_2Cr_2O_7$) 硝酸(HNO_3)(浓)/(mL/L) 氯化铵或氯化钠(NH_4Cl 或 $NaCl$)	40～55 90～120 0.75～1.25	70～80	0.5～2	草黄色至棕色	氧化膜的防护性不太好，在氧化过程中零件尺寸明显减小，所以仅适用于铸、锻件的毛坯件
2	重铬酸钠($Na_2Cr_2O_7$) 硝酸(HNO_3)(浓)/(mL/L) 氯化铵	200 180 16	18～33	0.5～2		DOW 公司开发的 DOW-1 技术
3	重铬酸钾 碳酸钾 碳酸氢钠	10 25 25	沸腾	30		鲍尔-福格法，即 BV 法
4	重铬酸钠 碳酸钠	0.5%～2.5% 2%～5%	90～100	30		改良 BV 法，即 MBV 法
5	重铬酸钠 碳酸钠	15.4 51.3	90～95	5～10		EW 法

序号	溶液配方		工艺条件		膜层外观	适用范围
	成分	含量/(g/L)	温度/℃	时间/min		
6	重铬酸钾 碳酸钠 氟化氢钠 磷酸三钠 硒酸	0.1～1% 0.5～2.6 50 50 10	65	20	Alork 法	
7	重铬酸钾($K_2Cr_2O_7$) 铝钾矾[$K_2Al_2(SO_4)_2 \cdot 24H_2O$] 醋酸(60%)($CH_3COOH$)/(mL/L)	30～50 8～12 5～8	15～30	5～15	金黄色至棕色	溶液稳定,操作方便,膜层质量好,氧化后尺寸变化小,适于铸、锻件,变形镁合金成品或半成品保护
8	重铬酸钾($K_2Cr_2O_7$) 硫酸铵[$(NH_4)_2SO_4$] 铬酐(CrO_3) 醋酸(60%)(CH_3COOH)/(mL/L)	145～160 2～4 1～3 10～40	65～80	0.5～1.5	金黄色至棕色	氧化膜防护性好,不影响公差,适合于容差小或具有抛光表面的镁合金成品或半成品保护
9	重铬酸钾($K_2Cr_2O_7$) 硫酸铵[$(NH_4)_2SO_4$] 苯二甲酸氢钾	30～35 30～35 15～20	85～沸腾	MB2 15～25 MB8 15～25 ZM5 20～40	MB2 军绿色 MB8 金黄色 ZM5 黑色	防护性较好,适合于铸件(ZM5)发黑处理,也适合于成品或半成品组合件的保护
10	重铬酸钾($K_2Cr_2O_7$) 重铬酸铵[$(NH_4)_2Cr_2O_7$] 硫酸铵[$(NH_4)_2SO_4$] 硫酸锰($MnSO_4$)	15 15 30 10	90～100	10～20	深棕色至黑色	防护性好,适合于各种零件的保护
11	重铬酸钾($K_2Cr_2O_7$) 硫酸镁($MgSO_4$) 硫酸锰($MnSO_4$)	120～170 40～75 40～75	80～100	10～20	深棕色至黑色	色泽深,外观美,防护性能较好,适合于各种成品和半成品
12	重铬酸钾($K_2Cr_2O_7$) 硫酸镁($MgSO_4$) 硫酸锰($MnSO_4$)	100 50 50	90～沸腾	5～10	深棕色至黑色	防护性好,对零件尺寸无明显影响,适合于各种成品和半成品保护
13	重铬酸钾($K_2Cr_2O_7$) 硫酸锰($MnSO_4$) 铬矾[$KCr(SO_4)_2$] pH 值	100 50 20 2.2～2.6	85～95	10～20	黑色	防护性好,对零件尺寸无明显影响,适合于各种成品和半成品保护
14	氟化钠(NaF)	35～40	15～35	10～15	深灰色至棕色	防护性好,有较高的电阻,适合于成品、半成品、铸件和组合件的保护
15	重铬酸钾($K_2Cr_2O_7$) 硫酸铵[$(NH_4)_2SO_4$] 硫酸锰[$(NH_4)_2SO_4 \cdot 5H_2O$] 硫酸镁($MgSO_4 \cdot 7H_2O$)	30～60 25～45 7～10 10～20	80～90	10～20	深棕色至黑色	pH 4～5,防护性好,对零件尺寸无明显影响,重新氧化时可不除膜
16	重铬酸钾($K_2Cr_2O_7$) 硫酸铵 邻苯二甲酸氢钾	30～35 30～35 15～20	80～100	ZM5 20～40 MB2 15～25 MB8 15～25	黑色 军绿色 金黄色	pH 4～5.5,防护性好,对零件尺寸无明显影响,重新氧化时可不除膜

4.3.3 溶液的配制和调整

① 溶液的配制。在槽中注入总体积 1/3 的去离子水，分别加入计算量的化学药品，加温或室温下搅拌至完全溶解，然后稀至总体积搅匀，分析调试合格后投产。

② 溶液的调整。溶液中硝酸、醋酸、重铬酸盐等是主要消耗材料。硝酸和醋酸消耗更为明显。要根据化学分析的结果和溶液的氧化能力，适时补加药品。

4.3.4 溶液成分和工艺参数的影响

① 重铬酸盐。是形成膜的主要成分。含量过低，形成膜的速度慢，膜层薄；含量过高，成膜速度慢。

② 氟化物。是成膜主盐。含量过高时膜厚而疏松，含量低时形成的膜薄，而且易产生腐蚀点。

③ 硝酸、醋酸。主要起调节酸度的作用。含量高时成膜速度过快，膜层疏松多孔，甚至会产生腐蚀点；含量太低成膜速度慢且膜薄。

④ 氯化物、硫酸盐。主要起表面活化作用，促进膜的生成，氯化物过多会引起金属表面产生腐蚀。

⑤ 温度。温度高，反应速度快，容易生成疏松的氧化膜；温度低，反应速度慢、膜薄。

⑥ 时间。要根据溶液的氧化能力、温度、镁合金的牌号而定。当溶液的氧化能力强和合金中镁含量高时，氧化时间可以短些，反之要长些。

4.3.5 填充处理

经过表 4-13 中配方 2、3、9 溶液氧化处理过的镁合金成品零件，为了提高氧化膜的抗蚀能力，氧化处理后应进行填充处理。其工艺规范见表 4-14。

表 4-14 镁合金氧化填充处理工艺规范

序号	溶液配方		工艺条件		备注
	成分	含量/(g/L)	温度/℃	时间/min	
1	重铬酸钾($K_2Cr_2O_7$)	40~50	90~98	15~20	适合于表 4-13 中 7 号、8 号溶液
2	重铬酸钾($K_2Cr_2O_7$)	100~150	90~98	40~50	适合于表 4-13 中 14 号溶液

4.3.6 局部化学氧化处理

局部化学氧化适合于氧化膜局部损伤及不宜采用全部氧化处理的镁合金零件，其工艺规范见表 4-15。

表 4-15 镁合金局部氧化工艺规范

序号	溶液配方		工艺条件		备注
	成分	含量/(g/L)	温度/℃	时间/min	
1	氧化镁(MgO) 铬酐(CrO_3) 硫酸(H_2SO_4)($\rho=1.83g/mL$)	8~9 45 0.6~0.8mL/L	室温	30~35	适用于最后氧化或表面已涂过漆以及以后准备涂漆的成品
2	亚硒酸(H_2SeO_3) 重铬酸钾($K_2Cr_2O_7$)	24 12	室温	30~45	适用于半成品零件以及以后不准备涂漆的成品

在局部氧化处理前，先用玻璃砂布将需要氧化的表面打磨出金属基体，然后用酒精擦洗

干净，再蘸氧化溶液擦拭需要氧化的表面使之生成氧化膜。最后仔细清洗除去残留溶液。

4.3.7 常见故障及纠正方法

常见故障及纠正方法见表 4-16。

表 4-16 镁合金化学氧化常见故障及纠正方法

溶液	故障现象	可能的原因及纠正方法
1#	①氧化表面发暗 ②氧化膜发亮、光滑、带红绿色 ③氧化膜呈棕色,膜薄且易脱落	①硝酸含量低 ②硝酸含量高,稀释或用 NaOH 中和一部分 ③溶液氧化能力低,通过分析增加重铬酸钾或硝酸
8#	①氧化膜表面有白色斑点 ②膜层发暗并有灰色挂灰 ③氧化膜发黑,甚至氧化不上 ④膜层颜色发白 ⑤膜层疏松,易脱落	①前处理不良 ②前处理除油不净或旧氧化膜未除干净 ③醋酸含量不足 ④铬酐含量低 ⑤氧化时间过长
10#	①氧化膜表面有白色斑点 ②氧化膜疏松 ③氧化膜薄或难成膜	①前处理不良 ②溶液酸度过高或氧化时间过长 ③溶液氧化能力弱,分析调整或更换溶液
11#	①氧化膜不均匀 ②氧化膜疏松,易脱落 ③铸件氧化后局部表面有灰色片状物(允许) ④机械加工表面氧化后有黑点或发黑 ⑤变形镁合金氧化后有黑点	①溶液氧化能力弱,增加铬酐以 1g/L 计 ②溶液中铬酐含量高,稀释调整 ③铸件上有铝偏析 ④零件加工时温度过高 ⑤零件表面有其它金属嵌入,用利刀刮净后重新氧化
14#	①局部无氧化膜 ②组合件上锌、镉镀层发暗(允许缺陷) ③氧化膜有细小的黑斑点	①前处理除油不干净 ②除油和填充的时间过长或温度过高 ③溶液中 Cl^->1g/L 或电位正的金属接触腐蚀,前者稀释或更换部分溶液,后者氧化时工件要与电位正的金属绝缘
填充溶液	填充后膜层有锈蚀状黑点	①填充液中 Cl^->0.8g/L,更换部分溶液 ②填充液中 SO_4^{2-}>2.5g/L,用碳酸钡沉淀 ③零件与钢铁槽体或其它电位正的金属接触引起的电化学腐蚀

注：表中溶液序号对应于表 4-13 中的序号。

（1）重铬酸盐处理的常见故障及解决方法

重铬酸盐处理通常会产生以下两类故障。

第一类：不规则的大量疏松的粉状氧化膜，故障的原因和解决办法如下。

① 氢氟酸溶液或酸性氟化物溶液太稀。调整溶液中 HF 的含量，使其达到工艺规定的要求。

② 重铬酸盐溶液的 pH 太低。控制 pH 不能低于 4.1，可用 NaOH 调整。

③ 工件被氧化、被腐蚀或被焊剂污染，导致表面存在一层疏松的由灰色到黄色的自然膜。工件应用酸性腐蚀溶液处理。

④ 在重铬酸盐溶液中处理时间太长。应严格控制处理时间。

第二类：失败的膜层或不均匀的膜层，故障的原因和解决办法如下。

① 重铬酸盐溶液的 pH 太高。对于先前采用氢氟酸溶液浸渍的铝含量较低的镁合金

（如 AZ31B）来说，这是导致氧化膜失败的重要原因。可用铬酸调整溶液的 pH 到 4.1，频繁调整溶液是必要的。

② 溶液中重铬酸盐的浓度太低。重铬酸盐的浓度不能低于 120g/L。

③ 工件表面的油状物没有完全除净，导致有些区域有膜，有些区域无膜。清洗不彻底不是氧化膜失败的唯一原因，有时清洗彻底的工件在含有油性膜的氢氟酸溶液或重铬酸盐溶液中处理时，也会有氧化膜失败的情况。这些槽中的油膜，可能是碱性脱脂清洗水带入的，也可能来自大气或过往设备的滴入等。

④ 先前铬酸腐蚀产生的氧化膜没有完全除净。应该用铬酸腐蚀溶液和碱性脱脂溶液交替处理，除去先前的氧化膜。

⑤ 工件不适合用氟化物处理。

⑥ 不适合采用重铬酸处理的镁合金，如果误用重铬酸处理，易形成失败的膜层或不均匀膜层。对于这些镁合金可采用其它化学氧化处理。

⑦ 氢氟酸浸渍时间过长，如 AZ31B 合金的氟化物膜不容易在正常时间内均匀除净，会产生点状氧化膜。所以对于此类合金，氢氟酸处理的时间要控制在 0.5～1.0min 之间。

⑧ 溶液在处理期间。没有始终保持在沸腾状态。温度对于 AZ31B 合金的氧化处理格外重要，温度始终不能低于 93℃。

⑨ 氢氟酸浸渍后清洗不彻底。如果重铬酸盐溶液中被带入的氢氟酸或可溶性氟化物累积超过溶液的 0.2%（w）时，则无氧化膜形成。在到达此值之前会形成条纹状膜。可以在溶液中添加 0.2%（w）的铬酸钙，使溶液中的氟离子生成不溶性的氟化钙而将其除去。如果采用这种方法处理，可不必将重铬酸盐溶液废弃。

（2）铬酸盐处理的常见故障及解决方法

铬酸盐处理产生的故障主要有以下三种类型。

类型一：成膜失败（不成膜），原因及解决方法如下：

① 溶液 pH 太高。溶液的 pH 应该在规定的范围内。

② 溶液温度太低。溶液温度应该在工艺规定的范围之内。

③ 金属脱脂和清洗不彻底。工件铬酸盐处理之前应进行酸性腐蚀。

④ 使用了浓度不正确的原料酸，导致溶液中酸的浓度相对于铬酸盐的浓度太低。

类型二：无附着力的粉状膜，原因及解决方法如下：

① 工件合金成分中 w（Cr）低于 1%，但选择了表 4-14 中铬酸盐溶液序号 1 处理。要按规定，不同的镁合金采用不同铬酸盐溶液处理。

② 溶液的 pH 太低。溶液的 pH 应该在规定的范围内。

③ 金属脱脂和清洗不彻底。工件铬酸盐处理之前应进行酸性腐蚀。

④ 使用了浓度不正确的原料酸，导致溶液中酸的浓度相对于铬酸盐的浓度太高。

类型三：工件表面有过多的污迹，原因及解决方法如下：

工件在铬酸盐溶液中如果处理时间太长，表面就会产生过多的污迹。所以要按工艺的要求，严格控制铬酸盐处理时间。

4.3.8　Dow-1 处理

由陶氏化学公司（Dow Chemical Company）开发的 Dow-1 处理剂，工艺简单、成本低，是最常用的化学处理方法。这种氧化膜可用于储存、出货期间的防腐，也可作为涂漆的底层。

（1）铬酸处理工艺

铬酸处理工艺见表 4-17。

表 4-17　铬酸处理工艺

| 序号 | 适用范围 | 组成 | | 浸渍时间/min | 操作温度/℃ | 槽子结构 | 挂钩或挂篮结构 |
		材料	质量浓度/(g/L)				
1	锻造工件	重铬酸钠 $Na_2Cr_2O_7 \cdot 2H_2O$ 硝酸($\rho=1.42g/cm^3$)	180 187mL/L	0.5～2, 沥干 5s	21～43	不锈钢衬玻璃、陶瓷、人造橡胶、乙烯基材料或PP板	不锈钢或同种镁材
2	砂铸、金属型铸或压铸工件	重铬酸钠 $Na_2Cr_2O_7 \cdot 2H_2O$ 硝酸($\rho=1.42g/cm^3$) 钠、钾、铵的酸性氟化物($NaHF_2$、KHF_2、NH_4HF_2)	180 125～187mL/L 15	0.5～2, 沥干 5s	21～60	316 不锈钢衬人造橡胶、乙烯基材料或PP板	316 不锈钢

注：1. 溶液的余量为水、蒸馏水或去离子水。

2. 如果使用 $NaHF_2$，应先用少量的水或稀硝酸溶解后再加入，因为氟化氢钠不溶于当前浓度的硝酸。

① 锻造工件处理工艺。锻造工件的铬酸腐蚀溶液组成和工艺参数见表 4-17，硝酸含量最大时，浸渍时间为 0.5min。硝酸含量最小时，浸渍时间为 2min。浸渍时搅拌溶液，浸渍完成后，工件需从溶液中取出，在槽液上方沥干 5s。这样可使溶液从工件表面充分沥干，并获得较好色彩的保护膜。然后，工件用冷水冲洗，再用热水浸洗，以便干燥，或用热空气干燥。

② 砂铸、金属型铸和压铸工件处理工艺。镁合金砂铸、金属型铸和压铸工件的铬酸腐蚀溶液组成和工艺参数见表 4-17，压铸件和旧的砂铸件在铬酸溶液中处理之后，应立即用热水浸渍 15～30s。如果铬酸溶液的温度为 49～60℃，则铬酸浸渍 10s 就足够。如果温度较低，则浸渍时间要延长。过长的浸渍时间会得到粉状膜，先用热水预热铸件会使处理失败而无氧化膜。如果这种溶液对铸件无效，压铸件和旧的砂铸件可以使用锻造工件处理溶液。砂铸件在溶液中的处理条件按表 4-17 中的规定为室温，铬酸浸渍后按锻造工件处理工艺执行。

③ 刷涂应用。如果工件尺寸太大，用浸渍法会有困难，可以采用刷涂的办法。刷涂需要使用大量的新鲜处理剂。处理溶液必须允许在工件表面停留至少 1min，然后用大量干净的冷水冲洗掉。这样形成的氧化膜颜色均匀性不如浸渍法，但用于涂料底层效果好。粉状膜作为涂料底层不好，这是由于清洗不良，或在刷涂处理时溶液停留 1min 期间没有用刷子反复刷，不能保证工件始终处于润湿状态而形成氧化膜。在处理铆接工件时，要防止处理溶液流进铆接部位。刷涂可应用于所有类型破损区域的修复。铬酸腐蚀处理涂层适合于预处理时电气连接部位被屏蔽无保护膜区域的修补。

铬酸腐蚀的注意事项。铬酸腐蚀溶液在处理期间会溶去金属厚度大约 15.2μm，处理时一定要考虑尺寸变化，若腐蚀会导致尺寸超出允许范围，则不能采用此工艺处理。镁合金中嵌有钢铁工件也可以采用此工艺。工件处理后的色彩、光泽、腐蚀量取决于溶液的老化程度、镁合金的成分及热处理条件。多数用于涂料底层的氧化膜为无光灰色到黄红色、彩虹色，它在放大的条件下是一种网状的小圆石腐蚀结构。光亮、黄铜状氧化膜，显示出相对平滑的表面，它在放大时仅偶尔有几个圆形的腐蚀小点。这种氧化膜作为涂料底层不能获得满意的效果，但它作为储存、出货期间的防腐却很理想，这种颜色由浅到深的变化，表明溶液中硝酸或硝酸盐的含量逐步增加。

（2）铬酸处理工艺的控制

铬酸处理工艺的控制包括重铬酸钠的测定和硝酸的测定。

① 重铬酸钠的测定。重铬酸钠应该使用以下或其它已确认的分析方法：用吸液管吸取 1mL 铬酸腐蚀溶液，放入装有 150mL 蒸馏水、容积为 250mL 的锥形瓶中，加 5mL 浓盐酸和 5g 碘化钾，反应最少 2min，然后摇动锥形瓶，并用 0.1mol/L 硫代硫酸钠标准溶液滴定，直到溶液中碘的黄色几乎完全褪去。滴加几滴淀粉指示剂，继续用 0.1mol/L 硫代硫酸钠溶液滴定至溶液紫色消失。注意碘的黄色消失之前不能滴加淀粉指示剂，否则会得到不正确的分析结果，最后溶液颜色的变化是由浅绿色到蓝色。

计算方法：0.1mol/L 硫代硫酸钠溶液滴定的毫升数×0.4976＝重铬酸钠的体积分数（%）。

② 硝酸的测定。硝酸的含量应该按下列方法测定：用吸液管吸取 1mL 铬酸腐蚀溶液，放入装有 50mL 蒸馏水、容积为 250mL 的烧杯中，用 pH 大约为 4.0 的标准缓冲溶液（pH 的准确值与缓冲溶液组成、浓度、测定时的温度有关）校准。搅拌并用 0.1mol/L NaOH 标准溶液滴定至 pH 为 4.0～4.05。

计算方法：0.1mol/L 的 NaOH 溶液滴定的毫升数×0.6338＝硝酸（$\rho=1.42g/cm^3$）的体积分数（%）。

③ 铬酸腐蚀溶液的寿命。溶液的损耗表现在工件处理后颜色变白，腐蚀变浅，金属在溶液中反应迟钝。处理工件颜色变白也可能是工件从铬酸溶液中取出后，在空气中沥干的时间太短，不要混淆这两种原因。不含铝的镁合金铬酸处理液仅能再生 1 次，其它镁合金铬酸处理液可以再生 7 次。每次到溶液运行的终点时必须再生，溶液运行的终点是其中的硝酸（$\rho=1.42g/cm^3$）含量降至 62.5mL/L。每次再生各成分值见表 4-18。

表 4-18　铬酸溶液各成分再生值

运行次数	溶液的化学成分	
	$Na_2Cr_2O_7 \cdot 2H_2O$/（g/L）	φ（硝酸）（$\rho=1.42g/cm^3$）/%
1	180	18.7
2	180	16.4
3	180	14
4～7	180	10.9

如果镁合金工件铬酸腐蚀处理的目的仅仅是用于储存及出货期间的防腐，处理溶液可以再生 30～40 次以后再废弃。也可以通过不断废弃部分旧槽液、补加新槽液的方法再生铬酸腐蚀溶液，这种方法可使溶液在保证工件质量合格的前提下一直使用下去。

（3）铬酸腐蚀处理的常见故障及解决方法

铬酸腐蚀通常会产生以下两类故障。

第一类：棕色、无附着力、粉状氧化膜。这类故障的原因如下。

① 工件水洗前在空气中停留时间太长，超出了工艺要求的时间。

② 酸的含量与重铬酸钠含量的比值太高。

③ 少量的溶液处理大量的工件，导致溶液温度太高。

④ 脱脂不彻底，工件含油部位会产生棕色粉末。

⑤ 溶液再生次数太多，导致溶液中硝酸盐累积。

第二类：铸件上的灰色、无附着力、粉状氧化膜。这类故障的原因及解决方法如下。

① 铸件上的灰色粉状氧化膜在用更硬的粗糙表面猛烈撞击时，甚至在研磨期间会闪光和产生火花。腐蚀溶液中加入氟化物可使灰色粉状氧化膜消除或最小化。

② 工件在溶液中浸泡时间太长，导致过处理。操作这样过处理的工件必须格外小心。将过处理的工件从溶液中取出，用冷水彻底洗净，然后浸机油，再拆卸。如果工件在过处理时损伤太严重，可以用以下方法补救：在质量分数为 10%～20% 的氢氟酸溶液中浸泡 5～10min，粉状物即可除去。除去粉状物的工件即可安全运输和后处理。

为了获得更平滑的镁合金铬酸腐蚀表面，可在表 4-17 铬酸处理溶液中添加 30g/L 的硫酸镁，这种调整的工艺只能用于储存和出货期间的暂时防腐处理，不能用于涂料底层的氧化膜。铬酸腐蚀处理如果添加硫酸镁，则不适合有机涂装系统。

4.4 钛及钛合金的化学氧化处理

钛及钛合金具有许多优良的特性，密度小，化学活泼性高，在空气中可生成一层极薄而致密的氧化保护膜，表现出极强的抗蚀性。表面光滑的钛对硝酸具有很好的稳定性，这是由于硝酸能在钛表面快速生成一层牢固的氧化膜，但是表面粗糙，特别是海绵钛或粉末钛，可与热稀硝酸发生反应，高于 70℃ 的浓硝酸也可与钛发生反应；常温下，钛不与王水反应。温度高时，钛可与王水反应生成 $TiCl_2$。

钛及钛合金表面防护有化学氧化和电化学氧化两种方法。钛及钛合金表面有一层天然的氧化膜，结构极致密，当在其表面涂有机涂层时，这层氧化膜会导致涂层与基体的结合力很差，因此常通过钛合金的化学氧化或磷化来达到提高结合力的目的。同时钛合金的磷化也常用于塑性加工。经电化学氧化的钛合金件抗蚀性能将大幅度提高，可用于提高高温成形加工的润滑性。钛及钛合金可在铬酸盐或氟化物等溶液中获得化学氧化膜。根据零件的材料、使用要求选择其氧化方法。

4.4.1 钛及钛合金化学氧化工艺规范

钛及钛合金化学氧化工艺规范见表 4-19。

表 4-19　钛及钛合金化学氧化工艺规范

序号	溶液配方		工艺条件	
	成分	含量/(g/L)	温度/℃	时间/min
1	重铬酸钠 氟化钠	30 2	20	10
2	磷酸三钠 氟化钠 醋酸	45 30 65	15～30	5～15
3	磷酸三钠 氟化钾 氢氟酸($w=50\%$)	50 20 25mL/L	25	2～3

4.4.2 溶液的配制和调整

① 溶液的配制。在槽中注入总体积 1/3 的去离子水，分别加入计算量的化学药品，加

温或室温下搅拌至完全溶解，然后稀至总体积，搅匀，分析调试合格后投产。

② 溶液的调整。溶液中氢氟酸、醋酸、铬酸盐等是主要消耗材料。氢氟酸和醋酸消耗较为明显。要根据化学分析的结果和溶液的氧化能力，适时补加药品。

4.4.3 溶液成分和工艺参数的影响

① 铬酸盐、磷酸盐。是成膜的主要成分。含量过低，形成膜的速度慢，膜层薄；含量过高，成膜速度慢。

② 氟化物。主要起表面活化作用，促进膜的生成。

③ 醋酸。主要起调节酸度的作用。

④ 温度。温度高，反应速度快，容易生成疏松的氧化膜；温度低，反应速度慢、膜薄。

⑤ 时间。要根据溶液的氧化能力而定。当溶液的氧化能力强时，氧化时间可以短些，反之要长些。

4.5 铜和铜合金的化学氧化处理

4.5.1 概述

铜及铜合金化学氧化，与钝化和着色不好区分，工艺参见第8章钝化与着色部分。这里介绍发生的氧化反应部分内容。

铜和铜合金在空气中不稳定，容易氧化，在含有 SO_2、H_2S 等腐蚀介质的大气中，易受到强烈腐蚀。在潮湿的空气中与水、CO_2 和 O_2 等作用，生成碱式碳酸铜 $CuCO_3 \cdot Cu(OH)_2 \cdot H_2O$，俗称铜绿；在含有 SO_2 的大气中生成 $CuSO_3 \cdot 3Cu(OH)_2$ 腐蚀产物，色泽暗，影响外观。

为了提高铜和铜合金的耐蚀性能，除通常采用电镀等措施外，也可用氧化或钝化处理，使铜和铜合金零件表面生成一层氧化膜（转化膜）或钝化膜，以提高铜和铜合金零件的防护性与装饰性能。

铜和铜合金在含有氧化剂的碱性溶液中进行化学氧化时，氧化剂在较高温度（60℃）下反应而析出新生态氧，使铜氧化成铜酸盐，随后水解而生成氧化铜，是氧化膜的主要成分，膜层呈半光泽至无光泽的黑色膜。除氧化铜外，膜中还会有氧化亚铜存在，随其浓度不同，膜的颜色可以为黄、褐、紫、红、黑等。

铜和铜合金转化膜主要用于光学仪器及其它需要黑色外观的零件，也适合日常用品的表面装饰及工艺美术品的仿古处理。

4.5.2 铜和铜合金的化学氧化工艺规范

铜和铜合金经化学氧化处理后，表面生成一层很薄的氧化膜，厚度为 $0.5\sim2\mu m$。膜的组成主要是氧化铜（CuO）、氧化亚铜（Cu_2O）、硫化铜（CuS）等或它们的混合物，氧化膜呈半光泽或无光泽蓝黑色。

铜和铜合金化学着色工艺流程：①除油→②水洗→③浸蚀（抛光）→④水洗→⑤活化→⑥水洗→⑦着色→⑧水洗→⑨热水洗→⑩干燥→⑪喷涂罩光漆。

操作过程中的注意事项：浸蚀时，必须把铜和铜合金表面的氧化物除净，否则会影响着色膜色泽的均匀性。对轻度氧化膜或处理过程中的再生氧化膜，可在体积分数为5%的稀 H_2SO_4 溶液中除膜，浸蚀后应立即充分水洗并立即转入下一道工序进行处理。

4.5.2.1　过硫酸钾化学氧化

（1）原理

在碱性溶液中，用过硫酸钾进行氧化。其反应如下：

$$S_2O_8^{2-}+2OH^-=\!=\!=2SO_4^{2-}+H_2O+[O]$$
$$Cu+2OH^-+[O]=\!=\!=CuO_2^{2-}+H_2O$$
$$2CuO_2^{2-}+2H_2O=\!=\!=2CuO+4OH^-$$

最终表面生成黑色氧化铜，同时因工艺影响，也有少量褐色氧化亚铜生成。

（2）化学氧化处理

① 过硫酸钾化学氧化法的溶液组成和操作条件见表 4-20。

表 4-20　过硫酸钾化学氧化法的溶液组成和操作条件

工 艺 条 件	质量浓度 ρ_B（除注明外）/(g/L)			
	配方 1	配方 2	配方 3	配方 4
过硫酸钾（$K_2S_2O_8$）	45～50	40～60	100	100～120
氢氧化钠（NaOH）	5～20	200～250	20	30～40
硝酸钠（$NaNO_3$）			20	
温度/℃	60～65	室温	80～90	55～65
时间/min	3～7	5～15	5～10	2～5

注：配方 2 仅适用于黄铜件直接棕黑色氧化。溶液配制好后应存放 24h，使反应完全后再使用，或在溶液中加入 0.8～1.0g/L 硫氰酸钾，配制好后即可使用。黄铜件在氧化处理前，最好在含有 30～80g/L CrO_3、15～30g/L H_2SO_4 的溶液中，于室温下预处理数秒钟，使表面合金成分均匀，然后在体积分数为 10% 的 H_2SO_4 溶液中浸 5～10s，氧化好后在 25g/L NaOH 溶液中处理，清洗干净后涂防锈油。

② 溶液的配制。先把计算量的氢氧化钠溶解好，然后加入过硫酸钾，加温，轻轻搅拌溶解，至达到工艺所需温度即可使用，宜随配随用。

③ 溶液组成和操作条件的影响。

a. 氢氧化钠。氧化在碱性溶液中进行，氢氧化钠参与反应并有稳定过硫酸钾的作用。当其含量偏高时，氧化膜厚度增长快，铜也溶解快，氧化剂分解速度加快，槽底氧化铜增加。应经常把槽底沉积物用倾析法除去。

b. 过硫酸钾。本溶液的氧化剂。生产过程中过硫酸钾不断分解，应适时补充。过硫酸钾含量偏高时，生成的氧化铜晶核多，氧化膜疏松且阻碍继续反应，氧化膜反而不易厚；若其含量偏低，膜较厚而质差，色泽达不到优良黑色。

c. 硝酸钠。因磷铜件难于氧化，故加入硝酸钠加速氧化过程，其它铜与铜合金不用添加。

d. 温度。为加速氧化反应的进行，要适度加温。若在室温下进行氧化处理，渐变时间长，氧化膜厚度薄、色泽差；若温度偏高，氧化膜生成速度加快，氧化剂的分解及铜的溶解也加快。有资料介绍，溶液配好后于室温下放置 10h，过硫酸钾变化不大。升温至 65℃，5h 溶液就有 50% 分解。若升温至 80℃，仅 3h，过硫酸钾只剩 0.15%。

e. 时间。氧化时以目测色泽达到要求为终点。也可以在氧化至开始析氧时结束。氧化过度只会生成无光粗糙的表层，而不会增厚。

④ 色泽变化过程。

a. 铜的色泽变化：浅褐→深褐→蓝→黑。

b. 黄铜用本法氧化时，要求铜质量分数在 85% 以上，其色泽变化与铜相似。若铜质量分数低于 85%，色泽达不到黑色，而是黄褐色、蓝褐色或红黑色。

⑤ 注意事项。

a. 因溶液中氢氧化钠含量高，氧化后要仔细清洗，否则日后会泛碱生成白色产物。

b. 在氧化过程中，要不断适量补充水分与氧化剂，定期除去氧化铜沉渣，控制温度，工件要不断翻动或晃动。氢氧化钠也要适量补充，若偏低则膜层呈褐红色或绿蓝色，得不到黑色膜。溶液可连续使用。

4.5.2.2 高锰酸钾化学氧化

（1）原理

单独用高锰酸钾不能得到色泽均匀的氧化膜层，只有在弱酸性溶液中含有适量硫酸铜、硫酸镍或铬酸钾等时才有可能，或在碱性即含氢氧化钠的溶液中氧化。

① 在弱酸性溶液中的反应为

$$2KMnO_4 + 3CuSO_4 + 13Cu = K_2SO_4 + 2MnSO_4 + 8Cu_2O$$
$$2KMnO_4 = K_2O + 2MnO + 5[O]$$
$$Cu_2O + [O] = 2CuO$$

同时也有一个生成二氧化锰的副反应，反应式为

$$2KMnO_4 + 3MnSO_4 + 2H_2O = K_2SO_4 + 5MnO_2 \downarrow + 2H_2SO_4$$

② 在碱性溶液中的反应为

$$4KMnO_4 + 4KOH = 4K_2MnO_4 + 2H_2O + 2[O]$$

溶液接近沸腾，反应生成氧和绿色锰酸钾。

（2）化学氧化处理

① 高锰酸钾化学氧化法的溶液组成和操作条件见表 4-21。

表 4-21　高锰酸钾化学氧化法的溶液组成和操作条件

工 艺 条 件	质量浓度 ρ_B（除注明外）/(g/L)			
	配方 1	配方 2	配方 3	配方 4
高锰酸钾（KMnO_4）	1~2	5~8	15	55
硫酸铜（CuSO_4·5H_2O）	15~25	50~60	120	
氢氧化钠（NaOH）				180~210
温度/℃	室温	90~沸腾	70~90	80~沸腾
时间/min	3~4	1~5	1~5	3~15

注：配方 1、2、3 为弱酸性，配方 4 为碱性，配方 1 为浅色。

② 溶液的配制。以表 4-22 中配方 1 为例。先把计算量的硫酸铜溶解好，然后加入高锰酸钾，搅拌溶解后，加温至工艺规范，即可使用。

③ 溶液组成和操作条件的影响。

a. 高锰酸钾：本溶液的氧化剂。其含量偏高时虽氧化膜易厚，但也生成过多二氧化锰，影响膜的质量；若其含量偏低，则氧化膜为氧化亚铜，色泽呈褐色。

b. 硫酸铜：参与氧化反应，使高锰酸钾分解析氧。其含量偏高无显著效果，偏低则膜层质量差，也可试用其它盐类。

c. 氢氧化钠：使铜氧化膜保持碱性表面，氧化能不断进行，直至形成厚的黑膜。其质量浓度低于 50g/L 时氧化不易发生，无黑膜，至少到 150g/L 时氧化才能进行。质量浓度过高，氧化膜表面不光洁，有二氧化锰沉积。

d. 温度：温度高能加快反应速度，尤其氧化黄铜零件，要求 90℃ 以上温度，直至沸腾。制作浅古铜色，为使色调缓慢渐变，可在室温下进行。

e. 时间：时间随温度、成分变化而变化，其终点仍是以目视色调达到要求为准。

④ 色泽变化过程。

a. 铜的色泽变化：弱酸性溶液由浅褐至深褐，碱性溶液由红褐至黑褐。

b. 黄铜的色泽变化：弱酸性溶液由黄褐至褐灰，碱性溶液由红褐至褐灰黑。

⑤ 注意事项。

a. 氧化浅古铜色，要注意烘干时色泽会深一些，涂罩光涂料时色泽又会红一些，氧化时宜稍浅一些。

b. 碱性溶液中高锰酸钾质量浓度在 30～50g/L 之间即可，质量浓度偏低氧化不易发生，质量浓度偏高或时间长会沉积黑色粗糙的二氧化锰，可用布拭之。

4.5.2.3 碱式碳酸铜化学氧化

（1）原理

本法是在氨性溶液中氧化，最适用于黄铜氧化处理，膜层深黑且光亮。碱式碳酸铜自行制备反应如下：

$$2CuSO_4 \cdot 5H_2O + 2Na_2CO_3 = CuCO_3 \cdot Cu(OH)_2 + 2Na_2SO_4 + CO_2 \uparrow + 4H_2O$$

然后用氨水溶解，生成碳酸化铜氨与碱性铜氨两个配位化合物，反应式为

$$CuCO_3 \cdot Cu(OH)_2 + 8NH_3 \cdot H_2O = [Cu(NH_3)_4]CO_3 + [Cu(NH_3)_4](OH)_2 + 8H_2O$$

氧化处理时，黄铜中的锌被配位化合，反应式为

$$Zn + 6NH_3 \cdot H_2O - 2e^- = [Zn(NH_3)_4](OH)_2 + 4H_2O + 2NH_4^+$$

黄铜表面剩下的铜最终生成氧化膜，反应式为

$$[Cu(NH_3)_4]CO_3 + Cu + 2H_2O - 2e^- = (NH_4)_2CO_3 + 2CuO + 2NH_4^+$$

$$Cu + 4NH_4^+ + 2e^- = [Cu(NH_3)_4]^{2+} + 2H_2 \uparrow$$

（2）化学氧化处理

① 碱式碳酸铜化学氧化法的溶液组成和操作条件见表 4-22。

表 4-22　碱式碳酸铜化学氧化法的溶液组成和操作条件

工 艺 条 件	质量浓度 ρ_B（除注明外）/(g/L)			
	配方 1	配方 2	配方 3	配方 4
碱式碳酸铜[$CuCO_3 \cdot Cu(OH)_2$]	40	200	200	15～30
25%氨水（$NH_3 \cdot H_2O$）	200mL/L	1000mL/L	500mL/L	65～115mL/L
过氧化氢（H_2O_2）			100mL/L	
温度/℃	15～30	15～30	15～25	60～65
时间/min	10～20	10～20	15～30	3～8

注：配方 4 仅适用于纯铜，其它铜合金氧化时，先镀上 2～5μm 厚的纯铜层。配方 1 中的过氧化氢是一种强氧化剂，在碱性溶液中使铜表面氧化生成黑色氧化铜。随着氧化时间的延长，氧化膜逐渐增厚，当达到一定厚度时氧化自行停止。该工艺获得的氧化膜质量较好，但溶液稳定性差，不宜长期存放。氧化好的工件清洗后烘干，表面应涂防锈油。在配方 4 中加入 18～25g/L 钼酸铵 [$(NH_4)_6Mo_7O_{24} \cdot 4H_2O$]，有利于在铜表面形成有光泽的深黑色膜层。

② 溶液的配制。先把计算量的碱式碳酸铜加入氨水中，仔细搅拌，这个溶解过程非常缓慢，尤其是现购的碱式碳酸铜干粉，在室温下至少 48～72h 才能全部溶解，所以溶液要提前配制，同时要配一些浓缩液作为补充溶液。使用前加 0.5g/L 锌粉使溶液老化，有利于

操作。

③ 溶液组成和操作条件的影响。

a. 碱式碳酸铜。本方法的氧化剂，要先与氨水配位化合才能发挥作用。其含量偏高时效果好，但受溶解度影响提高范围不大；若含量偏低则不能达到黑色，使用时要适量补充。

b. 氨水。溶解碱式碳酸铜并使之生成配位化合物。其体积浓度可高达 1000mL/L（即不加水），这种溶液溶解铜及锌的速度快；若体积浓度偏低，则降低了对碱式碳酸铜的溶解度，氧化膜达不到黑色。

c. 过氧化氢。氧化促进剂，使反应加快。多加冲淡了氨水，使碱式碳酸铜含量偏低。

d. 温度。由于氨的挥发性大，一般在室温条件下操作。但提高温度可加快反应进程，在良好通风的条件下，温度可加至 80℃。

e. 时间。至氧化膜发黑为止，一般不超过 15min。

④ 色泽变化过程。

a. 铜的色泽变化由褐色变为铁灰色。

b. 黄铜的铜质量分数必须低于 65% 才易着色。浸入后色泽变化为：浅褐→深褐→亮浅绿→杨梅红→蓝黑→黑。若含铜量高则仅能氧化成浅褐色或红褐色，甚至毫无变化。

⑤ 注意事项。

a. 若有未氧化处，用热水清洗可补充氧化。

b. 加入过氧化氢能加速反应，但要防止氧化膜过厚，否则氧化膜会脱落。

c. 膜在干燥前很容易擦去，古铜色应在干燥后制作。

d. 出槽后经清洗，要在质量浓度为 25g/L 的氢氧化钠中浸一下，起固色作用。

4.5.2.4 硫化钾化学氧化

（1）原理

硫化物分解的硫离子与铜反应生成硫化铜。反应如下：

$$K_2S \Longrightarrow 2K^+ + S^{2-}$$
$$Cu + S^{2-} - 2e^- \Longrightarrow CuS$$

（2）化学氧化处理

① 硫化钾化学氧化法的溶液组成和操作条件见表 4-23。

表 4-23　硫化钾化学氧化法的溶液组成和操作条件

工 艺 条 件	质量浓度 ρ_B（除注明外）/(g/L)		
	配方 1	配方 2	配方 3
硫化钾(K_2S)	1~1.5	5~10	
氯化铵(NH_4Cl)		1~3	
氯化钠($NaCl$)	2		
硫化铵[$(NH_4)_2S$]			5~15mL/L
温度/℃	25~40	30~40	15~30
时间/min	0.1~0.5	0.2~1	0.2~1

注：配方 1 为褐色。

② 溶液的配制。将计算量的硫化钾（最好用"硫酐"或多硫化钾）及氯化物溶解在水中，温度至工艺规范即可使用。

③ 溶液组成和操作条件的影响。

a. 硫化钾：硫化物氧化最好用天然多硫化钾和硫代硫酸盐混合物，这种溶液的效果极佳。但若购买困难就用工业级硫化钾，这是用一份硫与两份碳酸钾熔融得到的块状物。硫化钾含量高会加快氧化速度，铜很快溶解生成粉末状硫化铜，使表面失去光泽；若含量偏低只能得到褐色表面，满足了红古铜中浅色调的需要，但此种褐色在存储中会加深一些。硫化钾在空气中会自行分解，色泽由褐转白，这种失效的硫化钾不宜使用。硫化铵可作硫化钾的替代品，而硫化钠不宜代用。

b. 氯化铵：能加速膜生成，并使膜层平整匀净。加得过多会改变溶液 pH，使溶液变浑，甚至放出硫化氢。若改用氯化钠也有一定效果。

c. 温度：能决定反应进程。温度偏高反应快，镀层粗糙易厚，温度低则反应慢。一般温度应控制在略高于室温。

d. 时间：反应时间在 0.1～0.5min，不应超过 1min。

④ 色泽变化过程。

a. 铜的色泽变化为：浅褐→深褐→杨梅红→青绿→蓝→铁灰→黑灰。

b. 黄铜中的铜质量分数若大于 85%，与铜变化相仿。低于此含量，则慢慢生成褐铁灰色。为解决此问题，可把黄铜先浸入含少量硫酸的质量浓度为 5～10g/L 的硫酸铜中，也能达到铜的装饰效果。

⑤ 注意事项。氧化反应时，不断晃动工件，不时取出观察，色泽达到要求即可。

4.5.2.5 亚硒酸处理

（1）原理

在酸性溶液中，亚硒酸根与铜作用生成黑色硒化铜及二价铜离子。反应式为：

$$3Cu + SeO_3^{2-} + 6H^+ \rule[0.5ex]{2em}{0.4pt} CuSe\downarrow + 3H_2O + 2Cu^{2+}$$

单用亚硒酸在酸性溶液中就可处理。为适当抑制硒化铜过快生成，使黑膜紧密细致，可加入少量硫酸铜，利用二价铜共离子作用使反应向左进行。

（2）处理

① 亚硒酸处理的溶液组成和操作条件如下：

SeO_2 10g/L，$CuSO_4 \cdot 5H_2O$ 10g/L，HNO_3 3～5mL/L，20～40℃，0.2～2min。

② 溶液的配制。将计算量的二氧化硒（或亚硒酸）、硫酸铜分别溶解，混合并加水至需要量，再加入硝酸即成。

③ 溶液组成和操作条件的影响。

a. 二氧化硒：该溶液的主要成分。其含量高时发黑快，过高会产生黑色粉状物；含量低则，发黑慢。

b. 硫酸铜：铜离子的存在可使黑层细致，过多无益处。

c. 硝酸：保持溶液酸度，使反应顺利进行。

d. 温度：温度高，反应快，黑层也疏松。

e. 时间：与溶液的浓度、温度有关，以不超过 2min 为宜。

④ 色泽变化过程。

a. 铜色泽的变化：杨梅红→宝蓝→黑（时间长有灰）。

b. 黄铜色泽的变化：褐→黑（带青蓝）。

⑤ 注意事项。

a. 烘干后光亮减退，上面往往有一层浮灰，轻揩即亮。

b. 本法尤其适用于室外大型铜件，喷、刷、涂均可。

c. 溶液稳定，经常过滤并适当补充，可长期使用。

4.5.2.6　硫代硫酸钠处理

（1）原理

① 硫酸镍铵复盐分解，反应式为

$$(NH_4)_2Ni(SO_4)_2 \Longrightarrow (NH_4)_2SO_4 + NiSO_4$$

② 硫代硫酸钠分解，反应式为

$$Na_2S_2O_3 \xrightarrow{\triangle} Na_2S + SO_3$$

另外还有以下反应发生：

$$Cu^{2+} + S^{2-} \Longrightarrow CuS\downarrow$$

$$NiSO_4 + Na_2S \Longrightarrow NiS\downarrow + Na_2SO_4$$

（2）工艺

参见表 8-80 工艺 4、5。

① 溶液的配制。将计算量的硫酸镍铵与硫代硫酸钠分别溶解，再混合在一起，加水至预定体积，再加温使用。

② 溶液组成和操作条件的影响。

a. 硫酸镍铵：提供镍离子，使之在工件表面生成黑色硫化镍。其浓度高会置换出白色镍镀层。

b. 硫代硫酸钠：还原剂，会分解出硫化钠和亚硫酸。

c. 温度：温度偏高会加速镍的置换，膜层反而不黑。

d. 时间：若时间过长也会使镍析出，膜层呈浅灰色。

③ 色泽变化过程。

a. 铜色泽变化：白→浅灰→中灰黑。

b. 黄铜色泽变化：白→浅灰→灰黑。

④ 注意事项。本配方适合做色泽一致的古铜色。

4.6　金属氧化的其他形式

表面技术分为覆盖、渗入与转化。可控离子渗入是一种渗透与转化相结合的技术。

金属氧化处理，除了化学氧化处理外，还有电化学氧化的阳极氧化与微弧氧化处理，这两类氧化在后面章节将会详细介绍。金属化学氧化根据氧化介质，分为溶液氧化和熔融盐氧化。第 7 章介绍的 QPQ，就是一种特殊的熔融盐氧化形式。普通氧化，氧化膜厚度不够，因为一旦形成氧化膜，就阻碍了基体金属与氧的接触。微弧氧化电离出的金属离子能扩散至膜层表面，与氧接触，在一定程度上能消除这种膜层对基体金属与氧接触的阻碍。但表面转化膜处于熔融状态，温度高，能量消耗较大。笔者研究出的磷化-氧化复合处理膜（参见 4.1.4），能促进氧化剂渗透进基体，可使钢铁氧化膜厚度达 $4\sim5\mu m$，比一般钢铁氧化膜 $0.5\mu m$ 厚得多。另外，产生了一种可控离子渗入技术，将氧渗入金属基体中，进行氧化。可控离子渗入技术将碳、氮与氧渗进金属表面，由于氧的渗入，促进了氧与基体金属的结合，极大增加了耐腐蚀层厚度及处理层的硬度和耐磨性。其他氧化转化处理在本书其它章节有介绍，这里简要介绍熔融盐氧化与可控离子渗入氧化。

4.6.1 熔融盐氧化

熔融盐氧化，就是将经前处理后烘干的金属零件放置在熔融盐中氧化处理。这样获得的氧化膜成分，是高温下的氧化物构型，对于铝合金与钢铁零件，能获得更高硬度的氧化膜层。QPQ就是一种特殊形式的熔融盐氧化，是渗氮后与氧化工艺的结合。目前生产中应用的不锈钢氧化工艺为：重铬酸钠80%～90%；重铬酸钾10%～20%；温度370℃；时间30～40min。

4.6.2 可控离子渗入氧化

可控离子渗入（programmable ion permeation，PIP）是一种黑色金属复合表面处理新技术，其将非金属元素（C、N、O）和微量金属元素（Y、La）渗入零件中，在零件表面形成由金属氧化物、金属碳氮化合物以及氮在铁中的固溶体组成的可控的多层复合渗层，从而使零件内外表面同时形成防腐蚀耐磨层，其厚度可达数十微米，耐腐蚀性能得到极大提高，耐中性盐雾试验时间可达到800h以上。其硬度与耐磨性能与硬铬相当。与漆膜附着力良好，目前在生产上有一定应用。

可控离子渗入工艺过程：清洗→预热→离子渗入→离子活化→离子稳定化→浸油。

在离子渗入阶段进行碳氮共渗。在离子活化阶段渗入氧，温度大概在400℃。离子稳定化阶段温度在180℃左右。

第5章

阳极氧化

5.1 铝合金的阳极氧化

铝及铝合金阳极氧化即电化学氧化。不同类型阳极氧化工艺所获得的氧化膜结构和性能有所差异，但各类阳极氧化的基础工艺规程都是相同或相似的。

阳极氧化有硫酸法、铬酸法、草酸法、混酸法、硬质阳极氧化法、瓷质阳极氧化法等。

阳极氧化后，可以进行电泳涂漆，比较适合阳极电泳涂漆，也可用阴极电泳漆，但使用的电压比通常情况更高。对于阳极氧化与硬质阳极氧化，在氧化过程中，盛放在挂具中部的零件，由于外部零件对电力线的屏蔽，中部零件很容易形成不了氧化膜，或者形成的氧化膜很薄。硬质阳极氧化电阻本来很大，但中部零件却可能电阻很小，对于电气零件要特别注意，一是注意零件悬挂，二是要加强零件氧化后的质量检测。

阳极氧化膜具有以下特性。

① 有较高的耐蚀性。铝在铬酸盐液中得到的氧化膜致密、耐蚀性好，特别适于铆接件和焊接件的阳极氧化处理；铝在硫酸盐液中得到的氧化膜孔隙率大，不过其膜层较厚，且其吸附能力很强，经过适当的封闭处理，耐蚀性很好，其工艺非常成熟。

② 有较强的吸附能力。要求表面精饰的铝及其合金制品，经化学或电化学抛光后，再用硫酸溶液进行阳极氧化，可得到透明度较高的氧化膜，这种膜可吸附很多有机染料和无机染料，从而具有各种鲜艳的色彩。在一些特殊工艺条件下，还可获得外观与瓷质相似的防护装饰性氧化膜。

③ 硬度较高、耐磨。多孔的厚氧化膜层能够储存润滑油，可有效地应用于摩擦工作状态的铝制品。

④ 可作为电的绝缘层。可用阳极氧化法制备电容的介电层。

⑤ 作喷漆的底层。经阳极氧化后零件可以浸涂有机保护膜，或电泳漆，或有机硅漆及喷塑层。

⑥ 绝热抗热性能强。阳极氧化膜可耐高温 1500℃ 左右，而纯铝只能耐 600℃。

⑦ 在多孔膜中沉积磁性合金作为记忆元件、太阳能吸收板、超高硬质膜、干润滑膜等。

⑧ 阳极氧化膜与电泳涂漆的电压较高，通常都超过安全电压 24V，手工操作时，在阳极氧化工序零件出入槽时应先关机，否则容易引起电击。

5.1.1 概述

5.1.1.1 阳极氧化机理、工艺和应用

铝和铝合金在相应的电解液与特定的工艺条件和外加电流作用下，利用电解作用使铝及

铝合金制件（阳极）表面形成氧化物薄膜的过程，即为阳极氧化。目前对于阳极氧化的机理有不同的理论模型。一般认为是一种 Al^{3+} 与 O^{2-} 形成、扩散与结合成膜的过程，与氧直接从基体获取电子氧化过程相区别。阳极氧化的这种机制能在一定程度上克服 Al 和 O 结合的障碍。铝阳极反应是很复杂的，阳极可能的反应有：

$$Al-3e^- \longrightarrow Al^{3+}$$
$$H_2O-2e^- \longrightarrow 2H^+ + [O]$$

或

$$6OH^- \Longrightarrow 3H_2O + 3O^{2-}$$
$$2Al + 3[O] \Longrightarrow Al_2O_3 + 1670kJ$$
$$2Al^{3+} + 3O^{2-} \longrightarrow Al_2O_3 + 热量$$

多余的 [O] 可能形成氧气。

氧化膜为双层结构，内层为致密无孔的 Al_2O_3，称为阻挡层；外层是由孔隙和孔壁组成的多孔层。在氧化膜/溶液界面上（即孔底和外表面）则发生氧化膜的化学溶解：

$$Al_2O_3 + 3H_2SO_4 \Longrightarrow Al_2(SO_4)_3 + 3H_2O$$

正向进行，则膜溶解；逆向进行，则膜生成。

阴极上发生氢离子的还原反应

$$2H^+ + 2e^- \longrightarrow H_2\uparrow$$

氧化膜一方面在不断生成，另一方面在不断溶解。只有当氧化膜的生成速度大于溶解速度时，氧化膜才能生成、加厚。因此一些对氧化膜几乎不溶解的酸如硼酸、柠檬酸、戊二酸等作为电解液时，得到极薄的无孔层，膜层无法加厚，通常只用于某种特殊的目的，例如电容器的制造等。具有强溶解能力的电解液如盐酸、苛性碱等溶液，由于溶解速度大于成膜速度，不能用于铝的阳极氧化成膜。只有溶解能力中等的硫酸、草酸、铬酸和磷酸才能满足铝阳极氧化时对电解液的要求，即具有良好的导电能力，对膜层有一定的溶解能力，以使成膜速度大于溶解速度，获得一定厚度和良好性能的膜层。

氧化膜的形成过程分为三个阶段。

第一阶段，无孔层的形成。通电开始的几秒至十几秒时间内，电压随反应时间的增加而急剧升高至最大值，该值称为临界电压（或形成电压）。这是由于铝阳极上形成了连续的、无孔的薄膜层。此膜具有较高的电阻，因此随着膜层的增厚，电阻增大，引起槽电压呈直线上升。这时膜的形成速度大于溶解速度。

第二阶段，膜孔的出现。阳极电位达到最高值以后，开始下降。这是由于氧化膜开始被电解液溶解，凹处受电化学和化学溶解出现孔隙，电阻下降，电压下降。O^{2-} 离子通过孔穴扩散与 Al^{3+} 结合成新的阻挡层。

第三阶段，多孔层的增厚。此阶段的特征是氧化时间大约 20s 后，电压开始进入平稳阶段。随着电流通过每一个膜孔，氧化物又在孔底重新形成，于是筒柱形膜胞便沿垂直于阳极表面的电场方向生长，每个膜胞继续长大，最终将成为六个胞壁彼此相接的六面柱体。这种六面柱体中心有一个星形小孔，形似蜂窝状结构，孔壁的厚度是孔隙直径的两倍，小孔的底部有阻挡层与铝基体隔离。在硫酸中阳极氧化膜平均孔隙率为 $10\% \sim 15\%$，$1\mu m^2$ 的表面大约有 800 个小孔。

恒电压下阳极氧化电流随时间变化如图 5-1 所示，可以看到电流从由平面的膜过程决定转变为由孔过程决定。生产和科研过程中往往是不断升高电压，保持电流的恒定或升高（硬质阳极氧化）。

膜的生成与搅拌情况密切相关。图 5-2 为恒定电流时阳极氧化膜所消耗的电压，曲线 1 为不搅拌的情况，这时膜的电阻值不是不断升高，只有在搅拌的情况下（曲线 2），扩散的影响消除了，膜的电阻值才不断升高，消耗于膜上的电压降不断增加。曲线 2 的平台受到温度与硫酸浓度的影响。

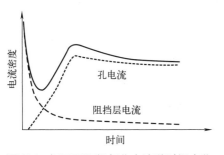

图 5-1　恒压下阳极氧化电流随时间变化

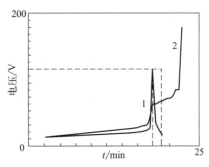

图 5-2　搅拌与不搅拌情况下氧化膜上的电压
（1.84mol/L 硫酸溶液，$0\sim5℃$，1.5A/dm^2）

多孔层的厚度取决于电解液的种类、浓度及工艺条件，氧化膜的生长遵循法拉第定律，在一定电流密度下，厚度随时间成比例增加，但由于氧化生成热和电解液的焦耳热使溶液温度升高，多孔层的溶解加速。当多孔层的形成速度和溶解速度达到动态平衡时，膜厚达到极限值。所以，厚膜一定要加强冷却电解液。

在氧化刚开始形成绝缘阻挡层时，因氧化铝比铝原子体积大而发生膨胀，阻挡层变得凹凸不平，这就造成了电流分布不均匀，凹处电阻小而电流大，凸处则相反，凹处易被电流击穿，在电场作用下发生电化学溶解，以及由硫酸的浸蚀作用产生化学溶解，凹处逐渐加深变成孔穴，继而变成孔隙，凸处变成孔壁。阳极氧化时阻挡层向多孔层转移的模型如图 5-3 所示。

电解液在孔内不断循环更新。电解液中水化了的外层氧化膜带负电荷，而在其周围的液层中紧贴着带正电荷的铝离子，由于电位差的作用，贴近孔壁带正电荷的液层向外部流动，而外部的新鲜电解

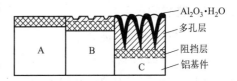

图 5-3　铝阳极氧化膜生长阶段示意图

液则沿孔的中心轴向孔内流动，使孔内电解液不断更新，这个过程叫作电渗。电渗导致孔隙加深、扩大。

铝及铝合金阳极氧化膜的组成，除氧化物外，还含有水和自电解液中引入的阴离子，后二者在氧化膜中除游离态以外，还常以键合的形式存在，这就使得膜层的化学结构随电解液的类型、浓度和电解条件而变得相当复杂。譬如从硫酸和磷酸两种能形成多孔膜的电解液中得到的膜，硫和磷的含量（w）可达 13%（按 SO$_3$ 计算）。游离的阴离子主要积聚在可以被洗掉的膜孔之中。膜中的水主要以水合物的形式存在，它可能会起到使氧化铝稳定的尖晶石型结构的作用。

5.1.1.2　阳极氧化的工艺过程

（1）前处理技术要求

① 需热处理强化的铝合金零件应在机械加工和热处理之后进行阳极氧化处理。

② 具缝隙的零（组）件不宜阳极氧化处理。

③ 含硅量高的零件，可在 $40\sim50$mL/L 硝酸和 10mL/L 左右的氢氟酸溶液中浸渍 20s

左右以溶解杂质，使表面留下一薄层较纯的铝，以改善氧化膜性能。

（2）阳极氧化工序

铝和铝合金在阳极氧化前后都需要根据材料的化学组成、表面状态以及对膜层的要求进行适当处理。阳极氧化前用棉纱蘸有机溶剂擦净零件上残存的油脂、抛光膏、标记、胶液或其它污染物，再检查零件上有无缺陷，然后装挂，选取适用的钛合金、铝合金夹具或铝丝装挂零件。在保证装夹牢固、导电良好、排液流畅的情况下，接触面积宜小。

但若接触面不够，接触点电流密度太大，容易对零件造成烧蚀。可对不氧化的地方进行保护，硬质阳极氧化的保护绝缘胶容易脱落，需特别引起注意。绝缘胶配制如下：

① 3份硝基溶液（Q98-1），1份红色硝基溶液（Q04-3）（红色硝基溶液可用少量甲基红来代替），混合均匀后用 X-1 稀释剂稀释到工业黏度，刷涂时间为 20～30s。

② 100g 过氯乙烯胶液（G98-1），15～20g 红色过氯乙烯防腐溶液（G52-1），混合均匀后用 X-3 稀释剂调到适当黏度，一般为刷涂或浸涂。

③ 将 100g 聚乙烯醇溶解于 500mL 胶水 $[CH_3CH(CH_3)CH_2CH_2OOCCH_3]$ 中，呈胶液状，刷涂于零件上需要绝缘的部位。室温固化时，时间大约 4h，如在 60～70℃ 下烘干，30min 即可。

通常阳极氧化刷涂 1～2 道即可。硬质阳极氧化可涂 2～4 遍，每遍刷涂后干燥。

铝阳极氧化前处理参见第 2 章，前处理完成后水洗即可进入阳极氧化工序。

阳极氧化过程中宜用压缩空气搅拌溶液。阴极材料用铅板。阴极面积：阳极面积＝1:（3～10）。合金元素含量较高且未包铝的铝合金宜选用 20V 的电压。阳极氧化时间可依据工艺文件或图纸对氧化膜不同厚度的要求确定。要获得较厚的氧化膜可适当延长氧化时间，但最多只能延长至 60min。

5.1.2　硫酸阳极氧化

5.1.2.1　常规硫酸阳极氧化

该法获得的铝氧化膜层外观无色透明，厚度约为 5～20μm，孔隙多（孔隙率平均为 10%～15%），吸附力强，有利于染色。经过封闭处理后，具有较高的抗蚀能力，主要用于防护和装饰目的。硫酸阳极氧化，溶液稳定，不需高压电源，氧化时间短。除不适合松孔度大的铸件、点焊件和铆接组合件外，对其它铝合金都适用。该工艺的缺点是氧化过程中产生大量的热，槽温会很快升高，生产中必须有降温装置。

（1）工艺规范

普通硫酸氧化的工艺规范见表 5-1，改进型硫酸氧化的工艺规范见表 5-2。

表 5-1　普通硫酸氧化的工艺规范[①]

工艺条件	直流电氧化			交流电氧化		直流或脉冲
	配方 1[②]	配方 2[③]	配方 3[④]	配方 4	配方 5[⑤]	
H_2SO_4/(g/L)	180～200	280～320	160～170	130～150	100～150	150～160
$NiSO_4 \cdot 6H_2O$/(g/L)		8～10				
温度/℃	15～25	20～30	0～3	13～26	15～25	19～21
电压/V	15～25	18～20	16～20	18～28	16～24	18～20
阳极电流/(A/dm²)	0.8～2.5	2～3	0.4～0.6	1.5～2.0	3～4	1.1～1.5

工艺条件	直流电氧化			交流电氧化		直流或脉冲
	配方1②	配方2③	配方3④	配方4	配方5⑤	
氧化时间/min	一般30~40	30~40	60	40~50	30~40	30~40
搅拌	需要	需要			需要	需要

① 所有配方 Al^{3+} 含量均不超过 20g/L。
② 阴极材料用铅板，适用于一般铝及其合金，是通用配方。
③ 适用于装饰性氧化，是宽温快速氧化。
④ 用纯铝或铅锡合金板（2%~3%）作阴极，适用于铝镁合金的装饰性氧化。
⑤ 通用交流氧化，只能获得较软较薄的膜。

表 5-2　改进型硫酸氧化的工艺规范

工艺条件	质量浓度 ρ_B（除注明外）/(g/L)						
	配方1	配方2	配方3	配方4	配方5	配方6	配方7
H_2SO_4	150~200	w 15%	120~140	180	150	w 5%	φ 2%~7%
$H_2C_2O_4 \cdot 2H_2O$	5~6		15	5			
甘油		w 5%		15			
硼酸					2.5	w 0.8%	5~10
磷酸						50	
硫酸铵					2.5		
$Ce(SO_4)_2$ 或 $La_2(SO_4)_3$				0.2			
酒石酸			40				
温度/℃	15~25	20	15~45	20	20~25	22	17~25
电压/V	18~24	16~18	18~24	16	18	18	23~27(15)
电流/(A/dm²)	0.8~1	1~3	1.0~1.5		pH 0.5	0.45	0.3~0.7
时间/min				50	30	20	

注：1. 添加甘油或草酸的硫酸阳极氧化获得的膜层，比在相同条件下不加甘油或草酸获得的膜层要厚一些；加入草酸，溶液允许温度可适当提高；所有配方 Al^{3+} 含量均不超过 20g/L。

2. 配方3为宽温度配方，在45℃以下可获得致密氧化膜。

3. 配方1其它条件不变，$H_2C_2O_4 \cdot 2H_2O$ 为 15~30g/L 时，据报道，零件吹砂→水洗→抛光→氧化→冷水洗→染黑→冷水洗→固色→冷水洗→热水洗→晾干→刷光后，可得黑色缎面表面。化学抛光工序：磷酸 700mL/L，硝酸 30~50mL/L，硫酸 110mL/L，110℃，30~60s。染黑：酸性毛元 ATT。固色工序：醋酸镍 5~6g/L，$CO(CH_3COO)_2$ 1g/L，硼酸 3~5g/L，pH5~6，60~70℃，15~30s。使用于 LY11、LY12 及各类纯铝。

4. 硫酸与硼酸的阳极氧化工艺，孔隙率低，易着色，具有较好的生产应用价值。

阳极氧化通电后，在 5min 内逐步升高电压，使电流达到规定值。生产上有控制电流和控制电压两种方法。根据目前研究结果，控制电流的方法在膜层厚度与性能及操作安全性方面优于控制电压的方法。控制电压的好处在于不用计算零件表面积，但若一开始就将电压升高至规定值，易使初始电流密度过大而使线路损坏。阳极氧化断电后立即将零件从槽中取出。

（2）溶液的配制

先将欲配体积 3/4 的蒸馏水或去离子水加入槽中，将所需的硫酸在强力搅拌下缓慢加入，然后加水（蒸馏水或去离子水）至所需体积，搅拌均匀并使其冷却至规定温度。

配制硫酸阳极氧化溶液时，切不可将水加入硫酸中，否则溶液会局部过热，沸腾外溅。

添加硫酸时，都应注意要搅拌均匀，以免影响电流分布。

（3）成分和工艺条件的影响

① 硫酸。一般氧化膜的厚度取决于氧化膜的溶解与生成情况。硫酸浓度增加，氧化膜溶解速度增大，反之亦然。氧化开始时，在溶液中氧化膜的生长速度比稀溶液中快，但随氧化时间的延长，浓溶液中膜的生长速度反而比稀溶液慢。硫酸浓度偏高孔隙率增加，容易染色，一般防护装饰用硫酸 $w=18\%\sim20\%$。由于浓度高时膜层的硬度、耐磨性、耐蚀性下降，带出的损失多，故建筑铝型材阳极氧化采用 15% 左右下限浓度。加有镍盐的电解液，可使用较高的电流密度，为保持膜层的高生长速度和溶液的导电性，故采用较高的硫酸。

② Al^{3+}。新配槽时，必须要有 1g/L 以上的铝离子存在才能获得均匀的氧化膜，以后在生产中由于膜的溶解，铝离子的浓度会影响电流密度、电压、耐蚀性和耐磨性。Al^{3+} 累积导致游离硫酸降低，导电性下降，当定电压生产时，电流密度则降低，造成膜厚度不足，透明性下降，甚至出现白斑等不均匀现象。在控制电流时，会引起电压升高，电耗增大。

若溶液无 Al^{3+}，膜层耐蚀、耐磨性差；Al^{3+} $1\sim5g/L$ 耐蚀、耐磨性好；Al^{3+} 继续增加，耐蚀、耐磨性明显下降。一般 Al^{3+} 控制在 $2\sim12g/L$ 范围内，极限浓度为 20g/L，大于此值必须部分更新溶液，即抽出 1/3 溶液补充去离子水和硫酸，旧氧化液可用于铝型材的脱脂工序。

③ 镍盐。在快速氧化液中加入 $8\sim10g/L$ 硫酸镍可提高氧化速度、扩大电流密度和温度的上限值，其作用机理不明。

④ 添加剂。交流氧化时加入添加剂可获得厚度均匀、不发黄、硬度较高的膜层，克服了常规交流氧化存在的厚度不能增加、膜层均匀性差、膜硬度低、外观发黄等缺点，膜层质量可与直流氧化相媲美。

⑤ 草酸与甘油。加入二元酸和三元醇，可提高氧化膜的硬度、耐磨性和耐蚀性。一般认为它们可吸附于氧化膜上，形成一层使 H^+ 浓度大为降低的缓冲层，致使膜溶解速度降低，温度的上限值亦可提高。

⑥ 温度。氧化温度影响 Al^{3+} 与 O^{2-} 的生成、扩散与结合，是一个对膜层性质起主导作用的参数。温度升高溶液黏度降低，电流密度升高（电压恒定时）或电压降低（电流恒定时）有利于提高生产率和降低电耗，但却带来电解液对膜溶解的加剧，造成膜生成率、膜厚和硬度降低，耐磨和耐蚀性下降。若同时电流密度也低则会出现粉状膜层，氧化温度高还会出现膜层透明度和染色性降低，着色不均匀。最优质的氧化膜是在（20±1）℃的温度下获得的，高于 26℃ 膜质量明显降低，而低于 13℃ 氧化膜脆性增大。

阳极氧化是放热反应，成膜反应 $2Al^{3+}+3O\longrightarrow Al_2O_3$ 生成热达到 1667.82J，同时电解液内也产生焦耳热 $Q=I^2R$，氧化时溶液温度会不断升高，所以必须采用强制冷却法降低温度。

⑦ 电流密度。阳极氧化的重要参数，提高电流密度，膜生成速度加快，生产效率提高，孔隙率增加，易于着色。但温度不能过高，否则温度升高加快，膜溶解加快，对复杂零件还会造成电流分布不均而引起厚度和着色不均匀，严重时还会烧蚀零件。在搅拌强、制冷好的前提下可采用电流密度上限值，以提高工作效率。但电流密度也不可低于 $0.8A/dm^2$，否则质量降低。

生产上，阳极氧化一般通过控制电流密度进行氧化。通过控制电压的方式也是能够进行生产的，根据具体情况，一般要求电压大于12V。但零件多少不一，控制电压不易掌握分散在零件上的电流，当零件少时，零件电流密度过大就容易烧蚀。生产上可以先根据零件多少，估算总电流，不使电流过大的情况下，可通过控制电压进行生产。

⑧ 电流波形和电压的影响。铝阳极氧化可使用直流电源、脉冲电源、交流电源以及交直流叠加电源。

硫酸法一般用连续波直流电源，电流效率高、硬度高、耐蚀性好。当操作条件掌握不当时易出现"起粉"和烧焦等现象。采用不连续波直流电源时（如单相半波），由于周期内存在瞬间断电过程，创造了表面附近热量及时散失的条件（与脉冲电流类似），降低了膜层溶解速度，因此可提高极限厚度，允许提高电流密度和温度的上限值，能避免"起粉"、烧焦和孔蚀等现象，但是生产效率降低。

脉冲电源阳极氧化比直流电源阳极氧化膜层性能好，可全面提高氧化质量和速度，能避免"起粉"、烧焦等现象，可使用较高的电流密度，可缩短氧化时间30%，节约电能7%。

脉冲阳极氧化膜与直流阳极氧化膜的比较见表5-3。

表 5-3　脉冲阳极氧化膜与直流阳极氧化膜的比较

比较项目	直流氧化膜	脉冲氧化膜
维氏硬度	300(20℃)	650(20℃)
CASS 试验	8h	＞48h
耐碱性试验(滴碱)	250s	＞1500s
弯曲试验		好
耐击穿电压	最大 300V	1200V(100μm)
膜层均匀性	差	好

交流电氧化是一种不用整流设备，将市电经变压器降压后直接可作电源，两极均可氧化。因此交流电氧化成本低、功效高、节能。由于存在负半周，所以获得的氧化膜孔壁薄、孔隙率高、质软、透明度高、染色性好，但硬度低、耐磨性差、膜层带黄色，难以获得10μm以上的厚度。往电解液中加入添加剂，可获得硬度高、耐蚀性好、无黄色、较厚的氧化膜，既适用于 Al-Si 系、Al-Cu 系等难氧化的铝合金，又适用于一般纯铝和建筑铝型材，因此是一种大有发展前途的氧化电源。交直流叠加电源常用于草酸阳极氧化。

电压与阻挡层厚度、电流密度有依赖关系。电压高，阻挡层增厚，孔壁增厚，耐蚀和耐磨性提高，但孔隙率降低，着色性能下降。电压升高电流密度也高时，还容易造成氧化膜"烧焦"。电压升高，电能损耗增大。电压也不能低于12V，否则硬度低，耐磨、耐蚀性差。一般装饰性氧化采用12～16V，铝型材采用18～22V。

⑨ 搅拌。阳极氧化时产生的热量如积存在氧化膜表面附近的液层，会导致氧化膜溶解和综合性能下降，因此除冷却电解液外尚需搅拌电解液，使零件附近的热量迅速散失。搅拌可采用电解液体外循环，从表面吸出经热交换后再从槽底管子中喷入；也可从槽底吹入干燥的压缩空气，空气吹入量为 12～36m³/h，空气压力取决于槽深度，槽深 1m 时，压力为 0.15～0.5kg/cm²；槽深 3m 时，压力为 0.8～1.5kg/cm²。

⑩ 硫酸法阳极氧化，使用超声波许多情况下会使膜孔隙率降低，氧化速率大于溶解速率，所以槽压随时间的延长而逐渐增大；而没有加超声的氧化体系，由于很快达到氧化-溶解平衡，槽压基本维持不变。超声波能明显提高铝氧化的上限温度和氧化电流密度，延长氧

化时间；超声波还可大幅度降低氧化膜的孔隙率，加快氧化膜的生长速度，提高膜层的厚度与硬度。

⑪ 氧化时间。硫酸法氧化膜的厚度与氧化时间的关系取决于槽温和电流密度。通常防护-装饰性氧化膜的厚度，一般零件在 $6\sim12\mu m$，建筑铝型材要求 (15 ± 3) μm，因此，氧化时间为 $20\sim50min$。氧化时间长，氧化厚度并不会按正比增加，还会降低质量。

若采用电流密度为 $1A/dm^2$ 氧化，膜厚在 $6\sim14\mu m$ 内，可按下列经验公式粗略计算膜层平均厚度。

$$膜厚/\mu m = 0.25 \times 氧化时间/min$$

（4）生产注意事项与工艺维护

① 挂具和氧化零件的材质应相同，并且一定要绑紧，防止移动时松动。铝型材在进入氧化前还要紧一下绑扎线。电极与零件接触面要适当，过小接触处易烧蚀。零件凹处向上。

② 带有钢铁组件的制品，不宜在铝阳极氧化槽中氧化。

③ 一般氧化初期中断电流影响不明显，但氧化一段时间后断电将产生两层结构，膜层性能恶化。

④ 每槽氧化的面积与槽液体积有关。通电量与溶液体积的关系，体积电流密度为 $0.3A/L$ 为限。注意被遮盖处的阳极氧化。

⑤ 硫酸阳极氧化溶液所用硫酸最好采用试剂级硫酸（化学纯）。

⑥ 溶液要定期进行化学分析，并根据分析结果添加硫酸，以保持规定的浓度。

⑦ 阳极氧化过程中，由于铝及其它金属的溶解，溶液中杂质含量增高。可能产生和带入的杂质有：Cl^-、NO_3^-、F^-、CrO_4^{2-}、Al^{3+}、Cu^{2+}、Pb^{2+}、Fe^{3+}、Mn^{2+}、Mg^{2+}、Si 等。对氧化膜影响最大的杂质是 Cl^-、Al^{3+}、Cu^{2+} 等及油污。对普通阳极氧化工艺，溶液中允许杂质最大含量/(g/L)：Al^{3+} $15\sim20$；Cu^{2+} 0.02；Cl^- 0.2；Fe^{3+} 0.2；NO_3^- 0.02，F^- 0.01。对装饰性阳极氧化工艺，溶液中允许的杂质最大含量/(g/L)：Al^{3+} 10；Cu^{2+} 0.01；Cl^- 0.1；Fe^{3+} 0.2；F^- 0.001。溶液表面不允许存在任何油污和泡沫膜。

溶液中杂质离子含量过高时孔隙率升高，氧化膜表面粗糙和疏松，甚至造成局部腐蚀，超过 $0.2g/L$，氧化膜表面会产生大量分散性黑色腐蚀斑点，甚至膜层会发生穿孔。铜、铝、铁等离子含量过多时主要影响氧化膜的色泽、透明度、耐蚀性及吸附性，也会造成染色困难和降低染色后的鲜艳度和耐晒度。有时膜层还可能产生暗色条纹或斑点。Cu^{2+}、Pb^{2+}、Mn^{2+} 使氧化膜产生黑色条纹、发蒙等，着色困难，用低电流密度电解除去。Al^{3+}、Si 影响膜色泽、透明性和抗蚀性。Al^{3+} 的除去后面将要叙述。Si 常悬浮于溶液中，通过过滤除去。

⑧溶液中的铜杂质可通过经常刷洗阴极铅板消除一部分，也可以在 $0.1\sim0.2A/dm^2$ 电流密度下通电处理，使铜沉积在阴极而除去。为除去溶液中的 Al^{3+}，可先将溶液温度升高到 $40\sim50℃$，在不断搅拌下缓慢加入硫酸铵，使铝变成硫酸铝铵的复盐沉淀除去。

处理溶液的金属杂质时，要考虑经济价值，如处理成本太高，可以将溶液换掉。

⑨ 溶液中存在的 Cl^- 等杂质主要来源于配制槽液和清洗工序的水源，因此，应特别注意阳极氧化工艺用水的质量。

（5）防护-装饰铝氧化故障及处理

防护-装饰铝氧化故障及处理方法见表5-4。

不合格膜层可在碱蚀液中去掉膜层重新氧化。

表 5-4 防护-装饰铝氧化故障及处理方法

故障现象	可能的原因及处理方法
氧化膜耐蚀性差	①电解液温度高而电流密度低 ②电解液浓度高而氧化时间长 ③合金组织不均匀
零件表面局部有腐蚀点	①电解液含有大量 H^+，应更换新液 ②零件焊缝和深凹处积藏溶液未清洗干净
氧化膜发脆或有裂纹	①阳极电流密度太高 ②溶液温度太低 ③封孔温度或干燥温度太高
氧化膜上有泡沫状或网状花纹	①脱脂不干净 ②化学除油后未出光，残留水玻璃在氧化液中形成了硅酸 ③化学除油后清洗不净
氧化膜呈彩虹色	①氧化膜太薄，氧化电流低或时间短 ②零件与挂具接触不良
氧化膜厚度不足	①氧化时间短或电流密度低 ②同一挂具厚度不均是电接触松紧不同造成的 ③紧绑型材的导线过小 ④电解液温度过高 ⑤挂具氧化膜未除净，造成接触不良
工件与夹具接触处烧伤	①挂具表面氧化膜未除净造成接触不良 ②零件与挂具接触不良或接触面积小
氧化膜有色斑点或黑色条纹	①零件上油污未除净 ②如果是型材也许是碱蚀液中含锌杂质较多，应加硫化物除锌 ③电解液中有悬浮物 ④电解液含 Cu^{2+}、Fe^{2+} 离子多，低电流电解处理 ⑤零件清洗不净就封闭 ⑥溶液中氯离子含量高，零件在水中停留时间过长
氧化膜呈灰色	①铝材中硅含量不大于 5% ②铝合金相组织不均匀，重新进行时效处理
氧化膜有白色斑点	①硫酸浓度太高 ②电解液温度过高 ③阳极电流密度高 ④Al^{3+} 大于 20g/L，应换部分新液 ⑤如果铝材表面等距离出现对称白斑，这是型材挤压出模具后冷却太慢造成的，应强制冷却
表面粗糙或化学烧伤	①坯料材质不好 ②碱蚀条件控制不当或碱蚀液老化，应检查碱蚀工艺 ③从碱蚀槽到水洗之间时间过长
过腐蚀（出现腐蚀斑点）	①碱蚀浓度高、温度高或碱蚀时间长 ②热水槽中碱性强且停留时间长，定期换水
氧化膜光泽差、发暗	①碱蚀时间过长 ②氧化电解液浓度过高 ③氧化过程中经常停电 ④硫酸浓度低
氧化膜疏松、粉化、脱落	①氧化液温度过高、电流过大或时间过长，控制氧化条件 ②溶液浓度过高

（6）快速阳极氧化

当在阳极氧化液中加入少量硫酸镍，增加硫酸浓度，可以加速阳极氧化，缩短氧化时间。工艺1：硫酸 $200g/L$，硫酸镍 $8g/L$，$24℃$，$2A/dm^2$，$20min$。工艺2：硫酸 $300g/L$，硫酸镍 $8g/L$，$28℃$，$2A/dm^2$，$15min$。

5.1.2.2 硫酸法硬质阳极氧化

硬质阳极氧化法是一种厚层阳极氧化工艺，膜层外观呈灰、褐至黑色，其色与材质有关，且温度愈低、膜层愈厚，则色泽愈深。其厚度通常可达 $100～200\mu m$，最高达 $250\mu m$。氧化膜硬度很高，在纯铝上比在铝合金上硬度高得多。由于微孔可吸附润滑剂，故能提高耐磨能力。此外，阳极氧化膜还具有耐蚀性，结合力强，绝缘和绝热性好。

硫酸硬质阳极氧化工艺具有溶液简单、稳定等优点。它与常规硫酸阳极氧化工艺基本相同，所不同的是在氧化过程中，零件和溶液保持在比较低的温度下 $-5～10℃$，以得到硬度高、膜层厚的氧化膜。为此，需要采用制冷和压缩空气强力搅拌等方法。可获得硬质阳极氧化膜的溶液很多，如硫酸、草酸、丙二酸、磺基水杨酸及其它无机酸和有机酸等。电源有直流电源、交流电源、交直流叠加电源以及各种脉冲电源。直流低温硫酸硬质阳极氧化工艺应用最广。

铝及铝合金在低温硫酸电解液中，经阶梯电流作用进行电化学氧化，这是硫酸硬质阳极氧化。它除具有一般硫酸氧化膜的性质外，在硬度、耐磨性、结合强度、滑动性能、电穿透强度以及耐腐蚀性等方面都能得到提高，是一种能够满足较高要求的表面处理方式。有些产品的使用条件对表面耐磨、耐紫外光照等要求相对较高，选用适当的材料和适当的表面处理方法非常重要。普通阳极氧化只能满足一般外观要求，采用 LY11、LY12 硬铝合金及 LC4 超硬铝合金材料在硫酸溶液中得到的硬质阳极氧化层厚度可达到 $50～80\mu m$，膜层硬度 $370～500HV0.1$。

（1）硬质膜的生长过程和结构特点

氧化膜的生成机理与普通硫酸阳极氧化相同，但为获得厚而硬的膜层需强制冷却电解液，采用高电压和大电流使膜的生成速度远大于溶解速度。氧化条件的改变，使膜层结构亦发生变化，构成了硬质膜生长过程的新特点，如图 5-4 所示。

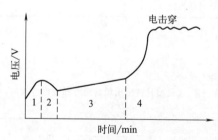

图 5-4　铝硬质阳极氧化特征曲线

由图可知，第一阶段是阻挡层形成段，其厚度达 $100～120nm$。第二阶段为孔穴的生成。这两阶段与普通阳极氧化相同；第三阶段为多孔层的形成和加厚，与常规氧化明显不同，这时随膜增厚电阻增加，孔隙率减小，故电压升高，此阶段时间越长，生长速度与溶解速度达到平衡的时间越长，其厚度不断增加；第四阶段电压急剧上升，达到一定值时发生电火花击穿。这是由于电压高，膜孔内析氧加速，且扩散困难，累积的氧气又导致膜电阻增加，电压剧增，孔内热量引起气体放电产生火花。电火花击穿导致氧化膜破坏，此时电压叫作击穿电压。所以，第四阶段氧化时间不宜太长，通常为 $90～100min$。

硬质层也是双层结构，其区别在于比普通膜的阻挡层厚度约大 10 倍，孔壁也如此，这是硬度高的基本原因。然而孔隙率比普通膜低得多，只有 $2\%～6\%$。硬质膜基组杂乱无章，互相干扰，出现一种特殊的棱柱状，导致膜内应力大，甚至引起开裂。合金元素和电解分解产物在膜壁中的残留，引起膜色泽深暗。

（2）工艺流程

装篮→脱脂→上夹具→脱脂→清洗→弱腐蚀→清洗→光泽处理→去离子水清洗→硬质阳极氧化→去离子水清洗→染黑色→清洗→封闭→热水烫干→烘干。

（3）氧化前处理主要工序

① 设计并制造专用夹具。硬质阳极氧化的零件在氧化过程中，要承受很高的电压和较高的电流，所以夹具与零件接触必须紧固，否则将会击穿和烧伤。夹具的选择上，普通阳极氧化夹具一般采用铝合金材料，而硬质阳极氧化的夹具，采用钛材与紫铜板固定效果较好。钛材不易烧蚀，但完全采用钛材，其导电性能不好，所以需与紫铜板配合使用。

② 锐角倒圆。必须将机加后工件的锐角、毛刺和棱角倒圆，防止这些地方在氧化过程中电流集中，引起局部过热，烧伤零件（要求棱角处半径不得小于 0.5mm），或者氧化膜脱落。如不能倒圆的工件，可制专用夹具，分散电力线的集中。

③ 机加件质量。机加后的工件内外表面应无大的碰伤、凹坑、变形、腐蚀等疵病。机加粗糙度越低，硬质阳极氧化膜光洁度越好。经硬质阳极氧化后的工件，其表面粗糙度约降低一级。如光洁度要求较高的零件，阳极氧化后应进行机械研磨，以提高光洁度。

④ 留有一定的尺寸余量。一般硬质阳极氧化后，零件增加的尺寸大致为生成膜层厚度的一半左右。所以机械加工要根据膜层的厚度、尺寸公差确定阳极氧化前尺寸，以使处理后零件尺寸符合公差范围要求。

⑤ 工序控制。对铝合金工件进行氧化前处理，是获得优质氧化层的重要环节。粗糙或沾有污物的工件表面，不能得到平滑、结合力好、防腐性能优越的氧化层。氧化前处理工艺见表5-5，实践表明，较适合于硫酸硬质阳极氧化。

表 5-5　氧化前处理工艺

前处理	成分	工 艺 参 数		
		含量/(g/L)	温度/℃	时间/min
弱腐蚀	氢氧化钠	40～60	50～70	10～30s
光泽处理	HNO₃	60～120	室温	1～3

⑥ 局部保护。在同一零件上既有普通阳极氧化又有硬质阳极氧化的部位，要根据零件的粗糙度和精密度安排工序。通常是先普通阳极氧化，再硬质阳极氧化，把不进行硬质阳极氧化的表面加以绝缘。绝缘的方法是用喷枪或毛刷将配好的绝缘漆涂覆在被保护的部位。

⑦ 生产注意事项。硬质阳极氧化槽导电杆、V形导电块、阴极板每天生产前应打磨和用毛刷刷洗。工件装架前应先检查夹具是否完好，残余氧化膜要退除干净，保证工件与夹具、夹具与导电杆导电良好、结合牢固，装夹的工件之间、工件与阴极之间要保持较大距离，绝对不允许接触。如果是机匣阳极氧化，阳极氧化槽中悬挂的阴极板与机匣表面积之比不应低于 1.5：1。氧化溶液须经化验合格后方可生产，补充药品时要严格按化验单用计量器具称（量）取。工件上盲孔中的残液应倒尽、清洗干净，压缩空气应保持无水、无油。

（4）硫酸硬质阳极氧化工艺规范

① 工艺规范。硫酸硬质阳极氧化工艺规范见表5-6，混酸硬质常温阳极氧化工艺见表 5-7。

表 5-6　硫酸硬质阳极氧化工艺规范

配方编号	成分	质量浓度 ρ_B/(g/L)	处理材料	工艺条件				
				电流密度/(A/dm²)	温度/℃	电压/V		时间/min
						开始	终止	
1	硫酸	330~360	一般铝材	0.5~5	−4~+4			45~55
2	硫酸	310~350	LY12	3	6~11		35	55~65
							45	60~80
			LF21	3	14~16		100	70~75
							110	80
			LC4	2.5	−2~−5		80	70~75
			LD5	2.5	−2~−4		85	75
			LY11	3	1~2		42	53
			LY12	3	1~2		42	53
3	硫酸	200~250	LY12	2.5	−6~−7	24	38~42	
			LD6	2.5	−3.8~−5	7	33	100
			LD7	2.5	−1~−2	7	36	100
			LC4	2.5	−1~−5	7	31	100
			LF21	2.5	9~12	12~16	90~120	
4	硫酸	130~180	ZL104 浇铸	2	10~15	5	100	180~240
			ZL104 压铸	2	10~15	5	110	50~60

表 5-7　混酸硬质常温阳极氧化工艺规范

配方编号	成分	质量浓度 ρ_B/(g/L)	处理材料	工艺条件			
				电流密度/(A/dm²)	温度/℃	电压/V	时间/min
1	草酸 丙二酸 硫酸锰	30~50 25~30 3~5	L4,LF3, ZL6,ZL10, ZL11,ZL101, ZL303	3~4	10~30	起始40~50 左右 最终 130	35~100 (60min 可达 40μm)
2	硫酸 $H_2C_2O_4 \cdot 2H_2O$	120 10	多种铝合金	10~20	9~11	10~75	
3	磺基水杨酸 苹果酸 硫酸 水玻璃	90~150 30~50 5~12 少许	LY12,LD5, LD7,ZL101, ZL105	变形铝 5~6 铸铝 5~10	变形铝 15~20 铸铝 15~30		
4	硫酸 甘油 苹果酸	200 12mL/L 17	LC4	3	16~18	22~24	70 (50~70)μm
5	硫酸 草酸 甘油	w 20% w 2% w 2%~5%	LY12, LY2	2~2.5	10~15	25~27	40 (40μm)
6	硫酸 磺基水杨酸 乳酸	100~120 180~200 40~50mL/L		3~5	室温	25~30	60

续表

配方编号	成分	质量浓度 ρ_B/(g/L)	处理材料	电流密度 /(A/dm²)	温度/℃	电压/V	时间 /min
7	硫酸 草酸 乳酸 硼酸	100 20 10 25	LC4，LY12	8～10	18～23		
8	硫酸 乳酸 甘油	120 25～30 25～30		室温	25～30		60
9	硫酸 酒石酸 草酸	160 40～60 15～30	LC4，LY12，LD7	2.5～3.5	15±2		
10	硫酸 乳酸 硼酸 粗蒽	10～15 30～40 35～40 3.5～5	LC4，LY12，LY11，LD59，LD7，ZL105	10～20	18～30		

此外还有：硫酸 210g/L，草酸 20g/L，三乙醇胺 20g/L，乳酸 5mL/L，丙三醇 5mL/L，苹果酸 1g/L，硫酸铝 2g/L，28℃，2.0A/dm²，50min。机械搅拌的转速为 650r/min，制冷系统的温度严格控制在 0℃，保证氧化膜能够快速散热冷却下来，组织结构变得致密。该工艺条件制备的铝阳极氧化膜硬度为 628.92HV，表面均匀，色泽均一，呈灰白色。

② 操作方法。硬质阳极氧化膜操作开始时，首先打开冷却装置，使溶液温度降至工艺规定的最低限。将装挂好的零件放入槽中。零件与零件之间，零件与阴极之间一定要保持较大距离，决不能接触。然后打开压缩空气搅拌并通电。若搅拌不良，热量散不开，就会导致零件局部被烧蚀。

硬质阳极氧化常采用恒电流法。氧化开始电流密度为 0.5A/dm²，在 25min 内分 5～8 次逐步升高电流密度至 2.5～3A/dm²，然后保持电流恒定，并每 5min 用升高电压的方法调整电流密度，直至氧化终结。氧化过程中操作者应经常注意电压与电流，如有电流突然增加、电压突然下降现象，说明有些零件膜层已局部腐蚀溶解，这时应立即断电检查，取出已破损的零件，其它零件再继续氧化，可一次给足电流。

③ 成分和工艺条件的影响。

a. 溶液浓度。用硫酸硬质氧化时，一般 w 10%～30%，以 200～240g/L 为最佳。含量偏低时，膜层硬度高，尤以纯铝更加明显。但含铜高的铝合金（如 Y12）例外。合金中的 $CuAl_2$ 使零件溶解快、易烧毁，故不适合低浓度氧化，必须采用 310～350g/L 的硫酸，用交直流叠加或脉冲电流氧化。要根据铝材选择硫酸浓度。纯铝和铸铝合金（如浇铸 ZL104 和压铸 ZL104）宜采用低浓度溶液；而对于硬铝和含铜量较高的锻造铝合金则应采用高浓度溶液。硫酸浓度升高（250g/L 以上），会加速氧化膜溶解，孔隙率增大，这对零件的着色工艺有利，但如果硫酸浓度过高，开始阶段氧化膜溶解速度太快，会使氧化速度相应减慢。

b. 有机酸。在硫酸液中加适量有机酸如丙二酸、乳酸、苹果酸、磺基水杨酸、甘油、酒石酸等，可扩大温度上限值到常温，即可在常温下获得较厚硬质阳极氧化膜，且氧化膜质量还有所提高。这样不但使操作简化，节约能源，降低成本，而且能使膜层质量有所提高。

氧化膜中还常加入丙三醇等碳氢化合物作为添加剂，以提高氧化膜质量。

c. 温度。温度对膜层的硬度和耐磨性影响很大。一般来说低温氧化硬度高、耐磨性好，但温度过低膜脆性大，零件尖棱部位质量变差。适宜的温度要视硫酸浓度、电流密度和合金成分而定，一般控制在 $-5 \sim 10℃$ 范围内，对纯铝应控制在 $6 \sim 11℃$（$0℃$ 左右，硬度和耐磨性反而降低）。

d. 电流密度。电流密度提高，膜生长速度加快，氧化时间缩短，膜层溶解减少，膜硬度提高、耐磨性好。但当电流密度超过某一值（$8A/dm^2$）时，因发热量大膜层硬度反而降低。若电流密度太低，则成膜慢，氧化膜在硫酸电解液中的化学溶解时间较长，因而膜硬度降低。要获得优质膜层，就要根据不同材质的零件选择适当的电流密度，可选 $(2 \sim 5)A/dm^2$。据报道交直流叠加可用于大于 $9.9A/dm^2$ 至 $18.9A/dm^2$ 高电流密度的硬质阳极氧化，可缩短氧化时间，提高膜的耐磨性。

e. 合金成分。铝合金成分和杂质对硬质氧化有较大影响。它影响氧化膜的均匀性和完整性。铝铜、铝硅、铝锰合金硬质氧化比较困难。当合金中铜含量大于 5% 或硅含量大于 7.5% 时，不宜用直流氧化，而要用交直流叠加或脉冲电流，电流波形的改变还可放宽铜、硅含量范围。不同材质硬质氧化膜的硬度值不同。

f. 氧化时间。铝及其合金在进行阳极氧化时，开始电流密度一般控制在 $0.5A/dm^2$ 左右，在约 25min 内，逐步升至 $3 \sim 5A/dm^2$，并维持氧化时间 $60 \sim 90min$。这样可以得到膜层厚、孔隙多、硬度高、耐磨性强、绝缘性和结合力好的阳极氧化膜。如果氧化时间短，氧化膜会薄而平滑；如果氧化时间过长，氧化层会过于粗糙、疏松而且容易脱落。由此可见，阳极氧化时间对氧化膜的质量有较大的影响。

（5）退膜处理

不合格膜层可在碱蚀液中去掉膜层重新氧化。退膜对铝件尺寸有轻微影响，不合格品允许退膜一次后重新阳极氧化，退膜时必须严格控制溶液浓度、退膜时间及温度，注意观察零件退膜状况，一旦退尽立即取出。退膜干净的工件应严格控制弱腐蚀时间或不进行弱腐蚀。

（6）故障及处理

故障及处理方法见表5-8。

表 5-8 阳极氧化故障及处理方法

故 障 现 象	产 生 原 因	处 理 方 法
氧化膜厚度不够	①氧化时间短； ②电流密度低； ③氧化面积计算不准确	①增加氧化时间； ②提高电流密度； ③准确计算氧化面积
氧化膜硬度不够	①电解溶液的温度太高； ②阳极电流密度升幅过快； ③氧化膜层太厚	①降低电解溶液温度； ②减慢并将电流密度升至工艺要求； ③缩短阳极氧化时间
氧化膜被击穿、工件烧蚀	①Cu、Si 含量过高； ②零件在槽中散热不好，溶液搅拌不良； ③零件与夹具接触不好； ④阳极氧化时给电太急	①更换铝合金材料； ②冷却电解液并加强搅拌； ③改善接触，使夹具与工件保持导电良好； ④纠正给电
氧化膜色泽不一致(色差)	①材料表面状态不一致； ②零件装夹松紧的影响	①打磨或延长腐蚀时间； ②改进工件与夹具接触方式
浸油后发黄（咬底）	①封闭时间不够或效果不好； ②浸油的比例不当	①按工艺进行封闭或采用封闭剂 CQD-950； ②按工艺调配油的比例

故障现象	产生原因	处理方法
氧化后外观出现小黄点	①氧化膜上的残酸或碱滴未清洗干净； ②氧化膜上有油迹； ③染色液中有不溶性杂质； ④清洗的水质不好	①加强清洗； ②防止氧化膜沾上油污； ③过滤染色液； ④用纯水取代自来水
氧化后外观出现小白点	①前处理清洗不干净； ②工件夹缝未打磨好	①加强前处理清洗； ②加强打磨质量检查
腐蚀	①氧化前周期太长,已经腐蚀； ②氧化因起泡等外观不合格,退膜后未清除干净； ③退膜时间太长； ④搅拌所采用的压缩空气不干净	①加快工件周转； ②按工艺操作； ③控制退膜溶液浓度及时间； ④设置压缩空气净化装置

（7）常温硬质阳极氧化

常温硬质阳极氧化可以省去强制降温装置，降低成本，且操作简便。

① 常温硬质阳极氧化的方法。

a. 草酸、丙二醇系列硬质氧化。

溶液组成和操作条件：草酸 $30\sim50g/L$，丙二醇 $25\sim30g/L$，硫酸锰 $3\sim4g/L$，$10\sim30℃$，开始电压 50V，终止电压 130V，$3\sim4A/dm^2$，$50\sim100min$，阳极移动 $24\sim30$ 次/min。

溶液配制：槽中加入 2/3 体积的去离子水，慢慢加入草酸、丙二醇并搅拌，使其完全溶解，待用。用去离子水溶解硫酸锰，溶解完全后加入槽中。加去离子水至规定体积，取样分析，调整，即可进行硬质阳极氧化。

该膜层细致，硬度可达 46$\sim$64HRC。一般经 45min 氧化后，膜层厚度可达 $70\sim90\mu m$，可连续生产，在高温季节（超过 30℃）应稍许降温。

b. 硫酸、苹果酸系列硬质氧化。

溶液组成和操作条件：硫酸 $5\sim12g/L$，苹果酸 $30\sim50g/L$，磺基水杨酸 $30\sim90g/L$，变形铝合金为 $10\sim20℃$，铸铝为 $15\sim30℃$，开始电压 50V，终止电压 130V，阳极电流密度（D_A），变形铝合金为 $5\sim6A/dm^2$，铸铝为 $5\sim10A/dm^2$，$30\sim100min$。

c. 硫酸、乳酸系列硬质氧化。溶液组成和操作条件：硫酸 $10\sim15g/L$，磺化蒽 $3.5\sim5mL/L$，乳酸 $30\sim40g/L$，硼酸 $35\sim40g/L$，$18\sim30℃$，$10\sim20A/dm^2$，$80\sim100min$；或硫酸 $15\sim20g/L$，磺化蒽 $7\sim9mL/L$，乳酸 $30\sim40g/L$，柠檬酸 $30\sim40g/L$，$5\sim35℃$，$15\sim20A/dm^2$，90min。

② 常温硬质阳极氧化的工艺流程。

铝零件→汽油清洗→装挂→涂绝缘胶→清洗→出光→清洗→室温硬质阳极氧化→清洗→吹干→涂绝缘胶→卸挂具→封闭→成品。

此工艺所得硬质阳极氧化膜的质量：膜层外观应呈均匀的深黑色、蓝黑色或褐色；膜层厚度均为 $50\mu m$；膜层硬度大于 300HR。

③ 常温硬质阳极氧化的特点。

a. 该工艺规范较宽，包括电解溶液浓度范围宽，工作温度为 $0\sim30℃$（较宽），允许电流密度为 $5\sim15A/dm^2$，$30\sim90min$，膜层为 $50\mu m$。

b. 该工艺特别适用于铜质量分数为 5% 以下的各种牌号的铝合金。

c. 适用于深不通孔内表面的氧化，可得到较均匀的氧化膜。

d. 电解溶液维护方便，虽苹果酸价格较硫酸高，但不需要冷却降温设备，生产成本相对较低。

5.1.3 草酸阳极氧化

草酸阳极氧化可获得 $8\sim20\mu m$ 厚度的膜层。其膜弹性好，具有良好的电绝缘性能，若经三次浸绝缘漆，可耐 $500V$ 高压。它的抗蚀能力和硬度不亚于硫酸阳极氧化膜。改变工艺条件可获得性质不同的氧化膜。用交流电氧化比在同样条件下用直流电获得的膜层软，且弹性小。该法成本较高、电耗大，一般在特殊条件下才应用，如制作电气绝缘保护膜、日用品表面装饰（铝锅、盆、饭盒等）。

在纯铝和不含铜的铝合金上可获得银白、草黄色和黄褐色氧化膜。

（1）草酸阳极氧化工艺规范

工艺规范见表 5-9。

表 5-9 草酸阳极氧化工艺规范

| 序号 | 电源 | 溶液配方 | | 工艺条件 | | | | 用途 |
		成分	质量浓度 $\rho_B/(g/L)$	温度/℃	电流密度 /(A/dm²)	电压/V	时间/min	电气绝缘
1	直流	草酸	40~60	15~18	2~2.5	110~120	90~150	电气绝缘
2	直流	草酸	50~70	30±2	1~2	40~60	30~40	表面装饰
3	交流	草酸 铬酐	40~50 1.0	20~30	1.5~4.5	40~60	30~40	一般应用
4	交直 叠加	草酸	w 2%~4%	20~29	1~2 0.5~1	AC 80~120 DC 25~30	20~60	日用装饰品
5	直流	草酸	w 5%~10%	30	1~1.5	50~65	10~30	防护用品
6	交流	草酸	w 3%~5%	25~35	2~3	40~60	40~60	表面装饰
7	交流或 直流	草酸 甲酸	80 47	13~18	4~5	40 （初始）	20~30	装饰性零件 快速氧化
8	直流	草酸	w 1%~2%	35	1~2	30~35	20~30	膜薄、无色、 韧性好、可着色

（2）溶液的配制

先在槽中放入 4/5 体积的去离子水，加热到 $70\sim80℃$，在搅拌下缓慢加入草酸，直到草酸全部溶解，然后再加入其它成分，加水至总体积，充分搅匀，分析调整后使用。

（3）使用和维护要点（以绝缘用氧化为例）。

① 操作方法。零件带电入槽（小电流密度），为防止氧化膜不均匀，在高压区出现电击穿，必须采用阶梯施压方式：$0\sim60V$，5min，使电流密度保持在 $2\sim2.5A/dm^2$；70V，5min；90V，5min；$90\sim110V$，15min；110V，$60\sim90min$。电压不许超过 120V。

氧化过程中电流突然上升（电压下降）可能是膜被电击穿，所以生产中一定要用清洁的压缩空气缓慢搅拌和冷却电解液。若升高电压，电流升不上去，一般是草酸含量低。

② 溶液的补充和调整。氧化中草酸参与电极反应而消耗，一定要定期分析草酸总量、游离草酸和 Al^{3+} 含量，及时补加。草酸消耗还可按电量进行估算，每通电 $1A\cdot h$，消耗 $0.13\sim0.14g$ 草酸，产生 $0.08\sim0.09g\ Al^{3+}$，每 1g 铝会与 5g 草酸结合生成草酸铝。溶液中

的 Al^{3+} 是杂质，不得超过 2g/L，Cl^- 不应大于 0.2g/L（注意用水质量），否则需稀释更换部分溶液。

③ 零件要有一定光洁度，不能用砂纸打磨零件，研磨膏要清洁，用去离子水或蒸馏水配制镀液，以免产生小凹点。

（4）故障及处理

故障及处理方法见表 5-10。

表 5-10 草酸阳极氧化故障及处理方法

故障现象	可能的原因及处理方法
氧化膜薄	①草酸浓度低 ②溶液温度低于 10℃ ③电压低于 110V ④氧化时间不足
膜层疏松或被溶解	①草酸浓度太高 ②铝离子超过 3g/L，需更换部分溶液 ③Cl^- 大于 0.2g/L，需更换部分溶液 ④溶液温度过高
产生电腐蚀	①电接触不良 ②电压升高太快 ③压缩空气搅拌不足 ④材质有问题，降低电压，缩短氧化时间
膜层有腐蚀斑点	Cl^- 大于 0.2g/L，需更换部分溶液

5.1.4 铬酸阳极氧化

铬酸阳极氧化膜较薄，一般只有 $1\sim5\mu m$，膜层质软，弹性高，呈灰白到深灰色，不透明，孔隙极少，氧化后可不封孔。其氧化后染色困难，耐磨性不如硫酸阳极氧化膜。但在同样条件下，它的抗蚀能力比不经封闭的硫酸阳极氧化膜高，处理后的零件更耐疲劳。该膜层与有机涂料的结合力良好，是有机涂料的良好底层。由于铝在铬酸氧化液中不易溶解，形成氧化膜后，仍能保持原来零件的精度和表面粗糙度，因此，铬酸阳极氧化工艺适用于容差小、表面粗糙度低的零件，以及一些铸件、铆接件和点焊件等。

铬酸阳极氧化无论溶液成本或电耗都比硫酸法贵，因而使用受局限。

（1）工艺规范

铬酸阳极氧化工艺规范见表 5-11。

表 5-11 铬酸阳极氧化工艺规范

工艺条件	质量浓度 ρ_B（除注明外）/(g/L)					
	配方 1	配方 2	配方 3	配方 4	配方 5	配方 6
CrO_3	30~40	35~50	50~55	95~100	50~60	35~50
温度/℃	32~40	33~37	39±2	37±2	35±2	35±2
阳极电流/(A/dm²)	0.2~0.6	0.3~0.7	0.3~2.7	0.3~2.5	1.5~2.5	
电压/V	40±1 (0~40)	20±1 (0~22)	40±1 (0~40)	40±1 (0~40)	40~50	22

工艺条件	质量浓度 ρ_B（除注明外）/(g/L)					
	配方1	配方2	配方3	配方4	配方5	配方6
时间/min	60	35±2	60	35	60	35～60
pH 值	0.65～0.8		＜0.8	＜0.8		
阴阳极面积比	3：1	(3～10)：1				
阴极材料	铅或石墨	铅	铅或石墨	铅或石墨	铅或石墨	铅或石墨
适用范围	尺寸允差小的抛光零件	尺寸允差小的抛光零件	一般机加工件钣金件	纯铝或包覆铝	通用	精密度或粗糙度较低的零件

注：配方1氧化后需进行封孔处理。

（2）溶液的配制

先在槽中放入 4/5 体积的去离子水，将计算量的铬酐加入槽中，搅拌至铬酐全部溶解，再稀释至总体积，搅匀后经分析调整即可投产。

（3）操作方法

① 配方1、2、4在氧化开始15min内，逐渐将电压由零升到40V，在40V下，氧化45min至终点。

② 配方3氧化时间在5min内使电压由零升到20V，并保持该电压至氧化结束前1min内，将电压降至零。断电后2min取出零件。

③ 配方5在开始15min，电压由0V升到25V，以后逐步升至40～50V，保持电流密度在规定范围内。

④ 配方6在开始的15min，电压由0V升到22V。保持此电压至氧化结束前1min内，将电压降到零。

（4）杂质的影响及除去

溶液中硫酸根不得超过0.5g/L，Cl^-不得超过0.2g/L，否则氧化膜变粗糙。此外，由于氧化过程中 Cr^{6+} 还原成 Cr^{3+}，Cr^{3+} 增多会使氧化膜发暗无光，抗蚀性降低。

溶液中如果 SO_4^{2-} 含量高可添加 0.2～0.3g/L $BaCO_3$ 沉淀除去；Cl^- 过高必须稀释或更换部分溶液。溶液中的 Cr^{3+} 用电解法除去，用铅作阳极、钢铁作阴极，在阳极电流密度为 0.25A/dm^2、阴极电流密度为 10A/dm^2 下电解，使 Cr^{3+} 在阳极上氧化成 Cr^{6+}。

（5）电解液的维护和调整

由于氧化过程中铝溶解，铝离子与铬酸反应生成 $[Al_2(CrO_4)_3]$ 及碱式铬酸铝 $[Al(OH)CrO_4]$，导致游离铬酸量降低，氧化能力下降。因此需定期化验适时补加铬酐。由于不断加铬酐，电解液中含铬量增加，在 w 为 3%～5% 的铬酸氧化液中，铬的总量（换算成 CrO_3）超过70g/L时，氧化能力下降，应稀释或更换部分溶液。

（6）故障及可能的原因

故障及可能的原因见表5-12。

5.1.5 瓷质阳极氧化

瓷质阳极氧化所得氧化膜为浅灰白色，不透明，外观和搪瓷釉层差不多，所以又称为仿釉阳极氧化。膜层致密，有较高的硬度、耐磨性以及良好的绝热性和电绝缘性。其抗蚀性比硫酸阳极氧化膜高。膜具有吸附能力，能染各种颜色，色泽美观。

表 5-12　铬酸阳极氧化故障及可能的原因

故障现象	可能的原因
铝制件烧伤	①零件与夹具之间接触不良 ②零件与阴极接触短路,或零件之间彼此接触 ③氧化电压过高
铝零件腐蚀成较深凹坑	①电解液中 CrO_3 含量过低 ②材料在冶炼中存在缺陷,铝材合金成分不均匀,热处理条件不完善等
氧化膜薄,发白	①零件、夹具与导电杆之间接触不良 ②氧化时间过短 ③电流密度太小
氧化膜发黑	①原材料质量有问题,更换之 ②零件上抛光膏未除净
氧化膜发红或有绿斑点	①表面预处理不良 ②导电杆与夹具之间接触不良
零件上有白粉末	①阳极氧化电流密度大 ②溶液温度过高
氧化膜腐蚀成黄色斑点	①电解液内铬酐含量过低 ②材质不纯,更换铝材 ③材料铜含量过高,更换铝材

（1）电解液种类

① 在草酸或硫酸电解液中添加稀有金属盐（如钛、锆、钍等盐），在氧化过程中由于盐的水解作用产生的色素体沉积于膜孔中，形成类似釉的膜层。这种膜质量好，硬度高，可保持零件的精度和平滑度。但电解液成本高，使用周期短，而且对工艺条件要求严格。

② 以铬酸为基础的混酸电解液，形成的膜弹性好。显示瓷质的原因是氧化膜呈树枝状结构，光在此结构上产生漫反射，造成白色不透明瓷质感。但这种膜硬度低（120～140HV）。在装饰性氧化中应用多。

（2）瓷质阳极氧化工艺流程

铝件→轻微机械抛光→化学除油→热水洗→冷水洗→硝酸中和出光→冷水洗两次→瓷质阳极氧化→冷水洗→去离子水洗→染色→冷水洗→去离子水洗→封闭处理→清洗→轻度机械抛光→成品。（或机械抛光→化学洗白→清洗→阳极氧化→清水洗→氨水中和→清洗→着色→清洗→烘干，光洁度要求高时化学洗白可改用化学抛光或电解抛光。化学抛光工艺规范：磷酸 150～200g/L，温度 60～70℃，时间 5～20min。）

有报道在磺基水杨酸中一次阳极氧化、水洗后再在有机酸中进行二次阳极氧化，得到的瓷质阳极氧化膜好。

（3）工艺规范

工艺规范如表 5-13 所示。

以上工艺中从性能和成本上看，配方 4 较优，配方 3 次之。但从工艺操作上看，配方 3 较配方 4 稳定、操作简单、容易掌握。最不易掌握的是配方 2，其次是配方 1。配方 2 柠檬酸浓度增加到 12g/L 时，可在 80V、50℃电解着色。

（4）溶液的配制（以配方 2 为例）

计算所需各种药品量，首先将草酸钛钾溶于 50～60℃的热水中，倒入槽内，然后加入

表 5-13　铝及其合金瓷质阳极氧化工艺规范

配方编号	溶液配方		工艺条件					阴极材料	适用范围
	质量浓度 ρ_B（除注明外）/(g/L)		温度/℃	阳极电流密度/(A/dm²)		电压/V	时间/min		
				开始	终结				
1	硫酸锆（以氧化锆计）	w 5%	34～36	1.2～1.5		16～20	40～60		
	硫酸	w 7.5%							
2	草酸钛钾	35～45	24～28	2～3	1～1.5	90～110	30～60	硅碳棒、石墨或纯铝	用于耐磨且需高精度的零件
	硼酸	8～10							
	柠檬酸	1～1.5							
	草酸	1～5							
3	铬酐	30～50	40～50	2～4	0.1～0.6	40～80	40～60	铅板、不锈钢或纯铝	用于一般零件的装饰，膜层可以染色
	硼酸	1～3							
4	铬酐	35～40	45～55	0.5～1		25～40	40～50		
	草酸	5～12							
	硼酸	5～7							

草酸、柠檬酸、硼酸搅拌至完全溶解，最后加入去离子水至总体积，搅匀，用草酸调 pH 值达到 1.8～2.0。经调试氧化合格后投产。

（5）操作方法

① 配方 2 氧化开始时电流密度用 2～3A/dm²，在 5～10min 内调节电压到 90～110V，然后保持恒定，让电流自然下降，经过一段时间，电流密度达到一个相对稳定值 1.0～1.5A/dm²，至氧化结束。氧化过程中溶液会变成棕色，这是生成了偏钛酸之故。氧化结束后溶液颜色又会逐渐消失，这种变化对氧化没有影响。氧化中溶液的 pH 值一定要控制在 1.8～2 之间。如果适当增加草酸、柠檬酸，pH 值降至 1～1.3，可提高硬度和耐磨性。

② 配方 3 氧化开始时电流密度用 2～4A/dm²，在 5min 内将电压逐渐升到 40～80V。然后保持电压在 40～80V 范围内，调节阳极电流密度至 0.1～0.6A/dm²，直至氧化结束。溶液的杂质最大允许量 Al^{3+} 30g/L，Cl^- 0.03～0.04g/L，Cu^{2+} 1g/L，超过此值需稀释或更换溶液。

（6）成分的作用及影响

① 草酸钛钾。含量不足时所得氧化膜疏松甚至是粉末状的，含量必须在工艺范围内，使膜层细密。

② 草酸。它能促进氧化膜成长，含量低则膜薄；含量太高，则溶液对膜层溶解加快，导致氧化膜疏松。在配方 2、4 中，随草酸量增加膜似釉色泽加深，但含量大于 12% 透明性又增加，变成普通的黄色氧化膜，故草酸应控制在工艺范围内。

③ 柠檬酸和硼酸。不仅对膜层的光泽和乳白有明显的影响，还能起缓冲作用，适当提高含量可提高膜层硬度和耐磨性。在配方 2、3 中，硼酸能改善氧化膜的成长速度并向乳白转化。含量过高氧化速度则下降，膜呈雾状透明，控制在 5～7g/L 外表色泽最佳。

④ 铬酸。在配方 3、4 中，除影响电导和氧化膜生长速度外，还影响膜外观颜色。在相

同条件下，不加铬酐则膜呈半透明状，随铬酐增加，透明性下降，向灰色方向转化，仿瓷效果提高。仿瓷效果在 35g/L 效果最佳，大于 55g/L 效果下降。

（7）工艺维护

① 操作时溶液需经常搅拌。

② 瓷质阳极氧化溶液中，Al^{3+} 不应超过 30g/L，Cl^- 不应超过 0.03g/L。超过时需稀释或更换溶液。

③ 阴极材料可以是纯铝、铅或不锈钢板。阴阳极面积比为 1：（2～4）。对于管材内阴极可用纯铝棒。

④ 为了获得优质的氧化膜层，最重要的因素是正确选择铝合金。最合适的铝合金是铝-锌（5%）-镁（1.5%～2%）、铝-镁（3%～4%）、铝-镁（0.8%）-硅（1.8%）、铝-镁（0.8%）-铬（0.4%）

5.1.6 特种阳极氧化

近年来发展并成熟的几种特种阳极氧化工艺，无论从膜层性能、工艺规范还是经济上评价，在其特定的应用领域都是成功的。

（1）高效率阳极氧化

在硫酸溶液中添加某些有机酸（甘油、乳酸等）和无机盐（硫酸镍等），可以抑制氧化膜溶解和加速氧化膜形成，从而达到提高铝阳极氧化效率的目的。工艺规范见表 5-14。

表 5-14 铝及其合金高效率阳极氧化工艺规范

类型	溶液配方		工艺条件				备注
	成分	质量浓度 ρ_B/(g/L)	温度 /℃	电流 /(A/dm²)	电压 /V	时间 /min	
快速氧化	硫酸 甘油 乳酸 十六烷基三甲基溴化胺	150～180 10～12mL/L 15～12mL/L 0.2～0.3	18～22	0.8～1	10～12	10	采用空气搅拌
高速氧化	硫酸 $NiSO_4 \cdot 7H_2O$	200～220 6～10	22～24	1.0～2	13～14	成膜速度为 0.4～0.5μm/min	采用钛挂具和空气搅拌

（2）光亮阳极氧化

工艺规范见表 5-15。

表 5-15 铝及其合金光亮阳极氧化工艺规范

序号	溶液配方		工艺条件			备注
	成分	质量浓度 ρ_B/(g/L)	温度 /℃	电流密度 /(A/dm²)	时间 /min	
1	硫酸氢钠	200	室温	0.8～1	5～10	氧化后在 90～95℃，pH 为
2	硫酸	100～150	室温	0.8～1	5～10	5.5～6 的纯水中封孔 20min

（3）磷酸阳极氧化

磷酸阳极氧化膜孔径较大，可用于铝合金胶接表面的处理。在一些特殊场合，也可作为铝及其合金电泳漆的底层。作为电泳漆底层的磷酸阳极氧化膜厚度可小一些，最少 3μm 左右。工艺规范见表 5-16。

表 5-16　铝及其合金磷酸阳极氧化工艺规范

| 序号 | 溶液配方 | | 工艺条件 | | | | 备注 |
	成分	质量浓度 ρ_B/(g/L)	温度 /℃	电流 /(A/dm^2)	电压 /V	时间 /min	
1	磷酸 草酸($H_2C_2O_4 \cdot 2H_2O$) 十二烷基硫酸钠	200 5 0.1	20～25	2	25	18～20	用作电镀底层,特殊场合
2	磷酸(高浓度)	286～354	25	1～2	30～60	10～50	
3	磷酸(中浓度)	100～140	20～25	1～2	10～15	18～22	用于胶接表面处理
4	磷酸(低浓度)	40～50	20	0.5～1	120	10～15	涂装底层
5	磷酸 铬酐 氟化铵 磷酸氢二铵 硼酸	55 22 3.2 2.2 1	34	1.5～2.5	15～25	36	

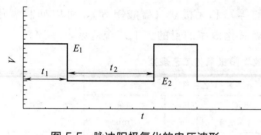

图 5-5　脉冲阳极氧化的电压波形

（4）铝合金的脉冲阳极氧化

采用直流叠加方波脉冲电流进行铝合金的阳极氧化,可以得到没有粉化和烧焦的氧化膜。所形成的氧化膜更致密,硬度和绝缘性能明显提高。脉冲氧化有助于散热,并且可以在较高的温度下操作。这种调制电流波形能够抑制铝的腐蚀,成膜速度加快,尤其适用于草酸阳极氧化。脉冲阳极氧化的电压波形如图 5-5 所示。

以硬铝合金 LY11 [$w(Cu)$＝3.8%～4.8%] 为例,采用的工艺规范如表 5-17 所示。

表 5-17　硬铝合金 LY11 脉冲阳极氧化工艺规范

工艺条件	质量浓度 ρ_B/(g/L)	工艺条件	质量浓度 ρ_B/(g/L)
硫酸	170～220	温度/℃	20～25
$H_2C_2O_4 \cdot 2H_2O$	18～26	氧化时间/min	30

LY12CZ 材料在硫酸 180g/L,草酸 40g/L 及添加剂存在下,电流密度为 3A/dm^2,10～15℃,40min,占空比 3:1,频率 83Hz 条件下氧化质量显著提高,甚至可以将阳极氧化温度提高到 30℃。

（5）铝件黑色缎面阳极氧化

车间常在铝阳极氧化后涂漆,在光学仪器上常涂黑漆。由于漆膜不够坚硬,在使用过程中容易产生划痕、碰伤等。采用铝件黑色缎面阳极氧化技术可以不用涂漆,能大大提高光学产品外观质量。

工艺流程:化学除油→热水洗→烘干→喷砂→冷水洗→化学抛光→冷水洗→阳极氧化→冷水洗→染黑色→冷水洗→固色→冷水洗→热水洗→晾干→刷光。

一般零件可直接进行喷砂,进入下一道工序。化学抛光工艺条件:H_3PO_4 700mL/L,

H_2SO_4 110mL/L，HNO_3 30～50mL/L，温度 110℃，时间 30～60s。

阳极氧化工艺：硫酸 150～200g/L，草酸 15～30g/L，去离子水余量，温度 15～25℃，电压 10～24V，电流密度 0.8～20A/dm^2，时间 40～50min。

用酸性毛元 ATT15～20g/L 染色（工艺参见 ATT），固色工艺条件参见中高温封孔工艺的配方 4。

也可进行常规的酸洗、碱蚀。酸洗：三氧化铬 100g/L，硫酸 30g/L，室温，1～2min。碱蚀工艺参见第 2 章。

（6）此外，在硫酸法中加入经碱液处理的 SiC，在磷酸氧化中加 Al_2O_3 颗粒进行复合氧化，颗粒填充在氧化膜孔隙中，能够增强膜的耐蚀性、硬度等。

5.1.7 阳极氧化膜的染色与着色

铝在阳极氧化时形成的膜层是规则的六边形孔洞组成的多孔结构。这些孔洞能使膜的生长持续到相当的厚度，当进行硬质阳极氧化时，有时膜层厚度大于 200μm。过渡金属离子或有机染料可以嵌入这些孔洞，随后被密封，很容易获得范围广泛的颜色。铝阳极氧化膜还可以通过产生光学干涉效果而被着色。这需要仔细控制膜厚和折射率。这种膜层在生成耐晒色方面极其有效。

铝阳极氧化膜具有多孔性和化学活性，很容易进行着色处理。一般可分为化学浸渍着色法（氧化后着色）、电解整体着色法（阳极氧化时着色）、电解着色法（氧化后电解着色）、涂装着色法等。生产上，阳极氧化后原则上可根据需要着不同颜色，颜色自然美观，着色后涂一层 X98-11 缩醛烘干胶液之类的透明涂膜。目前阳极氧化颜色种类较多，但着色容易受到各种因素如着色剂浓度、温度及时间的影响，颜色重复性生产中应注意。

5.1.7.1 化学浸渍着色法

包括有机染料染色和无机盐着色两种。无机盐着色鲜艳度不及有机染色。无机盐着色和带"铝"字头的有机染料染色，有较好的耐光、耐晒性能，可用于室外装饰。染料分子通过氧化膜的物理和化学吸附积存于内表面而显色。

（1）有机染料染色

铝和铝合金经过氧化处理后，得到了新鲜的氧化膜层，该膜层孔隙率高、吸附能力强，容易染色，可染上各种鲜艳的色彩，使铝制件表面装饰得更美观。其方法就是把氧化后的制件用有机染料或无机染料的水溶液来染色。因有机染料染色操作简单、色彩鲜艳，因此，目前生产上广泛应用。应用时注意有机染料易于受紫外线的影响。

近几年来，铝的染色从染单色发展成染双色甚至多色，从丝印法发展成化学消色法、云彩色法、转移印花法、礼花图案法、照相法等，从而使铝的氧化表面由单调色彩发展到绚丽、美观、大方的色彩，使产品色泽鲜艳、新品繁多、层次丰满。需要进行染色的氧化膜应具备下列要求，才能获得良好的均匀色彩：a. 氧化膜具有一定的松孔和吸附性，如铬酸氧化膜由于松孔度极小，所以膜层对染料的吸附性能很差。铬酸氧化膜一般是不适于染色处理的。b. 氧化膜层本身就无色、透明（这里指的是用硫酸氧化法来进行阳极氧化处理）。c. 阳极氧化膜具有一定的厚度，厚度不同所染出的色调也不一样，如深暗色就要求较厚的氧化膜，浅色就要求较薄的氧化膜。d. 氧化膜层应均匀，不应有明显的伤痕、砂痕点等缺陷。

最适合进行氧化膜染色的膜层为硫酸和磷酸型氧化膜，它能使大多数铝和铝合金上形成无色透明膜；如果用草酸氧化法，膜层是黄色氧化膜，只能用来染深暗色调；铬酸的氧化膜松孔小，膜本身又具有灰色或深灰色，因而色泽不明亮；瓷质氧化膜能染上各种色彩，得到多色泽的新鲜铝制件。

① 有机染料的选择。铝的阳极氧化表面染色时需要用染料。选择染料时应考虑染色的色光、耐晒性和牢固度。染料按其应用方法分为直接性染料、盐基性染料、酸性染料、媒染染料、硫化染料、硫化还原染料、酞菁染料、氧化染料、缩聚染料、分散染料及矿物染料等。并不是所有的染料都能对铝氧化膜染色，因而在染色时应根据铝氧化膜来选择。铝和铝合金通电氧化后，铝氧化膜表面显正电性，所以应选择采用负电性而且能溶于水的阴离子染料，如直接性染料、酸性染料和活性染料。因为它们带有亲水的磺酸基、羟基，都能溶于水，而且带有负电性，所以可以进行染色。至于硫化染料、碱性染料，因具有正电性，与氧化膜同极性，不能被氧化膜微孔牢固吸附，经水冲洗会全部被冲掉，说明铝氧化膜微孔孔隙毫无吸附这种染料的作用。中性染料虽能部分被氧化膜孔隙吸附，但数量不多，色彩很淡，一般只能染少数几种色彩。

② 有机染料染色的原理及技术措施。

a. 染色原理。由于阳极氧化膜具有多孔性的结构特征，所以会使产品的实际表面积大幅增加，而使氧化膜具有极强烈的吸附能力。这种能力一般随孔隙的增加而增强，所以多孔性氧化膜是染料微粒良好的基底，可以利用它进行着色，以达到对产品表面装饰的目的。

采用硫酸阳极氧化法生成的膜层是一种无色、透明和孔隙较多的氧化膜，宜于染成各种深浅不同的色彩，而且色泽、耐晒性和牢固度均很高。又由于阳极氧化膜的吸附能力随着氧化膜在空气中时间的增长而逐步减弱（这是由于多孔状的氧化膜有自然封闭的趋向），因此产品的染色处理必须在氧化处理后立即进行。

氧化膜的铝离子与染料分子之间由于化学作用形成了良好的结合力，这种结合方式一般是由染料分子的结构和性能所决定的。氧化铝在水溶液中通常是带正电荷的，因此溶液中必然存在着染料阴离子基团，所以可以采用下列方式吸收：

ⅰ. 氧化膜与染料分子的磺基形成共价键；ⅱ. 氧化膜与染料分子酚基形成氢键；ⅲ. 氧化膜与染料分子形成配位化合物。

总之，它们之间的结合方式是由染料分子的结构和特征而决定的。

b. 染料色的品种。铝氧化膜上有机染料色的品种见表 5-18。

表 5-18　铝氧化膜上有机染料色的品种

铝橙 3A	酸性黄 2G	直接耐晒桃红	铝金 EAN
铝橙 2B	酸性黄 G	醇溶耐晒红 B	铝铜 BF
铝橙 C	茜素红 S	铝红 GLW	活性艳橙 KN-BR
铝金橙 RLW	茜素黄 S	铝枣红 GLW	铝无机金 N
铝橙 G	直接黄 G	铝红棕 RW	铝翠绿 NGN
铝黄 4A	直接橙 S	Celliton 大红 B	铝橄榄绿 LB
铝黄 D	直接黄棕 D3G	Celliton 玉红 B	铝橄榄深绿
铝黄 3GL	铝黑 GRO	分散红棕 S	铝橄榄绿 EG
铝深红 R	铝黑 V	铝灰红 NLN	铝绿 BGC
铝深红 RV	酸性红 B	铝古铜 2LN	铝棕 BL
铝深红 2R	酸性大红 GR	铝牢古金 LN	铝棕 GL
铝深红 L	酸性媒介桃红 2BM	铝金 S	铝深黑 415

酸性配合黑 WAN	酸性配合紫 5RN	醇溶耐晒黄 GR	酸性湖蓝 A
铝紫黄 DS	酸性配合绿 B	苯胺黑	酸性湖蓝 ART
铝黄 4A	铝深黑 2LW	酸性配合橙 GEL	直接耐晒绿 BLL
铝黄 A	碱性玫瑰精	中性橙 RL	直接耐晒翠蓝 GL
铝牢古金	可溶性还原橙 HR	酸性媒橙 RH	活性艳蓝 X-BR
铝翠黄 PLWN	铝紫 CLM	酸性媒介深黄 2G	酸性黑 ATT
铝翠湖黄	Disperol 橙 BA	直接绿 B	酸性黑 NBL
弱酸性绿 GS	分散橙 GR	酸性湖蓝 V	酸性黑 10B

c. 色彩组合。生产中，应尽量使用某一色彩染料，因为染色条件微小差异都可能导致颜色差异。为了增加各种色彩，可以自己动手配制，例如：

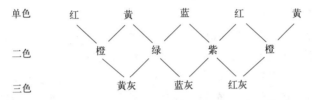

各种有机染料性质差异极大，一般应以同类型染料进行拼色，否则往往会发生染料混合性能差以及染料层析等问题。拼色时，必须把染料的性质搞清楚，同时染料必须是同一类型，性能基本相似，染色温度、亲和力、扩散力、色泽耐晒度、坚牢度等均要相似，否则染色后会存在问题。即使同类染料，一般也不能以单纯的质量比作为拼色依据，而应该根据有效成分的质量分数（如酸性红有 70%、100% 等很多种）。另外，还要在实践中加以确定。

d. 着色的技术措施。

i. 应尽量使用更高纯度的染料染色。掺有大量填充剂（如元明粉、糊精）的染料染铝效果差，批量染色时要注意染色溶液浓度的变化，应及时补充以确保颜色深浅一致。

ii. 为确保着色均匀、色泽一致，在阳极氧化过程中处理条件必须一致，染色温度、时间和含量也应一致。

iii. 染色溶液应用纯水配制，如用硬水配制则应加六偏磷酸盐。染料应完全溶解，否则着色不均匀，易出现深色斑点。着色时应用非活性材料，如搪瓷、陶瓷、不锈钢、玻璃和聚丙烯材料等，以免引起化学反应，造成染色溶液变质。

iv. 严禁油污进入染色溶液中，否则着色表面容易出现条纹或污斑缺陷。

v. 金属铝本身含有的杂质会影响染色。硅质量分数超过 2.5% 时，底膜显灰色，只宜染深色；镁质量分数超过 1% 时，色调带灰色；含锰较多时，色淡且不鲜艳；含铁、镁、铬太多时，色彩沉闷。

vi. 采用印花工艺时，对多色染料应先浅后深，按黄、红、蓝、棕、黑顺序进行。染印第二色时，喷漆（或涂料）需干燥，使涂料紧贴铝面，否则染料会渗入，出现线、边界限不明等缺点。

vii. 在用混合染料着色时，须注意氧化层在染色溶液中可能发生选择性吸附，而使颜色不调和或色泽改变，这样处理的氧化膜层颜色不如用单一染料耐晒。拼色染料应将两种染料分别完全溶解后再置入染色溶液。酸性染料必须用冰乙酸调节 pH 值在 4.5～6，冰乙酸加入量以 0.5～1mg/L 为宜。醇溶性染料可用乙醇作溶剂溶解。使用还原性染料染色时，必须进行显色反应（10g/L 亚硝酸钠，25mg/L 硫酸，温度为 50℃，时间为 1min）。分散性染料在水溶液中染色时，染色溶液需不停搅拌，如分散染料中分散橙 GR、分散蓝 FFR 可获得很满意的染色效果，其它分散性染料染色前应用马来酸、乳酸、酒石酸或 5-磺基水杨酸等处理后染色。

ⅷ. 氧化膜的质量要求。氧化膜的质量主要是指氧化膜厚度、孔隙率和透明度等。实践告诉我们，氧化膜层越厚，在相同的染色溶液条件下，相同的时间内膜层可以吸附的染料分子也越多，色泽也就越深，铝表面光亮度就越下降。氧化膜孔隙率或孔径越大，吸附染料的机会越多，越容易染色，光洁度、光亮度会下降，氧化膜孔隙率或孔径过大，制品表面就会变得粗糙。氧化膜透明度取决于铝材本身的纯度和氧化溶液中化学物质的种类、杂质，以及电压、电流密度、时间等因素。

ⅸ. 染色溶液质量浓度的控制。染色溶液的质量浓度取决于所用的颜料，特别是颜料性质。有人将染色的质量浓度控制如下：

很浅的色调 0.1～0.3g/L，浅色调 1g/L，暗色调 5g/L，黑色调 10g/L。

染色溶液中，染料质量浓度是随所用染料的性能、品种的不同而有所差异的，同时也随铝材染色深度要求的不同而改变。要增加染色强度，并不是用很浓的染色溶液，而是采用延长染色时间的方法，可使染料分子充分渗透到氧化膜孔隙的深处，从而增加色泽的坚牢度，并有利于调节工件色泽的均匀性。采用高浓度的染色溶液时往往产生深色，在封闭过程中易发生"流色"。一般为了保持铝件表面粗糙度和光亮度，染浅一点的颜色为好，因染的色泽越深，对铝件表面粗糙度和光亮度的影响越大。

③ 有机染料染色的工艺规范。

这种染色处理与浓度、温度、pH 及处理时间密切相关，若有差异将会导致颜色的重现性不够理想。有机染料染色的溶液组成和操作条件见表 5-19。

表 5-19　有机染料染色的溶液组成和操作条件

颜色	染料名称	化学代号	质量浓度 ρ_B /(g/L)	温度/℃	时间/min	pH 值
红色	铝火红	ML	3～5	室温	5～10	—
	直接耐晒桃红	G	2～5	15～25	15～20	5.0～7.0
	酸性大红	GR	5～10	50～60	10～5	5.0～7.0
	茜素红	S	4～6	15～40	15～30	5.0～8.0
	酸性红	B	4～6	15～40	15～30	5.0～7.0
	铝红	GLW	3～5	室温	5～10	5.0～6.0
	铝枣红	RL	3～5	室温	5～10	5.0～6.0
	碱性玫瑰精酸性橙		0.75～3	0～40 或室温	3～5	—
	Celliton 玉红		5	40	10～15	—
	分散红	B	5	40	10～15	—
	活性橙红	R	2～5	50～60	10～15	—
黑色	酸性黑	ATT	10～15	30～60	10～15	4.5～5.4
	酸性粒子元	NBL	12～16	60～75	10～15	5.0～5.5
	酸性蓝黑	10B	10～12	60～70	10～15	4.0～5.5
	苯胺黑	—	5～10	60～70	15～30	5.0～6.0
	酸性元青	—	10～12	60～70	10～15	5.0～6.0

颜色	染料名称	化学代号	质量浓度 ρ_B /(g/L)	温度/℃	时间/min	pH 值
蓝色	直接耐晒蓝	—	3～5	15～30	15～20	4.5～5.5
	直接耐晒翠蓝	GL	3～5	60～70	1～3	4.5～5.0
	JB 湖蓝	—	3～5	室温	1～3	5.0～5.5
	酸性蒽醌蓝	—	5	560～60	5～15	5.0～5.5
	活性橙蓝	—	5	室温	1～15	4.5～5.5
	酸性蓝	—	2～5	60～70	2～15	4.5～5.5
	活性艳蓝	X-BR	5	室温	5～10	—
	分散蓝	FFR	5	40	5～10	—
橙色	分散橙	GR	5	40	5～10	—
	可溶性还原橙	HF	1	40	5～0	—
	酸性橙	I	1～2	50～60	5～15	—
	Dispersol 橙	B-A	5	40	5～10	—
	活性艳橙	KN-4R	0.5	70～80	5～5	—
	活性艳橙	K-2R	1～10	15～80	3～5	—
	活性艳橙	—	0.5～2	50～60	5～15	—
黄色	酸性媒介棕	RH	0.7～1	60	3	—
	直接黄棕	D3G	1～5	15～25	15～20	—
	直接黄	G	1～2	15～25	15～20	—
	醇溶黄	GR	0.5～1	40	5～10	—
	酸性嫩黄	G	4～6	15～30	15～30	—
	活性嫩黄	K-4G	2～5	60～70	2～15	—
金黄	茜素红	R	0.5	75～85	1～3	—
	茜素黄	S	0.3	50-60	1～3	—
	中性橙	RL	3～5	室温	5	—
	铝牢古金	RL	3～5	室温	5～8	—
	溶恩素金黄	IGK	0.035	室温	1～3	—
	溶恩素橘黄	IRK	0.1	室温	1～3	—
	铝黄	GLW	2～5	室温	2～5	—
紫色	铝紫	CLW	3～5	室温	5～10	—
绿色	直接耐晒艳绿	BLL	3～5	15～35	15～20	—
	弱酸性绿	GS	5	70～80	15～20	—
	直接绿	B	2～5	15～25	15～20	—
	酸性墨绿	—	2～5	70～80	5～15	—
	铝绿	MAL	0.5	室温	5～10	—
红棕	铝红棕	RW	3～5	室温	5～10	—

注：冠以铝字头的是铝着色最耐晒的染料。

生产中，可加入其它添加剂，如 ATT 着色。可用多种有机染料染色。酸性黑 ATT 着色工艺规范见表 5-20。

表 5-20 酸性 ATT 着色工艺规范

颜 色	染料	质量浓度 ρ_B/(g/L)	温度/℃	时间/min	pH 值
黑色	酸性黑 ATT	15～20	60～70	10～25	4.5～6.5
	添加剂	3～4			

④ 褪色处理。

如用有机染料时，当发生颜色不均匀，有斑点、亮点，或表面染色膜容易擦掉等缺陷时，一般可用下列三种褪色溶液除去，经清洗后再重新进行染色。

a. 褪色溶液的组成和操作条件（一）：

$\varphi(HNO_3)$ 5%，$\varphi(H_2O)$ 95%，室温。

b. 褪色溶液的组成和操作条件（二）：

$\varphi(C_2H_2O_4)$ 10%，$\varphi(H_2O)$ 90%，室温。

c. 褪色溶液的组成和操作条件（三）：

$\varphi(C_rO_3)$ 15%，$\varphi(H_2O)$ 85%（体积分数），室温。

（2）无机染料着色

无机盐浸渍着色的色素体是金属氧化物或金属盐，如 $Ag_2Cr_2O_7$（橙色）、Fe_2O_3（金黄色）。它是通过进入膜孔中的金属盐进行化学反应而得到有色物质的。

$$橙色\ 2AgNO_3 + K_2Cr_2O_7 \longrightarrow Ag_2Cr_2O_7（橙色色素体）\downarrow + 2KNO_3$$
$$黑色\ CoAc_2 + Na_2S \longrightarrow CoS\downarrow（黑色色素体）+ 2NaAc$$

无机盐浸渍着色工艺规范见表 5-21。

表 5-21　无机盐浸渍着色工艺规范

着色膜外观	溶液 1				溶液 2				显色色素体
	无机盐名称	质量浓度 ρ_B/(g/L)	温度/℃	时间/min	无机盐名称	质量浓度 ρ_B/(g/L)	温度/℃	时间/min	
金黄色	草酸高铁铵	15	55	10～15					三氧化二铁
	硫代硫酸钠	10～50	15～30	10～15	高锰酸钾	10～15	60～70	5～10	硫
白色	硝酸钡	10～50	60～70	10～15	硫酸钠	10～50	60～70	30～35	硫酸钡
	醋酸铅	30～50	60～70	10～15	硫酸钠	10～50	60～70	30～35	硫酸铅
黄色	醋酸铅	100～200	60～70	5～10	重铬酸钾	50～100	60～70	10～15	重铬酸铅
橙黄色	硝酸银	50～100	60～70	5～10	重铬酸钾	5～10	60～70	10～15	重铬酸银
青铜色	醋酸钴	50	50	2	高锰酸钾	25	50	2	氧化钴
红棕色	硫酸铜	10～100	60～70	10～20	铁氰化钾	10～15	60～70	10～20	铁氰化铜
蓝色	亚铁氰化钾	10～50	60～70	5～10	氯化铁	10～100	60～70	10～20	普鲁士蓝
黑色	醋酸钴	50～100	60～70	10～15	硫化钠	50～100	60～70	20～30	硫化钴

表 5-21 中草酸高铁铵着金黄色是一次浸渍液。其它颜色均为两液互浸法。氧化零件先在溶液 1 中浸数分钟，清洗干净后再浸入溶液 2，交替进行 2～4 次即可，要特别注意避免互相带入溶液而污染，否则会破坏其稳定性。

5.1.7.2　阳极氧化膜的电解着色

按电源及波形分类，分直流、脉冲、交流及交直流叠加等。按色调分类，有蓝、绿、红等原色调，还有青铜色系、棕色系、灰色系，又发展到图案条纹着色等。一些研究显示交流电更有利于在某一电解液中形成多种颜色。按电解液的金属盐分类，有锡盐、镍盐、铜盐、硒盐、银盐及铁盐等金属离子技术及其混合盐等。通常情况下，电解镍盐与钴盐可获得青铜色，电解铅盐可获得茶褐色，电解银盐可获得鲜黄绿色，电解锡盐可获得橄榄色—青铜色—黑色，电解钼酸盐可获得金黄色，电解铜盐可获得粉红色—红褐色—黑色，电解铁盐可获得蓝绿色至褐色，电解亚硒酸盐可获得土黄色，电解锌盐可获得褐色。

除常用金属盐的酸性电解液外，还有碱性电解液电解着色等工艺。电解着色有一次电解着色（整体着色，阳极氧化时着色）、二次电解着色（阳极氧化膜上电解着色），二次着色常常用磷酸电解扩孔，这样就要进行三次电解，也就是三次电解着色。通常所谓电解着色就是阳极氧化膜基础上电解着色。

（1）阳极氧化膜电解着色的原理

电解着色是金属离子在膜孔底部的阻挡层上还原而显色的，电解着色常有调整细孔的工艺。但是铝的阻挡层是没有化学活性的，欲在阻挡层上电沉积金属，关键在于活化阻挡层。电解着色若采用正弦波交流电，就是利用交流电的极性变化来活化阻挡层，在负半周阻挡层遭到破损，正半周又得到氧化修复，这样阻挡层就得到活化。所以电解着色要使用交流电。因为阻挡层有半导体特性，能起整流作用，当对电极电位比铝件电位高（正）时，铝件一侧电流的负成分占主导，在强的阴极还原作用下，通过扩散进入膜孔内的金属离子被还原析出。研究表明，贵金属和铜及铁族金属离子还原成金属胶态粒子；一些含氧酸根如硒酸根、钼酸根、高锰酸根则还原成金属氧化物或金属化合物析出，沉积在膜壁上。

电解着色时阳极氧化膜上存在金属离子和氢离子的放电，见图 5-6。铝的阳极氧化膜主要成分是氧化铝，纯氧化铝是一个不导电的绝缘体。不过阳极氧化膜不是纯的氧化铝，而是一个掺杂的半导体。交流电解着色过程中，交流电的负半周（阴极反应）是金属离子在阳极氧化膜的微孔中，在阻挡层上还原析出金属，同时电子从金属迁移到阻挡层表面，如图 5-6 (b) 所示。如果电解液中没有金属离子，那么只有氢离子放电，如图 5-6 (a) 所示。由于电解着色溶液中总是金属离子和氢离子同时存在，所以电解着色过程可以认为是金属离子与氢离子的竞争放电。当然金属离子的放电是有条件的，电解着色应创造金属离子优先放电的条件，尽量抑制氢离子的放电，以保证电解着色过程的顺利进行。至于电子如何从金属通过阻挡层到达阻挡层表面，这方面曾经有不少假说和机理，如双极子模型、缺陷模型、金属杂质模型、半导体模型。它们都可解释一部分实验现

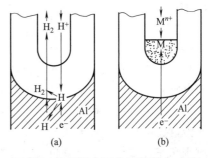

图 5-6　电解液中无金属离子（a）和电解液中含金属离子（b）时的放电

象，半导体模型可较好地说明电子通过阻挡层迁移到阻挡层表面，使阳离子得到电子而还原，金属析出在孔底的阻挡层表面。

无论哪种模型，电子放电都是通过隧道效应进行的。金属离子的优先放电才是电解着色的关键。当负极的最高占据轨道电子能量大于或等于周围原子、分子或离子的最低空轨道能量时，就会发生电子转移，转移过程中可以越过一定空间或经过其它原子。

与电解着色直接有关的金属离子在阴极的还原沉积反应：

$$M^{n+} + ne^- \longrightarrow M$$

同时氢离子也在阴极发生放电反应产生氢气：

$$2H^+ + 2e^- \longrightarrow H_2$$

或

$$4H^+ + O_2 + 4e^- \longrightarrow 2H_2O（高阴极电压时）$$

上述电解着色反应发生在阳极氧化膜孔底的阻挡层上，比电镀时金属离子在金属表面放电复杂得多，其外加电压还包括阻挡层的电压降，因此比电镀时的电压高得多。电解着色的

溶液条件和工艺参数的选择，应该设法促进金属离子放电，同时尽量抑制 H^+ 放电，以提高电解着色的效率并防止氧化膜剥落。沉积生成物还包括氧化物与氢氧化物等。

交流（AC）电解着色表示阳极氧化膜交替处于阳极（交流电的正半周）和阴极（交流电的负半周）状态，克服了直流着色通常因为氢气连续放出而使阳极氧化膜散裂脱落的弊病，

因此阳极过程在交流着色与正负双向脉冲着色的应用较多。交流着色随工艺条件改变能形成多种颜色，而直流则往往颜色比较单一。在交流着色中，阳极电压会影响阴极着色反应的速度，图 5-7 表明随着阳极电压下降 [图 5-7（a）]，不仅使得阳极电流密度下降，而且也使得阴极电流密度随之减小 [5-7（b）]，从而使着色速度减慢。此外，阳极电压可能还是孔中金属氧化物形成的原因之一。

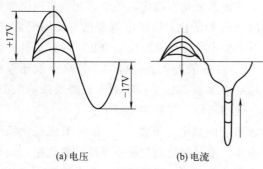

(a) 电压   (b) 电流

图 5-7　交流电解着色中阳极电压对电流密度的影响

多孔型阳极氧化膜由阻挡层与多孔层两部分组成，如果阻挡层被破坏，那么整个氧化膜随之散裂脱落。由于阳极氧化膜的半导体特性，H^+ 可以穿透阻挡层，在铝基体上得到电子而生成氢原子，其中一部分氢原子复合生成氢分子。如果氢分子生成过快、过多，会造成局部氢气压过高，最终导致氧化膜脱落，因此直流电解着色存在氧化膜剥落的危险。很长一段时间许多观点认为直流电不能着色，正是从 Sn 盐着色中连续直流时间过长引起氧化膜剥落现象的解释出发推论提出的。

目前，在阳极氧化膜孔底部沉积的是金属还是金属氧化物，还有不同看法。总之阳极氧化膜电解着色，是由于金属对光的反射及光的干涉综合作用的结果。

既然电解着色过程中金属离子的还原析出是阴极反应，那么按直觉会认为直流着色会比交流着色速度快且节省电能，也就是说直流电解着色应该具有较高的电流效率，因此人们持续改进和完善“直流电解着色”。

尽管近几年来我国热衷于 Ni 盐直流电解着色技术，但目前仍然无法得出直流与交流两种工艺孰好孰坏的结论。直流法虽着色速度快、电能利用率高，但是必须使用特殊电源和槽液控制设备。

电解着色的波形最初为简单的交流电波形，即 50～60Hz 的正弦波。使用的有各种各样的着色波形，如变形交流波、锯齿波、脉冲波、交直流叠加波、连续直流波、断续直流波以及周期换向波（PR 波）等。实际使用的进口电源波形可能还要复杂一些，可以正向通电与逆向通电周期性交替进行。

氧化膜本身部分吸收了散射光，因此电解着色膜总是呈古铜色系。图 5-8 为阳极氧化膜中析出微粒的光散射模型，当氧化膜中沉积金属 Sn 粒子较少，如图 5-8（a）所示，粒子之间的多重散射造成的光损失量也少，则氧化膜的颜色比较浅；当氧化膜中沉积的 Sn 粒子较多时，如图 5-8（b）所示，粒子之间的多重散射增多，光损失量增大，则氧化膜颜色变深。

电解着色的色调依金属盐种类、金属沉积量而异，除金属的特征以外，还与金属胶粒的大小、形态和粒度分布有关，如果胶粒的大小处于可见光波长范围，则胶粒对光波有选择性吸收和漫射，从而可见到不同的色调。此外色调还与交流着色的电压等工艺条件有关。

单 Sn 盐和 Sn-Ni 混合盐电解着色是目前应用较多的着色方法，其主要着色盐是硫酸亚锡（$SnSO_4$），也就是利用 Sn^{2+} 电解还原在阳极氧化膜的微孔中析出而着色。但是 Sn^{2+} 在溶液中很不稳定，由于空气和光线的影响，容易氧化成没有着色能力的 Sn^{4+}，因为 Sn^{4+} 的水解会生成氢氧化锡 $[Sn(OH)_4]$ 沉淀，也有人认为是 β-偏锡酸沉淀（$SnO_2 \cdot xH_2O$），这种水解产物沉淀呈胶态存在于溶液中，形成的浑浊溶液是不可能过滤澄清的。因此锡盐着色的关键是槽液控制和添加稳定剂，以

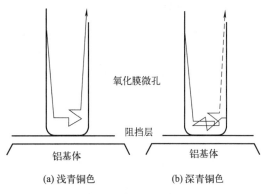

图 5-8　阳极氧化膜中析出微粒的光散射模型

提高槽液的使用寿命，阻止 Sn^{2+} 氧化成 Sn^{4+}，并同时改善着色的均匀性，也就是槽液的成分和锡盐着色稳定剂的质量在很大程度上影响着锡盐着色工艺水平。由于硫酸亚锡槽液对杂质不如镍盐敏感，对于生产线的水质要求不高，Sn 盐槽液的分布能力也比较强，因此着色的均匀性相对比较好。此外金属锡盐不是严重的环境水质的污染源，因此 Sn 盐至今仍然还是我国和大多数国家的首选电解着色溶液。

（2）电解着色工艺

电解着色工艺见表 5-22。

① 溶液成分影响。主盐浓度应保持在一定范围内，随着浓度的升高，着色速度加快，色调加深。着深色时可采用较高的浓度。但若浓度过高，容易使着色不均匀，色差较大。通常着色液稳定剂可由还原剂、配位剂、抗氧化剂及电极氧化阻止剂等选配而成。

② 操作条件。对电极采用比铝电极电位正的材料，一般用惰性材料或不溶于溶液的材料，如石墨、不锈钢，也可用可溶的金属材料，如镍盐着色溶液中用镍，锡盐着色溶液中用锡，对电极形状为棒、条、管或网格状，在槽内排布均匀。其面积应不小于着色面积。着色与氧化采用同一挂具。不导电部分应绝缘，不宜用钛质材料，以防止接触部位着不上色。挂具必须有足够的导电面积并接触牢固，防止松动移位。

着色应在氧化后立即进行，不宜在清水中浸泡或在空气中停留较长的时间（以不超过 30min 为宜），以免着色困难，可在氧化溶液中浸数分钟，清洗后着色。如果暂时不能着色，可以置于在质量浓度 5～10g/L 的硼酸溶液中，以抑制氧化膜的水化反应。

零件在着色溶液中，最好先不通电停留 1～2min，让金属离子向膜孔内扩散。着色开始通电的 1min 内，电压缓慢地从零升高至规定值。电压升高的方式可以是连续的，也可以是分阶段的，但切不可急剧升压。为保持色调的重现性，最初的起步操作很重要，应用同一方式进行，最好采用自动升压装置。在着色过程中，要固定电压、温度和时间这三个主要因素。在生产中，可以通过恒定电压和温度、改变着色时间来获得各种色调的氧化膜，也可以通过固定着色时间和温度、改变电压来实现。交流电更易于获得不同颜色。

交流电压与着色色调的大致关系：3～4V，无或微上色；5～6V，香槟；6～8V，青铜色；8～10V，咖啡色；10～12V，古铜色；12～14V，黑褐色；14～18V，黑色；18～22V，纯黑色。

搅拌有利于色调的均匀性和重现性。一般采用机械搅拌，尤其是含亚锡酸盐的溶液不宜在同一槽内着色，同一根极杆上应处理相同成分的铝材。

（3）锡盐电解着色

① 锡盐电解着色的特点。我国很长一段时间都采用锡盐电解着色。但 Sn^{2+} 的稳定性较差，大规模自动化生产存在不少问题。此外，对于浅色系着色而言，Sn 盐着色的色差和色调都比较难以控制，颜色重现性控制很费力。锡盐电解基本都是围绕解决这样的问题的。

单锡盐着色法，色调广泛，可获得从香槟色至黑色多种色调（咖啡色、纯黑色除外），适合于各种复杂型材，着色膜耐光、耐晒、耐气候腐蚀，在建筑物上使用 30 余年不变色。

由于亚锡盐氧化与水解的产物形成胶态，带相同电荷的胶态粒子互相排斥，减少了粒子之间碰撞聚集的可能性。除了一部分沉淀在槽底之外，大部分分散悬浮于槽液之中，使得槽液逐渐浑浊，着色性能日趋恶化。锡盐着色溶液的成分和工艺，尤其是锡盐添加剂的生产和使用，各单位都保密。

② 电解着色工艺。工艺规范见表 5-22 及表 5-23。

表 5-22 单锡盐着色工艺规范

工 艺 条 件	质量浓度 ρ_B/(g/L)						
	配方 1	配方 2	配方 3	配方 4	配方 5	配方 6	配方 7
硫酸亚锡	15～20	5～20	7.5～15	25	16	12	15
硫酸	18～25	5～20	18	25	16	12	15
硼酸						6	
DP-1 稳定剂	20～25					稳定剂 I 14	
β-萘酚				0.2		稳定剂 II 1.2	
明胶				0.4			
奥布赖-威尔逊公司稳定剂			20			(BY-C11)50 (BY-F12)25 北京钢铁研究总院	
有机酸		5～10					
沙乐士混合稳定剂					65		
pH							1.1
温度/℃	20～30	室温	20～25	见稍后叙述	20～30	20～25	20
着色电压(AC)/V	14～18	15～30	10～15		12～20	12～25	15
着色时间/min	1～13	5～20	1～10		1～15	10～15	2.5

表 5-22 配方 2 为橄榄、古铜、褐或黑色。配方 4 锡盐电解着色时间、电压与颜色的关系：香槟色（10V，10～15s），浅青铜色（16～18V，60～80s），青铜色（16～18V，2～3min），深青铜色（16～18V，5～7min），黑色（16～18V，15min）。

表 5-23 交流电解着色工艺规范

工 艺 条 件	质量浓度 ρ_B（除注明外）/(g/L)					
	配方 1	配方 2	配方 3	配方 4	配方 5	配方 6
硫酸	10		10mL/L	10	10	10
硫酸铵		10				
硼酸	10				10	

工 艺 条 件	质量浓度 ρ_B（除注明外）/(g/L)					
	配方 1	配方 2	配方 3	配方 4	配方 5	配方 6
硫酸亚锡	20	4	20	15	20	15
磺钛酸					4～5	
$CuSO_4 \cdot 5H_2O$				7.5		7.5～10
柠檬酸		12				10
苯酚磺酸			10mL/L			
pH	1～2	1.3		1.3	1～2	1～3
温度/℃	15～25	20	10～18	20	15～25	20
电压/V	5～10	13～20	20～24	4～10	6～9	6～14
电流(AC)/(A/dm²)	0.2～0.8	0.2～0.8	0.2～0.8	0.1～1.5	0.2～0.8	0.1～1.5
时间/min					5～10	20
颜色	青铜色	青铜色	青铜色	红褐色至黑色	青铜色、褐色	浅肉红、褐色、古铜色、黑色
对电极材料	锡板	锡板	锡板、不锈钢、石墨			

③ 工艺条件影响。Sn 盐着色的工艺参数有溶液参数和操作参数两方面，它们都影响颜色的深度。一般可以用色差计的色差 ΔE 或明度值 L 定量表示氧化膜的颜色深浅。溶液参数包括硫酸亚锡浓度、硫酸浓度、pH 值、添加剂浓度和各种杂质影响等，操作参数包括着色电压、溶液温度、着色时间等。上述各种影响因素请参见图 5-9～图 5-12。

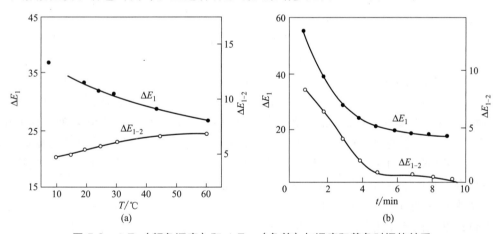

图 5-9　ΔE_1（颜色深度）和 ΔE_{1-2}（色差）与温度和着色时间的关系

a. 由于 Sn^{2+} 不稳定，易被氧化成 Sn^{4+}，而 Sn^{4+} 没有着色能力，它易水解生成氢氧化锡沉淀，使电解液浑浊，着色性能恶化。当电解槽液的 pH 大于 1.5 时水解极易发生，故应控制电解液的酸度。在 Sn 盐（包括 Sn-Ni 混合盐）槽液中需要加入硫酸，控制 pH 值在 0.7～1.5，一般以 1 左右为佳。当 pH 值大于 1.5 时，水解极易发生。若酸度过高（如 pH 值小于 0.5），着色不易均匀，色调偏青，容易褪色。硫酸是提高酸度最经济和有效的无机酸，其它常用无机酸（如硝酸和盐酸）对电解着色是有害的。有机酸如酒石酸、柠檬酸都可以加入，也可加入硼酸等缓冲剂控制槽液 pH 值。加入有机酸可提高酸度，并对金属离子有络合作用。

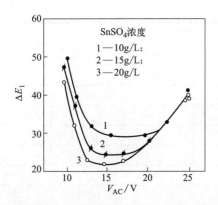

图 5-10 一种着色液中不同 $SnSO_4$ 浓度下电压对于颜色深度 ΔE_1 的影响（ΔE_1 越小颜色越深）

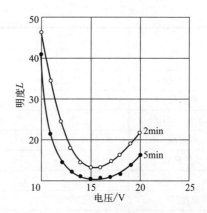

图 5-11 外加电压对于膜颜色明度的影响

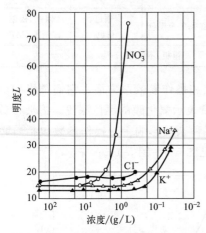

图 5-12 杂质离子对着色效率的影响

b. 减少槽液与空气的接触。为了减少槽液与空气接触，Sn 盐槽液一般不采用空气搅拌，槽液的机械循环也常在槽液表面之下进行。避免剧烈的槽液溢流，以减少空气的夹入。甚至有时还加入液面覆盖掩蔽剂，隔断槽液表面与空气的接触。

c. 加入抗氧化剂（还原剂）。加入抗氧化剂对降低 Sn^{2+} 的氧化十分有效，有机还原剂是不可缺少的主要成分，起到减少 Sn^{2+} 氧化的作用。但是有机还原剂，比如邻苯二酚、萘酚等酚类有机物虽然有抗氧化作用，但往往污染环境。某些有机还原剂如果含量过高，会产生较多灰黑色沉淀物。另外，Fe^{2+} 或 Sn 粉由于本身与氧反应，也有保护 Sn^{2+} 不受氧化的作用。

d. 加入络合剂。加入还原剂的同时，使用络合剂，可达到稳定 Sn^{2+} 与防止水解的目的。络合剂不仅有稳定槽液而延长着色溶液使用期的作用，还有使着色均匀、色调偏红和掩蔽杂质离子的有害作用等优点。但是，络合剂的加量不宜过多，否则槽液内较高的 Sn^{4+}（有时高达 10g/L 以上）会严重影响着色速度和着色均匀性。应注意络合剂与还原剂的协同作用和两者的比例匹配。

e. 着色槽液的 pH 值与着色速度关系很大，如图 5-13（a）所示，pH 在 0.5～1 范围内时，着色速度较快且在此范围内着色速度基本不变。若 pH 值继续降低，则析氢反应剧烈，抑制 Sn^{2+} 的还原沉积。在 pH 值大于 1.2 之后，随 pH 值升高，着色速度和均匀性都下降。如图 5-13（b）所示，随着 $SnSO_4$ 浓度的增加，着色速度逐渐加快，直到 14～16g/L 着色速度开始减慢，在大于 18g/L 之后，着色速度基本保持不变。这个数值也与着色体系有关。对于上述两种添加剂，为了控制最小色差，应将 $SnSO_4$ 浓度控制在大约 14～16g/L 操作，此时颜色不会随 $SnSO_4$ 浓度的变化而大幅变化，对于工业生产的控制比较有利。不同添加剂的槽液，$SnSO_4$ 浓度影响会有差异。

f. 着色电压和电流。电解着色通常采用 12～20V 的交流电压，以 14～16V 为最佳。一般随电压升高，电流增加，着色速度加快，色调加深。但电压太高（大于氧化电压）时会发生阻挡击穿现象。为获得色调的重现，必须恒定电压。交流电流开始很大，数秒钟后迅速下

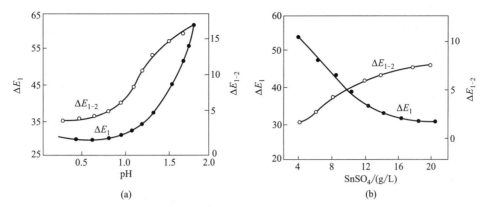

图 5-13　ΔE_1（颜色深度）和 $\Delta E_{1\text{-}2}$（色差）与 pH 和 SnSO$_4$ 浓度的关系

降，3min 左右达稳定值，所以电流-时间曲线是一条衰减曲线。这是着色时膜电阻增加造成的。所以电解着色只控制电压而不控制电流，电流只表示电路导通与否。

电压过低，无法达到金属沉积电位，所以着不上色，电压较低时，着色膜颜色较浅，随着电压增加，着色膜颜色加深。当大于某个电压（如 25V）时，析氢反应比较严重，着色膜均匀性较差。所以，电压控制在某个范围（如 12～25V）内可得到不同色调的着色膜。

一些对 Sn 盐着色中各参数的影响研究结果显示，外加电压 14～16V 时着色速度最快，且着色比较稳定，即电压稍有变化颜色深度不变（图 5-11），因此推荐的电解着色电压常在 15V 左右。同时还得到杂质离子对着色效率的影响（图 5-12），在 Sn 盐着色槽中 Na$^+$ 和 K$^+$ 达到 10g/L 浓度之后才发生有害影响，与单 Ni 盐比较杂质宽容度大得多。这些数据是在 10～20g/L SnSO$_4$、10～20g/L H$_2$SO$_4$ 和 20g/L 稳定剂的槽液中得到的，数据与槽液成分和添加剂类型有关，一种实验数据见图 5-10～图 5-13。

以上数据在温度（20±1）℃的 140g/L H$_2$SO$_4$ 溶液中，电流密度为 1.5A/dm^2，进行铝合金阳极氧化 30min，再在表 5-22 中配方 7 的电解着色条件下进行着色。试样颜色采用自动测色计测量 ΔE_1，ΔE_1 越小表示颜色越深。$\Delta E_{1\text{-}2}$ 表示试样 1 和试样 2 颜色的差别，其中试样 2 与对电极的距离是 11.5cm，而试样 1 与对电极的距离是 21cm，因此不同对电极颜色的差别 $\Delta E_{1\text{-}2}$ 越小，表明这个体系的分布能力越好，也就是着色的均匀性越好。

图 5-10 与图 5-11 为颜色深度、色差和明度与外加电压的关系。在 14～18V 之间着色深度随外加电压变化不大，16V 时着色速度最快。当外加电压大于 20V 或小于 13V，着色速度迅速下降。电压小于 7V 时很难着色，在 8～10V 时着色速度很慢而且随电压变化较大。当电压大于 20V 后试样表面大量析出氢气，抑制了金属离子的还原析出，并随电压升高析出氢更多使着色更加困难。如图 5-10，着色速度与电压的关系，其规律不随 SnSO$_4$ 浓度而变化，只不过浓度增加着色速度加快。

着色时，阳极氧化后零件宜迅速仔细清洗干净后（氧化后零件在空气中停留不得超过 30min），放入着色液中。有时可在不通电的情况下静置 1～2min，然后采用连续方式或台阶方式缓慢升高到规定值（1min 内）。控制电压也可采用台阶式。电极材料采用惰性电极，如碳棒、石墨、不锈钢和钛等。根据情况确定阴极与阳极的面积比。

g. 电解着色温度和时间。Sn^{2+} 的氧化和水解反应速度一般随温度升高而加快，因此控制槽液温度是必要的。尽管槽液可以在 30℃ 以上着色，但是较高温度下槽液不稳定，而且着色速度较快，工艺控制比较困难。因此推荐槽液温度控制在 20～25℃，既考虑到槽液的稳定性，又考虑到着色工艺中溶液的控制。

提高着色温度和延长着色时间，着色速度加快，反之亦然。含亚锡的着色液宜控制在 (25 ± 5)℃下使用。为获得某一种颜色，必须固定电压、温度和着色时间这三个重要因素。生产中一般恒定电压和温度、改变着色时间以获得各种色调。

随着色温度升高，着色溶液的电导率增大，同时 Sn^{2+} 的还原反应加快，所以着色速度有所增加，但色差 ΔE_{1-2} 逐渐变大，即着色均匀性下降，对槽液稳定性也有不利影响，所以在工艺参数的选择上没有必要考虑升高着色溶液的温度。

一般情况下，电解着色时间越长，铝试样表面的着色膜的颜色越深，但不同的着色工艺，情况可能有所不同。随着着色时间延长，着色膜的颜色加深，均匀性也有所改善，但是着色时间太长，着色膜的均匀性降低，时间太长可能使阳极氧化膜脱落，不利于金属粒子的沉积。

着色时间是电解着色中控制颜色深浅的方法，如图 5-9（b）所示，在 3min 以内着色膜颜色加深很快，在 3～7min 之间，变化比较缓慢。但是到一定时间（7min）之后，着色膜的颜色已接近或达到一个极限颜色深度，随后的变化幅度就很小了。但是这个极限时间随着槽液的成分、$SnSO_4$ 含量、添加剂的种类和浓度以及工艺参数等因素而变化，图 5-9（b）中所示的极限时间是 7min，它只是一个着色体系的特定数值。

h. 硫酸阳极氧化膜，在下列溶液中可调节氧化膜细孔，促进成色：H_3PO_4 30g/L，H_2SO_4 1g/L，(17 ± 2)℃，0.1A/dm^2（直流电，40～50V），在搅拌条件下处理 30min；或 (27 ± 2)℃，0.2A/dm^2（30～45V），在搅拌条件下处理 10min；或 H_3PO_4 100g/L，20～24℃，0.15～0.2A/dm^2（直流电，10～20V），10min。

i. 阳极氧化膜可电解出多色组成的图案，阳极氧化→水洗→蒸馏水洗→烘干→绘图案（然后水洗或不洗），根据需要，依次第二次、第三次……用不同的着色无机盐绘制所需要的线条，快速水洗（划线条的盐与电解着色盐相同，可不必冲洗），然后在所需要底色的电解着色溶液中进行电解着色，如背景要求是无色的，可用 3％硫酸铵作电解溶液。无色图案部分：刷涂 10％$Ba(NO_3)_2$（以后再处理也不会着色，需要再着色时，用 10～50g/L H_2SO_4 涂）。

④ 操作注意事项。

a. 挂具。氧化和着色均应采用硬铝作挂具，不导电部分要绝缘，不能用钛作挂具。因氧化和着色采用同一挂具，必须保证足够的导电面积和牢固接触，防止松动错位。铝型材用纯铝绑料，一定要绑紧每一根型材。

b. 阴极。用耐酸不锈钢作阴极，呈栅栏式分布，其面积至少要与着色最大总面积相等。在阴极上挂一些纯锡条可提高着色稳定性，防止亚锡氧化。

c. 氧化膜。着色氧化膜厚度要大于 $6\mu m$，着纯黑色要大于 $10\mu m$。

d. 工艺衔接。氧化后要立即进行着色，放在清水中太久（>30min）将着色困难，因发生水化反应而降低了氧化膜的化学活性。

e. 软升压。氧化零件需先浸入着色液中，让金属离子向膜孔扩散，然后在 30～60s 内将电压缓缓升至额定值，这样可保障着色均匀性。

⑤ Sn 盐着色稳定剂的研究。Sn 盐着色工艺的关键是添加剂。早期的添加剂主要是有机还原剂，如硫酸联氨、氨基磺酸、酚磺酸或甲酚磺酸等，性能虽不是完全满意，但至少可以

降低 Sn^{2+} 的氧化损失，起到稳定槽液的作用。不过这类还原性化合物大多数有毒，造成严重的环境问题。为了进一步改善 Sn 盐着色槽液的性能，在考虑槽液稳定性能的同时，还要改进槽液的分布能力，并考虑环境污染。就稳定性能而言，添加剂不单纯是有机还原剂，还包括在络合剂。络合剂不仅络合亚锡离子，起到稳定槽液的作用，还应该络合铝离子等杂质，减小杂质离子对电解着色的有害作用。电解着色溶液的稳定性，一般采用通电法和加氧法两种试验方法考察。

首先制备 20g/L $SnSO_4$ 与 20g/L H_2SO_4 的基础溶液，加入稳定剂。然后利用等效电路模拟电解着色条件连续电解，采用电量计记录在 $SnSO_4$ 浓度下降到 5g/L 时消耗的电量（A·h）。比较耗电量大小，评价稳定作用的大小，从而考察通电对于这些化合物抗氧化作用的效果。

结果表明大部分苯酚或萘酚的衍生物有比较好的稳定作用。在甲氧基苯酚中对位衍生物不如间位和邻位。然而上述化合物在空气中容易挥发，有气味，对皮肤有刺激性，宜改用分子量大的同类化合物如 2-羟基苯丁基磺酸钠醚。HOC_6H_4-O-$(CH_2)_4SO_3Na$ 对位效果比邻位好；而在加氧试验中邻位的抗氧化性能非常好。主链置换的苯酚的作用与甲氧基苯酚接近，而毒性比较低。此外，1-萘酚-3,6-二磺酸试验结果比较好，而且与浓度关系不大。试验表明，邻苯二酚也比较有效，只是对环境有不良作用。

采用相同基础电解着色溶液，以 12L/h 的通气速度通入氧气 4h 后测量 Sn^{2+} 的含量，用 $SnSO_4$ 的减少率判断稳定效果，表明丁基对苯二酚、4-羟基苯甲醚、甲基对苯二酚效果较好，三甲基对苯二酚较好。

加氧试验比较简单，早期在筛选对 Sn^{2+} 的稳定性化合物时，进行了大量筛选试验，最简便的方法常采用着色溶液通空气后，按照溶液浑浊的程度来判断。试验表明酚磺酸、甲酚磺酸和萘酚磺酸等对抑制 Sn^{2+} 的氧化都有一定作用，但单独使用很难完全阻止浑浊和沉淀形成。

添加剂中另一个重要性能是电解着色溶液的分布能力，因为这涉及电解着色产品的颜色均匀性，虽然电解着色的颜色均匀性并不是完全取决于溶液的分布能力，还与电解槽以及电极极板的设计和安排等有很大关系。试验表明，芳香族衍生物的磺酸及其盐类效果最佳。一般情况下，浓度越高，效果越好。

作为添加剂，其稳定性及分散能力的测定和筛选只是最基本的考虑。添加剂还应考虑其在使用过程中的变化及反应产物对槽液的影响，添加剂对于电解着色参数的影响，添加剂各成分在溶液中的稳定性，以及使用过程中的变化对于着色和环境的影响，添加剂对于减轻累积杂质的负面作用等。

（4）镍锡盐电解着色

该种工艺也需添加锡的稳定剂如邻苯二酚、硫脲添加剂，此外还加入酒石酸等络合剂。

① 工艺规范。镍锡混合盐着色工艺规范见表 5-24。

② 电解着色液的配制（以混合盐着色配方 1 为例）。在着色槽中加入总体积 1/5 的去离子水，加入计算量的化学纯硫酸（在搅拌下缓慢加入）；加入稳定剂并搅拌溶解，趁热加入硫酸亚锡和硼酸，搅拌至完全溶解，必要时加热到 50~60℃ 促进溶解，但不得超过 70℃，以防亚锡氧化。加入计算量的硫酸镍，搅拌至完全溶解，稀释至总体积搅匀即可使用。

③ 工艺特点。镍锡混合盐着色法能获得颜色：香槟色—青铜色—咖啡色—纯黑色。混盐着色两种金属离子竞争还原，比单盐着色更快，比单盐着色膜更耐磨、耐蚀、耐气候腐蚀

表 5-24　镍锡混合盐着色工艺规范

工艺条件	质量浓度 ρ_B/(g/L)							
	配方 1	配方 2	配方 3	配方 4	配方 5	配方 6	配方 7	配方 8
$NiSO_4 \cdot 6H_2O$	15~20	15~25	25~35	20	30~36	10~20	10	30~80
酒石酸		5~10		10	适量			
$CuSO_4$						10		1~3
EDTA								5~20
甲基磺酸							10	
硫酸亚锡	8~10	7~10	5~7	8	2	15	10	5~10
硼酸	15~20				25	$FeSO_4$ 3	5~10	5~50
硫酸	18~25	20~30	18~20	17				
DP-Ⅱ稳定剂	10~15							
AC 稳定剂		10~15			邻苯二酚适量	$10g/L$ $C_4H_6O_4 \cdot Co$		
氨基磺酸		3			硫脲适量			
SN-87			14~21					
pH				1	1~2		12	1~1.5
电流/(A/dm²)				0.8		0.5~1	0.5	0.1~0.4
温度/℃	室温	室温	室温	25	21	20	20	室温
电压(AC)/V	16~18	14~16	16~17	15	15			10~25
时间/min	2~4	2~8	3~8	1~10	0.4	5~15	1~10	1~3
阳极							石墨	不锈钢
颜色							青铜色	古铜色

和药品腐蚀。表 5-24 配方 6 电解着色膜为非晶态氧化膜，最佳氧化着色膜层颜色为石墨黑，结合力及耐候性均较好，$CuSO_4$、$C_4H_6O_4 \cdot Co$ 的用量对氧化膜层呈黑色起重要作用。Sn^{2+}、Cu^{2+} 等金属离子在氧化膜孔隙中发生还原反应，且沉淀于孔隙中，通过多重散射使氧化膜颜色加深。电解着色液中加入硫酸亚铁，可抑制部分 Sn^{2+} 氧化生成没有着色能力的 Sn^{4+}，使着色反应顺利进行。

④ 成分和工艺条件的影响。

a. 镍锡盐。参与着色的主盐。当亚锡含量一定时，随硫酸镍含量升高，着色速度加快。通常保持 25~30g/L，若需着黑色，则要提高到 40g/L 以上。

硫酸亚锡的作用是提高着色速度；提高着色液分散能力和重现性；促进与镍共沉积。通常夏季宜用 3~4g/L，秋冬春用 5~6g/L。着纯黑色需升至 10g/L。镍在 pH＝1 左右本不可能电沉积，但在亚锡存在下有可能竞争还原。提出了两种假说，一是"锡催化学说"，认为两离子共存时，镍在锡的催化下电沉积变得容易了；二是"氢"过电位学说，由于锡上氢过电位比镍上高，故镍在锡上放电变得容易了。

b. 硼酸。它在膜孔内可起缓冲作用，还有促进共析、提高着色均匀性、防止色差和色散现象的作用。以 25g/L 左右为宜，主要是带出损失。

c. 硫酸。是保持着色稳定性、防止亚锡水解和提高溶液电导的必要成分。含量低于

15g/L 着色液稳定性差，表面易沉积氢氧化物（灰色膜）；过高则着色速度慢，色泽变暗。硫酸以 15～20g/L 为好，但着黑色时宜升至 25g/L。

Sn 盐与 Sn-Ni 混合盐电解着色溶液具有大致相同的成分和工艺条件，它们都要在低 pH 值的着色溶液中操作，两者具有相同的防止 Sn^{2+} 氧化的槽液稳定性问题。需要着重提出的是，工业常用的 Sn-Ni 混合盐溶液，电解着色时沉积在孔中的一般只有 Sn，因为在 pH=1 左右的溶液中的一般 Ni^{2+} 不能被还原沉积。只有在某些特殊条件下，如 $NiSO_4$ 含量比 $SnSO_4$ 高出很多时，Sn^{2+} 与 Ni^{2+} 才有可能发生共沉积。例如在 30g/L $NiSO_4$ + 5g/L $SnSO_4$ 和高 Ni/Sn 比例下，发现着色膜中 Ni 和 Sn 发生共沉积，但是 Ni 的析出量比 Sn 少很多。当然 Sn-Ni 混合盐没有析出 Ni，也并不意味着加入 Ni 盐毫无意义。Sn-Ni 混合盐似乎有较好的着色稳定性，它与单 Sn 盐的色调（底色）也有些不同，因此工业上 Sn-Ni 混合盐用得不少。即使 Sn 盐与 Ni-Sn 混合盐析出的都是 Sn，但是色调有些不同，这可能意味着沉积物 Sn 的粒度及其分布有所不同，引起散射光的波长不同，而并不是析出金属不同引起的。Sn 盐与 Sn-Ni 混合盐槽液都需要添加剂，其成分大同小异，如磺化邻苯二甲酸、酚磺酸、甲酚磺酸等都可以使用。

电解着色电压一般按颜色深浅控制在 5～20V（最佳值大约是 15～16V），相应的电流密度大约在 $0.2～0.8A/dm^2$。对浅色系着色如采用 10～14V 低电压，虽能使着色时间延长，有利于一次颜色深浅控制，但低电压可能使着色得到的沉积物密度降低或沉积分布更接近膜孔表面，在实际生产中表现为容易褪色，且颜色的分散性也不如较高电压着色，往往出现凹槽与平面色差严重。着色温度可以是室温，有条件时控制槽液温度会更加理想。电解着色随时间延长颜色加深，从香槟色、浅青铜、深青铜色直到黑色，一般时间控制在 1～20min。由于 Sn 盐着色槽液的 pH 值一般小于 1，酸性比较强，着色时间过长对膜的性能不利，为此在酸性较强的槽液中，着色时间绝对不要超过 20min。

⑤ 故障及处理。电解着色（混盐）故障及处理方法如表 5-25 所示。

表 5-25　电解着色（混盐）故障及处理方法

故障现象	可能的原因及处理方法
在同一槽中有深浅或无色等不均匀现象	①铝材绑得松紧不一致，导致电接触差异或不导电 ②形状不同或合金成分不同的铝材同时氧化，导致氧化膜厚度不均匀
上色速度慢	①着色电压低或导电不良 ②硫酸亚锡含量不足 ③硫酸含量过低或过高 ④着色液温度太低
着色膜表面有灰绿色附着物，可用手擦去	①硫酸含量太低 ②着色时间太长，表面 pH 值上升导致 $Ni(OH)_2$、$Sn(OH)_2$ 在表面沉积，断电后在槽中停留 2～3min 即可溶去
着色膜剥落或有小白点	①着色电压太高，大于氧化电压，导致阻挡层击穿 ②氯离子含量过高，稀释或更换部分溶液
完全不上色	①氧化膜极薄 ②铝件没有绑紧，接电部位很低 ③硫酸亚锡<1g/L ④硫酸含量很高，而着色电压很低 ⑤NO_3^- 杂质太多，需更换部分溶液

（5）电解镍盐着色

由于 Ni 盐槽液没有类似 Sn^{2+} 的稳定性问题，槽液稳定，比较适合于大规模自动化生产线。目前使用较多的有直流、交流及特殊直流生产工艺。Ni 盐着色速度快，槽液稳定性好，但是对于槽液的杂质比较敏感。镍盐着色一般需加入硼酸，利于镍在孔中的均匀性，含量不足会产生色差及色散现象。

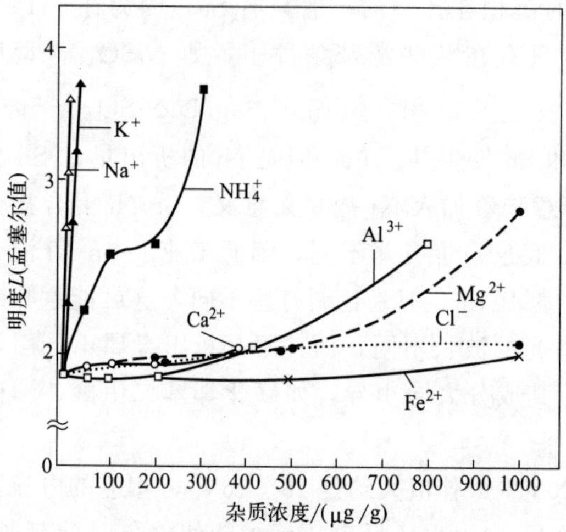

图 5-14 为 Ni 盐着色的杂质对着色膜明度的影响，着色溶液是 50g/L $NiSO_4$、30g/L H_3BO_3，着色条件见图 5-14 的注释。纵坐标是明度值 L（孟塞尔坐标），颜色越浅，则 L 值越大。横坐标是杂质浓度。图 5-14 说明该体系 Ni 盐槽液对杂质（尤其是 Na^+ 和 K^+）十分敏感，某些槽液中 NH_4^+ 更加敏感。从图 5-12 与图 5-14 的对比中（请注意图 5-12 横坐标是 g/L，而图 5-14 横坐标是 $\mu g/g$），可以十分明显地发现两种槽液的差别。因此，杂质离子对着色是有影响的。应利用离子交换、特殊吸附和反渗透技术除去 Na、K、Al 等杂质。Sn 盐与 Ni 盐都有它们本身固有的优缺点，应该根据具体条件选择使用才比较合理。

图 5-14 Ni 盐着色溶液的杂质对着色膜明度的影响
试样：1100 铝板，膜厚 9μm；着色
条件：0.5A/dm², 22℃, 0.5min

① 镍盐交流电解着色。镍盐交流电解着色工艺见表 5-26 所示。

表 5-26 镍盐电解着色

工艺条件	质量浓度 ρ_B（除注明外）/(g/L)								
	配方 1	配方 2	配方 3	配方 4	配方 5	配方 6	配方 7	配方 8 /(mol/L)	配方 9
$NiSO_4 \cdot 6H_2O$	30	30～170	50～80	10～15	30～40	25～27	50～60	0.04	15
硫酸铵	15		40	2.5	45～55	15		0.067	
$CuSO_4 \cdot 5H_2O$								0.038	
硫酸								0.05	
硼酸	30	25～40	30	2.5	20～30	25	40	Al_2O_3 0.0495	25
磺基水杨酸							10		
酒石酸				2.5～4					
硫酸钴							50		35
柠檬酸三铵			8		4～6				
氯化镁		10～30							
钨酸钠				5					
硫酸镁			20	2.5	10～20	10～20			
pH	3.5～5.5			2.5～3	4.5	4.4	4.2		
温度/℃	室温	室温	25	20～25	25	20	20		

工艺条件	质量浓度 ρ_B（除注明外）/(g/L)								
	配方 1	配方 2	配方 3	配方 4	配方 5	配方 6	配方 7	配方 8 /(mol/L)	配方 9
电流/(A/dm²)	0.1～9.5			0.05～0.07		0.2～0.4	0.5～1		0.5
电压(AC)/V	10～18	12～18	15	4.5	15	7～15	8～15	14	11～17
时间/min	0.5～25	30	5	10,沸水封孔 30	1～10		15	30	2
说明						青铜色			石墨

注：对电极可用镍板。配方 5：石墨、镍板为阳极，槽液循环（2～5 次/h）。配方 4 膜黑色，石墨阳极。配方 8 青铜色至黑色，石墨阳极。

从表 5-26 可见，槽液的主要成分是硫酸镍和硼酸，硫酸镍是着色主盐，提供电解着色沉积的金属离子。工艺影响因素有电源输出的波形、正向与反向分别调节输出频率、温度与时间等。镍离子浓度越高，则着色速度越快。硼酸是着色溶液的 pH 缓冲剂，若无硼酸，就不可能保持 pH 值的稳定，界面的电化学反应会使表面 pH 值迅速升高，直接产生氢氧化镍沉淀，这样 Ni^{2+} 不可能在阳极氧化膜的微孔中还原，也就是根本不可能着色，因此硼酸对于电解着色是必不可少的成分。硫酸铵或硫酸镁是一种导电盐，可降低电解着色溶液的电阻，提高其分布能力，也是不可缺少的成分。有时候硫酸镁的效果更好，它不仅能提高着色溶液的电导率，而且还有利于调节溶液 pH 值和抑制有害杂质的影响，防止阳极氧化膜在着色过程中散裂脱落。表 5-26 中配方 5 为一个改进的 Ni 盐电解着色槽液的成分和工艺参数，3～5g/L 柠檬酸三铵调节 pH 值到约 4.5，同时还有利于维持 pH 值稳定，并与镍离子生成络合盐以抑制沉淀。工艺要求在电解着色之前先在槽液中浸渍 2min 以上，着色电压是 15V（AC），电压上升必须软启动（0～15V/30s），此时在 30s 内电流密度开始从 0A/dm² 上升到大约 0.7A/dm²。

在生成浅色系的阳极氧化膜时，推荐使用交流 Ni 盐电解着色，电解着色溶液的成分除硫酸镍、硼酸和硫酸镁外，还需加入一些添加剂，以提高电解着色溶液的抗杂质干扰能力。提高硫酸镍和硼酸的含量，可稳定色调、减少色差。电源大多采用 DC/AC 电源，首先将铝型材在着色溶液中外加直流（DC）阳极氧化再用交流（AC）电解着色，这种 DC/AC 电源可以提高着色铝型材的均匀性，调整 DC 还可调整阳极氧化膜的色调。一些工艺硫酸镍和其它成分的浓度都比较高，并有控制原材料中 Na^+、K^+、Fe^{3+} 在大约 50μg/g 以内的要求。由于 pH 值用氨水调节，并不需要控制着色槽液中的氨。这些工艺典型的交流 Ni 盐着色溶液成分和工艺参数：$NiSO_4 \cdot 6H_2O$ 100g/L＋添加剂，pH5.5，15～20V，0.5A/dm²，0.25～5min。

在操作过程中铝离子会不断累积，溶液 pH 值提高有利于降低累积的 Al^{3+} 的溶解度，使 Al^{3+} 及时从槽液中沉淀分离出来，防止由于着色液中铝离子过高而引起表面白点等缺陷。在开槽时有意加入一些硫酸铝，以保证上述机制在开槽时就起作用。另外的办法是加入氨基酸或羧酸络合铝离子，也可加入少量有机胺、重金属碳酸盐、氧化物、氢氧化物或羟基碳酸盐，目的都是使槽液中的铝离子不致太高。可以在镍盐槽液中添加少量硫酸铜促进着色，得到所谓"真黑色"。

若配备硫酸镍回收设备，则可以进一步降低硫酸镍的消耗，同时节约镍离子污染环境的排污处理费用。

硫酸镍槽液的着色需要解决的一些问题是：a. 深古铜色和黑色不容易得到；b. 槽液的分布能力不太高；c. 由于 Na^+、K^+、NH_4^+ 等杂质的影响，阳极氧化膜有比较大的剥落的可能性；d. Ni 离子污染环境，水排放标准对 Ni 离子的排放浓度和总量日趋严格；e. 对于电解着色生产中累积铝的敏感性等。

② 镍盐直流电解着色。直流电解着色虽然容易引起氧化膜的散裂脱落，但着色时间快，槽液简单稳定，在工业装备改进以后仍有其独到的优点，比 Sn 盐着色更有利于全自动生产。例如一种电解着色溶液成分十分简单的技术：$45\sim55g/L$ $NiSO_4 \cdot 6H_2O$，$25\sim35g/L$ H_3BO_3。其工艺条件见表 5-27。

表 5-27 Ni 盐直流电解着色的工艺条件

项　　目	工 艺 条 件	备　　注
着色之前	着色槽中浸渍	2min 以上
温度	25℃	22～28℃
pH	4.5	
循环	3～7 次/h	
阳极	石墨，镍板	面积比 1:1.2
电源（+）	DC,15V,0.2A/dm²	电压上升,0～15V/30s 电流密度上升,0～0.2A/dm²
时间	1～2min	
电源（-）	DC,15V,1.0A/dm²	电压上升,0～15V/30s 电流密度上升,0～1.0A/dm²
时间	1～10min	不锈钢色：1min 古铜色：3min 黑色：5～10min

镍盐直流电解着色的特点是槽液的电导率高，一般都大于 20mS/cm。硫酸镍的浓度高，一般大于 100g/L。化合物的纯度要求高，尤其要控制钠和钾离子，有时还要控制铵离子，具体指标因工艺不同而异。杂质控制除了注意化合物的纯度之外，还需要连续纯化槽液的设备，使得生产过程中保持杂质在容许范围之内。为了避免阳极溶解污染槽液，直流电解着色的阳极不推荐不锈钢，可使用纯镍板或石墨。电源是按照工艺的要求采用电脑控制的输出特殊波形的电源设备，绝对不能用普通直流电源。

双向（正向与负向转换）直流着色工艺，都需要软启动，实际上称为"极性反转直流法"可能更加确切。这种方法着色溶液的成分非常简单，只有两个成分，即 $145\sim155g/L$ 硫酸镍和 $35\sim45g/L$ 硼酸。着色温度 20～24℃，pH 值 3.6～4.2。着色的阳极采用纯镍板，以免引入杂质使槽液变质。槽液的管理通过设备实现，槽液离子交换（IR）和吸附技术除去钠、钾、铁和铝等杂质，并将操作过程中下降的 pH 值调节到正常值。采用反渗透（RO）技术处理清洗水回收 Ni，既降低硫酸镍的消耗，又减少环境污染。表 5-28 为该工艺要求的各种杂质的容许值，与 Sn 盐着色的杂质容许值比较可以发现 Ni 盐苛刻得多。

表 5-28 Ni 盐直流着色的杂质容许值

铝离子	钠离子	钾离子	铵离子	铜离子	氯离子
<100	6～10	<100	<150	<20	<300

一种 Unicol（尤尼克尔）直流脉冲电解着色技术，是铝经过阳极氧化之后在电解着色槽中先作为阳极进行处理，然后作为阴极按 $60\sim1800$ 次/min 附加正脉冲电压的直流电，正负脉冲电压的时间比 t_a/t_c 为 $0.005\sim0.30$，得到着色均匀、附着性好的电解着色阳极氧化膜。该专利举例的一种槽液成分和工艺条件见表 5-29。槽液成分虽多一些，但并不特别复杂。电源要求比较特殊，在直流阴极电流上有极其短暂的阳极尖峰脉冲，这是一种附加正向（阳极）脉冲的直流电解着色技术。该技术对于槽液的杂质控制更加严格，如铵离子一般应低于 $20\mu g/g$。槽液杂质的去除和 pH 值的调节必须选用相关设备实现。这项技术原则上也可用于 Sn 盐电解着色。

表 5-29　Unicol 的镍盐电解着色槽液成分和工艺条件

槽液成分及质量浓度 ρ_B/(g/L)		工艺参数	
硫酸镍($NiSO_4 \cdot 6H_2O$)	90	脉冲电压数/(次/min)	500
硫酸镁($MgSO_4 \cdot 7H_2O$)	100	t_a/t_c	0.10
硼酸(H_3BO_3)	40	阴极电流密度/(A/dm²)	0.2
酒石酸	9	温度/℃	$20\sim30$
		时间/min	$2\sim7$

③ 镍盐电解着色的电化学研究。从上述各种 Ni 盐电解着色工艺来看，不论是交流还是直流，某些工艺参数（如电压等）都没有差别，说明它们之间的着色机理存在共性。本节在前面电解着色机理的基础上，补充 Ni 盐着色的电化学研究，有助于对 Ni 盐着色工艺的深入理解，也是对电解着色机理的补充。如果用 DC 恒电压对阳极氧化膜电解着色，阴极电流是一条衰减曲线，而 AC 电解着色同样也是衰减曲线。早期人们常把 DC 着色与 AC 电镀相比拟，但是尽管都是金属离子的沉积，但它们的电化学行为并不相同。恒电压电镀的电流-时间曲线不是逐渐衰减，而是在开始大约 1s 内电流急剧下降然后维持恒定电流。电镀开始时的瞬间大电流是双电层的充电电流，然后急剧下降到一个恒定电流值，表示在这个恒定速度下的金属离子还原的电镀反应。阳极氧化膜的电解着色则完全不同，氧化膜的电阻（阻抗）逐渐增加，致使阴极电流缓慢下降。阳极氧化膜阻抗增加的原因是阻挡层的电阻增加和孔中沉积物引起的电阻增加。电解着色过程中的总电阻是可以测量的，但是无法单独测量阻挡层的电阻。铝阳极氧化膜在硫酸镍-硼酸电解液中的阴极极化曲线如图 5-15 所示，极化曲线有三个峰，第一个峰（$-4V$ 处）表示 H^+ 的还原，第二个峰（$-13V$ 处）的起因目前还不十分清楚，但是第三个峰（$-16\sim-17V$ 处）确定是 Ni^{2+} 的还原。按照图 5-15 所示的阴极极化曲线的还原峰位置，应该选择外加阴极电压在 $16\sim$ $17V$ 的范围内进行着色。

阴极极化曲线的峰值与许多因素有关，如阳极氧化膜厚度（见图 5-16）、阻挡层厚度、着色电解液浓度 [如硫酸铝浓度（见图 5-17）、硫酸镁浓度（见图 5-18）]、络合物浓度等及采用的工艺条件（如温度、时间）等。在图 5-16 所示的阴极极化曲线中，曲线上标出的数字是阳极氧化膜的厚度，当阳极氧化膜的厚度只有 $2\mu m$ 时，

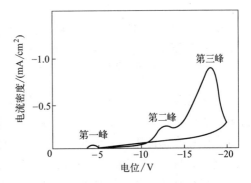

图 5-15　铝阳极氧化膜在硫酸镍-
硼酸电解液中的阴极极化曲线
阳极氧化膜厚度 $9\mu m$，阻挡层厚度 15nm

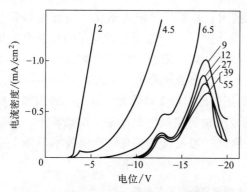

图 5-16 铝阳极氧化膜在硫酸镍-硼酸电解
液中不同氧化膜厚度阴极极化曲线

曲线上标识数字为膜厚（μm）

曲线没有峰值，电流完全由析氢产生；当阳极氧化膜的厚度为 4.5μm 时，在 $-4V$ 位置处出现第一个峰，此峰并非 Ni^{2+} 还原电流；只有当阳极氧化膜厚度超过 6.5μm 时，才出现 Ni^{2+} 还原电流的第一个峰。当阳极氧化膜厚度超过 9μm 之后，Ni^{2+} 还原的两个峰都出现在极化曲线上，第二个峰值比较强。因此从图 5-16 可以预计，薄阳极氧化膜不能直流电解着色，因为阻挡层表面的 H^+ 很快从溶液中得到，此时只有氢气产生。如果多孔膜的厚度增加，H^+ 供应较慢，则微孔中 pH 升高，达到 Ni^{2+} 放电还原的条件，才能够有效地析出 Ni。

从图 5-17 和图 5-18 中可以看出，加入 $Al_2(SO_4)_3$ 和 $MgSO_4$ 都能够使 Ni^{2+} 阴极还原电流下降，也就是说 Al^{3+} 或 Mg^{2+} 使得 Ni^{2+} 的还原速度下降，即着色速度变慢，从而使颜色变浅，显然这样有利于浅色系的工业控制。这是由于铝盐和镁盐在孔中形成 $Al(OH)_3$ 或 $Mg(OH)_2$，增加了阳极氧化膜的电阻，从而减小了电解着色中 Ni^{2+} 还原电流，使得颜色变浅。另外，还可以明显看到，$Al(OH)_3$ 阻滞作用比 $Mg(OH)_2$ 更为显著，在硫酸铝为 10g/L 时，甚至已经达到阳极氧化膜很难着色的严重程度。

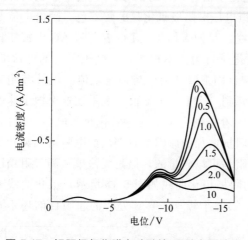

图 5-17 铝阳极氧化膜在硫酸镍-硼酸电解液中
添加不同硫酸铝浓度的阴极极化曲线

曲线上标识数字为硫酸铝浓度（g/L）

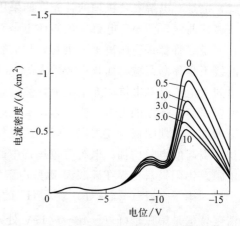

图 5-18 铝阳极氧化膜在硫酸镍-硼酸电解液中
添加不同硫酸镁浓度的阴极极化曲线

曲线上标识数字为硫酸镁浓度（g/L）

a. 阴极极化。阳极氧化膜进行阴极极化时 Ni^{2+} 放电并沉积在阻挡层的表面。电解着色需要克服阻挡层的高电阻，所以外加电压比较高。电子从铝基体以电子电流的形式通过阻挡层到达微孔底部的阻挡层表面。在阴极极化开始时 H^+ 引起的离子电流流过，待达到一个界限值之后，H^+ 电流下降，金属离子发生还原析出。据报道界限电流约为 $0.67mA/cm^2$，这是一个比较高的数值。一旦金属在阻挡层上沉积，H^+ 电流就可以认为停止了。因此电解着色的起始阶段，可以认为是离子电流与电子电流叠加。

b. 扩散过程。在电解着色过程中，电解质溶液的离子按照它们各自的迁移数成为电流，金属离子放电并析出沉积在阴极表面，使表面附近的离子浓度降低。按照扩散理论，金属离子的放电正比于迁移速度。如果其它导电盐存在时，解离的其它离子分担了迁移数，因此金属离子的供应更加受到限制。

如果电解质溶液的本体金属离子的浓度和电极表面的活性金属离子的浓度分别取 a_0 与 a，D 为扩散系数，d 为扩散层的厚度。那么扩散电流 I 由下列方程决定：

$$I = \frac{-FDZ(a_0 - a)}{d}$$

式中，F 为法拉第常数。如果 $D \approx 10^{-5}\,\mathrm{cm^2/s}$，$a_0 \approx 10^{-4}\,\mathrm{mol/cm^3}$，$a \approx 0$，$I \approx 0.005\mathrm{A/cm^2}$；对于 2 价金属 $Z = 2$，那么扩散层的厚度 d 约为 $0.05\mathrm{cm}$。

阳极氧化膜厚假定是 $10\mu m$，则这个厚度仍然在电化学扩散层的范围之内。阳极氧化膜的微孔直径只有 15nm 左右，电解着色在微孔中进行，微孔中的离子只能由扩散提供，搅拌或电流都无法直接进入微孔之中。微孔中金属电解还原沉积属扩散控制。

c. AC 极化。如果扩散层厚度增加，浓差极化也增加，阻碍了金属的均匀析出，AC 极化可以降低浓差极化。因为在 AC 极化过程中，电极瞬间处于阳极状态，此时电极表面不析出沉积金属。由于离子从电解溶液本体扩散，电极表面的金属离子浓度减少得到恢复，使得扩散层变薄。因此 AC 着色有利于消除浓差极化，也就是有利于均匀的金属沉积，使得着色比较均匀。真正的连续直流波形使稳定着色困难，现在所谓"直流着色"，实际上采用了"特殊电源"。

（6）电解整体着色法

这种方法有些文献上也称为自然着色法、一步着色法。铝件在被阳极氧化的同时被着色，整个氧化膜都显示一种颜色，而不是在表面显示。金属材料中往往含微量至少量硅、铬、铜及锰等元素，这些元素的电解可使得膜层着色。常用合金在自然发色处理时的色调见表 5-30。整体着色氧化膜的颜色取决于膜的厚度与合金中的元素、合金的热处理状态，一般膜厚必须超过 $15\sim20\mu m$ 才能发色。要求特定色调的需配制特殊的合金，而色调的宽窄则与所用的工艺方法有关。

表 5-30　常用合金在自然发色处理时的色调

合金系	典型合金	阳极氧化处理	
		硫酸法	草酸法
纯铝系	1050、1100	银白色	金色、黄褐色
Al-Cu 系	2017、2014	灰白色	浅褐色、灰红色
Al-Mn 系	3303、3304	银白色、浅黄色	黄褐色
Al-Si 系	4043	灰色、灰黑色	灰黑色、灰黄黑色
Al-Mg 系	5005、5052、5083	银白色、浅黄色	金黄色
Al-Mg-Si 系	6061、6083	银白色、浅黄色	金黄色
Al-Mn 系	7072	银白色	—

另外，通过调节电解液、电流及波形等方面也能使基体着色，生产上，当对颜色有特别要求时，往往从这些方面考虑。

自然着色一般采用溶解度高、电离度大、能够生成多孔阳极氧化膜的有机酸作为电解溶液，如草酸、磺基水杨酸、硫酸氧钛（$TiOSO_4$）、磺基间苯二酚、铬变酸、氨基磺酸、甲酚磺酸、马来酸、磺基马来酸等，并添加少量硫酸调整 pH 值到规定范围，以改善溶液的导电性能。

由于所研究溶液的导电性能比较差，所以自然着色过程中的电压较高，超过常规硫酸法的 3～5 倍，通常为 60～100V。采用的电流密度比硫酸法高 2～3 倍，一般为 1.5～3A/dm^2。因此，工艺过程中会产生大量的热量，必须进行强制冷却，使电解溶液的温度保持在 15～35℃范围内。为使着色均匀且有强的再现性，电解溶液必须处于循环和搅拌状态，并使温度变化小于±2℃。

电解溶液中铝离子浓度应严格控制，超过一定范围则使溶液的导电性下降，进而使氧化膜颜色发生变化，为此，应装备离子交换器以除去溶液中过剩的铝离子。

① 整体着色工艺。电解液中常用草酸、磺基水杨酸和氨基水杨酸等着色。电解整体着色法工艺规范见表 5-31 和表 5-32。"一步法"电解着色是把铝零件在有机酸中阳极氧化以获得有色氧化膜的方法。也有特定的铝合金在普通阳极氧化中发色的。此法有三种：

表 5-31　电解整体着色法工艺规范（一）

成分及工艺条件	质量浓度 ρ_B（除注明外）/(g/L)							
	配方 1	配方 2	配方 3	配方 4	配方 5	配方 6	配方 7	配方 8
硫酸	5.6～6	0.5%	2.5	0.5～4.5	0.5%	6	5	0.7～2
磺基水杨酸	62～68	15%			5%			
酒石酸								50～300
钼酸铵							20	
硫酸氧钛			60～70					
草酸				5～饱和				5～30
草酸铁				5～80				
马来酸					1%		持峰值	
酚磺酸						90	电压至所	
铝离子	1.5～1.9						需色泽	
温度/℃	15～35	20	20	20～22	20	20～30	15～35	15～50
电压/V	35～65	45～70	40～70	20～35	30～70	40～60	40～80	
电流密度(DC)/(A/dm²)	1.3～3.2	2～3	2～4	5～8	1.3～3.0	2.5	1～10	1～3
颜色	青铜色	青铜色	青铜色 茶褐色	红棕色	青铜色	琥珀色	金黄色 褐色 黑色	青铜色

表 5-32　电解整体着色法工艺规范（二）

工艺号	配方		电流密度 /(A/dm²)	温度 /℃	时间 /min	膜层颜色	备注
		质量浓度（除注明外）/(g/L)					
1	草酸($H_2C_2O_4 \cdot 2H_2O$)	0.5%～10%①	4～5 直流	15±1	5～30	黄-红	
	硫酸(H_2SO_4)	0.05%～1%①					
2	甲酚磺酸	0.5%～40%①	30～60V 2.5		20～40	蓝-黑	
	磺基水杨酸	0.5%～5%①					
	硫酸(H_2SO_4)	0.05%～3%①					

工艺号	配方		电流密度 /(A/dm^2)	温度 /℃	时间 /min	膜层颜色	备注
	质量浓度(除注明外)/(g/L)						
3	氨基磺酸(H$_2$NSO$_2$OH)	1~100	1~2	18~22		橄榄	
	硫酸(H$_2$SO$_4$)	0.1~10					
4	苯磺酸	0.5%~2.5%①	0.5~10			金	
	铬酸(H$_2$CrO$_4$)	0.5%~15%①					
	硫酸(H$_2$SO$_4$)	0.2%~10%①					
5	硫酸铜(CuSO$_4$·5H$_2$O)	10	0.15~0.4 直流			浅红-黑	氨水调 pH 至 8.2
	柠檬酸(C$_6$H$_8$O$_7$·H$_2$O)	15					
6	草酸(H$_2$C$_2$O$_4$·2H$_2$O)	1%①	2 直流	20	30	黄	
	硝酸铁[Fe(NO$_3$)$_3$]	0.05%①					
7	硫酸铜(CuSO$_4$·7H$_2$O)	90~100	0.7~1.5	20~35		琥珀-黑	
	硼酸(H$_3$BO$_3$)	45~55					
	硫酸铵[(NH$_4$)$_2$SO$_4$]	25~35					

① 质量分数。

a. 磺基电解着色法。在氨基磺酸、氨基水杨酸的电解液中添加无机酸及磺基苯二酸等有机酸，可生成青铜色至黑色以及橄榄色一类的氧化膜。磺基水杨酸液中加 0.5~1g/L 钨酸钠，可生成香槟色膜层。此外，采用 30~40g/L 硼酸以及添加剂，调节 pH 至 1~2，可生成灰色的氧化膜层，对于硬铝则生成黄色膜层。

特定的铝合金在普通的阳极氧化中着色的方法称为自然着色法或合金着色法，即通过改变铝合金的成分或热处理条件，在阳极氧化的同时，使氧化膜着色。合金的成分不同，阳极氧化后所得的膜层颜色不同。如在硫酸（200g/L）电解液中，在基本相同的工艺条件下氧化 40~60min，铝-硅系（含硅 11%~13%）的氧化膜为绿色至黑色；铝-锰-铬系（含锰 0.2%~0.7%，含铬 0.2%~0.5%）为深褐色；铝-镁系（含镁 1%~1.5%）为金黄色。

合金着色的机理是：铝合金中的某些不溶解也不氧化的成分，以颗粒状存在于氧化膜中，从而使膜层着色。合金成分在阳极氧化时，与铝生成均相的氧化层，由于合金成分的氧化物是有色的，因而整个膜层成为带色的氧化膜。如在硫酸溶液中，铝-镁-锌合金能氧化成黑色；铝-铬-铜合金的氧化膜是金色。

b. 在草酸等其它有机酸电解液中阳极氧化着色。这种方法也称溶液着色法。氧化膜的颜色与所用的有机酸电解液有关。常用的有机酸有草酸、氨基磺酸和磺基水杨酸等。同种铝合金零件在不同的有机酸中阳极氧化着色，可得到不同的颜色，如纯铝在草酸溶液中氧化后呈黄色；在磺基水杨酸和硫酸混合液中得到的氧化膜是黄—灰—黑色。在以草酸为主的电解液中，以 6~8g/L 草酸、1~4g/L 硫酸为主体，加入添加剂，生成以黄色为主体的膜；添加硫酸、铬酸或其它有机酸，可生成黄色至红色的氧化膜。

c. 铝合金有机酸溶液氧化着色。如在顺丁烯二酸-硫酸混合液中，含铝 99.9% 的纯铝可氧化成金色；含铝 99% 的铝氧化成黄棕色；铝-镁合金氧化成黄棕色；铝-锰合金氧化成黑色。氧化膜的色调随时间的延长而越来越深。

在电解着色中加入某些添加剂可促进氧化膜层单色化，同样也可实现多色化。单色的添加剂有：酒石酸 5g/L，硫酸 0.5mL/L，硫酸铝 5g/L。多色的添加剂按效果大小依次有：硼酸 3g/L，硫酸铵 5g/L，三乙醇胺 25%，氨水。

② 工艺过程。着色操作过程分三个阶段进行。

a. 通电，采用低功率进行处理。起始 1min 内逐步增加电流，使其密度达到 $0.5A/dm^2$ 并保持 3min，然后在 1min 内把电流升到规定的电流密度值。从达到要求电流密度值开始计算阳极氧化时间。

b. 恒电流密度。在此时间段内（12～25min），电流密度按规定值保持恒定，电压逐步上升，直至规定电压值。

c. 恒电压。电压恒定直至膜层颜色达到要求为止，在此过程中电流密度减小。

③ 影响着色的因素。

a. 合金。合金成分对着色性能起主要作用。

b. 加工与热处理。加工与热处理影响合金微观结构，进而影响其耐蚀性及着色性能。

c. 表面前处理。表面前处理中，碱洗是影响表面光泽的主要因素，碱洗过度以及中和不彻底，都有可能使表面光泽不均、膜有斑点。

d. 磺基水杨酸质量浓度。在规定的质量浓度（65g/L）下，降低质量浓度则使达到最高电压值的时间变短，使颜色变深且使电解溶液着色氧化能力降低。

e. 铝离子质量浓度。铝离子的质量浓度超过 1.7g/L 时对着色的影响同硫酸浓度降低时一样。铝离子质量浓度超过规定值时，应用离子交换法予以去除。

f. 电流密度。电流密度较高时颜色较深，为确保规定的电流密度，可用实际平整面积或低估凹坑增加实际面积的方法加以修正，保证足够的电接点，导电梁及导电杆有充足的导电能力，使阴极面积适当，分布合理。

g. 电压。恒定电压阶段的电压对着色起决定作用，在许可范围内，电压越高，颜色越深。

h. 温度。采用不同的温度可产生不同的颜色，但应注意氧化膜的临界温度。

i. 总电量。总电量的大小决定氧化膜的厚薄，膜越厚，颜色越深。20.32～25.4μm 的膜厚需 $1.08A \cdot h/dm^2$ 的总电量。

④ 其它几项技术措施。

a. 通电阶段电流上升不宜过快，以免造成制品表面粗糙。

b. 阳极氧化槽两侧面应该有足够导电截面的电极端子，以连接导电承载梁；导电杆、夹具用经过热处理的 6061、2A12 铝合金制品，每 $6.45cm^2$ 截面通过的电流不超过 500A、每 $0.929m^2$ 阳极氧化面积应用一个电接点；阴极采用不锈钢，阴阳极面积比为 1∶1，与阳极最大间距为 50.8cm，每超过 30.5cm 将有 6V 电压降；超过制品相应面的阴极部分应遮蔽，以免边缘制品颜色变深；导电杆及夹具再次使用时应脱膜。

c. 阳极氧化时带有试片，以便恒电压开始后每隔 4～5min 检查一次颜色。

d. 新制的封孔溶液应煮沸 6h 后再投入使用，否则将产生封孔污斑，同时注意氧化膜与封孔溶液的匹配。

e. 为防止膜层龟裂，封孔前后应用热水清洗。

f. 封孔后，清洗干净的制品可涂透明、光泽的甲基丙烯酸树脂（干燥后厚度为 12.7μm）。

g. 为获得光泽的表面，可先在硫酸溶液中进行短时间（1min 或更短）的阳极氧化，或在获得 8μm 厚的硫酸膜后进行自然着色。

（7）其它电解着色

除了 Ni 盐、Sn 盐、Sn-Ni 混合盐、Mn 盐和 Se 盐之外，Fe 盐、Cu 盐、Ag 盐电解着色也都有工业应用。它们都有一些特点或特殊的颜色，如 Fe 盐的低成本、Cu 盐的紫红色、Ag 盐的黄绿色、Se 盐的钛金色，都有其特点。表 5-33 列出了代表性的 Fe 盐、Cu 盐、Ag 盐的槽液成分，尽管金属盐的类型不同，但其 AC 电解着色工艺条件相差不大，现列在表 5-33 中统一表示。着色的金属盐实际上还有很多，因缺少工业应用不列在表 5-33 中介绍。其它铝及铝合金的电解着色工艺见表 5-34。

表 5-33 其它金属盐交流电解着色工艺规范

化合物		质量浓度 ρ_B/(g/L)	质量浓度 ρ_B 范围/(g/L)	备注
Fe 盐	硫酸亚铁($FeSO_4 \cdot 7H_2O$)	50	30～60	
	硼酸	25	20～30	pH＝5.0
	柠檬酸三铵	5	4～6	抗氧化剂
	抗坏血酸[L(＋)-$C_6H_8O_6$]	3	2～4	电导率 65mS/cm
	硫酸铵	50	45～55	抗氧化，调 pH（市售）
	添加剂	指定值		
Cu 盐	硫酸铜($CuSO_4 \cdot 5H_2O$)	15	13～20	
	硫酸	17	15～20	电导率 65mS/cm
	硫酸镁($MgSO_4 \cdot 7H_2O$)	20	18～25	
	硫酸铜($CuSO_4 \cdot 5H_2O$)	35		AC（交流），5～15min
	硫酸	5		pH1～1.3,20℃,0.2～1.0A/dm²,
	硫酸镁($MgSO_4 \cdot 7H_2O$)	20		赤紫色,石墨阳极
	硫酸铜($CuSO_4 \cdot 5H_2O$)	30		20℃,2～5min,浅紫到暗紫色
	硫酸	20		
	硫酸铵	30		AC（交流），0.2～0.4A/dm²,25V,
	硫酸铜($CuSO_4 \cdot 5H_2O$)	2		pH 0.6～3.5,室温,2～5min
				赤紫色,石墨阳极
Ag 盐	硝酸银	5	4～7	电导率 65mS/cm
	硫酸	17	15～20	
	硫酸镁($MgSO_4 \cdot 7H_2O$)	20	18～25	
	硫酸银	1		AC（交流），5～15min,
	硫酸	20		电压 10V,16℃,45s 金黄色
	硝酸银	0.5		AC（交流），5～15min,pH 1,20℃,10V,
	硫酸	5		0.5～0.8A/dm²,金绿色,石墨阳极
	硫酸	10		AC（交流），1～15min pH 0.7,
	硝酸银	1.0		20℃,10V,金黄色到棕色,石墨阳极
	硫酸铝	20		
Co 盐	硫酸铵	15		AC（交流），5～15min
	硼酸	25		pH 4～4.5,20℃,17V,0.2～1.0A/dm²,
	硫酸钴	25		黑色,铝板阳极
	硫酸	10		AC（交流），5～15min
	硫酸钴	30		pH 2～4,20℃,15～17V,0.2～1.0A/dm²,青铜色至黑色,铝板阳极
	草酸铵	20		AC（交流），pH 5.5～5.7,
	草酸钠	20		20V,20℃,1min
	乙酸钴	4		

表 5-34　其它铝及铝合金的电解着色工艺

工艺条件	质量浓度 ρ_B/(g/L)							
	配方 1	配方 2	配方 3	配方 4	配方 5	配方 6	配方 7	配方 8
六水硫酸镍							50	
硼酸					25		30	30
硫酸锡		15						
硫酸	20	10	7	40~200		10		
五水硫酸铜	30	15	20		25			
硫酸亚汞				20				
硫酸钴					20			25
硫酸铵					15		15	15
温度/℃	20	20	室温	室温	室温	25	20~25	20~25
电压/V			15~30		15	12	15	15
时间/min	2~5	1~5	13~15	3~5	10	1~2	5	5
颜色					黑色			

注：1. 配方 1、2 浅紫到暗紫；配方 3 淡红色、紫色或红褐色；配方 4 黄色、淡褐色、褐色，电流密度 0.5~1.5A/dm²。

2. 黑色：$FeSO_4 \cdot 7H_2O$ 35~45g/L，H_3BO_3 3g/L，抗坏血酸 1g/L（或磺酸 22g/L，β-萘酚 0.2g/L），25~35℃，20V，5~10min。配方 6 着色后再用该配方着色，可得赤豆色。

Fe 盐着色主要考虑其经济因素，着色槽液的成本不到 Ni 盐的一半。硫酸亚铁作为着色的主盐，类似于 Sn 盐着色，也需要加入抗氧化剂以防止 Fe^{2+} 氧化成 Fe^{3+}。柠檬酸三铵用于调节 pH，保持 pH＝5 很重要。硫酸铵作为导电盐加入槽液中。着色的颜色体系与 Ni 盐类似，工艺参数见表 5-35。Cu 盐着色得到的着色系从酒红色变化到黑色，但是封孔性能往往不太理想，工件表面有时存在点腐蚀，一般加镁盐可以抑制点腐蚀。Ag 盐的色系从黄绿色、橙色变化到黑色。Se 盐着金黄色比较浅，一般称为钛金色。但是"钛金色"颜色本身不太稳定，长期暴露后的颜色变化估计与沉淀析出物的氧化有关系。

表 5-35　其它金属盐溶液交流电解着色的工艺条件

项　　目	工 艺 条 件	备　　注
着色之前	着色槽中浸渍	2min 以上
温度	25℃	22~28℃
循环	3~7 次/h	过滤
电极	石墨	电极面积比 1:1.2
电源	DC，15V，0.2A/dm²	电压上升，0~15V/30s 电流密度上升，0~0.7A/dm²
时间	1~2min	不锈钢色：1min 古铜色：5min 黑色：10min

① 锰酸盐电解着色。锰酸盐电解着色得到的金黄色系是一种较浅的黄色体系，颜色与硒酸盐电解着色的金黄色色调不同，硒酸盐着色称为钛金色。锰酸盐电解着色的原理是电解还原沉积在阳极氧化膜微孔中的二氧化锰微粒，对入射光发生散射作用而显色。一般认为，着色过程中发生如下反应：

$$Mn^{2+} + 2e^- \longrightarrow Mn$$
$$3Mn^{2+} + 2MnO_4^- + 2H_2O \longrightarrow 5MnO_2 + 4H^+$$

通过对光线的吸收、散射，显现出肉眼可见的金黄色。

由于二氧化锰微粒导电性较差，随着二氧化锰微粒的增加，表面电阻增加，使得着深色变得困难，而且容易引起阳极氧化膜剥落。不加添加剂的情况下，高锰酸钾着色工艺如下：

a. $KMnO_4$ 10～15g/L，硫酸 20～30g/L，交流电源，米黄色。

b. $KMnO_4$ 20g/L，硫酸 20g/L，交流电源，pH 1.6，0.5～0.8A/dm^2，11～13V，15～30℃，2～3min，米黄色。

c. $KMnO_4$ 10～30g/L，硫酸 5g/L，交流电源，pH 1，0.5～0.8A/dm^2，11～13V，15～30℃，2～5min，米黄色。

d. 泡沫铝工艺：$KMnO_4$ 30g/L，硫酸 20g/L，15V，40℃，8min。将泡沫铝阳极氧化后在着色液中预浸 2min 以上，然后在 30s 内将电压缓慢升至规定值，即采用交流电压软启动的方式，不仅可以有效防止阳极氧化膜的剥离，而且可以使氧化膜的孔径增大。

加入添加剂时，锰酸盐电解着色的典型生产工艺见表 5-36，着色槽液为高锰酸钾的硫酸溶液，金黄色的阳极氧化膜与后续电泳涂漆类材料着色的溶液成分和工艺稍有差别。

表 5-36　典型锰酸盐电解着色的槽液成分和工艺参数

品种	槽液成分/(g/L)	温度/℃	电压/V	时间/min
阳极氧化材	高锰酸钾 8～10，游离硫酸 25～30，添加剂 20	20～30	12～15	2～4
电泳涂漆材	高锰酸钾 9～11，游离硫酸 28～34，添加剂 20～25	22～25	12～14	5～7

添加剂加入后的一些工艺：

a. $KMnO_4$ 1～2g/L，硫酸 7g/L，Al_2O_3 5g/L，10V，3min。在高锰酸钾电解着色液中，还可加入过硫酸钠等。

b. 硼酸 5g/L，硫酸铝 10g/L，硫酸 10g/L，高锰酸钾 0.5g/L，硝酸银 0.4g/L，硫酸铜 1.0g/L，4min，25℃，电压 7V。在该工艺条件下生成的着色膜耐蚀性检测滴碱实验结果为 136s。颜色金黄，着色均匀。

锰酸盐着色的优点是颜色分散性很好，可以有效避免复杂断面铝型材的色差。锰酸盐电解着色的外加电压不宜太高，尤其在着深色时，注意控制在 12～15V 范围，电压过高或时间太长容易引起阳极氧化膜剥落（外观出现白点）。电解着色对电极面积应大于待着色工件，如果对电极面积因各种原因小于工件时，容易引起阳极氧化膜剥落。

锰酸盐水解着色的金黄色原则上可以比硒酸盐着色得深一些，但是有许多原因使金黄色不能得到深色，其原因有以下几方面。

a. 槽液老化：对电极有沉积物，致使面积减少，钾离子累积过高，添加剂含量不够。

b. 游离硫酸浓度偏低：对老化槽液宜适当提高硫酸浓度如增加到 30～32g/L 以上。

c. 槽液温度较低：对于封孔的阳极氧化膜，着深金黄色的温度可取 25～30℃。

② 硒酸盐电解着色。硒酸盐电解着色得到浅金黄色，也称钛金色。目前有单硒酸盐和铜-硒酸盐电解着色两种，其外观色调差别很小。随着在大气中暴露时间的增加，硒化合物进一步氧化从而颜色逐渐加深。硒酸盐电解着色配制槽液所需的二氧化硒费用较高，特别是铜-硒酸盐电解着色的槽液配制费用，数倍于普通的锡-镍混合盐电解着色，而且二氧化硒有毒，其色调也没有明显优势。

a. 单硒酸盐电解着色。单硒酸盐电解着色只能得到浅金黄色系，大都以亚硒酸钠作为着色主盐，但是钠离子累积到一定浓度时，很容易导致着色膜出现剥落现象。早期单硒酸盐电解着色的槽液成分和工艺参数见表 5-37。

表 5-37　早期的单硒酸盐电解着色的槽液成分和工艺参数

槽液成分及质量浓度 ρ_B/(g/L)		工艺参数	
亚硒酸钠(Na_2SeO_3)	5	着色电压(AC)/V	8
硫酸(H_2SO_4)	10	着色温度/℃	20
石墨阳极		着色时间/min	8~15
		电流密度/(A/dm²)	0.5~0.8
		pH	2
硫酸	适量	着色电压(AC)/V	15
亚硒酸钠(Na_2SeO_3)	5	着色温度/℃	20
硫酸铝	20	着色时间/min	8~15
石墨阳极		电流密度/(A/dm²)	0.5~0.8
		pH	1.1
硒酸盐	3~7.5	交流电源,着色速度快,米黄色,颜色偏绿,逼真性较差,磷酸扩孔	
硫酸	12		
过硫酸铵	0.3~0.5		
亚硒酸钠	0.5	着色电压(AC)/V	8
硫酸	10	着色温度/℃	20
		着色时间/min	3
		电流密度/(A/dm²)	0.5~0.8
		pH	2

用二氧化硒（水溶液即为亚硒酸）替代亚硒酸钠，可有效解决钠离子累积问题。由于单硒酸盐电解着色不能得到深色调，开发了"先扩孔着色"工艺，即在电解着色前先用硫酸或磷酸溶液浸泡扩孔数分钟，再进行单硒酸盐电解着色。经扩孔处理的氧化膜虽然容易获得深颜色，但难以避免因封孔质量问题而容易褪色。目前的中温单硒酸盐电解着色工艺已解决了这些问题。典型中温单硒酸盐电解着色的槽液成分和工艺参数见表 5-38。

表 5-38　典型中温单硒酸盐电解着色的槽液成分和工艺参数

槽液成分及质量浓度 ρ_B/(g/L)		工艺参数	
二氧化硒(SeO_2)	2.0~3.0	着色电压(AC)/V	12~14
硫酸(H_2SO_4)	12~18	着色温度/℃	43~48
添加剂(市售)	15~20	着色时间/min	2~4

添加剂可以增加槽液导电性和防止着色膜剥落。在实际生产中对中温单硒酸盐电解着色，必须按表 5-38 控制槽液成分和工艺参数，槽液温度在 40℃以下，温度升高对着色速度提高影响较小，而在 41~50℃范围内温度升高，着色速度则明显提高。硒盐着色随电解时间延长，颜色逐步加深。

b. 铜-硒酸盐电解着色。铜-硒酸盐电解着色以铜盐和硒酸盐两种主盐着色，在阳极氧化膜孔内同时沉积铜和硒，混合沉积物的导电性大大好于硒的沉积物，因此不需要提高温度就能获得深颜色。但铜-硒酸盐电解着色膜的封孔品质不好，其颜色抗室外紫外线能力较差，因此在铜-硒酸盐电解着色后宜采用电泳涂漆进行封孔处理。典型铜-硒酸盐电解着色的槽液成分和工艺参数见表 5-39。

表 5-39 典型铜-硒酸盐电解着色的槽液成分和工艺参数

配方	槽液成分及质量浓度 $\rho_B/(g/L)$		工艺参数		
1	SeO_2	6.0～10.0	着色电压(AC)/V	16～18	
	$CuSO_4 \cdot 5H_2O$	2.5～4.0	着色温度/℃	20～25	
	硫酸	15～18	着色时间/min	4～8	
	添加剂(市售)	20～30			
2	Na_2SeO_3	5～7	着色电压(AC)/V	15～19	
	$CuSO_4 \cdot 5H_2O$	3～4.0	着色温度/℃	20～25	
			着色时间/min	5～6	

表 5-39 工艺 2 所得膜层在小于 400℃时着色膜性能稳定，60d 自然暴露实验，表观无变化。除表中所列外，还可加入硫酸铵、硼酸等。添加剂主要由导电盐和无机酸组成，以提高着色槽液的导电性，克服电解着色铝材的边缘效应。在铜-硒酸盐电解着色过程中颜色只能加深不能褪色。在电泳漆膜的烘烤固化过程中会有少许褪色，烘烤温度越高，褪色越严重，因此着色时要把握好，烘烤炉的炉内温差要小，期望达到≤10℃。

③ 银盐电解着色。金黄色膜层厚度随硫酸浓度增加和氧化时间延长而增大；膜层颜色随氧化时间、电流密度、电解着色时间及硫酸银浓度增加而加深。硫酸银电解着色溶液常常不够稳定，需加入稳定剂。但其硬度大幅度增加，引入银可能增加基体腐蚀。

④ 钼酸盐着色。$(NH_4)_6Mo_7O_{24} \cdot 4H_2O$ 20g/L，硫酸 5g/L，稳压直流电源，金黄色，着色速度慢，不易上色，易着成褐色或黑色。

⑤ 铬酐电解着色。CrO_3 10～11g/L，铁氰化钾 1～1.1g/L，NaF 1.2～1.3g/L，1.0～1.2A/dm²，25℃，2～3min，耐光耐磨，有一定耐酸碱能力。

（8）阳极氧化膜扩孔着色

在阳极氧化与阳极着色之间增加一道电解扩孔工序，然后沉积金属在孔中，金属对光产生反射，利用光干涉效应显色，这种工艺多用于镍盐电解着色。扩孔处理实现干涉光效应显色的工艺条件见表 5-40。

表 5-40 扩孔处理实现干涉光效应显色的工艺条件

配方	工序	成分及质量浓度 $\rho_B/(g/L)$		工艺条件	
1	①直流阳极氧化	硫酸	150	电压(DC)/V	13～16
		Al^{3+}	2	电流密度/(A/dm²)	1.0
				温度/℃	20
				时间/min	30
	②交流电解	硫酸		电压(AC)/V	3～8
		Al^{3+}		电流密度/(A/dm²)	1.0
				温度/℃	20
				时间/min	2～6
	③交流着色 (50Hz)	硫酸亚锡	8	电压(AC)/V	10～13
		六水硫酸镍	20	温度/℃	25
		硫酸	17	时间/min	2～8
		酒石酸	10		
		抗氧化剂	10		

配方	工序	成分及质量浓度 ρ_B/(g/L)		工艺条件	
2	①直流阳极氧化	硫酸	150	电压(DC)/V	13～16
		Al^{3+}	2	电流密度/(A/dm²)	1.0
				温度/℃	20
				时间/min	30
	②交流电解	磷酸	90～110	电压(AC)/V	5～15
		草酸	30	电流密度/(A/dm²)	1.5～1.75
				温度/℃	20～35
				时间/min	2～15
	③交流着色	六水硫酸镍	35	电压(AC)/V	15
		硫酸镁	20	温度/℃	20
		柠檬酸三铵	5	时间/min	2
		硼酸	25		
		硫酸铵	50		

扩孔工艺条件对膜的颜色种类等膜性能有重要影响。表 5-41 为工艺 2 扩孔时间对颜色的影响（电压 8V）。

表 5-41　扩孔时间对电解着色的影响

时间/min	1	2	5	8	12	15	20
颜色	难着色	灰色	浅黄色	香槟色	古铜色	暗黄色	难着色
均匀性	差	一般	一般	好	好	一般	差

此外，扩孔温度、磷酸浓度等均对最终着色产生影响。

5.1.8　封闭处理

铝阳极氧化膜具有很高的孔隙率和吸附能力，易受污染和腐蚀介质浸蚀。铝及铝合金在阳极氧化和着色后都应进行封闭处理。氧化膜的封闭方法可分为三种：①利用水化反应产物体积膨胀而堵塞孔隙，如沸水法、蒸汽法。②利用盐的水解作用吸附阻化封闭，如无机盐封孔（含高温法和常温法）。③利用有机物屏蔽封孔，如浸油、浸漆、电泳涂漆、喷粉等。在一种封闭过程中，可能会有几种机理起作用。其中①、②法用得最广。为节省能源，利用吸附阻化的常温封孔法占主导地位。

（1）中、高温封孔工艺

① 中、高温封孔原理。中、高温封孔是将具有很高化学活性的非晶质氧化膜变成化学钝态的结晶质氧化膜的过程。

$$Al_2O_3 \xrightarrow[\triangle]{nH_2O} Al_2O_3 \cdot nH_2O$$

水化反应结合水分子的数目为（1～3）个，依反应温度而定，水温低于 80℃时发生：

$$\gamma\text{-}Al_2O_3 \longrightarrow AlOOH + H_2O \longrightarrow \gamma\text{-}Al_2O_3 \cdot 3H_2O$$
$$（三羟铝石）$$

这种水化氧化膜稳定性差，具有可逆性，水温愈低可逆性愈大。

当水温＞80℃，接近沸点时发生：

$$\gamma\text{-}Al_2O_3 \longrightarrow AlOOH \longrightarrow \gamma\text{-}Al_2O_3 \cdot H_2O$$
$$（勃姆石）$$

这种大晶体的水化氧化铝是稳定而不可逆的，在腐蚀环境中勃姆石比三羟铝石稳定，所以高温封孔水温一定要达到95℃以上才好。被水化的结晶氧化膜体积膨胀，将膜孔封堵。

加有金属盐的高温封孔除水化反应外，还有金属盐的水解作用。例如加镍、钴盐者有金属氢氧化物；加重铬酸盐者则有 $[Al(OH)CrO_4]$ 和 $[Al(OH)Cr_2O_7]$。

② 中、高温封孔工艺。见表5-42。

表 5-42 中、高温封孔工艺规范

封孔方法	成分及质量浓度 ρ_B（除注明外）/(g/L)		pH 值	温度/℃	时间/min	特点及应用
1	热水		5.5~6.5	>80	15~30	可用醋酸铵调 pH(1g/L)
2	常压水蒸气 加压水蒸气	$3\sim6kg/cm^2$ 0.098~0.294MPa		>100 >100	15~20 10~15 20~30	封孔速度快，效果好，耐蚀性强，可防止染料流色，但成本高，适合于要求高的装饰件
3	纯水		5.5~7	>95	20~30	适合于大件（如铝型材）
4	$Ni(Ac)_2$ $Co(Ac)_2$ H_3BO_3	5~5.8 1.0 8	5~6	70~90	15~20	提高有机染色的色牢度，金属与染料作用有固色作用，宜用于有机染色件
5	$K_2Cr_2O_7$ Na_2CO_3	15 4	6.5~7.5	90~95	>10	耐蚀性好，封孔膜略带黄色，特别适合于铝铜合金
6	铬酸钾	50		80	20	
7	Na_2SiO_3 $Na_2O:SiO_2$	$w5\%$ $\zeta1:3.3$	8~9	90~100	20~30	耐碱性特别优良，适合于与碱性环境接触的铝件
8	$NiSO_4\cdot7H_2O$ $CoSO_4\cdot7H_2O$ $NaAc\cdot3H_2O$ 硼酸	4~5 0.5~0.8 4~6 4~5	4~6	80~85	10~20	
9	$NiSO_4\cdot7H_2O$ $CoSO_4\cdot7H_2O$ $Co(Ac)_2\cdot4H_2O$ $NaAc\cdot3H_2O$	4.2 0.7 5.3 4.8	4.5~5.3	80~85	15~20	
10	$NiSO_4\cdot7H_2O$ $NaAc\cdot3H_2O$ 硼酸	3~5 3~5 1~3	5~6	70~90	10~15	
11	$Co(Ac)_2\cdot4H_2O$ $NaAc\cdot3H_2O$ 硼酸	0.1 5.5 3.5	4.5~5.5	80~85	10~15	
12	$Ni(Ac)_2$ 硫酸	4~5 0.7~2	5.5~6	93~100	20	
13	Ⅰ $NiSO_4\cdot7H_2O$	50		80	15	
	Ⅱ 铬酸钾	5		80	15	
14	Ⅰ $Co(Ac)_2$ 三乙醇胺	12.5 5~10	6.2	49	10	
	Ⅱ $Na_2Cr_2O_7\cdot2H_2O$	50		82	3	

封孔方法	成分及质量浓度 ρ_B（除注明外）/(g/L)		pH 值	温度/℃	时间/min	特点及应用
15	$K_2Cr_2O_7$	$0.025\sim0.035$		$90\sim98$	45	
16	铈盐	0.05mol/L		$95\sim98$	30	pH 4.5～6.0
17	硬脂酸封孔液	100%		95	45	
18	单宁酸	$6\sim8$		$60\sim80$	$10\sim15$	
19	水玻璃	50		$90\sim100$	30	

a. 对于配方 1，热水封闭要用蒸馏水或去离子水，因普通水中含有钙、镁等离子，硬度高，在封闭时，这些离子可能沉淀在膜中，导致氧化膜的透明度降低。普通水中的 Cl^-、SO_4^{2-}、PO_4^{3-} 等离子会降低氧化膜的耐蚀性。因此，这些离子对封闭都是有害的。热水封闭一定要控制用水的质量。不纯物允许量如表 5-43 所示。

表 5-43　封闭用水中不纯物允许量（w）

不纯物	SO_4^{2-}	Cl^-	SiO_4^{2-}	PO_4^{3-}	F^-	NO_3^-
允许量	<250	<100	<10	<5	<5	<50

热水封闭的工艺参数见配方 1 规定。这种封闭方法适用于阳极氧化膜，对电解着色膜的封闭效果不太理想。

b. 对于配方 2，水蒸气封闭效果比热水好，但成本比热水封闭高。一般用于装饰性阳极氧化膜的封闭。如氧化后需染色的铝制品，用水蒸气封闭可以防止某些染料的流色现象。

c. 配方 13、配方 14 是金属盐的双重封闭，也就是零件氧化膜依次在两种金属溶液中进行封闭，这种封闭方式可提高阳极氧化膜的封闭效果，使耐蚀性大大提高。第一次封闭时先吸附大量的钴或镍的硫酸盐和钴或镍的氢氧化物，第二次封闭时与铬酸钾反应，生成溶解度较小的铬酸镍沉淀，保护了膜层。同时使用碱性的铬酸钾还可以中和孔隙中的残留酸液，大大提高氧化膜的抗蚀能力。

d. 水解盐封闭，用镍盐、钴盐或两者的混合水溶液作为介质进行阳极氧化膜的封闭处理，金属盐的加入不但加速了氧化膜的水合作用，使封闭温度降低，同时还发生了镍、钴盐在膜孔内生成氢氧化物沉淀的水解反应，提高了氧化膜的抗蚀能力，并对避免染料被湿气漂洗褪色有良好的效果，因此这种方法不但适用于防护性阳极氧化膜，而且特别适用于着色阳极氧化膜的封闭处理。水解生成的氢氧化物沉淀在膜孔中因其是无色的，故不影响氧化膜的色泽，而且它和有机染料还会形成络合物，从而增加了染料的稳定性和耐晒度。

e. 重铬酸盐封闭，一般是在 $90\sim95℃$ 下、50g/L 左右的重铬酸钾水溶液中进行，以防护为目的的铝合金阳极氧化，最常用的是采用重铬酸盐溶液进行封闭处理。由于铬酸盐和重铬酸盐对铝及铝合金具有缓蚀作用，生成的碱式铬酸铝和碱式重铬酸铝阻滞残留在制件缝隙内残液对基体金属的腐蚀，同时也可以阻滞阳极氧化膜轻微受损部位的腐蚀发生。其反应为：

$$2Al_2O_3+3K_2Cr_2O_7+5H_2O \longrightarrow 2Al(OH)CrO_4+2Al(OH)Cr_2O_7+6KOH$$

因工件温度较高，同时还产生氧化膜的水合作用促进封闭。因封闭膜呈黄色，故此法不适于以装饰为目的的着色阳极氧化膜的封闭。有研究报道指出：重铬酸盐封闭较铬酸盐效果好。

f. 采用浓度为 $(30\pm5)mg/L$ 的重铬酸钾效果最好，重铬酸钾封孔溶液对铬酸阳极氧化膜层影响较大；低浓度的重铬酸钾封孔溶液要得到高耐蚀性的封闭效果，需较高的 pH 值，封孔性好的低铬封孔溶液长时间封孔后降低了与涂料的附着力。在适当缩短封孔时间后可获得良好的涂料底层，膜层性能不亚于高铬封孔的膜层性能。

③ 影响高温封孔质量的因素。

a. 封孔时间。水化反应到完全封闭需要一定时间，水化反应开始很快，当表面形成水化薄膜后水向膜孔的扩散速度减慢，水化速度随之降低。速度系数为 $2.5 \sim 3\text{min}/\mu\text{m}$，水质好时为 $2\text{min}/\mu\text{m}$，$10\mu\text{m}$ 需封闭 $25 \sim 30\text{min}$。

b. pH 值。当 pH 值偏高时，可强化水化反应进程，但过高膜表面容易引起氢氧化物沉着；pH 值低，水化速度慢。沸水封孔 $\text{pH}=5.5 \sim 6.5$ 为最佳。

c. 粉霜抑制剂。高温封孔容易产生粉霜，这是一种过水化现象。它是孔壁溶解下来的铝离子向外扩散到氧化膜表面产生水化作用的结果。市售粉霜抑制剂通常使用大分子团的多羟基羧酸盐、芳香族羧酸盐及大分子膦化物。粉霜抑制剂含量过多会毒化水化反应。

（2）常温封孔工艺

① 原理。常温封孔基于吸附阻化原理，主要是金属的水解沉积作用，根据其成分不同，还有水化作用和生成化学转化膜的协同效应，是三个作用的综合结果。

a. 水化作用。常温下氧化膜与水生成亚稳态的水化产物（$\gamma\text{-}Al_2O_3 \cdot 3H_2O$），常温封闭剂中加有促进水化反应的物质，如 Ni^{2+}、Cr^{3+}、Co^{2+}、Zr^{4+} 等，可加速水化作用。

b. 金属盐的水解作用。这是主反应，常温封孔中大都采用 Ni-F 或 Ni-Co-F 系。F^- 特性吸附在膜壁上，中和了阳极氧化膜的正电荷使之带负电荷，有利于金属离子向膜孔中扩散，另外，F^- 与膜反应又生成 OH^-，与扩散进入膜孔的 Ni^{2+} 结合，生成氢氧化物而沉积于膜孔中堵塞孔隙。

$$Al_2O_3 + 12F^- + 3H_2O \Longrightarrow 2AlF_6^{3-} + 6OH^-$$

$$AlF_6^{3-} + Al_2O_3 + 3H_2O \Longrightarrow Al_3(OH)_3F_6 + 3OH^-$$

$$Ni^{2+} + 2OH^- \longrightarrow Ni(OH)_2$$

c. 形成铝的化学转化膜。铝氧化膜与封孔剂作用发生微溶，生成的铝离子与封孔剂的某些成分作用（如极性分子）生成有保护性的化学转化膜。

② 工艺规范。见表 5-44。

表 5-44　常温封孔的工艺规范　　　　　　　　　　　　　单位：g/L

成分	配方 1	配方 2	配方 3	工艺条件	配方 1	配方 2	配方 3
Ni^{2+}	2	$1.2 \sim 1.4$	$2.5 \sim 4.5\text{g/L}$ 氟钛酸铵	表面活性剂	适量		
F^-（有效）	>0.5	少许		pH 值	$5.5 \sim 7$	6（硫酸少许）	$3.8 \sim 4.8$
NH_4^+	<4		$2.5 \sim 4.5\text{g/L}$ 辅助成分	温度/℃	30	$25 \sim 40$	$20 \sim 25$
Al^{3+}	<4			时间/min	1	$5 \sim 20$	$3 \sim 7$

注：1. 用 NiF_2、NH_4F、$CoSO_4$ 和纯水配溶液。

2. 氧化膜 $15\mu\text{m}$ 时，加 CO_3^{2-} 0.1g/L；氧化膜 $25\mu\text{m}$ 时，加 CO_3^{2-} 0.25g/L。

3. F^-（有效）$=F^-$（游离）$+0.2F^-$（络合）。

4. 封闭之后，在 $50 \sim 60$℃水中，浸 $4 \sim 5\text{min}$，干燥后才能叠、卷和包装。

5. 据报道也可用：钛或锆的络合物 $3 \sim 10\text{g/L}$，硅酸盐 $>0.5\text{g/L}$，硫脲 $>5\text{g/L}$，$25 \sim 35$℃，$0.5 \sim 1\text{min}$。

③ 成分和工艺条件的影响。

a. 镍和氟。镍离子是封闭主剂，而氟离子是封闭促进剂。膜孔封闭质量的优劣主要取决于进入膜孔中的镍含量，镍大于 $7mg/dm^2$ 以上，封闭质量才好。在生产中一定要控制 $Ni^{2+}>0.8g/L$，游离 $F^->0.6g/L$。由于 F^- 的消耗速度大于 Ni^{2+} 的消耗速度，所以配槽和补充时应使用两种抑制剂或者单独补充 F^-。

b. pH 值。常温封闭剂使用的最佳 pH 值范围是 $5.8\sim6.2$，pH＝6 为最佳值，pH 值影响的实质是对金属的水解起制约作用，从而影响膜中镍沉积量。pH＜5.5，封闭液呈弱酸性，金属盐水解受抑制，故封闭效果差；pH＞6.5，镍等金属变成氢氧化物沉淀，丧失了有效成分，亦降低封孔效果。

c. 封闭温度和时间的影响。这是影响封闭质量的重要因素，随温度升高和封闭时间延长封孔度提高。常用温度范围是 $20\sim40℃$，以 $30\sim35℃$ 为最佳，低于 $20℃$ 封孔速度很慢，需要较长时间；大于 $40℃$ 容易产生封闭"粉霜"。一般规律是每提高 $10℃$ 封闭速度可提高 1 倍，反之亦然。封闭时间与膜厚的关系可表示为：

$$t=\delta/b$$

式中，t 为封闭时间，min；δ 为氧化膜厚度，μm；b 为封孔速度，$\mu m/min$。b 值与封孔温度及封闭剂质量有关，一般 $30℃$ 时，b 为 $1\sim1.2\mu m/min$。

④ 维护管理注意事项。

a. 每班前、中、后都要用 pH 计或精密 pH 试纸检查 pH 值，正常情况下 pH 值呈上升趋势，用醋酸或氢氟酸调整。若 pH 值下降，说明零件清洗不净带入了硫酸。这是最危险的，要加强清洗。pH 值低可用氨水调高。

b. 每两天要分析一次 Ni^{2+} 和游离 F^-，及时调整。

c. 操作温度宜用 $30\sim35℃$，冬春要稍加热，根据膜厚和温度确定封闭时间。

d. 正常情况下溶液中有絮状沉淀，不影响封孔质量，但沉淀过多时则要过滤。

e. 封孔液的有害杂质是 NH_4^+、SO_4^{2-}、Cl^-、Ca^{2+}、Mg^{2+}。当杂质超标，如 $NH_4^+>4g/L$、$SO_4^{2-}>8g/L$，将导致封孔液失效。

⑤ 故障及处理。常温封孔故障及处理方法如表 5-45 所示。

表 5-45 常温封孔故障及处理方法

故障现象	可能的原因及处理方法
封闭效果差	①封闭剂浓度低或 F^- 不足 ②温度低或时间短 ③pH 值过低或过高 ④杂质累积超标,分析 NH_4^+,SO_4^{2-},Cl^-,必要时更换部分新液 ⑤氧化温度高或电流过大
产生色斑	①封闭温度过高 ②pH 值高,絮状沉淀多
封闭液失效	NH_4^+、SO_4^{2-} 等累积超标,稀释更新部分溶液
产生"粉霜"	①温度过高或封闭时间过长 ②Na^+ 累积太多,稀释更新部分溶液

（3）有机物封闭

阳极氧化膜可根据使用要求采用如透明清漆、熔融石蜡、树脂和干性油等有机物封闭。有机物封闭不但可提高阳极氧化膜的防护能力，而且还可提高氧化膜的耐磨和电绝缘性能。

（4）其它方法

对于要求封闭的白色阳极氧化膜，可以采用普通机械抛光的方法将膜的孔隙机械堵塞，从而提高其抗污染和耐蚀能力。

① 溶胶凝胶法。先制备溶胶，将阳极氧化膜浸泡在溶胶中，然后烘干。溶胶有硅溶胶、三氧化二铝溶胶等。以下介绍两种溶胶的制备方法：

a. 异丙醇铝溶胶制备。在 80℃ 下将异丙醇铝和去离子水以 n（异丙醇铝）：n（水）= 1：100 混合，搅拌 2h，然后加入 HNO_3 调节 pH 至 4.6，封孔后在 80℃ 烘干 6h，通过稀释或蒸发调节溶胶中异丙醇铝的浓度。阳极氧化膜多孔层的较优方案为，浸入时间 40min，溶胶浓度 0.37mol/L。

b. 硝酸铝溶胶制备。将氨水滴加到 $Al(NO_3)_3 \cdot 9H_2O$ 溶液中调节，在 80～90℃ 下搅拌 24h，得到硝酸铝溶胶。对于 pH＝4 的硝酸铝溶胶封闭铝合金阳极氧化膜多孔层的较优方案为，浸入时间 50min，溶胶浓度 0.60mol/L，烘干温度 60℃，时间 2h。

② 两步法黑色封闭。阳极氧化后在乙酸钴溶液中浸泡 3～5min，水洗后放入硫化铵溶液中；或在硫酸亚铁溶液中浸泡 3～5min，水洗后放入硫化钠溶液中；或在硫酸镍溶液中浸泡 3～5min，水洗后放入硫化钠溶液中。

5.1.9 质量检查

① 外观质量。经硬质阳极氧化的工件应 100％ 进行目视外观检验。不允许有未阳极氧化到的部位、氧化膜的腐蚀痕迹、烧伤和明显的机械擦伤、暗色条纹、氧化起泡等缺陷。允许有因零件表面加工方法不同而引起的氧化后的色差，原材料表面所带来的缺陷，零件的内表面、小孔周围以及隐蔽部分的水流痕或小面积颜色不均匀，夹具接触痕迹等。

② 氧化膜的稳定性。每天生产的零件抽样进行氧化膜稳定性检验，允许用材料与粗糙度相同并同槽处理的试片进行试验。试样必须经开水封闭、烘干冷却后在远离螺纹和孔边缘的光滑表面进行检验。将被检验的表面洗净，干燥后加 1～2 滴检验溶液，同时用表计时，1.5min 溶液不变绿为合格，检验溶液成分如表 5-46 所示。

表 5-46　检验溶液成分

成　分	化　学　式	体积或质量
重铬酸钾	$K_2Cr_2O_7$	3g
盐酸	HCl	25mL
蒸馏水	H_2O	75mL

注：检验溶液配制后放在磨口瓶内，使用时间不超过 7d。

5.1.10 阳极氧化膜的退除

① 退膜工艺流程：上架→脱脂→清洗→退膜→清洗→烫干→下架。

② 退膜工艺条件（见表 5-47）。

在零件拆卸之前如果发现未封闭的阳极氧化膜不合格时，可立即放入氧化槽中继续氧化，若未封闭的氧化膜返修前被污染，则清洗干净之后才能返修。或者在上述工艺中退除氧化膜，然后重新氧化。

表 5-47　退膜工艺条件

工艺条件	质量浓度 ρ_B（除注明外）/(g/L)			
	配方 1	配方 2	配方 3	配方 4
CrO_3	20			15～20
H_3PO_4	35mL/L			60～70mL/L
H_2SO_4		100mL/L	100mL/L	
KF		4		
HF			10mL/L	
温度/℃	80～90	室温	室温	70～90
时间/min	除净为止	除净为止	除净为止	除净为止

注：CrO_3 和 H_3PO_4 可用工业级。

生产上还常在碱蚀液中除膜，或吹砂除膜。

③ 夹具的退膜处理。铝合金夹具的氧化膜可在碱中腐蚀直接进行退膜，钛夹具经硬质阳极氧化形成氧化膜后，在较短时间内不会影响其导电性，但氧化膜较厚时，与夹具贴附不牢固，使工件在氧化过程中出现异常，为此必须及时进行清除。钛夹具氧化膜的退除可采用高温回火等，但均不能彻底清除干净。钛夹具化学退膜液工艺规范如表 5-48 所示。

表 5-48　钛夹具化学退膜液工艺规范

成　分	质量浓度 ρ_B（除注明外）/(g/L)	
	配方 1	配方 2
HF	2mL/L	2mL/L
HNO_3	30mL/L	30mL/L
OP 乳化剂	20	
尿素		20
乌洛托品	2	

5.2　镁合金的阳极氧化

5.2.1　概述

镁合金电化学氧化可获得 $10～40\mu m$ 的膜层。由于电化学氧化膜脆而多孔，故镁合金氧化除作装饰和中间工序防护外，很少单独使用。为提高镁合金的耐蚀性，一般在氧化之后都要喷涂涂料、树脂及塑料等有机膜。经电化学氧化并加涂层者抗蚀能力更强。

镁合金阳极氧化包括阳极氧化以及在此基础上发展起来的微弧氧化，微弧氧化将在第 6 章详细叙述。与化学转化膜和金属镀层相比，经阳极氧化后的样品耐蚀性更好。另外，阳极氧化膜还具有与基体金属结合力强、电绝缘性好、光学性能良好、耐磨损等优点。同时，阳极氧化膜具有多孔结构，能够按照需要进行着色、封孔处理，并能为进一步涂覆有机涂层（如涂料等）提供优良基底，是一种很有前途的镁合金表面处理技术。

镁合金的阳极氧化处理技术远不如铝合金成熟，但二者的工艺流程有许多是相同的。镁合金与铝合金阳极氧化处理的工艺流程比较见表 5-49。

表 5-49　镁合金与铝合金阳极氧化处理的工艺流程比较

镁合金	铝合金
① 有机溶剂除油	① 水溶液脱脂
② 弱碱洗	② 碱洗（50g/L NaOH）
③ 碱性溶液阳极氧化	③ 去灰（质量分数 68% 的浓硝酸与水以体积比 1:1 配制）
④ 着色（染色）	④ 硫酸阳极氧化
⑤ 封孔	⑤ 着色（电解着色或染色）
	⑥ 封孔（沸水封孔或冷封孔）

镁合金的阳极氧化过程与铝合金有很大的不同。在镁合金阳极氧化过程中，随着膜的形成，电阻不断增加，为了保持恒定电流，阳极电压随之增加，当电压增加到一定程度时，会突然下降，同时形成的膜层破裂。故镁的阳极电压-时间曲线呈锯齿形。同铝合金的阳极氧化膜相比，镁合金的这种有火花的阳极氧化产生的膜层粗糙、孔隙率高、孔洞大而不规则，膜层中有局部的烧结层。镁合金阳极氧化膜的着色、封孔也像铝合金那样可以很方便地采用多种工艺。

在镁合金上制得的阳极氧化膜，其耐蚀性、耐磨性以及硬度一般都比用化学氧化法制得的要高，其缺点是膜层的脆性大，而且对于复杂的工件难以获得均匀的膜层。阳极氧化膜的结构及组成决定了膜层的性质，而不同的阳极氧化电解液及合金成分对膜层的组成和结构又有很大的影响。

（1）微观结构和组成

由各种阳极氧化工艺制得的氧化膜的微观结构和氧化膜的组成见表 5-50。

表 5-50　氧化膜的制备工艺和膜层组成及结构之间的关系

合金类型	制备工艺或电解液成分	膜层的组成和结构
各种镁合金	Dow-17 法	镁合金氧化膜的微观结构类似于铝的阳极氧化膜中的 Keller 模型，是由垂直于基体的圆柱形空隙多孔层和阻挡层组成，膜的生长包括在膜与金属基体界面上镁化合物的形成以及膜在孔底的溶解两部分
Mg-Al 合金	KOH、KF、Na_3PO_4 和铬酸盐	氧化膜由镁、铝、氧组成，膜层中铝来源于电解液和基体，膜层中铝的含量随电压的升高而增加
Mg-Mn 合金	KOH、KF、Na_3PO_4、$Al(OH)_3$ 和 $KMnO_4$	氧化膜主要由镁、氧组成，膜为由 MgO 和 $MgAl_2O_4$ 组成的无序结构，且无序度随着铝含量的增加而增大

（2）在碱性电解液中形成的膜

$w(Mn)=2\%$ 的 Mg-Mn 合金在碱性电解液中阳极氧化得到的膜层，其主要组成为 $Mg(OH)_2$，它的结晶为六方晶格（$a=0.313nm$，$c=0.475nm$），由于合金组成不同以及溶液成分不同，膜层中除 $Mg(OH)_2$ 以外，还含有少量合金元素的氢氧化物、酚以及水玻璃等，见表 5-51。膜层的厚度和孔隙率随合金类型和电解液组成而定，经封闭处理后其防护性能进一步提高。

表 5-51　在 ML5 合金上碱性以及氧化膜的成分

成分	H_2O	$Mg(OH)_2$	$Al(OH)_3$	$Mn(OH)_2$	$Cu(OH)_2$	$Zn(OH)_2$	Na_2SiO_3	C_6H_5ONa	NaOH	总量
$w_B/\%$	4.25	81.51	3.61	0.08	0.10	0.04	8.62	0.05	1.00	99.26

（3）在酸性电解液中形成的膜

镁合金阳极氧化所用的酸性电解液是由铬酸盐、磷酸盐和氧化物等无机盐所组成的。其所生成的膜中含有这些盐的酸根，对应的镁盐在酸性介质中均相当稳定。酸性膜的组成比较复杂，大致含有磷酸镁、氟化镁以及组成不明的铬化物。膜层的孔相当多，必须在含有铬酸盐和水玻璃的溶液里进行封闭处理。这种膜的耐热性十分好，在400℃的高温下受热100h，其性能和与基体金属的结合力均不受影响。用Dow-17法制得的氧化膜与HAE法相似。随终止电压的不同，可以得到3种性能不同的膜层，见表5-52。

表5-52 终止电压与膜层的性能

方法	终止电压/V	膜层类型	时间/min	膜层性质
HAE	9	软膜	15～20	膜薄、硬度低、韧性好、同基材结合好、耐蚀性差
Dow-17	40		1～2	
HAE	60	轻膜	40	同基材结合良好,耐蚀性较高,可作为涂料底层
Dow-17	60～75		2.5～5	
HAE	85	硬膜	60～75	硬度高,耐磨性和耐蚀性好,脆性大

（4）膜层硬度

镁合金经阳极氧化处理后，随膜层厚度增加，其硬度明显下降，见表5-53。

表5-53 镁合金阳极氧化膜的显微硬度与厚度之间的关系

合金牌号	阳极氧化时间/min	厚度/μm	显微硬度（HV）
M15	10	20	365
	20	30	263
	30	50	226
	50	60	160
	60	—	149

镁合金上形成的阳极氧化膜和铬酸盐钝化膜，用重铬酸盐进行封闭处理，其防护性能明显提高。在实际生产中推荐使用质量分数为0.1%的$K_2Cr_2O_7$和质量分数为0.65%的Na_2HPO_4溶液。

5.2.2 镁合金阳极氧化工艺流程

镁合金工件阳极氧化处理工艺流程为：镁合金工件→上挂→脱脂、除膜→热水洗→冷水洗→弱酸活化→水洗→阳极氧化→水洗→封闭→干燥→检验。镁及合金预处理见第2章。

5.2.3 镁及镁合金的阳极氧化处理

镁合金可以在酸性或碱性溶液中，用电化学方法氧化（也称阳极氧化），获得较厚的膜层。阳极氧化膜本身具有一定的耐蚀性，有些厚膜还具有良好的耐磨性。此外，膜层表面较化学氧化粗糙、多孔，可作为涂料的底层。

（1）镁及镁合金的阳极氧化工艺

镁及镁合金的阳极氧化溶液既可以是酸性的，也可以是碱性的，工艺见表5-54、表5-55。

表 5-54 镁合金阳极氧化工艺规范

类型	工艺条件		工艺参数与质量 浓度 ρ_B(除注明外)/(g/L)	膜层特性
酸性溶液	氟化氢铵(NH_4HF_2)		$200\sim250$	薄膜为稻黄色,厚膜为绿色,外观均匀,厚膜较粗糙,多孔,膜厚可达 $10\sim40\mu m$
	铬酐(CrO_3)		$35\sim45$	
	氢氧化钠(NaOH)		$8\sim12$	
	磷酸(H_3PO_4)(85%)		$55\sim65mL/L$	
	最终电压(AC)/V		$60\sim100$	
	起始电流/(A/dm^2)		$1\sim3$	
	温度/℃		$60\sim80$	
碱性溶液	锰酸铝钾		$20\sim50$	薄膜为浅棕色,厚膜为深棕色,外观均匀,较粗糙,多孔,耐磨性较好,膜厚可达 $20\sim50\mu m$,采取绝缘措施后,本配方可氧化组合件
	磷酸三钠(Na_3PO_4)		$40\sim60$	
	氟化钠(NaF)		$80\sim120$	
	氢氧化铝[$Al(OH)_3$]		$40\sim60$	
	氢氧化钾(KOH)		$140\sim180$	
	最终电压(AC)/V		$60\sim100$	
	起始电流/(A/dm^2)		$2\sim5$	
	温度/℃		<40	
	氢氧化钠		$140\sim160$	$20\sim30min$,灰色或绿色,取决于镁合金成分;适用于镁铸锭的防护处理
	水玻璃		$\varphi1.5\%\sim1.8\%$	
	苯酚		$3\sim5$	
	最终电压(DC)/V		$0.5\sim1$	
	温度/℃		$60\sim80$	

注:1. 锰酸铝钾的自制方法:将60%的 $KMnO_4$、37%KOH 和3%的 $Al(OH)_3$ 放入瓷坩埚或不锈钢容器中,捣碎搅匀,然后放入245℃的加热炉中,加热3h即可。

2. 配料中的氢氧化铝为可溶性(或干凝胶)氢氧化铝。

表 5-55 镁合金阳极氧化配方及工艺

工艺号	物质名称	质量浓度 ρ_B (除注明外)/(g/L)	工艺条件		方法的特点
1	硫酸铵	30	溶液温度/℃	$50\sim60$	适合所有的镁合金零件,并具有良好的防护性能,也适合作涂装的底层
	重铬酸钾	30	电流密度/(A/dm^2)	$0.2\sim1.0$	
	氨水(28%)	2.5mL/L	电解时间/min	$15\sim30$	
			水洗、干燥		
2	A溶液:氢氧化钠	240	溶液温度/℃	$75\sim80$	膜的电绝缘性能好,其耐蚀性和耐磨性也好
	乙二醇或二甘醇	85mL/L	电流密度/(A/dm^2)	$1\sim2$	
	草酸钠	2.5	电解时间/min	$15\sim30$	
	B溶液:重铬酸钠	50	溶液温度/℃	$18\sim23$	
	酸性氟化钠	50	浸渍中和后充分水洗、热水洗、干燥		
3	氢氧化钾	10	A型:溶液温度/℃	$18\sim23$	用作涂装底层时,在酸性氟化铵 80g/L、重铬酸钠 20g/L 的溶液中,在 20~30℃下浸渍 1min 中和后水洗干净并干燥,膜层致密,硬度好,耐磨性及耐蚀性优良,适合所有镁合金
	氟化钾	35	电流密度/(A/dm^2)	$1.9\sim2.1$	
	磷酸钠	35	电压/V	$50\sim85$	
	氢氧化铝	35	浸渍时间/min	$8\sim60$	
	高锰酸钾或锰酸钾	20L	B型:溶液温度/℃	$60\sim65$	
			电流密度/(A/dm^2)	4	
			电压/V	$5\sim10$	
			浸渍时间/min	$15\sim20$	

工艺号	物质名称	质量浓度 ρ_B（除注明外）/(g/L)	工艺条件		方法的特点
4	酸性氟化钠 重铬酸钠 磷酸	240 100 90mL/L	溶液温度/℃ 电流密度/(A/dm²) 电压/V 浸渍时间/min 氧化后水洗、干燥	70～80 0.5～5 60～100 4～90	膜层硬而且致密，耐磨性及耐蚀性好，适合所有镁合金零件防护及作为涂装底膜

（2）其他镁合金阳极氧化液配方及工艺

国外早期对镁合金阳极氧化处理采用的是含铬酸的溶液配方，后来逐步开发出以磷酸盐、高锰酸钾、可溶性硅酸盐、硫酸盐、氢氧化物、氟化物等为主的无毒处理液。这些处理液的成分配方及工艺见表 5-56。

表 5-56 镁合金阳极氧化工艺

方法名称	物质名称	质量浓度 ρ_B（除注明外）/(g/L)	工艺条件		膜层颜色
Dow-17 法	氟化氢铵(NH_4HF_2) 重铬酸钠($Na_2Cr_2O_7 \cdot 2H_2O$) 磷酸(H_3PO_4,85%)	225～450 50～125 5%～11%[①]	溶液温度/℃ 电流密度/(A/dm²) 电压/V 时间/min	70～80 0.5～5.0 65～100 5～25	膜厚 6～30μm，暗绿色复合膜
Cr-22 法	铬酐(CrO_3) 氢氟酸(HF,50%) 磷酸(H_3PO_4,85%) 氨水($NH_3 \cdot H_2O$,30%)	25 2.5%[①] 50% 16%～18%[①]	溶液温度/℃ 电流密度/(mA/cm²) 交流电压/V	75～95 16 350	无光泽的深绿色膜
HAE 法	氟化钾(KF) 磷酸钠(Na_3PO_4) 氢氧化铝[$Al(OH)_3$] 氢氧化钾(KOH) 高锰酸钾($KMnO_4$)	35 35 35 165 20	溶液温度/℃ 电流密度/(A/dm²) 交流电压(薄膜)/V 时间/min 交流电压(厚膜)/V 时间/min	<20 1.5～2.5 65～70 7～10 80～90 60～90	膜厚 5～40μm，棕黄色的氧化膜
Sharman 法	重铬酸钾($K_2Cr_2O_7$) 硫酸铵[$(NH_4)_2SO_4$]	25 25	pH 值 温度/℃ 电流密度/(A/cm²) 电压密度/(mV/cm²) 处理时间/min	5.5 23～25 0.8～2.4 1.2～3.6 50～60	黑色膜
Manodyz 法	氢氧化钾(KOH) 硅酸钠(Na_2SiO_3) 苯酚(C_6H_5OH)	250～300 25～45 2～5	溶液温度/℃ 电流密度/(mA/cm²) 电压/V	77～93 20～32 4～8	无光泽的白色软膜
Flussal 法	氟化铵(NH_4F) 磷酸氢二铵[$(NH_4)_2HPO_4$]	450 25	溶液温度/℃ 电流密度/(mA/cm²) 电压(交流较好)/V	20～25 48～100 190	无光泽的白色硬膜

① 体积分数。

镁合金各种阳极氧化工艺见表 5-57 所示。

表 5-57 镁合金各种阳极氧化工艺

工艺名称 或序号		物质名称	质量浓度 ρ_B （除注明外） /(g/L)	电流 /(A/dm^2)	电压/V	温度/℃	时间 /min
1 (Dow-1)		NaOH	240	1.1~2.2	直流或交流 4~6	70~80	15~25
		HOCH$_2$CH$_2$OH	70				
		(COOH)$_2$	25				
2		NaOH	50	1.5	直流		40
		Na$_3$PO$_4$	3				
3		NaBO$_2$·4H$_2$O	240	交流 0~120		20~30	2~5
		Na$_2$SiO$_3$·9H$_2$O	67				
		C$_6$H$_5$ONa	10				
4		NaOH	140~160	0.5~1	直流 4~6	60~70	30
		水玻璃(ρ=1.397g/cm^3)	1.5%~1.8%[①]				
		C$_6$H$_5$OH	3~5				
5		KOH	80	8	直流 60~70	50~40	40
		KF	300				
6		NaOH	50	2~3	直流 50	20~30	30
		Na$_2$CO$_3$	50				
7		NaOH	50	1~1.5	直流 4	70	30~50
		Na$_2$HPO$_4$	3				
8		(NH$_4$)$_2$SO$_4$	30	0.2~1.0	直流	50~60	10~30
		Na$_2$Cr$_2$O$_7$·2H$_2$O	30				
		NH$_3$·H$_2$O(28%)	0.25%[①]				
9		磷酸盐	0.05~0.2mol/L	0.5~1.5	直流	30~50	30
		铝酸盐	0.2~1.0mol/L				
		稳定剂	1~20				
10	第1步	NaOH 或 KOH	5~6	4~6	直流	15~20	2~3
		KF 或 NaF 或 NH$_4$F (pH 12.5~13.0)	12~15				
	第2步	NaOH 或 KOH 或 LiOH	5~6	0.5~3	直流	15~25	15~30
		KF 或 NH$_4$HF$_2$ 或 H$_2$SiF$_6$	7~9				
		Na$_2$SiO$_3$ 或 K$_2$SiO$_3$ (pH 12~13)	10~20				
11	第1步	H$_3$BO$_3$	10~80	1~2	直流	15~25	15
		H$_3$PO$_4$	10~70				
		HF(pH 为 7~9)	5~35				
	第2步	Na$_2$SiO$_3$	50			95	浸15,取出 后在空气 中暴露 30min

工艺名称或序号	物质名称	质量浓度 ρ_B（除注明外）/(g/L)	电流/(A/dm²)	电压/V	温度/℃	时间/min
12	硅酸盐	50～100	1～4	直流	20～60	30
	有机酸	40～80				
	NaOH	60～120				
	磷酸盐	10～30				
	偏硼酸盐	10～40				
	氟化物	10～20				
13	NaOH 或 KOH	5～50		直流 150～400，到看到火花为止	20～40	1～5
	Na_2SiO_3 或 K_2SiO_3 或 H_2SiF_6	50				
	HF	0.5%～3%[①]				
	KF 或 NaF(pH 为 12～14)	2～20				
14	NH_4HF_2	200～250	1～3	直流 50～110	60～80	10～30
	CrO_3	35～45				
	NaOH	8～12				
	H_3PO_4(85%)	5.5%～9.5%[①]				
15	NH_4HF_2	200	5	交流 80	70～80	40
	$Na_2Cr_2O_7$	60				
	H_3PO_4(85%)	6%[①]				
16	$KAl(MnO_4)_2$(以 MnO_4^{2-} 计)	50～70	2～4	交流 软膜 55 轻膜 65～67 硬膜 68～90	<30	
	KOH	160～180				
	KF	120				
	$Al(OH)_3$	45～50				
	Na_3PO_4	40～60				
17 (Dow-9)	$(NH_4)_2SO_4$	30	<0.1		48～60	10～30
	$Na_2Cr_2O_7 \cdot 2H_2O$	100				
	$NH_3 \cdot H_2O$(pH 为 5～6)	0.26%[①]				
18 (Caustic)	NaOH	240		交流 6～24 直流 6	73～80	20
	$HOCH_2CH_2CH_2OH$	8.3%[①]				
	$Na_2C_2O_4$	2.5				

① 体积分数。

对表 5-57 说明如下：

① 配方 14 可在 ZM5、MB8 等镁合金上获得浅绿色至深绿色的阳极氧化膜，厚度为 10～30μm，有较高的抗蚀能力和耐磨性，也可作为涂料的良好底层，但膜层薄脆。

② 配方 17 为 Dow-9 法，对工件尺寸的影响很小，膜的耐蚀性良好，适用于含稀土元素镁合金及其他类型镁合金的氧化处理。可获得黑色膜层，故在光学仪器及电子产品上得到应用，也可作为涂装底层。该工艺不需要从外部通电，仅通过处理槽和工作电位差引起的电流进行处理，所以也称电偶阳极氧化。

被处理的工件先在 HF 或酸性氟化物溶液中进行活化处理，然后下槽。工件应装夹牢固并不得与槽体相接触，以保证产生良好的电偶作用。若槽体为非金属，则可使用大面积钢板作为辅助电极（阴极）；若工件表面积太大而电流密度达不到所需范围，则可使用外电源，使之达到工艺要求。

③ 配方 18 为 Caustic 阳极氧化法，溶液具有清洗作用，适用于各种镁合金。该溶液中含有稀土金属时，镁合金的成膜速度快，可采用低电流密度处理。氧化开始前，先将工件浸在处理液中静置 2～5min 以净化表面，然后电解。电解结束时，先切断电源，约 2min 后再将工件取出，以增加膜的稳定性。工件经清洗后，在 20～30℃的 NaF（50g/L）、$Na_2Cr_2O_7 \cdot 2H_2O$（50g/L）溶液中进行中和处理 5min。

5.2.4 溶液的配制

① 酸性溶液的配制。在槽中放入总体积 1/3 的去离子水，然后将氟化氢铵和磷酸加入槽中，再将铬酐和氢氧化钠分别溶解后加入槽中，稀释至总体积，搅匀即可使用。

② 碱性溶液的配制。先将自制的锰酸铝钾溶解在事先配好的 5% KOH 溶液中（注意不可用 NaOH 代替，更不可直接溶于水中），得到的绿色溶液中每 100g 含 MnO_2 24～26g。量取计算量的锰酸铝钾碱性溶液倒入槽中，将计算量的 KOH 加入槽中溶解。另在两倍于 $Al(OH)_3$ 用量的 KOH 溶液中（不能过稀），将所需的 $Al(OH)_3$ 溶于 KOH 溶液中，加热至 65～90℃直至全部溶解后加入槽中，加入氟化钾和磷酸三钠，稀至总体积，搅拌全部溶解后过滤溶液。

5.2.5 镁合金阳极氧化操作

电源一般采用 50Hz 的交流电（直流亦可），由足够功率的自耦变压器或感应变压器供电。零件分挂在两导电棒上，两极的零件面积要大致相等。通电后逐渐升高电压并保持规定的氧化时间，断电出槽。

阳极氧化的电压对膜层生成速度、厚度和外观影响很大，因此，为获得所需膜层，对不同牌号的镁合金采用不同的最终电压。几种镁合金酸性阳极氧化的最终电压见表 5-58。

表 5-58　几种镁合金酸性阳极氧化最终电压

合金牌号	薄膜用电压/V	厚膜用电压/V
ZM5	60～65	75～80
MB8	65～70	90～95
MB15	70～75	95～100

阳极氧化后，为提高抗蚀能力，通常用 10%～20% 的环氧酚醛树脂进行封闭处理。

5.2.6 镁合金阳极氧化的典型方法

镁合金的阳极氧化既可在碱性溶液中进行，也可在酸性溶液中操作。在碱性溶液中，NaOH 是这类阳极氧化处理液的基本成分。在只含 NaOH 的溶液中，镁合金非常易被阳极氧化而成膜，膜的主要成分是 $Mg(OH)_2$，它在碱性介质中不溶解，但这种膜层的孔隙率相当高。在阳极氧化过程中，膜层几乎随时间呈线性增长，直至达到相当高的厚度。由于这种膜层的结构疏松，它与基体结合不牢，防护性能很差，因此电解液中都添加了其他组分，以改善膜结构及相应性能。添加的组分有碳酸盐、硼酸盐、磷酸盐以及氟化物和某些有机化合物。碱性的阳极氧化处理液实际应用不多，HAE 方法为一种代表性方法，它是在 KOH 溶液中添加了氟化物等成分。酸性阳极氧化法以 Dow-17 法为代表。

（1）HAE 法阳极氧化工艺

HAE 法（碱性）适用于各种镁合金，其溶液具有清洗作用，可省去预处理中的酸洗工序。溶液的操作温度较低，需要冷却装置，但溶液的维护及管理比较容易。溶液的组成、工艺及形成的膜层厚度见表 5-59。

表 5-59　溶液的组成、工艺及形成的膜层厚度

质量浓度 ρ_B/(g/L)		工艺条件				膜厚 /μm
		温度 /℃	电流密度 /(A/dm^2)	电压(AC) /V	时间 /min	
KOH	165	室温	1.9～2.1	0～60	8	2.5～7.5
KF	35			0～85	60	7.5～18
Na$_3$PO$_4$	35					
Al(OH)$_3$	35	60～65	4.3	0～9	15～20	15～28
KMnO$_4$	20					

采用该工艺时需注意以下方面：

① 镁是化学活性很强的金属，故阳极氧化一旦开始，必须保证迅速成膜，才能使镁基体不受溶液的活化。溶液中氟化钾和氢氧化铝促使镁合金在阳极氧化的初始阶段迅速成膜。

② 用该工艺所得的膜层硬度很高，耐热性和耐蚀性以及与涂层的结合力均良好，但膜层较厚时容易发生破损。

③ 在阳极氧化开始阶段，必须迅速升高电压，维持规定的电流密度，才能获得正常的膜层。若电压不能提升，或升高后电流大幅度增加而降不下来，则表明镁合金表面并没有被氧化生成膜，而是发生了局部的电化学溶解，出现这种现象，说明溶液中各组分含量不足，应加以调整。

④ 高锰酸钾主要对膜层的结构和硬度有影响，使膜层致密，提高显微硬度。若膜层的硬度下降，应考虑补充高锰酸钾。当溶液中高锰酸钾的含量增加时，氧化过程的终止电压可以降低。

⑤ 氧化后可在室温下的含 NH_4HF_2（100g/L）和 $Na_2Cr_2O_7 \cdot 2H_2O$（20g/L）的溶液中浸渍 1～2min，进行封闭处理，中和膜层中残留的碱液，使其能与漆膜结合良好，并可提高膜层的防护性能。另外，也可用 200g/L 的 HF 来进行中和处理。

（2）Dow-17 法

尽管目前提出的酸性电解液比碱性电解液要少得多，但目前广泛采用的是属于这一类的电解液，Dow-17 法（酸性）是其中代表性的工艺，该工艺也适用于各种镁合金，与 HAE 法相类似，溶液也具有清洗作用。该溶液的具体组成见表 5-60。

表 5-60　Dow-17 法溶液的具体组成

溶液类型	溶液组成	质量浓度(直流)ρ_B/(g/L)	质量浓度(交流)ρ_B/(g/L)
溶液 A	NH_4HF_2	300	240
	$Na_2Cr_2O_7 \cdot 2H_2O$	100	100
	H_3PO_4(w=85%)	86	86

溶液类型	溶液组成	质量浓度(直流)ρ_B/(g/L)	质量浓度(交流)ρ_B/(g/L)
溶液 B	NH_4HF_2	270	200
	$Na_2Cr_2O_7 \cdot 2H_2O$	100	100
	Na_2HPO_4	80	80

使用 Dow-17 法，需要说明的是：

① 该工艺既可以使用交流电，也可以使用直流电，前者所需设备简单，使用较为普遍，但阳极氧化所需的时间约为采用直流电的 2 倍。电流密度为 $0.5A/dm^2$，操作温度为 70～80℃。

② 当阳极氧化开始时，应迅速将电压升高至 30V 左右，此后要保持恒电流密度并逐渐升高电压。阳极氧化的终止电压视合金的种类及所需膜层的性质而定。一般情况下，终止电压升高，所得的膜层较硬。如终止电压为 40V 左右时，所得的膜层为软膜；60～75V 时，得到的为较软膜；75～95V 时，得到的是硬膜。

③ 用该工艺处理的工件若在恶劣环境下使用时，表面可涂有机膜。可用 529g/L 水玻璃在 98～100℃的温度下进行 15min 的封闭处理，以提高其防护性能。

④ 用该工艺所得的膜层硬度略低于 HAE 法，但膜的耐磨性和耐热性能均良好。膜薄时柔软，膜厚时易产生裂纹。

⑤ 因该工艺所得氧化膜属于酸性膜，故不需要中和处理。

（3）MEOI 法

北京航空航天大学材料学院钱建刚等人所研究的 MEOI 工艺是属于环保型的镁合金阳极氧化成膜工艺，其阳极氧化液中不含有对人体和环境有害的六价铬成分，也没有锰、磷和氟等污染环境的物质。

MEOI 法的溶液成分和工作条件如下。

① 溶液成分：铝盐 50g/L，氢氧化物 120g/L，硼盐 130g/L，添加剂 10g/L。

② 工作条件：电压 65V，时间 50min。封闭处理工艺时的封闭处理液为 50g/L 的水玻璃，处理温度为 95～100℃，处理时间为 15min。

影响膜层性能的因素有：

① 溶液成分的影响。阳极氧化溶液中加入添加剂后，阳极氧化膜的耐蚀性有了很大提高。MEOI 工艺可在压铸镁合金 AZ91D 上获得银灰色的氧化膜层，其耐蚀性和结合力接近传统的含铬工艺所形成的膜层。该工艺形成的膜层主要由 $MgAl_2O_4$ 组成，呈现不规则孔洞的粗糙膜结构特点，其孔径远大于传统的铝合金表面硫酸阳极氧化后的孔径。在氧化膜的生长过程中，阳极氧化电压和成膜剂是影响氧化膜性能的主要因素；通过成膜剂的开发和阴极氧化电压的选择可以改进镁合金阳极氧化膜的结构与性能。

② 电压的影响。不同的阳极氧化电压，形成的膜层表面结构是不同的。40V 时，开始产生电火花，形成的膜很薄，只有 5.6～6.2μm，膜的耐蚀性很差；50V 时电火花变多，膜层厚度增加，耐蚀性有所提高；60V 时电火花很剧烈，膜层厚度增加较快，膜的结构发生了突变，形成了多孔层结构，膜的耐蚀性有较大提高；65V 时膜的结构与 60V 时相似，但膜层厚度增加较快，膜的耐蚀性明显提高。

③ 封闭的影响。阳极氧化膜经封闭后，大多数孔洞可被堵塞，膜层耐蚀性提高。

（4）TAGNITE 法

TAGNITE 法是另一种阳极氧化法，基本上取代了早期的 HAE 和 Dow-17 技术。HAE

法和 Dow-17 法生成的表面氧化层的孔隙多、孔径大，它们的槽液分别含高锰酸盐和铬酸盐。用 TAGNITE 法在碱性溶液中特殊波形下生成的白色硬质氧化物的膜层厚度为 $3\sim23\mu m$，其盐雾腐蚀试验 336h（14 天）不显示腐蚀迹象（按 ASTM B117 标准试验）。TAGNITE 法对镁合金表面涂装有很好的附着性，可作为漆膜的底层。TAGNITE 法的表面粗糙度虽不尽如人意，但明显优于 HAE 和 Dow-17 法，其性能数据比后者分别高出 4 倍和 1 倍。

（5）UBE 法

针对一般的镁合金阳极氧化膜的孔洞较大、膜层疏松和密度较低等情况，人们做了大量的研究工作来改善它的致密性。发现加入碳化物和硼化物都能提高镁阳极氧化膜的密度，在此基础上开发了新的阳极氧化工艺。这套工艺包括 UBE-5 和 UBE-2 两种方法，它们的电解液主要成分和阳极氧化处理条件见表 5-61。

表 5-61　UBE 法工艺参数

方法	电解液主要成分	电流密度/(A/dm²)	温度/℃	时间/min
UBE-5	Na_2SiO_3、碳化物、氧化物	2	30	30
UBE-2	$KAlO_2$、KOH、KF、碳化物、铬酸盐	5	30	15

用 UBE-5 处理的镁合金工件，其阳极氧化膜以 Mg_2SiO_4 为主，呈白色。用 UBE-2 法得到的膜层以 $MgAl_2O_4$ 为主，颜色为白色或淡绿色。两种方法得到的阳极氧化膜的致密性都明显高于普通的阳极氧化工艺，膜的孔洞较小、分布比较均匀。用 UBE-5 法制得的氧化膜耐蚀性和耐磨性都高于 UBE-2 法。

（6）Anomag 法

Anomag 法是近年来开发的一种无火花的阳极氧化，据称是目前世界上最先进的镁阳极氧化工艺技术。在一般的镁合金阳极氧化过程中，等离子体放电火花的发生位置与工件表面的距离在 70nm 之内，这种局部的高温冲击会对工件材料的力学性能产生不利影响，而且形成的膜层总是粗糙多孔，并伴有部分烧结的涂层，法拉第效率只有 20％左右。而 Anomag 法采用适当的电解液，避免了等离子体放电的发生，其阳极氧化和成膜过程与普通的阳极氧化过程相同，形成的膜层孔洞比普通阳极氧化的膜孔细小，且分布比较均匀，膜层与基体金属的结合强度更大。Anomag 法膜层在表面粗糙度、耐蚀性和抗磨性等方面是现有几种阳极氧化法中最好的。

Anomag 法的电解液不含铬盐等有害物质，膜的生长速度快，可达 $1\mu m/min$，它的法拉第效率较高。在镁合金 AZ91D 上生成的 $5\mu m$ 厚的膜层，经过 1000h 盐雾试验可达 9 级。介电击穿电压大于 700V，横截面中间的显微硬度为 350HV（镁合金基体为 $98\sim105HV$），它的 CS17 Taber 抗磨性在磨损机上载荷 10N 可经历 $2800\sim4200$ 次循环。

这种阳极氧化工艺解决了镁合金着色的难题，把镁的阳极氧化膜的形成与着色结合起来，一步完成了氧化和着色两个过程。可以按照用户的要求，向用户提供各种颜色的镁合金制品。这种膜层经封孔后可单独使用，也可作为有机涂层的底层。在工件的棱角、深孔等部位，这种膜层都能很好地覆盖。Anomag 工艺操作控制简单，在工件上不会发生火花点蚀现象，还可以覆盖和抑制铸造缺陷和流线，是一种很有发展空间的新工艺。

（7）Magoxid-Coat 法

Magoxid-Coat 法是一种硬质阳极氧化工艺，电解液是弱酸性的水溶液，产生的膜层由 $MgAl_2O_4$ 和其他化合物组成，膜层厚度一般为 $15\sim25\mu m$，最高可达 $50\mu m$。Magoxid-Coat 膜可分三层，类似于铝的微弧氧化膜，表层是多孔陶瓷层，中间层基本无孔，提供保护作用，内层是极薄的阻挡层。处理前后工件的尺寸变化很小。该膜硬度较高，耐磨性好，对基体的黏附性强，有很好的电绝缘性能。膜的介电击穿电压达 600V；500h 盐雾腐蚀试验后未见腐蚀；耐磨性能也接近铝的阳极氧化膜水平。通常，膜的颜色为白色，也可以在电解液中加入适当的颜料改变色彩。例如加入黑色尖晶石就可得到深黑色的膜层，也可以进行涂漆、涂干膜润滑剂（MoS$_2$）或聚四氟乙烯（PTFE）。这种工艺成膜的均匀性很好，无论工件的几何形状如何复杂，都可适用，而且对于目前所有标准牌号的镁合金材料都能应用。

（8）Starter 法

阳极氧化是镁及镁合金最常用的一种表面防护处理方法。镁的阳极氧化成膜效果受以下因素的影响：电解液组分及其浓度，电参数（电压、电流）类型、幅值及其控制方式，溶液温度，电解液的 pH 以及处理时间等。其中电解液的组分是镁阳极氧化处理的决定因素，它直接关系到镁阳极氧化的成败，极大地影响镁阳极氧化成膜过程及膜层性能。迄今为止，镁阳极氧化所用的电解液大致可以分为两类，一类是以含六价铬化合物为主要组分的电解液，如欧美的 Dow-17、Dow-9、GEC 和 Cr-22 等传统工艺及日本的 MX5、MX6 工业标准所用电解液；另一类是以磷酸或氟化物为主的电解液，如 HAE 及一些美国专利所述的电解液。

由于六价铬化合物及氟化物对环境及人类健康的危害，而磷酸盐的使用又会对水资源造成污染，因此开发无铬、无磷、无氟及无其他有毒、有害组分的绿色环保型电解液，已成为镁阳极氧化技术的一项重要而紧迫的研究内容。目前已有镁阳极氧化绿色环保型新工艺。表 5-62 列出了 Starter 工艺及经典阳极氧化工艺 Dow-17、HAE 和其他工艺的对比情况。

表 5-62　镁阳极氧化工艺比较

工艺	质量浓度 ρ_B（除注明外）/(g/L)		阳极氧化条件及其他	
Starter	氢氧化物 添加剂 M 添加剂 F	20～300 5～100 10～200	控制温度/℃ 直流电流密度/(A/cm^2) 处理时间/min	0～100 0.002～1 10～120
			获得银灰色均匀光滑膜；在温度为 80～100℃ 的 20～300g/L 的溶液中封孔 10～60min	
美国专利	KOH KF K$_2$SiO$_3$	2～12 2～15 5～30	先预处理 温度/℃ pH NH$_4$HF$_2$/(mol/L) 时间/min 阳极氧化电流密度/(A/cm^2) 处理时间/min	40～100 5～8 0.3～3.0 15～60 10～90 10～60
			获得灰色不均匀膜，局部特别粗糙	
HAE	KOH Al(OH)$_3$ KF Na$_3$PO$_4$ KMnO$_4$	135～165 34 34 34 20	控制温度/℃ 电压/V 电流密度/(A/cm^2) 恒电流通电时间/min	15～30 70～90 20～25 8～60
			获得褐色较均匀的粗糙膜；在温度为 21～32℃ 的 20g/L Na$_2$Cr$_2$O$_7$·2H$_2$O，100g/L NH$_4$HF$_2$ 溶液中封孔处理 1～2min	
Dow-17	NH$_4$HF$_2$ Na$_2$Cr$_2$O$_7$·2H$_2$O H$_3$PO$_4$（$w=86\%$）	240～360 100 90 mL/L	控制温度/℃ 电压/V 直流电流密度/(A/cm^2) 恒电流通电时间/min	71～82 70～90 5～50 5～25
			获得绿色均匀光滑膜；在温度为 93～100℃ 的 53g/L 硅酸盐溶液中处理 15min	

5.2.7 不合格膜层的退除

不合格膜层的退除见表 5-63。

表 5-63 镁合金不合格氧化膜的退除

工艺条件	质量浓度 ρ_B（除注明外）/(g/L)			
	配方 1	配方 2	配方 3	配方 4
氢氧化钠(NaOH) 铬酐(CrO_3)	260~310	150~250	100 5	180~250
温度/℃ 时间/min	70~80 5~15	室温退净为止	室温退净为止	50~70　沸腾 10~30　2~5
适用范围	一般零件的化学氧化	容差小的零件	酸性氧化膜	碱性氧化膜

5.3 钛及钛合金的阳极氧化

钛本身耐腐蚀，其表面着色和提高其硬度及耐磨性，在生产上有应用价值。钛及钛合金可以在酸性或碱性溶液中用电化学方法氧化，获得抗蚀性能极高的膜层。阳极氧化膜也可用于高温成形加工，膜层具有良好的耐磨性。还可通过钛合金氧化工艺参数的调整，得到不同颜色的氧化膜外观。

5.3.1 钛及钛合金电化学氧化工艺规范

见表 5-64。

表 5-64 钛及钛合金阳极氧化工艺规范

溶液配方				工艺条件及膜层特性			
类型		质量浓度 ρ_B（除注明外）/(g/L)		时间 /min	电流 /(A/dm²)	温度 /℃	膜层特性
酸性溶液	1	硫酸(98%)	200	4~5	1~3	15~35	颜色随电压和温度的变化而变化（见 5-64）
		草酸	10				
	2	H_3PO_4	75	pH 1			
		Na_3PO_4	3				
		$C_6H_8O_7$	20				
碱性溶液	1	NaOH	200	30~40	3~15	23~28	
		双氧水	40~60mL/L				
	2	Na_2SiO_3	15	1~10	pH 8	25	与酸性配方 2 一致，颜色随电压增高向长波方向变化，随温度升高向长波方向变化，温度高易出现斑点，不同材料颜色有所差异，但颜色随电压升高和温度升高变化趋势相同
		Na_3PO_4	40				
		K_2CO_3	10				
		$(NaPO_3)_6$	30				
	3	NaOH	5	1~50	pH 13	25	
		$Na_2WO_4 \cdot 2H_2O$	1				
		$NaAlO_2$	3				
	4	酒石酸钠	65	1~50	5~8	常温	1Cr18Ni9Ti 不锈钢板作为阴极，阳极与阴极面积比不低于 1:2，电压升高，颜色变化
		NaOH	300				
		乙二胺四乙酸	30				
		$Na_2SiO_3 \cdot 9H_2O$	6				

钛阳极氧化膜颜色与膜厚密切相关，随氧化时间延长，膜增厚，颜色发生变化。

5.3.2 溶液的配制

① 酸性溶液的配制（配方1）。在槽中放入总体积1/3的去离子水，然后将硫酸加入槽中，再将草酸溶解后加入槽中，稀释至总体积搅匀即可使用。

② 碱性溶液的配制（配方1）。将氢氧化钠溶解，待溶液冷却到室温后再将计算量的双氧水加入槽中，稀释至总体积搅匀即可使用。

5.3.3 阳极氧化电压与颜色的关系

阳极氧化电压与颜色的关系见表5-65。

表 5-65 阳极氧化电压与颜色的关系

电压/V	5	7	10	15	17	20	25	30	40	50	55	60	65	70	85	90
颜色	灰黄色	褐色	茶色	紫色	群青色	深蓝色	浅蓝色	海蓝色	灰蓝色	黄色	红黄色	玫瑰红色	金黄色	浅黄色	粉绿色	绿色

5.4 不锈钢的阳极氧化

5.4.1 概述

不锈钢是由铁、铬、镍、钛等金属元素组成的，其表面很容易生成一层薄的氧化膜。这层膜随着所含合金元素量不同、加工工艺不同以及时间不同，其厚度也不同。这层氧化膜具有一定的耐蚀性、耐磨性和谐调的色泽，使其在工艺上用途很广。

为了提高不锈钢制品的耐蚀性和装饰性，可以对其进行化学转化处理和阳极氧化处理，使其表面生成致密、厚度均匀且有一定色泽的膜层。

5.4.2 不锈钢阳极氧化工艺流程

不锈钢阳极氧化工艺流程如下：不锈钢工件→机械抛光→水洗→化学脱脂→水洗→酸洗除膜→水洗→电解抛光→水洗→弱活化→水洗→阳极氧化→水洗→硬化处理→水洗→封闭→水洗→干燥→检验。不锈钢前处理工艺参见第2章。

5.4.3 不锈钢阳极氧化处理

（1）不锈钢阳极氧化溶液配方及工艺

不锈钢阳极氧化溶液配方及工艺见表5-66。

表 5-66 不锈钢阳极氧化溶液配方及工艺

工艺条件	质量浓度 ρ_B（除注明外）/（g/L）		
	配方1	配方2	配方3
重铬酸钠（$Na_2Cr_2O_7 \cdot 2H_2O$）	60	20~40	
硫酸（H_2SO_4）	300~450		φ 25%
硫酸锰（$MnSO_4$）		10~20	
硫酸铵［$(NH_4)_2SO_4$］		20~50	
铬酐（CrO_3）			60~250
硼酸（H_3BO_3）		10~20	

工艺条件	质量浓度 ρ_B（除注明外）/（g/L）		
	配方 1	配方 2	配方 3
溶液 pH		3～4	
温度/℃	70～90	25～35	70～90
阳极电流密度/（A/dm²）	0.05～0.1	0.15～0.3	0.03～0.10
时间/min	10～40	10～20	20～30
膜层颜色	黑色	黑色	多种颜色

（2）操作注意事项

① 配方 1 若开始从 $8A/dm^2$ 的电流密度冲击活化，则得到黑色无光泽的膜层。

② 配方 2 中重铬酸钠可用重铬酸钾代替，操作时应带电出入槽，用铝丝装挂工件。操作时开始电压采用 2V，然后逐步升至 4V，以保证电流的恒定，处理终止前 5min 左右可使电压恒定不变。

③ 配方 3 的阳极氧化膜色泽与溶液温度有关。溶液温度低，膜的颜色较浅，溶液温度升高，则颜色加深，最佳温度为 80～85℃。氧化时间对膜层颜色也有影响，5min 前无色，5min 后开始上色，以后随时间延长颜色加深，到 20min 后颜色基本稳定。硫酸与铬酐的浓度比例对颜色也有很大影响，若铬酐浓度高，膜层呈金黄色，浓度更高则呈紫红色。电流密度对膜层颜色也有影响，阳极电流密度为 $0.03A/dm^2$ 时，所得的膜层为玫瑰色，$0.05A/dm^2$ 时则为金色。

5.4.4 不锈钢阳极氧化后处理

不锈钢阳极氧化所得的膜层结构较疏松，硬度不高，耐磨性及耐蚀性都不够高。可以通过钝化处理（封闭处理）进一步提高膜层的硬度，增强其耐磨性以及耐蚀性。封闭处理有化学加温封闭处理、电解封闭处理及有机涂料处理等。

（1）化学加温封闭

不锈钢阳极氧化膜化学加温封闭工艺见表 5-67。

表 5-67　不锈钢阳极氧化膜化学加温封闭工艺

工艺条件	质量浓度 ρ_B/（g/L）	工艺条件	范围
重铬酸钠（$Na_2Cr_2O_7$）	15	溶液温度/℃	65～80
氢氧化钠（NaOH）	3	封闭时间/min	2～3
溶液 pH	6.5～7.5		

（2）电解封闭处理

① 溶液配方及工艺。不锈钢阳极氧化膜电解封闭工艺见表 5-68。

表 5-68　不锈钢阳极氧化膜电解封闭工艺

工艺条件	质量浓度 ρ_B/（g/L）（除注明外）		
	配方 1	配方 2	配方 3
铬酐（CrO_3）	230～270	240～260	200～300
硫酸（H_2SO_4）	2～3		

工艺条件	质量浓度 ρ_B/（g/L）（除注明外）		
	配方1	配方2	配方3
磷酸（H_3PO_4）		2.5～2.6	
二氧化硒（SeO_2）			2～3
阳极电流密度/（A/dm²）	0.2～0.3	0.2～0.4	0.3～0.5
阴极材料	铅、不锈钢	铅、不锈钢	铅、不锈钢
温度/℃	30～40	35～40	40～50
时间/min	3～6	3～6	5～6

② 封闭工艺的影响。

a. 封闭溶液成分：溶液中的硫酸、磷酸、二氧化硒作为促进剂，主要是稳定膜层的色彩，效果不错。

b. 封闭时间：封闭时间同样会影响封闭膜的质量，封闭时间太短，达不到封闭质量的要求，膜层质量差；封闭时间过长，颜色会随时间改变，而且浪费能源及时间，一般控制在3～5min 以内。

c. 溶液的温度：溶液的温度高，封闭的速度快，封闭的效果也很好，但是颜色也会变深，颜色不好控制。如果要求装饰性能好，则应注意控制封闭溶液的温度。但温度太低时，封闭膜的质量不好，效果差。

d. 电流密度：电流密度对封闭膜的质量有一定影响，电流密度高，封闭速度快，效果也较好，但会使膜层颜色变深，若对色泽有较高要求时，电流密度不能高，控制在0.2～0.5A/dm² 较合适。

5.4.5 不锈钢阳极氧化膜的耐蚀性

不锈钢阳极氧化膜是在特定的溶液中（150～350g/L 硫酸溶液），在过钝化电位区的特定电位下，用电化学方法在奥氏体不锈钢表面形成耐蚀性优良的阳极氧化膜。

① 1Cr18Ni9Ti 等不锈钢阳极氧化处理后在一些介质中的耐蚀性见表5-69。

表5-69 1Cr18Ni9Ti 等不锈钢阳极氧化处理后在一些介质中的耐蚀性

介质条件	未阳极氧化处理	阳极氧化处理
1%盐酸，40℃	2h 后开始腐蚀	100h 未腐蚀
1.5%盐酸，40℃	0.5h 后开始腐蚀	100h 未腐蚀
10%甲酸，沸腾	1Cr18Ni12Mo2Ti 0.25mm/年	0
冰醋酸、乙醇、硫酸混合液，沸腾	4.47mm/年	0
维纶醛化液，70℃	10mm/年	0
人造海水点蚀实验	点蚀严重	无点蚀
80%氨水、26%溴化钾交替使用	严重点蚀和缝隙腐蚀	不发生点蚀和缝隙腐蚀

不锈钢阳极氧化膜与自然钝化膜、硝酸钝化膜和彩色膜相比，其耐蚀性呈数量级的增加，特别是抗点蚀和缝隙腐蚀更为有效。

② 不锈钢阳极氧化处理后在不同氯离子浓度的水溶液中的点蚀电位见表5-70，临界点蚀电位（相对于 SCE 饱和甘汞电极电位）大幅度升高。

表 5-70　阳极氧化处理后 1Cr18Ni9Ti 不锈钢在脱氧的氯化钠溶液中的点蚀电位

氯离子浓度/10^{-6}	临界点蚀电位(vs. SCE)/mV		氯离子浓度/10^{-6}	临界点蚀电位(vs. SCE)/mV	
	未阳极氧化	阳极氧化		未阳极氧化	阳极氧化
35	600	>700	3500	300	500
105	500	>700	10500	150	320
210	400	>700	21350[①]	150	200
1050	350	>700			

① 实验温度为 32℃，其余均为 40℃。

③ 阳极氧化处理后的不锈钢的实际使用。阳极氧化处理后的 1Cr18Ni9Ti 和 1Cr18Ni12Mo2Ti 不锈钢在化工生产中的实际使用表明，在提高设备使用寿命和防止点蚀及缝隙腐蚀方面效果显著。例如交替接触氨水和溴化钾溶液的高压进样阀，长期以来存在着材料点蚀和缝隙腐蚀问题，经过试用证明，阳极氧化的不锈钢能够满足要求。

5.5　铜及铜合金的阳极氧化

铜及铜合金的阳极氧化可获得半光泽或无光泽蓝黑色氧化膜。氧化膜主要由黑色氧化铜组成，膜层很薄，防护性能不高，性脆而不耐磨，不能承受弯曲和冲击，只适宜在良好条件下工作或仪表内部工件的防护和装饰。经浸油或浸漆后，防护性能有所提高。

铜及铜合金在热碱性溶液中进行阳极氧化处理时，在铜的表面析出的氧将铜氧化成氧化亚铜，随后氧化亚铜进一步转化成氧化铜，并生成外观为黑色的膜层。当向溶液中加入钼酸盐时，膜层的颜色加深。这种方法所得的膜层黑度高，溶液成分也不易变化，在生产过程中比较容易掌握。在阳极氧化后的膜表面出现绒毛状的残留物时，可以用纱布或毛刷除去，表面即光滑。

铜及铜合金的阳极氧化法广泛用于光学仪器工件的处理，既能提高表面的耐磨防蚀性能，又有庄重美观的装饰效果。

5.5.1　铜及铜合金阳极氧化预处理

（1）化学脱脂

铜及铜合金工件一般采用碱性脱脂的方法，但也可用其他方法，主要是把工件表面的油污彻底清理干净，否则会影响阳极氧化膜的质量。碱液脱脂工艺见表 5-71。

表 5-71　碱液脱脂工艺

工艺条件	工艺条件及质量浓度 ρ_B/(g/L)	工艺条件	工艺条件及质量浓度 ρ_B/(g/L)
氢氧化钠(NaOH)	40～50	硅酸钠(Na_2SiO_3)	5～10
碳酸钠(Na_2CO_3)	15～20	溶液温度/℃	70～85
磷酸钠(Na_3PO_4)	40～50	处理时间/min	3～5

（2）铜工件的表面抛光

为了使工件表面更均匀光滑，有利于氧化膜的均匀连续生长，最好进行抛光。一般来说，化学抛光最简单易行，电解抛光或其他方法也可以。化学抛光工艺见表 5-72。

（3）弱活化

铜经脱脂及抛光后，表面已露出金属，但在空气中很快会氧化生成一层很薄的氧化膜。因此在阳极氧化前应先将新生成的氧化膜除去，然后马上进入氧化槽处理。铜弱活化工艺见表 5-73。生产过程中，铜件阳极氧化前还常常在含铬酐的酸洗液中浸蚀，工序称为"铬酸洗"。参见第 2 章表面处理相关工艺。

表 5-72　化学抛光工艺

工艺条件	工艺条件及质量浓度 ρ_B（除注明外）/（g/L）	工艺条件	工艺条件及质量浓度 ρ_B（除注明外）/（g/L）
硫酸（H_2SO_4）	φ 40%～50%	明胶	1～2
硝酸（HNO_3）	φ 4%～6%	溶液温度/℃	40～50
尿素[$CO(NH_2)_2$]	40～60	处理时间/min	1.0～1.5

表 5-73　铜弱活化工艺

项　　目	工艺条件	项　　目	工艺条件
硝酸（HNO_3）ρ_B/（g/L）	300～400	浸渍时间/s	20～30
溶液温度/℃	20～30		

5.5.2　铜及铜合金阳极氧化工艺

（1）原理

铜在氢氧化钠溶液中进行阳极氧化，首先生成氧化亚铜，然后再转变为氧化铜。阳极反应式为

$$2Cu+2OH^- \rightleftharpoons Cu_2O+H_2O+2e^-$$

$$Cu_2O+2OH^- \rightleftharpoons 2CuO+H_2O+2e^-$$

阴极反应式为

$$2H^++2e^- = H_2 \uparrow$$

（2）工艺流程

铜及铜合金阳极氧化工艺如下：铜及铜合金工件→化学脱脂→热水洗→冷水洗→化学抛光→冷水洗→弱活化→水洗→阳极氧化→冷水洗→干燥→检验。

（3）溶液配方及工艺

铜及铜合金阳极氧化溶液配方及工艺见表 5-74。

表 5-74　铜及铜合金阳极氧化溶液配方及工艺

工艺条件	质量浓度 ρ_B/（g/L）（除注明外）			
	配方 1	配方 2	配方 3	配方 4
氢氧化钠（NaOH）	150～200	150～200	150～200	400
钼酸铵[$(NH_4)_6Mo_7O_{24} \cdot 4H_2O$]或钼酸钠（$Na_2MoO_4 \cdot 2H_2O$）	5～15	钼酸铵 0.1～0.3	5～15	
重铬酸钠（$Na_2Cr_2O_7$）				50
温度/℃	80～90	60～90	60～70	60
阳极电流密度/（A/dm²）	2～3	0.6～1.5	2～3	3～5
氧化时间/min	10～30	20～30	10～30	15
阴极材料	不锈钢			
适用范围	铜	铜及合金	黄铜	青铜

注：配方 2 当材料为铜时，用较高温度，合金用较低温度，为车间常用工艺。

按表中配方新配制的溶液，应用不锈钢阴极和铜阳极在 80～100℃，2～3A/dm² 的阳极电流密度下进行电解处理，等溶液呈浅蓝色后才能正常使用，否则影响效果。

工件进行阳极氧化处理时也用不锈钢作为阴极,阴、阳极面积比为(5~8):1。工件入氧化槽后先预热1~2min,后在0.5~1.0A/dm² 下预氧化3~6min,然后升至正常的阳极电流密度。当工件大量析出气泡时,表明阳极氧化过程已经完成。最后,工件带电出槽,并清洗干净。对于成分或表面状态不均的黄铜工件,为了防止工件在阳极氧化处理时遭到不均匀的腐蚀,最好在阳极处理前先镀上一层2~4的薄铜层,再进行阳极氧化处理。

(4)溶液的配制

将计算量的氢氧化钠加水并加热溶解,再加水至所需体积,挂入铜阳极,以铁板或不锈钢板作阴极进行电解处理,几小时后溶液呈天蓝色,把温度调至工艺规范即可使用。

(5)溶液组成和操作条件的影响

① 氢氧化钠。应控制在工艺规范以内。若其含量偏高,铜溶解加快,膜层易厚,但形成了多孔而附着力差的膜;含量偏低,膜形成慢,电流密度上限下降,膜层薄并呈微红色。

② 钼酸铵。使膜层黑度加深。

③ 重铬酸钾。加速氧化过程,多加效果不显著。

④ 温度。提高温度能形成致密氧化膜,阳极电流密度也能增大,在相当宽的范围内可形成优良膜层,但铜镀层溶解过多;温度偏低膜层呈灰绿色,原因是随膜的形成有微绿的氢氧化物夹杂。

⑤ 时间。时间至氧化结束。其标志是槽电压升高,阳极析氧,此时应带电出槽。

⑥ 阳极电流密度。操作时工件挂在阳极上,不通电预热1~2min,然后以0.1~0.2A/dm² 小电流密度电解,再逐渐升至正常工艺规范。阴极面积宜大一些,应是阳极的3~5倍。阳极电流密度偏低会使氧化膜生成受阻碍,金属溶解快,有大量铜酸钠生成,形成红褐色膜层。若阳极电流密度偏高,工件表面过腐蚀,膜会薄到肉眼看不出。

5.5.3 铜及铜合金的阴极还原转化膜

铜及铜合金除了可采用阳极氧化得到有一定保护性能的阳极膜层之外,根据资料介绍,还可对铜进行阴极还原得到转化膜。在特定的溶液中以适当的电流密度和电压经过不同时间的处理可以得到不同颜色的转化膜。阴极还原转化膜处理工艺见表5-75。

表 5-75 阴极还原转化膜处理工艺

工艺条件	质量浓度 $\rho_B/(g/L)$(除注明外)	
	配方 1	配方 2
硫酸铜($CuSO_4 \cdot 5H_2O$)	30~60	40~50
柠檬酸钠($Na_3C_6H_5O_7 \cdot 2H_2O$)	60~120	90~120
氢氧化钠(NaOH)	80~120	90~120
乳酸[$C_3H_6O_3$,88%(w)]	φ 8%~14%	φ 90~140
聚乙二醇		1~2
溶液温度/℃	20~35	20~35
阴极电流密度/(A/dm^2)	5~40	20~80
处理时间/min	2~3	1~2.5

第 **6** 章

微弧氧化

微弧氧化技术是在阳极氧化的基础上发展起来的一种新方法。其工作电压突破了传统阳极氧化的工作电压范围（法拉第区），进入高电压放电区，在电极上发生微等离子弧光放电，在弧光放电区微弧氧化，使膜层熔融。基体电离的金属阳离子扩散与氧结合，在基体材料表面原位生成氧化膜。由于微弧氧化过程中处于熔融状态，因此可以结合进氧化液中的固体颗粒。

微弧氧化时，将 Al、Mg、Ti 等金属或其合金零件置于电解质水溶液中，作为阳极，在强电场的作用下，材料表面出现微区弧光放电现象，经过一系列热化学、等离子体化学和电化学反应，在金属表面原位生长出一陶瓷膜层，这种膜层可以改善材料表面的耐磨性、耐蚀性、耐热冲击性及绝缘性等，具有特定应用功能。微弧氧化可采用正向或正负向交替的脉冲电源，相关电参数和电解液匹配调整，达到最佳工艺状态。

由于金属氧化物的绝缘特性，在相同电参数条件下，薄区总是优先被击穿，生长增厚，最终达到整个样品均匀增厚。氧化层与基体之间存在着一定厚度的过渡区，微弧氧化层依次形成明显的三层结构，即表面疏松层、中间致密层和过渡层。微弧氧化孔隙比阳极氧化大得多，可在微米级，而阳极氧化孔隙则在纳米级，孔隙形成机制完全不同。

微弧氧化施加电压比阳极氧化大得多，一般都在 $400 \sim 600\mathrm{V}$，甚至可以达到上千伏，因此处理效率高。一般硬质阳极氧化获得厚度在 $50\mu\mathrm{m}$ 左右的膜层需 $1 \sim 2\mathrm{h}$，而微弧氧化只需 $10 \sim 30\mathrm{min}$，比较小的工件只需 $5 \sim 7\mathrm{min}$。微弧氧化膜最厚可达 $200 \sim 300\mu\mathrm{m}$，但厚的膜表面往往比较粗糙。通过控制条件，可使薄的微弧氧化膜表面平整光滑。

目前微弧氧化一般使用磷酸盐、硅酸盐及铝酸盐等电解液，这些电解液可施加较高电压。通过改变工艺和在电解液中添加胶体微粒可很方便地调整膜层的微观结构特征，获得新的微观结构，从而实现膜层的功能设计。微弧氧化适应的材料广，除铝合金外，还可在 Zr、Ti、Mg、Ta、Nb 等金属及其合金表面制备陶瓷膜层，尤其是用传统阳极氧化难以处理的合金，如铜含量比较高的铝合金、硅含量较高的铸造铝合金和镁合金。

由于微弧氧化膜的高硬度、高耐磨性、高结合强度和高刚度，使铝合金、钛合金及镁合金在许多场合可用来代替高合金钢或耐热金属制造工件。工件微弧氧化前后不发生尺寸变化，处理好的工件不必进行后续机械加工。微弧氧化技术已经成为表面处理领域中较为活跃的研究内容，并已进入工业应用阶段。可根据需要采用微弧氧化技术制备防腐蚀膜层、耐磨性好的膜层、装饰膜层、电绝缘膜层、光学膜层以及各种功能性膜层，这些功能性膜层广泛应用于航空航天、汽车、机械、电子、纺织、医疗及装饰等工业领域。微弧氧化的缺点是能耗较高,槽液升温较快。膜层由于熔融,在溶液中有一定溶解。

6.1 微弧氧化原理

微弧氧化时,将铝、镁、钛等或其合金(通常称为阀金属)零件作为阳极,以不锈钢等材料作为阴极,对不同电解液、不同氧化材料,以不同方式施加不同的电流、电压、脉冲频率及占空比等,进行电解,获得一层比阳极氧化厚得多的膜层。微弧氧化设施如图 6-1 所示。

微弧氧化膜在氧化过程中处于熔融状态,熔融状态膜层氧化物以 M^{n+} 和 O^{2-} 的形式存在,基体金属电离出的金属离子能够扩散到熔融金属外表面,与表面的氧结合,从而在一定程度上消除了阳极氧化过程中金属离子与氧结合的障碍,最终导致形成氧化物,使氧化膜得以增厚。金属离子在熔融氧化物中的扩散机理与熔融盐电镀基本相同。

微弧氧化过程中,最初导电机制是基底金属与氧直接结合,得失电子,传导电流。随着膜层增厚,金属离子与氧结合出现障碍,这时膜层通过隧道效应传递电子导电。这时膜层的能级分布如图 6-2 所示。

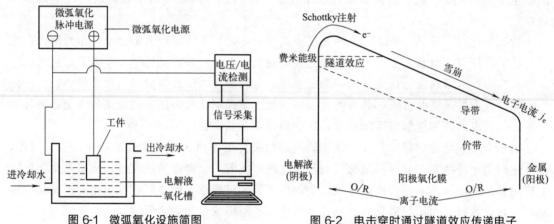

图 6-1 微弧氧化设施简图　　　　　图 6-2 电击穿时通过隧道效应传递电子

电压不断增加,基底金属最低未占分子轨道(LUMO)能量不断降低,膜外分子最高占据分子轨道(HOMO)能级不断增高,当 HOMO 大于或等于 LUMO 时,电子就能从 HOMO 传递到 LUMO。也就是电子在受到原子束缚情况下在不同原子轨道间隧道跃迁。固态膜层常有一些空隙,电子也能够在一定距离范围内跃过这些空隙传递。电子传递过程中,会影响原子的振动,也就是电子传递过程会生热的原因。其产生的热量为 I^2Rt,在电阻较小的地方,通过的电流较大,生热量越多,会使膜层表面蒸发蒸气,与产生的 O_2 一起,产生较大电阻。只有当电压升高到击穿这层气体,这些气体变成原子或原子团、离子及电子构成的等离子体,膜层才能继续导电熔融,进入微弧氧化阶段。膜层温度升高,使其电子能级升高,电阻增大,膜层熔融后,流动熔融的膜填充空隙,这些都对隧道跃迁传递电子产生障碍。这时图 6-2 所示电子传递过程不复存在,因熔融膜层 LUMO 能级升高,使得外层 HOMO 电子向内层 LUMO 传递困难。熔融时原子振动加剧,原子间距离增加,能量升高,根据量子化学研究,这会导致 HOMO 与 LUMO 能级能量增加。内层金属离子的向外扩散,不再存在电子传递的能级梯度。总之,控制电压在合理范围时不通过隧道效应传递电子。

但这时金属离子可以扩散通过熔融的膜与膜表面的氧结合,从而产生新的电子传导机制。熔融状态的膜原子间距离增大。金属离子 M^{n+} 与 O^{2-} 呈自由移动的状态。电压增高，膜层表面可以生成 O^{2-}，金属离子可以向膜外扩散，自然 O^{2-} 因为受到电场力也可以向基体扩散，但 O^{2-} 比金属离子半径大得多，所以金属离子的扩散是主要的。当金属离子扩散的数量满足与 O^{2-} 结合时，形成的膜层致密。随着膜层增厚，金属离子扩散的数量大大少于 O^{2-} 的数量，就产生疏松膜层，这就是最外层的疏松膜层。膜层不断增厚，扩散距离增加，扩散传导电流受到限制，同时 M^{n+} 与 O^{2-} 结合的能量大致相当于膜的晶格能，通过扩散传递电荷产生热量较小。在没"漏电流"或"漏电流"极小的情况下（也就是隧道传递效应传递电子电流较少），由于熔融膜不断散热，会使膜层冷却下来，这样原来电阻较小而放电的地方电阻增大。O^{2-} 由于电场力向基体扩散的阻力增大，于是扩散至表面其他电阻较小的地方继续放电，使他处放电电流增大，膜层击穿熔融，从而完成了放电弧斑从一处向另一处的转移。如此重复，最终便在金属表面形成了均匀的氧化膜。在处理过程中，工件表面会出现无数个游动的弧点和火化，每个电弧存在的时间很短，弧光十分细小，没有固定位置，并在材料表面形成大量等离子体微区。

膜层熔融后，膜不再通过隧道效应传递电子，这才是微弧氧化过程中所要求的。有一种可能，就是当膜层熔融后，由于外层电子 HOMO 仍然高于或等于内层或基体 LUMO，也就是隧道放电的条件仍然存在，于是继续进行隧道放电，继续产生大量热量，膜层不能冷却，弧斑不能转移，这就是微弧氧化过程中的烧蚀现象，这是应当避免的，也就是起弧后电压不宜升得过高，应控制在合理范围，避免熔融状态的膜继续隧道放电。要让整个微弧膜层通过较大电流而电压不升得过高，就宜采用较大的阴极。

那些膜层未熔融起弧的地方，并不是不导电，而是通过的电流较小，不足以使膜层熔融起弧，金属离子不能向外扩散，金属离子与 O^{2-} 结合存在障碍，成膜效率极低，负电子通过隧道效应直接传递到基体金属，形成"漏电"。

微弧氧化过程中，膜层热量释放不断增多，而附近生成的氧气阻止热量释放，温度升高使附近溶液蒸发，氧气及水蒸气包围阳极，其具有极高的电阻，消耗了电路中绝大部分电压降。熔融膜层可能经受不住这种气体膨胀的压力而形成凹坑，凹坑内较厚的气体产生较高的电阻，加剧了其他地方的放电熔融，在某种意义上促进了弧斑转移。分子受热碰撞及高压电场使气体分子电离，成为等离子体。

微弧氧化经历了电化学过程、热化学过程及等离子体电化学过程。电化学过程与阳极氧化过程基本相同，以铝件氧化为例，电极表面形成的 Al^{3+} 扩散，与 O^{2-} 化学反应形成 Al_2O_3 氧化膜。微弧氧化的电压比阳极氧化高得多，Al^{3+} 应更易形成。

热化学过程与阳极氧化不同表现在温度高得多，可高达 $10^3 \sim 10^4 K$，放电时使氧化膜熔融，形成大量游离的金属离子和氧负离子，这些离子扩散使其导电。从电子移动角度，温度升高，电子移动阻力增大，即电阻增大，是不利于导电的。电极表面电离形成的金属离子在 O^{2-} 等作用下，与熔融的氧化膜中金属离子与 O^{2-} 混在一起无规则运动，由于金属离子浓度不断增大向电极表面扩散。高温使膜层成分组织发生变化，如铝的氧化膜，常温下只能形成 γ-Al_2O_3，高温下转变为硬度更高的 α-Al_2O_3，且可能产生膜层各成分的分解与重新化合。

等离子体电化学过程最初表现为等离子体的形成。光、热碰撞及电场都可使气体电子离开原子核，形成等离子体。微弧氧化主要是热碰撞及电场作用两种方式。高温气体分子间碰撞，使气体分子电离，在电场作用下，电子向阳极运动，而正离子向阴极移动。

在等离子体空间距离较大、电场较高的情况下，电子移动速度较快，形成高能电子，轰击氧化物，引起"电子雪崩"效应，使电流增大，可使绝缘氧化物电导通。微弧氧化等离子体空间极其狭小，若电场不足够高，电子能量应该不是特别高。只有高能电子碰撞原子，才能产生"电子雪崩"，因为能量是守恒的，能量不高的电子碰撞原子后，能量会逐渐分散减小，可能不能激发后续电子。若电压增加到足够高，就能产生高能电子，高能电子能使膜层熔融，也能使熔融的膜层继续"漏电"导电，持续生热使弧斑不转移，产生烧蚀现象，所以应该避免过高能量电子的产生，也就是起弧后电压不宜升得过高。能量不高的电子，在等离子体中容易与氧结合，形成 O^{2-}，向阳极移动，有利于膜的形成。

需指出的是，由于电子移动向阳极，有文献指出会形成负离子梯度，在氧化膜附近可能存在不带电荷的 O 原子与熔融氧化膜表面的金属离子作用，与电子一起形成金属氧化物。由于分子碰撞带正电逃离氧化膜，随着等离子体电化学过程的进行，氧化膜表面物质越来越稀少，所以采用脉冲电源或双向脉冲，有利于氧化膜表面 O 的补给。

气体碰撞形成正离子，正离子向阴极移动，所以在阴极附近可能形成正离子的富集，而且由于负离子向阳极移动，正离子最高占据分子轨道 HOMO 及最低未占分子轨道 LUMO 能量都有一定程度降低，有可能更容易从阴极获取电子。而微弧等离子体的阴极实际上就是溶液，溶液中在正常情况下不能向氧传递电子，在等离子条件下，则能向氧传递电子，也就是会使氧化作用更强。随着施加电压方式的不同，这层等离子气体会有不同的表现。单脉冲的电压会使气体处于冷却与加热的不断循环，对熔融表面产生冲击，根据这个原理调节参数，可使阳极表面被抛光；正负脉冲则使等离子气体正负离子在原位振荡。

等离子体传播电子形成丝状电流，此时等离子体具有强的电场与温度场，强电场加速电子形成丝状电流的高能电子注入表面极化点，温度场引起超声波膨胀转换为应力场产生指向阳极表面等离子体超声波空化。丝状电流注入极化点而产生的电阻热熔融形成微熔融池，同时完成电子传输，在旋涡超声波空化应力下沿微熔池边沿喷涌，产生两种结果：一种是高凝聚性生成物表面，形成尺寸不同的嵌套火山状微孔；对于低凝聚性生成物，则发生剥离与研磨，表面因为凸起部位放电被研磨，变得更加平整。

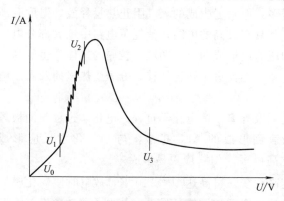

图 6-3 微弧氧化电流电压特性曲线

阳极氧化过程中，电流随电压的变化如图 6-3 所示。注意这里不是实际工艺操作过程曲线，实际操作过程中经常设置为恒流、恒压或先恒流后恒压。也有文献将电极电流随电压的变化过程曲线分为三个特征区：即法拉第区、火花区与微弧氧化区，大致相当于以下的 $U_0 \sim U_1$、$U_1 \sim U_2$、$U_2 \sim U_3$ 三个阶段。

综合国内外的研究，目前普遍认为微弧氧化过程可分为 4 个阶段：阳极氧化阶段、火花放电阶段、微弧氧化阶段和熄弧阶段（或称弧光放电阶段）。

（1）阳极氧化阶段

相当于图 6-3 的 $U_0 \sim U_1$ 阶段，是氧化膜的形成阶段，通过金属与氧形成氧化物的方式，也就是氧化还原反应方式转移电子，有时也称为法拉第区。

将样品置于一定的电解液中，通电加压后，样品表面和阴极表面出现无数细小均匀的白色气泡。随电压增加，气泡逐渐变大变密，生成速度也不断加快。在达到击穿电压之前，这种现象一直存在，这一阶段就是阳极氧化阶段。

在这一阶段，机理基本与阳极氧化相同。初期膜较薄，阳极表面形成的 O^{2-} 与基体电离的金属离子能很快结合形成金属氧化物。随着膜增厚，O^{2-} 与金属离子结合的电阻增大，O^{2-} 及 O 的半径都比 Al^{3+} 大得多，所以单从这一点看 Al^{3+} 更容易扩散。但固体膜这种环境，若缺乏周围溶剂的溶剂化作用，形成金属离子的扩散速度可能会受到影响。O^{2-} 与金属离子形成氧化物的这种放电机制受到阻碍。

（2）火花放电阶段

相当于图 6-3 的 $U_1 \sim U_2$ 阶段，是隧道传递电子阶段，也就是氧化膜的击穿阶段，电流值较大。该阶段先是氧化膜击穿生热，蒸发溶液，与膜层表面 O_2 一起笼罩在膜层表面，接着该气层形成等离子体。该阶段出现火星，但膜层未熔融。有时也称为电流电压曲线的火花区。

阳极氧化后期，电压继续增高，阳极金属 LUMO 能级降低，O^{2-} 可能直接通过隧道转移将电子传递给基体金属，在阳极表面生成大量的 O 而结合形成 O_2 释放。这时即使电压增高较大，膜层也不能增厚。也就是通常的氧化溶液不能"起弧"。

对于普通阳极氧化，电压较低时，样品表面形成一层很薄的氧化膜，随着电压的升高，氧化膜的溶解速度也变快，有时甚至会使部分基体溶解。对于微弧氧化溶液，如硅酸盐溶液，当硅酸盐吸附在氧化膜表面，由于其溶解性较差，使其覆盖在膜表面。这样 O^{2-} 直接向基体表面转移电子的电阻增大，在通常电压下不能放电。当电压进一步增加，基体 LUMO 能级进一步降低，O^{2-} 的 HOMO 与基体 LUMO 能量差增大，能够克服电阻转移电子，且克服电阻产生大量热量，使膜层熔融。

当施加到样品的电压达到击穿电压时，放电离子不是很多，于是样品表面开始出现无数细小、光亮较低的火花点。这些火花点密度不高，无爆鸣声。这一阶段属于火花放电阶段。在该阶段，样品表面开始形成不连续的微弧氧化膜，但膜层生长速率很小，硬度和致密度较低，所以对最终形成的膜层贡献不大，应尽量减少这一阶段的时间。

这一阶段，也是等离子体形成的阶段。膜层熔融温度比溶液沸点高得多，膜层温度升高，必然导致在膜层表面产生蒸气与氧气等。进入微弧氧化阶段，必须击穿这些气体。这些气体被击穿，也就意味着等离子体的产生。

（3）微弧氧化阶段

相当于图 6-3 的 $U_2 \sim U_3$ 阶段，是膜层熔融阶段，该阶段隧道转移电子基本停止，所以电流值减小，电荷转移通过金属离子与 O^{2-} 在熔融氧化膜中扩散，从而结合为氧化物。

随着电压继续增加，放电电流增大，导致膜层熔融。也就是火花逐渐变大变亮，密度增加。随后，样品表面开始均匀地出现电弧斑。弧斑较大、密度较高，随电流密度的增加而变亮，并伴有强烈的爆鸣声。此时即进入微弧氧化阶段，该阶段能生热起弧将氧化膜熔融。熔融的膜有利于金属离子向表面扩散，与表面的 O^{2-} 形成氧化物，使氧化膜厚度增加。所以微弧氧化消除了金属离子与 O^{2-} 形成氧化物这种放电机制的障碍。

火花放电与微弧氧化阶段紧密衔接，两者很难明确划分。在微弧氧化阶段，随时间的延长，样品表面细小密集的弧斑逐渐变得大而稀疏；同时电压缓慢上升，电流逐渐下降并逐渐降至零。弧点较密集的阶段，对氧化膜的生长最有利，大部分膜层在此阶段形成；弧点较稀疏的阶段，对生长氧化膜的贡献不大，但可以提高氧化膜致密性并降低表面粗糙度。微弧氧化阶段是形成陶瓷膜的主要阶段，对氧化膜的最终厚度、膜层表面质量和性能都起着决定性的作用。考虑到该阶段在整个微弧氧化过程中的作用，在保证膜层质量的前提下，应尽量延长该阶段的持续时间。

（4）熄弧阶段（或弧光放电阶段）

相当于图 6-3 的 U_3 以后阶段。

对于熔融状态的氧化膜，O^{2-} 与金属离子结合放电是主要的放电方式，正常情况下，电子不通过隧道效应向基体传递电子。随着氧化物生成较多，膜变厚，金属离子扩散到达膜表面越来越少。通过隧道效应传递电子产生的热量极大减少，而金属离子与 O^{2-} 结合能量大致相当于晶格能，熔融的膜不断散热，会使膜层逐渐冷却。这使 O^{2-} 向基体扩散越加困难，与金属离子的结合越来越少，导致 O^{2-} 集聚增多，就可能向表面其他地方扩散。O^{2-} 在电阻更小的表面向基体隧道转移电子，电流较大，生热较多，使下一处氧化膜溶解。

微弧氧化阶段末期，电压达到最大值，氧化膜的生长将出现两种趋势。一种趋势是样品表面的弧点越来越稀疏并最终消失，爆鸣声停止，表面只有少量的细碎火花，这些火花最终会完全消失，微弧氧化过程也随之结束。这一阶段称为熄弧阶段。另一种趋势是样品表面的弧点几乎完全消失，同时其他一个或几个部位突然出现较大的弧斑。这些弧斑光亮刺眼，可长时间保持不动，且产生大量气体，爆鸣声增强。该阶段称为弧光放电阶段。样品表面发生弧光放电时，氧化膜会遭到破坏，基体也会出现烧蚀现象，会在试样表面留下大坑。因此弧光放电阶段对于氧化膜的形成尤为不利，在实际操作过程中应控制这个阶段电压，尽量避免该现象的发生。

6.2 微弧氧化工艺

电解液温度与组成、电参数等工艺因素对氧化膜的厚度、结构与性能都会产生影响。微弧氧化与阳极氧化工艺相比，微弧氧化具有下列特点：

① 工艺简单，特别对工件前处理不像阳极氧化那样严格和繁杂，只要求样品表面去油污，不需去除表面的自然氧化层；而阳极氧化若表面有细微锈蚀物斑点都会对膜层产生影响。

② 微弧氧化工艺采用弱碱性溶液，对周围环境不造成污染，属环保型表面处理技术，微弧氧化中只放出氢气、氧气，对人体无害；而常用的硫酸阳极氧化则污染较大。

③ 微弧氧化工艺电压比阳极氧化高得多，所得膜层在高温下生成了高硬度的 Al_2O_3；而阳极氧化则生成低硬度的 Al_2O_3。微弧氧化可以获得很厚的氧化层。

表 6-1 列出了微弧氧化与阳极氧化以及硬质阳极氧化膜的性能指标对比情况，从中可以看出微弧氧化膜较阳极氧化膜及硬质阳极氧化膜的各项性能指标有显著的提高。

表 6-1 微弧氧化与阳极氧化异同

项目	微弧氧化	阳极氧化	硬质阳极氧化
适用场合	耐磨、耐腐蚀、隔热、绝缘、抗热冲击、抗高温氧化、防护装饰	防护装饰、作涂料底层、提高漆膜结合力	用于要求耐磨、耐蚀、隔热、绝缘的铝合金件
电压/V	≤750	13~22	10~110
电流/A	强流	0.5~2.0(电流密度小)	0.5~2.5(电流密度小)

项目	微弧氧化	阳极氧化	硬质阳极氧化
最大厚度/μm	300	<40	50~80
处理时间/min	10~30(50μm)	30~60(30μm)	60~120(50μm)
显微硬度(HV)	可调、控制生产,最大可达3000		300~500
膜层击穿电压/V	>2000		低
膜层耐热冲击	可承受2500℃以下热冲击		差
工艺对环境的危害		需特殊处理排污	需特殊处理排污
均匀性	内外表面均匀	产生"尖边"缺陷	产生"尖边"缺陷
柔韧性	韧性好		膜层较脆
孔隙率/%	0~40	>40	>40
耐磨性	好	差,容易磨掉	一般,容易磨掉
5%盐雾试验/h	>1000		>300(重铬酸钾封闭)
粗糙度	可加工至0.037μm	一般	一般
电阻率/($\Omega \cdot$ cm)	5~10^{10}		
着色及牢固度	长期不褪色,但是颜色种类目前较少	颜色种类丰富,但容易褪色(化学染色)	容易褪色(化学染色)
工艺流程	去油-微弧氧化	碱蚀-酸洗-机械处理-清洗-阳极氧化-封孔	去油-碱蚀-去氧化-硬质阳极氧化-化学封闭-封蜡或者热处理
电解液性质	弱碱性	酸性	酸性
工作温度/℃	<50	13~26	-10~5
抗热震性	300℃→水淬,35次无变化		好

6.2.1 微弧氧化工艺过程

微弧氧化一般的工艺流程:工件→脱脂→去离子水漂洗→微弧氧化→清洁水漂洗→干燥→检验。

① 微弧氧化前处理。微弧氧化前处理主要就是去油,一般铝等金属表面无锈蚀产物,无须专门去锈。前处理可根据具体情况进行清洗、喷砂或机械打磨等。前处理对膜质量有影响。

② 微弧氧化处理。根据工件的材质、面积及要求的膜层厚度等条件设定工艺参数进行微弧氧化处理。根据情况设置电流或电压输入方式,阴阳极距离根据零件大小、不同工艺有所不同。初始设置可为10cm。

③ 喷淋清洗。调整喷淋槽内的万向喷头及喷淋阀,确保对工件的喷淋清洗强度,又不至于喷洒至槽外。

④ 浸洗。调整浸洗充气阀门,控制水流搅拌冲击大小,有效清洗工件死角的残液。

6.2.2 微弧氧化溶液

在微弧氧化过程中,基体与溶液发生作用,微弧氧化膜主要由基体金属氧化物等构成。在某些场合,溶液组分可成为基体表面层的成分。微弧氧化电解液大多由主成膜剂、性能改善剂、pH调节剂和辅助添加剂组成。主成膜剂的选择参考击穿放电理论,一般认为氧原子比酸根离子较容易吸附在金属基体或膜层表面形成杂质放电中心，使氧化膜表面击穿放电。

目前，根据成膜剂不同，常用微弧氧化电解液包括酸性和碱性两大类，如在硫酸、磷酸中氧化，属于酸性氧化。微弧氧化目前主要采用碱性溶液。成膜剂主要有 SiO_3^{2-}、PO_4^{3-}、AlO_2^-、ZrF_6^{2-}、VO_4^{3-}、MoO_4^{2-}、WO_4^{2-}、$B_4O_7^{2-}$、CrO_4^{2-} 等，通常含氧酸盐皆具一定成膜功能，不含氧酸盐则不具成膜功能。可以是单一组分，也可以是几种组分的混合。最常使用的是 SiO_3^{2-}、PO_4^{3-} 及二者的混合和铝酸盐体系。磷酸盐体系包括三聚磷酸钠、六偏磷酸钠、磷酸钠及磷酸氢二钠等。微弧氧化过程中，特别是起弧前与熔融膜冷却过程中，负离子强烈吸附于膜层上，与熔融膜层金属离子结合形成盐，随即高温使形成的盐分解。盐分解生成的高温 SiO_2、P_2O_5 等则可能再度与水结合形成成膜剂。微弧氧化过程中进行着成膜剂的分解与形成的可逆过程。当膜层熔融，由于等离子层的作用，则主要是 O^{2-} 与金属离子作用形成化合物。

性能改善剂的添加有助于改善膜层结构和性能，常用的有 KF、钨酸钠等盐类；研究还发现有一些含磷、钼、硼等的离子可以调节膜层的生长速率。辅助添加剂一般为水溶性有机溶剂，如甘油、三乙酸胺等有助于改善氧化过程中的尖端效应。添加剂柠檬酸钠，可以提高电解液的电导率，降低起弧电压和弧光的强度，减缓反应速度，并且防止孔蚀的形成，从而使形成的氧化膜陶瓷层更加致密，制成性能优异的陶瓷层。与性能改善剂不同，它是在不引入强化表面的元素的前提下，通过改变火花状态或火花放电的条件，改善表面色泽分布和微观形貌。EDTA、酒石酸钠等除了具有改善膜层性能的作用外，还有络合溶液中的金属离子、使槽液稳定的作用。因为金属离子与硅酸盐及磷酸盐等形成沉淀物质，影响槽液使用寿命。加入少量的络合剂和添加剂，尽管它们的含量很低，但是在整个反应过程中起着非常重要的作用，直接影响到氧化膜的表观。络合剂的主要作用是防止金属盐水解和使溶液保持稳定；促进阳极正常溶解；增加阴极极化和改善膜层的结构。

此外，加入适量 $(NaPO_3)_6$ 可有效增加涂层厚度、改善陶瓷涂层的化学组成及结构，提高其耐蚀性能。加入三亚乙基三胺和十二烷基苯磺酸钠，能提高溶液的稳定性和成膜速率。显然不同的溶液体系、添加剂种类，作用及作用机理可能不同。

溶液中如 Cl^- 一类离子，对微弧氧化质量会有较大影响。非基体金属离子如 Cu^{2+} 含量过高，也会影响起弧。所以配制溶液应用蒸馏水，设备中应包含纯水设备。

微弧氧化膜成分主要是基体金属的氧化物、槽液中金属离子形成的氢氧化物及其分解产物，以及槽液中形成的盐类如硅酸盐及其分解物，还有槽液中存在的胶粒成分等，这些成分在熔融状态下可以形成新的物质。

溶液中带正电的金属离子受到强烈排斥，极少能够进入膜层。要使金属进入微弧氧化膜层，要么是微弧氧化前预处理，要么是使溶液中金属离子带负电（通过与负离子络合等措施）。

锆盐体系的微弧氧化膜，若在膜层中有足够锆含量，其具有较好耐酸碱化学腐蚀的性能。

加入主盐浓度不同，电参数不同，膜的成分与结构也会不同，膜将呈现不同颜色。基体材料不同，其膜成分不同，也会使微弧氧化膜呈现颜色差异。在电解液中添加不同的盐如 $KMnO_4$、NH_4VO_3、重铬酸钾及钴盐、镍盐等有色金属离子使微弧氧化膜呈现一定颜色，这类离子通过化学反应生成有色物质，分散在微弧氧化膜中。也可直接在电解液中加入有色颗粒，混入熔融状态的微弧氧化膜中，使之呈现某种颜色。若加入硫代钼酸铵，则会在微弧氧化膜中生成具有润滑功能的 MoS_2，也可直接加入 MoS_2 颗粒，能使膜层具有自润滑功能。

微弧氧化膜能够将固体颗粒熔融分散在氧化膜中，这是微弧氧化膜的特点。分散或包覆的固体颗粒，可以是具有缓蚀功能的物质，这些物质在表面慢慢释放，对于耐蚀性能较差的镁合金等，微弧氧化膜具有很好的耐腐蚀性能。如在钢铁零件微弧氧化研究与应用中，加入 Al_2O_3 颗粒，则能大幅提高微弧氧化层 Al_2O_3 含量。对于镁或钛基体金属，能增加膜层硬度，提高其耐腐蚀性能。在钛合金微弧氧化时，加入羟基磷灰石，可增强其生物相容性；加入银颗粒，则使膜具有杀菌功能。另外，其他一些工艺将 TiO_2、Al_2O_3、ZrO_2、WS_2、Cr_2O_3、SiC、MoS_2、BN 及石墨烯等添加到电解液中。这些纳米颗粒具有不同性能，如 ZrO_2 隔热，而 BN 等导热，MoS_2、BN 及石墨自润滑，这些对微弧氧化膜层的耐腐蚀性能、摩擦性能及导热性能等有显著影响。不同氧化物颗粒、不同含量与不同工艺，对膜层产生不同影响。如石墨一类微粒，在水中会形成悬浮颗粒，因此加入颗粒的同时，还常加入分散剂与润湿剂等，如 MoS_2 加入聚乙二醇 200 作为分散剂，少量乙醇作润湿剂，同时配合磁力搅拌与超声波振荡搅拌。

纳米颗粒的大小可根据情况从零点几纳米到几微米。纳米颗粒在氧化液中主要以胶体的形式存在，良好的分散性是能否实现稳定生产的关键。为了防止不溶性纳米颗粒的团聚与沉降，目前主要采用机械搅拌、超声振荡、空气搅拌等物理方法并结合化学改性的方式。纳米颗粒可以是不改变成分或结构进入膜层，也可以是与熔融的膜层发生某种反应进入膜层。

调整工艺参数，可对大型的铝合金进行微弧氧化处理，且在合适的厚度范围内，一般对基体的机械性能没有明显影响。

6.2.3 微弧氧化工艺参数

6.2.3.1 电参数

微弧氧化的电源模式有恒流模式及恒压模式，也有在不同的微弧氧化阶段施加不同电源模式的分级控制模式，如在第一阶段恒定电流或电压，第二阶段恒定另一电流值或电压值。所谓恒压一般是在 $1\sim3min$ 内将电压升高到工艺规定值。微弧氧化的电流值与电压值都较一般阳极氧化大，电压达几百伏，电流 $1dm^2$ 达几十安。

不同电源的电参数也有不同。目前常用的有单向脉冲电源、正负双向脉冲电源。正负双向脉冲电源的电参数有频率、电流或电压幅度值、占空比、正负脉冲时间宽度（正负向比）。双极性脉冲电源电压输出波形见图 6-4。

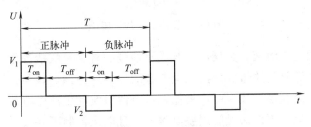

图 6-4 双极性脉冲电源电压输出波形

参数主要包括：脉冲类型（单向、正负双向模式）；电压调节范围如 $0\sim750V$，精度 $1V$；电流调节范围如 $0\sim600A$，精度 $1A$；频率，调节范围如 $50\sim1000Hz$，精度 $1Hz$；占空比调节范围如 $5\%\sim90\%$，精度 1%；主要控制能量脉冲作用时间。正极与负极脉冲的占空比、幅度值及频率可以统一设置，也可正极与负极设置不同的占空比、幅度值及频率。恒压模式下，占空比和频率保持不变，微弧氧化过程中电流变化呈先快速增大达到一定峰值之后再逐渐减小的规律；恒流模式则是将电流恒定在某一适当值，占空比和频率保持不变，电压呈持续增长规律。一般是正向电压或电流值对微弧氧化膜起较大作用，其次是占空比，再次是频率。

工作电压的大小主要取决于电解液的浓度、施加电压的类型及基体材料。通常当电解液的浓度越低时，工作电压应越高。交流法选用的电压比直流法要高，镁、钛合金的微弧氧化反应电压要比铝合金低。选择工作电压时，既要保证工件表面长时间维持适合于氧化膜生长的微弧状态，又要防止电压过高而引发破坏电弧的出现。在实际操作中，多用电流密度来控制，有利于对膜层厚度和成膜时间的控制，所得膜层性质均匀。

如图 6-5 所示，微弧氧化需一定的电流条件。电流密度过低，生热量不够，膜层不能熔融，只是进行了普通阳极氧化生成很薄的氧化膜层。通常就是击穿膜层所需电压不够，或者不能击穿膜层表面气体以形成等离子气氛而产生微弧。

当电流密度升高，氧化反应速度加快，形成的膜层连续且致密，击穿膜层所需的电压也高，因而击穿后所释放的能量高，能够产生等离子气氛，从而发生微弧氧化。但是当电流密度过高时，反应速度很快，此时微弧氧化放电剧烈，击穿通道太大而且数量很多，造成膜层性能变差。电压越高、电流越大，正向占空比越大，发热量越大，越有利于氧化膜层熔融，有利于金属离子向表面扩散，有利于成膜。不同膜层熔融生长过程中能够稳定保留在基体表面上的时间不一，膜层过度熔融会脱离基体；若发热量不够，熔融程度不够，则生长缓慢。

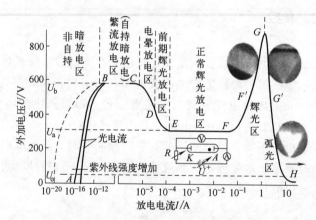

图 6-5　微弧氧化放电电流

当膜层过度熔融进入溶液，金属离子与成膜剂硅酸盐、磷酸盐等作用，加速微弧氧化溶液变质，严重影响微弧氧化质量。因此，电参数的控制应把握熔融与是否过度这个关键。

因此，电流密度对膜层增长有一个极值，这个值对实际生产中电流与电压的选择具有较大的意义，超过这个值，不但熔融膜层脱离表面，且电压控制不好极易出现烧损现象。采用恒电流控制模式进行微弧氧化时，氧化膜的电压与厚度随时间成一定的指数关系增加。这时适宜采用较大的阴极。

在相同的氧化时间内，电流密度在一定范围内增加，陶瓷层的厚度和硬度显著增加，陶瓷层中致密层的比例则随之降低。在恒电流情况下，终止电压越高，膜层越厚。对于铝合金，终止电压增加，α-Al_2O_3 含量增多，硬度增大。

人们发现零件氧化面积与起弧电压有一定关系，实际上增加的氧化面积相当于并联一个电路，使电阻减小，电流增大，两者对电压的影响恰好可以相互抵消，膜层本身不会因增加面积而增大电压。但这个并联电路并没有包括外部电阻，所以当电流增大，外部电阻对所需电压也有所增大。因为微弧氧化电流往往较大，电流增加，外部电阻即使较小，也能引起电压增加。

不同工艺对膜层厚度及耐蚀性等有重要影响。电流、占空比及频率这些因素是相互影响的。当电流较大，则适宜的正向占空比更小，适宜的频率可能更高。当正向占空比较小时，增大电流有利于成膜；但当正向占空比较大时，增大电流则可能不利于成膜，膜层过度熔融进入溶液。每一种微弧氧化液，每一个电流密度，都可能有与之相适合的占空比。

低频下每一次放电时间较高频放电时间长，氧化膜表面的氧消耗可能影响物质的补充。反向脉冲时间宽度增大有利于表面氧的补充，有利于膜层冷却，不使熔融的氧化层进入溶液，有利于形成致密的氧化层。

占空比就是在一个脉冲周期内电流的导通时间与整个周期的比值。在电源导通时间内，陶瓷层表面产生微弧放电；在电源关闭的时间内，熔融氧化物发生凝固，使击穿部位形成新的膜层。改变占空比的大小也就是改变了微弧氧化过程中电源导通与断开的时间。由于在试验中电流密度一定，微弧放电强度不变，改变占空比的大小，只是改变了一个脉冲周期内电源导通与断开时间的比，而作用在陶瓷层上电场的驱动力相似，所以陶瓷层生长速度基本不变，厚度也基本相同。但是，其耐蚀性下降是因为占空比大，导致单脉冲放电能量很大，会使陶瓷层局部位置发生强烈的弧光放电，陶瓷层熔融产物飞溅导致陶瓷层表面烧损，从而导致其致密性下降。因此，选择合适的占空比显得比较重要。

6.2.3.2　极间距离

一般采用不锈钢、碳钢及铝材等作为阴极。阴极距离、阴极大小与阴极移动速率对陶瓷层厚度等都有重要影响。阴阳极距离越短，相同条件下膜层越厚。但过近的距离，容易使零件与阴极相碰，发生短路。同时，要注意尽量使各处距离相等，避免产生膜厚的差异。要根据零件形状设置象形阴极、辅助阴极等。对于经常性批量零件，设计专门的夹具。

一种工艺的膜层厚度与工件距离关系如图 6-6 所示。由图 6-6 可以看出，在给定的实验条件下，膜厚与阴极和工件间距离呈线性关系。减小阴极与工件间距离，在相同外加条件下，工件上电场强度增强，相同时间内分布于工件表面的能量增加，膜层生长速度加快。

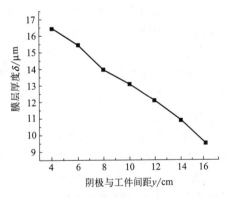

图 6-6　镀层厚度与工件距离

微弧氧化与阴极面积也有一定关系。其他条件相同时，膜层厚度随阴极面积增大而增大，达到一个极大值后开始逐渐下降，如图 6-7 所示。在实际应用过程中，应针对不同工件材料，确定其最佳阴极面积。从量子化学角度考虑，通常使用较大阴极，零件起弧后，基体 LUMO 能级较高，在熔融状态下不易进行电子隧道转移，对克服烧蚀现象有利。这种情况下，起弧电压不宜升高过快。不同零件具有不同面积，配置相应面积的阴极，能起到很好的效果。

阴极的放置与阴极移动速率对膜层厚度有一定影响，通过改变阴极移动速率可在整块试样上得到厚度均匀的陶瓷层，如图 6-8 所示，阴极移动速率与膜层生长厚度呈递减关系。

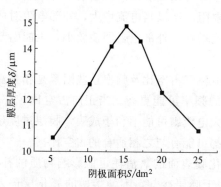

图 6-7　膜层厚度与阴极面积关系

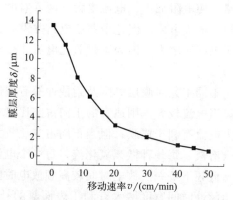

图 6-8　膜层厚度与阴极移动速率

6.2.3.3　温度

微弧氧化对温度要求并不严格，一般都控制在常温，通常在 45℃ 下能获得较好膜层。槽液温度高，不能冷却熔融氧化膜，使氧化膜脱离基体表面进入溶液，同时使槽液蒸发，并也有可能影响弧斑转移。若温度过低，则使氧化膜熔融的能量消耗增高，造成能源浪费。微弧氧化槽液温度升高较快，生产设备必须设计槽液循环控温设备，控制槽液温度在常温。

6.2.3.4　氧化时间

氧化时间对膜层的厚度、致密度和相组成均有很大影响。随着微弧氧化反应时间的延长，依次形成过渡层、致密层和疏松层。过渡层为初始形成的氧化膜层，氧化膜微弧导电熔融后，电离成金属离子和 O^{2-}，金属基体电离的金属离子通过熔融氧化膜扩散至表面，与表面氧或含氧物质反应。当熔融膜不太厚的情况下，金属离子能及时扩散至表面形成致密层。当熔融膜厚度增加，随着氧化时间的延长，金属离子扩散距离增加，金属离子不能及时扩散至表面，生成的氧化膜物质不足，形成疏松的表面层。目前通过控制反应时间与距离，不用抛光就能够获得光滑平整的膜层，但这种膜层通常较薄。

所以，反应进行到不同时间，其反应条件不同，形成的膜质量不同。首先是当膜生长到一定时，成膜速率会明显降低。随着反应的进行，由于在等离子微区内不断产生很高的温度，当反应达到一定时间时，电解液的温度也相应升高，导致氧化膜的化学溶解速率加速，因而膜的生长速率与化学溶解速率的平衡点就决定了膜层的厚度。因此选择适当的反应时间就能获得厚度一定的氧化膜层。如果选择的反应时间较短，在有的电解液配方下微弧氧化反应还在继续进行，不能反映出不同溶液之间对膜层性能影响的差别；反应时间选择过长，则膜层表面会变得非常粗糙，击穿变得越来越困难，膜层增厚的速度缓慢，继续延长反应时间没有必要并且也浪费电能。因此，为了得到符合一定性能要求的膜层，必须充分考虑膜层的生长特点，选取恰当的处理时间，同时由于微弧氧化是一种耗能的技术，因此从经济效益的角度来考虑，微弧氧化着色反应的时间应尽可能缩短。

6.2.3.5　操作注意事项

生产前检查：工件加工前应确认微弧氧化槽液成分含量在工艺规定范围内，检查确认所有仪器、设备符合工艺技术要求，检查工件表面状态无划伤、凹坑、机械损伤与锈蚀。所有条件满足要求时，才能进行生产。若工件严重凹凸不平，可进行打磨与抛光处理。

对于油污较多的零件，可用汽油或专门清洗剂清洗。当清洗后检验零件表面水膜在 30s 内不破裂，则油污清洗干净，可进入下一道工序。锈蚀较多的零件，除机械方法去锈外，也可在盐酸溶液中浸泡去锈，去锈后要特别注意清洗掉零件表面的 Cl^-。微弧氧化后彻底清洗，对形状复杂的零件及深孔零件要注意清洗掉零件表面残存的微弧氧化槽液，然后用压缩空气吹干零件。最后根据要求检验膜层质量，一般要求零件无麻坑、起皮、起泡、起瘤、局部剥落、斑点、烧焦和电击伤、雾状、树枝状、海绵状沉积及氧化膜不连续等。

由于微弧氧化电流较大、电压较高，夹具与零件接触处容易烧蚀，操作有一定危险，需注意零件的装挂。夹具可使用不锈钢或铝丝等材料。夹具与工件应紧密接触，振动或搅拌溶液时工件不应松动，也不宜过紧使零件变形或夹伤，夹具与零件要有合适的接触面积。注意夹具与溶液之间应绝缘保护，使夹具的电流都通往零件，由零件传递到溶液，而不是电流直接从夹具传递到溶液。若电流直接从夹具传递到溶液，会使夹具溶解损伤，溶解成分污染槽液，同时减小了零件上的电流，影响产品质量。夹具的设计与零件的装挂，应避免操作过程中阴极与零件可能的碰触。

微弧氧化过程中，当工艺规定的初始电流密度或电压较大时，应在 1～3min 内缓慢将电流与电压升高到规定值。工艺一般规定了每平方米应施加的电流，根据零件总面积计算出所应施加的电流。

微弧氧化允许二次氧化及在不同槽液中氧化，当进行二次氧化时，要检查前一次氧化的质量，二次氧化前零件表面不应有油污、压痕、划痕及涂层掉块等缺陷。

6.2.4 微弧氧化电解液监测方法

① pH 监测。采用工业 pH 计实时在线监测微弧氧化槽内电解液 pH 的变化，并根据 pH 变化情况决定添加酸或碱以调节电解液的 pH。

② 温度监测。采用红外测温仪随时监测微弧氧化槽内电解液温度的变化，以便控制电解液温度在一定范围内。

③ 电导率监测。采用工业电导率仪在线实时监测微弧氧化槽内电解液电导率的变化，并根据电导率的变化情况决定添加主盐及添加剂以调节电解液的电导率。

6.3 微弧氧化膜的后续处理

微弧氧化膜的后续处理旨在提高膜层耐腐蚀性能，使膜层具有某种颜色或某种功能，如自润滑功能、医学相容性等。后续处理可以是使膜层具备多种功能的一种处理，也可以是多种复合处理使膜层具备多种功能。例如，当封闭的时候，可以考虑加入缓蚀剂，两种方法同时应用，使膜层具备耐腐蚀的功能。

6.3.1 着色

微弧氧化膜颜色会随着基体材料、槽液成分及工艺参数的变化而有所不同，对颜色有要求的场合，一般都对耐磨性及硬度要求不高，通常可采用涂某种色漆的方法。

使微弧氧化膜本身具备某种颜色有三种方法：一是在微弧氧化液中加入某些组分，如钒酸盐、高锰酸钾及重铬酸钾等，这些离子在微弧氧化高温状态下发生分解生成有色氧化物；或者加入 Cu^{2+} 等金属离子络合物，使微弧氧化膜具有某种颜色。二是微弧氧化后进行专门的电化学处理，例如将微弧氧化后的零件作为阴极，在下列溶液中电沉积 Ni^{2+}：$NiSO_4$ 20～60g/L，柠檬酸钠 7～20g/L，结合实际情况，在电流密度为 3～6A/dm² 条件下电沉积，这种方法是通过电化学方法将着色离子沉积到微弧氧化膜上的。三是直接将微弧氧化后的零件浸泡在着色溶液中染色处理。

通过添加发色成分使微弧氧化膜色彩多样，氧化膜的颜色取决于陶瓷膜的成分。从陶瓷发色原理来讲,陶瓷膜的发色成分是以分子或离子的形式存在,而起主要发色作用的是其中的离子或分子,可以是简单离子本身着色(在可见光范围内有选择性地吸收),如 Cu^{2+} 或者 Fe^{3+},也可以是复合离子着色。一些含有不稳定电子层的元素,如过渡元素、稀土元素等,它们区别于普通金属的一个重要特征是它们的离子和化合物都呈现颜色,例如 Co^{3+} 能吸收橙、黄和部分绿光,略带蓝色;Ni^{2+} 通过吸收紫、红光而呈紫绿色;Cu^{2+} 吸收红、橙、黄和紫光,允许蓝、绿光通过,呈现蓝色。化合物的颜色多取决于离子的颜色,只要着色离子进入膜层,膜层的颜色就由该离子或其化合物的颜色来决定。某些离子如 Ti^{4+}、V^{5+}、Mn^{7+} 等本身是没有颜色的,但它们的氧化物和含氧酸根等的颜色却随着离子电荷数的增加而向波长短的方向移动:TiO 白色、V_2O_5 橙色、CrO_3 暗红色、Mn_2O_7 绿紫色、TiO^{2+} 无色、VO_3^- 黄色、CrO_4^{2+} 黄色、MnO_4^- 紫色。这是由电荷迁移引起的,即由于具有较强的极化作用,吸收可见光的部分能量后,相互作用强烈,产生较大的极化,致使它们呈现出颜色。由于在微弧氧化过程中,合金表面形成高温高压的等离子层,为氧化膜的快速形成提供了有利的气氛,电解液中的成分可直接参与反应或沉淀而成为陶瓷膜的组成成分,从而为改变膜层色彩、改善膜层质量提供可能。因此,通过在电解液中添加某些可调整膜层色彩的成分,并结合工艺参数的调整,可达到膜层色彩可调的目的。微弧氧化着色通过添加不同的着色盐实现样品表面着色,同时也可通过改变着色盐浓度或着色时间来调整着色氧化膜陶瓷层表面颜色和外观。

6.3.2 封孔

微弧氧化膜与阳极氧化膜相比,就是膜表面存在许多较大的孔,这些孔的存在影响膜的性能。因此就需要微弧氧化膜的封孔工艺。一般封孔的目的就是提高膜层耐腐蚀性。钛合金与铝合金耐腐蚀性能较好,镁合金微弧氧化膜耐蚀性能有待提高。封孔能使镁合金耐蚀性能提高。利用加入的纳米级微粒带负电,吸附到阳极表面;或者借助于超声波辅助作用,将微粒附着在阳极表面,封孔可与微弧氧化同时完成。近年来研究表明,根据封闭后膜层图片显示,微粒能很好地封闭膜层的孔,一般称这种封孔为自封孔。自封孔吸附到膜层上的胶体颗粒,与膜层最终微粒不一定相同,膜层高温可能使吸附的颗粒发生分解。例如在微弧氧化溶液中加入 K_2ZrF_6,在碱性微弧氧化溶液中水解生成带负电的沉淀 $Zr(OH)_4$,吸附在微弧氧化膜上分解生成 ZrO_2,原位生长封孔。

微弧氧化后再进行封孔,也就是通常所说的微弧氧化与两步法封孔,其封孔剂通常要求具有良好的渗透性、耐化学稳定性,与膜层结合良好,耐高温,不影响膜层的性能等。

有研究显示,微弧氧化溶液本身就有一定封孔效果,微弧氧化结束后,使零件仍作阳极,在小于起弧电压的情况下浸泡,具有一定封孔效果。例如,对于镁合金微弧氧化工艺,采用以下工艺:锆盐体系电解液,其主要成分为磷酸盐 10g/L、氟化物 24g/L、聚乙二醇(1000)5g/L、Na_2-EDTA 1.5g/L、锆盐 6g/L,用碳酸锆铵调节电解液的 pH 为 8~9。电解液采用去离子水配制。微弧氧化结束后试样用蒸馏水冲洗吹干待用。将制备好的试样用纯铝导线悬挂浸入电解液中,作为工作阳极与微弧氧化电源正极连接,不锈钢片作为阴极与微弧氧化电源负极连接,调节微弧氧化电源的频率为 500Hz,占空比为 15%,先采用恒流模式逐渐将电压升高到 360V,作用时间为 18min,然后再把电压降为 160V,封孔时间 5~8min 时,陶瓷膜表面微孔平均孔径约 1.17μm、孔隙率低至 0.5%左右,陶瓷膜表面几乎观察不到微孔,封孔效果最佳。

两步法封孔存在的问题：一是封孔剂与孔的大小不相匹配；二是封孔剂不能渗透到孔中。采用小分子渗透到孔中，然后采用加热或光照等措施，可使小分子聚合为大分子，采用超声波排除孔中气体，是一种好的方法。

不同工艺所获的膜层孔径不一，针对不同孔径膜层，选取制作不同分子大小的封孔剂，才能取得较好的封孔效果。目前封孔剂向着多种成分组合及多步骤方向发展，例如硅烷与聚四氟乙烯组合，或者封孔后浸缓蚀剂，再浸有机溶剂，可使封孔效果大大增强。

两步法封孔就方法而言，有浸渍法与喷涂法，浸渍法包括单纯的溶液浸泡及加上电化学作用。就使用材料而言，有化学药品、有机物及颗粒材料等。前面所述在磷酸盐、硅酸盐及其混合液微弧氧化液中，在工艺结束后在低于起弧电压下浸泡 5min，也是一种常用的封孔方法。

（1）浸渍化学反应法

① 重铬酸钾封孔（20～60mg/L 封孔）。

$$2Al_2O_3 + 3Na_2Cr_2O_7 + 5H_2O \Longrightarrow 2Al(OH)CrO_4 + 2Al(OH)Cr_2O_7 + 6NaOH$$

② 磷酸铝封孔，制作时 H_3PO_4 与 $Al(OH)_3$ 按不同比例加入，发生如下反应：

$$Al(OH)_3 + 3H_3PO_4 \longrightarrow Al(H_2PO_4)_3 + 3H_2O$$
$$2Al(OH)_3 + 3H_3PO_4 \longrightarrow Al_2(HPO_4)_3 + 6H_2O$$
$$Al(OH)_3 + H_3PO_4 \longrightarrow AlPO_4 + 3H_2O$$

在 100～600℃下加热生成的固体物，能制取不同大小分子的封孔剂，应用于不同膜层的封孔。H_3PO_4 与 $Al(OH)_3$ 反应过程中，加入 6% ZnO 固化剂封孔效果优异。生成的封孔剂在 400℃加热处理，能防止封孔剂水解失效。采用真空浸渍封孔的方法能取得较好效果。

（2）电泳封孔

$Al(NO_3)_3$ 20～22g/L，电压 85V，双向脉冲 200Hz，占空比 40%，30min。制备的氧化膜作为阴极，释放 H^+，使之呈碱性环境，生成 $Al(OH)_3$ 沉积于孔中。实际使用中可使用两种以上的金属离子，如 Mg^{2+} 等。

（3）有机物封孔

有机物封孔有浸润及喷涂等方法。微弧氧化喷涂后处理，后面将详细讨论。有机物封孔技术是指在氧化膜层上涂覆有机聚合物涂层的一项封孔技术，其主要靠物理吸附和化学反应的综合作用。可采用浸渍拉提或者喷涂及电泳等技术。利用有机封孔工艺，在微弧氧化膜层表面涂覆一层有机涂层，可以对微孔起到有效的封闭作用，降低微弧氧化膜层的孔隙率。但是，如果想要获得耐蚀性较好和附着力较高的有机涂层，就需要涂覆多层涂层体系。有机物包括硬脂酸、聚丙烯酰胺、热塑性丙烯酸气雾漆、环氧树脂、壬二酸等等。有机物可以通过发生交联或不发生交联进行封孔。有机物封孔对腐蚀介质具有阻挡作用，如：100% 硬脂酸在 90～100℃下封闭 30min，也可在浸泡结束后采用特定溶剂溶去多余硬脂酸，如对于铝件采用 30% N-甲基吡咯烷酮去除多余硬脂酸。但有机物封孔不宜用于高温场合。

常见的有石蜡与硅烷聚合物封孔，石蜡封孔效果不理想。目前研究显示，硅烷具有一定的封孔作用，可使孔变小，耐腐蚀性有所提高，但完全封孔很困难。封孔过程中结合一些缓蚀剂，能有较好的防腐蚀效果，而有生物活性要求的零件，则往往加入含磷与含钙的物质。

聚偏氟乙烯也具有封孔作用：将聚偏氟乙烯与 N,N-二甲基乙酰胺按照一定的配比混合在一起，在 50℃环境下持续搅拌至溶液澄清，然后放入零件，取出放置 2h，在 160℃恒温

15min，即可获得封孔膜层。封孔前以纯氮对零件等离子体处理，效果更佳。

树脂封孔处理2A12铝合金微弧氧化膜层的最佳工艺参数为：环氧树脂、溶剂丙酮、固化剂配比为1∶3∶1，浸泡时间15min，固化时间10h。

聚丙烯酰胺2000mg/L，甲醛1000mg/L，苯酚1000mg/L，柠檬酸铝800mg/L。最佳封孔工艺参数：微弧氧化电压为450V，封孔温度为60℃，封孔时间为60min。

有机物封孔的同时，往往在零件表面覆盖一层有机物。可以采用适当的溶剂除去零件表面多余有机物。在封孔操作中，为了减少气体的阻碍，可采用真空及超声波技术振荡等。

（4）溶胶-凝胶封孔

溶胶-凝胶技术是指在液相下将含高化学活性组分的化合物混合均匀，并进行水解与缩合，在溶液中形成稳定透明的溶胶体系，封孔后随着加热与陈化，胶粒间逐渐聚合形成三维空间网络结构的凝胶。以二氧化硅溶胶为例：

水解反应：$\quad\quad Si(OR)_4 + xH_2O \longrightarrow Si(OH)_x(OR)_{4-x}$

聚合反应：$\quad\quad$—Si—OH + HO—Si $\longrightarrow$ —Si—O—Si— + H_2O

$\quad\quad\quad\quad\quad\quad$—Si—OR + HO—Si $\longrightarrow$ —Si—O—Si— + ROH

注意一个Si与4个O连接。聚合在加热或存放过程中发生，所以，对于小孔零件，封孔液水解后不宜存放过久。封孔液水解后可立刻浸渍或喷洒，或让封孔液流过工件表面，液态的小分子容易进入孔中，然后加热工件，让小分子在孔中凝聚。SiO_2溶胶为封孔剂，通过浸渍和提拉的方法能够在试样表面形成一层半凝固的透明凝胶膜，在室温下自然干燥数小时后，把试样放置在烘箱中，将温度升到一定温度对试样进行加热并保温，最终获得封孔涂层，从而实现对铝合金氧化膜层封孔的目的。溶胶-凝胶封孔处理工艺简单高效，但对较大微孔进行封孔处理后，会出现封孔效果不佳的问题。有研究显示采用溶胶-凝胶技术以正硅酸乙酯（TEOS）为原料在AZ91D镁合金微弧氧化膜表面制备SiO_2封孔涂层，膜层表现出良好的耐蚀性。目前微弧氧化封孔处于研究阶段，未普遍生产应用。除封孔方法采用常规的浸渍封孔外，采用等离子喷涂Al_2O_3等固体材料的方法也有研究。

（5）抛光

由于微弧氧化膜具有疏松多孔的外层结构，不但粗糙度较高，而且硬度偏低，通过精加工去除5～10μm厚的外表层，可以降低摩擦系数，同时裸露出的致密层结构又能提高表面硬度，显著降低材料的磨损率。

（6）喷涂

这是一种复合处理方法。喷涂有机物使膜层耐腐蚀，喷涂石墨与聚四氟乙烯提高膜层自润滑性能，微弧氧化结合磁控溅射技术，在微弧氧化膜表面溅射高硬度的CrN、TiN、DLC等，其中高附着力的微弧氧化膜作为内层充分发挥其承载作用，而表面硬质膜在高、低载荷下均表现出优异的耐磨性，两者结合可以获得摩擦性能最佳的复合涂层。

6.3.3 浸渍无机颜料后烧结

如表6-6c钛及钛合金微弧氧化工艺配方30，可进行如下处理。

按照试验确定的组分熔制玻璃料，进行球磨获得玻璃粉体。浆料配制：将Cr_2O_3、V_2O_5、CeO_2、Y_2O_3分别用研钵研磨后用200目（0.074mm）的筛子进行筛分，将筛分过的各组分分别按占玻璃粉质量分数22%、5%、1.5%、1.5%的比例进行配料混合，再用研钵研磨使其混合均匀。按粉液比1∶（0.8～1.0），采用无水乙醇调整浆料的密度在1.28～1.35g/mL，再将8%硼酸铝晶须加入无水乙醇中，超声分散后加入3%黏土、0.5%膨润土，获得玻璃浆料，最后进行涂挂和900℃涂层烧结。涂挂前微弧试样超声清洗。

6.3.4 自润滑涂层的制备

微弧氧化膜硬度高，耐腐蚀性较好，但表面粗糙。一些在摩擦场合工作的零件，进行自润滑处理很有好处。自润滑可在微弧氧化液中加入（NH_4）$_2MoS_4$ 或固体颗粒 MoS_2、石墨等具有润滑功能的材料。如固体 MoS_2 的加入：配制微弧氧化液前，将平均粒径为 100nm 的 MoS_2 粉末研磨、烘干后，使用乙醇作为 MoS_2 润湿剂和分散剂，每 1g MoS_2 配 10mL 乙醇，少量多次加入，再配制 0.05g/L 十二烷基磺酸钠（十二烷基磺酸钠与乙醇体积比为 2：1）。超声波振荡与搅拌同时进行 2h，开始微弧氧化前不停振荡。

不同工艺有不同方法，这里不再多述。自润滑涂层也可在微弧氧化后进行处理，使其具备自润滑功能，包括采用电泳的方法在膜层孔中沉积 MoS_2 等润滑材料或浸渍聚四氟乙烯等材料以及等离子喷涂或磁控溅射具有润滑作用的 MoS_2、石墨及聚四氟乙烯材料等。电泳沉积自润滑材料前还需进行超声波清洗，电泳沉积后进行烘烤等。阳极电泳沉积材料包括少量丙烯酸及乙二醇等醇类等，如聚乙二醇 200 是很好的分散剂。一种阳极电泳制备自润滑涂层的工艺供参考：丙烯酸阳极电泳漆 10%（固体分），纳米级 MoS_2 颗粒 10g/L，与聚乙二醇质量比 1：3 制备阳极电泳漆，在 300～400V 条件下进行电泳涂覆。各种膜孔径不一，厚度不一，采用的 MoS_2 颗粒大小、涂覆电压也有所差别。

6.3.5 溶液浸泡调整

样件微弧氧化后，在溶液中浸泡一段时间，控制溶液成分、温度及 pH 值，必要时控制压力等，使微弧氧化膜结构与成分发生变化，达到要求。

通过溶液调整可生长出具有生物活性的成分。钛合金通过微弧氧化提高生物相容性方面，在微弧氧化液中直接加入羟基磷灰石（HA）微粒，或在微弧氧化后在一定溶液中，通过溶液调整生长出具有生物活性成分的羟基磷灰石（HA）。这种调节液中一般都含有钙盐与磷酸盐。这种浸泡调整包括水热处理、碱处理、模拟体液浸泡诱导等，如在下列溶液中可诱导 HA 的生成：Na^+ 142.0g/L，K^+ 5.0g/L，Mg^{2+} 1.5g/L，Ca^{2+} 2.5g/L，Cl^- 147.8g/L，HCO_3^- 4.2g/L，HPO_3^{2-} 1.0g/L，SO_4^{2-} 0.5g/L。溶液 pH 7.4。

严格来说，电泳沉积封孔是一种浸泡方法，但是一种带电的浸泡方法。近年来，还有一种 LDH 的处理方法，即在微弧氧化后，浸入硝酸盐（如硝酸铝、硝酸镁或硝酸钴）与氢氧化钠配成的溶液中，在一定温度与设备中进行处理，于是有两种或多种金属氢氧化物在微弧氧化膜上生成，往往形成一定的结构，然后再将缓蚀剂一类的物质附着在膜上。这种处理方式目前处于研究阶段，基本没有实际应用。

6.4 微弧氧化设备

微弧氧化设备包括电源及导电设施、槽子、搅拌设备、冷却设备及辅助阴极与夹具等。

6.4.1 微弧氧化电源

微弧氧化专用电源是保证微弧氧化工艺的关键环节之一，是设备的核心部分。微弧氧化专用电源直接影响微弧氧化膜层的性能。微弧氧化专用电源有直流、交流（多数情况下为不对称交流）、单向脉冲、双向不对称脉冲等多种模式。最早采用的是直流或单向脉冲电源，随后采用了交流电源，后来发展为不对称交流、双向不对称脉冲电源。

微弧氧化电源结构有电容式、变压式、晶闸管式与高频电源式。微弧氧化电源一般要求具有以下功能：过压、欠压、过流、超温、IGBT 故障、故障保护选择、故障锁定及显示。脉冲形式：正脉冲、负脉冲、比例脉冲、间隔脉冲、计数脉冲、计时脉冲、程序脉冲。生产中电源选择应根据所需氧化零件面积与电流密度的乘积决定电源电流，同时留有一定余量。研究表明，使用不对称交流或双向不对称脉冲作用在有色金属及合金表面所生长出的陶瓷膜，比采用直流脉冲所得到的陶瓷膜在性能上要高得多，因此采用不对称交流或双向不对称脉冲工作模式的电源是微弧氧化技术的重要发展方向。目前，双向不对称脉冲电源应用得较多，因为脉冲电压特有的"针尖"作用，使得微弧氧化膜的表面微孔相互重叠，膜层质量好。微弧氧化过程中，通过正、负脉冲幅度和宽度的优化调整，使微弧氧化层性能达到最佳，并能有效节约能源。目前国内研制的这类电源一般采用正负两极工作方式，由于正负电源的输出电压不同，因此它包括正、负 2 个电源，其输出需要不同的变压器经整流滤波后再提供给后级电路进行斩波得到正、负输出电源。采用正负两极逆变方式，可研制出新一代大功率微弧氧化设备。

截至目前，我国生产制造的微弧氧化专用电源一般具有以下特点：①带液晶显示屏/触摸屏，自动控制，任意设定加工电流、电压、频率、占空比、时间、波形组合以及有关工艺参数。②具有在线可编程功能，有工艺参数存储和调用功能，单、双极性输出方式可任意设置（工艺过程采用 DSP 自动控制）。③加工时间可在 0～999min 选择，精确到秒。④具有恒流、恒压输出方式；可恒流、恒压在线无扰动自动转换。⑤正负向脉冲个数可以单独组合设定，正负向脉冲个数设定范围分别为 1～100 与 0～20。⑥正向直流输出最高为：电流/电压＝300A/750V；负向直流输出最高为：电流/电压＝300A/300V；电流和电压在设计范围内可连续任意设定。⑦正负向脉冲宽度单独可调，占空比在 10%～95% 调节。⑧输出峰值电流 0～2000A 连续可调。⑨脉冲频率范围可在 50～1500Hz 设置。⑩电源输入：380V，50Hz。⑪电源内部的电气元件采用循环水冷却和风冷方式，安全可靠。⑫具有针对短路、过流、过压、脉冲峰值、过热、缺相、缺水等方面的保护措施。

控制面板具备如下功能：①电压显示表头——设备工作时显示输出峰值电压值，第二功能，显示报警代码；②电流显示表头——设备工作时显示电流设定拐点值、当前给定值、输出电流平均值、单位均为安培；③频级显示表头——设备工作时显示频级设定拐点值；④能级显示表头——设备工作时显示能级设定拐点值；⑤时间显示表头——显示设备工作时间；⑥温度显示表头——设备工作时显示机内功能模块温度值；⑦人机界面——设置工艺曲线等；⑧手动工作模式正向脉冲电压/电流给定；⑨手动工作模式正向频级给定；⑩手动工作模式正向能级给定；⑪系统工作方式选择——本设备定制为单机工作方式，不能为生产线工作方式；⑫系统为单机工作方式指示灯；⑬系统为生产线工作方式指示灯；⑭设备运行模式选择——用户可以根据需要选择手动或自动运行模式；⑮设备启动运行按钮；⑯设备停止运行按钮；⑰设备工作模式选择——用户可以根据需要选择恒流或恒压工作模式；⑱设备恒流工作模式指示灯；⑲设备恒压工作模式指示灯；⑳冷却水泵保护模式选择——水泵保护可开启或关闭，水泵保护开启时，冷却水压不足时，水泵自动停止，且在电压表头显示 UF01，建议选择水泵保护模式为开启模式较为安全，水泵保护关闭模式设备运行时将不再检测冷却水压大小；㉑水泵启动运行按钮；㉒水泵停止运行按钮；㉓手动工作模式正向级数调节；㉔手动工作模式负向脉冲电压/电流给定；㉕手动工作模式负向频级给定；㉖手动工作模式负向能级给定；㉗手动工作模式负向级数调节。

6.4.2　微弧氧化配套设备

微弧氧化配套设备主要由槽组部分、循环冷却部分、搅拌部分、导轨行车部分等构成。此外还包括提供纯净水的纯水机组与对槽液进行冷却的冷水机组。微弧氧化设备如图 6-9 所示。

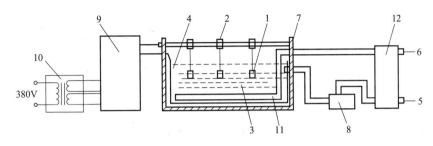

图 6-9　微弧氧化设备

1—样品；2—样品固定支架；3—微弧氧化槽；4—不锈钢电极；5—冷却水进口；6—冷却水出口；
7—塑料槽；8—泵；9—脉冲电源（双极）；10—隔离变压器；11—溶液搅拌系统；12—热交换器

（1）槽组部分

通常包括水洗槽、氧化槽及两联水洗槽（喷淋槽＋浸洗槽），也可设置去油槽。槽体可采用 $\delta=20mm$ 优质聚丙烯板（PP 板）制作，颜色一致，按国标焊接，槽体焊接后焊缝应平滑、饱满、无虚焊、无气孔，槽体周边（包括焊缝）无毛刺、锐角等缺陷；槽体对角线长度误差≤±3mm，槽边平行度≤±3mm，槽体高度误差≤±3mm；所有槽体均做型钢加固处理，保证槽体盛满溶液后无渗漏、加热时不变形，结构合理、耐腐蚀、耐老化。槽外四周加强型钢用 PP 封条封闭，确保无金属外露、外形美观、防腐。所有槽体非操作面一侧底部均设置半埋式 UPVC 排液球阀，通过管路连接至废水处理设施，槽液清理和排放方便快捷。各槽体之间均设置一定坡度的过桥板，使工件跨槽时带出的槽液流回原槽，防止槽液损失或造成污染。所有槽体操作面一侧槽面均设置 UPVC 供水管路。

每个槽体两端各设置一个 V 形定位座，其中微弧氧化槽 V 形定位导电座为黄铜制作，其余为工程硬塑料制作。

① 水洗槽。

a. 规格根据实际生产需要进行设计。

b. 槽体用 12～20mm 优质 PP 板焊接，四周采用 2 根高强度方管加强，外包 PP 板。

c. 槽体配上水、下水阀，槽内配置空气搅拌管。

② 氧化槽。

a. 规格根据实际生产需要进行设计，需设置高压保护装置。

b. 槽体用 20mm 优质 PP 板焊接，当采用不锈钢槽体作为阴极时，不锈钢槽体置于塑料槽体内，四周采用 2 根高强度方管加强，外包 PP 板。塑料槽体上部要适当高于不锈钢槽体上部，避免槽体阴极产生不安全因素。

c. 配进水阀、出水阀、排污阀及槽内进水分配管；槽体两端设 100mm 宽溢流槽，槽口设置滤网。

d. 槽体配上水、下水阀，槽内配置空气搅拌管。

e. 阴极要求导电良好、不与槽液反应，可采用不锈钢、碳钢及镍板等，根据槽液不同选用如 304、306 不锈钢。如阴极选用 2mm 厚 SUS304 制作，共计 14 块每侧 7 块均布，用 5mm 厚紫铜排连接。阴极护板采用 8mm 镂空 PP 板防护。较大的阴极通常有利于提高微弧氧化膜质量。

③ 两联水洗槽（喷淋槽＋浸洗槽）。

a. 规格根据实际生产需要进行设计。

b. 槽体用 20mm 优质 PP 板焊接，四周采用 4 根高强度方管加强，外包 PP 板。

c. 槽内配 3 排喷淋水管，每排安 200mm 均匀旋转喷头；喷淋大小、方向可调。外设喷淋泵，喷淋泵材质为 PP 板内衬钢材。

d. 槽体配上水、下水阀，槽内配置空气搅拌管。

e. 浸洗槽与水洗槽相同。

④ 可根据情况设置去油槽，铝件去油槽设置同阳极氧化。

（2）循环冷却部分

采用耐腐蚀专用工业冷水机组作为微弧氧化电解液循环冷却系统，单台常温冷水机的冷量根据生产需要设定。机器采用中文电脑板智能化控制，高度自动化，安装调试好后，只需按"开机"按钮即可正常运行，遇故障时会自动停机，同时锁定并记录故障，待故障解除后方可开机。控制系统具有制冷系统高低压保护，压缩机过流、过载保护，压缩机缺相、短路保护等功能。

微弧氧化冷水机组设计时应进行相应计算，确保将槽液温度控制在规定范围内。

（3）搅拌部分

微弧氧化电解液搅拌由空压机产生的通往氧化槽内的压缩空气进行。

（4）导轨行车部分

导轨行车部分由半自动龙门吊组成。

① 导轨。

a. 行车导轨采用 80mm×80mm SUS304 不锈钢方管。b. 行车导轨支架及槽底座用碳钢方管焊接制作，拼装式结构。底座下方用不锈钢可调地脚螺栓调节支撑水平，外表喷塑。c. 设备操作面设置操作平台。平台为碳钢支架外喷防腐漆，上铺玻璃钢格栅。

② 行车。

a. 龙门架为 4mm A3 钢折弯和 A3 方管制作，拼装式结构，整体外表面喷塑，颜色为橘红色。b. 行车行走滚轮采用钢芯外包聚氨酯橡胶，具有较高的耐磨性，运行噪声小，可靠性高，定位准确。行车行走导向轮采用 PP 材料，轴采用 SUS304 制作。行车升降导向轮采用 PP 材料，轴采用 SUS304 制作。c. 行车提升采用强力尼龙带形式。d. 行车行走采用双驱动。e. 行车提升采用蜗轮蜗杆直插式减速机，电机采用制动电机。f. 行车所有连接用的标准件均为不锈钢材料。g. 行车所用轴承为自调心轴承。

（5）微弧氧化的挂具与夹具

要求有较好的导电性，不与零件接触部分涂覆绿勾胶等，要求牢固，与零件有较大的接触面积。根据零件不同可用铝或钛材料制作挂具与夹具。

6.4.3 配套设备技术要求

① 设备为半自动化设备，采用 PLC 控制。

② 喷淋槽喷淋泵采用自动控制，当行车提工件在此下落时喷淋泵启动，行车将工件提起，喷淋泵停止。

③ 其他要求。升降速度：5～30m/min，连续可调。水平速度：0～30m/min，连续可调。提升高度≥1.5m。行车定位精度：≤2mm。轨道对角线误差：≤±2mm。轨道平行误差：≤2m。轨道平面度误差；≤1mm/m，全线≤±2.5mm，左右≤1.5mm。单臂提升重量：≥150kg/杆。行车升降及水平位移设有限位保护；各槽 V 形座所对应行车轨道应设有感应装置，确保极把下落时准确无误；上下升降时，极把不在目标槽位 V 形座内或偏离其垂直方向，升降不能开机；水平行走时，行车只在目标槽位 V 形座的中心线停止；当停电时，应能脱开行走电机齿轮，手动推动行车移动。运行系统要求：行车控制按钮由"上""下""前进""后退""急停"等 5 个按钮组成。不论上升、下降、前进、后退，离开或靠近目标槽位时，速度不宜过快。上升：在目标槽位上方，按住"上"按钮，行车极把提升，达到目标高度（任意高度）时松开按钮，极把停止。下降：在目标槽位上方，按住"下"按钮，行车极把下降。a. 落入 V 形座时，自动停止；b. 达到目标（任意高度）时松开按钮，极把停止。前进：a. 按住"前进"按钮，行车一直向前运行，松开时在相距行车最近的槽位停止；b. 按一下"前进"按钮，到达目标相邻槽位时停止。后退：a. 按住"后退"按钮，行车一直向后运行，松开时在相距行车最近的槽位停止；b. 按一下"后退"按钮，到达目标相邻槽位时停止。急停：按下"急停"按钮，行车运行方式立刻停止，行车位置停留在按动"急停"按钮时所在的位置，同时行车显示故障报警。

6.5 不同金属材料的微弧氧化

不同类型的材料，应采用不同的工艺。同一类型基体材料，其成分变化，对微弧氧化膜厚度、孔隙率及性能都有影响。如铸造铝合金中硅元素和杂质的含量较高，采用目前常用的微弧氧化工艺进行处理，得到的陶瓷层较薄，孔隙率较高。金属材料不同组分在微弧氧化过程中生成不同氧化物，被氧化的趋势也不相同，由此可能造成膜颜色的不均匀。生成的氧化物导电性也不相同，导电性好的氧化物，由于熔融程度不同，可能会影响氧化膜的粗糙度。

6.5.1 铝及铝合金的微弧氧化

铝合金微弧氧化时，基体表面发生以下化学反应：

$$Al \rightarrow Al^{3+} + 3e^- （阳极溶解）$$
$$4OH^- \rightarrow 2H_2O + 2O(O_2) + 4e^-$$
$$2Al^{3+} + 3O^{2-} \rightarrow Al_2O_3$$
$$Al^{3+} + 3OH^- \rightarrow Al(OH)_3$$
$$2Al(OH)_3 \rightarrow Al_2O_3 + 3H_2O$$
$$2Al + 3O \rightarrow Al_2O_3$$

一方面 Al^{3+} 向外扩散，另一方面 O^{2-} 向内扩散。Al^{3+} 的半径比 O^{2-} 小得多，受到的阻力小，同时电场力对 Al^{3+} 的作用更大，导致 Al^{3+} 的扩散速度快于 O^{2-}，使得 Al^{3+} 可能在熔融膜的表层发生反应。熔融膜表层 Al^{3+} 还可能与 OH^- 反应生成 $Al(OH)_3$，分解生成 Al_2O_3。随着膜层增厚，隧道放电减小，膜层慢慢冷却，Al^{3+} 与 O^{2-} 扩散减小。当熔融表层 Al^{3+} 足够少，而 O^{2-} 足够多，则 O^{2-} 扩散到其他电阻较小部位放电，原来放电部位 Al^{3+} 与 O^{2-} 结合数量减小，放热量继续减少，膜层继续冷却。而电阻较小部位电流增大熔融，完成弧斑从一处到另一处的转移。对熔融态而言，Al^{3+} 与 O^{2-}、O 及 OH^- 反应可能是主要的放电方式。固态膜往往有较多空隙，可能更有利于电子隧道转移。而熔融态膜由于离子扩散，图 6-2 的放电梯度受到影响，则不利于电子隧道转移。

铝及铝合金的微弧氧化膜具有不同于其它阳极氧化法所得膜层的特殊结构和特性。氧化膜层除 $\gamma\text{-Al}_2\text{O}_3$ 外，还含有高温转变相 $\alpha\text{-Al}_2\text{O}_3$（刚玉），使膜层硬度更高，耐磨性更好。内层微弧氧化膜反复被熔融氧化的结果是，其 $\alpha\text{-Al}_2\text{O}_3$ 往往含量更高。

陶瓷层厚度易于控制，最大厚度可达 $200\sim300\mu\text{m}$，提高了微弧氧化的可操作性。此外，它操作简单，处理效率高，一般硬质阳极氧化获得 $50\mu\text{m}$ 左右的膜层需要 $1\sim2\text{h}$，而微弧氧化只需 $10\sim30\text{min}$。

铝中常常含硅，硅与铝相比不易被氧化，对氧化有阻碍作用。生成的硅及氧化物质混杂在氧化膜中，颜色与铝氧化物颜色存在差异。在电解液中加入 NH_4VO_3 使氧化物呈现通体黑色，能对这种颜色差异进行掩盖。采取一些工艺措施，如预处理时用 HNO_3+HF 浸泡，或在电解液中加入氧化锆颗粒，能在一定程度上减轻材料中硅对微弧氧化的影响。

铝及铝合金的微弧氧化电解液由最初的酸性溶液发展成现在广泛采用的碱性溶液，目前主要有氢氧化钠体系、硅酸盐体系、铝酸盐体系和磷酸盐体系四种，磷酸盐体系及硅酸盐体系最为常用，生产应用中一般是多种成分混合使用。一般含氧酸盐有助于铝氧化成膜，而非含氧酸盐则无助于成膜。有时根据不同用途可向溶液中加入添加剂。加入甘油或三乙醇胺有助于消除表面凸起产生的尖端效应；加入重铬酸钾、高锰酸钾、NH_4VO_3（优于 NaVO_3）及 Co^{2+} 等有色物质，则有助于微弧氧化膜形成各种颜色；加入 EDTA 有助于槽液稳定；加入 KOH、NaOH、KF 或 NaF 有助于成膜；加入钨酸钠则有助于改善膜层致密性。微弧氧化膜层的性能主要受电解液的成分、酸碱度、氧化时间、电流密度以及溶液的温度等工艺参数的影响。

硬质阳极氧化膜及微弧氧化膜都具有绝缘与导热的性能。若要使其具备绝缘与隔热功能，可在微弧氧化过程中加入 ZrO_2 颗粒，或微弧氧化后等离子喷涂使其隔热性能极大增强。

（1）偏铝酸盐体系

铝及铝合金微弧氧化工艺（偏铝酸盐体系）见表6-2。

表6-2　铝及铝合金微弧氧化工艺（偏铝酸盐体系）

工艺条件	质量浓度 ρ_B（除注明外）/(g/L)								
	配方1	配方2	配方3	配方4	配方5	配方6	配方7	配方8	配方9
偏铝酸钠	1.7	5.5	15	12	1~2	12	9	2	6
KOH	—	1		85	2	85	1	1	
六偏磷酸钠	6		12						15
NaF(KF)		3	9	105		105			6
Na₂SiO₃	8	EDTA 0.8			10	10		3	
BN			10						
三乙醇胺							6mL/L		
电压/V	—		终470	110		110		+525 -110	450~650
电流密度/(A/dm²)		恒流 5.5			8		+10,-7		6
脉冲频率/Hz	800~1000	450	600		400		300	400	
占空比/%		20	30		+50 -30		+15 -10	40	

工艺条件	质量浓度 ρ_B（除注明外）/(g/L)								
	配方1	配方2	配方3	配方4	配方5	配方6	配方7	配方8	配方9
温度/℃	常温		常温	40		40			常温
氧化时间/min	60	30	40～45	14～17		15	45	50	30
膜厚/μm	30								
材料		7N01	2219	LY12	6061		7075		

在含偏铝酸盐的微弧氧化溶液中，通常偏铝酸含量越高，越有利于微弧氧化成膜。但要注意控制偏铝酸含量在适当范围内。当偏铝酸含量过高时，容易水解为 $Al(OH)_3$ 胶体，不易起弧。在电解液中添加 1～2g/L 硝酸铝，能够使膜层增厚。

（2）硅酸盐体系

铝及铝合金微弧氧化工艺（硅酸盐体系）见表 6-3。

表 6-3a 铝及铝合金微弧氧化工艺（硅酸盐体系）

工艺条件	质量浓度 ρ_B（除注明外）/(g/L)									
	配方1[①]	配方2	配方3	配方4[②]	配方5	配方6	配方7[③]	配方8	配方9[④]	配方10
NaOH	1～3	2	—	2	1.5					2
钨酸钠							4	3		2
KOH			1.7			2～3	1			
六偏磷酸钠	6～18				ZrO_2			40		10
NaF	1～5				1.5%					
EDTA-2Na	1						1-2			2
CH_3COONa									2	
Na_2SiO_3	10	12	11	12	8	2～20	4～10	5	4～8	12
三乙醇胺		3mL/L								H_2O_2 6
$Na_5P_3O_{10}$									3	$Ce(NO_3)$
六次甲基四胺				5						0.12
电压/V		550	—		+475 −50		400V 恒压	→→[❶] 600		
电流/(A/dm^2)	8～20	8	12～25	+10 −4		12～25	或2A 恒流		15	+12 −9.6
脉冲频率/Hz	500～600 正负脉冲比 为3:1	400	—		400	150	900	500 脉宽 500μs	500	500
占空比/%	10～25	20			25	30	9		60	20
温度/℃	常温	常温	常温		常温		常温	10		常温
时间/min			25～120		40	25～120				80
膜厚/μm			85～120			85～120				
材料	7075	纯铝 Al-Si		ZL102	1060 纯铝		ZL109 等		106	

① 占空比也可为 1:1，+15A/dm^2，−0A/dm^2，频率500Hz。
② 单个周期的正负脉冲数之比为1。
③ 也可按以下工艺操作：+420V，−120V；频率500Hz。
④ 偏铝酸、磷酸、硅酸及其混合组成的微弧氧化液体系中，都可加入少量草酸，如3g/L草酸，使体系能够在较小电流密度和较长时间范围内进行微弧氧化。

---

❶ 符号 →→ 表示缓慢增加。

表 6-3b　铝及铝合金微弧氧化工艺（硅酸盐体系）

工艺条件	质量浓度 ρ_B（除注明外）/(g/L)									
	配方11[⑤]	配方12	配方13	配方14[⑥]	配方15	配方16	配方17	配方18	配方19[⑦]	配方20
KOH	1	1	1	1	1	2	3	2	2	4
钨酸钠		2				4		1		
甘油		4mL/L	10mL/L							
六偏磷酸钠		0.75		3			2~5			
三聚磷酸钠									0.2	
H_3BO_3	4.5	1.5								
NaF								1.5		0.5
EDTA-2Na			0.5			EDTA 2		1	EDTA 2	
Na_2SiO_3	10	10	8	5	8	5	5~10	8	8	8
三乙醇胺				6mL/L						
柠檬酸钠							3			
酒石酸钠							2	1		
H_2O_2	2mL/L									
NH_4VO_3							0.5			6
丙三醇		4mL/L		4.5mL/L						
电压/V	280→→	450	+550 -130				550	300	500	+440 -40
电流密度/ (A/dm²)	+10 -4			+12 -9	+10 -7					
脉冲频率 /Hz	800		+2000 -1000	200	300	400	500		200	400
占空比/%	20		±50	+40 -30	+15 -10	5	20		50	+30 -20
温度/℃	25~50	常温	20~40	常温	常温	<50	常温	常温	常温	常温
时间/min	45		150		45		极距1cm	15		15
材料	LY12	6061	铸铝	纯铝	7075		7N01			

⑤ 硅酸钠液中可直接按 KOH：H_3BO_3＝1：3 比例加入，加入量增大，颜色加深，当 KOH 为 4g/L，H_3BO_3 为 12g/L 时，可使 pH 保持在 9~11，一些材料会获得到密黑色的微弧氧化膜；或在硅酸盐液中加入 1~5g/L 铁氰化钾与亚铁氰化钾，颜色会逐渐加深，至获得黑色微弧氧化膜。

⑥ 加入丙三醇使孔隙率降低，孔变小。

⑦ 加入 0.15~0.2g/L $Ce(NO_3)_3$，0.2g/L $Ce(SO_4)_2$，0.2g/L $La(NO_3)_3$，以及 0.2g/L 三聚磷酸钠，有利于膜层致密。多数情况下 NH_4VO_3 使膜具有更好的附着力。

表 6-3c　铝及铝合金微弧氧化工艺（硅酸盐体系）

工艺条件	质量浓度 ρ_B（除注明外）/(g/L)								
	配方21	配方22	配方23	配方24	配方25	配方26	配方27	配方28	配方29
NaOH		0.5~1.5		30	4		KOH 2	2	
钨酸钠			15					2	

工艺条件	质量浓度 ρ_B（除注明外）/(g/L)								
	配方21	配方22	配方23	配方24	配方25	配方26	配方27	配方28	配方29
KOH	1.5					2			3
六偏磷酸钠			30						
NaF	0.5		6		0.5				4
$C_{12}H_{25}SO_4Na$				3					
$K_2Cr_2O_7$				5					
$C_3H_8O_3$				2.5mL/L				4mL/L	
EDTA-2Na			5			2	1		
$CoSO_4$	0.8								
Na_2SiO_3	8	1.5~5.5	10	30	8	16	10	6~12	18
柠檬酸钠								2	
四硼酸钠		0.8~2.2							
磷酸钠			12	20					
NH_4VO_3			5			6			
电压/V	+460 -100				+400 -40				
电流密度/(A/dm²)		+13 -1.9~ -1.7	8	6		20	30	16.6	16
脉冲频率/Hz	300	250~450			400		600	800	400
占空比/%	+60 -30	60 -70	20	20	+30 -20			30	50
温度/℃	常温				常温	常温	常温	常温	常温
氧化时间/min	10			35	15		20	40~60	40~50
膜厚度/μm					绿色				
材料	6063	LC4	7075黑色	7075绿色	7075	YL113	AlSi12Cu	AlSi	ZL101A

表 6-3d 铝及铝合金微弧氧化工艺（硅酸盐体系）

工艺条件	质量浓度 ρ_B（除注明外）/(g/L)		工艺条件	质量浓度 ρ_B（除注明外）/(g/L)	
	配方30	配方31		配方30	配方31
钨酸钠	5	2	电压/V	恒压+420 -120	500~550
KOH	2.5	2~3	脉冲频率/Hz	500	600
偏铝酸钠	4		占空比/%	+20, -20	5
EDTA	2mL/L	2mL/L	氧化时间/min	30	50
双氧水		2	材料	铸铝	铝合金
Na_2SiO_3	6	8			

　　在基体材料中，铝形成正离子与硅形成正离子的条件不同，有可能硅相的富集，硅元素的存在对微弧氧化膜的生长有一定抑制作用，钨酸钠作为一种钝化剂，适量加入电解液中有

利于微弧氧化膜的初始生长，在一定程度抵消硅的抑制作用。加入氟化物能减少初始阶段基体表面硅的含量。丙三醇的加入可以抑制电弧由细小状态向粗大状态转变，延长微弧氧化时间，避免微弧氧化膜粗糙。对于 Na_2SiO_3-$NaOH$ 体系，加入 Li_2CO_3 可提高铝合金微弧氧化膜的厚度与致密度。

（3）磷酸盐体系

铝及铝合金微弧氧化工艺（磷酸盐体系）见表 6-4。

表 6-4a 铝及铝合金微弧氧化工艺（磷酸盐体系）

工艺条件	质量浓度 ρ_B（除注明外）/（g/L）								
	配方 1	配方 2	配方 3[①]	配方 4	配方 5	配方 6	配方 7	配方 8	配方 9
NaOH	—	2	5	3			0.5		
醋酸钠								16	
六偏磷酸钠		40		30	6		6	9	15
NaF					2				
锆盐									0～20
$Na_3PO_4 \cdot 12H_2O$	25		12～16						
NaH_2PO_4									15
EDTA 二钠盐			2						
$Na_2WO_4 \cdot 2H_2O$	2	3～5						3	
Na_2SiO_3	—	5	12	10	15		8		
电压/V	500～600	→→600			+500 -60				
电流/（A/dm²）	+20～200 -10～60		+6～12 -3～6	单向恒流 8			+8 -4	6	8～15
脉冲频率/Hz	425～1000	500	500	500	500		300	500	550
占空比/%		脉宽 500μs	20	20	20		+40 -20	40	10
温度/℃	常温	10	常温	常温			常温	常温	常温
时间/min	10～40	50	30	50	100		60	60	60
膜厚/μm	15～100								
材料		7075	7075	ZL109	LY12		2195	6061	2A12

① 加入 $Ce(NO_3)_3$ 0.12g/L、H_2O_2 6mL/L 能改善膜层致密性，提高其硬度和耐磨性。

表 6-4b 铝及铝合金微弧氧化工艺（磷酸盐体系）

工艺条件	质量浓度 ρ_B（除注明外）/（g/L）				
	配方 10	配方 11	配方 12	配方 13	配方 14
KOH		4	1	4	
NaF				0.5	
柠檬酸钠	60				
六偏磷酸钠	12				
Na_2WO_3	5				

工艺条件	质量浓度 ρ_B（除注明外）/(g/L)				
	配方 10	配方 11	配方 12	配方 13	配方 14
重铬酸钾	2.5				
硝酸钴	2.0				
Na_3PO_4	30~45		25	16.5	
Na_2HPO_4					12~14
高锰酸钾					4 或亚铁氰化钾 3
锆酸钾		7			
三乙醇胺			6		
硼酸	30				
K_2SiO_3	—	35		13.5	
电压/V	452~472			500	200~250
电流密度/(A/dm^2)	2~4	+5，-2.5	+10，-7	4.4	
脉冲频率/Hz	300~600	500	300		
占空比/%	20~25	±200μs	+15，-10		
温度/℃	常温	常温	常温		
氧化时间/min	40~60	40~60			40
材料			7075	AA1060	LY12

6.5.2 镁及镁合金的微弧氧化

镁合金微弧氧化电流密度通常比铝合金更小，膜层更薄。镁合金可用以下工艺预处理：$NaOH$ 8g/L，Na_2SiO_3 26g/L，KF 24g/L。用磷酸与氢氧化铝反应，制备磷酸二氢铝溶液，将抛丸后的镁合金工件浸入溶液中浸 2~3min，除去没打磨干净的氧化皮，去离子水清洗后再浸入 10~20g/L $NaOH$ 溶液中处理后进行微弧氧化。

镁合金微弧氧化时，基体表面发生以下化学反应：

$$Mg \longrightarrow Mg^{2+} + 2e^- （阳极溶解）$$
$$4OH^- \longrightarrow 2H_2O + 2O(O_2) + 4e^-$$
$$Mg^{2+} + O^{2-} \longrightarrow MgO$$
$$Mg^{2+} + 2F^- \longrightarrow MgF_2$$
$$Mg^{2+} + 2OH^- \longrightarrow Mg(OH)_2$$
$$Mg(OH)_2 \longrightarrow MgO + H_2O$$

当合金中同时含铝与镁时，铝生成氧化物机理与前述铝合金相同。生成的氧化物相互反应：

$$MgO + Al_2O_3 \longrightarrow MgAl_2O_4$$

镁及镁合金的微弧氧化工艺与铝合金相似，膜层也分疏松层、致密层和界面层，只不过致密层主要由立方结构的相构成，疏松层则由立方结构和尖晶石型及少量非晶相所组成。镁及镁合金耐腐蚀性能较差，通过微弧氧化，能极大提高基体耐腐蚀性能。

镁合金微弧氧化溶液可采用铝酸盐体、硅酸盐溶液体系、磷酸盐体系或三者的混合溶液体系。在这些体系中常用的有 NaOH、KF、EDTA、钨酸钠及甘油等。通常硅酸钠与 KOH 一类的微弧氧化溶液，添加 KF 能使起弧电压更低，反应更平稳，膜性能更好，但通常膜层较薄，添加其它成分后能使膜层更厚。硅酸钠体系中加入柠檬酸钠、苯并三氮唑、邻苯二钾酸氢钾、聚环氧乙烷等也有一定效果。磷酸盐为主盐的溶液，膜更厚，有利于在膜层中引入磷、钙等生物活性元素，使材料具有生物相容性，在医学上有较多应用。一般有几种体系：$CaCO_3+Na_3PO_4+KOH$、$Ca(CH_3COO)_2+Na_3PO_4+KOH$、$Ca(H_2PO_4)_2+KOH$。

这些体系新形成的 $CaCO_3$、$CaHPO_4$ 与 $Ca_3(PO_4)_2$ 细微颗粒均匀分布在溶液中，随着微弧氧化进入氧化膜，均匀分布。溶液不够稳定，辅之以超声波搅拌，但超声波对微弧氧化过程也产生一定影响。医学上在微弧氧化后还常常进行生物活性物质的附着。加入 $KMnO_4$ 除了着色（着色参见稍后）外，还能分解提供氧。微弧氧化膜的形成一是金属离子向膜表层的扩散，二是氧的提供，两者结合形成氧化物。当 O 的提供成为瓶颈时，加入高锰酸钾能起到很好的效果。微弧氧化结束后，在低于起弧电压（最优值通过试验确定）下，在微弧氧化液中保持阳极状态停留 5min 左右，能起到很好的封孔效果，提高膜层耐腐蚀性能。镁及镁合金微弧氧化工艺见表 6-5。

表 6-5a　镁及镁合金微弧氧化工艺

工艺条件	质量浓度 ρ_B（除注明外）/(g/L)										
	配方 1	配方 2	配方 3	配方 4	配方 5①	配方 6	配方 7	配方 8	配方 9	配方 10	配方 11
NaOH	5~20	KOH 3~5	3	3~8	3~8		100	3		2~4	
$Ca(OH)_2$									0.8		
$Sr(OH)_2$									0.8		
$NaAlO_2$	5~20	9~14	9				12.5				
Na_2SiO_3			15	15~20	2~12	15	60			10~15	4~8
$Na_2B_4O_7$			2			20	2			2	
柠檬酸三钠						50	3.6				
Na_3PO_4							5				
H_2O_2	5~20										
$(NaPO_3)_6$					(3)				4	5	6
KF		6~8			2~10	13			8	3~5	
$NaVO_3$						0.87					
$Na_2WO_4 \cdot 2H_2O$											4
多聚磷酸钠											3
甘油			5mL/L		(12 mL/L)						
柠檬酸钠			5								
电压/V		—	电流单 $j_a=15$ 或双 $j_a=18$、$j_c=1.2$	脉冲 360 −40		380			360	+400 −60	
电流/(A/dm²)	0.1~0.3	12~25			1.3~5		2	22			10
占空比/%			+38	15~40	20			38	40	30	50

工艺条件	质量浓度 ρ_B（除注明外）/(g/L)										
	配方1	配方2	配方3	配方4	配方5[①]	配方6	配方7	配方8	配方9	配方10	配方11
脉冲频率/Hz	—	—	520		500～700	700		500	±1000	700	600
氧化时间/min	10～120	120	15	60～120	10～20		50	15			
氧化膜厚度/μm	8～16	100						100			
温度/℃					20～40	常温	<20	常温	常温	常温	25～40
材料		MB8		AZ31		AZ91D	AZ31 AZ91 AM60	ZK60 AZ31D	AZ31D	AZ91D	TC4

① 这是一种广泛适用的工艺，可在 0～2min 内 →→400V，进行微弧氧化处理，该种微弧氧化溶液中可加入 2g/L 左右硼酸钠，5g/L 左右六偏磷酸钠。加入 0.5～0.8g/L 高锰酸钾或 0.4～0.6g/L 重铬酸钾，可呈现各种不同颜色。适用材料 AM60B、AZ91D、AZ91B、AZ31B。括号内为另一组工艺数据。

表 6-5b 镁及镁合金微弧氧化工艺

工艺条件	质量浓度 ρ_B（除注明外）/(g/L)									
	配方12	配方13	配方14[②]	配方15	配方16[③]	配方17	配方18[④]	配方19	配方20[⑤]	配方21
KOH	140～150	1～8	6(6)	2			NaOH 55	NaOH 6	13	
Na_2SiO_3		10～14					30			
C_6H_5OH							4			
Na_3PO_4			21			10		21		
$Ca(H_2PO_4)_2$									20	
丙三醇/(mL/L)					乙二醇 10				10	
$(NaPO_3)_6$			(16)	15	3					10
KF	370	6～14	(8)	13	8	24				24
$NaVO_3$			14(3)				NH_4VO_3 20	12		
K_2ZrF_6				10		6				6
EDTA-2Na				6		1.5				1.5
聚乙二醇 1000						5				
甘油		10～500 mL/L								
柠檬酸钠			6					6		
电压/V	95			430	→→420V，负电压 20	320～480	恒压 350～450 或恒流 1.2～2.4		300	
电流/(A/dm²)		0.8～1.5						分段恒流 最终 21.1		
占空比/%			20		40	15	20		脉宽 310μs	15
脉冲频率/Hz		500～800	700		1000	500		700	70	500
pH		11～13				8～9 碳酸锆铵调节				

工艺条件	质量浓度 ρ_B（除注明外）/(g/L)									
	配方12	配方13	配方14②	配方15	配方16③	配方17	配方18④	配方19	配方20⑤	配方21
时间/min	3	25	30	15		18				
膜厚/μm				30						
温度/℃	22									
材料	AM60B	AZ31 MB26				AZ91D	AZ91			

② 括号内为另一组数据，分段恒流控制，初 $18A/dm^2$ 氧化10min，依次 $20A/dm^2$、$20.5A/dm^2$ 最终电流 $21A/dm^2$。

③ 氧化物及磷酸钙类。电流电压施加方式也可根据试验情况确定。

④ 颜色为棕黄色、棕色、棕黑色，电流密度 $0.8A/dm^2$ 耐蚀性最佳。

⑤ 这一类微弧氧化，可用于生物医学用途，所用含磷物质还可用六偏磷酸钠及磷酸盐等，所用钙盐可用氢氧化物或磷酸盐与碳酸盐。

表 6-5c　镁及镁合金微弧氧化工艺

工艺条件	质量浓度 ρ_B（除注明外）/(g/L)									
	配方22	配方23	配方24	配方25⑥	配方26	配方27⑦	配方28	配方29⑧	配方30	配方31
KOH		360	2	5~15	1.5		NaOH 3	NaOH 5	NaOH 5	NaOH 0.8
$NaAlF_6$								7	7	
$CuSO_4$									1	
多聚磷酸钠							4			
Na_2SiO_3			12	10~20		4				7
$NaAlO_2$						3				
Na_3PO_4					15	5				
$Ca(H_2PO_4)_2$	3~3.5									
醋酸钙	1~2									
三乙醇胺							10mL/L			
$(NaPO_3)_6$					8		0.6			
KF		1000		3~10	10					NaF 2
K_2ZrF_6				10~25						
EDTA-2Na	3.5~4.0		2							
高锰酸钾			1~5							
甘油				4~6 mL/L						
四苯硼钠										0.5~1
酒石酸钾钠									1	
电压/V	300	80	电压 +380 -60	+330 -60	340~670	350				
电流/(A/dm²)					12		5	0.5	0.5	2
占空比/%				30	15~35	30	15	10	10	80
脉冲频率/Hz			100	700	400~550		2000	500	500	300

工艺条件	质量浓度 ρ_B（除注明外）/(g/L)									
	配方22	配方23	配方24	配方25⑥	配方26	配方27⑦	配方28	配方29⑧	配方30	配方31
pH				13						
时间/min	10	2		10			8~10	10	10	15
膜厚/μm			30							
温度/℃		40		25~40						
材料	MB8		AZ91D	AZ91D	AZ31B	AZ31	镁锂合金		镁锂黑色膜	镁锂

⑥ 该工艺在微弧氧化前用 $Y(NO_3)_3$ 预处理，在微弧氧化阶段生成 Y_2O_3，能将 Y 引入膜层中。

⑦ 该工艺中加入石墨烯，石墨烯能较好地混入微弧氧化膜层中。

⑧ 该工艺制备的膜层为白色微弧氧化膜，添加1g/L硫酸铜＋1g/L酒石酸钾钠，则为黑色微弧氧化膜；添加1.2g/L硝酸镍，1g/L酒石酸钾钠，为棕色微弧氧化膜；添加1g/L硫酸铜＋0.5g/L硝酸钴＋1g/L酒石酸钾钠，则为纯黑色微弧氧化膜。

表6-5d　镁及镁合金微弧氧化工艺

工艺条件	质量浓度 ρ_B（除注明外）/(g/L)								
	配方32	配方33⑨	配方34⑩	配方35	配方36	配方37	配方38	配方39	配方40
NaOH	6	1~110	3~4	2~5	3	5	KOH 20	KOH 100	10
$NaAlO_2$			5						
重铬酸钾			0.5						
30%双氧水			3						
Na_2SiO_3	9	1~60		10~24	15		15	80~120	15
硼酸钠								70~100	
碳酸钠								40~70	
C_6H_5OH		1~8							
Na_3PO_4	5								
NaH_2PO_4						8			
$Ca(H_2PO_4)_2$									5~15
丙三醇						10mL/L			
$(NaPO_3)_6$				25~30					
KF	NaF 2			16~26			3.2	0.5	
NH_4VO_3		1~40		10~15					
$CuSO_4$					4（与氨水络合物）	$CoSO_4$ 1			
EDTA-2Na	1			4~6					
三乙醇胺						300mL/L			
柠檬酸钠				4~5			5		
电压/V	95	350~450			430	430			400~500
电流/(A/dm²)		0.8~2.4	1	3~7			1~5	1	
占空比/%	20	10	20	25~35			10		

工艺条件	质量浓度 ρ_B（除注明外）/(g/L)								
	配方 32	配方 33[⑨]	配方 34[⑩]	配方 35	配方 36	配方 37	配方 38	配方 39	配方 40
脉冲频率/Hz	300	500	600	600 脉冲比 9:1			400~1000		
时间/min	40	5~30		8			8	6	
膜厚/μm				黑色	黑色	黑色			
温度/℃	常温	常温	常温	常温	常温	常温	常温	常温	常温
材料	AZ91D	AZ91	AZ91D MB26	AZ91D AZ31B AZ61 镁合金	AZ91D	AZ91D	AZ91D AZ31	AZ91D	AZ31

⑨NaOH-Na$_2$SiO$_3$-C$_6$H$_5$OH-NH$_4$VO$_3$ 的溶液体系中，当浓度比为 50:15:3:10、55:30:4:20 可制备出绿色和棕色系列的氧化陶瓷膜层。

⑩为绿色膜层。

表 6-5e 镁及镁合金微弧氧化工艺

工艺条件	质量浓度 ρ_B（除注明外）/(g/L)		
	配方 41	配方 42	配方 43
NaOH		10	20
植酸钠		12	
Na$_2$SiO$_3$			20
Na$_2$B$_4$O$_7$			40
醋酸镍			0.12
NaH$_2$PO$_4$	15		
丙三醇	15mL/L		
KF	5		
十二烷基磺酸钠	0.3		
三乙醇胺			15mL/L
柠檬酸钠	5		15
电压/V	400		分段控制 +450~550，-250
电流密度/(A/dm^2)		4	
占空比/%	10	20	20
脉冲频率/Hz	500	2000	800
氧化时间/min			50
温度/℃	常温	常温	常温
材料	AZ31	AZ31	稀土镁合金

镁及合金微弧氧化膜的着色除了高锰酸钾、钒酸盐及重铬酸盐外，还可加入铜、锌、铁及钴等的硫酸盐或硝酸盐，这些盐在碱性条件下容易沉淀，酒石酸钠是很好的络合剂。加入 AlF$_6^{3-}$ 与 SiF$_6^{4-}$ 使微弧氧化膜层致密。

6.5.3 钛及钛合金的微弧氧化

钛及钛合金可通过微弧氧化较大程度地提高其硬度、耐磨性能、自润滑性能及生物相容性等。

钛合金微弧氧化前酸洗可参见第 2 章，也可采用这样的工艺：硝酸 300mL/L、氢氟酸 100mL/L；常温，10～30s。

常见的微弧氧化液包括硅酸盐体系、磷酸盐体系、铝酸盐体系及复合体系等。其中，硅酸盐应用最为广泛，因为 SiO_3^{2-} 具有极强的吸附能力，氧化过程中极易吸附在钛基材表面形成杂质放电中心，一方面可在较宽温度和电流范围内实现稳定成膜；另一方面，由于大量胶体状二氧化硅的沉积，膜层相对更厚，最高可达 $90\mu m$。但单一的 SiO_3^{2-} 不易起弧，加入钼酸钠、氟化钾及氢氧化钾等，均能不同程度地降低起弧电压。加入钨酸钠对于提高微弧氧化膜的致密层有一定效果。以非晶 SiO_2 为主要成分的氧化膜，其硬度比基体材料有一定程度提高，但在与高硬度摩擦副的对磨过程中磨损率较高。铝酸盐体系电解液中，AlO_2^- 会在微弧氧化过程中参与成膜反应，生成 $\alpha\text{-}Al_2O_3$、$\gamma\text{-}Al_2O_3$ 及 $AlTiO_5$ 等高硬组分，显著提高膜层硬度。其中，离子浓度是影响该氧化膜耐磨性的关键。高浓度的 $NaAlO_2$ 会增加氧化膜表面的放电强度和放电密度，促进膜层表面含铝氧化物的充分烧结，重复击穿和多次熔融使得氧化膜内部结构更加均匀、致密，$40g/L$ $NaAlO_2$ 浓度条件制备的微弧氧化膜硬度可达 $1140HV$ 左右，耐磨性能显著提高。但铝酸盐体系电解液在氧化过程中易出现陈化现象，膜层厚度不均匀，致使耐磨性的提升并不稳定。磷酸盐体系所制得的微弧氧化膜在均匀性及光滑程度上表现优异，减摩效果更为理想。但该膜层中的主要成分是含有 Ti、P、O 元素的非晶相，膜层硬度偏低，膜太薄，在高载荷的摩擦条件下，其耐磨效果不佳。单一体系氧化液无法呈现出最佳的膜层特性，合理利用各体系的氧化成膜特点，采用复配的方式往往可以获得性能优化的氧化膜。

不同电解液体系中，钛合金表面微弧氧化膜的成膜机制有所区别，所制备的微弧氧化膜在化学成分及自身结构上存在差异，进而也会影响其摩擦学性能。通常来讲，膜层的硬度与其摩擦学性能密切相关，高硬度的膜层往往具有更优异的抗磨损性能。钛合金参与氧化成膜反应的主要成分为金红石型和锐钛矿型晶态 TiO_2，两者硬度均小于 $600HV$，与钛合金自身硬度（$400HV$ 左右）相比，提升并不明显。当硅、铝等成分参与形成微弧氧化膜时，会形成 Al_2TiO_5 以及 SiO_2 等，Al_2TiO_5 高温下分解形成 Al_2O_3 与 TiO_2，$\alpha\text{-}Al_2O_3$ 使膜层硬度提高。因此，若想进一步改善膜层的耐磨性，需要电解液提供其它成膜组分。磷酸盐与偏铝酸盐体系微弧氧化膜硬度最高，但实际应用中，偏铝酸盐体系槽液不够稳定，时间久了容易水解。

钛及钛合金本身有较高的耐腐蚀性，所以通过微弧氧化提高常温下的耐腐蚀性能意义不是很大。但常温下耐腐蚀，不等于高温下耐腐蚀，所以使用环境为高温的情况时，仍需通过封孔等措施，改善其高温耐腐蚀性能，研究显示，采用 $0.2\sim0.4g/mL$ 的硅酸钠溶液封孔（施加低于起弧电压的电压）有利于提高其高温抗氧化性能。$BaTiO_3$ 具有大的介电常数及光电系数，在电子、光、声及热等领域有较多利用，可直接在 $0.2mol/L$ $Ba(OH)_2$ 溶液中在 $5A/cm^2$ 电流密度下微弧氧化获得钛酸钡薄膜。

通过在微弧氧化溶液中加入某些组分或微弧氧化后进行特殊处理，能使膜层具有一定特殊功能。例如在微弧氧化液中加入 MoS_2 或微弧氧化后进行聚四氟乙烯处理，能使表面具备自润滑功能。钛本身与生物基体相容性较好，在医学领域有大量研究与应用，如在特殊的电解液中利用微弧氧化处理，可以在钛合金的人体植入体的表面制备出一层含有羟基磷灰石的 TiO_2 陶瓷膜层，可以提高成骨细胞活性和碱性磷酸酶的活性，因此提高了植入体在人体内的骨诱导能力，提高了钛合金的生物相容性。钛及钛合金的微弧氧化工艺参见表 6-6。

表 6-6a　钛及钛合金微弧氧化工艺

工艺条件	质量浓度 ρ_B（除注明外）/(g/L)									
	配方1①	配方2	配方3	配方4	配方5②	配方6	配方7	配方8	配方9③	配方10④
NaH_2PO_4		4								
Na_2CO_3		pH					8			
Na_2HPO_4		10~12				10				
氟锆酸钾			6							
亚磷酸钠		2mL/L								
磷酸钠				0.5	10~15			10		
醋酸锶		90								
EDTA		2				2(EDTA-2Na)				
硝酸银			0.17							
KOH	(1.5)	3			1		2KOH		2	1.5
Na_2SiO_3	8	2~5			1~15	16	2	5	15	6
甘油		2								
钼酸钠							φ(乙醇)10%	4	2	
KF								1		
多聚磷酸钠	2~3									
一水乙酸钙		8								
$(NaPO_3)_6$	6								10	5
$Na_2WO_4 \cdot 2H_2O$	4									2.5
石墨							10			
电压/V		350~400	300		+420 −50	270~450		350	350	350
电流密度 /(A/dm²)	10	2	+3 −1	>12	4	8				
占空比/%	50	15~20	+80 −50	25~45	+35 −15		脉宽(ms) +1.0、 −1.5	20	20	30
脉冲频率/Hz	直脉 600		800	50	500~700	500	150	600	600	300
时间/min					25		90	20	20	25
温度/℃	常温	常温	常温	常温	常温	常温	20			
材料	纯钛 TC4			TC4	TA2 TC4	纯钛	Ti6A14V	TC4	TC4	TC4 纯钛

① 可加入 SiC、Al_2O_3、ZrO_2 等第二相颗粒。

② 该工艺可以采用恒流模式。微弧氧化膜经烘烤除去水分后，浸聚四氟乙烯，具较好自润滑效果。

③ 在硅酸钠-六偏磷酸钠体系中，加入 2g/L 钼酸钠或钨酸钠，或 1.5g/L 偏铝酸钠，有利于膜层增厚。

④ 该工艺也可不加钨酸钠，这时可采用 4.2A/dm² 的恒流模式，加入 5g/L 以内的铝粉能使致密度提高、微孔减少、厚度增加、硬度增加、摩擦性能改善。

表 6-6b　钛及钛合金微弧氧化工艺

工艺条件	质量浓度 ρ_B(除注明外)/(g/L)									
	配方 11[⑤]	配方 12[⑤]	配方 13[⑥]	配方 14[⑥]	配方 15[⑦]	配方 16	配方 17[⑧]	配方 18	配方 19[⑨]	配方 20[⑩]
$NaAlO_2$	20	20								
Na_2HPO_4						10				
氟锆酸钾	1.5		6							(2)
次磷酸钙							1～2			
磷酸钠								10		7
硫化钠				20						
Na_2-EDTA	2	2				2				
乙酸钙							2.4			
NaOH	1.5	2.5					1.5	1		
Na_2SiO_3				8	16			15	6	5
甘油									0.5	
钼酸钠			3.5							
NaF		4	2	0.5						
三聚磷酸钠									15	
$(CH_2)_4N_4$		20								
$(NaPO_3)_6$	15	15	18	6	6				20	
$Na_2WO_4 \cdot 2H_2O$		4～6			4～5			3～4		
钒盐									15	
醋酸钴										4
石墨										
电压/V	350	350	400	280～320		＋420 －80	500	420～475	＋400～450 －80	350
电流/(A/dm²)					8			6～16		
占空比/%	30	20～25	30	15	40	50	50	10～50	＋11, －8	
脉冲频率/Hz	400～600	200～300	400～600	500	500	100	500	500～800	＋1200 －500	100
时间/min	8～10	10	9～10	45	0.5	15	20			
温度	常温	常温	常温	常温	常温					
材料	TC4	TC4	TC4		TC4	Ti5Al	TC4	TC4 Ti6Al4V	TC4	TiAl4V

⑤ 这三种工艺具有较好的润滑摩擦性能。

⑥ 该工艺生成的 MoS_2 在微弧氧化膜中原位生长，能很好地与膜层融合，很好地改善膜层摩擦性能。

⑦ 该工艺加入 BN、ZrO_2 微粒，能很好地融合进膜层，改善膜层摩擦性能，加入十二烷基磺酸钠能大量融合进 ZrO_2，对膜层隔热性能产生较大影响。

⑧ 该工艺次磷酸钙可用磷酸二氢钠替换。

⑨ 该工艺中钒盐添加量从 1 增加到 15 时，颜色发生变化。

⑩ 该工艺氟锆酸钾与醋酸钴任选其一，选醋酸钴有利于散热，选氟锆酸钾有利于隔热。

表 6-6c　钛及钛合金微弧氧化工艺

工艺条件	质量浓度 ρ_B（除注明外）/（g/L）									
	配方21	配方22	配方23	配方24[⑪]	配方25[⑫]	配方26	配方27[⑬]	配方28[⑭]	配方29[⑮]	配方30
NaH$_2$PO$_4$				1						
KAlO$_2$			25~30	8		2~3		1.5		
氟锆酸钾										12
醋酸钙							57			
磷酸钠	15	12	4~5		10	4				
甘油磷酸钠							35			
EDTA-2Na										4
NaOH	2					0.5~2			1	5
Na$_2$SiO$_3$		40			15	1~3		5		60
三乙醇胺									10	10
NaF	6									
(NaPO$_3$)$_6$								6	15	5
硼酸										12
双氧水										5
电压/V			+320 −80		+420 −50		+400 −80	+400 −55		
电流/(A/dm^2)	2~5	+5.33 −2.67	+20 −15	8		10~20		+8 −3	5	+3.6 −2.4
占空比/%	30~50	10		50	+35 −15			脉宽 1000μs	25	40
脉冲频率/Hz	500~800	2000	100~200	50~500	500	50	800	500	310	200
时间/min	8~10	20	40	120	20	90	15	8	30	
膜厚/μm			50~60							
温度/℃	常温	常温	常温	常温	常温	常温				
材料	Ti1Cu	Ti6Al4V	Ti6Al4V	Ti6Al4V	TA2		TC4	TC4	TA2	TC4

⑪ 该工艺可在直流或单向脉冲条件下进行。

⑫ 可加入 4~12g/L SiC。

⑬ 该工艺可制作很好的生物材料，可加入 2g/L 左右羟基磷灰石。也可在微弧氧化后用电泳方法（电压 250V，频率 200Hz 直流脉冲方法）沉积磷灰石。

⑭ 前 8min 加入 1g/L 硼砂，再加入 1g/L 三氧化二铬继续氧化 8min，效果好。

⑮ 可加入 6g/L AlN、4g/L TiC 可增加硬度、耐磨性及耐腐蚀性能等。

表 6-6d　钛及钛合金微弧氧化工艺

工艺条件	质量浓度 ρ_B（除注明外）/（g/L）									
	配方31[⑯]	配方32	配方33	配方34	配方35	配方36	配方37	配方38	配方39	配方40
Ca(H$_2$PO$_4$)$_2$·H$_2$O	6.3	6.3								K$_2$HPO$_4$·3H$_2$O
KAlO$_2$				1						
NaH$_2$PO$_4$									10	6.8

工艺条件	质量浓度 ρ_B（除注明外）/(g/L)									
	配方31[16]	配方32	配方33	配方34	配方35	配方36	配方37	配方38	配方39	配方40
醋酸钙										25.8
Na_2-EDTA	15	15	30		10		10			20
一水乙酸钙	4.4~17.6	8.8				Na_2SiO_3 2		Na_2SiO_3 6	Na_2SiO_3 2	Na_2SiO_3 6
NaOH	5	5	醋酸钴 10	4						
$Na_2SiO_3 \cdot 9H_2O$	7.1	7.1								
醋酸锌		6~10	醋酸镍 10							
NH_4VO_3					硫酸钴 10~20			3		
硫酸铁		10								
三聚磷酸钠			3.08	0.44	0.88		0.88	0.88		
$K_2Cr_2O_7$							1~10			
$(NaPO_3)_6$			15.4	2.2	4.4	Na_2CO_3	4.4	4.4		
$Na_2WO_4 \cdot 2H_2O$			无水 5			10				
双氧水	6	6								
电压/V	400	400		380		450		450	+400 -100	350
电流/(A/dm²)			6		8	单极脉冲	8			
占空比/%	8	8	10	45	45	10~60	45	10	45	
脉冲频率/Hz	600	600	1000	1000	1000	2000	1000	2000	50	600
时间/min	5	5	10	10	10	10	10			10
膜色			黑色	黄色	蓝色		绿色			
温度/℃	常温	常温	常温	常温	常温	常温				
材料	纯钛	纯钛	TC4	TC4	TC4	TC4 TA2 纯钛	TC4	TC4	Ti6Al4V	Ti6Al4V

[16] 该工艺能制作生物活性材料。

表 6-6e　钛及钛合金微弧氧化工艺

工艺条件	质量浓度 ρ_B（除注明外）/(g/L)			
	配方41	配方42[17]	配方43	配方44[18]
$Ca(H_2PO_4)_2$				10
H_3PO_4			4mL/L	
氟锆酸钾	0.005mol/L		2	
醋酸铜			2 或 醋酸镁 1	
磷酸钠		0.005mol/L		
柠檬酸钠		0.002mol/L		
Na_2-EDTA				20
乙酸钙				100
醋酸镁		0.001mol/L		

工艺条件	质量浓度 ρ_B（除注明外）/(g/L)			
	配方 41	配方 42[⑰]	配方 43	配方 44 [⑱]
$FeSO_4$	0.002mol/L	0.003mol/L		
$Ce(NO_3)_3$	0.001mol/L	0.001mol/L		
电压/V	+530，-0	+530，-0		
电流密度/(A/dm²)			5~8	7
占空比/%				50
脉冲频率/Hz	60	60	60	500
氧化时间/min	20	30	25	12
氧化膜颜色	乳白色		黄色至棕色	
温度/℃	常温	常温	常温	常温
材料	TA2	TA2	TA2	Ti6Al4V

⑰ 工艺参数可在较大范围内调整，以获得不同颜色的膜。

⑱ 该工艺生成的膜经水热浸泡或者体液浸泡诱导可在膜上生成有生物活性的羟基磷灰石（HA）。钛合金微弧氧化膜退除工艺：硝酸 120mL/L，HF 酸，80mL/L。

6.6 微弧氧化常见的问题与处理

（1）颜色深度不够

常会出现陶瓷膜很薄，着色却不深。电解液的浓度过低，添加剂的浓度较低，时间不够长，以及电解液中可能含有杂质等这些因素，都有可能造成膜层的着色不深现象。针对具体情况加以解决，去除试样表面杂质，防止其它杂质进入电解液中。

（2）色度不均

试样边缘颜色较深，而中间部分颜色较浅或者不完全着色。究其原因有两种：第一，试样表面电流密度不均匀，造成靠近边缘部分生成的氧化膜易于被微弧放电电压击穿，而靠近中间部分则不易被击穿。通过实验发现在微弧放电阶段适当增加电压有利于陶瓷膜的着色均匀；第二，处理时间不够长，延长处理时间也可以相应地提高着色的均匀度。

（3）试样局部膜层疏松剥落

电压过高、溶液循环不顺畅等会导致微弧氧化时膜层表面气体不易排出，从而形成气泡，在试样表面形成亮弧。此时会出现强烈的爆鸣声，造成试样膜层局部受损，温度过高，最后导致膜层剥落。另外，溶液中有杂质、初期没有保持一段时间的低电压、电解质溶液变质等也会造成膜层疏松。因此应保持溶液循环顺畅，控制温度不要过高并防止杂质进入电解液中，起弧初期保持一段时间的低电压，这样形成的膜层会比较致密。也可以在电解液中加入少量的 H_3BO_3，H_3BO_3 加入电解液中具有钝化膜层的作用，可以缓解陶瓷膜层在电解液的作用下发生缓慢溶解而变得疏松。另外，电解质溶液不要放置时间太久，必要时应该更换电解质溶液。

（4）电解液使用寿命低

电解液的使用次数不高，且每进行一次试验后电解液进一步变浑浊，微弧氧化难以维持，膜层质量变差。针对这种情况，为了提高电解液的使用寿命和使用效率，可以在电解液中加入络合剂 EDTA。加入 EDTA 还能使膜层的耐蚀性略有提高，也能提高电解液的成膜速率，且不会对膜层的性能产生其它不利影响。

第 **7** 章

QPQ技术

"QPQ" 是英文 "quench-polish-quench" 的缩写，原意为淬火-抛光-淬火，是一种习惯称呼，并不能代表该种技术的实质。QPQ 技术是一种盐浴渗氮与盐浴氧化结合的复合处理技术，也是一种热处理与表面转化处理结合的技术。QPQ 处理获得的膜层同时具有耐磨与耐腐蚀的特点，适合于如齿轮一类零件的表面处理。如果将表面处理分类为覆盖、渗透、转化三类，QPQ 技术就是渗透与转化的复合处理。覆盖如电镀与涂漆，渗透如渗氮与渗碳，转化则是零件表面与外界物质反应，生成具有一定功能的膜层。QPQ 技术具有高耐磨、高耐蚀、抗疲劳、微变形、节能、绿色环保的优点，适用于多种材料，应用广泛。

7.1 QPQ 技术原理与工艺

7.1.1 QPQ 技术原理

QPQ 的实质就是渗氮后的氧化，渗氮使零件硬度高、耐磨，氧化提高其耐腐蚀性能。渗氮一般采用盐浴方法，氧化一般也采用盐浴方法。渗氮零件在常规钢件水溶性氧化剂中不能被氧化。在 QPQ 处理工艺中，用盐浴在 400℃高温下氧化。而目前有研究显示，在更高温度条件下，零件也能被气态氧化剂氧化。QPQ 是在高温熔融的尿素等混合盐中渗氮，研究显示，如 40Cr 等零件用一般渗氮工艺（如氨气）渗氮后或碳氮共渗后，也能被 QPQ 的高温熔融盐氧化。但必须工艺恰当，否则不能形成 Fe_3O_4 那种特定的耐腐蚀晶型结构，反而被氧化成锈蚀产物 Fe_2O_3。

QPQ 技术的工艺过程为：去油清洗→预热（空气炉）→盐浴氮化→盐浴氧化→去盐清洗（热水洗、冷水洗）→干燥（→抛光→盐浴氧化→去盐清洗→干燥）→浸油。

也可按照以下工艺过程：

一般渗氮（或碳氮共渗）→清洗→盐浴氧化→去盐清洗（热水洗、冷水洗）→干燥（→抛光→盐浴氧化→去盐清洗→干燥）→浸油。这样的工序，不采用盐浴渗氮，而采用其它渗氮方式，适应于 40Cr 等材料，一些材料渗氮或碳氮共渗后可能不能被 QPQ 盐浴氧化。

括号内的抛光和再氧化工序一般可不进行，只有工件表面需要提高光洁度时才进行。QPQ 膜层浸油能较好地提高其耐腐蚀性能。若所浸油中添加油溶性缓蚀剂，或在浸油前增加一道缓蚀调整工序，效果更佳。图 7-1 为 QPQ 复合处理工艺过程。

预热、氮化和氧化是主要工序，通常工艺规范为：预热（350～400℃，20～40min）→氮化（520～580℃，10～180min）→氧化（370～400℃，15～30min）→二次氧化（370～400℃，15～40min）。

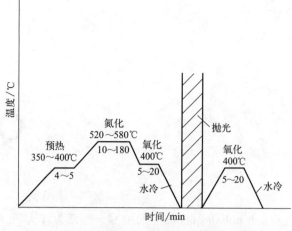

图 7-1 QPQ 复合处理工艺过程

根据产品的材料、使用环境与技术要求不同，氮化处理的温度和时间在 520～580℃ 和 10～180min 之间进行选择。不同使用环境，应选择不同的材料，采取相应的工艺。如刀具若采用 QPQ 技术处理，可选用高速钢或 Cr12MoV 型高 Cr 钢制造，按正常热处理工艺进行淬火、回火，并达到技术要求。预先淬火的高碳钢（T8～T12）或低合金工具钢（9CrSi、CrWMn 等）刀具不宜做 QPQ 处理，否则刀具芯部硬度会下降到 35HRC 以下，只能靠渗层来切削，芯部不起作用。高速钢刀具应采用 540～550℃ 氮化，高速钢用作模具或耐磨零件时，其氮化温度可以提高到 570℃，氮化时间可以延长到 2～3h。

对于第二种工艺过程，也就是不采用盐浴氮化，而采用其它氮化方式，对氮化的影响参照相关热处理资料。表 7-1 列举了常用材料 QPQ 处理的氮化温度和保温时间，以及渗层硬度、化合物层深度等数据。

表 7-1　常用材料 QPQ 处理的氮化规范及渗层性能

材料种类	代表牌号	前处理	氮化温度 /℃	氮化时间 /h	表面硬度 （HV）	化合物层深度 /μm
纯铁	—	—	570	2～4	500～650	15～20
低碳钢	Q235-B、20、20Cr	—	570	2～4	500～700	15～20
中碳钢、中碳合金钢	45、40Cr	不处理或调质	570	2～4	500～700	12～20
高碳钢	T8、T10、T12	不处理或调质	570	2～4	500～700	12～20
氮化钢	38CrMoAl	调质	570	3～5	900～1000	9～15
铸模钢	3Cr2W8V	淬火	570	2～3	900～1000	6～10
热模钢	5CrMnMo	淬火	570	2～3	770～900	9～15
冷模钢	Cr12MoV	高温淬火	520	2～3	900～1000	6～15
高速钢	W6Mo5Cr4V2 （刀具）	淬火	550	5/60～45/60	1000～1200	—
高速钢	W6Mo5Cr4V2 （耐磨件）	淬火	570	2～3	1200～1500	6～8
不锈钢	1Cr134Cr13	—	570	2～3	900～1000	6～10
不锈钢	1Cr18Ni9Ti	—	570	2～3	960～1100	6～10

材料种类	代表牌号	前处理	氮化温度 /℃	氮化时间 /h	表面硬度 (HV)	化合物层深度 /μm
不锈钢	0Cr18Ni12Mo2Ti	—	570	2～3	950～1100	总深：20～25
气门钢	5Cr21Mn9Ni4N	固溶	570	2～3	900～1100	3～8
灰铸铁	HT200	—	570	2～3	500～600	总深：0.1mm
球墨铸铁	QT500-7	—	570	2～3	500～600	总深：0.1mm

以上是成都工具研究所进行 QPQ 处理的资料，若采用其它工艺，则可能会有所不同。生产中，QPQ 工艺可按下列方式操作。

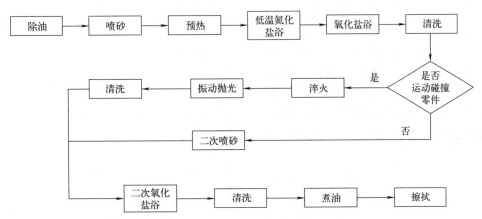

根据各道工序对零件硬度、耐磨性、耐腐蚀性的影响，以及产品对相关性能的要求，对相应工序进行增减和调整。

对于这样的工艺过程，喷砂：喷砂料为 140～180 目（0.106～0.080mm）玻璃珠，喷砂压力为 0.4 MPa，喷砂后零件表面应呈均匀银白色，无氧化皮及斑点；第二次喷砂 0.3 MPa，喷砂后零件表面呈均匀黑色，无斑点。振动抛光：抛光料为高铝质陶瓷抛光丸，尺寸为 $\phi 2mm \sim \phi 6mm$；添加水润湿所有抛光丸；每抛光 3000dm^2 零件添加 0.25kg 光亮剂；抛光时间为 10min。

氮化与氧化是 QPQ 技术的核心工序，氮化使零件具有较高硬度，氧化使零件具有较好耐腐蚀性能。氮化可采用盐浴氮化或其他热处理工艺，氧化可以采用盐浴氧化、可控离子渗入氧然后氧化、气体氧化（加入柠檬酸等助氧剂）。氮化盐浴中的氰酸根在工作温度下会发生分解，产生活性氮原子。活性氮原子在此温度下具有一定的扩散能力，不断向金属表面扩散、被吸附、渗入金属晶格内部，并最终形成化合物层和扩散层。这是 QPQ 技术提高金属表面耐磨性、耐蚀性及耐疲劳性能的主要原因。

QPQ 渗氮工艺是碳氮共渗。其发生氮与碳原子的反应，稍后将详细叙述。渗氮与渗碳就是氮与碳原子在金属中扩散，填充在金属晶格中或与金属形成氮化物或碳化物。在金属原子相互接近时，原子核及电子间相互作用，有一个最佳距离，在这个距离处能量最低。同时，各原子核在其位置上沿 x、y 及 z 轴方向振动，每个方向振动能量为 $(1/2)kT = (1/2)mV_x^2$，当振动能量小于势能，原子不能摆脱初始原子的束缚。

金属晶体中原子的扩散就是原子的运动。金属原子一方面被金属键束缚，另一方面原子本身在振动运动。温度越高，振动运动越剧烈。当达到熔点，振动的原子能随时彼此脱离，当达到气化点，振动可使原子间彼此分离气化。金属晶体中原子的扩散就是原子的这种振动运动。在金属晶格中，由于多个原子同时振动，金属晶体中原子的振动并不都是协调的，因此，原子振动就有一定相互叠加的概率，这种叠加使振动能量增加，运动速度加快，从而脱离原来原子的束缚。因此，原子振动运动有一定概率的涨落，这种涨落实际上是可以预测的，这里不作详细讨论。金属晶格中的原子，其能量并不相同，处于某一能级的原子有一定分布。其中有一个原子分布数最多的能级，一般把这个能级能量作为原子能量，这个能量通常情况下就是平均能量。同时也存在极少数能量较高的原子，这些原子的数量可以表示为：

$$N_i = N e^{\frac{-\varepsilon}{KT}} \tag{7-1}$$

这就是一种涨落，这种涨落能使金属原子摆脱原来的束缚，产生扩散。同时，这种振动会影响电子能级结构，从而导致对相邻原子吸引力的减弱，也就可能使原子摆脱原来的束缚。因此，即使温度未达到熔点，也有金属原子在晶体中扩散的可能。温度越高，原子脱离原来束缚的概率越高。振动扩散的结果，产生如图7-2所示的四种形式的扩散。像碳原子与氮原子，受到的束缚作用力较小，振动速度较大，扩散速率比一般金属原子快得多。其中节点间机制，即使原子体积大于空隙，当相邻原子同时向相反方向振动，原子间空隙也可能增大，为原子扩散创造空间条件。如图7-3所示。

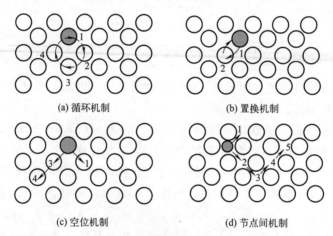

(a) 循环机制　　　　　　　　　(b) 置换机制

(c) 空位机制　　　　　　　　　(d) 节点间机制

图 7-2　扩散的几种机制

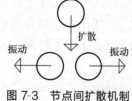

图 7-3　节点间扩散机制

研究显示，金属氮化后会增加氧化反应的活化能，使氧化反应更加困难。但条件适当，氧化反应仍能发生。渗氮后氧化不影响渗氮层硬度，一般需在高温下进行。渗氮后的氧化需形成特定尖晶石型的 Fe_3O_4 结构的膜层，零件才具有耐腐蚀性能，因此需在特定的高温盐浴中氧化。关于氧化膜层性能稍后详细叙述。

7.1.2　QPQ工艺

7.1.2.1　QPQ的前处理

QPQ前处理可能包含热处理的内容，如前处理中的退火，减小处理后可能产生的变形等。此外还包括淬火、调质、正火、去应力等工序。这些热处理是为了提高工件的基体硬度、基体强度以及减少工件变形。

淬火工序多用于具有较高抗回火能力的高速钢、高铬钢（Cr12MoV）或热模具钢

（3Cr2W8V）等工模具钢。这些钢经预先淬火具有较高的硬度，作 QPQ 处理以后，材料的心部硬度基本保持不变，即使高耐磨性的表面渗层磨损以后，心部仍然有较高的耐磨性，所以 QPQ 处理一般都可以使工模具使用寿命提高 2 倍以上。

有很多工件表面要求较高的耐磨性，而心部要求有一定的整体强度，这时工件可以预先进行调质处理（淬火＋高温回火）。

试验表明，随着调质回火温度的升高，调质钢渗层的表面硬度逐渐下降。这是由于回火温度升高，钢中的碳化物析出量增加，碳化物析出带走了合金元素，以至于在氮化时合金氮化物的数量随之减少。从另一方面来说，随着回火温度升高，基体硬度下降，也会使测得的渗层硬度下降。所以对含碳量较高的钢（碳质量分数为 0.5%）在调质时回火温度不宜过高。

有些材料可以采用预先正火，一方面可以适当提高材料的心部强度；另一方面可以使材料的晶粒细化，均匀一致，这样有利于获得均匀的渗层。

对于铸造件、塑性变形件和形状复杂的焊接件，应进行预先去应力回火，否则处理时会由于应力的重新分布而发生变形。有关热处理的详细内容请参考其他文献。

锈蚀零件，需做除油去锈处理。一般情况下只做除油处理。粗糙度不是特别高，一般渗氮可不用考虑抛光。

（1）处理前工件表面状态的影响

待处理零件外观应平整光滑，无裂纹、压痕、锈斑、黑皮、毛刺及油污。

① 工件表面粗糙度的影响。工件在 QPQ 处理前，其表面粗糙度的好坏对形成的渗层质量有一定影响。如图 7-4 所示，工件表面粗糙度越高，则 QPQ 处理后形成的化合物层致密度越差，疏松越严重，这会影响到工件表面的硬度和耐磨性。

② 工件表面氧化层的影响。不锈钢工件表面在空气中易产生钝化膜，这种钝化膜有时会阻碍化合物层的形成，所以不锈钢件有时会发生渗不上氮的现象。如前所述可采用酸洗或喷砂等方法除去钝化膜，从而得到完整、均匀的渗层。在实践中，一般不锈钢件不经酸洗或其他去除钝化膜的处理也可得到质量较好的渗层。

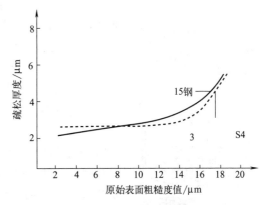

图 7-4　工件表面粗糙度对渗层疏松程度的影响

零件进行 QPQ 处理前，由于预热或其他原因形成的氧化膜，不仅不阻碍元素的渗入，而且对渗层的形成还有促进作用。

③ 工件表面脱碳层的影响。工件表面因各种原因可能会形成脱碳层，脱碳层会使钢的表面形成不正常组织，在渗层中形成分界线。

图 7-5 为基体表面脱碳层对形成的化合物层中 ε 相所占比例的影响。由图 7-5 可见，钢的基体含碳量越低，则 ε/γ′ 值越小，即 ε 相比例减小，γ′ 相比例增加。由此可见，工件表面脱碳层会造成渗层表面 ε 相比例减小。

工件表面脱碳层会引起渗层硬度分布曲线变化，由图 7-6 可见脱碳层对渗层的不良影响。

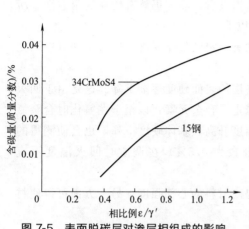

图 7-5　表面脱碳层对渗层相组成的影响

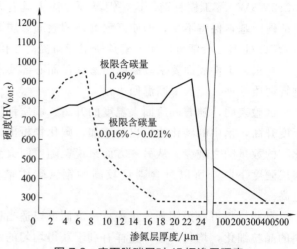

图 7-6　表面脱碳层对 15 钢渗层硬度
分布的影响（图中含碳量为质量分数）

（2）零件去油

零件清洗是 QPQ 必不可少的工序。该工艺可参见一般零件表面处理的前处理，采用超声波能较好地增强清洗效果。锈蚀零件除油去锈后，应立刻进行 QPQ 处理，否则可能会降低零件的耐腐蚀性能。

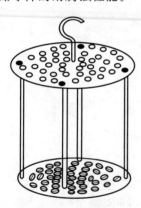

图 7-7　一种通用夹具

① 在大量生产条件下，工件应装在专用或通用的夹具中进行清洗，夹具设计要固定零件，尽可能减少零件之间相互接触。图 7-7 为一种通用夹具。杆状工件可以装在孔中，小件可以用铁丝捆绑后吊在夹具上，大件模具等可以将底面放在夹具底面上，特小件也可用铁丝网包好吊在夹具上。批量化生产的产品应采用专用夹具，批量不大品种又多的产品采用通用夹具。除特殊小件可用铁丝网装外，一般产品不允许堆装。

夹具设计首先要使装满工件的夹具从盐浴中吊出来时带出的盐液越少越好，以减少盐浴的损耗。为此，必须在夹具的上下平面钻尺寸足够大、数量足够多的漏盐孔，杆状工件与夹具之间也应留有一定的间隙，以便漏盐。

夹具中的工件不应装得太多，工件总体不得超过盐浴体积的 1/3。通常工件不允许堆装、过密盛装，工件与工件之间不允许平面与平面互相接触，以免影响渗层和外观，如工件相互接触部分留下痕迹。带不通孔或凹槽的工件，应将不通孔或凹槽向下，以免积盐。为了减小工件变形，杆件、板件用垂直装卡。

② 工件装夹具以后，应先在金属清洗剂中脱脂，然后再用清水漂洗。若工件表面油污严重或脏物较多，应用棉纱逐件擦洗干净，然后再入清洗槽中清洗。切削时的切削液、油脂以及某些金属清洗剂残留在工件表面，会以表面膜的形式存在，微区分析表明，有磷酸盐和镁、钙、氯、氧、硫等元素的化合物存在时，会阻碍工件表面对氮的吸收。

若油污附着表面，预热时这些油脂与热的工件表面发生反应，生成在显微镜下可以观察到的斑点。这种斑点在 550℃、保温 2～4h 仍然不分解，它会部分地阻碍氮的吸收，因此预热不能代替表面清洗工序。

工件清洗时，清洗剂种类的选择也很重要。若清洗剂的清洗效果差，工件表面油脂附着物没彻底清除，会妨碍元素的渗入，渗层变浅。以皂角等植物为主的清洗剂有较强的脱脂、去污能力，并且很容易漂洗，不容易残留在工件表面。通常在加入多磷酸钾不纯物的试样表面，P 和 K 的量相当少，因此，对氮化层的影响不明显。

不锈钢、耐热钢表面的钝化膜也可通过酸洗法去除或采用喷砂法去除。

对一些很小的工件或很精密的工件也可以采用汽油清洗。喷细沙是很好的预备工序，可代替清洗，既可脱脂去污，也可去薄锈和工件表面钝化膜，活化表面，使工件渗层均匀，外观色泽一致，特别适于不锈钢、耐热钢。工件经汽油清洗和喷细砂以后，可不再入清洗槽清洗，直接进炉预热。

工件表面有锈时，如工件不多，锈迹较轻，可用砂纸擦去。工件数量较多或锈迹较严重时，工件应进行酸洗。酸洗时间视工件的锈蚀情况而定，以彻底去除锈蚀为原则。酸洗后的工件应用纯碱液中和并进行漂洗，工件表面不得残留酸、碱液。

对于不锈钢，主要是表面氧化层的钝化作用阻碍氮的渗入。碱性清洗剂可导致不锈钢表面活化，增加氮化层深度，但是会在氮化层表面形成严重的孔洞。

总之，QPQ 处理前的工件表面清洗工序非常重要。绝大多数不纯物对氮的渗入有阻碍作用。不纯物对钢表面活性的影响取决于钢的可钝化性、不纯物的种类和数量。

（3）零件水洗

零件去油后应用蒸馏水清洗干净，否则去油剂等药品残留，可能会参与渗氮过程化学反应，影响药品稳定性或者影响渗氮质量，如在零件表面产生一些小圆点，即麻点等缺陷，影响美观，降低耐腐蚀性。

对 42CrMo4 钢的金相检查结果表明，在清洗剂中的硅酸钠和冷却润滑剂等不纯物对形成氮化层影响非常大。碱性清洗剂对氮化层的形成虽然没有影响，但会导致在氮化层中形成大量的孔洞。

加入硅酸钠不纯物的试样，试验后边缘层中存在 Na 和 Si，见图 7-8，氧的含量比参考试样的含量高得多。在边缘层中没有吸附氮，这表明硅酸钠在氮化条件下是稳定的，在分布密度较大时，会形成封闭致密的隔离层，阻止氮的渗入，因此在图 7-8 中没有形成化合物层。

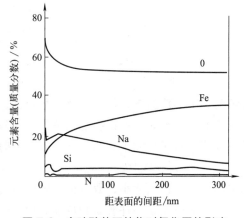

图 7-8　含硅酸盐不纯物对氮化层的影响

进入预热炉前的处理过程：汽油初步去油→去油→热水洗→冷水洗→盐酸去锈→热水洗→冷水洗，也就是一般表面处理的前处理工艺过程，根据情况可省去一些过程。

7.1.2.2　预热

（1）预热的作用

预热能烤干工件表面从清洗槽中带出来的水分，以免带水工件直接进入氮化盐浴时发生溅射现象。防止冷工件直接入氮化炉时使盐浴温度下降太多。一般以工件进入氮化炉以后炉温下降不超过 40℃ 为好，并应在 20min 内恢复到指定炉温。这可使工件处理以后外观更均匀一致，不产生表面缺陷。预热使工件表面产生的氧化物也将促进氮元素渗入工件。工件不经预热或预热不充分进入氮化炉，处理后其外观颜色不均匀，甚至产生麻点等表面缺陷。但若预热过度，其外观也可能产生色泽不均匀甚至发红等现象。

（2）预热发生的化学反应

工件在空气炉中进行预热，金属表面与空气中的氧发生氧化反应，生成铁的氧化物：

$$2Fe + O_2 \longrightarrow 2FeO \tag{7-2}$$

大量的试验研究表明，金属表面被氧化不但对渗氮无害，反而会促进氮的渗入，有利于氮化物的形成。其化学反应如下：

$$6FeO + 2[N] \longrightarrow 2Fe_3N + 3O_2 \tag{7-3}$$

在相同的处理工艺下，经过氧化的金属表面比未经过氧化的金属表面渗层的深度要深一些。甚至有人在做碳氮共渗时对热轧件或锻造件带着氧化皮直接进行渗氮处理，得到光洁的表面，与无氧化皮的表面相比，渗层更深。表面氧化对渗层硬度分布的影响见图7-9。

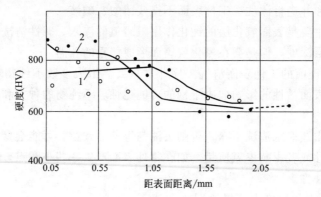

图 7-9 表面氧化对渗层硬度分布的影响

1—未氧化表面；2—氧化表面

预热温度一般为 $300 \sim 400℃$，不宜过高，控制在 $400℃$ 以下。预热时间可为 $20 \sim 30min$，一般控制在 $40min$ 以内。预热时间过长，工件表面会变成蓝黑色，蓝黑色氧化膜会在氮化炉中形成盐渣，影响氮化盐稳定性。由于工件尺寸大小、装卡量多少、装卡方法等因素的影响，一般无法严格制定预热规范。只有在单一品种、大量生产时，才可能制定严格的预热规范。对于尺寸很大的工件一般预热时难以热透，可以适当延长预热时间，有时可延长到 $1h$。同样如卡具中装量很多、很密，夹具心部的工件难以热透，这时也应延长预热时间。如果预热的工件尺寸小、数量少，则应适当缩短预热时间。

一般通过观察零件表面颜色掌握预热尺度，碳钢与低合金钢预热到稻草黄色最佳，若预热到深蓝黑色，则产品氮化往往会出现零件外观颜色不均和疏松严重等问题。对于零件较厚或截面尺寸较大的产品，采用低温长时间预热的方法。一般工件表面呈蓝紫色较好，草黄色也可。若工件仍保持金属原貌，说明预热不足。若工件表面已呈黑色，说明预热过度。

对大多数装配在机械内部的零件，在外观上要求不太严格，这时预热工序可不必严格限制。如果夹具中装量很多、很密，预热后会出现器具内外上下颜色差别较大的现象，这时应以夹具外部、下部工件都达到蓝紫色为准，以免夹具其他部分工件预热过度。若工件尺寸较大，各部分断面尺寸相差较大时，也会产生同一工件上色泽不一的现象，这时应以工件重要部分达到蓝紫色为准。

对于作为商品的工件，在外观要求较严格时，应设计专用夹具，保持良好的装夹方式，尽量使夹具中各部分工件得到比较一致的预热颜色。

7.1.2.3 氮化

（1）药品配方

药品的主要成分为尿素、碳酸钠和碳酸钾，有时加入氯化钠与氯化钾，或加入氢氧化钠与氢氧化钾，钾盐与钠盐按一定比例添加，如 1：1。

配方 1：$CO(NH_2)_2$ 30%～50%；Na_2CO_3 10%～20%；K_2CO_3 10%～20%；$NaCl$ 20%～25%；K_2SO_3 1%～3%；$Ce_2(CO_3)_3$ 1%～3%；$LiOH$ 5%～10%。

配方 2：$CO(NH_2)_2$，Na_2CO_3。

配方 3：$CO(NH_2)_2$ 39%；Na_2CO_3 13%；K_2CO_3 23%；Na_2SO_3 1%；K_2SO_3 2%；$NaCl$ 6%；KCl 10%；Li_2CO_3 7%；$Ce_2(CO_3)_3$ 1%；氮化 640℃ 2h，氧化 360℃，40min＋20min。

配方 4：CNO^- 含量为 64.09%，M^+ 含量为 35.4%（M 为碱金属元素），其余为 B、Al。锂盐的加入能延缓氰酸根的分解速率，减少 CN^- 的产生，有利于膜层致密。配方 1 中含有稀土，不同稀土化合物对渗层深度的影响程度不同，即不同稀土添加剂的催渗效果不同。稀土剂种类繁多，如纯稀土粉、稀土化合物、混合稀土化合物和稀土合金等。

尿素在高温下发生反应生成缩二脲，继续反应生成三聚氰胺，与碳酸盐反应生成活性的 CNO^-。亚硫酸盐分解可产生少量活性 S 原子，渗透到基体中增强耐磨性能，同时可以调整钾与钠的比值。SO_3^{2-} 能够控制 CN^- 含量。

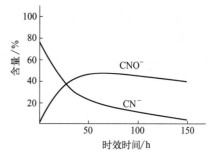

图 7-10 氰盐（50%KCN＋50%NaCN）通空气时效图

（2）化学反应

最初，人们在氰盐渗氮过程中向氰盐中通入 O_2（图 7-10），使氰转变为活性 CNO^-：

发展到 QPQ 阶段，则是在盐浴液中直接生成 CNO^-。

在工作温度下氰酸根会发生分解，产生的活性氮原子渗入金属表面，形成化合物层的扩散层。形成的化合物层为 Fe_3N 和 Fe_4N，氰酸根分解和氮原子渗入金属的反应式如下：

$$4CNO^- \longrightarrow CO_3^{2-} + 2CN^- + CO + 2[N] \tag{7-4}$$

$$3Fe + [N] \longrightarrow Fe_3N \tag{7-5}$$

$$4Fe + [N] \longrightarrow Fe_4N \tag{7-6}$$

在工件表面发生渗氮现象的同时，装工件的夹具和装盐浴坩埚的内部也会发生渗氮现象。

氰酸根分解产生的 CO 进而分解出碳原子渗入工件表面，形成碳化物或固溶体。

$$2CO \longrightarrow CO_2 + [C] \tag{7-7}$$

$$3Fe + [C] \longrightarrow Fe_3C \tag{7-8}$$

由于氮与碳的同时渗入，所以这种盐浴渗氮技术又被称作氮碳共渗，但是渗氮在工艺过程中起主要作用，渗碳对工件性能影响很小。碳氮共渗后氧化，在渗层表面形成 Fe_3O_4 和 Fe_2O_3，向内则有 FeO。

如果金属中如铬等其他金属含量较高，可能会形成铬的碳化物或氮化物，使膜层的耐腐蚀等性能降低，通过在盐浴中加入特定成分，可以抑制铬元素氮化物与碳化物的产生。

配方中 K^+ 与 Na^+ 应保持一定比例，如可控制为 1：1。若钠盐含量过高或只含钠盐，则生成的膜层疏松，甚至有起皮现象。

虽然配方原料不含氰化物，但基盐熔化并工作后，其化学反应会产生氰化物：

$$4CNO^- \longrightarrow CO_3^{2-} + 2CN^- + CO + 2[N] \tag{7-9}$$

产生的 CN^- 可以通过通入空气或加入碳酸锂，使 CN^- 转变为 CNO^-，也可以加入合适的价廉的氧化剂，使使 CN^- 转变为 CNO^-，这种氧化剂氧化性不宜太强，否则会使 CNO^- 氧化，使盐浴分解太快，使盐变得不稳定：

$$2CNO^- + O_2 \longrightarrow CO_3^{2-} + CO + 2[N] \tag{7-10a}$$

$$4CNO^- + 3O_2 \longrightarrow 2CO_3^{2-} + 2CO_2 + 4[N] \tag{7-10b}$$

$$2CO \longrightarrow CO_2 + [C]$$

$$3Fe + [C] \longrightarrow Fe_3C，4Fe + [C] \longrightarrow Fe_4C$$

反应过程中产生的 CO_3^{2-}，可以加入三聚氰胺等调整剂使其重新生成氰酸盐：

$$CO_3^{2-} + 调整盐 \longrightarrow CNO^- + 调整盐反应后的物质$$

盐浴渗氮过程中，CNO^- 浓度保持在一定范围。

根据反应式（7-9）和式（7-10），CNO^- 在有氧或无氧的情况下，也就是通入空气或不通入空气的情况下，都会生成渗氮所需的氮。通入适量空气的情况下，方程式（7-9）与方程式（7-10）反应同时进行，产生的氮多，渗氮层更深。但若氧化性太强，则发生方程式（7-10）的反应，使盐变得不稳定。

在向氮化盐浴通空气时，盐浴中的氰根可生成氰酸根，从而可增加盐浴中氰酸根的含量：

$$2CN^- + O_2 \longrightarrow 2CNO^-$$

这就是从前采用通空气方法提高氰化物盐浴中氰酸根含量的原理，QPQ 技术正是依据了这个原理。向氮化盐浴通 CO_2 气体，也能使盐浴中氰根氧化成氰酸根：

$$CN^- + CO_2 \longrightarrow CNO^- + CO$$

氮化盐浴在不工作时或通空气时，会发生分解，一般认为氰酸根分解有以下两种反应式：

$$2CNO^- + O_2 \longrightarrow CO_3^{2-} + CO + N_2 \quad 烧损 \tag{7-11}$$

$$4CNO^- \longrightarrow CO_3^{2-} + 2CN^- + CO + N_2 \quad 分解 \tag{7-12}$$

一种氮化盐浴试验炉如图 7-11。炉子被完全密封，可以抽成真空，也可以通入惰性气体氩气。

盐浴的氰酸根的质量分数为 37%，580℃，90min 渗氮，三种材料在空气、真空和氩气的气氛下渗氮深度见表 7-2。

表 7-2　不同气氛对渗氮深度的影响

气　氛	试 验 材 料		
	C15	X45CrSi9	X45CrSi9
空气	18	16	12
真空	123	12	10
氩气	10	10	8

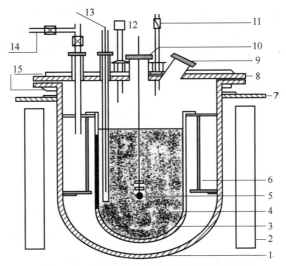

图 7-11 可抽真空和通氩气的盐浴试验炉

1—真空盐浴渗氮炉；2—加热室；3—钛衬里坩埚；4—盐浴槽；5—试验样品；6—坩埚夹持器；

7—炉子支架；8—炉盖；9—窥视窗；10—试样闸门；11—溢流阀；12—压力表；13—热电偶；

14—气体输入管；15—冷却装置

表 7-2 说明，在真空状态下和通惰性气体状态下，也就是在没有氧的状态下，仍然可形成化合物层，说明化学反应不是完全按照式（7-11）进行的。

但是化学反应也不是完全按照式（7-12）进行的，因为在没有氧的情况下，没有形成与空气状态下完全相同的化合物层。实际上在真空状态下形成的化合物层深度比空气中减少30%，在惰性气体中形成的化合物层比空气中减少50%。这说明，在盐浴中进行渗氮时式（7-11）和式（7-12）是作为两个竞争性反应同时进行的，二者共同对金属表面化合物的形成起作用，而反应式（7-9）和式（7-10）又对渗氮起作用。

（3）渗氮过程

QPQ 技术中最重要的渗层组织是在氮化工序中形成的，即形成化合物层和扩散层，因此叙述的重点也是渗氮组织的形成过程。

在氮化炉中渗层组织的形成过程与通常的元素渗入规律一样，包括分解、吸附、扩散三步。

第一步是分解，氰酸根在氮化盐的工作温度下，分解出活性的 N 原子和 C 原子。活性 N 原子浓度的高低取决于盐浴中氰酸根含量的高低和氮化温度的高低。

第二步是吸附，就是活性的 N 原子和 C 原子向金属表面吸附，金属表面 N 的浓度逐渐升高，与金属表面形成一定的浓度差，在一定的温度下，正是这种浓度差使 N 原子和 C 原子向金属内部扩散。

第三步是扩散，已经吸附在金属表面的高浓度的 N 原子向金属内部扩散。由于 N 的原子半径仅为 Fe 原子的一半，而 C 原子的半径更小，所以 N 原子和 C 原子可以在铁的点阵间隙中进行扩散。

最初由于氮的含量很低，只能在金属表面形成固溶体，随着氮化时间的延长，固溶体中的 N 原子含量逐渐增高。如图 7-12，570℃左右时 N 在 α-Fe 中的固溶度极限（质量分数）大约为 0.1%，当 N 的质量分数超过 0.1%时就会形成铁的 γ′氮化物。

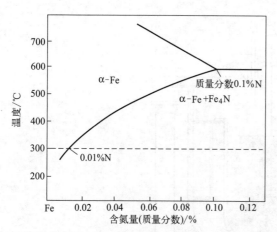

图 7-12　与 Fe₄N 相平衡的 N 在 α-Fe 中的固溶度

在 N 原子渗入金属晶格的同时，C 原子也同时渗入金属。从表 7-3 N、C 原子在 α-Fe 中的扩散系数可见，在 500℃ 以下时，N 的扩散系数比 C 原子的扩散系数大，在 500℃ 以上时 C 原子的扩散系数比 N 原子的扩散系数大。既然在此温度下，N 可以渗入到铁的晶格中，那么原子半径更小、扩散系数更大的 C 原子也会渗入到铁的晶格中。

如图 7-13 所示，当 C 的含量达到 C 在 α-Fe 中的固溶度极限（质量分数约为 0.022%）时，就会形成 C 在铁中的碳化物（Fe₃C）。

表 7-3　N、C 原子在 α-Fe 中的扩散系数（D）　　　　单位：cm^2/s

温度/℃	D（氮）	D（碳）	温度/℃	D（氮）	D（碳）
20	8.8×10^{-17}	2.0×10^{-17}	700	4.4×10^{-7}	6.1×10^{-7}
100	8.3×10^{-14}	3.3×10^{-14}	900	2.3×10^{-6}	3.6×10^{-6}
300	5.3×10^{-10}	4.3×10^{-10}	950（α-Fe）	3.1×10^{-6}	5.1×10^{-6}
500	3.6×10^{-8}	4.1×10^{-8}	950（γ-Fe）	6.5×10^{-8}	1.3×10^{-7}

C 原子最初也是在 α-Fe 中形成固溶体，随着 C 含量的增加，固溶体中 C 的含量升高。

如表 7-3 所示，在 500～700℃ 时，C 在 α-Fe 中的扩散系数大于 N 在 α-Fe 中的扩散系数；比较图 7-12 和图 7-13，N 在 α-Fe 中的固溶度极限（质量分数）为 0.1%，C 在 α-Fe 中的固溶度极限（质量分数）为 0.022%。由于这两方面原因，可以判断，碳化物（Fe₃C）可能优于氮化物（Fe₄N）形成。有人认为，在氮碳共渗的工艺过程中，最初形成的是细小的碳化物，然后以碳化物为核心形成氮化物，因此这些碳化物的形成对氮化物的形成有一定的促进作用。

盐浴渗氮（氮碳共渗）的过程可以这样描述，最初形成 Fe₃C，以 Fe₃C 为核心形成

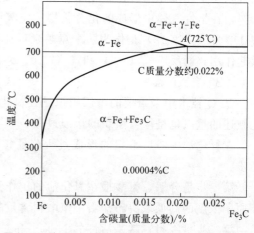

图 7-13　与 Fe₃C 平衡的 C 在 α-Fe 中的固溶度

Fe₄N，继续延长氮化时间，N 原子继续向铁的晶格内部扩散，Fe₄N 层的深度增加，氮的含量升高。根据 Fe-N 相图，氮的质量分数达到 6.1% 时就会形成 ε 相（Fe₃N 或 Fe₂₋₃N）。当氮的含量超过 11% 时就会形成 Fe₂N 相，但在盐浴渗氮的条件下，由于氮的含量所限，不会形成在长周期气体渗氮时才能形成的脆性 Fe₂N 相，而只形成 Fe₃N。

氮化工序最终形成的组织，最外层为氮的化合物层，其中包括 ε 氮化物（Fe₃N 或 Fe₂₋₃N）和 γ′氮化物（Fe₄N）。化合物层的外层含氮量高，为 ε 氮化物，化合物层的里层含氮量较低，为 ε 氮化物和 γ′氮化物的混合物。扩散层是 N 在 α-Fe 中的固溶体。

氮化工序最终形成的渗层组织是：最表面为 ε 氮化物（Fe_3N 或 $Fe_{2\sim3}N$）；向内为 ε 氮化物和 γ′氮化物（Fe_4N）；再向内为扩散层，即含氮的固溶体。

各种氮化物的化学成分和晶体结构见表 7-4。由表可见，Fe_4N 中氮的质量分数为 5.7%～6.1%，其结构为面心立方晶格，分解温度为 680℃。$Fe_{2\sim3}N$ 中氮的质量分数为 6%～11%，其晶格结构为密排六方晶格；Fe_2N 中氮的质量分数为 11.1%～11.3%，其晶格结构为斜方晶格，在盐浴渗氮的条件下，不会形成 Fe_2N 相。此外，在化合物层的时效等条件下还会形成亚稳定的 α 相，即 $Fe_{16}N_2$（Fe_8N），其中氮的质量分数为 2.95%。

表 7-4　Fe-N 系化合物及固溶体

名称	组成	晶体结构	备注
ξ	Fe_2N	斜方晶格 $a=2.75$ $b=4.82$ $c=4.43$	氮的质量分数为 11.1%～11.3%，短时间渗氮一般不出现
ε	$Fe_{2\sim3}N$	密排六方晶格 $a=2.65\sim2.78$ $c=4.35\sim4.42$	氮的质量分数在 6%～11% 的范围内存在，氮的质量分数为 8% 以下的 ε 相回火时低温分解
γ′	Fe_4N	面心立方晶格 $a=3.78$	氮的质量分数为 5.7%～6.1%，680℃ 分解
γ	—	面心立方晶格	在 590℃ 共析温度以上，其组成中氮的质量分数为 2.35%
α	—	体心立方晶格	氮的最大溶解度质量分数为 0.1%

（4）氮化操作

除盐浴氮化外的其他工艺，氮化后可用 QPQ 盐浴氧化，这里不做介绍，读者可参考热处理相关资料。这里只介绍盐浴氮化工艺。

氮化可在工件表面形成足够深度的致密化合物层和相应深度的扩散层。影响渗层质量的因素，除了氮化温度、氮化时间、氰酸根以外，氮化盐浴的状态，特别是除渣情况等因素，对渗层致密度也有重要影响。

① 氮化盐的熔化与补充。用于氮化炉的盐有基盐和调整盐两种。基盐就是配方规定的盐类，调整盐就是有助于 CNO^- 形成的化学物质，可以是尿素反应过程中的物质如三聚氰胺，也可以是催化 CNO^- 形成的化学物质。尿素在高温下形成缩二脲、三聚氰胺，这些物质都能与 CO_3^{2-} 反应生成 CNO^-。盐应放在干燥处，吸水后虽不影响使用性能，但会消耗盐浴的有效成分。基盐用于填满投产最初阶段空的氮化炉坩埚，在正常生产以后作盐浴消耗的补充，用来升高盐浴面。调整盐则是在盐浴中氰酸根下降时加入氮化炉中，用以升高氰酸根含量。调整盐通常量较少，不用它作氮化盐浴数量上的补充。

a. 氮化盐的熔化。将经过清洗、除锈的坩埚吊入电炉中，然后将控温热电偶紧靠坩埚壁插入坩埚内，控温仪表定在 520℃，然后开始升温化盐。将成袋的基盐加入坩埚内，加到坩埚深度的 3/4 左右。然后盖上炉盖，开动通风系统，待坩埚下部的盐开始熔化并下沉以后，可继续适量加入基盐，使基盐浴面始终保持在大体相同的高度，直到最后全部熔化成液体，盐浴面上升到距坩埚上部边缘约 150mm 时，即可停止加盐。

应注意不可用下列方法化盐：第一次把粉末状的盐加满坩埚，熔化后液体在坩埚底部只占坩埚的一小部分容积，坩埚大部分容积被炉丝加热变红，这时再一点一点加盐，边加边熔化。这种加盐方法不仅使盐浴大量挥发，更重要的是盐浴容易过热变质。

基盐全部熔化以后应在 540～560℃ 空炉运行 4h，然后才能投入使用。

新配熔融槽液也可采用以下方法：加入氮化盐到坩埚高度的 80%，升温到 580℃。液面下降后及时添加氮化盐到初始高度，每次添加量控制在 5～10kg。氮化盐全部熔化成液体，且液面达到初始高度后，再在 580℃ 保温 0.5～1h。升温到 620℃ 保温 8h，再调温到 560℃，静置盐浴液。关闭电源降温到 510～520℃，捞渣除渣。捞出的炉渣冷凝后在氧化炉中作中和处理，氧化炉渣同热处理盐浴炉渣一样集中处理。

若不新配槽，凝固的氮化盐应先升温到 560℃，待氮化盐完全熔化后，再降低到工作温度 480℃。

b. 盐浴的补充。在大量生产过程中，由于工件带出、工件与盐浴反应和盐浴挥发等因素，氮化盐浴的体积会逐渐减少，液面高度会下降，因此必须加以补充。盐浴的补充是向氮化炉内加入基盐，用以升高盐浴面。

② 氮化盐浴的调整。氰酸根是影响渗入速度、渗层质量的重要因素。氮化盐浴中的氰酸根应控制在质量分数为 32%～37% 的范围内，以质量分数为 33%～35% 为好。当氰酸根低于质量分数 32% 时，会降低渗层的形成速度。氰酸根含量过高容易造成渗层不致密，甚至会造成严重疏松。

在大量生产条件下，由于盐浴不断与工件发生反应和加热状态下的自然分解，氮化盐浴中的氰酸根含量会不断下降。氰酸根含量下降的快慢与处理工件的多少、氮化温度的高低、保温时间的长短等因素有关。氮化盐浴中的氰酸根含量过高时，可以采用高温时效的方法来降低，即在 570～580℃ 保温，使氰酸根自然分解，直到达到要求值为止。当氰酸根含量低于要求值时，应向盐浴中加调整盐，以提高氰酸根含量。调整盐可用三聚氰胺 $(C_6N_9H_5)_n$，调整盐的添加量可以通过试验来确定。调整盐以每天补充为好，不宜隔很多天大份额地补充添加，这样氰酸根会大起大落。同时注意调整盐不宜一次性过量添加，这样会影响渗层的致密度。

添加调整盐时，氮化盐浴温度下调到 520～540℃ 为好，以免盐浴大量挥发。调整盐的添加量也可以预先列表计算，表 7-5 是根据坩埚尺寸大小和炉中氰酸根含量计算出的调整盐的添加量，仅供参考。

投产初期最好每天化验氰酸根含量，生产正常以后，可以根据生产零件的多少，确定化验周期，如每周化验 1～2 次氰酸根含量，并根据氰酸根含量化验结果，试验确定调整盐应添加的数量，使盐浴中的氰酸根始终保持在中限水平。

表 7-5　调整盐添加量与坩埚尺寸的关系

坩埚尺寸(直径/深度)/(mm/mm)		350/800	500/800	600/1000	600/1300	800/1600	800/1500
装盐量/kg		100	200	370	480	650	950
加入以上调整盐后，CNO^- 的质量分数							
$w(CNO^-)/\%$	38	—	—	—	—	—	—
	37.5	0.3	0.6	1.1	1.4	1.9	2.9
	37	0.6	1.2	2.2	2.9	3.9	5.7
	36.5	0.9	1.8	3.3	4.3	5.9	8.6
	36	1.2	2.4	4.4	5.8	7.8	11.4
	35.5	1.5	3.0	5.6	7.2	9.8	14.3

加入以上调整盐后，CNO¯的质量分数

$w(CNO^-)/\%$	35	1.8	3.6	6.7	8.6	11.7	17.1
	34.5	2.1	4.2	7.8	10.0	13.7	20.0
	34	2.4	4.8	8.9	11.5	15.6	22.8
	33.5	2.7	5.4	10.0	13.0	17.6	25.7
	33	3.0	6.0	11.1	14.4	19.6	28.5
	32.5	3.3	6.6	12.2	15.8	21.5	31.5
	32	3.6	7.2	13.3	17.3	23.4	34.2
	31.5	3.9	7.8	14.4	18.7	25.4	37.1
	31	4.2	8.4	15.5	20.2	27.3	39.9
	30.5	4.5	9.0	16.7	21.6	29.3	42.8
	30	4.8	9.6	17.8	23.0	21.3	45.6
	29.5	5.1	10.2	18.9	24.5	33.2	48.5

（5）氮化盐浴的维护

保持氮化盐浴的良好状态对渗层质量有很大影响。带有脏物、油脂或铁锈的工件不可进入氮化炉内。铜、铝、锌等有色金属件也不准进入氮化炉。大批量的铜焊件也不宜进入氮化炉。装工件的夹具及常用工具也应保持清洁，不宜夹带杂物进炉。停炉后应盖好炉盖，防止脏物入炉。

清除氮化炉内的炉渣对保证化合物层的致密度极为重要。每班工作后应用铁勺捞出盐浴内的块状或泥状沉渣，然后再用滤渣器滤除盐浴内的悬浮渣。滤渣器有多种形式，各生产厂家可根据具体情况设计开发。图 7-14 为一种文献资料上的不锈钢网滤渣器，可以很好地滤除氮化盐浴中的悬浮炉渣。其操作步骤如下：

① 将法兰盘（带滤渣网）吊离滤渣筒底部，将滤渣筒与法兰盘一道放入坩埚内，见图 7-14（a）。

② 将法兰盘落到滤渣筒底部，见图 7-14（b）。

③ 吊起滤渣筒，使盐液从滤渣网中过滤，见图 7-14（c）。

这种滤渣网滤渣较彻底，可以进行连续多次过滤，但不能过滤细渣。即使采用很细的不

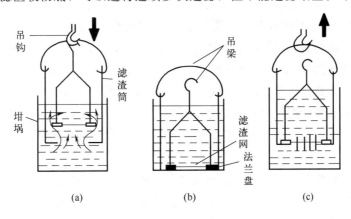

(a)   (b)   (c)

图 7-14　滤渣器的操作步骤示意图

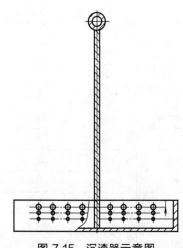

图 7-15 沉渣器示意图

锈钢网，也会有大量的细渣漏掉，而细渣往往容易形成极细的点状疏松，使渗层质量变坏。可以通过改变滤渣器具与滤渣方法来清除细渣。由于在盐浴自上而下的凝固过程中，当纯的盐凝固成固体时，杂质则被排除到液相中。这样伴随盐浴自上而下的凝固，渣不断地被排向下方，最后沉到坩埚的底部。可以制作如图 7-15 的沉渣器，沉渣器侧面的小孔是在沉渣器提起时，便于炉渣上面的盐液流出来，最后当沉渣器提出盐浴面时只剩下炉渣。在每天工作结束后把沉渣器放入氮化炉中，第二天工作开始，盐浴熔化后提出。一般是在氮化炉工作结束后，关闭氮化炉电源，搅动坩埚底部盐浴，使渣子悬浮起来，然后将沉渣器放入氮化炉底部。盐浴凝固后，渣子完全沉在沉渣器的底部。第二天上班后，通电熔化盐浴，待盐浴刚好熔化完、底部的渣子尚未浮起之前及时提起沉渣器（最初可以在沉渣器内残留少量熔化的白色固体氮化盐）。如果沉渣器提起过晚，盐浴完全熔化，并开始上下翻腾，会把部分渣从沉渣器中搅动出来，影响沉渣效果。沉渣器应缓慢提起，动作应连续，不作中间停顿或冲击，以免沉渣器内的渣再浮起并流出沉渣器。

为了检验氮化炉的状态，除化验氰酸根含量以外，每炉应带一个与被处理工件材料一致的金相试样，也可用 $45^\#$ 钢，当处理新零件时，用新零件材料试验，检测成功后更换为新材料。氮化炉每月应用电位差计和校温热电偶校正一次炉温。氮化炉的使用温度一般不应超过 580℃。

在大量生产条件下，至少每月校正一次氮化炉的炉温，每周化验一次氮化盐浴的氰酸根含量，每周检查一次渗层硬度，每天都要带试样检查渗层深度。在生产过程中，应该对每种产品的具体生产工艺规范、处理过程、炉子的状态和调整情况以及产品的质量检测情况等进行详细地记载，以便日常的生产管理和对产品的质量进行控制和跟踪检查。

（6）氮化规范

氮化规范主要依据产品的品种、规格、材料、用途等因素来选择。生产厂家根据具体情况通过试验制定工艺规范，大体上可以分为以下几种类型：

高速钢刀具（必须预先淬火）氮化温度 540~550℃，氮化时间 5~45min。

Cr12MoV 型钢的工具或模具（必须预先淬火）氮化温度 520℃，氮化时间 0.2~2h。

各类耐磨件（结构钢、工具钢、不锈钢、铸铁等）氮化温度 570℃，氮化时间 2~4h。

单纯防锈件氮化温度 570℃，氮化时间 1~2h。

工件入氮化炉以后，炉温下降不超过 20℃时，氮化时间可从入炉时算起。否则，氮化时间应从炉温回升到控制温度时算起。氮化时间是重要的工艺参数，应严格按工艺卡片要求执行。为了严格、准确地控制氮化时间，成套设备中可采用定时报警仪表。

7.1.2.4 氧化

氧化工序的主要作用是在金属表面形成黑色的氧化膜，以隔绝腐蚀介质，增加金属表面耐蚀性，并使工件外观更美观。氧化能分解工件从氮化炉中带出来的氮化盐，使其氰根彻底分解，消除污染。

（1）氧化化学反应

作为氧化剂的药品有硝酸盐、亚硝酸盐、高锰酸钾与重铬酸钾等。

① K、Na 的氢氧化物＋K、Na 的硝酸盐混合物，或多种盐、碱的混合物。

② 碱性氢氧化物、硝酸盐、碳酸盐及少量碱性铬酸盐（强氧化阴离子）的混合物。

③ 碱金属氢氧化物＋碱金属硝酸盐＋亚硝酸盐及选择性碱金属碳酸盐＋$0.5\%\sim1.5\%$的强氧化剂（重铬酸钾、高锰酸盐、过氧化碳酸盐、碘酸盐和高碘酸盐）。

氧化盐浴可以使工件从氮化盐浴中带出的氰根分解成碳酸盐沉渣，同样氰酸根也会分解成碳酸盐沉渣，从而达到无污染的效果。这两个化学反应式可表示为：

$$CN^- + AB1 \longrightarrow CO_3^{2-}$$

$$CNO^- + AB1 \longrightarrow CO_3^{2-}$$

工件在氧化盐浴中表面被氧化，卡具和铁制的坩埚也会被氧化。工件表面被氧化以后生成致密的 Fe_3O_4 氧化膜。Fe_3O_4 是 FeO 和 Fe_2O_3 的混合物。Fe_2O_3 有 α 和 γ 两种，在 400℃形成的是 α-Fe_2O_3，小于 400℃形成的是 γ-Fe_2O_3。这两者的耐腐蚀性能不同。

$$2Fe + O_2 \longrightarrow 2FeO$$

$$4Fe + 3O_2 \longrightarrow 2Fe_2O_3$$

$$FeO + Fe_2O_3 \longrightarrow Fe_3O_4$$

在处理大量工件以后，氧化盐浴会变红，这是由于其中含有大量的 Fe_2O_3。有时可以向氧化盐浴中加入某种还原剂，可以使红色的 Fe_2O_3 还原成 Fe，使氧化盐浴的红色消失，恢复为正常的黄绿色，其化学反应式大体是：

$$Fe_2O_3 + 还原剂 \longrightarrow Fe$$

由于先生成的氧化膜对后续氧化有阻碍作用，所以一般的钢件氧化，其膜厚都不到 $1\mu m$。经过氮化的表面形成了疏松层，这个疏松层有利于氧化过程的进行。氧化作用一是对表面未形成氮化物的部分进行氧化，同时也可能对形成的氮化物进行氧化。

$$Fe_2N + 3[O] \longrightarrow 2FeO + NO$$

当 Fe_2N 形成 FeO 后，剩余的 N 原子要么被继续氧化为 NO 释放，要么结合为 N_2 释放。

（2）氧化的工艺操作

① 氧化盐浴的熔化与补充。

氧化盐吸水性比较强，吸水后容易结成大块状，但不影响使用性能，可以先敲成小块再加入炉中，一次 $5\sim10kg$，直到距离坩埚口 $15\sim25cm$。如果大量加盐，应在加盐后，将温度升高到略高于氧化温度后，保温 $1\sim2h$，然后冷却到工艺温度。这样可使氧化液充分混合，药品充分溶解，温度均匀。

初次加盐时，将清洁无锈的坩埚吊入电炉中，仪表定温在 220℃，热电偶紧靠坩埚壁，仪表定温不宜过高，否则由于氧化盐中水分较多，熔化后气泡量大，有可能造成盐浴外溢，甚至损坏设备。然后将氧化盐成袋地加入坩埚中，加入量不宜太多，到坩埚高度的 1/2 多些即可，然后通电熔化。第一次加入的盐全部熔化以后再逐渐加入氧化盐，每次加入量不宜太多，边熔化，边加入，直到液面升高到距坩埚上部边缘 200mm 左右为止。

盐浴面达到要求的高度以后，应在 220℃保温，使水分大量挥发，直到液面不再有气泡产生完全平静为止。然后将盐浴温度再上升 $10\sim20$℃，保温让气泡挥发，直到液面平静后再升温 $10\sim20$℃，如此循环，直到温度升到 370℃。也可 400℃和 450℃保温时效，最后在

500℃保温 2h，再降低到 350～400℃使用。注意盐浴升温一定不能太快，否则可能造成盐浴外溢。操作熟练以后也可采用快速方法化盐。

在大量生产过程中，氧化盐由于工件的大量带出和分解工件带入的氮化盐而消耗，特别是在捞渣以后，盐浴面下降较多，这时应添加氧化盐以升高液面。

② 氧化盐浴的使用与调整。工件从氮化炉出来后，在进入氧化炉之前，应尽量使工件表面和夹具上的氮化盐液滴到氮化炉中，以免大量消耗氮化盐和由于分解氮化盐而连带消耗更多的氧化盐。

特大尺寸的工件和装夹数量大、装夹过密的工件，为了避免进入氧化炉时反应过分激烈或造成盐浴外溢，工件应在空气中预冷 1～2min 或稍长时间，再进入氧化炉。但工件在空气中不能停留太久，否则氧化后工件可能产生表面发红现象。

各种零件氧化工序的规范大体一样。氧化温度为 350～370℃，多为 370℃，氧化时间一般为 15～20min。工件小、数量少，可为 10～15min；工件尺寸大、数量多时，氧化时间可延长至 30min 或更长。对大件可观察氧化盐浴表面的泡沫，氧化盐浴表面泡沫消失，说明氮化盐已被完全分解，可停止氧化。

大量生产过程中，氧化盐浴不断与工件带入的氮化盐发生分解反应，会生成 Fe_2O_3、碳酸盐渣等产物。氧化盐浴还会与工件、夹具、坩埚壁发生反应，生成铁的氧化物，使盐浴老化，甚至发红。判断老化的标准是看零件处理后是否发红、颜色是否均匀以及槽里渣滓是否太多。若氧化盐浴面有块状浅黄色物体悬浮，似凝非凝，表明盐浴中沉渣严重，应去除炉底和悬浮的渣滓，并按活化工艺方法使盐浴恢复活性。

老化发红氧化盐恢复活性方法：首先将氧化盐浴中渣滓彻底捞干净，然后将盐浴温度升高到 500℃，保温 2h 后，冷却到 370℃。这样处理后盐浴即可恢复到正常的黄绿色或深绿色，表明氧化盐浴恢复了活性。必要时设计专门的捞渣器。

氧化盐往往因吸水而形成大块，在加入氧化炉前最好先把大块敲碎。若氧化盐液面降低较多，加入氧化盐时应注意一次加入量不宜太多，否则由于盐中的水分大量汽化而引起盐液外溢。每次加盐时应注意在盐浴表面的气泡挥发以后，盐浴面较为平静后再继续添加，以防盐浴外溢。补充较多新盐时，最好将盐浴升高到 500℃，保温 2h，然后再使用。

③ 操作注意事项。

a. 加盐之前看清包装袋上标记，不可加错盐。若把大量氧化盐加入氮化炉中，不仅氮化盐浴报废，还会造成盐浴外溢，甚至损坏设备。把大量基盐或调整盐加入氧化炉中，则消耗大量氧化盐，且反应激烈，造成盐浴外溢，甚至损坏设备。盐应储放在干燥、清洁处。已开袋使用的盐，剩余部分应保持清洁，不得混入杂物。

b. 药品加热过程中，如气泡较多，可能是盐吸收的水分挥发，应恒定在原温度一段时间，待气泡减少或消失后再升高温度。最上面一层药品可能结成盐盖，可用铁杆站在远处捅破，注意槽液飞溅伤人。氮化炉不允许在 590℃以上长期使用，经常使用的温度应在 580℃以下，否则盐浴易变质。

c. 夹具不得采用空钢管制造。处理带有细长通孔的工件时，由氮化炉出来进入氧化炉时，应在空气中预冷一段时间，或缓缓地进入氧化炉，以防盐浴溅射伤人。铜、铝、锌件不宜制作夹具放入氮化炉中，否则易使氮化盐变质。偶尔一次短时间放入铜件无妨。

d. 零件装入后，会导致槽液温度下降。可一次装入少量零件，或将温度升高到工艺温度的上限。工件进入氧化炉以后，不能再重新返回氮化炉，否则，会产生剧烈反应。带有氧化盐的工件和夹具只有清洗掉氧化盐，并重新预热烘干以后才能再进入氮化炉。带有氧化盐的勺子、钩子等工具也不能进入氮化炉。

e. 未经预热烘干带有水分的工件或夹具不得直接进入氮化炉，以免发生盐浴溅射。工件由氮化炉出来，如不经氧化炉而直接水冷，在工件数量较多时，清洗水必须用双氧水或硫酸亚铁中和，然后才能排放。当清洗水的 pH 值超过 9 时，可用厂里酸洗工序或其他工序的废酸来中和。

f. 从氮化炉中捞出的渣滓应在冷凝以后放入氧化炉中作中和处理，以分解其中的氰根。由氧化炉捞出的渣滓可视为普通热处理盐浴炉的炉渣进行处理。从炉子中新捞出的热状态的氮化炉渣和氧化炉渣不可直接混合，以防两者发生强烈氧化反应，产生高温燃烧。在处理体积很大的工件时，为防止盐浴外溢，可以将盐浴取出一些，放在容器中冷凝成块，保存起来，以后再加入炉中。

g. 工件第一次处理后若质量不好，如渗层太浅，原则上可重复处理一次。在重复处理前，工件最好先喷砂，除去外表黑色氧化膜后，再作第二次处理。

QPQ 的氧化也可以采用可控离子渗入氧，这样可以得到比较厚的氧化层。这种可控离子渗入氧化技术目前已经投入生产应用，由于其技术保密，这里不做详细介绍。

当采用气体氧化时，目前所用气体一般是纯的水蒸气，在 400℃ 氧化 1h，滴加适量助氧化剂溶液（5%柠檬酸溶液效果不是十分理想），汽化的蒸气中的氧，在高温下将渗氮后的零件氧化，水蒸气中加入少量 H_2，冷却时充入氮气。这样处理对 40Cr 等材料很有效，这种工艺目前正在研究完善。

（3）氧化后的清洗工序

工件从氧化炉出来后，表面会附着一层氧化盐，因此必须进行清洗。先在冷水中把工件表面的盐清洗掉，然后在热水中漂洗并干燥。

碳钢工件从氧化炉出来后，可直接进入冷水中急冷清洗。合金钢件，特别是高合金钢件、焊接件、易变形或变形要求严格的工件，从氧化炉出来后应在空气中预冷，直到夹具内外所有工件表面的盐液都开始冷凝时，再将工件送入冷水中清洗，必要时可待工件冷却到室温后再清洗。

工件经冷水清洗后可自然干燥或吹干。大量生产时，为缩短生产周期，工件冷水清洗后应进入 70~80℃ 的热水槽中，保温 10min 左右，然后在空气中冷却，工件会迅速干燥。清洗工件的热水温度不宜过高，更不应沸腾，以免工件干燥后表面粘粒状物。

氧化盐浴可彻底分解氰根，故清洗水中氰化物含量低于国家排放标准，清洗水可直接排放。

7.1.2.5 氧化后加工工序

工件在进行氮化、氧化等主要工序以后，通常已是最后成品，不需再进行任何加工，只有当工件有特殊要求时才做抛光、研磨等后序加工，并且还要再次进行氧化处理。

抛光工序对形状简单、数量不大的工件，可以采用布轮抛光或砂纸抛光。工件形状复杂、产量大时应采用三维运动的光饰机或滚筒抛光机，生产效率高、抛光质量均匀稳定。

对于精密齿轮等工件，可采用研磨代替抛光。研磨可能会去掉部分化合物，只要研磨后化合物层仍能满足耐磨性要求就可采用研磨代替抛光。

一般工件 QPQ 处理后不宜再进行磨削加工，以防化合物层被磨掉。有些工件制造精度高，允许每次进给量达 $1\mu m$ 级的精密磨量，这时 QPQ 处理后工件可精密磨削，可保留足够深的化合物层。

有人提出工件经 QPQ 处理后，采用超精加工、喷丸、精密滚压等方法去除化合物层外层的疏松层。疏松层对工件的耐磨性究竟是有利（可以储油、减少磨损）还是有害（疏松层不耐磨），目前看法还不太一致。

QPQ 处理以后一般工件很少做回火时效处理，只有在做金相检查时，为了更好地显示针状的 Fe_4N 相，常对某些钢在 300℃ 左右做 2h 的时效回火。

对某些零件来说，有时 QPQ 处理以后化合物层不够深或渗层的硬度梯度太陡。为了加厚渗层，减小硬度梯度，可以将工件进行整体淬火或高频感应淬火。图 7-16 为在 4～8s 高频感应淬火后渗层的断面硬度变化情况，由图可见硬度梯度大大变缓，硬化层深度达几毫米。

高频感应淬火以后，工件表面的化合物层会发生分解，硬度会稍有下降，但钢的疲劳强度会得到提高，图 7-17 表明高频淬火后钢的渗层疲劳强度提高了 60% 以上。

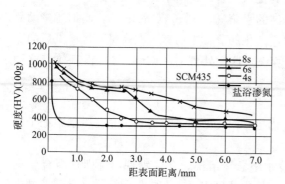

图 7-16 高频感应淬火渗层的断面硬度曲线

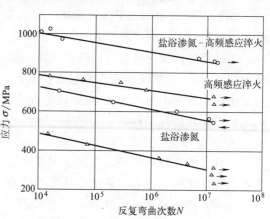

图 7-17 高频感应淬火后钢的渗层疲劳强度的变化

图中箭头表示折弯次数增加的变化趋势

7.1.2.6 浸油

工件浸油前必须干燥。工件若不浸油，不能体现 QPQ 较好的耐腐蚀性能。所以浸油是提高工件耐腐蚀性的关键。一种适合于 QPQ 的浸油工艺：$32^{\#}$ 机械油，130～160℃，30min。

油是一种密封剂，主要采用渗透性强的碱性高分子物质。由于渗透性强，它可以进入疏松层的孔洞之中。由于呈碱性，可以中和因为金属离子水解产生的氢离子，而使孔洞内的物质不能呈现酸性，从而减缓孔洞腐蚀，提高盐雾试验时间。在油中添加一些油溶性缓蚀添加剂，能有效提高膜层防腐蚀性能，这些油溶性的添加剂如石油磺酸钡、石油磺酸钠、十二烯基丁二酸、二壬基萘磺酸钡、环烷酸锌等，多种缓蚀剂的组合能达到最佳效果。

7.2 QPQ 处理层质量影响因素

QPQ 技术可在工件表面形成具有足够深度和一定硬度的高质量渗层，使膜层硬度高、耐磨且耐腐蚀性强。其他情况相同时，渗层越厚，耐磨时间越长。

氮化工序的工艺参数主要影响渗层深度与硬度，而氧化工序工艺参数主要影响膜层耐腐蚀性能。氮化影响因素主要有氮化温度、氮化时间、氰酸根含量，以及基体材料的种类和预先热处理状态的影响。以上均指在氮化盐浴和操作工序正常情况下的影响，氮化盐浴不正常或操作不当等因素的影响不在此列。存在一个使膜层性能最优的最佳时间、温度及药品成分（对于氮化过程药品因素即为氰酸根含量），当氰酸根含量不同时，最适宜的温度与时间可能不同。氧化影响因素主要有温度、时间及药品成分。

7.2.1 氮化温度的影响

氮或碳向里层扩散过程中，可根据相关方程求解：

$$\frac{\partial c}{\partial \tau} = D \frac{\partial^2 c}{\partial x^2} \tag{7-13}$$

得出扩散深度与温度的关系如图 7-18 所示。

实际渗氮深度与温度的关系，与此有一定偏差。一种文献介绍的渗层深度与温度的关系如图 7-19 所示。其工艺条件为：45 钢样品，氰酸根质量分数为 37%，氮化时间 2h，氮化温度为 550～590℃，金相法测定渗层深度。

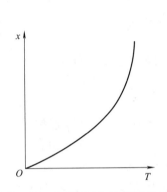

图 7-18　扩散深度与温度的关系

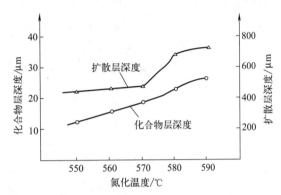

图 7-19　氮化温度对渗层深度的影响

由图 7-19 可知，氮化温度由 550℃升高到 590℃，随着氮化温度的升高，化合物层深度几乎呈直线增加。氮化温度由 550℃升高到 570℃，随着氮化温度的升高，扩散层深度加深比较缓慢。氮化温度由 570℃升高到 590℃，随着氮化温度的升高，扩散层深度加深较为迅速。渗氮温度可能对渗层结构产生影响，根据相关研究报道，以 45 钢为例，氰酸根含量为 36.2% 左右的条件下，高于 590℃处理，会多生成一个中间层结构。

理论预测与实验操作都表明，随着温度的升高，渗层深度增加。理论与实测并不完全重合，因为理论没有考虑形成氮化物这些因素，只是纯粹的扩散。实际渗氮过程中，当 N 浓度增大时，会形成 Fe_3N、Fe_2N，所以渗层深度增加更缓慢。

材料不同，温度影响情况也不同。根据文献资料，温度对淬火的 W6Mo5Cr4V2 高速钢渗层深度的影响如图 7-20 所示，在氰酸根质量分数为 33% 的盐浴中，氮化时间固定为 20min，在氮化温度由 520℃升到 540℃时，随着氮化温度的升高，渗层深度增加比较缓慢。当氮化温度升高到 550℃以后，则渗层深度增加较为迅速。

图 7-21 是用 50g 载荷测定的不同氮化温度下试样的断面显微硬度分布曲线，与图 7-19 渗氮条件相同。由图 7-21 可知，随温度升高，表面氮浓度增加，形成的氮化物较多，表面硬度增大。但由表往里，却出现硬度下降的现象。在氮化温度高于 550℃时，试样最表面都有硬度下降的现象，而且氮化温度越高，硬度下降越严重。断面硬度曲线的最高硬度值（峰值）随着氮化温度的升高而不断升高，峰值的位置由表面向内移动。

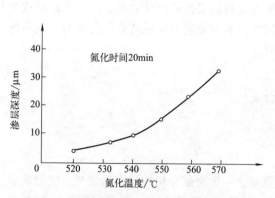

图 7-20　氮化温度对高速钢渗层深度的影响

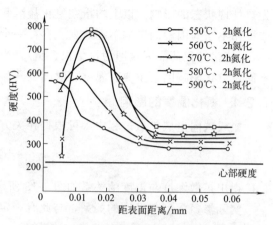

图 7-21　氮化温度对渗层断面硬度的影响

试样最外层的硬度下降是由于化合物层外面疏松层的影响。当氮化温度升高到 560℃ 以后，化合物层外面出现了疏松层，随着氮化温度的升高，疏松加重，所以硬度下降也越显著。硬度峰值向内移，表明疏松层在加宽。

应当说明的是，并不是渗氮温度越高，硬度越高。不同材料与渗氮条件下，往往有一个硬度最高的渗氮温度。

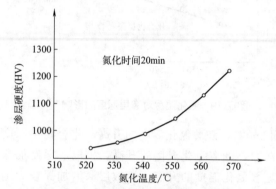

图 7-22　氮化温度对高速钢渗层硬度的影响

材料不同，温度对材料的影响情况不一样。淬火的 W6Mo5Cr4V2 高速钢随着氮化温度的升高，渗层中氮的浓度升高，因此渗层硬度（表面硬度）增加。与图 7-20 相同的条件下，温度对硬度的影响如图 7-22 所示。550℃ 以前随着氮化温度的升高，硬度增加比较缓慢；550℃ 以后，硬度值增加较为迅速。有研究显示，480℃ 氮化 1h 后再进行 1h 的 630℃ 氮化，对 45 钢、35CrMo 钢和 316L 不锈钢效果较佳。

7.2.2　氮化时间的影响

氮或碳向里层扩散过程中，可根据方程式（7-13）求解，得出扩散深度与温度的关系，如图 7-23（a）。

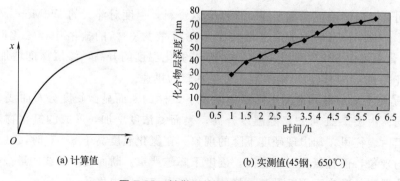

(a) 计算值　　　　　　　(b) 实测值(45钢，650℃)

图 7-23　扩散深度与时间的关系

实测的扩散深度与时间关系，近似为直线关系，如图 7-23（b）。但化合物层及扩散层随时间变化情况不尽相同，扩散层厚度随时间几乎线性增加，而化合物层厚度开始增加较快，以后变得平缓。随着材料与工艺条件的不同，可能会具有不同的变化特点。

随着氮化的不断进行，氮的浓度增加，先是形成 Fe_4N，然后形成 Fe_3N，最后形成 Fe_2N。膜层外表面氮的浓度较大，时间久了，如在 10h 时，可能形成脆性较大的 Fe_2N，气态氮化时，生产上常通过专门的脱氮工序，在 N_2 气氛及高温条件下，恒温数小时，使 Fe_2N 转变为 Fe_3N 等，恢复零件表层的韧性。同样，碳含量过高，也有专门的脱碳工序。

在距零件表面不同距离的深度，硬度不同，因为各处氮化物浓度及其硬度不同。不同渗氮时间的渗层硬度梯度见图 7-24 所示。

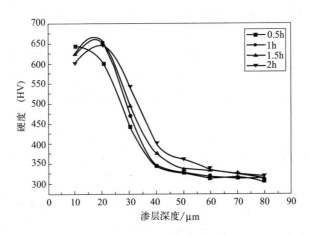

图 7-24　不同渗氮时间的渗层硬度梯度图（600℃，45 钢）

氮化刚开始时，随着氮化时间延长，由于形成的氮化物增多，最外层硬度逐渐增大。延长到一定时间，硬度最大值也增大，但会从最表面逐渐向内部转移，且出现峰值后向零件内部延伸硬度降低，此时时间越长，硬度峰值越高，向零件内部延伸硬度下降也越大。

当渗氮时间较短时，随着氮化时间增加，硬度增加，但不一定是时间越长，硬度越高。往往一定材料与一定渗氮条件下，有一个最大硬度时间。

随着氮化时间的加长，化合物层中疏松层所占的比例会逐渐加大，零件中性盐雾时间会变短，有一个耐腐蚀性最佳的渗氮时间。但对于 QPQ 处理，后续的氧化处理往往对耐腐蚀性能起到决定性作用。氧化后浸油，使疏松层空隙充满油性物质，能起到很好的效果。

7.2.3　氰酸根的影响

在同样的氮化温度和氮化时间的条件下，随着氮化盐浴中氰酸根含量的升高，化合物层深度呈直线增加。一种渗氮条件下，氰酸根含量对化合物层深度的影响如图 7-25 所示。

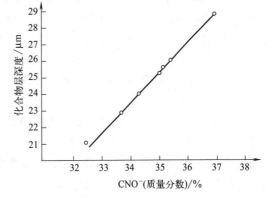

图 7-25　氰酸根含量对化合物层深度的影响

这是由于氰酸根浓度升高，原子态氮的浓度升高，加快了化合物层的形成速度。

很多情况下，当盐浴中的氰酸根含量（质量分数）低于32％时，元素渗入速度会大幅度下降，同样条件下，化合物层的深度会大大减小。当盐浴中的氰酸根含量（质量分数）高于38％时，则盐浴的氧化性增强，形成的化合物层会带有严重的疏松。氰酸根含量较低时，应该延长渗氮时间。

氰酸根含量对化合物层表面硬度的影响较小。一种文献介绍的影响示意图如图7-26所示。当氰酸根含量（质量分数）低于34％时，45钢表面硬度有所下降，当氰酸根含量（质量分数）由34％上升到38％时，试验表面硬度几乎无明显变化。

对于淬火回火的W6Mo5Cr4V2高速钢，氮化温度固定在540℃，氮化时间20min，在不同氰酸根含量时，氮化后的硬度值如图7-27所示。CNO^-质量分数在30％以下时，随着CNO^-的升高，高速钢渗层表面硬度增加缓慢，CNO^-质量分数大于30％以后，渗层硬度增加较为迅速。氰酸根浓度的测量方法如下。

用直径约为40mm、长度约为500mm的不锈钢棒，缓慢放入氮化盐浴中，然后迅速提起，待附在钢棒上盐冷却后会自动脱落，然后收集。将盐样盛于容器中，并放入干燥箱（80～90℃）干燥1h后取出并冷却（新取的盐样，可以立即进行化验，可以不用干燥）。

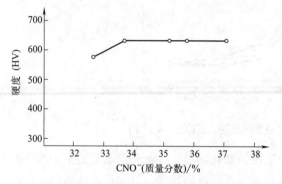

图7-26　氰酸根含量对表面硬度的影响
（45钢，570℃、2.5h氮化）

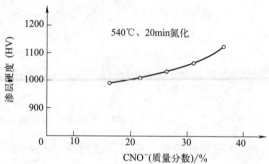

图7-27　氰酸根含量对高速钢渗层硬度的影响

称取盐样5g于250mL烧杯中，加蒸馏水50mL，在电炉上加热直至固体盐全部溶于水后取下冷却，随后将盐液移至250mL容量瓶中，加蒸馏水进行定容，摇匀，过滤。用移液管取上述过滤液10mL于250mL三角瓶中，同时加入20mL蒸馏水和5mL（2mol/L）H_2SO_4溶液，加热煮沸后取下冷却。向三角瓶中加入混合指示剂2滴并摇匀，此时的溶液会呈紫红色，逐滴加入10％NaOH溶液至溶液呈绿色。然后再逐滴加入H_2SO_4（2mol/L）至溶液重新转为紫红色，并用少量的蒸馏水吹洗瓶壁，然后滴加NaOH溶液（0.1mol/L）至三角瓶中的混合液刚好呈绿色。加入10mL比例为1∶1的甲醛溶液，摇匀并放置1min，待发生充分反应后加入酚酞指示剂2～4滴，用NaOH溶液（0.1mol/L）滴定，三角瓶中的混合溶液由紫红色变为亮绿色最后再转为紫红色，最终以稳定微红色为滴定终点，记下消耗NaOH溶液（0.1mol/L）的体积（V_1）。另取比例为1∶1的甲醛溶液于另一个250mL三角瓶中，加入蒸馏水5mL，加2～4滴酚酞，摇匀后用NaOH溶液（0.1mol/L）滴定到溶液呈微红色为止，记下滴定消耗NaOH（0.1 mol/L）的体积（V_2）。CNO^-的质量分数w按下式进行计算：

$$w(CNO^-) = [c \times 0.042 \times (V_1 - V_2)]/0.2 \tag{7-14}$$

式中，c为第二步中NaOH标准溶液的物质的量浓度。

7.2.4 基体材料及其预先热处理的影响

QPQ工艺处理并不适应所有材料，一些材料渗氮氧化后，硬度增加不大，而对于不锈钢，本身就耐腐蚀，氧化对于耐腐蚀性的提高意义不大。QPQ工艺处理适宜的材料见表7-6。

表 7-6　QPQ 工艺处理适宜的材料

材料类别	牌号
结构钢	Q235-B、20、20Cr、20CrMnTi、20CrNiMo、35CrMo、42CrMo、45、40Cr、50CrV、65Mn、38CrMoAl
工具钢	T7～T12、5CrMnMo、5CrNiMo、3Cr2W8V、GCr15、4Cr5MoSiV1、Cr11MoV、各种高速钢
不锈耐热钢	0Cr13～4Cr13、1Cr18Ni9Ti、0Cr18Ni12Mo2Ti、4Cr9Si2、5Cr21Mn9Ni4N
铸铁	灰铸铁、可锻铸铁、球墨铸铁、耐磨合金铸铁
镍基粉末冶金	Nil8Co9Mo5

基体材料的影响表现在两个方面：一方面基体材料中所含合金元素的不同直接影响渗层的深度和硬度。不同合金元素会对氮的扩散产生影响，更有可能形成不同的氮化物；另一方面由于基体材料成分不同，抗回火能力不同，在预先热处理以后得到的强度、硬度不同，也就是材料内部晶型结构有差异，特别是经 QPQ 处理以后，基体心部硬度不同。这两个方面都影响氮的扩散，从而影响渗层性能，以下分别就这两个方面的影响进行叙述。

（1）合金元素对渗层的影响

合金元素对渗层的影响表现在对渗层硬度的影响和对渗层形成速度的影响，即对渗层深度的影响。

钢中合金元素对渗层的影响主要取决于这些元素与氮的亲和力的强弱。如 Al、Mo、Cr、V、Ti 等元素与氮的亲和力较强，可形成稳定的氮化物，这些氮化物处于弥散状态，对钢有剧烈的强化作用，这些氮化物在高温下不易聚合，具有极高的硬度。

常见合金元素可能形成的氮化物、晶体结构及其物理性能见表 7-7。依据合金氮化物稳定性大小，可以将这些氮化物依次排列：TiN、AlN、VN、W_2N、Mo_2N、Cr_2N、Mn_4N、Fe_2N。

表 7-7　常见合金元素的氮化物及晶体结构与物理性能

氮化物	$w(N)/\%$	晶体结构	显微硬度（HV）	密度/（g/cm³）	熔点/℃
AlN	34.18	六方	1225～1230	3.05	2460
Ti_3N	8.9	正方		4.77	
TiN	21.1～22.6	面心立方	1994～2160	5.43	3205
Nb_2N	5.7～7.1	六方	1720	8.31	
NbN	13.1～13.3	六方	1400	8.40	2300（分解）
V_3N	8.4～11.9	六方	1900	5.98	
VN	16.0～25.9	面心立方	1520	6.10	2360
Cr_2N	11.3～11.8	六方	1570	6.51	1650
CrN	21.7	面心立方	1093	5.8～6.1	1500（离解）
Mo_3N	5.4	正方			
Mo_2N	6.4～6.7	面心立方		8.04	600（离解）

氮化物	$w(N)/\%$	晶体结构	显微硬度(HV)	密度/(g/cm^3)	熔点/℃
MoN	12.73	六方		8.06	600(离解)
W$_2$N	4.39	面心立方		12.20	
WN	7.04	六方		12.08	
Mn$_4$N	5.8~6.1	面心立方			460~600(分解)
Mn$_2$N	9.2~11.8	六方		6.2~6.6	
Fe$_4$N	5.3~5.75	面心立方	≥450	6.57	670(离解)
Fe$_3$N	8.1~11.1	六方			
Fe$_2$N	11.2~11.8	正方			560(离解)

合金元素对渗层硬度的影响如图 7-28 所示。其中由于 Al 可形成极细的氮化物，因而强化作用极强，氮化物层硬度提高最大；Mo、Cr 提高硬度幅度次之；Mn、Si 只使氮化层的硬度稍有提高；Ni 不形成氮化物，对氮化层的硬度几乎无影响。

合金元素既影响渗层硬度，也影响渗层深度。有的合金元素可加速渗层形成，生成较深的氮化层。有些合金元素会减缓渗层形成速度，这些元素在钢中形成的弥散的合金氮化物对氮元素的渗入有阻碍作用，故一般高合金钢的化合物层和总渗层深度都比碳钢浅得多。图 7-29 为部分合金元素对渗层深度的影响。

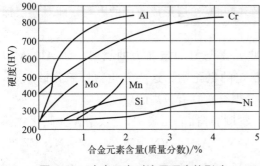

图 7-28　合金元素对渗层硬度的影响

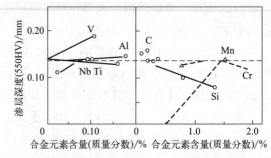

图 7-29　合金元素对渗层深度的影响

下面介绍几种代表性元素对渗层硬度和渗层深度的影响。

① Al 的影响：Al 是增加表面硬度最有效的元素。Al 和 N 亲和力强，可形成高硬度细小弥散的氮化物，很少向基体扩散和固溶，所以它对加深渗层的作用不大。新的含 Al 渗氮钢的代表性钢为：$w(Ni)$ 为 3.5%、$w(Al)$ 为 1.2% 的钢。

② V 的影响：V 的效果比较显著，加入少量 V 就可以大大提高表面硬度，并加深硬化层的深度。代表加 V 钢种也是质量分数为 3% 的 Cr-Mo-V 钢。

图 7-30 显示了在对 $w(C)=0.2\%$ 钢作气体渗氮时，$w(V)=0.1\%$、$w(Cr)=1.0\%$、$w(Al)=0.1\%$ 几种元素组合加入后对渗层断面硬度分布的影响。由图 7-30 可见，加入 V+Al 的钢加深硬化层深度的效果最好，加入 V+Al+Cr 的钢表面硬度提高最显著。

③ Cr、Mo 的影响：Cr 与氮有很强的亲和力，可显著提高渗层硬度。从提高硬度的角度来说，Cr 质量分数为 3% 相当于 Al 质量分数为 1%。代表性钢种：Cr 质量分数为 3% 的 Cr-Mo 钢和 Cr 质量分数为 3% 的 Cr-Mo-V 钢。Mo 可提高抗回火能力，保持高温强度，还可防止渗氮时产生脆性。

④ Ti 的影响：Ti 与 N 的亲和力很强，加入 Ti 可改善渗层硬度分布，加快氮的渗入速度。Ti 的这种影响取决于钢中 Ti 含量与 C 含量之比，而不是 Ti 的加入量。当 Ti/C≥4 时，渗氮后硬化层深度显著增加。图 7-31 为三种含 Ti 钢气体软氮化后的硬度分布曲线，其中 A 钢种（C 质量分数为 0.31%、Ti 质量分数为 1.12%、Ti/C=3.7）虽然含 Ti 量高，但 Ti/C 小，所以硬化渗层浅。B 钢种（C 质量分数为 0.19%、Ti 质量分数为 1.22%、Ti/C=6.4）虽然含 Ti 与 A 钢种相近，但 Ti/C 大，所以渗氮层较深。C 钢种（C 质量分数为 0.06%、Ti 质量分数为 0.5%、Ti/C=8.3）虽含 Ti 量不及 A 钢和 B 钢的一半，但 Ti/C 大，故硬化渗氮层深。

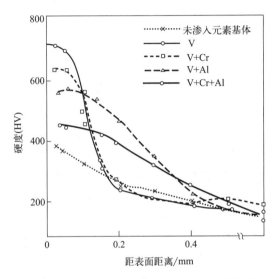

图 7-30 V、Cr、Al 对渗氮层硬度分布曲线的影响

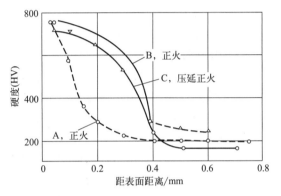

图 7-31 Ti、Ti/C 对渗氮层硬度分布曲线的影响

⑤ C 的影响：钢中的含碳量对化合物层深度影响不大，对渗层的表面硬度影响也不大，但对渗层的断面硬度有所影响。如图 7-32 所示，当钢中碳的质量分数由 0.17% 逐渐增加到 0.77% 时，渗层的最高硬度值相差不大，均在 650～700HV，但渗层的断面硬度曲线有所不同，特别是基体硬度相差较大，钢中碳的质量分数为 0.17% 和 0.27% 时，基体硬度只有 150～200HV，当钢中碳的质量分数为 0.77% 时，基体硬度达到 300HV 以上。

⑥ 其他元素的影响：Ni 与 Al 和 Ti 一起加入时可以形成析出硬化型钢，可以增加钢基体的强度和硬度。由于 Ni 价格高，一般应尽量少用。渗氮钢中有时也加入少量的 S 和 Pb，以改善其加工性能。

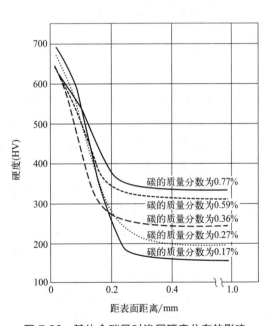

图 7-32 基体含碳量对渗层硬度分布的影响

（2）不同基体材料及其预处理

QPQ 技术不像气体渗氮那样必须采用含有 Al、Mo、Cr 等特殊合金元素的专用渗氮钢。

它对所有的钢铁材料都可以进行处理，并且都有较好的强化效果。近年来国外也对这项技术及相邻技术开发了专门用钢，其主要目的在于加快渗氮速度、增加渗层深度、改善硬度梯度、提高表面硬度。

作为 QPQ 处理的基体材料，除了要考虑钢中的合金元素对渗层的硬度和深度的影响以外，首先应根据零件整体强度和耐磨性的要求，考虑材料是否可以预先热处理及材料的抗回火能力。根据材料在这方面的特性和 QPQ 处理技术选择基体的要求，可以把常用的钢铁材料分成以下几大类型。

① 低碳型（正火型）钢。这类钢含碳量低，多属于渗碳钢。典型代表钢号：20、20Cr、20CrMnTi、18CrMnTi、20CrMo 等，工程纯铁、10F、Q235-B 钢也可划在这一类之中。

这类钢做处理大都是用来代替原来的渗碳淬火，基体材料习惯性地延用下来。也有的是利用其高的塑性，可作冷变形加工。这类钢做处理之前，一般都不做预先热处理。如果整体强度等方面有要求，其中某些钢可以预先进行正火或淬火。但经处理后淬火硬度会大幅度下降，也只能起到类似调质的作用。

② 中高碳钢、低合金钢（调质钢、低抗回火型）。这类钢虽然由于含碳量较高，可以进行淬火，甚至有些钢可以得到高硬度，但由于其中不含合金元素或合金元素含量不够高，所以抗回火性能较差，在氮化温度（570℃）下，原有淬火硬度都会大幅度下降，降到 35HRC 以下。这类钢虽经预先淬火，但 QPQ 处理以后，心部处于调质状态。这类钢的代表钢号有：35CrMo、45、40Cr、42CrMo、50CrV、T8、T12、9SiCr、CrMn、CrWMn、GCr15 等。

对无较高强度要求的工件一般都可以直接采用 45 钢或 40Cr 钢原材料。在要求较高强度时可以采用 45、40Cr、42CrMo 等中碳材料进行预先调质处理，然后再做 QPQ 处理。如果采用高碳钢（T12）、工具钢（9SiCr）或轴承钢（GCr15），并预先淬火成高硬度状态再做 QPQ 处理，材料心部硬度下降很多（<35HRC），对整体强度和综合性能作用不大，因此采用的必要性不太大。

③ 高合金钢（淬火型、高抗回火型）。这类钢由于含有较多的合金元素，具有较高的抗回火能力，一般在 500℃ 以上回火硬度无明显下降，这类钢应用时，都应预先进行淬火和回火，然后再做 QPQ 处理。处理后工件的心部仍然保持高硬度，而表面则大大提高了耐磨性和耐蚀性。一般多用于成品的工具和模具，以提高其使用寿命。

这类钢的代表钢种有：高速钢、Cr12Mo 型高铬钢、3Cr2W8V、5CrMnMo、5CrNiMo 以及 H13（合金元素的质量分数分别为：0.35%C、5%Cr、1%V、1.5%Mo、1%Si）等。

其他钢种，如弹簧钢、不锈钢、耐热钢、铸铁及粉末冶金件等，均可以根据其可淬硬性和抗回火能力划入以上各类之中。

④ 专用渗氮钢。国内常用的气体渗氮钢 38CrMoAl 仍然可以做 QPQ 处理，根据需要可做预先调质处理。处理后的表面硬度与长周期的气体渗氮相近，只是渗氮层硬度梯度较陡。

近年来国外研究了很多用于 QPQ 技术和其他渗氮技术的专用钢，其代表钢种有 Cr 质量分数为 3% 的 Cr-Mo-V 钢，Ti 质量分数为 2.75% 和 Ni 质量分数为 3.5% 的快速渗氮钢，以及 Ni 质量分数为 3.5% 和 Al 质量分数为 1.2% 的析出硬化型渗氮钢。

Ni 质量分数为 3.5%、Al 质量分数为 1.2% 的析出硬化型钢可于 900℃ 淬火、650～700℃ 回火。机械加工后再于 510～560℃ 回火，以析出 Ni_3Al，得到 40HRC 左右的硬度。经 QPQ 处理后，心部仍然保持高强度。

采用微量的 V、Nb、Ti（质量分数为 0.1％左右）在钢中形成氮化物，可以使钢的极限强度由 800MPa 提高到 2000MPa，材料轧制后可以直接交付使用，其抗回火能力达 600℃，利用这类钢，氮的渗入速度可以提高 50％以上。

国外研制的低合金高强度钢和 IF 钢（interstilial-free steel）在加深渗层深度和改善渗层的硬度梯度方面都取得了很好的效果。由图 7-33 可见，这两种钢渗氮的硬度梯度都比普通低碳钢好得多。

⑤ 淬火高速钢。与前面叙述的以 45 钢为代表的普通钢种不同，处于淬火回火状态的高速钢刀具在做 QPQ 处理时，仅在 530～550℃、10～30min 氮化，对于一般 1～10h 渗氮而言，这是一种短时间氮化渗层。由于氮浓度低，表面一般不生成化合物层，只形成扩散层。处理后心部仍然保持很高的硬度（＞63HRC），所以渗层深度、硬度与工艺参数之间的关系，与前面叙述的 45 钢的情况完全不同。

不同牌号的高速钢由于含合金元素的种类和数量不同，同样处理条件下渗层的深度和硬度有所不同。

图 7-34 为几种牌号高速钢的试验结果，在 10～35min 氮化时间内几种高速钢在渗层深度上有较大差别。总的来说，含钴的高速钢比不含钴的普通高速钢渗层深度要浅一些。普通高速钢之间渗层深度没有明显的差别。

由于高速钢抗回火能力强，处理后心部仍然保持高硬度（大于 800HV），所以基体处于淬火状态和退火状态，处理结果差异很大。

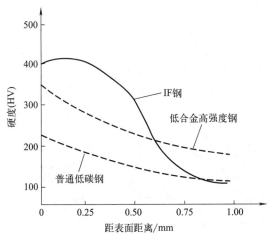

图 7-33　钢的成分对渗层断面硬度的影响

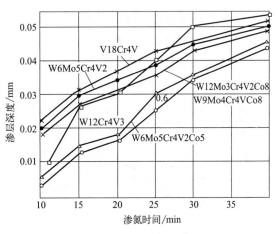

图 7-34　不同牌号高速钢的渗层深度

图 7-35 和图 7-36 分别为退火状态基体和淬火状态基体于 550℃盐浴中做不同时间氮化后的样品断面硬度曲线。由图 7-35 可见，退火状态处理后表面最高硬度只达到 1000HV 多一点，而心部硬度只有 200HV 多。如果把氮化时间延长到 5h，高硬度层可达到 0.06～0.07mm，但心部硬度仍然很低。

图 7-36 表明，淬火状态的样品处理后

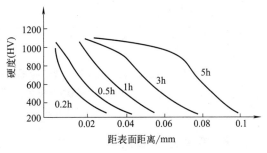

图 7-35　退火状态高速钢渗层硬度曲线与氮化时间的关系

表面硬度可以达到 1200HV 多，甚至更高，基体的硬度仍然保持在 800HV 以上，并且可以采用延长氮化保温时间的办法来使硬度梯度变缓，在保温 3h 以后，硬度梯度变得相当平缓。这一特性在高耐磨零件上应该得到应用。

基体淬火硬度也影响渗层硬度，如图 7-37，基体硬度越高，则处理后表面硬度也越高。

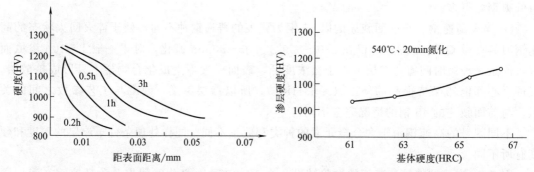

图 7-36　淬火状态高速钢渗层硬度曲线与　　　图 7-37　高速钢基体硬度对渗层硬度的影响
　　　　　　氮化时间的关系

7.2.5　氧化温度、时间及药品成分的影响

前已述及，氮化后的氧化，主要对膜层耐腐蚀性能产生影响。氧化可采用高温盐浴氧化和气化氧化方式，若采用通常 130℃ 左右硝酸及亚硝酸氧化液（钢件氧化工艺），则氮化层不能被氧化。所以盐浴氧化温度一般需在 400℃ 以上，否则基体表面铁及其氮化物不能被氧化。氧化时间不够，则氧化不充分。氧化后，渗氮层的硬度会发生变化。可见，绝大多数情况下，渗氮后氧化，硬度只会有微小的上升。所以，QPQ 层的硬度，主要由渗氮过程决定。3Cr2W8V 氧化处理前后试样表面的显微硬度与氮碳共渗时间的曲线见图 7-38。

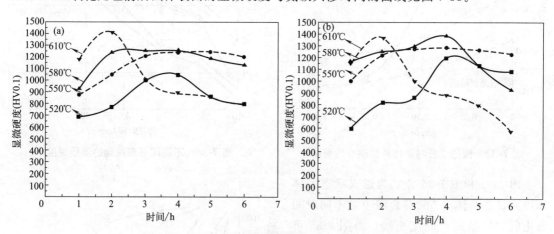

图 7-38　3Cr2W8V 氧化处理前后试样表面的显微硬度与氮碳共渗时间的曲线
图中温度为氮碳共渗盐浴温度
（a）氧化前；（b）380℃、20min 氧化后

氧化过程决定 QPQ 层耐腐蚀性能。应根据不同材料，选择耐腐蚀性最好的氧化盐浴成分、氧化温度与氧化时间。

此外，前处理去油、预热及最后浸油都会对 QPQ 膜层性能产生影响，目前资料显示，浸油可以提高 QPQ 处理膜层耐腐蚀性能至少一倍。一些内容已在其他各处详细讨论，这里不再赘述。

7.3 QPQ 膜层形貌、特征及性能

7.3.1 概述

从外向基体内部，氮含量依次减少，膜层中化合物依次为：$\xi \rightarrow \varepsilon \rightarrow \gamma' \rightarrow \gamma \rightarrow \alpha$，各符号意义见表 7-4。

最外层脆性较大的化合物为 Fe_2N。Fe_3N 具有较高的硬度和耐磨性。Fe-N 状态图见图 7-39。

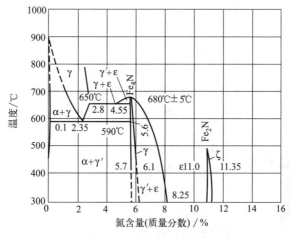

图 7-39　Fe-N 状态图

严格来说，QPQ 渗层组织氮化物是碳氮化物，其成分中不但含氮而且含碳，氧化后又含氧。氧化后形成耐腐蚀性较高的 Fe_3O_4，膜层外部 Fe_2O_3 含量较多，内部 FeO 含量较多。各元素含量如图 7-40 所示。最外部氧含量最高，氧能进入疏松层，到达化合物层边缘。

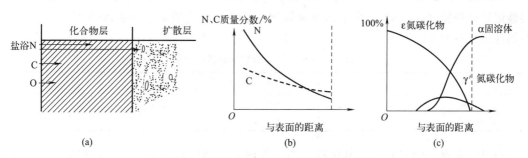

图 7-40　盐浴渗氮中化合物层的组成示意图

QPQ 处理后工件表面的渗层由表面向内依次为：氧化膜、疏松层、化合物层及扩散层。当渗氮温度超过 590℃，例如深层渗氮，温度一般都在 600℃以上，在化合物与扩散层之间会形成奥氏体的中间层，这层的氮含量不足以形成化合物但又高于扩散层。

可能由于制样等原因，最外面的氧化膜在普通的光学金相显微镜下一般是观察不到的，在电镜下则比较容易观察到。

除去氧化物层的表面疏松部分后，QPQ 渗层（经氧化处理）的显微硬度随深度增加先升高后下降。如图 7-41 所示。各层的形貌及性能特征等情况介绍如下。

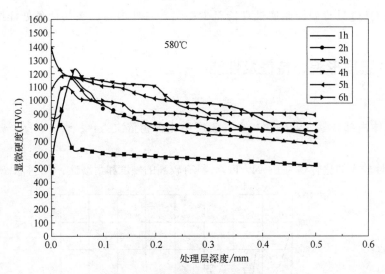

图 7-41　QPQ 处理层硬度沿层深方向分布

3Cr2W8V 钢在 580℃盐浴氮化 1～6h、380℃盐浴氧化 20min

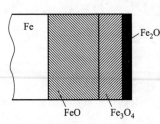

图 7-42　QPQ 形成的氧化膜

7.3.2　氧化膜

QPQ 形成的氧化膜示意图如 7-42 所示。Fe 氧化物的晶格及结构类型见表 7-8。

α-Fe_2O_3 有红色、紫红色、深黑色及灰色等，具有高温稳定性。γ-Fe_2O_3 是在较低温度下形成的，由于形状大小不同及其他元素掺杂等，可能具有不同颜色。γ-Fe_2O_3 在 400℃左右转变为 α-Fe_2O_3，晶粒形状大小及元素掺杂等影响转变温度。QPQ 在高温下形成氧化膜，α-Fe_2O_3 含量应该高于一般硝酸盐及亚硝酸盐溶液氧化，α-Fe_2O_3 高温稳定性及耐腐蚀性能均优于 γ-Fe_2O_3，且具有较高硬度，这是 QPQ 膜层性能较好的原因。QPQ 氧化不同于常规钢件氧化，其实质是氧化温度达到 400℃，而一般钢件氧化只有 140℃。

表 7-8　Fe 氧化物的晶格及结构类型

Fe 氧化物	FeO	Fe_3O_4	γ-Fe_2O_3	α-Fe_2O_3
金属晶格	岩盐	尖晶石	尖晶石	刚玉
结构类型	立方晶系	立方晶系	立方晶系	斜六面体晶系

Fe_3O_4 是典型的尖晶石类氧化物，和基体的结合强度高，不易脱落，特别适于动载条件。尖晶石类氧化物的表达式为 A_3B_4、AB_2O_4 或 A_2BO_4，氧化物或是 $Cr_2O_3 \cdot FeO$ 或是 $Cr_2O_3 \cdot NiO$ 等。如材料中含铝和铬，形成致密的 Al_2O_3 与 Cr_2O_3，发挥的作用较大，抗高温氧化。抗高温氧化的膜层应控制 Mo 与 W 的含量。

正常情况下工件经 QPQ 处理后其表面为黑色或蓝黑色，说明工件表面有氧化膜存在（氮化件表面为银灰色）。氧化膜为铁的氧化物（Fe_3O_4），是一种致密的黑色氧化物。

氧化膜的厚薄也与工件的预先氮化状态有关。对于大多结构零件，氮化后表面形成较厚的化合物层，往往只形成很薄的氧化膜。氧化膜在金相显微镜下呈灰白色，与化合物层极为相似，对于结构钢样品很难观察到。但试样外表的黑色外观说明氧化膜确实存在，同时也由于一般化合物层外层疏松,氧化膜与化合物层之间没有明显的过渡,在制备金相试样时很难区分,因此只有在电子显微镜下才能看到这层氧化膜。

通常氧化膜越厚,耐腐蚀性能越好,即使被摩擦掉一部分,表面层仍具有耐腐蚀性能。但也有认为膜层过厚,可能会导致与基体结合力弱以及氧化膜层破裂等问题,因此有一个最佳值。

工件经氧化后在表面形成氧化膜,这种氧化膜只有在氮化处理的表面才比较容易形成。未氮化处理的工件在盐浴中氧化,则不太容易形成完整的黑色氧化膜,未氮化工件容易在亚硝酸盐与硝酸盐组成的溶液中被氧化,这可能与氮化处理后工件表面的活性状态有关。

对于高速钢刀具等零件,由于氮化温度低,保温时间短(530~540℃、5~40min),表面不易形成化合物层,一般只形成扩散层。扩散层是一种氮在α-Fe中的固溶体,耐蚀性差,所以比较容易氧化,氧化后生成几个微米厚的氧化膜,且与基体结合力较强,所以这种氧化膜制样时不易脱落,在金相显微镜下比较容易观察到。

氧化不仅在工件的化合物层外形成氧化膜,而且化合物层本身也吸收了质量分数高达8%的氧,比一般盐浴氮化后水冷的化合物层中含氧量高6倍。即在氧化过程中不仅在表面生成氧化膜,还有一部分氧以间隙形式溶入化合物晶格中,使表面钝化,改善了表面的耐蚀性和耐磨性。

工件氮化—氧化后抛光再次被氧化,不仅降低了工件表面粗糙度,使其外表美观,而且抛光后再次氧化可大大提高化合物层中的含氧量,从而进一步提高耐蚀性。

由表7-9可看出,增加氧化工序后比单纯盐浴氮化大幅提高了耐蚀性。工件抛光后再次氧化,则耐蚀性进一步提高。这些都与氧化膜的形成及化合物层中含氧量的增加有关。

表 7-9　氧化、抛光后的耐蚀性比较

序号	处理工艺	腐蚀损失(24h)/(g/m^2)
1	580℃、90min 盐浴氮化,水冷	12.3
2	580℃、90min 盐浴氮化,氧化	0.5
3	580℃、90min 盐浴氮化,氧化、抛光、氧化	0.3

氧化膜对提高渗氮层的耐磨性有好处,同样盐浴渗氮以后,试样在氧化盐浴冷却以后的耐磨性比在水中冷却的耐磨性高。工件氧化以后抛光并再次氧化,则耐磨性有更大提高,这与抛光以后去掉了化合物层外面的疏松层、减少了初期磨损有关。

7.3.3　疏松层

在QPQ处理后,在化合物层外面总有一层海绵状或柱状的多孔区,这一区域组织不太致密,一般称为疏松层。疏松层硬度较低,耐磨性较差。如果疏松层Fe$_2$N含量较高,则其脆性较大。气体渗氮也产生疏松层,当其脆性较大时,则通过专门的脱氮工序恢复其韧性。

对于渗氮时产生的疏松层,GB/T 11354—2005《钢铁零件 渗氮层深度测定和金相组织检验》有专门评定,按疏松层的深度占化合物层的比例,把疏松分为5个级别,并规定1~3级为合格。

一般情况下化合物层外的疏松都可以按上述标准评定,但有时会产生一些特殊的疏松,用上述标准不易评定。图7-43为极细的点状疏松,图7-44为夹层疏松。这两种疏松在评级图中不存在,无法评定级别。

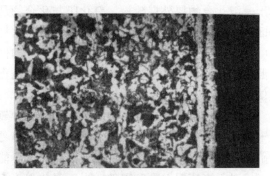

图 7-43　20 钢点状疏松，3%硝酸+
酒精浸蚀，400×

图 7-44　45 钢夹层疏松，3%硝酸+
酒精浸蚀，400×

多数人认为，疏松层由于不致密而硬度低、耐磨性差。但也有人认为疏松层对提高耐磨性有利，理由是疏松层可储存润滑油，减少金属间的摩擦，减少磨损。还有人认为疏松层对耐磨性的影响不大。

疏松层若不浸油，其耐蚀性会很差，但如表面涂密封剂一类的耐蚀性油脂时，则疏松的孔洞会很好地储存油脂，因而耐蚀性会大大提高。若表面太光滑，无法储存油脂，则耐蚀性也较差，此种情况下，有疏松化合物层的耐蚀性反而比致密化合物层的耐蚀性高。

此外，疏松层会降低表面硬度，使表面变得不光滑，增加表面的粗糙度。若产生夹层疏松，工件表面抛光时可能会产生起皮现象，影响工件的表面质量。

目前普遍认为疏松就是孔洞，孔洞成因也就是疏松层成因，有以下几种看法：

① 渗氮时产生的内应力是产生孔洞的主要原因。

② 在形成化合物过程中，铁原子由外向内迁移，引起晶格中的点阵缺陷由内向外迁移，从而形成孔洞，产生疏松。

③ 孔洞的产生是由于 ε 相和 γ′ 相相对 N 的亚稳定性（不够稳定），在化合物层表面的晶界处，氮原子重新结合成氮分子从表面逸出，孔洞合并后形成疏松。氮原子重组成氮分子，氮分子对周围产生压力并逸出，产生孔洞疏松。氮结合为氮分子，可以节点间扩散机制，形成氮分子后对周围产生压力，破坏原来晶型结构的致密性。孔洞合并后，与缺陷及位错等一起形成 N_2 的释放通道。缺陷及位错本身也可为 N_2 的形成提供位置条件。

目前已证实在渗氮的过程中，确有氮原子变成氮分子。对厚度仅 $50\mu m$ 的铁薄片于 575℃进行多次（7 次）长达 5.5h 的氮碳共渗，然后进行质量和体积的测定。密度计算的结果表明，长期渗氮以后，金属的体积扩大，密度减小。试验说明，在长期渗氮以后，金属的密度下降，这是由铁在渗氮后形成孔洞造成的。

研究显示因 N_2 分子形成的孔洞，不仅存在于 ε 相和 γ′ 相中，也存在于 N-C 马氏体层中，最新的研究证明，ζ 化合物层中也有孔洞。

生产中 CNO⁻ 含量越高，氮化保温时间越长或温度越高，越有利于 N_2 分子形成，化合物层中的疏松也易形成。这与实验事实符合。

盐浴中的浮渣，若沾覆在零件表面，会影响渗氮。生产过程中，无论是气体渗氮还是液体渗氮，零件表面的遮盖物必须去掉。若表面某部分不渗氮，则将其遮盖起来。浮渣遮盖在零件表面，则所遮盖部位没有活性碳或氮原子，会使得零件表面该处碳或氮原子浓度低，其他部位的碳、氮原子向该处扩散，扩散过程中产生氮气分子逸出，使表面形成疏松。所以盐浴的清洁度对化合物层的致密度有很大影响。例如在盐浴中存在有大量的细渣时，一般化合物层外面都会有较严重的极细的点状疏松；如果对盐浴进行彻底地除渣，则化合物层外表会很光洁，不会产生严重的疏松，甚至可能形成几乎没有疏松的化合物层。

此外，还有一些影响疏松形成的因素，如盐浴中 Fe 的含量过高会导致疏松严重。盐浴中的浮渣和从炉底捞出的渣滓，其中大部分是 Fe 的氧化物。

图 7-45 是盐浴中 Fe 的含量对疏松程度的影响，可见盐浴中的渣滓（Fe 的氧化物）越多，也就是盐浴中的 Fe 越多，化合物层的疏松程度越严重。

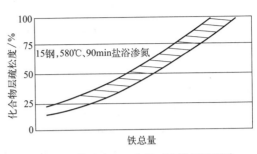

图 7-45　盐浴中 Fe 含量对疏松层的影响

在氮化的基本配方中，如果 K、Na 各占 50％，则不容易形成疏松。如果用 100％ 的 Na 盐则容易形成严重的疏松。在同样的工艺条件下，某些含 Si 高的材料（4Cr9Si2、球墨铸铁）表面容易形成疏松。这些因素导致疏松形成的机理，还有待于研究。

7.3.4　化合物层

（1）化合物层的形貌

化合物层是 QPQ 膜层组织中最重要的组织，对渗层的耐磨性和耐蚀性起主导作用。化合物层是由于渗氮过程中 N 和 C 元素不断渗入钢的表面形成 Fe_3CN 或 $Fe_{2\sim3}CN$，习惯写作 Fe_3N 或 $Fe_{2\sim3}N$。铁的晶格由体心立方晶格变成密排立方晶格，从而使金属表面硬度提高。化合物层不易被普通的腐蚀剂所腐蚀，腐蚀后仍然呈白色，所以也称其为白亮层。

碳钢基体的化合物层硬度在 500HV 以上。合金钢的表面硬度要比碳钢高，高合金钢表面硬度可达到 1000HV 以上，主要是因为合金钢中的合金元素与 N 形成的合金氮化物有很高的硬度。硬度的提高主要是 N 的作用。在 QPQ 处理的氮化工序中，形成的化合物层中含有 C，即形成所谓的 Fe_3CN，但试验证明 C 元素并未起到强化作用。比较氮碳共渗和不含 C 的纯渗氮的硬度，渗层各处硬度几乎完全一致，可见对于氮碳共渗，主要是 N 元素起强化作用，C 元素无明显的强化作用。因此习惯把 Fe_3CN 写成 Fe_3N。

盐浴氮碳共渗、盐浴软氮化和 QPQ 技术中的氮化工序都是 N、C 两种元素共渗，本质上都属于 N 元素强化系列，即都属于渗氮系列，其中 C 对 N 的渗入有一定促进作用。

（2）化合物层的内部结构

QPQ 膜层的化合物层是在钢铁基体上不断渗入 N、C 形成的，其中还有 O 元素的渗入，特别是经过盐浴氧化后，化合物层的含氧量更高。

图 7-40 形象地表示了化合物层的组成，由表面向内部 N、C 的浓度逐渐降低。表面 N 的浓度最高，是 100％ 的 ε-氮化物（Fe_3N）。由表面向内部随着含氮量的降低，ε-氮化物的含量降低，扩散层边缘 ε-氮化物的含量降低到零。同时，大概从化合物层中部开始，由于含 N 量的降低开始出现 γ′-氮化物（Fe_4N）和含 N 的 α-Fe 固溶体。越向内部，随着含氮量的降低，含 N 的 α-Fe 固溶体的数量不断增加，到扩散层的边缘时，含 N 的 α-Fe 固溶体数量最大。γ′-氮化物的数量达到一个峰值以后开始减少，在靠近扩散层边缘时，γ′-氮化物数量已很少。

综上所述，化合物层由 Fe_3N（Fe_3CN）和少量 Fe_4N 及含氮的 α-Fe 固溶体组成。这一点已经由化合物层的 X 射线衍射分析的结果所证实。

化合物层中 Fe_4N 所占比例的多少与基体材料的含碳量有关。以低碳钢为基体时，Fe_4N 化合物占有一定比例。随着基体中含碳量的增加，化合物层中 Fe_4N 所占的比例减少。对于合金钢，化合物层中很少有 Fe_4N 出现。各种材料牌号中各元素对 Fe_4N 的形成及含量产生复杂影响，以至于难以根据碳的多少判断化合物层中 Fe_4N 的多少。

化合物层中 Fe_4N 所占比例的大小还受氮化盐浴中氰酸根含量高低的影响，氰酸根的含量越高，渗进的 N 越多，则化合物层的 Fe_4N 转变成 Fe_3N。当氰酸根的含量超过一定值时，Fe_4N 会全部转变为 Fe_3N。不同材料，使化合物层不含 Fe_4N 的最低氰酸根浓度有所差别。

此外，某些研究显示，被处理件的表面粗糙度对化合物层中 Fe_4N 所占的比例有一定的影响，工件表面越粗糙，化合物层中 Fe_4N 所占的比例越大。

7.3.5 扩散层

（1）扩散层的形貌

扩散层是指化合物层与中心之间的一层组织，由于氮的浓度由表面向中心逐渐降低，到化合物层与扩散层交界处，氮的浓度下降到不足以形成化合物，而只能形成氮在 α-Fe 晶格中的固溶体或过饱和固溶体。该层组织耐蚀性不高，在显微镜下观察，该层组织为暗黑色。

氮在不同温度下，在金属中具有不同固溶度。氮化工序后快冷，会形成过饱和固溶体。这种过饱和固溶体氮化后回火或时效时会析出。对碳钢来说，会形成明显的析出物，这种析出物为针状的 Fe_4N。对高合金钢来说，这种析出物的尺寸非常小，在显微镜下难以观察到。氮化工序后若缓慢冷却，对于碳钢，则可能形成尺寸较大的针状析出物（Fe_4N），但析出物的数量比较少；对于低碳钢，这种析出过程可以持续 5～10d。最先析出 $Fe_{16}N_2$（α″相），其再长大就形成 Fe_4N（γ′相）。过饱和固溶体中析出氮的过程在室温下可进行几天。

目前一般认为，扩散层硬度的提高是因为氮化物析出的结果。这种高硬度的析出物在光学显微镜下由于其体积太小看不见。光学显微镜下可见的析出物，对提高扩散层硬度的作用非常小。

氮元素填充到金属晶格中，对周围基体组织产生反作用力，使该部分组织硬度增大。当氮的浓度达到一定的数量级，对周围的基体组织（主晶格）的反作用力达到最大值，开始的析出物细小，与主晶格相适应，能提高硬度。人们将这种状态称作（半）内聚的析出。这种（半）内聚的析出可极大地提高硬度。随着析出物的继续生长，对主晶格的反作用力减弱，提高硬度的作用慢慢消失。

（2）扩散层的硬度梯度

扩散层的主要作用在于提高金属的疲劳强度。扩散层的硬度梯度与基体材料及其预先热处理状态有关。

对某些预先热处理的高合金钢，处理后心部仍保持较高的硬度，这时渗层断面的硬度梯度下降较缓慢。对大多数抗回火能力较低的钢或未预先淬火的钢，由于基体心部硬度较低，所以扩散层的硬度下降很陡。为使扩散层硬度下降变缓，提高扩散层硬度水平，可通过延长氮化保温时间来实现，如果将氮化保温时间延长到 4h 以上，则化合物层增加缓慢，但扩散层硬度下降明显变缓。

随着氮化保温时间的增加，扩散层中氮的浓度梯度变缓，这可从图 7-46 中看出。达到 10h 保温时氮的浓度梯度已相当平缓。这种氮的浓度梯度与扩散层中的硬度梯度变化是一致的。

氮化时间越长，扩散层硬度梯度越缓，但氮化时间过长，会引起化合物层表面疏松等缺陷。如果采用加压液体渗氮法，可把氮化时间延长到几十个小时。图 7-47 为 M50 钢经 72h 加压渗氮以后断面的硬度梯度。由图 7-47 可见，只要把液体渗氮的时间延长到与气体渗氮相近的时间（70h），就可以得到与气体渗氮相近的硬度、层深和硬度梯度。

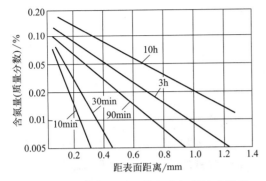

图 7-46　氮化时间与扩散层中氮的浓度梯度

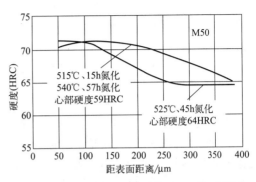

图 7-47　长时间液体渗氮的渗层断面硬度梯度

（3）扩散层深度的检测方法

关于扩散层深度和总渗层深度（化合物层＋扩散层）的检测，由于检测方法不同和对渗层深度概念理解上的不同，其结果有很大差异。测量扩散层深度最常用的方法是金相法。金相法测量渗层深度是基于在一定的腐蚀条件下，扩散层的耐蚀性与化合物层、心部基体不同，硝酸酒精腐蚀后碳钢的扩散层通常为暗带，低碳钢的扩散层中常常有针状组织析出，中碳钢经回火后也会有针状组织析出，扩散层的深度应计算到针状组织终止处，如无针状组织，则应计算到暗带终止处。

金相法测量渗层深度是基于氮浓度达到一定比例，耐蚀性与中心有了显著差别，腐蚀后呈暗带。暗带到基体的心部这一距离内还有较低的氮浓度，但腐蚀剂不足以显示出来。因此，金相腐蚀法测得的渗层深度只是全部渗层的一部分。由于腐蚀剂的灵敏度不同，腐蚀方法不同，测得的扩散层和总渗层的深度也不同。

为了克服金相法测定渗层深度所产生的差异，现在常常采用显微硬度法测量，即在试样横断面上由外向内作硬度曲线（常采用 50g 负荷）。把由表面到比心部硬度高 50HV（也有的规定高 30～50HV）处的距离作为总渗层深度，并以此确定扩散层深度。此法显然没有包括全部的扩散层，因为它已经舍弃了比心部硬度高不到 50HV 这一段扩散层。瑞士把显微硬度法测得的扩散层深度（加上化合物层深）作为有效硬化层，实际硬化层深度为其 2 倍。

理论上讲，渗层深度计算应从试样表面到心部完全没有氮渗入的地方（含氮量与心部相同），根据国外对渗层氮浓度的测定，氮浓度深入的深度达 1mm 之多，测量结果认为实际的渗层深度为金相法和显微硬度法测得的渗层深度的 2～3 倍。因此，应对渗层深度的概念加以明确。以德国标准 DIN 50190 中的硬度曲线（图 7-48）为例：有效硬化层深度为由表面至比试样中心硬度高 50HV 处的距离，或者是在金相检测法中由

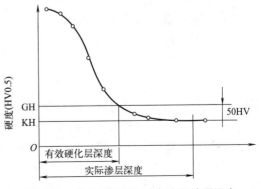

图 7-48　有效硬化层深度与实际渗层深度

表面到扩散层终止处的距离。实际渗层深度为由表面到氮浓度为零（钢基体中氮含量不计算在内）的距离。实际渗层深度应以有效硬化层深度的 2 倍计算。德国迪高沙公司规定计算渗层深度时应以金相法或显微硬度法测得的深度的 2 倍计算，则与上述有效硬化层深度、实际渗层深度的概念相符合。

7.4 QPQ 生产设备

7.4.1 基本设备

QPQ 设备包括清洗设备、预热设备、渗氮设备、氧化设备及浸油设备等。

清洗对氮化质量有影响。若清洗不彻底，零件表面污染物还可能与盐浴槽中药品反应，影响盐浴使用。一般可用超声波辅助清洗。冷热水清洗设备可参见一般的表面前处理设备。

预热炉、氮化炉与氧化炉的温度较高，内部用低碳钢等耐腐蚀钢材，钢材外用专门的耐高温及保温隔热材料，隔热材料外用 PP 板。注意隔热材料外部温度必须 PP 板能承受。金属材料需低于外部材料一段距离。槽子设计要考虑受力因素，要能够承受槽内物质的压力、温度，热量传递到表面的温度为常温。设计时根据相应材料的热导率进行计算。

同时，药品所需加热器的加热功率及时间等都应进行仔细计算。目前大多采用直径为 500mm 的坩埚，简称 500 型设备。

（1）预热炉

包括外热式坩埚电炉及其控温系统。500 型设备的预热炉功率为 25kW，常用温度为 300～500℃，采用低碳钢坩埚，加热器放置于底部，空气加热后密度降低，上部冷空气沉降，有利于预热炉温度均匀，必要时可在炉子的底部加风扇，以促进空气流动，使工件预热更均匀。但若风扇与加热器都装在上部，则下部冷空气密度大，不容易向上流动，容易使预热器温度不均匀。

（2）氮化炉

包括外热式坩埚电炉及其控温系统。采用 2 台氮化炉可以在不增加其他设备的情况下提高产量 1 倍。这是因为氮化炉的保温时间比预热炉和氧化炉长 1 倍以上，并且可以充分利用设备。氮化炉采用压缩空气泵不断向炉内通入压缩空气。通入空气是为了把氰根氧化成氰酸根，同时对盐浴有一定的搅拌作用，保证炉温的均匀性。

500 型设备氮化炉的功率为 25kW，常用温度为 520～580℃，采用低碳钢坩埚，钢材坩埚在零件渗氮时，本身也被渗氮，渗氮时表面由于 N 原子结合为分子逸出而变得疏松多孔。必要时可以采用钛板作为坩埚的衬里，以延长坩埚的使用寿命和更好地保持盐浴的质量。钛材料价格较贵，也可用镍材料代替。

渗氮是 QPQ 处理的关键工序，因此设备要求更严格。关键是电炉的功率选择应适当。

（3）氧化炉

包括外热式坩埚电炉及其控温系统。500 型设备的氧化炉功率为 25kW，常用温度为 300～500℃，采用低碳钢坩埚，也可采用 304、316 不锈钢等。氧化炉内可安装离心泵，自动除渣，使已经老化的氧化盐浴活化。

预热炉、氮化炉、氧化炉的规格尺寸和功率可以设计为完全相同，在必要时可以互换。

这三个炉子都需加热。氮化炉、氧化炉需将固态的盐加热为熔融的液态，采用电阻丝加热时，注意盐对电阻丝的腐蚀，可用铁铬合金 0Cr25Al。

（4）清洗水槽和油槽

清洗水槽 4 个，油槽 1 个。500 型设备的水槽和油槽尺寸为 700mm × 800mm × 1000mm。水槽应有进、排水阀和溢水孔。热水槽的加热，如不具备蒸汽，可以采用 15kW 电热管，电热管并排平放于水槽底部，并用一排铁架罩在上面。

（5）控温系统

采用 3 台或 4 台数显表，电炉控温仪表可以共用一台控温柜。数显表常用型号可为 HTM-101 型，量程为 0～800℃，也可选用 MTC-20 型单片机 PID 控温数显表，或其他型号数显表，控温精度应达到 ±1℃，同时带有保温定时装置。也可采用控制柜和仪表等配合，以进行生产规程的现场记录，或采用带有打印设备的记录仪表。

配套的热电偶可以选用 K 型热电偶及相应的补偿导线。控温柜可以采用交流接触器，也可采用晶闸管，前者价廉，后者控温精度高。

目前先进的设备具有低温报警、正负偏差报警及上下限报警，到温自动计时，到时自动报警等项功能。配备无纸记录仪器，可记录整个工艺数据，可储存，可在电脑上打印。

7.4.2 辅助设备

（1）排风系统一套

用于氮化炉的排风，氧化炉也可以加排风系统。

氮化炉的排风设备，500 型设备可选择 5 号风机，配 3kW 电动机。通常通风管道的直径为 300mm。管道材料可采用普通铁皮碳素钢板涂漆，也可采用镀锌钢板，采用塑料管道更耐久。风机距电炉距离应在 5m 以上，以防塑料风机受热损坏或造成风机堵塞。

（2）吊运系统一套

应安装横跨全套设备的专用单轨起重机，根据需要可以选用 0.5t 或 1t 电动葫芦，轨道则选用 250 工字钢。

（3）其他辅助设备

主要包括：夹具、辅助工具、沉渣器等。

工件产量大、品种少时，可以采用专用夹具。工件批量小、品种多时，应该采用通用性较强的夹具。夹具应该保证装量大，工件之间、工件与夹具之间接触面应尽量小，同时要有足够的漏盐孔，以保证夹具从炉中带出来的盐液尽量少。进入槽中的夹具与辅助工具，不宜有空气进入的空管与空腔，以免加热与冷却过程中空管与空腔中空气爆破。

应配备有按图样制造的捞渣勺、加盐勺、舀盐勺、加盐桶、浸油筐、吊钩以及钩子等工具。

7.4.3 检测仪器

① 金相显微镜，通用型金相显微镜 1 台。

② 显微硬度计，0～1000g 负荷显微硬度计 1 台。

③ 天平，精度为 1/10000 的天平 1 台。

④ 电位差计，UJ33 型或类似型号的电位差计 1 台。

⑤ 校正热电偶，二级标准热电偶 1 支。

7.4.4 电炉

① 功率。电炉的功率大小应与电炉的规格、用途相匹配。电炉功率太小，开炉时化盐时间加长。电炉功率过大，则会引起坩埚壁附近的盐浴产生局部过热，使盐浴变质，影响渗

层质量。因此，通常购买专用的成套的 QPQ 处理设备为好。

②炉温均匀性。电阻丝的分布应均匀、合理，以保证炉内盐浴温差在5℃以内，化盐时自上而下熔化，防止熔化时发生溅射现象。电炉的控温精度应保证在±3℃以内。

③防渗漏性。在电炉和坩埚设计上应采取措施，防止坩埚内盐浴外溢时由上部或侧面浸入电炉内，损坏电阻丝和耐火砖；同时应尽量防止从坩埚的焊缝处漏盐，以免缩短坩埚的使用寿命。

④报警装置。设备应带有电炉超温报警装置及定时报警装置，最好还带有坩埚漏盐报警装置。

7.4.5　一些 QPQ 处理的专用设备

除了安装离心设备外，氧化炉中渣可以手工捞出，也可设计专门的捞渣器等。对于已经发红的老化的氧化盐可以采用独特的工艺方法使其活化，恢复正常的作用。

在盐熔化或生产过程中有时会产生盐浴外溢，外溢的盐浴会从电炉的上部或侧面电阻丝引出棒处浸入炉内，造成电阻丝和耐火砖损坏，严重者会使整台电炉报废。为了防止外溢盐浴浸入炉体内，在炉子设计上，在炉顶上部焊接一圈防护条，将坩埚压在上面，同时在电阻丝引出棒上端焊一块防护板，使其从上面将整个电阻丝引出棒、接线夹、电源线全部遮住，见图 7-49。采用上述设计的电炉，即使盐浴从坩埚上部大量外溢也不会浸入炉体内，这样电阻丝和耐火砖将十分安全，电炉不会因盐浴外溢而损坏。实际生产中，还常常控制药品用量，药品量不超过安全刻度线，以控制药品外溢。

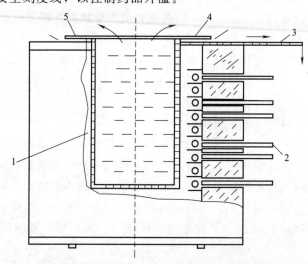

图 7-49　防止盐浴外溢浸入炉体的措施示意图

1—坩埚；2—电阻丝引出棒；3—防护板；4—盖板（可设置为两个半圆，可自动或手动开启）；
5—盖板上可设置手动开启的把手等

电炉安全的另一个问题就是坩埚漏盐时从电炉内部损坏电阻丝和耐火砖。坩埚使用时间太长，或因其他原因可能产生漏盐现象，盐浴蒸发会使整台电炉报废。应特别注意：一旦耐火砖被盐浴浸渍，所有被浸的耐火砖必须全部彻底拆除，否则再加热时这些耐火砖里的盐被蒸发出来，会损坏电阻丝和其他耐火砖。

为了防止坩埚漏盐损坏电炉，首先采取措施延长坩埚的使用寿命。经过对坩埚使用情况的长期观察发现，由 6mm 厚的低碳钢板焊制的坩埚，在低于 600℃ 的使用条件下，坩埚壁不易被烧穿，渗漏情况大多发生在坩埚的焊缝处。可在坩埚的焊缝外面再加焊一层防护板以

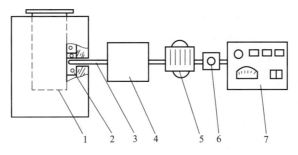

图 7-50　一种漏盐报警系统

1—坩埚；2—电阻丝；3—抽气管；4—冷却水箱；5—抽气泵；6—气敏头；7—电气报警仪表

保护焊缝，从而大大延长了坩埚的使用寿命。

为了防止从坩埚渗漏出的盐浴损坏设备，应在只有极微量漏盐的最初时刻进行报警。一种漏盐报警系统如图 7-50 所示，抽气泵从电炉内部电阻丝与坩埚之间抽取气氛，经过冷却后送到气敏元件处，气氛成分的变化经电子放大以后，在电子仪器的表盘上反映出来，当坩埚仅仅有 3g 漏盐时，就超过仪器的报警线，会自动进行声光报警。这样可以有效地防止漏盐损坏电阻丝和耐火砖。

为了满足各类用户的产品及不同产量的需求，成都工具研究所设计了不同规格的设备，并向用户提供了 6 个系统的成套设备，见表 7-10。

表 7-10　6 个系列的 QPQ 专用成套设备

设备型号	坩埚尺寸/mm	炉子外形尺寸/mm	炉子功率/kW
300	$\phi300\times500$	$\phi800\times900$	15
500	$\phi500\times700$	$\phi1000\times1100$	25
800	$\phi800\times1000$	$\phi1400\times1400$	50
1000	$\phi1000\times1200$	$\phi1600\times1600$	75
深型	$\phi650\times2500$	$\phi1500\times3100$	72
特深型	$\phi700\times3500$	$\phi1200\times3500$	120

7.5　QPQ 技术的环保问题

采用 QPQ 技术生产，要特别注意氰化物问题。可能对环境产生影响的物质仍然是废气、废水与废渣。生产现场应进行氰化物和氨气的含量检测。

（1）废气

QPQ 生产产生的废气主要成分为氨气和粉尘，粉尘包括盐液挥发的蒸气和在向炉内加盐时被排风系统抽出的盐粉末。

废气的排放方法分为排气筒（烟囱）排放和无组织排放。无排气筒或排气筒低于 15m 的排放为无组织排放，排气筒安装高度在 15m 以上的排放为排气筒排放。QPQ 技术在熔化基盐和添加调整盐时会产生较多的氨气，一般要求排气筒高于 15m，且高出半径 200m 范围内有人存在的最高建筑物 3m 以上，排放一般符合环保标准。

国家环保标准把排放废气的地区分为自然风景区、居民工业区、特定工业区三类，QPQ 废气排放区一般属于二类区。根据国家环境质量标准《恶臭污染物排放标准》（GB 14554），对氨气的排放规定为通过排气筒排放，在二类区氨气的允许值见表 7-11。

表 7-11 氨气排放量与排放筒高度的关系

排放筒高度/m	20	30	50	80
排放量标准值/(kg/h)	1.5	4.0	8.0	16.0

根据《环境空气质量标准》（GB 3095），二类区排放的各类总悬浮颗粒物不允许超过的浓度极限为 0.30mg/m³（日平均）；可吸入颗粒物不允许超过的浓度极限为 0.15mg/m³（日平均）。QPQ 技术生产过程中排放的粉尘数量通常远低于标准规定值。

根据需要也可以在排风系统的末端安装喷淋过滤塔，或采用过滤设备等。这样可以较好地减少氨气和粉尘的排放量，这种过滤塔在生产应用中已经取得了较好的效果。

（2）废水

QPQ 产生的废水主要是清洗工件的废水。包括工件处理前清洗工件表面的废水以及盐浴后零件清洗产生的废水。前者主要含有金属清洗剂，排放对环境影响不大。对环境影响较大的是工件从氧化炉出来后清洗工件时产生的废水。由于工件从氮化炉进入氧化炉后，氧化盐浴与工件表面黏附的氮化盐发生了化学反应，氰根已经彻底分解，因此清洗水是无毒的，氰根的含量仅为 0.01mg/L，远远低于国家标准允许值 0.5mg/L，可直接排放。若工件从氮化炉出来不进行氧化处理，不经氧化炉直接进行清洗，这时清洗水中含氰根，此时必须用硫酸亚铁或双氧水等物质对清洗水进行解毒处理。

（3）废渣

在沉渣器从氮化炉取出冷却后，沉积在沉渣器底部的黑色细颗粒物是无毒的渣滓，只有少量白色物为残留的氮化盐。残留氮化盐中含有质量分数为 0.2% 左右的氰根，因此不能直接丢弃，应该把它从渣滓中剥离出来，然后放入氧化盐浴中解毒。

从氮化炉中捞出的炉渣，同样可以放入氧化盐浴中解毒处理。从氧化盐浴中捞出的渣滓，可以像热处理盐浴炉渣或硝酸盐炉渣一样处理。当氮化盐浴不适合生产时，可根据情况不必报废，凝固后敲碎成小块，以每次 2kg 的量加入现用正常盐浴中，逐渐回收使用。

7.6 质量检验及质量缺陷分析

渗层质量检验内容包括工件外观、渗层深度、硬度、致密度、脆性、耐磨性、耐蚀性等实用性能。一旦出现了质量缺陷，应找出原因，采取相应纠正措施。

7.6.1 工件外观检验

QPQ 处理以后，工件表面一般为黑色或蓝黑色。一般来说产品表面不应有大块锈迹或严重的表面不均匀颜色。

在大量生产条件下，为检验工件表面渗层是否完整，可以采用质量分数为 10% 的 $CuSO_4$ 水溶液或质量分数为 10% 的 $CuCl_2 + NH_3 \cdot H_2O$（$CuCl_2$ 与 $NH_3 \cdot H_2O$ 摩尔比为 1：1）水溶液，将其滴在工件表面，如工件某处出现红色铜析出，说明此处渗层不完整。例如对于刀具的渗层检查，规定溶液滴在刀具的非棱角处且 10min 内不析出铜，说明渗层比较致密。对于一般的机械零件大都规定 30min 内不得析出铜，否则说明没有渗层或渗层不完整。

某些有特殊要求的零件，可以单独规定。例如作为商品的金属切削刀具有比较严格的外观质量要求，在刀具表面处理标准中，规定经表面处理的刀具外观检验应在 500lx 的照度下，距荧光灯 300mm 处用肉眼观察，表面颜色应比较均匀一致，不得有明显的花斑、锈迹、发红。此项检查不应在室外强烈日光下进行。各种产品都应按有关标准规定进行检验。

7.6.2 渗层硬度检验

硬度是渗层的最重要的指标之一，必须根据产品的要求进行严格的检验。渗层硬度检测一般是在显微硬度计上或在小负荷的维氏硬度计上进行。一般多采用100g负荷直接测量工件的表面硬度，也有些产品采用3kg、5kg或10kg的负荷直接测量工件的表面硬度，并应达到产品标准规定的指标。一般来说测量用的负荷越大，所测得的硬度值越低。

通常检验渗层硬度是指测量表面硬度，大都采用试样来测量。试样最好在处理前用 $4^{\#}$ 或 $5^{\#}$ 砂纸将欲测量硬度的表面磨光，处理后再用同样砂纸磨光，磨掉黑色外表直到见到金属光泽为止，然后在磨光面上测量硬度。砂纸打磨轻重程度对硬度测量结果有较大影响，用砂纸磨时应以刚好磨掉化合物层外层的疏松层而不损伤化合物层为好。砂纸磨得太轻，化合物外层疏松层没完全去掉，测得的硬度值偏低；砂纸磨得太重，化合物层减薄太多，也会使测得的硬度值偏低。试验初期应多次反复检验，以测得的最高硬度值为准。

当试样表面疏松层比较严重时，如不能完全去掉疏松层，则测得的硬度值会有较大偏差。如图 7-51 所示，氮化时间超过 3h，表面疏松层严重，这时如只对试样表面作轻轻抛光，则测得的硬度会偏低，为 $300\sim400\mathrm{HV}$。若改用砂纸磨去表面的疏松层，则测得的表面硬度值比较一致，均在 $700\sim800\mathrm{HV}$ 左右。

在试样表面渗层疏松层比较严重时，若用砂纸磨时无法确定疏松层是

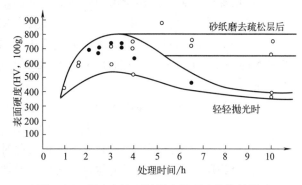

图 7-51　研磨方法对试样表面硬度数值的影响

否已经去除，可以将试样制成金相试样，在横断面上用显微镜观察疏松层情况，然后再用砂纸磨，直到疏松层完全去掉，再测量试样的表面硬度值。

对试样的渗层进行横断面硬度测量也是一种常用的方法。在进行横断面硬度测量时，应将试样端面的渗层完全去除，暴露出试样的心部，然后按金相制样要求抛光制样。测量时以50g载荷由表面向心部每隔0.01mm测量一点，最后根据测量数据绘制硬度曲线。测量仪器一般采用显微硬度计。这种方法不仅可以用来了解渗层的硬度情况，也常常用来判断渗层的硬度深度。

QPQ 处理件表面硬度主要是由材料的种类决定的。主要种类材料的渗层表面硬度范围大体为：各种不锈钢、耐热钢，$800\sim1000\mathrm{HV}$；碳钢、低合金钢，$500\sim700\mathrm{HV}$；热模具钢、铸热钢、冲模钢（Cr12 型），$700\sim900\mathrm{HV}$；各种高速钢（淬火），$950\sim1200\mathrm{HV}$。用户应根据本厂产品材料的具体牌号、工件的服役条件性能要求等制定具体的渗层硬度指标。

对于一定的基体材料，渗层的硬度由化合物层深度和致密度决定。只要化合物层达到一定的深度，并有良好的致密度，则渗层硬度就应在一定的范围之内，可减少硬度检测次数。若化合物层致密度不好，则应增加硬度检测次数。

7.6.3 渗层深度检验

渗层深度是重要的检验项目，尤以化合物层深度的检验最为重要。氧化膜一般不做检

验，高速钢材料有时需要做这种检验，以确定最外层氧化膜是否完整存在。扩散层对普通零件也无检测必要，只有在特殊需要时或用户要求时才做检验。

不锈钢、耐热钢、铸铁等材料渗层形貌与普通材料差异较大，必须用与工件相同的材料做样品来检验渗层深度。大批量生产、品种比较单一的情况下，应制作与工件同种材料、同样预先热处理状态的试样。其他小批量、多品种的情况下，可以用 45 钢样品代替。渗层深度与工件的形状、大小关系不大，通常没有必要破坏工件来制备金相试样检验渗层深度，可用试样来代替工件做渗层深度检查。

化合物层深度的检测准确与否，最重要的是制样保护，应保证在制样过程中，试样不倒角，化合物层不剥落，保持完整的形貌。如果保护不好，可能造成化合物层外层剥落，只残留内层一部分化合物，测得的化合物层比实际深度浅；也可能造成化合物层全部剥落，看不到化合物层，误以为没有渗层。为了得到完整的化合物层，在制样的时候，样品与压块之间应用小于 0.02mm 的不锈钢薄片隔开，并用螺钉夹紧，使试样与不锈钢片之间无间隙。

检验渗层深度的金相试样所用的腐蚀剂如下。

对于普通的结构钢、工具钢，可以体积分数为 3%～5% 的硝酸酒精溶液。

对于不锈钢、耐热钢，用普通腐蚀剂效果不佳时，可以采用 $FeCl_3$ 腐蚀剂，其配方为：$CuCl_2 + NH_3 \cdot H_2O$（$CuCl_2$ 与 $NH_3 \cdot H_2O$ 摩尔比为 1∶1）0.5g；$FeCl_3$ 6g；HCl 2.5mL；H_2O 75mL。

对于铸铁件，可以用硒酸或亚硒酸腐蚀剂，其配方为：H_2SeO_4 3mL（或 H_2SeO_3 5g）；HCl 20mL（或 H_2SeO_3 10mL）；C_2H_5OH 100mL。

对一定的基体来说，在相同的介质中进行处理时，化合物层和扩散层之间应有一定的比例关系，化合物层越深，扩散层也越深。所以，通常只对化合物层深度提出具体指标，一般不对扩散层深度提出具体要求。只有当用户提出特殊要求时才检验扩散层深度和总渗层深度。

测量扩散层（总渗层）深度的方法，通常有金相法和显微硬度法两种。

扩散层深度的检测方法，一般采用金相法比较方便。在显微镜下观察，从表面到针状氮化物终了处或与心部有明显差别处的深度作为总渗层深度，除去化合物层深度即为扩散层深度。碳钢处理后针状组织不明显，样品可以在 300℃、2h 回火一次，使渗层与中心界线更加明显，以便准确地确定渗层深度。

采用显微硬度法测量渗层深度时，即按前面叙述的方法测量断面硬度，在显微硬度计上用 50g 载荷由表面向心部测量显微硬度，由表面至比心部硬度高 30～50HV 处的距离即为总渗层深度。

金相法测得的渗层深度，由于腐蚀剂的灵敏度有限，只有渗入元素的含量比心部高到一定程度时才能显示出耐蚀性的差别，还有一部分渗层由于元素含量较低，不能被显示出来。同样，显微硬度法测量渗层深度时，由心部到比心部硬度高 30～50HV 处这段距离，实际上也含有渗入的元素，也是渗层的一部分，但测量时未被算在渗层之中。由此可见，无论是金相法还是显微硬度法都未能把所有渗层包括在内。

在实践中人们常把上述两种方法测得的渗层深度作为渗层总深度。这一深度的渗层无疑是元素含量明显高于心部、硬化作用较显著的一层，可称其为有效硬化层。通过元素分析等方法已经确认，有效硬化层以下至心部这段距离，渗入元素仍有一定含量，并且有一定的硬化效果。所以，这段距离也应属于硬化层的一部分，这段距离大约与有效硬化层的深度相等。所以，德国迪高沙公司把渗层总深度定为由金相法和显微硬度法测得的渗层深度（有效硬化层）的 2 倍。

QPQ 处理以后，渗层深度要求主要由材料的种类、产品的性能要求等因素决定。通常结构钢件只要求化合物层深度，一般应为 $10\sim20\mu m$，耐磨性要求高或磨损较大者取其上限。扩散层通常不作要求。中碳钢、低碳钢的总渗层深度一般为 $0.6\sim1.0mm$，其中有效硬化层深度为 $0.3\sim0.5mm$。合金钢特别是高合金钢的化合物层和总渗层深度都比碳钢浅。高速钢刀具则不允许生成化合物层，扩散层一般也只有 $20\sim40\mu m$。

每种产品的渗层指标应根据产品材料、服役条件、性能要求等因素通过试验来制定，或按有关标准的要求或图样要求来制定。

7.6.4 渗层致密度和脆性检验

化合物层外面常有不同程度的疏松层，致使化合物层不够致密。疏松层占到化合物层的一定比例以后会降低渗层的耐磨性。因此有必要对化合物层的致密度进行检验并加以控制，否则会影响产品质量。

根据 GB/T 11354—2005《钢铁零件　渗氮层深度测定和金相组织检验》，化合物层的疏松程度标准是根据疏松层占化合物层深度的比例来确定的，如图 7-52 所示，共有 5 个级别，其中 1～3 级为合格，1～2 级适用于要求较高的产品，4～5 级为不合格。

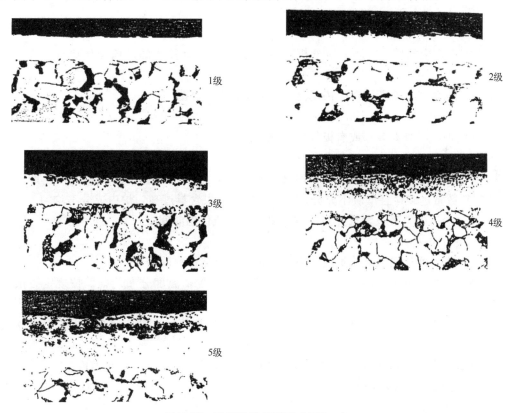

图 7-52　渗层疏松级别图（500×）

各级别特征参见 GB/T 11354—2005

渗层的脆性检验：采用 $10kg$ 载荷测量维氏硬度，缓慢加荷，加荷后停留 $10s$，然后去荷，压痕放大 100 倍测量，每个试样测 3 点，至少有 2 点处于相同等级时才能确定级别。脆性级别图如图 7-53 所示，共有 5 个等级，其中 1～3 级为合格（GB/T 11354—2005）。经 QPQ 处理的渗层脆性一般为 1～2 级。

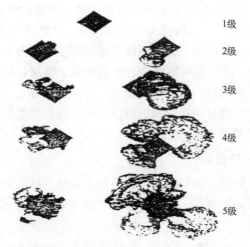

1级
2级
3级
4级
5级

图 7-53　渗层脆性级别图（100×）

各级别特征参见 GB/T 11354—2005

7.7　质量缺陷分析

在生产中产生的质量问题，应分析产生的原因。QPQ 技术的炉前操作比较简单，容易掌握。

（1）疏松层占总渗层深度的 1/2 以上，化合物层疏松严重

① 产生原因：

a. 氮化炉中沉渣太多，或有极细粒状悬浮渣。

b. 氮化炉的功率过大，或氮化盐熔化时方法不对，造成炉温不均匀，盐浴局部过热。

c. 氮化盐浴第一次化盐后，保温时效时间不够，盐浴成分不够均匀；或在生产中一次加入调整盐数量过多，且反应不充分，造成炉内氰酸根含量过高，炉内成分不均匀。

d. 氮化盐浴中氰酸根含量过高，或其温度过高或保温时间过长。

② 解决方法：

a. 先用捞渣器具捞出氮化炉底部粗渣，再用除渣器彻底除渣。

b. 调整电炉功率或电阻丝的分布，使电炉功率匹配，温度分布均匀。按规定方法熔化氮化盐，防止局部过热。

c. 第一次熔化盐浴应保温时效 4h 以上再使用。调整盐加入量应适当，并充分发生反应后再处理工件。

d. 氰酸根含量适当下调，适度缩短保温时间或降低氮化盐浴中氮化温度。

（2）渗层薄或渗层不均匀

① 产生原因：

a. 试样制备时化合物层保护不好，或试样倒棱使化合物层部分剥落，在显微镜下只能观察到化合物层的残留部分。

b. 工件表面脱脂不彻底，表面有锈迹、杂物，或者不锈钢、耐热钢件表面的钝化膜未去除，造成局部渗层过浅甚至无渗层。

c. 工艺规范不当或执行不当，氰酸根含量低，保温时间短导致氮化时间短，或氮化温度低，或本身渗氮时间不够。

d. 化合物层外面疏松层太厚，化合物层相对较薄，只占渗层的小部分。

② 解决方法：

a. 用专门卡具制样，试样与压块之间加不锈钢片保护，并将试样与压块夹紧，使之无间隙以后再制样。

b. 彻底清洁工件表面，彻底脱脂，必要时可以手工逐件擦洗。同时也可以采用汽油脱脂或用喷细砂工序来清洁表面。可以采用酸洗或喷砂工序去除不锈钢表面的钝化膜。

c. 调整氮化规范或改进操作，提高氮化盐浴中的氰酸根含量，提高氮化温度或延长保温时间，延长渗氮时间。

d. 彻底清除氮化炉炉渣，这样可减少疏松层厚度或采用改进措施减少疏松层的厚度。

（3）工件表面发红

① 产生原因：

a. 工件从氮化炉出来进入氧化炉之前，在空气中停留太久。

b. 预热温度过高或时间太长。

c. 氧化盐浴中 Fe_2O_3 含量过高，沉渣多，盐浴发红。

d. 处理前工件表面有氧化皮或锈迹。

② 解决方法：

a. 工件从氮化炉出来滴完盐以后应尽快进入氧化炉。

b. 控制工件预热温度和保温时间，使工件预热后的颜色不呈黑色，最好呈蓝紫色。

c. 去除氧化盐浴中的沉渣，并采用氧化盐的专用活化工艺方法，使氧化盐浴恢复正常颜色。

d. QPQ 处理前用专门的除油去锈工艺，采用喷砂或酸洗等方法，去除工件表面的氧化皮或锈迹。

（4）工件表面色泽不均匀

① 产生原因：

a. 工件表面的锈迹、油污及脏物未能在处理之前彻底清除。

b. 工件预热温度低或预热时间短，预热后工件仍然保持金属光泽。

c. 工件从氮化炉出来进入氧化炉时没有匀速入炉或中间有停顿。

d. 氧化盐浴已老化、发红、渣多，氮化盐浴或氧化盐浴中有脏物及浮渣等。

② 解决方法：

a. QPQ 处理前彻底清洁工件表面，脱脂、去锈。

b. 适当升高预热温度或延长保温时间，预热后工件不应保留银白色光泽，应呈草黄色，最好为蓝紫色。

c. 工件从氮化炉出来后进入氧化炉时应尽快均匀下降入炉，中间不得停顿。

d. 氧化炉彻底捞渣，清除盐浴悬浮物，特别是氮化炉和氧化炉盐浴面上的浮渣和脏物，并按活化工艺方法使氧化盐浴活化。

（5）工件外形尺寸胀缩量过大

① 产生原因：

a. 氮化盐浴中沉渣或浮渣太多，在渗层外形成附着层或疏松层。

b. 氮化温度过高或保温时间过长，在化合物层外面有很厚的疏松层。

c. 盐浴中氰酸根含量过高或盐浴反应不够充分，成分不太均匀，渗层表面形成严重疏松。

d. 工件没进行除油去锈或除油去锈不彻底，预热时这些表面污物严重氧化，表面盐浴状况差，使工件表面粗糙度变坏。

② 解决方法：

a. 彻底清除氮化炉内的沉渣和盐浴内悬浮的细渣。

b. 适当降低氮化温度或减少保温时间。

c. 控制氮化盐浴的氰酸根含量，盐浴时效反应时间应充分。

d. 严格执行清洗、预热规范，保持盐浴清洁，不使工件表面粗糙度发生太大变化。

e. 若生产具备一定规模或精度要求较高，可根据试验找到工件胀缩量，在机械加工时预留一定的胀缩量，使工件处理后刚好达到所要求的尺寸精度。

（6）工件形状变化大

① 产生原因：

a. 出氧化炉后清洗过早。

b. 工件装卡方式不对。

c. 预热不充分。

d. 处理前工件机械加工应力大或处理前经过冷校直，残留较大的内应力。

② 解决方法：

a. 出氧化炉后冷却一段时间，用热水清洗，必要时工件出氧化炉以后可冷到室温再清洗。

b. 细长工件和薄件应垂直装卡，大量生产时最好采用专用卡具，以使工件稳定地保持垂直状态。

c. 提高预热温度、延长预热时间。特别是容易变形的零件，可以采用随炉升温方法预热，预热应充分。

d. 工件处理前应充分去应力回火，消除机械加工应力和冷校直产生的内应力。

e. 处理后工件变形超差可以采用冷校直法来校正。由于工件心部处于塑性状态，校直阻力很小，容易校正。

（7）渗层硬度测量数值偏低

① 产生原因：

a. 使用的材料渗氮后不能较大程度提高硬度。

b. 也可能是测量方法有问题，在试样测量面砂纸磨时，磨得太轻或太重，没去掉疏松层或磨去了化合物层，未能测得硬度值的最高点。

c. 氮化盐浴 CNO^- 含量过低，或盐浴保温时间短，或氮化温度较低，造成渗层深度浅。

d. 表面疏松层过厚，而化合物层太薄。

e. 高合金钢要求渗层高硬度，其预先淬火未达到要求的硬度值。

f. 可能是采用的硬度测量仪器不对，如采用了洛氏、布氏等大负荷硬度计测量。

② 解决方法：

a. 更换如 40Cr 等材料。

b. 调整试样表面砂纸磨的轻重程度，以便测得渗层硬度值的最高点。

c. 添加调整盐，确保 CNO⁻ 含量到工艺范围，或适当提高氮化盐浴 CNO⁻ 含量，延长保温时间或适当提高氮化温度。

d. 彻底清除氮化炉炉渣。

e. 测量高合金钢预先淬火件硬度，确保达到规定硬度值。

f. 测量仪器由重负荷的硬度计改为轻负荷的维氏硬度计或显微硬度计。

（8）工件使用中耐磨性不够

① 产生原因：

a. 化合物层太薄或疏松严重。

b. 渗层硬度不足。

c. 基体材料选择不当或预先热处理硬度不足。

② 解决方法：

a. 提高氮化盐浴 CNO⁻ 含量，达到工艺规定值，清除氮化炉炉渣，使渗层外面的疏松层降到最低限度。

b. 适当提高氮化温度或延长保温时间。

c. 重新选择工件的基体材料或改进预先热处理工艺，使其达到要求的硬度值。

（9）工件耐蚀性差

① 产生原因：

a. 氧化工序不正确，如氧化时间不够、氧化温度低等，工件表面发红，这种红色铁的氧化物以后也可能成为腐蚀源。

b. 化合物层外面疏松层占渗层的大部分，化合物层本身太薄。

c. 工件在处理前局部有锈，处理时未除掉，处理后成为腐蚀源。

d. 工件外面无化合物层、局部无化合物层、化合物层太浅或化合物层不连续。

② 解决方法：

a. 将氧化盐浴调整到正常状态，确保氧化时间与温度在工艺范围，并在操作上使工件进入氧化炉后表面不生成红色铁的氧化物。

b. 提高氰酸根含量，提高氮化温度或延长保温时间。

c. 工件处理前应彻底除油去锈。

d. 氮化炉应彻底除渣或采取其他措施减少化合物层外面疏松层的厚度。

第 8 章

钝化与着色

金属的钝化，是指表面受到氧化剂作用，或者使表层原子的最高电子占据轨道（HO-MO）能量降低使反应性减弱，或者形成膜层阻挡层使反应性降低的现象。也可采用电化学方法，将零件控制在钝化电位，使表层原子最高电子占据轨道（HOMO）能量降低，使其阳极溶解电流减小；一旦外加电源去掉，零件开路电位就容易离开钝化电位，阳极溶解增大，利用这类钝化往往要采用专门的外接电源。因此，通过钝化剂将零件钝化膜电位调控到钝化电位，使零件阳极的溶解电流减小，达到防腐蚀的目的，这才是更有意义的钝化。本章介绍的钝化大多是生成很厚的膜，其电位不一定在钝化电位范围，也就是除化学氧化一章介绍的成膜方法外的内容，表面转化处理习惯称为的钝化。

在氧化一章中介绍了传统的氧化膜类型。本章介绍的内容不包括氧化一章的内容。由于钝化后金属往往呈现某种颜色，这里与着色一同介绍。

8.1 概述

8.1.1 金属钝化分类

（1）按钝化的性质分类

可分为在空气中钝化和在溶液中钝化。在空气中钝化又称为干法钝化，干法钝化分为室温钝化与热处理钝化。在溶液中钝化又称湿法钝化。湿法钝化分为化学钝化与电化学钝化。

① 化学钝化。就是直接用化学钝化液使金属材料或制品的表面发生化学反应，产生钝化并获得具有一定性能的钝化膜层。化学钝化根据施工方法的不同又可分为浸渍钝化、喷淋钝化和刷涂钝化等；根据化学钝化液主要成分的不同又可分为铬酸盐钝化、无铬钝化及有机物钝化等。化学钝化分为含硝酸型钝化（纯硝酸型钝化、硝酸-重铬酸盐型钝化、硝酸-氢氟酸型钝化、硝酸-盐酸型钝化）和其他型钝化（铬酸或铬酸盐型钝化、硫酸型钝化、双氧水型钝化、碱液型钝化、柠檬酸型钝化等）。

② 电化学钝化。电化学钝化是在装有钝化液的电解槽内，将需钝化的工件接正极，辅助电极接负极，控制电流密度，发生电化学反应而使表面生成钝化膜。电化学钝化分为直流电型钝化与载波型钝化。

（2）按钝化施工方法分类

① 浸渍钝化。浸渍钝化就是将工件在钝化溶液中浸渍，经一定时间后，工件表面即生成一层钝化膜，膜层的厚度及性能、质量等均与溶液配方及工艺有关。这种方法适用于各种金属及不同形状的工件钝化处理，所得钝化膜膜层均匀、有光泽。浸渍法应用广泛。

② 喷淋钝化。喷淋钝化就是将钝化溶液直接喷淋在金属工件的表面，使其生成一定厚度的钝化膜，此法适用于表面形状简单、尺寸较大的平板工件，以及难以放进钝化槽的各种大型设备，也适用于连续生产线及各种电器、家具的外壳处理。喷淋法处理时间短，钝化速度快，所得钝化膜均匀但厚度比较薄，适于作涂料底层，或氧化、磷化处理后的钝化。

③ 刷涂钝化。刷涂钝化是用毛刷将钝化溶液直接刷涂在金属工件表面，生成钝化膜。此法多用于大型设备等无法用浸渍法及喷淋法施工的场合，可用于设备的局部维修或补修。此法操作简单、施工方便，但需注意钝化液毒性危害。

④ 膏剂钝化。用于安装或检修现场，尤其用于焊接部处理，手工操作，生产成本高。

（3）按钝化溶液的主要成分分类

① 铬酸盐钝化。铬酸盐钝化就是将金属工件或镀件浸在以铬酸或重铬酸盐为主要成分的处理溶液中，使金属表面生成一层钝化膜，以隔绝金属与各种腐蚀介质的接触。

② 硝酸盐钝化。后面将详细讨论。

③ 无机盐的无铬钝化。主要包括钼酸盐钝化、钨酸盐钝化、稀土金属盐钝化。

a. 钼酸盐钝化。钼酸盐钝化有化学浸泡处理、阳极钝化处理和阴极钝化处理。经钼酸盐处理后可明显提高锌、锡等金属的耐蚀性，但效果比不上铬酸盐钝化。不同环境下耐腐蚀性能有差异，如一种用钼酸盐/磷酸盐体系处理锌的钝化工艺，钝化液内钼含量为 $2.9 \sim 9.8 g/L$，用可与钼酸盐形成杂多酸的酸（如磷酸）调节 pH，经处理后在锌的表面形成 $0.05 \sim 1.0 \mu m$ 的薄膜。该钝化膜在碱性和中性的盐雾试验中，其耐蚀性不及铬酸盐钝化膜；在酸性环境中其耐蚀性好于铬酸盐钝化膜；室外环境下，两种膜耐蚀性相差不大。

b. 钨酸盐钝化。钨酸盐的作用与钼酸盐相似，锌、锡等金属在钨酸盐溶液中形成钝化膜，经 24h 盐雾试验，锌表面钝化膜的耐蚀性比不上铬酸盐。另外，钨酸盐钝化 Sn-Zn 合金，中性盐雾试验和湿热试验结果表明，其耐蚀性略逊于铬酸盐膜和钼酸盐膜。

c. 稀土金属盐钝化。稀土金属铈、镧和钇等盐类被认为是铝及铝合金等在含氯介质中的缓蚀剂。用含铈溶液对锌表面进行处理，$CeCl_3$ 可在锌表面生成一层黄色的氧化膜，能有效降低 0.1mol/L NaCl 溶液中锌表面阴极点处氧的还原速度，即减弱了氧的去极化能力，降低了腐蚀速度。

将电镀锌在含过氧化氢的 $40g/L CeCl_3$（pH＝4.0，30℃）溶液中处理 1min，锌镀层表面形成了一层金色的转化膜，经分析，膜中含有铈的过氧化物，并且有很好的耐蚀性。

④ 有机物钝化。有机物钝化包括有机钼酸盐钝化、植酸钝化、单宁酸钝化与柠檬酸值钝化等。一般还包括一种或几种氧化剂。

a. 有机钼酸盐钝化。此法主要是利用钼酸盐与多种组分组成的复合配方，通过分子间协调的缓蚀作用，提高表面耐蚀性，改善单一钼酸盐钝化的不足。例如可形成具有良好耐蚀性的钼钒磷杂多酸转化膜 $H_4PMo_{11}VO_4$。有研究显示，用乙醇胺与钼酸盐合成的二乙醇胺钼酸盐对低碳钢处理，膜层耐蚀性明显高于相同条件下的钼酸钠处理。缓蚀作用往往随分子内羟乙基的增多而增强，说明分子内的醇胺基团与钼酸根有很明显的协调缓蚀效应。

b. 单宁酸钝化。单宁酸钝化成膜过程分三步，首先是金属微量溶解，然后生成膜层，最后膜的生长和溶解达到平衡。钝化处理生成的钝化膜在质量分数为 3％的 NaCl 溶液中浸泡 168h 表面并无异常的变化，其效果超过了三酸（硫酸、硝酸、磷酸）钝化处理，但盐雾试验仅通过 24h，潮湿试验（35℃，相对湿度 95％）通过 48h。

c. 柠檬酸盐钝化。柠檬酸盐与双氧水一起，常用于对不锈钢等材料的钝化。

（4）按钝化基体材料分类

① 一般钢材钝化。

② 不锈钢钝化。

8.1.2　金属钝化理论

金属钝化的理论，目前有吸附理论与成相膜理论。

吸附理论认为，金属钝化时在表面或部分表面生成氧或含氧粒子吸附在金属表面上，改变了金属溶液界面的结构，使金属处于钝态，产生钝化作用。

成相膜理论认为，金属钝态是由于金属和介质作用时，在金属表面生成了一种非常薄的、致密的、覆盖性良好的保护膜，这种保护膜作为一个独立相存在，并把金属与溶液机械地隔开，使金属的溶解速率大大降低，即使金属处于钝态。

从量子电化学角度，吸附或膜层都可能使金属阳极处于钝态。量子电化学认为，原子核对电子吸附的差异（通常是最外层电子吸附的差异）构成电极电位。例如锌与铁两种金属，由于原子核对电子吸附不同，两种金属接触，就会产生电位。实际上就是由于原子吸附力不同产生的势能差异。所以两种金属间的电位，可由两种金属最外层电子的能量差异计算。

吸附或者形成膜，都可以对金属最外层电子的能量产生影响，从而使金属处于钝态。由于吸附氧对金属最外层电子的作用，有可能使其最外层轨道电子的能量比 H^+ 的最低空轨道能量更低，使得 H^+ 不能从金属表面获取电子，而且，即使金属最外层电子能量有一定程度升高（电极电位在一定范围变化），H^+ 也不能从金属表面获取电子。只有金属最外层电子能量超过 H^+ 的最低空轨道能量（超过钝化电位），才能发生金属电子向 H^+ 的转移。这里 H^+ 是接受电子的一方，而金属是给出电子的一方。只有当电位超过了钝化膜的束缚，也就是金属电子能级达到或超过接受电子的能级，电子才开始转移，电流增大。钝化膜要经过一个电位增大的过程，才能重新产生电子转移——也就是电流。

生成的膜能够在一定程度上阻隔 H^+ 的扩散，但 H^+ 的扩散性非常强，甚至能在金属中扩散，极薄的膜对 H^+ 的扩散阻隔作用有限，对 H^+ 在金属基体获取电子的阻隔作用有限。所以钝化后电流减小的机制，其外层电子最高占据轨道能量降低起到很大作用。在元素活泼性排序中，氢与前后金属相比，最外层电子能量差距本来就不是很大，是可以由于氧的作用而发生变化的。

钝化剂使表层电子轨道能量降低，电子不易通过隧道效应传递给氧化剂分子，所以往往具有缓蚀效果。钝化剂通过钝化作用形成钝化膜，在一定程度上阻碍腐蚀反应发生。缓蚀剂不一定是钝化剂，因为缓蚀效果除了通过降低还原剂最高占据轨道能量使还原剂不容易失去电子之外，也可通过增高氧化剂最低空轨道能量，使其不容易获取电子，总之是降低腐蚀物质（氧化剂）的氧化作用，从而达到缓蚀效果。

金属界面反应，是氧化剂与还原剂（通常是金属基体）进行的反应，缓蚀剂可通过对氧化剂或者还原剂作用达到缓蚀效果。钝化则通常是指基体反应性能而言。

以硝酸与金属基体的反应为例，硝酸与基体作用，可通过 H^+ 与 O 两种方式进行：硝酸中 H^+ 与金属发生置换反应；O 通过对电子吸附，降低金属基体表层电子最高占据轨道的能量，使金属基体表层能量最高的占据轨道电子不容易失去，形成阻挡腐蚀反应发生的膜。稀硝酸氧的作用不足以形成完整的钝化膜，也就是其 HOMO 能量降低程度不够，故发生置换反应；浓硝酸氧的作用强烈，形成了完整的钝化膜，抑制了 H^+ 与金属基体的置换反应。

钝化膜的阳极溶解过程受到钝化作用的影响，参见钝化膜性能一节。本章介绍的转化膜工艺中，着色膜及其他一些工艺不一定表现为钝化特征。

不锈钢钝化后的工件，通常能够生成钝化膜，由于不锈钢耐腐蚀性好，可直接使用，也可以后续涂漆使用。

钝化剂通常是氧化剂。氧化剂的氧化作用，可通过对基体金属电子的吸附，即使电位升高，阳极溶解电流也维持在一个不变值。钝化作用下阳极溶解电流都很小，生成的钝化膜都很薄，要生成较厚的膜，零件电位通常应超过钝化电位。当氧化作用超过钝化电位，溶解电流增大，就能生成较厚的氧化膜，将腐蚀介质隔开。通常的阳极溶解过程，由于溶液中 Cl^- 等介质的破坏，或者溶解电位超过钝化电位，受钝化作用的影响很小。

生产应用中习惯称为的钝化作用，多数情况下都是通过钝化作用，在表面形成一层很厚的膜，以阻挡腐蚀反应的发生。

8.1.3 影响金属钝化的因素

金属的钝化主要受到合金成分、钝化介质、活性离子和温度等的影响。

（1）前处理的影响

钢铁前处理对钝化膜质量有重要影响。要除油去锈干净，应注意钝化前清洗，不要带入有污染的 Cl^-，后面将会叙述钝化过程中 Cl^- 的危害。

不锈钢件酸洗通常采用化学方式，所采用的试剂包括硫酸、硝酸和氢氟酸，硝酸-氢氟酸混合酸洗效果较好，但对奥氏体和淬火的马氏体不锈钢不宜采用。对有焊接和热处理残渣的零件，表面覆有一层致密难溶的氧化皮，这层氧化皮中含有大量的氧化铬、氧化镍及十分难溶的氧化铁铬（$FeO \cdot Cr_2O_3$），所以通常处理时要经过松动氧化皮、浸蚀及去除浸蚀残渣等几个步骤，参见第 2 章。

即使抛光也会对钝化膜产生影响，抛光对于一种柠檬酸钝化膜点蚀电位的影响见图 8-1。

（2）合金成分与结构的影响

① 一般钢铁合金成分的影响。Flade 电位是指钝态金属去掉电流后，电位很快下降，转变为原活化态时的电位。金属的钝化能力与其 Flade 电位有关，Flade 电位越低，金属的钝化能力越强。另外，钝化能力较强的金属元素加入钝化能力较弱的金属中，一般能降低 Flade 电位，增强合金的钝化能力。例如把钝化能力强的铬加到钝化能力弱的铁中，使铁铬合金的 Flade（φ_F）电位下降，如图 8-2 所示，据此得到的不锈钢具有很强的钝化能力。不同金属具有不同的钝化趋势。一些金属如钛、铝、铬等，它们能在空气或含氧的溶液中自发钝化，且当

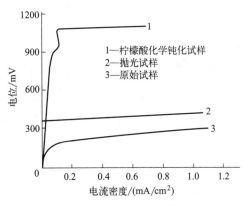

图 8-1 抛光对于一种柠檬酸钝化
膜点蚀电位的影响

钝化膜被破坏时还可以重新恢复钝态，称为自钝金属。常见金属的钝化趋势按下列顺序依次减小：钛、铝、铬、钼、铁、锰、锌、铅、铜。这个顺序并不表示上述金属的耐蚀性也是依次减小，仅表示阳极过程由于钝化所引起的阻滞腐蚀的稳定程度。

加入一些稳定性较高的组分元素（如贵金属或自钝化能力强的金属铬等）能提高合金耐蚀性。铁中加入铬或铝可抗氧化，加入少量的铜或铬则可以改善其抗大气腐蚀性能，而铬是

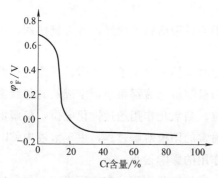

图 8-2　铬含量对 Flade 电位的影响

不锈钢的基体合金元素。一般两种金属组成的耐蚀合金是单相固溶体合金，在一定的介质条件下，具有较高的化学稳定性和耐蚀性。

铬、镍属钝化性强的元素，铁的钝化性次之。因此，铬和镍含量越高，不锈钢的钝化性越强，钝化膜的稳定性随铬、镍含量的增加而提高。不锈钢所含其他元素，如锰、碳、硅等元素对钝化不利，含硫、硒元素钝化性更差。表面若含这些元素，可预先除去然后钝化。

在一定介质条件下，合金的耐蚀性不但与加入元素的种类有关，还与加入元素的含量直接相关，所加入的合金元素数量必须达到某一个临界值时，才有显著的耐蚀性。例如在 Fe-Cr 合金中，只有当加入的 Cr 质量分数超过 0.117 时，合金才会发生自钝化，其耐蚀性才显著提高。临界组成代表了合金耐蚀性的跃升，每一种耐蚀合金都有其相应的临界组成。临界值的大小遵从塔曼定律，即固溶体耐蚀合金中耐蚀（稳定）性组分恰好等于其原子百分数的 $n/8$ 倍（n 为 1~7 的整数），当合金元素的含量达到此临界值时，合金的耐蚀性会突然增高。合金临界组成的原因同样可以用成相膜理论和吸附理论进行解释。几种常见的合金元素对铁和不锈钢钝化能力的影响见表 8-1。

表 8-1　几种常见的合金元素对铁和不锈钢钝化能力的影响

元素	维钝电流密度 $i_{维钝}$	致钝电流密度 $i_{致钝}$	维钝电位 $\varphi_{维钝}$	致钝电位 $\varphi_{致钝}$	击穿电位 $\varphi_{击穿}$	过钝化电位 $\varphi_{过钝化}$
Cr	下降	下降	下降	下降	增加	下降
Mn	不明显	不明显	不明显	不明显	—	不明显
Ni	下降	下降	下降	增加	增加	增加
Si	不明显	下降	不明显	下降	增加	增加
V	下降	增加	不明显	不明显	增加	下降
Mo	下降	增加	下降	下降	增加	下降
W	不明显	下降	不明显	不明显	增加	不明显
Ti	下降	—				

注：表中各参数意义可参见图 9-22。

② 不锈钢结构等的影响。钝化效果还取决于不锈钢材料结构及表面状况。

a. 不锈钢晶相结构对钝化有影响。奥氏体、铁素体不锈钢具有较均匀的组织，不必经过热处理强化，其可钝化性好。马氏体不锈钢晶相组织为多相组织，不利于钝化。

b. 不锈钢的加工状态对钝化的影响。经机械加工如切削、抛光、磨光后的光洁表面加工状态的钝化性最好。铸造、喷砂、锻造所得工件的表面粗糙状态的钝化性最差。一种奥氏体不锈钢在柠檬酸质量分数为 4%、65℃钝化 15min、浓硝酸后处理 11min 的钝化工艺中。

c. 经渗氮、渗碳、铜焊及铅焊的不锈钢零件不能钝化，因为钝化处理后，会损害上道工序的质量。

（3）钝化介质的影响

不同介质对金属钝化有显著影响。金属在一些介质中钝化，在另一些介质中则可能恢复活性。钝化剂的存在，是金属发生钝化的主要原因。钝化剂的性质与浓度对金属钝化产生很大的影响。一般钝化介质分为氧化性介质和非氧化性介质。不过钝化的发生不是简单地取决于钝化剂氧化性强弱，还与阴离子特性有关，例如，$K_2Cr_2O_7$ 没有 H_2O_2、$KMnO_4$ 和 $Na_2S_2O_8$ 的氧化能力强，但 $K_2Cr_2O_7$ 的致钝化性能却比它们强。

不同金属，应选择不同钝化液。对某些金属来说，可以在非氧化性介质中进行钝化，除 Mo 和 Nb 在盐酸中、Mg 在氢氟酸中、Hg 和 Ag 在含 Cl^- 溶液中可以钝化外，Ni 在醋酸、草酸、柠檬酸中也可钝化。

在中性溶液中，H^+ 含量较少，获取电子的最低空轨道能量较高，往往更容易建立钝态。在很多情况下，金属在中性溶液中的阳极反应物是溶解度很小的氧化物或氢氧化物，而在强酸中的产物却是溶解度很大的盐。因此，在中性溶液中容易建立钝态。另外，一般若降低 pH，金属的稳定钝化范围减小，金属钝化能力减弱。

钝化与钝化剂浓度相关，浓度高，容易产生过钝化，对膜层性能产生影响。钝化剂浓度较低时，钝化剂的理想阴极极化曲线与金属的理想阳极极化曲线的交点在活化区（图 8-3 中的 1），此时金属不能建立钝态；若钝化剂的浓度或活性稍有提高，但其阴极极化曲线与金属阳极极化曲线有 3 个交点时（图 8-3 中的 2），金属也不能建立稳定的钝态；只有当钝化剂的浓度和活性适中，阴极极化曲线与阳极极化曲线在稳定钝化区只有一个交点时（图 8-3 中的 3），金属才能建立稳定的钝态。使金属建立稳定钝态的钝化剂浓度称为临界钝化浓度，铁在硝酸中建立稳定钝态时硝酸的临界钝化浓度约为 40%（质量分数）。

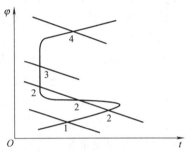

图 8-3　易钝化金属在氧化能力不同的介质中的钝化行为

当钝化剂活性很强或浓度太高时，阴极极化曲线与阳极极化曲线的交点在过钝化区，金属仍处于活化状态。铁在浓度约大于 80% 的硝酸中就属于这种状态。所以，只有当钝化剂的活性和浓度适中时，金属才能够建立稳定的钝化态。

所以不是钝化剂浓度越高越好，各种金属在不同的介质中能够发生钝化的临界浓度是不同的。应注意获得钝化的浓度与保持钝化的浓度之间的区别，例如，钢在硝酸中浓度达到 40%～50% 时发生钝化，再将酸的浓度降低到 30% 时，钝态仍可保持较长时间而不受破坏。

（4）活性离子对钝化膜的破坏作用

介质中某些离子，如 Cl^-、Br^-、I^- 等卤素离子，会吸附在金属表面，不能降低金属最高占据轨道能量，反而对能降低金属最高占据轨道能量的氧等产生竞争吸附，会加速金属钝态的破坏，称为活性离子，活性离子中以 Cl^- 破坏作用最大。例如，自钝化金属铬、铝及不锈钢等处于含 Cl^- 介质中时，在远未达到过钝化电位前，已出现了显著的阳极溶解电流。

由于金属膜较薄，钝化膜容易发生点状腐蚀，金属钝态开始提前破坏的电位称为点蚀电位或破裂电位，用 E_b 表示。不锈钢点蚀电位的测定可参见相关标准。Cl^- 对钝化膜的破坏作用并不是发生在整个金属表面上，而是带有局部点腐蚀的性质，点状腐蚀在 Cl^- 介质中比较典型，不锈钢受 Cl^- 影响的极化曲线如图 8-4 所示。溶液中 Cl^- 浓度越高，点蚀电位 E_b 越低，即越容易发生点蚀。溶液中各种活化阴离子，按其活化能力的大小排列为如下次序：$Cl^->Br^->I^->F^->ClO_4^->OH^->SO_4^{2-}$。由于总体条件不同，这个次序可能会有所变化。同时，有研究显示，低浓度 F^- 破坏钝化膜，高浓度 F^-（1mol/L）却有利于钝化成膜。

对于 Cl^- 破坏钝化膜的原因，成相膜理论和吸附理论有不同的解释。这里不做详细介绍。

不同金属材料，Cl^- 的破坏作用不同。Cl^- 对 Fe、Ni、Co 和不锈钢的钝化膜破坏性较大，对 Ti、Ta、Mo 和 Zr 等金属的钝化膜破坏作用很小。成相膜理论认为，Cl^- 与这些金属能形成保护性好的碱性氯化物膜；吸附理论认为，这些金属与氧的亲和力强，Cl^- 难以排斥和取代氧。实际上，就是对不同金属的 HOMO 会有不同影响。

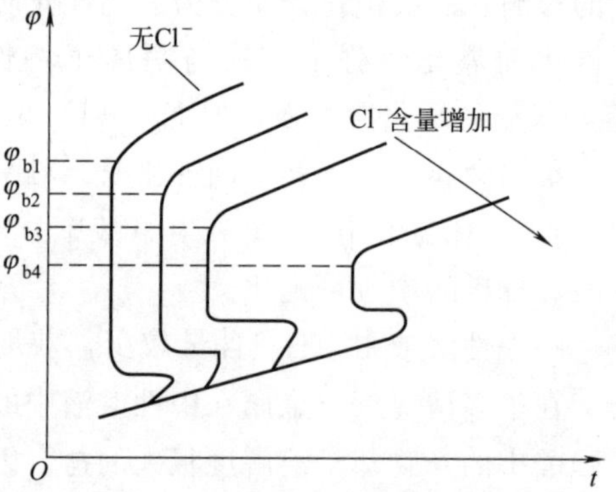

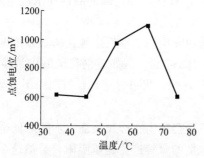

图 8-4　不锈钢受氯离子影响的极化曲线

（5）介质温度、时间及搅拌等的影响

不同钢材及不同钝化液，温度的影响可能有所差别。另外，还与钝化液浓度有关，如低浓度的硝酸溶液，在较高的温度钝化，容易获得较好的效果。如硝酸含量 20%～40%（体积分数），操作温度应取 60℃ 为好，硝酸的含量在 40%（体积分数）以上的钝化液，温度以室温为宜。

通常介质温度对金属的钝化有很大影响。温度越低金属越易钝化。反之，升高温度会使金属难以钝化或使钝化受到破坏。其原因可认为是温度升高使金属阳极致钝电流密度变大，而氧在溶液中溶解度下降，因而钝化的难度增加。温度的影响也可用钝化的吸附理论加以解释，由于化学吸附及氧化反应一般都是放热反应，因此根据化学平衡原理，降低温度对于吸附过程及氧化反应都是有利的，有利于钝化。从量子化学角度，温度升高，一般金属 HOMO 升高，电子容易失去，不利于钝化。但温度升高，有利于反应速度加快，也就是原子运动速度加快，故温度应据情况保持在一定范围。温度及时间对钝化膜点蚀电位影响见图 8-5 及图 8-6。

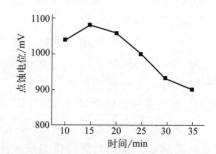

图 8-5　温度对一种柠檬酸钝化膜点蚀电位的影响

图 8-6　时间对一种柠檬酸钝化膜点蚀电位的影响

一般随着介质温度和流速的提高，金属的稳定钝化范围减小，钝化能力下降。研究表明，超声波作用于溶液体系时，既有超声波空化产生的局部高温作用，又有溶液高速流动产生的湍流冲刷作用，二者的共同作用使得电极表面钝化膜结构层逐步破坏。研究表明在钝化电位下，不锈钢 0Cr13Ni5Mo 表面具有多层结构的钝化膜。由于空化作用，钝化膜电阻和电荷传递电阻减小，弥散效应增大。这些都表明空化使 0Cr13Ni5Mo 电极表面的状态发生了变化，钝化膜电容和双电层电容随空蚀进行而增大，空化时的腐蚀速率大于静态时的腐蚀速率。

8.1.4　金属钝化的应用

金属钝化，较多应用于一些特定场合、特殊环境。金属的钝化不宜用于腐蚀介质变化较大的场合，因为金属钝化与材料及环境介质密切相关。在一种环境中，金属处于钝态，不被腐蚀；在另一种环境中，可能金属的钝态活化，金属会被腐蚀。

一般表面处理过程中习惯所称谓的钝化，往往都会形成一层钝化膜，在一些介质中，这层膜可能使开路电位处于钝化电位，而当介质发生变化时，这层膜也能阻挡腐蚀介质，如不锈钢等基体材料，本身具有一定的耐腐蚀性，因此可以在广泛的环境中使用。

（1）钝化在表面处理上的应用

金属钝化广泛应用于表面处理方面。钝化处理可提高金属或金属镀层表面的耐蚀性及装饰性。钝化处理应考虑经常使用环境下材料处于钝化电位，其他环境钝化膜隔绝腐蚀介质。

可以对金属直接钝化，这时一般要求形成钝化膜，或基体材料本身具有耐腐蚀性能，适应变化的使用环境。

也可在经过化学氧化、阳极氧化、磷化等表面处理后，进行钝化。由于金属表面在化学氧化等处理后膜层尚存在有孔隙，耐蚀性、耐磨性较差，后续的钝化能进一步提高表面膜层的质量，提高各种转化膜的耐蚀、耐磨性能，这样的钝化处理习惯上也称封闭、封孔等，这样的处理结合缓蚀剂的加入，会起到更好的效果，由于在下一章将详细阐述，这里不进行更多讨论。

（2）钝化在制造耐蚀合金上的应用

若在制造合金时加入有利于钝化的元素，往往能够提高合金的耐腐蚀性能。

若金属未钝化，阴极性组分的增加一般可使金属电位向较正方向移动，加速金属的腐蚀。但在金属可被钝化且腐蚀介质组分有利于钝化的情况下，在金属中添加阴极性组分，则能促使金属转入钝化状态，起到提高金属电位的作用，使金属进入并稳定在钝化区内。例如在不锈钢中加入 0.1% Pb 或 1% Cu，能使不锈钢在硫酸溶液中的腐蚀速率大大降低，其阴极极化曲线和阳极极化曲线的交点落在钝化区内。

将铬和镍加到铁中制造耐蚀不锈钢，就是利用了铬和镍钝化。图 8-7 是典型的奥氏体不锈钢在硫酸中的阳极极化曲线，临界阳极电流密度约为 $100\mu A/cm^2$，据此我们知道在充气的硫酸溶液中可发生钝化。

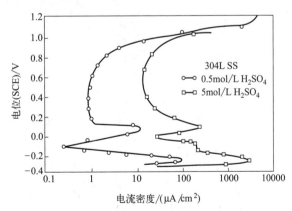

图 8-7　H_2SO_4 溶液中不锈钢的阳极极化曲线

腐蚀介质中通常遇到的氧化剂主要是氧，氧微溶于水。它的还原反应过程是受扩散步骤控制的，在静止的被空气所包围的情况下，氧的极限扩散电流密度大约为 $100\mu A/cm^2$，如果一种活化-钝化的金属浸入到一种充气的腐蚀介质中，若它的致钝阳极电流密度 $\leqslant 100\mu A/cm^2$，则该金属就是自发钝化，实际腐蚀小于氧的腐蚀作用。

（3）钝化在金属化工设备阳极保护中的应用

阳极保护主要用在化工设备上。简单地说，就是将被保护的化工设备作为阳极与直流电源的正极相连接，电源的负极则作为阴极与辅助电极相连接，在充满腐蚀介质溶液的情况下，通以外加电流，使被保护的设备阳极极化，用恒电位仪控制，把阳极的电位控制在稳定的钝化区范围内，从而使腐蚀速度显著地降低，达到保护设备、减缓或避免腐蚀的目的，这种电化学阳极极化的方法称为阳极保护。

这种保护要根据不同金属材料、不同的介质，采用外加电源方式，将金属材料控制在钝化电位范围。当材料变化，其控制的钝化电位也可能发生变化；当介质变化，控制的钝化电位也应随着变化。

阳极保护特别适用于酸性溶液，它对防止强氧化性介质（如浓硫酸等）的腐蚀特别有效。但是溶液介质中的氯离子必须严格控制，含量必须很低，否则会破坏钝化，并发生点蚀。此外，阳极保护也可以用在尿素、碳酸氢铵等化肥工业的设备保护上。

在实施阳极保护时，有几个重要的参数必须掌握，而且可以通过测定阳极极化曲线确定，其中主要有三个参数（参见图9-22）。

① 致钝电流 $i_{致钝}$。设备在钝化时所需供应的电流就是致钝电流，一般来说致钝电流密度越小越好，特别是对大型被保护设备更为重要。这样较小容量的直流电源就可保护大型设备。

② 维钝电流 $i_{维钝}$。设备进入钝化状态后，要求有极小的电流以维持其钝化，修复被溶解或被局部破坏的膜。$i_{维钝}$ 实际上就是金属钝态下的溶解速度。维钝电流密度越小，溶解越少，钝化及防护的效果越好，消耗的维钝电量也越少。

③ 钝化区的电位范围。钝化电位是指由致钝电位到过钝化电位的区间，钝化电位的范围越宽越好，即使环境有所变化，也容易控制设备处于钝化状态。电位不宜进入活化区或过钝化区，使被保护设备维持在最佳的钝化状态下。

几种常用钢铁材料在各种溶液中进行阳极保护选用的主要参数见表8-2。各种化工设备应用阳极保护的实例见表8-3。

表 8-2　钢铁材料在某些溶液中阳极保护的主要参数

溶液介质	金属材料	溶液温度/℃	$i_{致钝}$/(A/m²)	$i_{维钝}$/(A/m²)	钝化区电位范围/mV
50% H_2SO_4	碳钢	27	2325	31	+600～+1000
67% H_2SO_4	碳钢	27	930	1.55	+1000～+1600
89% H_2SO_4	碳钢	27	155	0.155	+400 以上
96% H_2SO_4	碳钢	49	1.55	0.77	+800 以上
96%～100% H_2SO_4	碳钢	93	6.2	0.46	+600 以上
76% H_2SO_4 被 Cl_2 饱和	碳钢	50	20～50	20.1	+800～+1800
90% H_2SO_4 被 Cl_2 饱和	碳钢	50	5	0.5～1.0	+800 以上
96% H_2SO_4 被 Cl_2 饱和	碳钢	50	2～3	1.5	+800 以上
67% H_2SO_4	不锈钢	24	6	0.001	+30～+800
67% H_2SO_4	不锈钢	66	43	0.003	+30～+800
67% H_2SO_4	不锈钢	93	110	0.009	+100～+600
75% H_3PO_4	碳钢	27	232	23	+600～+1600
85% H_3PO_4	不锈钢	136	46.5	3.1	+200～+700
20% HNO_3	碳钢	20	10000	0.07	+900～+1300
30% HNO_3	碳钢	25	8000	0.2	+1000～+1400
40% HNO_3	碳钢	30	3000	0.26	+700～+1300
50% HNO_3	碳钢	30	1500	0.03	+900～+1200

溶液介质	金属材料	溶液温度/℃	$i_{致钝}$/(A/m²)	$i_{维钝}$/(A/m²)	钝化区电位范围/mV
80%HNO₃	不锈钢	24	0.01	0.001	—
37%甲酸	不锈钢	沸腾	100	0.1~0.2	+100~+500①
37%甲酸	铬锰氮钼钢	沸腾	15	0.1~0.2	+100~+500①
30%草酸	不锈钢	沸腾	100	0.1~0.2	+100~+500①
30%草酸	铬锰氮钼钢	沸腾	15	0.1~0.2	+100~+500①
30%乳酸	不锈钢	沸腾	15	0.1~0.2	+100~+500①
70%醋酸	不锈钢	沸腾	10	0.1~0.2	+100~+500①
20%NaOH	不锈钢	24	47	0.1	+50~+350
25%NH₄OH	碳钢	室温	2.65	<0.3	-800~+400
60%NH₄NO₃	碳钢	25	40	0.002	+100~+900
80%NH₄NO₃	碳钢	120~130	500	0.004~0.02	+200~+800
LiOH(pH=9.5)	不锈钢	24	0.2	0.0002	+20~+250

① 指相对于铂电极的电位，其余均为相对于饱和甘汞电极的电位。

表 8-3 化工设备应用阳极保护实例

设备材料及名称	介质成分及条件	保护措施	保护效果
碳钢硫酸储槽	89%H₂SO₄		铁离子含量由140×10⁻⁶降低至12×10⁻⁶
碳钢硫酸储槽	90%~105%H₂SO₄ 温度100~120℃	用镀铂电极作阴极	铁离子含量由（10~106）×10⁻⁶下降至（2~4）×10⁻⁶
废硫酸储槽材料为碳钢	<85%H₂SO₄,含有机物,27~65℃		保护度达85%以上
不锈钢有机磺酸中和罐	在20%NaOH中加入RSO₃H中和	铂阴极,钝化区电位范围只有250mV	保护前有点蚀,保护后大为减少,产品含铁量由300×10⁻⁶下降至16×10⁻⁶
碳钢纸浆蒸煮钢φ2.5m,高12m	100g/L NaOH,35g/L Na₂S,温度180℃	致钝电流4000mA 维钝电流600mA	腐蚀速度由1.9mm/a降至0.26mm/a
碳钢铁路槽车	NH₄OH、NH₄NO₃和尿素的混合液体	哈氏合金阴极不锈钢作为参比电极	保护效果十分显著
硫酸槽加热盘管材料为不锈钢,盘管面积0.36m²	70%~90%H₂SO₄ 温度100~120℃	铂作为阴极	保护前腐蚀严重,保护后表面和焊缝都很好
碳钢三氧化硫发生器,φ1400mm	发烟硫酸（含游离SO₃约20%）温度300℃	阴极材料用不锈钢	原来每生产30t报废一台发生器,保护后寿命提高约7倍
碳钢氨水储罐	25%氨水,2~25℃	不锈钢阴极	腐蚀速度降低为原来的1/300
黏胶人造丝厂用钛热交换器	56×10⁻⁶ H₂S及CS₂,3%H₂SO₄	石墨阴极	生产两年后,钛管没有减薄
碳化塔中碳钢冷却水箱	NH₄OH,NH₄HCO₃,40~45℃	水箱表面涂环氧,阴极用碳钢、参比电极为不锈钢	保护效果十分显著

8.2 钢铁钝化

8.2.1 钢铁的铬酸盐钝化

铬酸盐钝化，指在以铬酸、铬酸盐或重铬酸盐为主要成分的溶液中对金属或金属镀层进行化学或电化学处理的工艺。这样处理的结果，在金属表面产生由三价铬和六价铬化合物组成的防护性转化膜。铬酸盐抑制金属腐蚀的性质已广为人知。把少量这类物质加入循环水装置里，就可使金属表面钝化，从而防止腐蚀。在酸性溶液里铬酸盐是强氧化剂，会促使金属表面生成不溶性盐或增加天然氧化膜的厚度；铬酸的还原产物通常是不溶性的，例如三氧化二铬；金属的铬酸盐往往是不溶性的，例如铬酸锌；铬酸盐能参加许多复杂反应，而生成包括被处理金属的离子在内的复合物沉积，当有某些添加剂存在时更是如此。

这里介绍的内容，不仅仅在钢铁表面，事实上铬酸盐转化膜更常见于锌（锌铸件、电镀及热浸锌层）和镉层（一般是电镀层）上的铬酸盐钝化膜。铬酸盐钝化膜也用于其他金属，镁、铜、铝、银、锡、镍、铍及其中一些金属的合金的防护。钢铁的铬酸盐钝化配方及工艺见表 8-4。

表 8-4　钢铁的铬酸盐钝化配方及工艺

工艺条件	质量浓度 ρ_B（除注明外）/（g/L）			
	配方 1	配方 2	配方 3	配方 4
CrO_3	3～5			1～3
$K_2Cr_2O_7$		15·30	50～80	
H_3PO_4	3～5			0.5～1.5
HNO_3		20%（质量分数）		
溶液温度/℃	80～100	50～55	70～90	60～70
处理时间/min	2～5	18～20	5～10	0.5～1.0
应用情况	防锈用	防锈用	氧化后钝化	氧化后钝化

采用金属铬酸盐钝化工艺最重要的目的包括提高金属或金属防护层的耐蚀性，在后一种情况下可能延长在镀层金属和基体金属上出现腐蚀点的时间，使表面不容易产生裂纹，提高漆及其他有机涂层的结合力，达到彩色或装饰性效果。

可以用化学法（只要把工件浸入铬酸盐钝化溶液中）或电化学法（浸入时被钝化工件为电极）来产生铬酸盐钝化膜。除了浸渍法之外，还可以采用喷涂或刷涂钝化溶液的方法。但是实际上喷涂处理的效果不一定很好。这是因为难以保持工件表面各处溶液的成分一致。

化学浸渍法与电化学处理方法在操作上并没有什么区别，只是电化学法要用一个电源。两种情况下常用的操作步骤如下：

表面预处理（清洗，脱脂）→水洗→在铬酸盐钝化溶液里浸渍→流动冷水清洗→钝化膜浸亮或染色（需要时）→流动冷水清洗→干燥→涂脂、油或漆等附加防护膜。

处理轧制件、铸件和电镀件时操作步骤的差别见表 8-5。

下面对表面预处理、水洗、处理、浸亮与后处理、铬酸盐钝化膜的退除、溶液分析与控制、钝化液的再生与废水处理工序进行详细介绍，部分内容适用于钢铁表面镀锌层和镀镉层。

表 8-5　铬酸盐钝化的典型工序

编号	铸造或轧制合金	编号	电镀件
1	用三氯乙烯或四氟乙烯初步脱脂	1	用酸性溶液或氰化物溶液电镀，水洗
2	用碱性溶液脱脂、水洗	2	用稀的无机酸浸渍，水洗
3	浸酸 ①铝用稀硝酸[①]、硝酸或氢氟酸的混合物或含磷酸、铬酸的溶液浸渍，水洗 ②锌用 1%～5%的无机酸或以铬酸为主的浸亮溶液浸渍，水洗 ③镁用 10%硝酸或铬酸溶液浸渍，水洗 ④铜和黄铜用浸亮溶液或铬酸溶液浸渍，水洗	3	铬酸盐钝化，水洗
4	铬酸盐钝化，水洗	4	钝化膜的浸亮或染色，水洗
5	钝化膜的浸亮或染色，水洗	5	干燥
6	干燥	6	用脂膜或漆膜进行附加保护
7	用脂膜或漆膜进行附加保护		

① 用质量分数为 68%的浓硝酸与水按体积比 1∶1 配制。

（1）表面预处理

铬酸盐钝化之前的表面预处理对钝化膜的质量有很大的影响。钝化之前金属表面应当仔细地清洗和脱脂，铬酸盐钝化要求除去油、脂、浮沾在表面上的灰尘和其他微粒，然后用水清洗，使表面处于潮湿状态。钝化溶液一般脱脂能力差。前处理参见第 2 章。用铬酸盐钝化金属电镀层时，只要电镀后把工件清洗干净，刚沉积出的镀层可以立即进行钝化。

铬酸盐钝化之前也可以先用稀酸中和，特别是当有碱性镀液残留在表面时，则更需要先中和，而且除去残留的碱液是非常重要的。

在阴极脱脂、浸酸和镀锌或镀镉过程中，所处理的钢件会发生氢脆。弹簧钢氢脆尤为严重。为了降低氢脆的危害，所处理的工件要在 150～200℃退火。在这样的温度下处理过的铬酸盐钝化膜，颜色会发生变化，产生轻微裂纹，使耐蚀性降低，所以全部热处理必须在钝化前进行。所以前处理应尽量避免产生氢脆，如采用碱性去油剂等。

（2）水洗

前处理水洗同其他表面处理工艺。铬酸盐钝化膜的清洗，对采用热水清洗是否有好处的问题看法不一致，但肯定不应该使用 50～60℃以上的热水清洗。厚的黄色或橄榄绿色的铬酸盐钝化膜更不应该用 50～60℃以上的热水清洗。浅颜色膜可以用接近沸点的水清洗，但应当注意，这么做有可能降低钝化膜的耐蚀性。长时间清洗会把钝化膜的组分漂洗掉，所以更有可能降低膜的耐蚀性。因此，除非清洗有增加光泽等别的重要作用，否则在清洗水里浸渍的时间应尽可能短，有人指出，在自动线上最后清洗水的温度不应超过 40℃。

一定不要用静止延时槽或在 pH 较低的情况下用缓慢流动的水清洗。用中性或微碱性的水清洗对外观和耐蚀性都没有影响。一般建议在钝化之后立即用激烈搅拌的水清洗，因为这样可以使钝化膜的外观更均匀、更鲜亮。

（3）处理

① 铬酸盐钝化溶液。铬酸盐钝化溶液的成分取决于被钝化金属的种类、钝化膜要求具有的特性、钝化工艺流程和操作方法。

最常用的六价铬化合物是：铬酐、重铬酸钠或重铬酸钾，溶液里加有少量硫酸或硝酸。

近来越来越多地使用活化剂来缩短钝化时间、改进钝化膜性质和改变钝化膜的颜色。典型的活化剂有：甲酸或可溶性甲酸盐、氯化钠、三氯化铁、硝酸银、硝酸锌、醋酸和氢氟酸。

② 铬酸盐钝化溶液的配制。要用纯度合乎要求的化学药品来配制溶液。例如，如果重铬酸钠中含有过多的硫酸盐，钝化溶液的 pH 就不容易控制。

③ 溶液温度。一般铬酸盐钝化在室温 15～35℃ 下进行。低于 15℃，钝化膜形成得很慢，在有些溶液里完全不能形成钝化膜。可用缩短或延长钝化时间的办法补偿温度变化带来的影响。虽然有一些钝化液升温时可以得到更硬的钝化膜，但同时也会放出有害的酸雾，且在较高温度下生成的钝化膜结合力往往较差。

④ 浸渍时间。延长浸渍时间，铬酸盐钝化膜的厚度增大，颜色变深，较厚的膜耐磨性较差。薄的钝化膜干燥速度比较快，耐磨性比较好，尤其是尖角部位的耐磨性。浸渍时间一般在 5～60s 之间，但也有的工艺浸渍 3min 或 3min 以上。但铝和镁进行铬酸盐钝化时，处理时间为 1～10min，在特殊情况下甚至更长。浸渍时间往往与钝化溶液的 pH 成正比，为了能够采用较长的处理时间，可尝试提高 pH。

⑤ 干燥。干燥温度对铬酸盐钝化膜外观的影响比最后一道清洗水的温度的影响小。但干燥温度不合适往往是钝化膜开裂及铬化合物转变为不溶状态的原因。严重的时候它可以使通常防护性能很高的厚钝化膜变得没有防护性能。因此，在铬酸盐钝化膜的干燥过程中避免高温是很重要的。一般认为在加温情况下干燥形成的钝化膜更脆、裂纹更多而且耐蚀性比较低。

可用流速为 7～10m/s 的温而不热的压缩空气流来进行干燥。应当尽快使铬酸盐钝化膜干燥，同时要尽可能仔细。靠缓慢蒸发的办法除水，会使钝化膜结合力不好，形成孔隙，有时甚至出现裂纹。一般来说，刚干燥的钝化膜的硬度不高，在以后几天里钝化膜逐渐变硬。钝化而不涂漆的工件，在 50～60℃ 以上的情况下干燥或除氢时，会使铬酸盐钝化膜的防护功能明显下降。涂漆后的钝化膜隔绝反应物，受高温影响小得多。

（4）浸亮与后处理

为了使表面达到所要求的色泽、表面不易划伤，要将铬酸盐钝化膜浸亮，颜色较深的厚钝化膜可能也要浸亮。例如，可以用各种弱酸或弱碱溶液使锌和镉的铬酸盐钝化膜变亮。最常用的是：①氢氧化钠 20g/L，室温，浸渍时间为 5～10s；②碳酸钠 15～20g/L，温度 50℃，浸渍时间为 5～60s；③磷酸 1mL/L，室温，浸渍时间为 5～30s。

浸亮后，应仔细清洗工件以除去碱迹，碱迹会降低抗指纹性能和与后面涂漆工序漆层的结合力。不要用热水清洗，因为热水会漂洗掉钝化膜里的颜色成分，加热也会使膜开裂，从而降低防护性能。

在浸亮和清洗过程中没有除去的浅乳色（俗称雾状），可用无色的油、蜡和清漆掩盖。但是，浸亮溶液会溶解掉一部分有色的铬酸盐钝化膜，使防护功能下降，因此，除非万不得已，对锌和锡上的金色和浅黄绿色带雾的钝化膜最好不要用这种工艺。

（5）铬酸盐钝化膜的退除

把工件浸入热的铬酸溶液（200g/L）中数分钟，可以把达不到质量要求的铬酸盐钝化膜退掉。也可以用盐酸退钝化膜。在重新钝化前，工件要在碱性溶液里清洗，并经过二次水洗。

（6）溶液的分析和控制

在使用过程中，由于溶液成分的消耗和带出损失（带出有时比消耗多），铬酸盐钝化溶液的浓度会降低。清洗过的工件表面有水，钝化液会被带入的清洗水所稀释。因此要经常分析并补加槽液成分。

在形成铬酸盐钝化膜时发生的反应过程中要消耗氢离子。因此，钝化溶液的 pH 升高使成膜速度下降。钝化液使用一段时间之后（具体时间取决于使用的强度），在一定的处理时间内产生的膜要比新配的溶液里得到的膜薄。可以延长处理时间来补偿成膜速度的下降，或者可以用适当的无机酸调整 pH，使成膜速度恢复正常。此外，若铬酸盐钝化液含有氟化物则不能使用玻璃电极。钝化过程中六价铬的含量下降。

如果铬酸盐钝化液的 pH 正常，而钝化效果不好，应该分析六价铬的含量并计算补充铬盐的量。可以用碘量法或者硫酸亚铁还原并用高锰酸钾返滴亚铁离子来测定六价铬。

在新配的溶液里生成的钝化膜质量可能不好，但处理过少量工件之后，溶液中增加少量 Fe^{2+} 等离子，效果会更好。所以若 pH 在规定范围，溶液可连续使用，只要溶液的基本成分没有因消耗而明显下降，钝化膜的质量不会有很大的变化。

可以用下述一种或多种方法来检测和调整铬酸盐钝化液的工作情况。

① 检查钝化膜的外观来监测。

② 取一定体积的铬酸盐钝化液作为试样，加入一定量的硫酸，直至浸入钝化液的待钝化金属片上不再能得到具有防护性能的钝化膜。然后通过换算，在实用的钝化液里加入适量硫酸。钝化溶液废弃之前，一般要加入 2～3 倍的硫酸，最好不要加重铬酸钠。

③ 把得到的钝化膜的外观与标准样片做比较。

④ 通过测定 pH 来调整，这种方法适用于酸性溶液，而且要用到电化学测试技术。由于铬酸盐有颜色并且有氧化性，采用试纸或其他指示剂往往测定结果不准。

⑤ 以溴甲酚绿作指示剂，用 0.1mol/L 氢氧化钠滴定溶液来测定硫酸含量。因为在中性溶液里，其他金属（如锌或镉）含量过高时可能产生沉淀，需要经过一定的训练才能准确地判定终点。

⑥ 用硫酸亚铁铵和高锰酸钾滴定来测定重铬酸钠的含量维护铬酸盐钝化液时，要少加料，勤加料。负荷变化不大，根据最开始几天或几周的操作情况，如果可以确定一个加料时间表，以后隔一段时间做一下实验室分析就可以了。

在反复加料之后，由于还原态铬的积累和由被处理工件溶解而引起的金属杂质累积，铬酸盐钝化液将不能继续使用而只能废弃。铬酸盐钝化溶液不能无限制地加料使用，添加量至多达到最初配制量的 2～3 倍。如果得到的钝化膜质量不好，无论分析结果显示是否正常，都要更换溶液；假如维护溶液时必须添加过多的化学药品，也说明溶液必须更换了。化学药品消耗过多的原因一般是造成了污染，比如在成膜反应期间产生的三价铬化合物，由被处理工件溶解带来的金属杂质以及由外界带入的杂质。

（7）钝化液的再生

由于钝化液里三价铬和被钝化金属离子的累积，钝化膜的性能变坏。钝化液再生所用的方法涉及化学法、电解法、离子交换法和电渗析等多种方法。

可通过电解再生废钝化液。电解在用薄膜将阳极室和阴极室隔开的电解池里进行。在阳极室里盛装钝化液，阴极室里盛装铬酐溶液，阴极液的 pH 调至 7 以上，Cr^{3+} 和 Zn^{2+} 以泥渣形式沉淀下来。过滤除去沉淀之后，将滤液送回钝化槽复用。

再生废钝化液也可用化学法和电渗析法。以一种钝化液中 CrO_3 为 100～200g/L，H_2SO_4 为 15～20g/L，HNO_3 为 10～15g/L 为例。化学法是用 NaOH 将废钝化液的 pH 调至 8.5，使三价铬、锌和镉等有害金属离子以氢氧化物形式沉淀出来，滤去沉淀，用硝酸调整滤液的 pH 之后即可复用，用这种方法可以回收 80% 的溶液。由此而累积起来的硝酸钠达到 600g/L 之前，并没有不利影响。电渗析法是用离子选择性膜作为隔膜，用 Pb-Sn（其中 Sn 的质量分数为 5%～6%）合金作为电极，废钝化液作为阳极液，硫酸溶液作为阴极液。当体积电流密度为 60～75A/L 时，4～5h 内，80%～100% 的阳离子将迁移到阴极液里。

电渗析法还可以连续再生钝化液，电渗析时阳极室、钝化液室、阴极室之间用阳离子交换膜隔开，阳极室和阴极室里循环流动含有金属离子络合基团的高分子化合物，而钝化液则流过中间的钝化液室，从而可以连续除去三价铬。

铝件钝化液可使用离子交换树脂。根据这一技术再生钝化废液时先加入 NaF 和 KF 与铝离子生成不溶性沉淀，将沉淀滤去，然后用离子交换树脂除去 Cr^{3+} 和 K^+、Na^+，溶液经浓缩之后可复用。

（8）废水处理

铬酸有毒，含铬酸盐的清洗水必须经过中和及消毒。废水中铬酸盐的含量必须低于规定量。铬酸盐的浓度应在 1mg/L 以下才不会对水中的鱼造成毒害。当铬酸的剂量达到 30mg/L 时，在人体的器官里可以看到中毒情况。

与含氰废水的处理不同，铬酸盐的处理比较简单，因为六价铬很快就还原为三价铬，还原速度与 pH 有关，而产生的三价铬可以用石灰乳液沉淀为氢氧化铬。在 pH 为 1、4 和 5 时，用二氧化硫还原六价铬，分别需要 30s、20min、1～2h。因此，还原过程中 pH 要维持在 2 以下。当溶液变绿表明反应完全，也可以用淀粉、碘化钾试纸检测。

如果还原剂的加入量超过化学计量的 50%，还原反应进行得更迅速也更彻底。用焦亚硫酸钠来还原少量铬酸最方便。只有处理含二价铁的酸性废水，才用硫酸亚铁。用离子交换法也可以从清洗水里除去并回收铬。也可以用逆流漂洗和离子交换法结合来实现漂洗水的循环利用。只有当铬酸盐的排放速度达到或超过 50～100g/h，才能根据 pH 和氧化还原电位的测定结果来进行废水处理。

8.2.2 钢铁的草酸盐钝化

草酸是一种中强酸，其电离过程分两步进行，电离常数分别是：$k_1 = 5.6 \times 10^{-2}$ 和 $k_2 = 6.4 \times 10^{-5}$。草酸和钢反应时，释放出氢气，产生的草酸亚铁很难溶解在水里（18℃时溶解度为 35.3mg/L）。然而在有草酸铁存在的情况下，由于形成配合物，草酸亚铁的溶解度可以明显地升高，草酸及其碱金属盐或铵盐能与重金属离子（如 Cr^{3+}、Fe^{2+}、Fe^{3+}、Mn^{2+} 和 Mo^{6+}）形成可溶性络合物。在草酸溶液的作用下，钢上形成的膜能改善其耐蚀性，且可作为涂装的底层。对于不锈钢及含铬、镍等元素的高合金钢，主要用冷变形加工的预处理，作为润滑剂的载体。这类钢在进行草酸盐处理之前，需要采用特殊的表面清理措施。这是因为，在高合金钢表面常存在着难以被一般酸洗溶液所溶解的氧化皮，它要用熔盐剥离法才能除去。熔盐的配方及工艺见表 8-6。

表 8-6 熔盐的配方及工艺

氢氧化钠质量分数/%	硝酸钾质量分数/%	硼砂质量分数/%	温度/℃	时间/min
75～82	15	3～10	480～550	10

钢材在上述熔盐中处理后，立即置入冷的流水槽中。此时已松散了的氧化皮会自动从工

件表面剥落，黏附的盐霜也一起溶去。但表面仍会残留有在熔盐处理时由氧化皮转化的氢氧化物，其可以在特定溶液中除去，溶液配方和处理工艺见表 8-7。

表 8-7　去除氢氧化物溶液配方和处理工艺

硫酸质量分数/%	氯化钠质量分数/%	温度/℃	时间/min
14	1.5	60～85	10

清除了氧化皮的高合金钢在碱液中脱脂后，在表 8-8 所列工艺下浸渍使其表面光亮。

表 8-8　使高合金钢表面光亮的工艺

硝酸质量分数/%	氟化氢质量分数/%	温度/℃	时间/min
14	1.5	室温	10

再用 20%（质量分数）的硝酸溶液在室温下浸渍 5～10min。此后，工件经流动水彻底清洗便可进行草酸盐处理，使其表面均匀钝化，草酸盐处理工艺见表 8-9。

表 8-9　草酸盐处理工艺

工艺条件	质量浓度 ρ_B（除注明外）/(g/L)	
	配方 1	配方 2
草酸（$H_2C_2O_4$）	45～55	18～22
氰化钠（NaCN）	18～22	—
氟化钠（NaF）	8～12	—
硫代硫酸钠（$Na_2S_2O_3$）	2～4	—
钼酸铵 [$(NH_4)_2MoO_4$]	25～35	—
磷酸二氢钠（NaH_2PO_4）	—	8～12
氯化钠（NaCl）	—	120～130
草酸铵 [$(NH_4)_2C_2O_4$]	—	4～6
pH		1.6～1.7
溶液温度/℃	45～55	30～40
处理时间/min	5～10	3～10

高合金钢不易与草酸溶液发生反应。这是因为在合金钢表面有一层很薄的铬和镍氧化膜，这层膜在只含草酸盐的溶液中不溶解，但是在加入某些加速剂和活化剂的草酸盐溶液中，这种钢表面就可生成草酸盐膜。加速剂主要为含硫的化合物，如亚硫酸钠、硫代硫酸钠、连四硫酸钠等。加速剂的含量要控制在一定的范围内，含量太高，溶液对合金钢表面的腐蚀强烈，以致不能成膜。一般情况下其用量约为 0.1%（质量分数），质量分数为 0.01%～1.5% 的草酸钛或草酸钠-钛和质量分数为 1%～4% 的钼酸盐也可用作加速剂。活化剂主要是一些氯化物和溴化物，也可用其他化合物如氟化物、氟硅酸盐、氟硼酸盐等替代。卤化物的含量相当高，其离子质量分数高达 20%。但是如果溶液中铁离子的质量分数保持在 1.5%～6.0% 的范围内，又有质量分数为 1.5%～3.0% 的硫氰酸根共存的情况下，氯化物的质量分数可降至 2%。草酸盐溶液中的加速剂和活化剂可使合金钢表面去钝化并活化，使钢表面形成草酸盐膜。

图 8-8 为铬-镍钢在含草酸、氯化物、硫代硫酸钠的溶液中，电位和膜的单位面积质量与浸渍处理时间的关系曲线图。从图中可看到，在处理的第一阶段，合金钢表面上的钝化膜

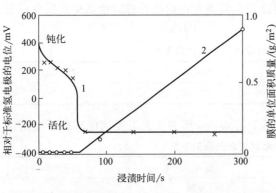

图 8-8 铬-镍钢在含加速剂及活化剂草酸盐溶液中
的电位和膜的单位面积质量与浸渍时间的关系
1—电位；2—膜的单位面积质量

溶解，电位开始向负方向移动。在约 60s 后，合金钢表面电位接近活化电位，草酸盐膜也开始形成。有一种解释认为，草酸盐钝化是一种局部化学过程，所用的溶液属于不能产生膜的一类。草酸盐钝化的原因在于微观阳极上发生金属溶解，而在微观阴极上发生氢离子的放电和加速剂的还原，使硫化亚铁和硫化镍形成，最后在硫化物上沉积并生成草酸盐膜层。

钢铁材料的草酸盐膜的耐蚀性不及磷酸盐膜，所以一般不用来防腐，但在普通钢上此膜可用作涂料的底层，并能有效地保护基体不受亚硫酸的腐蚀。在不锈钢及其他含铬、镍元素的高合金钢主要用作润滑剂的载体，减少摩擦以利于冷变形加工，加大断面收缩率，降低工具磨损，减少中间退火次数。如果提高溶液温度，对特殊钢、合金钢等亦可发生上述反应，当草酸中的亚铁离子达到饱和时，则在钢铁表面生成由草酸亚铁组成的结晶膜层，但这样生成的膜层较软，而且结合性欠佳，这时如果在溶液中加入少量 Zn^{2+}、Mg^{2+}、Sn^{2+}、Mn^{2+}、Sb^{2+} 等金属离子及 F^-、SiF_6^{2-}、NO_3^-、Cl^- 等阴离子，可起加速作用，而且形成的膜层坚硬，结合性好。

钢铁的草酸盐钝化应注意以下几点：

① 钢铁的草酸盐钝化膜不能作为防腐涂层。草酸盐膜用于合金钢，即铁氧体、马氏体或奥氏体的 Fe-Cr-Ni 合金冷加工成形，不能作为防腐涂层。草酸盐膜也能用于耐热钢、蒙乃尔型合金，还可用在 Fe-Cr、Fe-Cr-Mn、Fe-Cr-Ni-Mn、Fe-Cr-Ni，以及含 12%～30%（质量分数）Cr、1.25%～22%（质量分数）Ni、1%～10%（质量分数）Mo 的 Fe-Cr-Ni-Mo 合金上。另外，含有 Co、W、Ti、Si 等的高合金钢在冷加工时也进行草酸盐钝化。但是草酸盐钝化膜的耐蚀性低于磷酸盐、铬酸盐钝化膜。所以草酸盐膜在大规模生产上没有防腐蚀的用途。

② 钢铁草酸盐钝化前必须采用特殊的表面清理工艺。

③ 不同型号的钢铁进行草酸盐钝化时要用不同的工艺。

8.2.3 钢铁的硝酸钝化

8.2.3.1 一般钢铁的硝酸钝化

钢铁材料在硝酸中有很好的耐蚀性，特别是在稀硝酸中非常耐蚀。稀硝酸的氧化性较差，由于不锈钢含有许多易钝化元素，所以不锈钢比碳钢更容易钝化。因此不锈钢在硝酸的生产系统及储存、运输中被大量使用。例如在硝酸、硝酸铵化肥生产中，大部分设备及容器都由不锈钢制成。根据不锈钢在硝酸中能发生钝化而生成耐蚀钝化膜的性能，大多数不锈钢可采用硝酸溶液钝化。不锈钢工件只要经过酸洗去除旧膜后，即可进行钝化处理。经钝化后的不锈钢表面保持其原来色泽，一般为银白或灰白色。

钢铁材料硝酸钝化处理工艺见表 8-10。

表 8-10　钢铁材料硝酸钝化处理工艺

工艺条件	质量浓度 ρ_B（除注明外）/(g/L)			
	配方 1	配方 2	配方 3	配方 4
硝酸（质量分数 66%）	20～25	25～45	20～25	45～55
$Na_2Cr_2O_7 \cdot 2H_2O$	2～3	—	—	—
H_2O	余量	余量	余量	余量
溶液温度/℃	49～54	21～32	49～60	49～54
处理时间/min	>20	>30	>20	>30
适用的不锈钢材料及类型	适用于处理高碳/高铬级别（440 系列）；Cr 为 12%～14% 的直接铬级别（马氏体 400 系列）；含硫含硒量较大的耐蚀钢（如 303、303Se、347Se、416、416Se）和沉淀硬化钢	适用于奥氏体 200 和 300 系列的铬镍级和 Cr 为 17% 或更高的铬级（440 系列除外)耐蚀钢	适用于奥氏体 200 和 300 系列的铬镍级和 Cr 为 17% 或更高的铬级（440 系列除外)耐蚀钢	适用于高碳和高铬级（440 系列）以及沉淀硬化不锈钢

钢铁材料在硝酸溶液中进行钝化处理后，应用水彻底清洗干净表面的残留酸液，清洗水中的泥沙含量应限于 200×10^{-6}（质量分数）。可用流动水逆流清洗，也可用喷淋水冲洗。

所有的铁素体和马氏体不锈钢经钝化处理后，水洗干净并在空气中放置 1h 再在重铬酸钠溶液中处理，处理溶液 8.2.3.2 的补充处理的内容。经重铬酸钠溶液处理后，再用水清洗干净，然后加热干燥。

8.2.3.2　不锈钢的硝酸钝化

不锈钢零件应彻底除油、酸洗，表面干净后才能进行钝化处理，不同牌号零件的钝化处理液、工艺参数均不相同，处理时零件应完全浸没在溶液中，以防止液面以上部分发生严重腐蚀。渗碳零件表面不能进行氮化处理，因铬与碳表面会生成碳铬化合物。渗氮不锈钢不能进行钝化处理，因钝化液会严重浸蚀渗氮零件。

（1）不锈钢硝酸钝化工艺要点

① 不锈钢钝化前的处理。不锈钢在钝化前必须进行除油和酸洗。不锈钢表面的油污应彻底清除后方可浸入硝酸溶液，尽管钝化溶液中的硝酸为氧化剂，具有一定的去油能力。在不锈钢表面允许有轻微的浮锈痕迹。由于不锈钢的轻微锈迹要比不锈钢本身电位负，故在硝酸溶液中，锈迹不会显现钝态，而会被溶解。

② 硝酸钝化后必须进行中和处理。不锈钢在硝酸中钝化后，如未经中和，残存的硝酸附着在不锈钢表面，虽经水洗，其硝酸含量已大大低于工艺范围，但不锈钢的钝化膜仍将遭到破坏，甚至比没有钝化处理的情况更糟糕。故钝化处理在用水清洗后，应将不锈钢放在 5%（质量分数）的碳酸钠（Na_2CO_3）溶液中浸渍数秒，完成中和。

（2）钝化工艺步骤

不锈钢钝化工艺包括 3 个基本步骤。

① 前处理。采用机械或化学方法，清除表面油脂、氧化物（包括氧化皮）污物等，按需要进行化学抛光或电化学抛光，并充分活化，以显露新鲜的金属基体，使不锈钢在钝化过程中形成完整、稳定的钝化膜。因此，前处理的优劣对所形成的钝化膜的性能和稳定性有很大的影响。前处理的溶液和方法参阅有关前处理部分。

② 钝化处理。要根据不同的不锈钢种类，选用表 8-10 所列的适宜的钝化溶液。

a. 时间的影响。钝化时间取决于硝酸的浓度，一般而言，钝化液浓度高，则钝化力较高，可缩短浸渍时间，如 30min 以内，但不宜过短。钝化时间较长有利于钝化膜的稳定。

b. 温度的影响。实验研究表明，低浓度的硝酸溶液，取较高的温度钝化，容易获得较好的效果。如硝酸含量 20%～40%（体积分数），操作温度应取 60℃ 为好，硝酸的含量在 40%（体积分数）以上的钝化液，温度以室温为宜。

③ 补充处理。可进一步改善膜层的稳定性并中和残留的硝酸。

a. 奥氏体不锈钢不需要补充处理，但最好在 1% 的氢氧化钠溶液中进行短时间的室温中和处理。

b. 铁素体不锈钢钝化后应在 5%（质量分数）重铬酸钾（$K_2Cr_2O_7$）、溶液中于 70℃ 补充处理 30min。

c. 马氏体不锈钢钝化后可在 5%（质量分数）重铬酸钠（$Na_2Cr_2O_7$）溶液中于 70℃ 补充处理 30min，在稀氢氧化钠（NaOH）溶液中短时间常温补充处理更好。

（3）不锈钢钝化实例——Cr18Ni13Mo3 不锈钢的钝化

Cr18Ni13Mo3 不锈钢可用于外科植入物，制造过程中表面经机械抛光、电化学抛光、化学钝化，工艺还不够完善，特别是钝化工艺，行业内的差距很大。

① 钝化液的选择。由材料 Cr18Ni13Mo3、Cr18Ni14Mo3、Cr18Ni15Mo3 等制作骨连接用骨板、接骨螺钉及髓内钉（梅花针）。选用的钝化液的两种配方见表 8-11，表 8-11 列出了不锈钢产品 30℃ 钝化后的表面点蚀电位（mV）。试样经机械抛光（800# 砂纸＋布抛光）、清洗、干燥后分别放入两类钝化液中，钝化后测定不锈钢的耐腐蚀性能 E_b 值（表面点蚀电位）。两种钝化液在相同条件下钝化的样品点蚀电位 E_b 值无明显差异。目前对钝化膜的成膜机理有多种解释，其中之一是产品钝化后表面为含有铬的氧化膜，铬的存在对形成氧化膜起重要作用。不锈钢产品含铬量为 17%～20%，有足够的铬参与成膜，故钝化液中是否加入重铬酸钾对钝化膜的性能影响不大。外科植入物不锈钢产品的钝化推荐用硝酸水溶液的钝化配方。

表 8-11 不锈钢产品 30℃ 钝化后表面点蚀电位 E_b

钝化液配方	钝化 2h	钝化 4h	钝化 6h
25% HNO_3	850	970	989
25% HNO_3＋2.5% $K_2Cr_2O_7$	885	915	967

注：1. E_b 值为 3 个样品点蚀电位平均值。
　　2. 电化学测试体系为 0.9% 氯化钠水溶液，(37±1)℃。

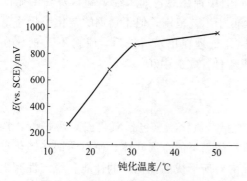

图 8-9　钝化温度与点蚀电位关系

② 钝化液温度的选择。化学反应速率随温度的升高而加快。钝化液中硝酸随温度的升高挥发增大。因此，基于实际可操作性的原则，选择温度在 50℃ 以下。在硝酸 20%，时间 2h，不同的温度钝化后测出不锈钢的点蚀电位 E，见图 8-9。从曲线可见，50℃ 时的点蚀电位最高，30℃ 时的点蚀电位稍低。30℃ 以下的点蚀电位急剧下降，30℃ 以下的温度不可取，50℃ 时的产品耐蚀性最好。

③ 钝化时间的选择。

a. 在25%硝酸＋2.5%重铬酸钾的钝化液中，温度30℃时，钝化时间分别为2h、4h、6h、12h的条件下钝化后，在0.9%氯化钠水溶液中于（37±1）℃电化学测试得样品的点蚀电位，见图8-10。从图8-10可见，钝化6h的点蚀电位达到最高值，且平行试样测试中的点蚀电位重现性好，产品耐蚀性能稳定。若钝化时间过短，如2h，则同批产品中钝化性能不稳定，点蚀电位差异较大。

b. 在20%硝酸钝化液中，钝化温度为50℃，选择不同的时间钝化后，其在相同条件下测得的点蚀电位见图8-11。

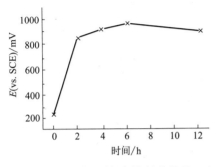

图 8-10　钝化时间与点蚀电位的
关系（30℃）

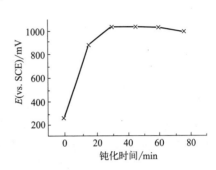

图 8-11　钝化时间与点蚀电位的
关系（50℃）

从图8-11可见，在钝化温度为50℃时，钝化时间在30～60min时的点蚀电位高且稳定，钝化性能好。

（4）不同不锈钢适合的工艺

外科植入物不锈钢产品钝化液应选用20%～30%硝酸溶液，温度50℃时钝化时间为30～60min，温度30℃时钝化时间为6h。

表8-10中配方2工艺溶液适于以下牌号：1Cr17Mn6Ni5N、1Cr18Mn8Ni5、1Cr17Ni7、1Cr18Ni9、0Cr18Ni9、00Cr19Ni10、0Cr19Ni9N、1Cr18Ni12、2Cr23Ni13、0Cr23Ni13、2Cr25Ni20、0Cr25Ni20、0Cr17Ni12、0Cr17Ni12Mo2N、0Cr18Ni10Ti、0Cr18Ni11Nb、1Cr18Ni9Ti。

表8-10中配方3工艺溶液适于以下牌号：

00Cr27Mo、 1Cr17Mn6Ni5N、 1Cr18Mn8Ni5、 1Cr17Ni7、 1Cr18Ni9、 0Cr18Ni9、00Cr19Ni10、0Cr19Ni9N、1Cr18Ni12、2Cr23Ni13、2Cr25Ni20、0Cr25Ni20、0Cr17Ni12、0Cr17Ni12Mo2N、0Cr18Ni10Ti、0Cr18Ni11Nb、1Cr17、2Cr25N。

表8-10中配方4工艺溶液适于高碳（含碳量等于或大于0.4%）、高铬（含铬量等于或大于17%）牌号及含12%～14%铬的纯铬牌号的不锈钢零件（1Cr18Ni9、1Cr18Ni9Se等除外），具体适于以下牌号：

1Cr12、0Cr13、0Cr13Al、1Cr13、1Cr17Ni2、7Cr17、8Cr17、9Cr18、9Cr18Mo、11Cr7。

（5）不锈钢的硝酸-氢氟酸型钝化工艺

① 该型溶液是兼有浸蚀和钝化作用的综合型配方。可在钝化之初，同时清除掉热加工氧化皮和表面极薄的贫铬层金属。当氧化皮除去后，整个反应转变为以钝化为主的过程。典型工艺为：氢氟酸（HF）1%，硝酸10%，时间3min，温度76℃。

② 硝酸-氢氟酸钝化配方及工艺条件。根据不同的钢种选择钝化液的配方。不锈钢钝化

用硝酸-氢氟酸溶液及工作条件见表 8-12。

表 8-12　硝酸-氢氟酸钝化溶液配方及工作条件

溶液成分(φ)/%		工作条件		适用钢种
硝酸	氢氟酸	温度/℃	时间/min	
15～25	1～4	约 60	5～30	200 型、300 型、400 型(铬＞16%)沉淀硬化钢
10～15	0.5～1.5	约 60	5～30	400 型和易切削钢
10	0.5～1.5	约 60	1～2	易切削钢,马氏体型时效钢(铬＜16%)

8.2.4　硝酸-重铬酸钠处理溶液

（1）常规处理

表 8-10 中硝酸-重铬酸钠处理溶液,高碳（含碳量等于或大于 0.4%）、高铬（含铬量等于或大于 17%）牌号的不锈钢零件,含 12%～14%铬的纯铬牌号以及含较多的（0.15%以上）S 或 Se 的零件等均可采用表 8-10 中配方 1。具体适宜以下牌号: Y1Cr18Ni9、Y1Cr18Ni9Se、1Cr12、0Cr13、0Cr13Al、1Cr13、2Cr13、3Cr13、1Cr17Ni2、7Cr17、8Cr17、9Cr18、9Cr18Mo、11Cr7、00Cr27Mo。

钝化液的组成以硝酸为主,添加少量重铬酸钾,以增强溶液的钝化能力,该型溶液应用较广。

① 根据不同的不锈钢种类,选择适宜的钝化溶液。

② 钝化时间取决于硝酸的浓度,一般而言,钝化液浓度高,钝化力较高,可缩短浸蚀时间,如 30min 以内,但不宜过短。钝化时间较长有利于钝化膜的稳定。

③ 实验研究表明,低浓度的硝酸溶液,用较高的温度钝化,效果较好。φ 为 20%～40%的硝酸,操作温度为 60℃为好;φ 为 40%以上的硝酸,室温为宜。高浓度高温溶液,容易使金属基体过钝化。

④ 奥氏体不锈钢不需要补充处理,但最好在 1%的 NaOH 溶液中进行短时间的室温中和处理。铁素体不锈钢钝化后应在 w 为 5%的重铬酸钾溶液中补充处理。马氏体不锈钢钝化后可在 w 为 5%的重铬酸钠溶液中补充处理,或在 NaOH 溶液中短时间常温补充处理更好。

除了重铬酸钾、重铬酸钠外,还可分别采用高锰酸钾、铬酐等强氧化剂同硝酸配合,以 PH15-5 材料为例,钝化结果见表 8-13。

表 8-13　不同工艺配方对钝化质量的影响

工艺配方	高锰酸钾＋硝酸	重铬酸钾＋硝酸	重铬酸钠＋硝酸	铬酐＋硝酸
钝化膜质量	零件在溶液中会腐蚀	钝化膜质量好,膜层质量外观满足 HB 5292—1984 的要求	钝化膜质量较好,质量外观满足 HB 5292—1984 的要求	钝化膜不完整,按 HB 5292—1984 检查,膜层上有沉积铜
成本分析		重铬酸钾价格昂贵	重铬酸钠价格适中	

由表 8-12 可见,重铬酸钠＋硝酸的钝化液最佳。在加工过程中易操作,不腐蚀零件。

硝酸-重铬酸钠钝化溶液配方及工艺条件见表 8-14。

（2）各型不锈钢的特殊处理

① 易切削铬镍钢的钝化配方和工艺条件:重铬酸钠 2%（w）,硝酸 20%（φ）,20min,43～54℃。

表 8-14　硝酸-重铬酸钠钝化溶液配方及工艺条件

类型	配方		工艺条件		适用钢种
	φ(硝酸)/%	w(重铬酸钠)/%	温度/℃	时间/min	
低温型或中温型	20~25 30~50 20~25	2~3 2~3 2~3	20~30 20~30 50~55	30 30~60 20	各种不锈钢和沉淀硬化钢,不包括高硫高硒钢
高温型	20~25	2~3	65~70	10	各种不锈钢和沉淀硬化钢,不包括高硫高硒钢
专用型	38~42	2~3	20~50	30	高硫高硒不锈钢
专用型	50	2	50	30	高锰不锈钢

② 易切削铬镍钢和含铬 12%~14% 的钢,其钝化配方和工艺条件:重铬酸钠 1.5%~2.5%(w),硝酸 40%~60%(φ),时间 10~20min,37~60℃。可防止出现云状花纹。

③ 400 型马氏体不锈钢的钝化配方和工艺条件:重铬酸钠 2.5%~4%(w),硝酸 45%~55%(φ),60~90min,60~70℃,钝化后再进行补充处理,即氢氧化钠 5%~10%(w),15~30min,60~70℃。

④ 铁素体、马氏体不锈钢钝化后的补充处理。钝化后需进行的补充处理为:

重铬酸钠 4%~6%(w),30min,60~70℃。

（3）PH15-5 不锈钢的钝化

① PH15-5 不锈钢材料成分对钝化的影响。PH15-5 不锈钢中的主要成分有铬、镍、钛、硅、钒、锰和钼等元素,这些成分中有的电极电位比铁正,有的电极电位比铁负。因此,在钝化溶液中易形成微电池腐蚀。微电池偶越多,零件表面生成钝化膜的速率越快,微电池偶增加到一定数目后,零件在钝化溶液中的溶解速率大于成膜速率,就会发生零件腐蚀。为了防止零件在钝化过程中腐蚀,必须优选钝化溶液的配方和工艺条件。

② PH15-5 不锈钢钝化的前处理。前处理包括除去该材料在热处理固溶时效后产生的氧化皮。低温固溶时效的零件氧化皮较薄,一般为淡紫色,零件在电解除油后,经水洗,直接在 500mL/L 的盐酸溶液中酸洗 3~5min,表面氧化皮基本除干净,且不腐蚀零件,不挂灰,可直接进行钝化处理。

高温固溶时效的零件氧化皮较厚,一般为黑紫色到黑色,去除这类氧化皮要按松动氧化皮→酸洗→去挂灰的步骤进行。松动氧化皮是在含有强氧化剂的浓碱溶液中进行的:

氢氧化钠 650g/L,硝酸钠 220g/L,时间 20~40min,温度 140℃。

氧化皮中难溶的铬氧化物转变为易溶的铬酸盐,酸洗采用低温固溶时效零件的酸洗液——盐酸液可基本除净氧化皮。但零件表面附有挂灰。挂灰必须在下列溶液中室温除去:

双氧水(H_2O_2)30% 5~15g/L,硝酸 30~50g/L,时间 20~60s。

在操作过程中,要控制除挂灰的温度和时间,以免腐蚀零件。

③ PH15-5 不锈钢的钝化工艺。酸洗后的零件在空气中的耐蚀性较差,如暴露在空气中,零件表面会生锈。零件表面必须生成一层致密的耐蚀性好的钝化膜,才能提高使用寿命,并得到好的产品外观。

PH15-5 不锈钢材料遇硝酸会腐蚀。为解决此难题,经实验发现,必须采用一种更强的氧化剂先使零件表面生成一层薄钝化膜,然后再利用硝酸强氧化剂让钝化膜层加厚,才能达到高抗蚀性的钝化。

PH15-5 不锈钢钝化液配方和工艺条件：重铬酸钠 20～30g/L，硝酸 380～420g/L，30min，50～60℃。

④ PH15-5 不锈钢钝化工艺条件的影响。

a. 温度的影响。温度低于 50℃，钝化膜不完整，按 HB 5292—1984 标准膜层完整性检查时，零件表面有沉积铜；温度高于 60℃会腐蚀零件表面，并且没有钝化膜。

b. 钝化时间的影响。钝化时间对膜层质量影响较大。钝化时间短，钝化膜厚度较薄，耐蚀性差；钝化时间太长，会腐蚀零件。

按上述工艺配方和条件钝化时，控制好温度和时间才能颜色均匀一致、耐蚀性好。

8.2.5　柠檬酸化学钝化

（1）钝化工艺

不锈钢柠檬酸钝化工艺具有环保性、安全性、通用性的特点，操作简单，维护方便，费用低廉，完全符合可持续发展的要求，应用前景广阔，值得广泛推广。其配方及工艺条件见表 8-15。

表 8-15　柠檬酸-双氧水-乙醇钝化溶液配方及工作条件

溶液组成及工作条件	配方 1	配方 2	配方 3	配方 4	配方 5
柠檬酸	3%	3%	4%	4%	10%
双氧水	10%	5%		5%	15%
乙醇	5%	2.5%		2.5%	
温度/℃	25	60	65	40	40
钝化时间/min	90	40	15	60	60
适于钝化不锈钢品种	316L 不锈钢	317 不锈钢	奥氏体不锈钢 304		316L 不锈钢

除表 8-15 所列工艺外，采用工艺：20% 柠檬酸、2% 氧化剂、2% 螯合剂，45℃，38min，也能得到较好的效果。

（2）钝化膜试验

① $FeCl_3$ 浸泡实验。参照《金属和合金的腐蚀　不锈钢三氯化铁点腐蚀试验方法》（GB/T 17897—2016）。实验温度为 50℃，实验时间为 24h。根据国家标准，对于点蚀严重、均匀腐蚀不明显的材料，其耐点蚀性可以用腐蚀速率（即单位面积、单位时间的失重）表示。

腐蚀速率计算式为：

$$v = \frac{W_0 - W_1}{St}$$

式中，v 为腐蚀速率，$g/(m^2 \cdot h)$；W_0 为实验前试样的质量，g；W_1 为实验后试样的质量，g；S 为试样的总面积，m^2；t 为实验时间，h。

以上为腐蚀介质为 6% $FeCl_3$＋0.05mol HCl 水溶液的实验温度和时间，当腐蚀介质为 6% $FeCl_3$ 溶液时，实验时间 72h。在各种腐蚀介质情况下，可按标准 GB/T 17897—2016 选择其它实验温度。

② 电化学实验参照《不锈钢点蚀电位测量方法》（GB/T 17899—1999）。溶液采用 $w(NaCl)$ 3.5% 的溶液，实验温度为 30℃，使用 CHI660B 型电化学综合测试仪，参比电极为 Ag/AgCl 电极，辅助电极为铂电极，扫描速率为 1mV/s。将试样（即工作电极）放入溶液中静置 10min 后，测定其自腐蚀电位。再从自腐蚀电位开始对试样进行阳极极化，直至阳极电流密度达到 $500\mu A/cm^2$ 为止。以阳极极化曲线上对应电流密度为 $100\mu A/cm^2$ 的电位中最正的电位值（符合为 E'_{b100}）来表示点蚀电位。

（3）工艺流程

砂纸打磨→水洗→超声波清洗→水洗→酸洗→水洗→钝化→水洗→干燥。

（4）耐点蚀实验结果

① 316L 不锈钢经表 8-15 配方 1 柠檬酸钝化后的耐点蚀实验结果。

a. $FeCl_3$ 浸泡实验。316L 不锈钢经 $FeCl_3$ 浸泡实验表明，焊缝两侧氧化皮存在的区域（热影响区）发生严重的点蚀，其他区域（包括母材区和焊缝区）则相对较为完好。

b. 电化学阳极极化曲线实验。对 316L 不锈钢的母材区、热影响区和焊缝区进行电化学阳极极化曲线测量，具体的点蚀电位值见表 8-16。

表 8-16　316L 不锈钢柠檬酸钝化前后点蚀电位

材料	处理工艺	点蚀电位 φ_{1y}(vs. SCE)/mV
母材	原始母材 酸洗 酸洗加柠檬酸钝化	329 680 730
热影响区	原始热影响区 酸洗 酸洗加柠檬酸钝化	17 406 614
焊缝	原始焊缝 酸洗 酸洗加柠檬酸钝化	593 574 597

由表 8-16 可见，316L 不锈钢不同部位的耐蚀性能相差很大，母材区耐点蚀性能最佳，焊缝次之，热影响区最差。经柠檬酸钝化后，母材区和热影响区的耐点蚀性能大大提高，焊缝区的耐点蚀性能略有改善，从而提高了 316L 不锈钢的整体耐点蚀性能。

② 317 不锈钢经表 8-15 配方 2 柠檬酸钝化后的耐点蚀实验结果。

a. $FeCl_3$ 浸泡实验。采用正交试验法，变换柠檬酸、双氧水、时间与温度，可得 $w_{柠檬酸}=3\%$，$w_{双氧水}=5\%$，时间 40min，温度 60℃最优方案，腐蚀速率为 5.1166mg/$(cm^2 \cdot d)$，得到最佳钝化配方 2，无钝化的空白实验的腐蚀速率为 10.157mg/$(cm^2 \cdot d)$。最佳工艺钝化耐点蚀性比未钝化提高了 1 倍左右。

b. 电化学实验。表 8-17 为 317 不锈钢在 3.5%NaCl 溶液中极化曲线的重要参数数值。

表 8-17　317 不锈钢的极化曲线参数

表面处理工艺	E'_{corr}/mV	E'_{b100}/mV
未钝化	−563	298
最佳工艺钝化	−403	589

从表 8-17 可知，经过最佳钝化工艺钝化后的 317 不锈钢的自腐蚀电位和点蚀电位均比未进行钝化的 317 不锈钢大，且点蚀电位提高了 1 倍左右，即经过最佳钝化后的 317 不锈钢的耐均匀腐蚀性得到了提高。

③ 奥氏体不锈钢经表 8-15 配方 3 钝化后的结果。

a. 由于本配方只使用柠檬酸 4%，不像其他配方使用氧化剂，钝化后不锈钢点蚀电位的重现性不是很好，必须在化学钝化后进行后处理。50%（φ）硝酸后处理时间为 10min，钝化后不锈钢的点蚀电位达到 1095mV，耐点蚀性能很强。

b. 不锈钢柠檬酸化学钝化试样的 XPS 分析。所用仪器是 Phi550 型 X 射线光电子能谱仪，激发源为 Al 靶，功率为 200W。表 8-18 是不锈钢钝化后表面和基体主要金属元素的原子数比例分布检测结果。

表 8-18　柠檬酸化学钝化后试样主要金属元素的原子数分数

元素	基体中原子数比例/%	表面的原子数比例/%
Fe	72.37	44.90
Ni	8.47	0
Cr	19.16	55.10

对表 8-18 进行分析，可得出钝化膜主要由金属氧化物组成，Fe 和 Cr 的氧化物在表面钝化膜中占的比例相当。金属 Cr 元素主要以 Cr_2O_3 的形式存在，同时还存在于 CrO_3、CrO_2、$CrOOH$、$Cr(OH)_3$ 等结构中。金属 Fe 元素以 Fe_3O_4 的形式存在，同时还存在于 FeO、Fe_3O_4、Fe_2O_3、$FeOOH$ 等结构中。

④ 304 不锈钢经表 8-15 配方 4 钝化后的结果。

a. $FeCl_3$ 浸泡实验。为了得到优越的耐点蚀性能，从而得到最佳钝化配方及工艺，通过实验得到配方 4。实验温度在 $40 \sim 60℃$ 范围内对结果的影响较小，最佳的腐蚀速率仅为 $8.2 mg/(cm^2 \cdot d)$，而钝化时间是影响耐蚀性好坏的最主要因素，钝化时间为 60 min。

b. 极化曲线。表 8-19 为 304 不锈钢钝化前后阳极极化曲线参数。

表 8-19　304 不锈钢钝化前后阳极极化曲线参数

处理工艺	自腐蚀电位 φ_{corr} (vs. SCE)/mV	自腐蚀电位 φ_b (vs. SCE)/mV
无	−276	85
优化配方 4 钝化处理	−201	141

由表 8-19 可见，经钝化处理的 304 不锈钢的耐腐蚀性明显提高。点蚀电位是钝化膜开始发生击穿破坏的电位，是不锈钢重要的电化学性能的指标，它直接决定着不锈钢耐点蚀性能的好坏。

c. XPS 分析。处理后的钝化膜中 Fe 的含量减少，Cr 和 Ni 的含量增加，O 的含量变化不大。由于表面钝化膜中 Cr、Ni 元素含量明显增加，因而提高了 304 不锈钢的耐蚀性能。

8.2.6　不锈钢的碱性溶液钝化

碱性溶液钝化适用于 3Cr13、4Cr13 等马氏体不锈钢。因为马氏体不锈钢的耐蚀性较差，用酸性钝化液难以取得满意的效果。

不锈钢碱性钝化溶液配方及工作条件：NaOH 14%，$NaNO_2$ 2g/L，$Na_3PO_4 \cdot 12H_2O$ 3%，温度 $100 \sim 110℃$。

① 钝化时间。通过实验确定，一般为 $20 \sim 30 min$，色泽出现彩色之前取出。

② 钝化预处理。零件钝化前需在 22mL/L 稀硫酸溶液中浸蚀 30s。

③ 钝化后零件表面的碱性应充分洗净，干燥。

8.2.7　植酸与钼酸盐钝化

（1）植酸钝化

植酸（$C_6H_{18}O_{24}P_6$）又称肌醇六磷酸酯，无毒无害，分子量为 660.4，存在于各种植物油和谷类种子内，易溶于水并且有较强的酸性。植酸分子中具有能同金属配合的 24 个氧原子、12 个羟基和 6 个磷酸基。因此植酸是少见的金属多齿螯合剂。与金属络合时易形成多个螯合环，络合物稳定性高，即使在强酸性环境中，也能与金属离子形成稳定的络合物。经过植酸处理的金属及合金不仅能抗蚀，还能改善金属有机涂层的黏结性。一般认为以铬酸盐为基础的传统钢材表面处理方法不如植酸处理。

工件脱脂后先在冷水中洗，然后在钝化液中浸渍 $10\sim20s$ 再用冷水洗后吹干或烘干。植酸钝化的膜层外观白亮、均匀、细致。经质量分数 3% 的氯化钠和 $0.005mol/L$ 硫酸溶液浸泡后，在潮湿环境中超过 70h，试片 1% 面积出现点蚀和锈斑，说明有较好的缓蚀性能。

一种植酸钝化工艺为：植酸浓度 $30mL/L$，温度 $75℃$，时间 15min。

（2）钼酸盐钝化

钼酸钠 $2.5g/L$、磷酸三钠 $1g/L$、硼酸 $2g/L$，pH 为 6 左右，钝化时间 60s，钝化温度 $30℃$，$200℃$ 恒温干燥箱烘干。使用此工艺处理后的 Q235 钢表面可形成光滑致密的钝化膜，钝化后涂漆效果较好。

8.2.8 电化学钝化

不同种类钢钝化方法不同。奥氏体不锈钢 1Cr18Ni9Ti 先在磷酸中电解氧化，工艺为：15%（w）磷酸，1%（w）六偏磷酸钠，2%（w）钼酸钠，82%（w）水，$25\sim35℃$，5V，5min。然后在 10% 硫酸中阳极电压 1V 钝化，即在 10% 硫酸过电位区钝化。因硫酸过电位区钝化的氧化膜层孔径小于磷酸氧化膜层，故可提高耐腐蚀性能。

马氏体不锈钢（3Cr13、4Cr13）电解钝化工艺：铬酐 $5g/L$，钼酸铵 $20g/L$，硫酸铵 $30g/L$，硼酸 $15g/L$，$15\sim30℃$，阳极电流密度 $0.3\sim0.4A/dm^2$，$2\sim4V$，$15\sim30min$。阴极材料为不锈钢 1Cr18Ni9Ti，阴阳极面积比（$2\sim3$）:1。然后进行封闭，既提高了耐蚀性，又保留了机械抛光的光洁度。封闭条件参见表 8-20 工艺 1。

不锈钢电化学钝化：硝酸 10%，800mV 恒电位阳极极化，$25℃$，15min。

载波钝化技术，是在普通电化学钝化基础上，叠加一定频率和幅值的对称方波，对不锈钢进行钝化，获得载波钝化膜。载波钝化膜的稳定性和耐蚀性远优于直流钝化膜，钝化过程中方波参数的变化对载波钝化膜的稳定性和耐腐蚀性有一定影响。

8.2.9 不锈钢钝化后处理

① 水洗。零件从钝化液中取出后应立即彻底清洗，若需要可在一道水洗后增加一道稀碱中和工序，以除去复杂腔体内的残留酸液，最后一道清洗应用去离子水，去离子水水质应符合要求。

② 铬酸处理。所有铁素体和马氏体不锈钢零件最后一道水洗后 1h 之内均应按规定进行铬酸处理，参见表 8-20。此道工序后必须用去离子水清洗，然后彻底干燥。

表 8-20　封闭处理工艺

序号	质量浓度 ρ_B（除注明外）/(g/L)			工艺条件				
	重铬酸钠 ($Na_2Cr_2O_7 \cdot 2H_2O$)	钼酸钠 Na_2MoO_4	碳酸钠 Na_2CO_3	pH	温度/℃	阴极电流密度 /(A/dm²)	时间/min	阳极处理/s
1	8	20	6～8	9～10	25～35	0.5～1	10	30
2	4%～6%(w)				60～70		30	

③ 干燥。钝化完毕应用压缩空气吹干或热风吹干，也可采用烘干或晾干。

④ 去氢。处理高强度钢结构件应在钝化完毕后进行去氢处理，以免在酸洗过程中因氢

的渗入而导致氢脆。温度 190～220℃，时间 2h。

8.2.10 不锈钢钝化膜成分与性能

（1）钝化膜 Mott-Schottky 性能

基体电子向转化膜隧道转移，同时转化膜电子也向基体隧道转移，转移的结果会产生基体金属原有电子能带的弯曲。转化膜带电子或有空隙的结果是产生半导体效应。可以用 Mott-Schottky 关系描述半导体性能：

$$\frac{1}{C^2} = \frac{2}{\varepsilon\varepsilon_0 q N_D}\left(E - E_{FB} - \frac{kT}{q}\right) \tag{8-1}$$

$$\frac{1}{C^2} = -\frac{2}{\varepsilon\varepsilon_0 q N_A}\left(E - E_{FB} - \frac{kT}{q}\right) \tag{8-2}$$

式中，C 为半导体空间电荷层电容；N_D 和 N_A 分别为施主载流子浓度和受主载流子浓度；ε_0 为钝化膜相对介电常数（15.6）；ε 为真空介电常数（8.854×10^{-14}F/cm）；E 为施加电位；E_{FB} 为平带电位；q 为基本电荷（电子为 $-e$，空穴为 $+e$，$e=1.6\times10^{-19}$C）；k 为 Boltzmann 常数（$k=1.38\times10^{-23}$J/K）。由式（8-1）和式（8-2）可知，C^{-2} 与电位 E 成线性关系，即 Mott-Schottky 图为一直线。对于 n 型半导体其直线斜率为正，见式（8-1）；对于 p 型半导体其直线斜率为负，见式（8-2）。图 8-12 为静态条件下 1Cr18Ni9Ti 不锈钢在 HCl 溶液中的 Mott-Schottky 图，图 8-13 为 n 型半导体空间电荷层电容随电位的变化。

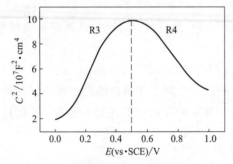

图 8-12 静态条件下 1Cr18Ni9Ti 不锈钢在 HCl 溶液中的 Mott-Schottky 图

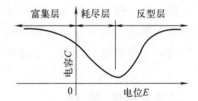

图 8-13 n 型半导体空间电荷层电容随电位的变化

图 8-12 曲线的线性部分可分为两段 R3 和 R4，R3 在 0～0.5V 的范围内，直线的斜率为正值；R4 在 0.5～1.0V 的范围内，直线的斜率为负值。这表明在 R3 区的电位范围内，1Cr18Ni9Ti 不锈钢表面的钝化膜呈现为 n 型半导体；在 R4 区的电位范围内，1Cr18Ni9Ti 不锈钢表面的钝化膜呈现为 p 型半导体。不同溶液，转化膜半导体性能也不同。同一溶液，电位不同，半导体性能也不同。目前研究显示，转化膜肖特基曲线的斜率越小，也就是膜中载流子浓度越小，膜中越不容易负载载流子，耐腐蚀性能越好。

（2）钝化膜阳极溶解过程

钝化膜的阳极溶解过程如图 8-14，钝化膜生成后，材料最初的表现与未钝化材料类似。即随着电极电势的增加，材料曲线趋向于 Tafel 图，且溶解率指数增加。这是活性区域。在更多的惰性电势区域，溶解率减少到一个很小的值并在一个相当大的电势区域内保持一个基本独立的电位，这一区域被定义为中性区域。最后，在绝对大的惰性电势区域，随着过钝态区域内电势的增加，溶解率重新增加。

利用电化学钝化，常常可对工件进行阳极保护。将要保护的工件或设备作为阳极，辅助电极作为阴极，腐蚀介质作为电解质，接上外加电源后，控制阳极的电位处于钝化的区域内，使被保护的工件或设备的腐蚀电流处于最小的状态并受到保护。如果电源切断，工件或设备又恢复到活化状态，继续受到腐蚀。

在循环伏安测试过程中，阳极过程的钝化对伏安曲线可能产生影响。由于钝化作用的影响，当电位扫描到钝化区，电流

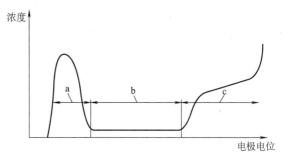

图 8-14　活性、钝态、过钝态金属典型的阳极溶解过程

a—活性；b—钝态；c—过钝态

并不增大或减小，而是表现出一种维钝电流。由此可以结合伏安曲线分析转化膜的钝化性能。

（3）成分与性能

铬是提高钢钝化膜稳定性的必要元素。铁中加入的铬（Cr）摩尔分数超过 $10\%\sim12\%$ 时，合金的钝化能力有显著提高；当铬的摩尔分数 $x(\mathrm{Cr})$ 达到 12.5%、25%、37.5% 时，合金在硝酸中的腐蚀速率都相应有一个突然的降低。研究表明，当钢中铬 $w(\mathrm{Cr})$ 达到 10% 后，钝化膜中才富集了铬的氧化物。随着钢中铬含量增高，钝化时间延长，表面钝化膜中的铬含量增高。在不锈钢中，这种富铬的复合氧化膜的厚度为 $1.0\sim2.0\mathrm{nm}$，并具有尖晶石结构，在许多介质中有很高的稳定性。如图 8-15 所示，铬含量对钝化作用有明显的影响。

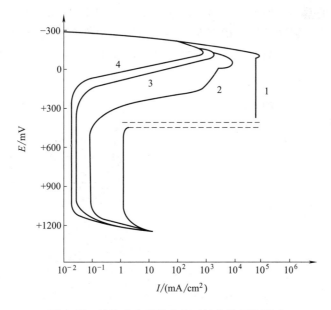

图 8-15　铁铬合金中铬含量对钝化作用的影响

1—$w(\mathrm{Cr})=2.8\%$；2—$w(\mathrm{Cr})=9.5\%$；
3—$w(\mathrm{Cr})=14\%$；4—$w(\mathrm{Cr})=18\%$

镍也能提高铁的耐蚀性，在非氧化性的硫酸中更为显著。当镍的摩尔分数 $x(\mathrm{Ni})$ 为 12.5% 和 25% 时，耐蚀性明显提高，如图 8-16 所示。镍加入铬不锈钢中，能提高其在硫酸、

草酸及中性盐（特别是硫酸盐）中的耐蚀性。锰也能提高铬不锈钢在有机酸如醋酸、甲酸和乙醇酸中的耐蚀性，而且比镍更有效。

钼能提高不锈钢钝化能力，扩大其钝化介质范围，如在热硫酸、稀盐酸、磷酸和有机酸中。含钼不锈钢可以形成含钼的钝化膜，如 Cr18Ni8Mo 表面钝化膜的成分为 $\varphi(Fe_2O_3)=53\%$、$\varphi(Cr_2O_3)=32\%$、$\varphi(MoO_3)=12\%$。这种含钼的钝化膜在许多强腐蚀介质中具有很高的稳定性。它还能防止氯离子对膜的破坏。

金属铂等只要少量加入不锈钢中就能有效地提高在硫酸及有机酸中的耐蚀性。在这些非氧化性酸中，溶解氧的浓度很低，由于氢离子（H^+）的去极化作用，不锈钢不容易达到自钝化状态。当铜、铂或钯存在时，能在不锈钢表面沉积下来，作为附加微阴极，促使不锈钢在很小的阳极电流下就能达到钝化状态。

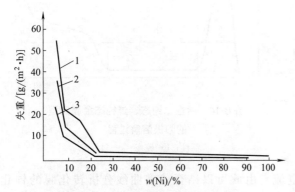

图 8-16 镍对铁镍合金在硫酸中（60℃，100h）耐蚀性的影响

$1—\varphi(H_2SO_4)=20\%$；$2—\varphi(H_2SO_4)=10\%$；
$3—\varphi(H_2SO_4)=5\%$

硅能提高钢在盐酸、硫酸和高浓度硝酸中的耐蚀性。$w(Si)=14.5\%[x(Si)=25\%]$ 的 Fe-Si 合金在盐酸、硫酸和硝酸中有满意的耐蚀性。在不锈钢中加入 $w=2\%\sim4\%$ 的硅时，也可提高不锈钢在上述介质中的耐蚀性。

在镍铬不锈钢的基础上加入钼、铜后，进一步扩大了钢在硫酸中具有耐蚀性的浓度和温度范围。不同镍、钼、铜含量的不锈钢在硫酸中耐蚀的浓度和温度范围如图 8-17 所示。随着不锈钢中镍、钼、铜含量的增加，钢耐蚀的浓度和温度范围显著扩大。

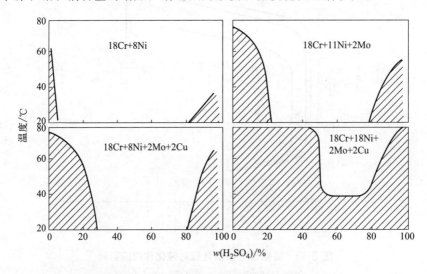

图 8-17 钼、铜、镍对镍铬不锈钢钝化范围的影响

不锈钢钝化是不锈钢在酸洗后，为提高耐蚀性而进行的化学转化处理。钝化后不锈钢表面保持其原有颜色，一般为银白色或灰白色。

8.2.11　不锈钢钝化膜的质量检测

不锈钢钝化处理之后，表面应该均匀一致，无色，光亮度比处理之前略有下降。无过腐蚀、点蚀、黑灰或其他污迹。

膜层耐蚀性可用下列方法检测：

① 浸水试验。试样在去离子水中浸泡 1h，然后在空气中干燥 1h，这样交替处理最少 24h，试样表面应该无明显的生锈和腐蚀。

② 高潮湿试验。试样暴露在潮湿箱中。97%±3% 的相对湿度和（37.8±2.8）℃试样表面应该无明显的生锈和腐蚀。

③ 盐雾试验。不锈钢钝化膜必须能够经受最少 2h 的质量分数为 5% 的中性盐雾试验，而无明显腐蚀。

④ 硫酸铜点滴试验。测试 300 系列奥氏体镍铬不锈钢时，可以用硫酸铜点滴试验替代盐雾试验。硫酸铜试验溶液的配制：将 8g 五水硫酸铜试剂溶于 500mL 蒸馏水中，加 2～3mL 浓硫酸。新配的溶液只能使用两个星期，超过两个星期的溶液废弃重配。

将数滴硫酸铜溶液滴在不锈钢试样的表面，通过补充试液的方法，保持液滴试样表面始终处于润湿状态 6min，然后小心将试液用水洗去，干燥。观察试样表面的液滴处，如无置换铜说明钝化膜合格，否则，钝化膜不合格。

⑤ 铁氰化钾-硝酸溶液点滴试验。试验溶液的配制：将 10g 化学纯铁氰化钾溶于 500mL 蒸馏水中，加 30mL 化学纯浓硝酸（w 为 70%），用蒸馏水稀释到 1000mL。这种试液配制后要当天使用。

滴几滴试液于不锈钢表面，如果试液 30s 以内变成蓝黑色，说明表面有游离铁，钝化不合格。如果表面无反应，试样表面的试液可以用温水彻底洗净。如果表面有反应，试验表面的试液可以用质量分数为 10% 的醋酸、质量分数为 8% 的草酸溶液和热水将其彻底洗净。

8.2.12　不锈钢着色

不锈钢着色能使其表面具有美观颜色的同时，耐腐蚀性能得以提高。目前研究表明，不锈钢着色膜虽然初始腐蚀电位较低，但在腐蚀液中电位比较恒定。而未经着色的不锈钢在一定时间腐蚀电位下降到一个比着色膜低的值，因此着色后耐腐蚀性提高。

8.2.12.1　化学法着色

（1）不锈钢着黑色

在不锈钢上不仅可以着黑色，还可着蓝、绿、褐、橙等色彩。不锈钢着黑色主要用于光学仪器的消光处理。化学着黑色方法有铬酸氧化法、铬酸盐黑色化学氧化法和硫化法等。铬酸盐黑色化学氧化法和硫化法等的工艺规范见表 8-21。

铬酸氧化法又称铬酸浴熔融法。即在重铬酸盐（$Na_2Cr_2O_7$）的高温熔融盐中浸渍强制氧化。重铬酸盐在 320℃ 开始熔化，至 400℃ 放出氧气而分解：

$$4Na_2Cr_2O_7 \longrightarrow 4Na_2CrO_4 + 2Cr_2O_3 + 3O_2$$

新生的氧活性强，不锈钢浸入后表面开始氧化。其氧化物是 Fe、Ni 及 Cr 的氧化物（Fe_3O_4 等）。

氧化的操作过程是：除油→清洗→硫酸浸蚀去钝化膜。经浸蚀干燥后的零件，在温度 450～500℃ 的熔融盐中处理 15～30min，就能生成黑色的氧化膜。

这种方法因在操作温度下熔融盐的黏度大，搅拌操作困难，难以得到均匀的色泽。这种方法不宜用于装饰零件的着色。

还有一种铬酸盐黑色化学氧化法，是在低温水溶性溶液中进行的。本法与前一种方法前处理有别，不锈钢零件经除油清洗后，在钝态状况下可直接入槽进行着色处理，着色膜是在自然氧化膜上再生长的氧化膜，其成分与熔融法基本相同。这种方法膜层颜色变化的过程是：本色→浅棕→深棕→浅蓝（或浅黑）→深蓝（或纯黑），时间间隔仅 0.5～1min，如果错过最佳点，就会又回到浅棕色，只能退除后重新着色。

颜色的变化与零件的加工方法也有关系，一般车铣加工零件为蓝色、深蓝色、藏青色，磨床加工零件为深蓝色或黑色，而经喷砂、研磨和电解抛光处理的零件，氧化后则均为黑色。

硫化法能获得美观的黑色膜。膜的主要成分是铁的硫化物（Fe_2S_3），镍、铬等金属盐也可能存在。一些硫化法在草酸处理后，再在 1％硫化物中浸渍。如表 8-21 中工艺 5，在以氢氧化钠为基础的溶液中硫化着色，其反应如下：

$$2Fe+3NaCNS \longrightarrow Fe_2S_3+3NaCN$$
$$2Fe+3Na_2S_2O_3+3H_2O \longrightarrow Fe_2S_3+3Na_2SO_4+3H_2$$

分解的产物以铁为主，镍、铬也有一定存在。这种方法前处理按常规除油后，需用硫酸或王水进行浸蚀，以除去自然钝化膜，使表面活化后，随即浸入着色液即可。

表 8-21　不锈钢化学着黑色工业规范

着色方法	序号	溶液配方		工艺条件		备注
		成分名称	质量浓度 ρ_B（除注明外）/(g/L)	温度/℃	时间/min	
铬酸盐黑色化学氧化法	1	重铬酸钾（$K_2Cr_2O_7$） 硫酸（$d=1.84$）（H_2SO_4）	300～350 300～350mL/L	镍铬不锈钢 95～102 铬不锈钢 100～110	5～15	一般零件氧化后为蓝色、深蓝色、藏青色，经抛光处理零件为黑色。零件经除油清洗后，在钝态下直接浸入此液着色
	2	铬酐（CrO_3） 硫酸（$d=1.84$）（H_2SO_4）	200～250 250～300mL/L	90～100	2～10	
	3	重铬酸钠（$Na_2Cr_2O_7 \cdot 2H_2O$） 硫酸（$d=1.84$）（H_2SO_4）	200～300 300～350mL/L		2～10	
	4	$(NH_4)_2Cr_2O_7$ 硫酸（$d=1.84$）（H_2SO_4）	200～250 300～350mL/L		2～10	
硫化法	5	NaOH NaCNS $Na_2S_2O_3 \cdot 5H_2O$ NaCl	400～500 80～100 40～50 5～10	100～120		除油后需用硫酸或王水处理后浸入此液，获黑色膜，很美观
高锰酸钾法	6	高锰酸盐 硫酸	0.5％～10％ 10％～70％	90～100	3～20	膜为黑褐色，控制硫酸含量，可得不同色彩

不锈钢氧化后能出现某种颜色。但在常规钢件氧化溶液中，不锈钢不易氧化发蓝，常加入氧化性更强的重铬酸盐，这实际上是一种氧化，在氧化一章中已介绍。此外，氧化剂的熔融盐也能使不锈钢氧化，呈现某种颜色，除了氧化一章介绍的熔融盐外，重铬酸钠与重铬酸钾各一份，在 400℃熔融氧化，使不锈钢呈现黑色，这种氧化着黑色工艺不常用。熔融的硝酸钠与硝酸钾也能使不锈钢氧化呈现某种颜色。在表 8-21 的高锰酸钾氧化法中，将不锈钢试样浸入含 PbO_2 或高锰酸钾的强碱性溶液中，加热至 110～130℃，也可得到黑褐色不锈

钢膜。

（2）不锈钢着彩色

不锈钢着彩色应用较广。不锈钢表面去除氧化膜之后，采用铬酸-硫酸等溶液处理，可以得到不同的颜色。溶液中可添加的成分有硫酸锰、硫酸锌和钼酸铵，其膜的颜色随膜的厚度变化而变化，同时与材料的成分及表面加工方法也有一定关系。在铬酸 $150\sim350g/L$ ＋硫酸 $250\sim600g/L$ 溶液中，常加入硫酸锰 $1\sim16g/L$，硫酸锌 $1\sim18g/L$，钼酸铵 $2\sim20g/L$，温度 $60\sim90℃$。溶液中 Cr^{3+}、Fe^{3+} 和 Ni^{2+} 使起色电位升高，着色时间延长，着色能力减弱，而钼酸铵与硫酸锰的加入则能增强膜层光泽性。

常用不锈钢中，奥氏体不锈钢是最适合着色的材料，能得到令人满意的彩色外观；而铁素体不锈钢，由于在着色溶液中有腐蚀倾向，得到的色彩不如奥氏体不锈钢鲜艳；而低铬高碳马氏体不锈钢，由于其耐蚀性能更差，只能得到灰暗的色彩，或者得到黑色的表面。

不锈钢着色与其表面加工状态也有很大关系。当不锈钢经过冷加工变形后（例如弯曲、拉拔、深冲、冷轧），表面晶粒的完整性受到破坏，形成的着色膜色泽紊乱、不均匀。冷加工后，耐蚀性也下降，形成的着色膜失去原有的光泽，但这些都可以通过退火处理恢复原来的显微组织，得到良好的彩色膜。

可以采用不锈钢着色技术进行花纹着色。首先进行不锈钢着色，然后用印刷法印上花纹，油墨保护花纹，然后退去其他颜色。其工艺过程为：

不锈钢试样→清洗→除油→水洗→活化→水洗→第一次着色（着底色）→水洗→干燥→印刷遮盖物→第二次着色→水洗→干燥→去除遮盖物→水洗→干燥→再次印刷遮盖物→第三次着色→……→坚膜→水洗→封闭→水洗→干燥。

不锈钢电解抛光对着色质量影响很大，抛光液中加入聚乙二醇能使表面达到非常光亮的效果。

① 不锈钢着彩色工艺如表 8-22 所示。

表 8-22 不锈钢着彩色工艺

工序号	工序名称	溶液配方		工艺条件				备注
		成分	含量/(g/L)	温度/℃	阳极电流/(A/dm²)	阴极材料	时间/min	
1	抛光	可采用机械、化学或电化学抛光。工艺规范见第2章						抛光后的零件表面要均匀一致，以免造成色差。机械抛光后要进行除油
2	清洗							
3	酸洗	方法一：磷酸(H_3PO_4)	10%	室温		铅板	阳极处理：$3\sim5$	经化学或电化学抛光的，若立即着色，可不酸洗；抛光后经放置的，需酸洗去除氧化膜再着色
		方法二：硫酸(H_2SO_4) 盐酸(HCl)	10% 10%	室温			浸$5\sim10$	
4	清洗							
5	着色	CrO_3 H_2SO_4	$200\sim400$（250最佳） $350\sim700$（490最佳）	$70\sim90$			依颜色而定	随时间延长依次得到（棕）蓝色、蓝灰色、黄（红）色、紫色和绿色

工序号	工序名称	溶液配方		工艺条件				备注
		成分	含量/(g/L)	温度/℃	阳极电流/(A/dm²)	阴极材料	时间/min	
6	清洗							
7	固膜	方法一： CrO_3 H_2SO_4	200~300(250最佳) 2~3(2.5最佳)	室温	阴极电解 $D_k=$ 0.2~2	阳极用铅板	5~10	
		方法二： CrO_3 H_3PO_4	250 2.5	30~40	$D_k=$ 0.5~1		10	
8	清洗							
9	干燥							

不锈钢着彩色，除了铬酐＋硫酸工艺外，还可以采用以下工艺：

a. 高锰酸钾 50g/L，氢氧化钠 375g/L，氯化钠 25g/L，硝酸钠 15g/L，亚硫酸钠 35g/L，120℃，可得到黄色-黄褐色-蓝色-深藏青色。

b. CrO_3 250g/L，H_2SO_4（$d=1.84$）490g/L，$ZnSO_4$ 5g/L，$MnSO_4$ 4g/L，$(NH_4)_6MO_7O_{24} \cdot 4H_2O$ 7g/L，OP-10 6.25mL/L，85℃。

此外，还有激光着色工艺，就是先浸入一定浓度的硝酸溶液等药剂，然后经过一定时间的激光照射，获得一定颜色，目前这方面有一些研究。

② 工艺难点的控制（以表 8-22 工艺为例）。不锈钢着彩色工艺有两个控制难点：一是颜色的控制，二是使色彩得到重现。有两种控制方法：温度时间控制法和电位控制法。用控制时间的方法，可以得到不同的颜色，如在溶液浓度和温度一定的条件下，80~90℃、处理时间 15~17min，可以获得均匀的深蓝色；如果处理时间延至 20~25min，即变化为以紫红色为主的彩虹干涉色；再延长时间，可以获得比较均匀的鲜绿色膜层。蓝（74℃、14min）→金黄（70℃、20min）→红（70℃、21min）→绿（75℃、22min）。

但是在实际生产过程中，用控制着色时间的方法很难使色泽得到重现，因为材料的化学成分、表面状态和着色液的浓度，均对着色时间有影响，特别是温度对成色时间非常敏感。一般情况下，温度升高，成色时间相应缩短；温度降低，成色时间相应延长。但是温度低于70℃难以获得有效的彩色膜；而太高的温度则会使溶液蒸发加剧，溶液的浓度变化大，使成膜时间难控制。

要得到良好的色彩重现性，采用控制着色电位的方法可以得到较好的效果，着色电位曲线如图 8-18 所示。从 A 点开始，不锈钢表面开始有颜色生成，因此 A 点所对应的电位称为起色电位 φ_A，继 A 点之后的某一点电位 φ_B 与起色电位 φ_A 的差值称为着色电位差 $\Delta\varphi$：

$$\Delta\varphi = \varphi_B - \varphi_A$$

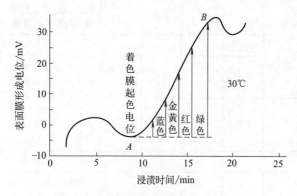

图 8-18　不锈钢着色的电位-时间曲线
与着色膜颜色之间的关系

当不锈钢表面电位达到起色电位 φ_A 之后，随着时间的延长，电位不断升高，与起色点 A 的电位差逐渐增大。不同的电位差 $\Delta\varphi$ 对应于不同的颜色，因此控制电位差 $\Delta\varphi$ 即可得到相应的颜色。当不锈钢材料和着色介质一定时，转化膜的着色电位差和膜呈现的颜色有良好的对应关系。显然，着色电位差是获得颜色重现性的基础。通常 $\Delta\varphi$ 越大，膜越厚。

根据电位差值的大小，在相同时间内取出不锈钢试样，其颜色基本上是同一种颜色。

图 8-19 中，E 点为起色电位，B 点为某种颜色的着色电位，$\varphi_B - \varphi_E = \Delta\varphi$ 为着色电位差。每种色泽的着色电位差是不同的，根据实验得知：蓝色的 $\Delta\varphi = 6\text{mV}$；蓝灰色的 $\Delta\varphi = 12\text{mV}$；黄色的 $\Delta\varphi = 14\text{mV}$；紫色的 $\Delta\varphi = 16\text{mV}$；绿色的 $\Delta\varphi = 21\text{mV}$。所以，只要测出起色电位 φ_E，根据公式 $\varphi_E + \Delta\varphi = \varphi_B$，就可以得到着色电位 φ_B，这样就可控制得到不同的色泽。但对于粗糙度较高或前处理不当的不锈钢，难以得到其起色电位。

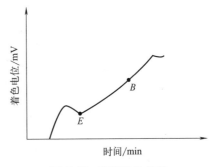

图 8-19　着色电位曲线

固膜工序发生以下反应：阳极电解使 Cr^{6+} 变为 Cr^{3+}，生成 Cr_2O_3、$Cr(OH)_3$ 等沉淀物埋入细孔中，使膜减少孔隙而硬化，经过固膜后耐蚀性与耐磨性均有较大程度提高。

固膜后若在 1%～10%硅酸钠沸腾或接近沸腾溶液中浸泡 5min 封闭，会使彩色膜具有耐磨、耐腐蚀及耐污染等特性。封闭液中加入少量钼酸铵和稀土化合物或 Ni，能够增强封闭效果。

新近研究显示，硅溶胶效果更佳：以正硅酸乙酯（TEOS）为无机前驱体，向 TEOS 中加入适量的无水乙醇并搅拌 10min，随后加入硅烷偶联剂（KH-570），反应 10min，用超纯水稀释并调节溶液的 pH，室温下溶液充分反应 10min，陈化 24h 即可使用。硅溶胶浸没处理后 120℃烘 1h。

③ 工艺维护。

a. 溶液的维护。着色液在使用过程中，由于水分的不断蒸发，Cr^{6+} 的还原以及不锈钢的溶解，溶液的浓度和组分不断地变化，着色液会逐渐趋向老化。着色液老化的标志是着色电位曲线的弯曲点电位升高，着色时间延长，最后使着色膜变得灰雾，甚至变成暗黑色。促使着色液老化的重要原因是 Cr^{3+}、Fe^{3+} 浓度增加，当 Cr^{3+} 含量达到 20g/L，Fe^{3+} 含量达到 12g/L 时，弯曲点电位会升到 -170mV 以上，此时，着色溶液就需要重新配制或再生。

b. 不锈钢着色用挂具。必须是电位与不锈钢接近或正于不锈钢的材料，且抗化学腐蚀性好，如不锈钢丝或镍铬丝等。

c. 着色膜的减薄和退除。不锈钢着色过程中，有时会偏离欲控制的色泽，然而在一定范围内，未经固膜处理的着色膜，可以进行校正。

ⅰ. 对于着色膜偏薄、成色不足，可以重新回到着色液中加深。

ⅱ. 若着色膜偏厚，需要减薄，可在还原性介质中处理，常用的试剂有：次亚磷酸钠、硝酸钠、亚硫酸钠和硫代硫酸钠等。采用硫代硫酸钠作为还原性介质减薄的工艺规范是：硫代硫酸钠（$Na_2S_2O_3 \cdot 5H_2O$）8%（w）、处理温度 80℃，时间视要求减薄程度而定。

ⅲ. 对于着色后表面由于沾污或操作不当引起的色泽不均匀等次品，可以退除着色膜后重着色。退除着色膜时，要避免基体发生腐蚀。

退膜法：80g/L H_2SO_4，90g/L H_3PO_4，温度40℃、电流密度0.6A/dm²。18-8型不锈钢着色膜可在下列配方中退除：磷酸（H_3PO_4）10%～20%（w），阳极电流密度2～3A/dm²，光亮剂少许，阴极材料为铅板，温度室温，电压12V，时间5～15min。

此法除可退除色膜外，还可用来生产带有套花、图案等多种色彩的不锈钢制品（退去油膜保护花纹后的膜）。

8.2.12.2　不锈钢电解着黑色

（1）不锈钢电解着黑色的优点

① 电解着黑色的色泽易控制，化学着黑色控制比较困难，往往在同一时间内会出现色泽不一致，从黄蓝色至灰色都可能出现。电解着黑色膜层呈深黑色，在光洁度高的表面，膜层乌黑光亮。

② 膜层具有一定的硬度。比化学着黑色膜的厚度要厚，故硬度比较高。

③ 电解着色膜具有一定的防护装饰性。其耐蚀性优于钢铁发黑膜层。

④ 电解着色氧化后不影响零件精度。膜层厚度在0.6～1μm之间。不合格膜层经多次返修，仍能保持原表面状态，光洁度不降低。

⑤ 对各种材质的不锈钢都合适。阳极电解着色能保持表面光洁度，阴极电解着色对不锈钢的要求更加广泛。

⑥ 电解着色溶液调整方便。成分含量都很低，六价铬的含量很低或者没有。

⑦ 在室温条件下电解着色，节省能源，操作方便。

（2）不锈钢电解着黑色溶液成分和工艺条件

不锈钢电解着黑色溶液成分和工艺条件见表8-23。

表8-23　不锈钢电解着黑色溶液成分和工艺条件

溶液成分及工艺条件	质量浓度 ρ_B/(g/L)					
	配方1	配方2	配方3	配方4	配方5	配方6
$K_2Cr_2O_7$	20～40	20～40			30	10～20
$MnSO_4 \cdot 4H_2O$	10～20	10～20	7～8	4～8	25	适量
$(NH_4)_2SO_4$	20～50				35	
H_3BO_3	10～20	10～20			10	10～20
$CuSO_4 \cdot 5H_2O$			3～5	2～3.5		
$NaH_2PO_4 \cdot H_2O$			10～12	3～10		
$CH_3COONa \cdot 3H_2O$			8～10			
生黑剂			4～4.5		5	
氧化剂				2.5～8		
络合缓冲剂				至澄清		
pH	3～4	3～4	4～5	4～4.5		3～4
温度/℃	20～28	10～30	10～30	20～25	18	10～30
电压/V	2～4	2～4	3～4		1.5～3.0	2～4
阳极电流(D_A)/(A/dm²)	0.15～0.3	0.15～0.3			0.1～0.3	0.1～0.3
阴极电流(D_k)/(A/dm²)			3～5	0.08～0.2		
时间/min	10～20	10～20	8～12	7～12		10～20
阴极	不锈钢板	不锈钢板			不锈钢板	铅锑合金
阳极	阴阳极面积比(3～5):1		铅锑合金	铅锑合金		304不锈钢

（3）不锈钢电解着黑色工艺流程

① 1Cr17 不锈钢电解着黑色工艺流程。化学除油（氢氧化钠 40g/L，磷酸三钠 15g/L，碳酸钠 30g/L，温度 90℃）→水洗→化学抛光（硫酸 227mL/L，盐酸 67mL/L，硝酸 40mL/L，水 660mL/L，温度 50～60℃）→水洗→活化→水洗→电解着黑色（配方 2）→水洗→固模处理（重铬酸钾 15g/L，氢氧化钠 3g/L，pH 6.5～7.5，温度 60～80℃，时间 2～3min）→水洗→干燥→浸油或浸清漆。

② 适合于各种不锈钢电解着黑色工艺流程。抛光处理或机械抛光→去油→水洗→活化（硝酸 15%～20%，氢氟酸 20%～22%，水 60%～63%，室温，时间浸 5～10min）→水洗→电解着黑色（配方 3）→水洗→自然干燥→浸油或浸清漆。

③ 适合于各种不锈钢电解着黑色工艺流程。化学除油（碱液 60～80℃）→水洗→抛光→水洗→活化（硝酸：氢氟酸：水＝2：3：7 的混合液，室温，10min）→水洗→电解着黑色（配方 4）→水洗→晾干→布轮抛光→聚苯乙烯树脂涂覆→固化→成品。

表 8-23 配方 5 黑色氧化工艺流程：除油→水洗→电抛光→水洗→脱模→水洗→氧化→水洗→坚膜→水洗→吹干。

（4）发生的化学反应

各种不锈钢着黑色工艺发生的化学反应有所不同，这里以表 8-23 配方 5 为例进行说明。

根据钝化现象的成相膜理论，生成成相钝化膜的先决条件是在电极反应中有可能生成固体反应物，在不锈钢表面形成晶核，随着晶核的生长和外延而形成氧化膜。膜的组成为：$(Cr, Fe)_2O_3 \cdot (Fe, Ni) O \cdot xH_2O$，不锈钢进入着色液电化学反应阳极区：$M \longrightarrow M^{2+} + 2e^-$，阴极区：$aM^{2+} + bCr^{3+} + rH_2O \longrightarrow M_aCr_bO_r + 2rH^+$，进行一段时间后，金属离子和 Cr^{3+} 的浓度达到临界值，超过富铬的尖晶石氧化物，从而水解，在制件表面形成氧化膜。

$$HCrO_4^- + 7H^+ + 3e^- \longrightarrow Cr^{3+} + 4H_2O$$

氧化膜一旦生成，阳极反应继续在膜孔底部进行，阴极反应转移到膜与溶液的界面上，阳极反应产物如金属离子通过孔向外扩散，在无数个生长点上，始终维持着一定的金属离子浓度和 Cr^{3+} 浓度，并随之水解成膜。

（5）溶液成分及工艺条件的影响

一般溶液中含有氧化剂与着色剂以及 pH 缓冲剂等。

① 以表 8-23 配方 1 和配方 2 为例。

a. 硫酸锰。是着色剂，有增黑着黑膜颜色的作用。无锰离子膜层不发黑。

b. 重铬酸钾。是氧化剂，又是氧化膜生成过程中的稳定剂。含量过高或过低，都不能获得富有弹性和具有一定硬度的膜层，膜层变薄、变得有脆性和疏松。

c. 硫酸铵。能控制黑膜生成的速率。含量过高，膜层生长速率变慢，含量太低或无硫酸铵，则氧化膜的生长速率太快而使膜层变薄，甚至性能恶化。

d. 硼酸和 pH。硼酸具有调整和稳定溶液 pH 的作用。pH 对形成膜层的力学性能起决定性作用。pH 对膜层的脆性和附着力影响也极大。溶液 pH 愈低，则膜层脆性愈大，附着力愈差。这是由于 pH 过低在电解时大量析氢，使膜层内应力增大，脆性高。具体表现在膜层在 70℃热水中清洗，就有局部斑块脱落，如果用冷水洗后晾干，膜层放在空气中 3～5d 也会出现局部起泡的现象。在溶液中加入硼酸，调整溶液的 pH 后，可克服膜层脱落。

e. 温度。溶液的温度对氧化膜的形成影响较大。温度过高，生成的膜层脆性大、易开裂、疏松、防护能力低。温度一般应低于 30℃，形成的膜层致密，防护性能好。

f. 电压与电流。由于在电解过程中形成的着黑膜具有一定的电阻,随着膜层厚度的增加,膜层的电阻也随之增加,因此,电流会明显下降。为了保持电流的稳定,在电解着黑过程中,应逐渐升高电压,以保持电流密度值控制在 $0.15\sim0.3A/dm^2$ 范围内。电流太小,着黑膜的成长速率太慢,电阻增加到一定程度时会导致着色膜停止生长。提升电流过大,膜层形成太快,引起膜层疏松、多孔、易脱落。初始电压用下限值,保持电流密度在规定的范围内,在着色电解过程中,随着电流的下降,逐步升高电压至上限,保持电流稳定。在氧化终结前 5min 左右,可使电压恒定不变在 4V。

② 以表 8-23 配方 3 和配方 4 为例。

a. 硫酸铜。为着黑膜的主要成分。含量过高,铜的沉积速率过快,膜层显暗红色;铜含量偏低时,着黑膜薄,显蓝黑色。

b. 硫酸锰。是辅助成膜成分。含量过高,着黑膜中磷酸锰铁量增加,膜层显肉红色。

c. 磷酸二氢钠。既是溶液缓冲剂,又是辅助成膜剂,在溶液中有消耗。少量磷化物的生成有利于增加着黑膜的附着力和耐磨性。

d. 乙酸钠。水解生成乙酸,形成缓冲剂,增加溶液的缓冲能力,使在发黑过程中 pH 变化不大,不需调整 pH。

e. 生黑剂。配方 3 中的生黑剂由含硫和氧元素的无机物和有机物混合而成,是主要的发黑成分。只有当其含量在 $4.0\sim4.5g/L$ 时,着黑膜才显深黑色,且不泛黑灰。着黑剂由硫氰酸盐和硝基化合物配制。

f. 氧化剂。表 8-23 配方 4 中的氧化剂,在着黑过程中的作用是将不锈钢表面上析出的铜、锰氧化成黑色氧化物,是成膜的必要条件。不含氧化剂时不能成膜。随着氧化剂浓度的增加,成膜速率加快。当其含量达到 13.3g/L 时,成膜速率很快,5min 表面已有很多浮灰。氧化剂含量应控制在 $2.5\sim8.0g/L$ 之间。

g. 络合缓冲剂。配方 4 中的络合缓冲剂,不仅具有缓冲作用,还有一定的络合铜、锰离子的作用,使游离铜、锰离子的浓度相对稳定。络合缓冲剂添加到溶液刚好澄清时,pH 即在 $4.0\sim4.5$ 间。pH 与溶液稳定性和阴极析氢有很大关系,pH 过高(>4.5),会使磷酸二氢钠因电离严重而产生磷酸盐或磷酸氢盐沉淀;pH 过低(<3.0),氧化铜和磷酸锰铁盐难以在不锈钢表面形成和沉积。另外,阴极析氢剧烈,膜即使生成也会因存在较多的起泡或针孔而容易脱落。从反应机理上看,随着反应的进行,溶液整体 pH 会下降,因此要加入缓冲剂。

h. 阴极电流密度。配方 3 的最佳阴极电流密度为 $3\sim5A/dm^2$,要获得满意的发黑质量,就应严格控制电流密度。阴极电流密度高,发黑成膜快,膜层深黑色,但疏松;阴极电流密度低,发黑时间过长,膜层黑度不深。配方 4 中阴极电流密度在 $0.08\sim0.20A/dm^2$ 范围内,在此范围内先大电流密度、后小电流密度成膜,可得到外观及性能良好的黑色膜。大的阴极电流密度、成膜速率、膜层的黑度、均匀性和结合力都有明显改善。但电流密度长时间偏高会造成膜层疏松,也容易产生浮灰,更大的电流密度会造成严重析氢,故电流密度应先大后小为宜。

i. 发黑时间。不锈钢发黑时间一般为 10min 左右。膜层厚度、黑度与发黑时间呈正比。发黑过程中可通过目测确定合适的发黑时间,以不产生黑灰为准。

j. pH。溶液 pH 对发黑膜的生成和质量影响明显,pH<4 时,氢离子的阴极还原反应剧烈,导致膜层疏松。pH>5 时,溶液稳定性差,易浑浊甚至析出沉淀物。在发黑过程中,虽然阴极反应消耗溶液中的氢离子,阳极反应消耗溶液中的氢氧根离子,但是二者所消耗的量不相等,氢离子的消耗远比氢氧根离子少,因此,随着发黑的进行,溶液的 pH 将会发生变化。这就是要加入较多的缓冲剂的原因。

表 8-23 配方 3 和配方 4 获得的膜层,这两个配方的工艺是将需发黑的不锈钢浸在发黑溶液中,在直流电的作用下在阴极发生还原反应而发黑。发黑膜含铜 54.4%,铁 0.8%,锰 0.6%,氧 32.1%,磷 7.8%,硫 4.3%,膜层是以氧化铜(黑)为主、硫化铜(黑)和少量的磷酸锰铁(黑)的化合物。

（6）操作要点

电化学着色一般有电流法和电位法两种,电位法不常实际采用,但研究较多。电流法实际应用多,一般有恒定电流法和脉冲法,脉冲有方波、三角波与交变电流几种。

电化学着黑色操作注意事项:①零件应带电进出槽;②用铝丝夹具装卡零件,保证导电良好;③操作时,初始电压用下限值,氧化过程中逐步升高至上限值,以保持电流稳定,氧化终止前 5min 左右,使电压恒定不变。

搅拌对着色质量的影响,因工艺不同而不同,以表 8-23 配方 4 为例,如果搅拌溶液,就有紫红色或暗红色的铜膜生成。因此,发黑必须要在静止的溶液中进行,不能搅拌溶液。因为在同样的条件下,搅拌比不搅拌的电流密度增加近一倍,搅拌缩小了电极表面扩散层厚度,减小了浓差极化,加快了电极表面和本体溶液中的传质速率,使不锈钢阴极表面难以形成碱性微区,析出的铜无法被氧化成黑色氧化铜,再加上氢离子浓度过高,破坏了磷酸锰铁盐的形成,使得辅助成膜物质无法析出,因而无法生成黑色的膜层。所以发黑一定要在静止的溶液中进行。

表 8-23 配方 5 操作要点:①电抛光及坚膜液参阅一般工具书阐述之法进行。②最佳电化学配方见表 8-23 配方 5,再补充说明:阴阳极面积比为（3~5）:1,零件应带电进出槽,用铝丝装挂,操作时,刚开始使用电压下限值,逐渐升高,出槽使用上限值,零件发黑或表面大量析氢时出槽。电压与电流相比,要严格控制电流密度,过高会使着色层焦化脆裂。③添加剂未加入时,颜色光亮,黑度较浅,烧烤时膜层易脆裂;添加剂加入后,提高了工作电流密度上限,膜层吸光度增加,黑度明显加深,结合力得到改善。④有些不锈钢在正常工艺条件下不易染上颜色,且易过腐蚀,可先将其在坚膜液（铬酐 250g/L,硫酸 2.5g/L,温度 40℃）中浸 15min,或在阴极电流密度 2.5~3A/dm^2 下电解,电流到以不析出金属铬为度,再进行正常发黑,这样处理可使表面活化、不易染色的问题得到解决。

（7）膜层性能

不同工艺,其着色膜层存在一定差异。

① 表 8-23 配方 1、配方 2 所得膜深黑色,膜层厚,零件表面上的膜层乌黑光亮。着黑色膜层具有一定的防护装饰性,在 25℃的 10%盐酸溶液中浸泡 5min,膜层无颜色变化,无脱落现象,表明耐蚀性好。耐蚀性能优于钢铁发蓝膜层。形成的膜层硬度较高,比铜、铝、镁、钢上的氧化膜要高。着色后不影响零件的精度,即使经多次返修,也能保持其原表面状态,光洁度不降低。电极着黑色,发黑速率快,得到的黑膜色泽均匀、富有弹性,还有一定的耐磨性。适用于铁素体和各类不锈钢的表面着黑色。

② 由表 8-23 配方 2 获得的 1Cr17 不锈钢电极着色膜的电化学性能。介质分别采用 1mol/L 硫酸、0.05mol/L 硫氰酸钾＋0.05mol/L 硫酸、3.5mol/L 氢氧化钠溶液。采用恒电位仪,参比电极为饱和甘汞电极,辅助电极为铂电极。试样置入介质后,待自然电

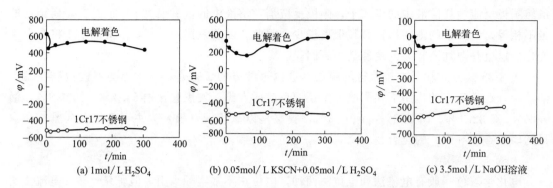

图 8-20　电解着色 1Cr17 不锈钢自然电位 φ 与时间 t 的关系曲线

位稳定之后，从该电位起以 50mV/min 的扫描速率进行阳极极化，可测得着色膜电化学性能。

不锈钢电极着色膜的自然电位随时间的变化曲线见图 8-20。为了比较，图中也给出了未经着色处理的 1Cr17 不锈钢的自然电位。由图 8-20（a）可知，在氧化性的 1mol/L 硫酸介质中，着色试样的自然电位正于基体材料。浸泡 5h 后，前者的稳定自然电位比后者高达 900mV。在还原性的 0.05mol/L 硫氰酸钾＋0.05mol/L 硫酸［见图 8-20（b）］和碱性的 3.5mol/L 氢氧化钠［见图 8-20（c）］溶液中，着色试样的自然电位分别比基体正 900mV 和 560mV。这说明，不锈钢经电解着色后，无论是在氧化性和还原性酸中，还是在碱性介质中，自然电位均呈升高趋势，显著地改善了膜层的电化学稳定性能。

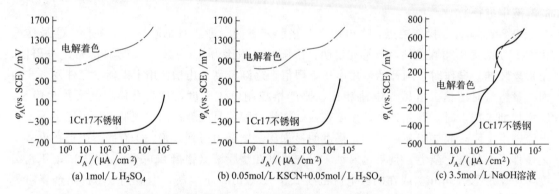

图 8-21　电解着色 1Cr17 不锈钢在不同溶液中的阳极极化曲线

图 8-21 为 1Cr17 不锈钢电解着色膜在 3 种介质溶液中的阳极极化曲线。由图 8-21 可知，虽然电解着色膜在阳极极化曲线上呈活性溶解趋势，但其阳极极化电位远正于基体。由此可见，电解着色膜的形成，使阳极极化到高位区时，才处于活性溶解状态。

电解着色不锈钢的电化学实验结果表明，表面形成铬的复合氧化膜，增强了钝性，使得自然电位和阳极极化电位正移，显著改善了膜层的电化学稳定性能。

由表 8-23 配方 2 获得的电极着色膜的俄歇电子能谱分析结果见图 8-22。

由图 8-22 可知，表面膜主要由铁的氧化物和铬的氧化物构成，另外发现还有锰元素参与成膜。

不锈钢的电解着色是通过电解反应而完成的。在酸性电解水溶液中，着色不锈钢为阳极。不锈钢表面所含铬、铁、镍或锰发生溶解，变成相应的金属离子，在不锈钢和溶液接触的界面上，因水解作用而形成铬与锰的复合氧化物，从而得到黑色氧化膜。由此可知，由于电解着色后表面形成铬的复合氧化膜，增强了钝性，使膜层的自然电位和阳极极化电位正移，提高了膜层的电化学稳定性能。这由图 8-22 的俄歇电子能谱分析得到证实。

③ 对于表 8-23 中配方 3、配方 4，发黑膜耐磨性好，经滤纸或白皮纸用力擦拭 200 次也无脱黑现象，经后处理后，膜层能长期保持光亮的深黑色。

④ 表 8-23 中配方 4 的膜层性能：

a. 外观性能。用目测法在自然光下观察，发黑膜膜层均匀、致密、黑度深、有一定的光泽。

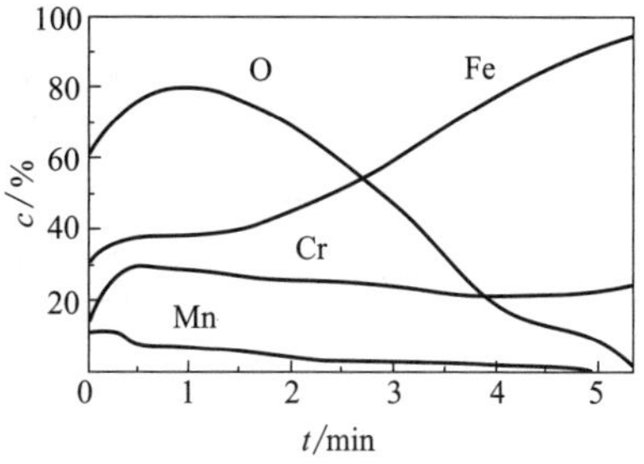

b. 结合力。按 GB 1720—2020，涂层结合力测试标准，涂层结合力测试仪测试达一级。

c. 耐磨性。用橡皮垂直施力，水平单方向重复擦拭，用力擦拭 300 次不褪色。

d. 耐腐蚀性。发黑膜中性盐雾（35℃，5％氯化钠）耐腐蚀试验，6h 色泽无明显变化，8h 部分表面光亮度下降。用聚苯乙烯涂覆后的试片盐雾实验 24h 内不褪色。

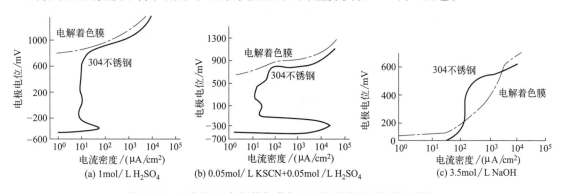

图 8-22 1Cr17 不锈钢着色膜的俄歇电子能谱分析结果

图 8-23 不锈钢和电解着色膜在不同溶液中的阳极极化曲线

⑤ 表 8-23 配方 6 电解着色膜的耐蚀性。

a. 不锈钢（304）和电解着色膜在 3 种介质溶液中的阳极极化曲线见图 8-23。由图 8-23 可见，304 不锈钢在 3 种介质中均呈钝化状态。而电解着色膜在 3 种溶液中的腐蚀电位分别比未经着色处理的钢正 1200mV、1100mV 和 600mV。电解着色膜的形成改善了阴极极化行为。这说明不锈钢经电解着色后，在氧化性、还原性酸、碱性介质中的腐蚀电位均呈上升趋势，显著提高了膜层的电化学稳定性。

b. 孔蚀电位。电解着色膜的孔蚀电位均比未经着色处理的 304 不锈钢高，其耐蚀电位在 3 种介质溶液中高 50～100mV。

c. 耐蚀性能。电解着色膜在 30℃ 的 30％ $FeCl_3$ 溶液中浸泡 2h 后，腐蚀速率为 70g/(m^2·h)，且无颜色变化和脱落现象，而未经着色的 304 不锈钢的腐蚀速率为 180g/(m^2·h)。可见着色膜有效地阻滞了孔蚀的生长和蚀坑的扩展，具有较好的耐蚀性。

图 8-24 为电解着色膜中 Cr 原子沿膜层深度的分布（AES 分析）。由图 8-24 可知，未经着色处理的 304 不锈钢表面膜中没有观察到 Cr 的富集，电解着色膜的表面出现大量 Cr 元素的富集。图 8-25 为电解着色膜的 XPS 分析结果。

图 8-25 表明，膜层主要由 α-Fe_2O_3 和 Cr_2O_3 构成，可认为膜由 Fe 和 Cr 的复合氧化物

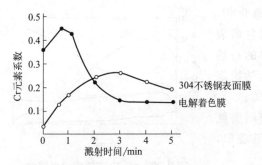

图 8-24　电解着色膜 Cr 原子沿膜层
深度的分布（AES 分析）

组成。不锈钢经电解着色后，表面 Cr 元素的富集，可解释为电解着色时 Fe 优先溶解所致。电解着色可增强表面膜的钝化能力和电化学稳定性，减少金属的溶解，提高孔蚀电位和耐蚀性能。

（8）工艺特点

表 8-23 配方 3、配方 4 着黑色的工艺特点：

① 不含六价铬盐，有利于环境保护。

② 属阴极电解着色，对各种不锈钢都适用。

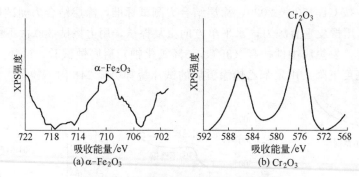

图 8-25　电解着色膜的 XPS 分析结果

③ 该工艺可在常温 15～35℃下进行，发黑速率快，一般只需 10min。

④ 溶液稳定性好，配方 3 溶液在使用过程中可不需任何调整一直使用到失效。其消耗量为每升溶液不锈钢发黑面积 $0.4～0.5 m^2$，原料成本每升约 0.5 元。

⑤操作工艺简单、方便，质量稳定，若发黑过程中取出观察，认为黑度不够，继续浸入发黑液中通电数分钟即可，如果认为质量不合格，可将工件浸入活化液（硝酸 15％～20％，氢氟酸 20％～22％，水 60％～67％）中数秒钟，退去发黑膜，水洗后重新进行不锈钢发黑处理。

表 8-23 配方 6：电解采用直流稳压电源（如 WYJ505），304 不锈钢在阳极上着色氧化，阴极采用铅锑合金。发黑速率快。经过硬化处理后，得到的黑色氧化膜色泽均匀，富有弹性，又有一定的硬度。

8.2.12.3　不锈钢电解着彩色

根据槽液成分，不锈钢电解着色主要有铬酐体系、钼酸盐体系与氢氧化钠体系等三种。根据电源电流主要有恒定直流电流法（电流大小不变）；脉冲电流法（施加的电流信号是以脉冲形式不断发生变化的）；正弦波、正弦波＋直流、正弦波＋方波等方式。根据电位，主要有脉冲电位法、恒定电位法。

电化学着色法的优点：①颜色可控制得很好，时间范围宽并较短；②颜色的重现性好；③受不锈钢表面状况的影响较小；④处理温度较低，有些工艺可在室温下进行，改善了工作环境，溶液成分波动较小；⑤溶液成分含量较低，因而污染程度较轻；⑥用脉冲电流法着色，溶液工作寿命比化学法长。

电化学着色法的缺点主要有两点：一是电力线分布不均匀，这是由不锈钢工件形状太复杂引起的，电化学着色法最适合简单的如平板、带状物的着色；二是颜色不均匀，这是由电流分布不均匀所致，最好使用恒电位法来克服这一缺点。在实际应用过程中，注意阴极板足够大，围绕零件，避免使零件表面边缘产生颜色差异。

在化学着色法中没有施加外电流。所需的电流、电位，皆发生在不锈钢的自身，利用辅助电极，如饱和甘汞电极（SCE）或铂电极（Pt）和精密电压数字计可以测出不锈钢的电位。在电化学着色法中，在不锈钢上施加可控制的电流信号，强制不锈钢发生氧化，从而生成着色膜。施加的电信号以电流法表示或电压法表示。

（1）不锈钢铬酐电解体系

① 不锈钢铬酐电解着彩色工艺规范见表8-24。

表8-24 不锈钢铬酐电解着彩色工艺规范

	溶液配方		工艺条件				
序号	成分名称	质量浓度 ρ_B（除注明外）/(g/L)	温度/℃	阳极电流密度/(A/dm²)	时间/min	阴极材料	阴阳极面积比
1	CrO_3 H_2SO_4 硫酸钾 与亚硒酸	250 490 少量	50	0.2～0.4		铅板	3∶1
2	CrO_3 H_2SO_4	100～450 200～700	75～95	阳极1～3	1～15	铅板	
3	CrO_3 H_2SO_4	250 490	55	阳极AC 方波 0.2、0.4			
4	CrO_3 H_2SO_4 $MnSO_4 \cdot 4H_2O$ YZ-03 $NaAc \cdot 3H_2O$	20 400mL/L 3 40 10.5	50	直流 0.4			
5	CrO_3 H_2SO_4	120 490		直流			
6	CrO_3 H_2SO_4	250 490	25	三角波 脉冲电流 0.05～0.2			
7	CrO_3 H_2SO_4	50 100mL		脉冲电流 0.4～0.6			
8	CrO_3 H_2SO_4	250 490	60	方波电流			
9	H_2SO_4	2mol/L		脉冲方波			
10	H_2SO_4	2.5mol/L	70	方波叠加直流			

a. 表8-24中配方3。

ⅰ. 不锈钢着色前处理。1Cr18Ni9Ti不锈钢→机械抛光→清洗→除油→清洗→电化学抛光→清洗→着色。

电化学抛光：磷酸（H_3PO_4）（$w = 85\%$）560mL/L，硫酸（H_2SO_4）（$w = 98\%$）400mL/L，铬酐50g/L，其余为水，电流密度20～50A/dm²，电压10～20V，55～65℃，4～5min。

ⅱ. 着色后处理。着色→清洗→固膜处理→清洗→封闭→清洗→烘干。

固膜处理：采用阴极电解处理。铬酐（CrO_3）250g/L，硫酸（H_2SO_4）（$d=1.7g/cm^3$）2.5g/L，阴极电流密度0.4A/dm²，25℃，10min。

封闭：硅酸钠（Na_2SiO_3）1%，煮沸，封闭时间5min。

b. 表8-24配方4后处理。着色→清洗→电解固膜处理→清洗→封闭处理→清洗→热风干燥→成品。其中电解固膜处理：

ⅰ. 铬酐含量对着色膜硬化的影响。着色膜分别在铬酐100g/L、180g/L、250g/L的固化液中固化。实验结果表明，铬酐浓度对固化效果的影响不明显，着色膜的色调基本保持金黄色，耐蚀耐磨性稍有提高。铬酐固化液使用寿命较长，建议铬酐浓度为180g/L。

ⅱ. 固化温度的影响。着色膜在27℃、50℃、70℃下的固化实验表明，温度升高，着色膜颜色加深，耐磨耐蚀性稍有提高，但效果不明显。从节能及操作环境考虑，建议固化温度以室温为佳。

ⅲ. 固化电流密度的影响。不同固化电流密度下的固化实验结果见表8-25。

表8-25　固化电流密度对固化效果的影响

电流密度/(A/dm²)	0.6	1.0	2.0
色彩	金黄	金黄	金黄
点蚀时间/min	41.6	45.1	37.7
耐磨性/min	78	80	75

由表8-25可见，在0.6A/dm²电流密度下固化略显不足，耐蚀耐磨性略差；1.0A/dm²较理想；电流密度太大，如2.0A/dm²，阳极析出大量气泡，引起着色膜疏松，使其耐磨耐蚀性降低。建议固化电流密度以1.0A/dm²为宜。

ⅳ. 固化时间对固化效果的影响。不同固化时间（即5min、10min、20min）的固化结果表明，固化时间对固化效果的影响不明显。这是因为固化过程进行得较快，当反应物填充膜微孔后，反应即趋于停止。建议采用固化时间以10min为宜。

封闭处理：为进一步提高着色膜的质量，采用1%硅酸钠溶液、Na_2SiO_3对经固化处理后的着色膜进行浸泡沸腾5min的封闭处理。运用正交试验法确定最佳配方和工艺条件，获得的不锈钢着色膜光亮美观，呈金黄色。

c. 表8-24配方5。

ⅰ. 着色前处理。除油（丙酮）→热水洗（70℃）→抛光→水洗（蒸馏水）→阳极处理→水洗（蒸馏水）。

其中抛光液：磷酸45%（φ），硫酸39%（φ），铅为阴极，不锈钢为阳极，阳极电流密度20A/dm²，抛光时间5～10min，操作温度70℃。

阳极处理：42.5%的铬酐溶液，铅为阴极，不锈钢为阳极，阳极电流密度6A/dm²，进行阳极处理，时间10～20min，温度35℃。

ⅱ. 着色后处理。着色→水洗→电解固化处理→水洗→二次化学固化→水洗→热风吹干。

电解固化处理：铬酐120g/L，硫酸490g/L，铅为阴极，用蒸馏水配制溶液，温度为室温～10℃，不锈钢着色膜为阴极，阴极电流密度0.5A/dm²，3～5min。

二次化学固化：1%硅酸钠水溶液，（90±2）℃，浸渍时间5min。

d. 表 8-24 配方 7。

ⅰ. 着色前处理。1Cr18Ni9Ti 不锈钢→打磨（用 $0^{\#}$、$2^{\#}$、$4^{\#}$、$6^{\#}$ 金相砂纸逐级打磨至镜面光亮）→除油（丙酮和酒精）→活化（10％盐酸）→着色。

ⅱ. 化学着色液组成：硫酸，100mL/L；添加剂 A，40～60mL/L；添加剂 B，90～110mL/L。

电解着色液主要组成：硫酸，100mL/L；铬酐，50～60g/L；电流密度，0.4～$0.6A/dm^2$。

ⅲ. 不锈钢着色生成亚光银灰色外观。采用化学浸渍法或电解着色法均可将 1Cr18Ni9Ti 不锈钢着色生成亚光银灰色外观。

ⅳ. 不锈钢着色膜性能测试：表 8-26 为不锈钢浸泡在 3.5％（w）氯化钠溶液中的浸泡实验结果。由表 8-26 可见，着色后的不锈钢较未着色的不锈钢耐蚀性强。

表 8-26　不锈钢浸泡在 3.5％（w）氯化钠溶液中的浸泡实验结果

种类	出现水线（条带）时间/d	种类	出现水线（条带）时间/d
原始不锈钢	24	直流着色	两个月未见变色
脉冲着色	两个月未见变色	化学着色	30

电化学腐蚀测试：表 8-27、表 8-28 分别为不锈钢在 10％（w）氢氧化钠和 1mol/L 硫酸（相当于 98g/L）中的电化学测试结果。

表 8-27　着色前后不锈钢在 10％氢氧化钠水溶液中的电化学参数

电化学参数	未着色不锈钢	脉冲着色不锈钢
φ_c/V	−0.454	−0.429
$i_{致钝}$/(A/dm^2)	1.86×10^{-3}	1.351×10^{-3}
$i_{维钝}$/(A/dm^2)	1.86×10^{-3}	1.586×10^{-3}
$\varphi_{钝化}$/V	−0.12～0.63	0.232～0.637

注：φ_c 为自腐蚀电位（相对于饱和甘汞电极）；$i_{致钝}$ 为致钝电流密度；$i_{维钝}$ 为维钝电流密度；$\varphi_{钝化}$ 为钝化区间。

表 8-28　着色前后不锈钢在硫酸水溶液中的电化学参数

电化学参数	未着色不锈钢	脉冲着色不锈钢
φ_c/V	−0.098	−0.312
$i_{致钝}$/(A/dm^2)	2.3×10^{-2}	1.842×10^{-3}
$i_{维钝}$/(A/dm^2)	4.85×10^{-3}	4.858×10^{-4}
$\varphi_{钝化}$/V	0.97～1.25	0.314～1.13

从表 8-27、表 8-28 的比较可以看出，着色后的不锈钢在酸、碱中的耐蚀性与未着色的不锈钢相当，或者更强。

耐擦拭测试：将着色不锈钢用滤纸往复擦拭，观察色膜褪去与擦拭次数的关系。结果列于表 8-29 中。由表 8-29 可知，电解着色的不锈钢耐磨性明显优于化学着色的不锈钢。这是由于电解着色的不锈钢成膜更为致密、附着力更强。

耐高温测试：将着色和未着色不锈钢在烘箱中 400℃下恒温 2h，观察不锈钢表面颜色；再在 10％（φ）盐酸中浸泡几秒，并经水冲洗后观察颜色，结果见表 8-30。

表 8-29　不锈钢耐擦拭性

着色方法	使色膜褪去的擦拭次数	着色方法	使色膜褪去的擦拭次数
化学着色	300	脉冲着色	1160
直流着色	600		

表 8-30　不锈钢耐高温测试

着色方法	400℃烘 2h	10％盐酸浸泡几秒
未着色不锈钢 着色不锈钢	变黄 略带黄色	没有恢复原来的不锈钢颜色 恢复原来着色膜颜色

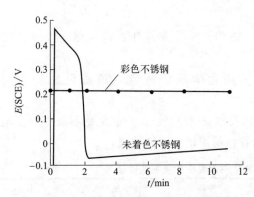

图 8-26　彩色不锈钢在 0.2mol/L 盐酸溶液中的自然腐蚀电位随时间的变化

由表 8-30 可见，着色后的不锈钢耐高温性要强于未着色的不锈钢。

e. 表 8-24 配方 8。

ⅰ. 着色试片的耐蚀性能。着色试片与未着色试片在 0.2mol/L 盐酸（相当于 16.7mL/L）中的自然腐蚀电位比较见图 8-26。图 8-26 表明，彩色不锈钢片在此盐酸中长期浸泡后仍然保持钝态电位，而且稳定。耐蚀性显然比未着色的要好。

ⅱ. 着色前处理。1Cr18Ni9Ti 不锈钢→机械抛光→清洗→除油→清洗→电化学抛光→清洗→着色。电化学抛光：磷酸（H_3PO_4）（w 为 85％）560mL/L，硫酸（H_2SO_4）（w 为 98％）400mL/L，铬酐 50g/L，其余为水，电流密度 20～50A/dm^2，电压 10～20V，55～65℃，4～5min。

ⅲ. 着色后处理。着色→清洗→固膜处理→清洗→封闭→清洗→烘干。

固膜处理：铬酐（CrO_3）250g/L，磷酸 2.5g/L，阴极电流密度 0.4A/dm^2，25℃，10min。

封闭：试片放入 1％硅酸钠（Na_2SiO_3）的封闭液中煮沸 5min 进行封闭处理。

② 成膜反应。

a. 阳极电流（电位）反应。不同着色溶液在电极上发生的反应有所不同，以表 8-24 配方 1 为例，电化学着色液的主要成分基本上是铬酐（CrO_3）和硫酸（H_2SO_4），不锈钢浸入着色液并施加阳极电流（电位）后，在电化学着色的过程中阳极发生的反应为：

$$M === M^{n+} + ne^- \tag{8-3}$$

式中，M 表示不锈钢成分，如铬、镍、铁等。由于阳极电流的作用，金属成分以离子态进入着色液与金属的界面层中。

b. 阴极电流反应。不锈钢上施加阴极电流（电位）时，含铬钝化液发生下列反应：

$$HCrO_4^- + 7H^+ + 3e^- === Cr^{3+} + 4H_2O$$

$$或 Cr_2O_7^{2-} + 14H^+ + 6e^- === 2Cr^{3+} + 7H_2O \tag{8-4}$$

同时伴有水解反应：

$$H_2O + H^+ + 2e^- === H_2 + OH^- \tag{8-5}$$

c. 着色膜的形成。当电化学反应一段时间后，在金属-溶液界面上，阳极和阴极电流生成的金属离子在表面发生如下水解反应：

$$pM^{n+} + qCr^{3+} + rH_2O === M_pCr_qO_r + 2rH^+ \tag{8-6}$$

式中，p、q、r 为正整数，且有 $np + 3q = 2r$ 的关系。

在溶液-金属界面上，M^{n+}、Cr^{3+}的浓度达到临界值，超过富铬的尖晶石氧化物的溶解度，水解反应形成着色膜$M_pCr_qO_r$。

M^{n+}、Cr^{3+}的扩散仍是着色膜的关键步骤。阳极反应生成的M^{n+}通过膜中的孔隙扩散到膜的表面，与阴极反应生成的Cr^{3+}络合，使着色膜不断地生长增厚。

③ 溶液成分及工艺条件的影响。

a. 槽液成分。

ⅰ. 以表 8-24 配方 4 为例。

硫酸：随着硫酸浓度的升高，试样的腐蚀和氧化速率增加较快，氧化膜膜厚增加，耐蚀性和耐磨性提高，但浓度超过 450mL/L 后出现轻微过蚀，引起表面光泽和光洁度变差，最佳硫酸含量为 400mL/L。

铬酐：主要作为氧化剂，能有效地提高膜的耐蚀性和光洁度。考虑到环保因素，尽可能降低铬酐含量，经正交试验，铬酐为 20g/L。

硫酸锰：作为氧化促进剂，能加速氧化和提高膜的结合力，正交试验优选为 3g/L。

乙酸钠：作为稳定剂，起到稳定槽液的作用，正交试验优选为 10.5g/L。添加剂 YZ-03 能有效地提高膜的耐磨性、光泽和重现性。正交试验优选为 40g/L。

ⅱ. 以表 8-24 配方 6 为例，说明铬酐浓度对成膜的影响。

图 8-27 为电解着色时铬酐浓度与基体失重的关系。由图 8-27 可见，无论是脉冲着色或者是直流着色，铬酐浓度越高，基体失重越少。对于脉冲着色，当铬酐浓度达到 70g/L 后，铬酐浓度继续增加对基体失重的变化已经影响不大了。直流着色随着铬酐浓度的增加，基体失重呈线性减少。

脉冲着色膜的性能优于直流着色膜。由图 8-27 可见，相同电流密度和相同的铬酐浓度下，脉冲着色对于基体的减薄要比直流大。这是由于脉冲着色的峰电流密度远高于直流的平均电流密度，而且着色膜中镍、铬、钛的氧化物含量也比直流着色膜略高。同时，脉冲着色电流密度大，使得基体成膜的晶粒细小、致密，因此脉冲着色膜的性能优于直流着色膜。

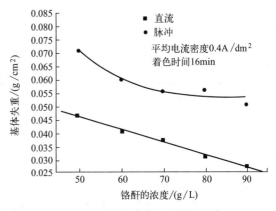

图 8-27 铬酐浓度对成膜的影响

铬酐适宜加入量：考虑到基体的损耗和六价铬离子的处理，铬酐加入量以 50～60g/L 为宜。

b. 反应温度的影响。

ⅰ. 温度影响反应速度，从而在不同温度下可获得不同的颜色。

以表 8-24 配方 4 为例，以最佳配方在不同温度下进行着色，结果见表 8-31。

随着温度的上升，着色膜的色调加深，膜厚增加，可见温度的升高加速了氧化成膜。同时，膜的耐蚀性、耐磨性均提高，但光泽和光洁度变差，这是高温下轻微过蚀所致。试验结果表明，对于金黄色膜，最佳着色温度为 50℃。

表 8-24 配方 6 为例，温度对于颜色的控制有着很大的影响。温度越高，着色速率越快。同样通电 20min，在不同的温度下所得的颜色见表 8-32。

表 8-31　着色温度对着色的影响

温度/℃	色彩	光洁度	点蚀时间/min	耐磨性/min
30	浅黄	好	26.6	60
40	金黄	好	36.4	72
50	金黄	好	45.6	80
60	棕褐	一般	53.9	84
70	紫蓝	不够	59.7	87
95	蓝色	较差	62.6	90

注：1. 点蚀溶液为盐酸 250mL/L＋重铬酸钾 30g/L＋蒸馏水 750mL/L。
2. 电流密度 0.4A/dm²，着色时间 3min。
3. 电解固化 10min，封闭处理 5min。

表 8-32　不同温度所获得的颜色（20min）

着色温度/℃	20	25	35	45
颜色	茶色	浅黄	黄色	深黄

在较高温度下，颜色的变化较快。着色时，严格地控制时间与温度是非常重要的。

只要调节好适当的最大和最小电流密度、周期及温度参数，就可以得到所需的颜色。在最大和最小电流密度、温度和周期固定的条件下，随着时间的延长，膜的颜色变化趋势大致为茶色→蓝色→黄色→红色。

ⅱ. 温度影响着色反应的化学过程与电化学过程

以表 8-24 配方 3 为例，不锈钢在铬酸-硫酸体系中，较高温度下便出现化学着色，为了消除化学着色的影响，以便于电解着色的控制，表 8-33 为试样在不同温度的铬酸-硫酸溶液中浸泡 1h 的化学着色情况。

表 8-33　试样在不同温度的铬酐-硫酸溶液中浸泡 1h 的化学着色情况

试样	溶液温度/℃	化学着色
1	55	无
2	60	有

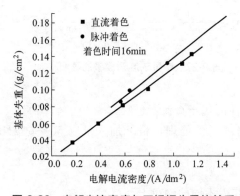

图 8-28　电解电流密度与不锈钢失重的关系

根据表 8-33 的结果，着色液的温度选择 55℃，既能避免化学着色的影响，亦可缩短电解着色的时间。

c. 电流的影响。

ⅰ. 以表 8-24 配方 7 为例。

直流和脉冲电流在不锈钢成膜时，电流密度对成膜厚度和色泽均有影响。图 8-30 为电解电流密度与不锈钢失重的关系。由图 8-28 可见，随着电流密度的增加，不锈钢失重也在增加。电流密度和不锈钢失重成一直线关系。观察着色膜的颜色可发现，电解电流密度增加，膜层的颜色更加均匀一致，膜层也更加致密。可见电流密度对着色膜起到了关键的作用。

脉冲着色与直流着色的效果：结合 SEM（扫描电镜）对着色膜分析，结果发现，脉冲着色膜比直流着色膜更加细致均匀，晶粒也较细小。因此，相同的电解电流密度下，脉冲着色的效果更好。

氧化膜中镍、铬、钛等氧化物含量的分布：通过实验发现，不锈钢中的添加元素在不锈钢中呈现浓度梯度，深层的添加元素要高于表面。阳极氧化时，可以使表层逐渐溶解，电流密度越大，表层溶蚀越多，形成的氧化膜中镍、铬、钛等氧化物的含量越高，膜越致密。因此，增大电流密度可提高膜层性能，但是，不锈钢基体损耗加大，表面减薄程度增加，能耗增大。实验表明，电流密度在 $0.2 \sim 0.4 \mathrm{A/dm}^2$ 为好。

ⅱ.研究与应用过程中常常采用方波电解，以表 8-24 配方 8 为例。

低频方波电流对不锈钢进行着色。着色液组成为：铬酐 250g/L，硫酸 490g/L。实验中采用方波电流，实验装置见图 8-29，电流波形见图 8-30。实验设备中信号发生器型号为 DCD-1，恒电位仪型号为 HDV-7C，参比电极为饱和氯化钾甘汞电极（SCE），用 3068 型 XY 函数记录仪测试不锈钢片相对于甘汞电极的电位随时间的变化情况。选取具有代表性的 4 个因素，即着色液温度、正电流密度 i_+、负电流密度 i_- 和周期 T。只要调节好适当的正电流密度、负电流密度、时间、周期、温度参数，就可以得到所要的颜色。

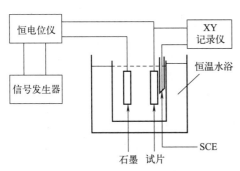

图 8-29　着色装置示意图

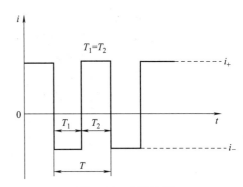

图 8-30　电流波形

着色实验对参数的优选。i_+ 的值均大于 i_- 的值：通过正交试验发现，能够着上色的试片的规律为 i_+ 的值均大于 i_- 的值。凡是未发生着色的，其电位-时间图中阴极响应电位并不随时间的延长而正移；有着色出现的，其阴极响应电位随时间的延长而正移。若参数不同，正移的幅度也不同。即使周期不同，也都能着色，说明周期的取值对着色的影响较小。温度值：固定 i_+ 与 i_- 一个组合（组合原则是 $i_+ \geqslant i_-$），再改变周期与温度，观察着色的效果。每组实验的着色时间均为 10min，着色完成后进行固膜和封闭，然后做耐磨性测试。

通过实验确定工艺参数为：$i_+ = 2.0 \mathrm{A/dm}^2$，$i_- = -1.0 \mathrm{A/dm}^2$，温度为 60℃，周期 $T = 2.5\mathrm{s}$。

电化学着色需非常注意颜色的重现性。一些研究与应用显示，方波电解时，颜色与电流×周期×周期数（也就是总电量）呈现一定关系，其颜色变化趋势与化学方法相同。这种方法在铬酐与硫酸组成的体系中比较有效。延长方波周期与通电时间，膜增厚，在正负周期交替情况下，零件作阳极的正周期表面形成氧化膜，而零件作阴极的负周期则发生如前面介绍的固膜一类的反应。

当使用脉冲电流时，阳极电流伴随着阳极反应，阴极电流伴随着阴极反应，在特定的信号参数范围内，着色膜的厚度与通入的总电量成正比。因此，一些研究与应用通过控制输入的总电量来得到特定厚度的着色膜，从而达到控制颜色的目的。

电量密度与颜色往往有一定对应关系，以表 8-24 配方 5 为例，1Cr18Ni9Ti 不锈钢着色在配方中电量密度与颜色的对应关系如表 8-34 所示。

表 8-34　电量密度与颜色的对应关系

电量密度/(C/dm²)	时间/s	颜色种类	颜色范围
15～30	10.8～21.6	棕色	浅棕色、棕色、深棕色、古铜色
33～48	23.76～34.56	蓝色	紫罗兰色、蓝色、浅蓝色
51～75	36.72～54	黄色	黄色、金黄色、橙色
84～167	61.28～120.24	紫色	紫色、紫红色

实验采用低压直流电源，电流 0.25A。

不同工艺，电量对颜色影响有所差异，以表 8-24 配方 3 为例。彩色不锈钢的交流方波电化学着色。试样采用 1Cr18Ni9Ti 光亮不锈钢，经过前处理后，采用交流方波电化学法进行着色。实验装置见图 8-31。电解电流交流方波波形见图 8-32。

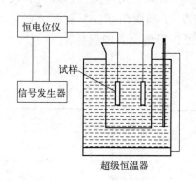

图 8-31　着色装置图

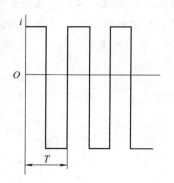

图 8-32　电解电流方波波形

i—电流密度；T—周期

电解参数对钢表面膜颜色的影响。表 8-35 列出交流方波电解法制备彩色不锈钢的通电量与着色膜颜色的关系。由表 8-35 的数据可看出，随着通电量的增加，不锈钢表面颜色的变化趋势与化学着色法相同，即茶色→蓝色→黄色→红色→绿色。但钢表面颜色并不完全取决于通电量的大小，还与电流幅值、方波周期 T 密切相关。

电流密度 i 的影响：固定方波周期，在相同通电量的情况下，电流密度越大，由于反应速率快，钢表面颜色偏向于膜厚方向（比较表 8-35 中编号 2、3）。

方波周期 T 的影响：从表 8-35 中编号 5、6 及试样 7、8 的比较可见，相同通电量和电流密度下，周期 T 越长，钢表面颜色偏向膜厚方向。

通电时间的影响：相同电流密度和周期，通电时间越长，膜越厚，钢表面颜色随膜厚变化。

适当厚度的氧化膜层及其相应色彩的控制方法：只要适当调整电流密度 i、方波周期 T、通电周期数 N，即可得到适当厚度的氧化膜层，从而得到所需的色彩。利用此法已制备出茶色、蓝色、黄色、红色、绿色各颜色系列的十多种色调不同的彩色不锈钢。交流方波电解着色法的出色范围宽，颜色容易控制，色彩均匀亮丽，重现性良好。这是化学着色法难以比拟的。

根据表 8-35，得出交流方波电解着色法的规律如下。

消除界面溶液的浓度差：在交流方波电解周期内，通过方波正半周电流时，表面发生阳极氧化，形成氧化膜层；在方波负半周时，形成的膜层适当硬化，同时消除界面溶液的浓度差。

表 8-35　通电量与着色膜颜色的关系

编号	电流 $i/(A/dm^2)$	方波周期 T ×通电周期数 N /s	电量 $iTN/(C/dm^2)$	颜色
1	0.2	60×4	48	浅茶色
2	0.2	60×8	96	茶色
3	0.4	60×4	96	深茶色
4	0.2	80×9	144	茶色～蓝色
5	0.4	60×6	144	深茶色
6	0.4	180×2	144	浅天蓝色
7	0.2	160×5	160	深蓝色
8	0.2	400×2	160	蓝～黄
9	0.4	800×6	192	蓝色
10	0.4	160×3	192	青黄色
11	0.4	180×3	192	黄色
12	0.4	160×4	216	亮黄色
13	0.2	160×9	256	暗紫红
14	0.4	180×4	288	紫红
15	0.4	400×2	288	红色
16	0.4	60×14	320	灰黑色
17	0.4	60×16	336	黄色
18	0.4	60×18	384	橙红色
19	0.4	60×20	432	玫瑰红
20	0.4	160×9	480	红～绿
21	0.4	180×8	576	绿色
22	0.4	180×9	648	雪青色

氧化膜层的厚度的影响因素：在通过总电量相同的情况下，不锈钢表面形成的氧化膜层的厚度与方波周期、电流密度大小有关。在相同周期、相同通电量的情况下，电流密度越小，反应速率越慢，浓差极化影响越小，膜厚度偏薄。在相同电流密度、相同通电情况下，方波周期越长，电极界面浓差扩散层增厚，表现出氧化膜层偏厚的现象。

交流方波电解着色技术的优点：颜色控制容易。只要调节好所需颜色的工作参数（电流密度、方波周期、通电周期数），制得的钢表面颜色的重现性很理想。化学着色法对颜色的控制需借助于电位控制装置。利用电解着色法可降低着色液的温度至55℃，缩短着色时间，优于化学着色法。交流方波电解技术制备彩色不锈钢的出色范围宽，可获得的色彩种类十分丰富。

采用计算机控制，以生产线方式，通过控制阳极电流值、阴极电流值、频率和通电时间来获得所需的颜色，与化学着色法相比，溶液是铬酐和硫酸体系，重现性很好，颜色分析均匀。一种计算机控制的生产线如图8-33所示。

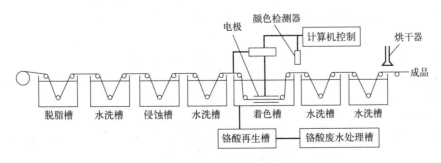

图 8-33　一种计算机控制的着色生产线

ⅲ. 三角波电流。目前研究与应用显示，三角波电流脉冲法进行着色，可在室温下进行。要获得特定的颜色，必须调整好适当的 I_{max}、I_{min} 和 τ（三角波周期值）。着色膜的厚度与电解时间和 τ 的对数成线性关系。K.奥格拉用紫外分光光度计测量了着色膜的厚度。着色膜的厚度可用下式来估算：

$$d = \frac{\lambda\lambda'}{4n(\lambda-\lambda')}$$

式中，λ 为着色膜的反射光谱中最大反射系数对应的波长；λ' 为着色膜的反射光谱中最小反射系数对应的波长；n 为氧化膜的折射率。

随着通电时间的延长，工件的颜色按照褐色→黄色→红色→蓝色→绿色的顺序变化。

三角波电流扫描法着色不锈钢，如表 8-24 配方 6，着色液为铬酐 250g/L、硫酸 490g/L，实验中采用三角波电流，电流信号波形见图 8-34。通过正交试验筛选出的最佳工艺参数为：最大电流密度 $i_{max}=2mA/dm^2$，最小电流密度 $i_{min}=-0.5mA/dm^2$，周期 $\tau=10s$，温度 $T=25℃$。可以制备出颜色均匀的彩色不锈钢。控制容易，重现性好。

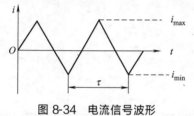

图 8-34　电流信号波形

弯曲试片的着色。把试片弯曲 90° 后进行三角波电流扫描着色，时间 20min，试片为亮黄色，颜色均匀，同样条件下所做的两个试片的颜色一样。此工艺对曲面着色有良好的适应性。

最佳电流密度往往随温度的变化而变化，以表 8-24 配方 4 为例，运用正交试验法确定最佳配方和工艺条件，获得的不锈钢着色膜光亮美观，呈金黄色。以最佳温度和最佳配方为基准，不同的电流密度对着色的影响见表 8-36。

表 8-36　着色电流密度对着色的影响

电流密度/(A/dm²)	色彩	光洁度	点蚀时间/min	耐磨性/min
0.2	金黄	好	36.6	73
0.4	金黄	好	45.6	80
0.5	棕褐	一般	53.7	85
0.6	棕褐	一般	48.2	83
0.7	金黄	一般	38.5	76
1.0	浅黄	较差	28.6	66

由表 8-36 可知，随着电流密度的上升，着色膜色调加深，膜厚增加，耐蚀性及耐磨性亦随之增加，且两者都在 $0.5A/dm^2$ 附近达到最大值，随后反而降低，可见电流密度的升高加速氧化膜成膜，但电流密度过大，反而导致膜的溶解速率增大，使膜厚降低，甚至导致过蚀，使表面光泽和光洁度变差。试验结果表明，对于金黄色膜，最佳着色电流密度为 $0.4A/dm^2$。

d. 时间的影响。电解时间越长，膜越厚，以表 8-24 配方 6 为例，试片着色随时间的变化。在不同的时间下对不锈钢进行着色的结果见表 8-37。表 8-24 配方 8 的颜色随时间变化的实验结果见表 8-38。

表 8-37　试片着色随时间的变化（配方 6）

时间/min	5	10	15	20	25	30
着色颜色	深茶色	深蓝色	浅蓝色	亮黄色	橙黄色	紫红色

表 8-38　试片着色随时间的变化情况（配方 8）

时间/min	5	10	15	20	25
着色颜色	茶色	浅蓝色	金黄色	紫红色	黄绿色

　　控制电解时间获得所需的颜色。从表 8-37、表 8-38 可知，随着通电时间的延长，膜的颜色发生变化。一定的电解时间对应着一定的颜色。因此，可通过控制电解时间来获得所需的颜色。在实验中，黄色对应的电解时间范围较宽，大约 20min，相对来说容易控制。

　　表 8-38 中的颜色都是经过电解固膜和封闭后所呈现的颜色，颜色的重现性和均匀性较好，耐磨次数用负荷 500g 的橡皮瓶塞在着色膜表面来回摩擦均在 1000 次以上。由表 8-38 可知，随着通电时间的延长，膜的颜色也发生变化，一定的电解时间对应着一定的颜色，因此，可以通过控制电解时间来获得所需的颜色。随着时间的延长，膜的颜色变化趋势大致为：茶色→蓝色→黄色→红色。

　　生产实践中，应该选取膜性能最佳的时间，以表 8-24 配方 4 为例，着色时间对着色的影响见表 8-39，最佳配方、温度与最佳电流密度下不同着色时间对着色的影响。

表 8-39　着色时间对着色的影响（配方 4）

着色时间/min	色彩	光洁度	点蚀时间/min	耐磨性/min
2	金黄	好	38.3	75
3	金黄	好	46.4	80
4	棕褐	一般	48.2	83
6	棕褐	一般	52.4	85
9	金黄	一般	53.5	86
30	棕褐	较差	52.3	85

　　由表 8-39 可知，随着时间的延长，着色膜的耐蚀性及耐磨性增加，6min 后，着色膜的耐蚀性及耐磨性基本保持不变；但时间太长，如 30min，反而引起过蚀，导致表面光泽和光洁度变差。对金黄色膜，着色时间以 3min 为宜。

　　表 8-24 配方 5 的电流与着色时间变化关系如图 8-35 所示，由图可见，每一种颜色的电流与时间大致成反比例关系。实验发现，每一个试样上，只要达到一定的电量密度，就会出现不同的颜色，因此可通过控制电量来达到不锈钢着色的目的。

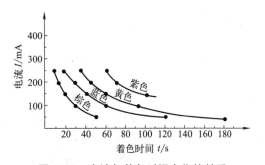

图 8-35　电流与着色时间变化的关系

　　e. 槽液再生。以表 8-24 配方 5 为例，着色液的再生调整。通过比较调整前后的电量密度、着色时间与颜色种类及各种颜色着色时间与电流变化的关系的差异，发现溶液的再生调整可延长溶液的寿命，减少对环境的污染。

　　设初始着色溶液体积为 V_0，相对密度为 d_0，经过一段时间的使用后，着色液体积下降为 V_1，相对密度上升为 d_1，若调整溶液体积至 V_0，设需加入 CrO_3 X（mL），H_2SO_4 Y（mL），添加剂 Z（mL），H_2O H（mL），则有：

$$X = \frac{(d_0-1)V_0 - (d_1-1)V_1}{8.5}$$

$$Y = 6.42X, Z = 0.846X, H = V_0 - V_1 - 8.27X$$

着色液调整前后电量密度与颜色的对应关系见表 8-40，电流与时间的关系见图 8-36、图 8-37。

表 8-40　调整前后电量密度与颜色的对应关系

电量密度/(C/dm^2)		时间/s		颜色种类	颜色范围
调整前	调整后	调整前	调整后		
15～30	18～25	10.8～21.6	12.96～18	棕色	浅棕色、棕色、深棕色、古铜色
33～48	39～42	23.76～34.56	20.08～30.24	蓝色	紫罗兰色、蓝色、浅蓝色
51～75	55～70	36.72～54	39.6～50.4	黄色	黄色、金黄色、橙色
84～167	88～160	61.28～120.24	63.36～115.2	紫色	紫色、紫红色

由表 8-40 可见，调整后溶液电量密度减小，着色时间缩短。

由此可见，着色溶液再生调整后仍具有着色功能；着色溶液再生，避免溶液的多次处理，可减少环境污染。

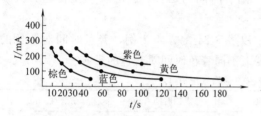

图 8-36　调整前电流与时间的对应关系图

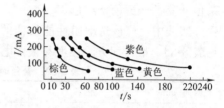

图 8-37　调整后电流与时间的对应关系

④ 不锈钢电化学着色膜的形态、成分和结构。

a. 不锈钢电化学着色膜的形态。1Cr18Ni9Ti 和 1Cr13Al 不锈钢在以硫酸锰为主盐的介质中，用 $1～5mA/dm^2$ 电流电解 10～30min，着色膜用扫描电镜及 MeF3 大型金相显微镜观察其表面膜的微观形貌，可见到两种不锈钢表面的着色膜比较疏松，都具有连续的网状。这种显微网状裂缝经 40～80℃ 温水处理后可以消除，氧化膜表面形貌变得较为致密。

b. 着色膜的成分。为了研究上述两种不锈钢以硫酸锰为主盐直流电解着色膜组成物质以及不锈钢基体合金元素在膜中的分布，用 TN-5400 能谱仪和电子探针对氧化膜成分进行了分析。通过膜的成分分析可见，两种不锈钢着色膜的主要成分都是锰，这说明着色液中主盐的金属元素锰进入了膜，构成膜的主要物质。同时，不锈钢中的铬亦参与膜的形成。但 1Cr18Ni9Ti 不锈钢着色膜中的镍没有参与，而 1Cr13Al 不锈钢着色膜中除铬外还有铁。为了进一步研究电解着色膜显微组织中的网状裂缝，分别在这两种不锈钢着色膜的显微网缝及其边缘作了定点能谱分析，其结果显示，两种不锈钢着色膜网缝中是两种完全不同的不锈钢基本成分，但没有锰；而网缝边缘位置的成分除不锈钢基体外，还有较高含量的锰；说明网缝是不锈钢着色膜中的不连续区域，即微小的显微网状裂缝。其在 40～80℃ 温水中处理一段时间后，氧化膜吸水生成含水分较多的氧化物结构，使膜的体积发生膨胀，网状裂缝消失。从上述分析可以初步断定，着色膜的成分主要由 MnO_2、$MnO \cdot nH_2O$ 组成，膜中还含有铬和铁。

c. 膜的结构分析。为了进一步探明不锈钢在直流电解过程中着色膜的结构，分别对二氧化锰粉末和采用特殊剥离方法与基体分离的氧化膜，进行 X 射线衍射结构分析。结果表明，二氧化锰粉末属四方晶系。从不锈钢表面剥离出来的氧化膜中没有金属锰、铬或铁的衍射峰，但在 2θ 为 36.739° 和 65.945° 两处出现了间距分别为 0.24442nm 和 0.14153nm 的衍射峰，见图 8-38（1Cr13Al 不锈钢在 15g/L 硫酸锰溶液中形成氧化膜的 X 射线衍射图）。分析证实两处衍射峰属于二氧化锰晶体的次生结构产物 MnO_2、$MnO \cdot nH_2O$。

（2）无铬溶液阳极电解着彩色

① 以表 8-24 配方 10 为例。

a. 载波钝化着色法的应用。提出一种新的不锈钢着色方法——载波钝化着色，即在无铬的硫酸溶液中用载波钝化的电化学方法得到各种色彩的不锈钢表面。传统的着色是将不锈钢浸入热的硫酸＋铬酸溶液中进行的，由于着色液中含有大量的六价铬离子，废液的排放对环境造成极大的危害，因此，需用一种无铬的不锈钢着色工艺来取代。曹楚南等研究发现，在交变电场的作用下可以使不锈钢表面钝化膜增厚。已知不锈钢表面产生色彩是由于其表面膜层对光的干涉。根据这一原理，用载波钝化的方法，在硫酸溶液中使不锈钢表面钝化膜的厚度增加，并通过膜层厚度的变化来改变不锈钢表面的色彩，以取代原来含铬酐的着色体系。

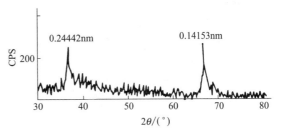

图 8-38　1Cr13Al 不锈钢在 15g/L 硫酸锰溶液中形成氧化膜的 X 射线衍射图

b. 着色装置。所用电场为信号发生器产生的方波叠加在一直流信号上，调节方波的频率、占空比、幅值及直流信号电压，并通过恒电位仪来控制所需的载波电场。由恒电位仪输出的电流信号，通过数模转换板进行数据采集，电流信号值以 $I\text{-}t$ 的形式记录。恒电位仪输出的电位信号由示波仪进行监测。

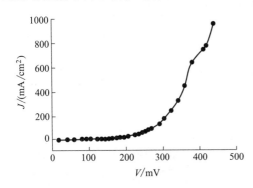

图 8-39　SS304 不锈钢载波钝化着色膜的 J-V 曲线

着色液为 2.5mol/L（相当于 244g/L）硫酸溶液，温度为 70℃，由恒温水浴控制温度。电解槽采用单槽，参比电极为饱和甘汞电极（SCE），铂片为辅助电极，在调节好所需的电源条件后，将 304 不锈钢样品移入着色液中后接通电源进行着色。

c. 膜层的导电性。图 8-39 是不锈钢载波钝化膜层的伏安（$J\text{-}V$）曲线。伏安法对膜层的导电性测试表明，载波钝化着色膜有半导体性质，膜层的导电具有整流性。

不锈钢阳极氧化膜是在特定的溶液中（150~350g/L 硫酸溶液），在过钝化电位区的特定电位下，用电化学方法在奥氏体不锈钢表面形成耐蚀性优良的阳极氧化膜。

② 以表 8-24 配方 11 为例。

a. 施加电信号。采用中等含铬量的不锈钢 1Cr17，在硫酸水溶液中以恒电位方波充电法使不锈钢表面产生彩色膜。脉冲方波见图 8-40。采用此法有望能克服表面因在铬酸溶液中浸泡的时间较长，有时表面有粗糙现象产生的缺点。

b. 不锈钢阳极极化曲线。在 2mol/L（相当于 196g/L）硫酸溶液中以逐点法得到不锈钢的阳极极化曲线，如图 8-41 所示，阳极钝态电位为 0~0.9V。采用的脉冲电位范围为 -0.1~1.0V，时间为 0.001~0.100s。使用的实验仪器有恒电位仪、信号发生器、稳压电源、示波器，参比电极为饱和甘汞电极，对电极为铂电极。

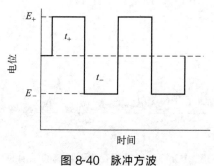

图 8-40 脉冲方波

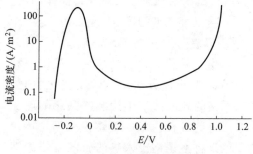

图 8-41 阳极极化曲线

c. 着色时间同着色膜颜色的关系见表 8-41。

表 8-41 不锈钢着色时间与着色膜颜色的关系

着色时间/min	10	25	40
着色膜颜色	蓝色	紫色	黑色

在蓝色、紫色、黑色之间没有明显的中间色出现。随着溶液温度增高及浓度加大,着色膜形成速率有加大的倾向。这种膜的生成,推测是由于膜-溶液的表面铬酸离子的生成、还原,以及在硫酸水溶液中恒电位方波脉冲下不锈钢表面形成的膜的铬离子含量较高。

(3)氢氧化钠电解着色体系

① 不锈钢电化学着彩色碱性溶液成分和工艺条件,见表 8-42。

表 8-42 不锈钢电化学着彩色溶液成分和工艺条件

工艺条件	质量浓度 ρ_B(除注明外)/(g/L)			
	配方 1	配方 2	配方 3	配方 4
氢氧化钠	200~400	200	20	200~350
水	600~900			800~950
锰添加剂	w 0.01%~0.5%			
NaNO$_3$		10		
Na$_3$PO$_4$·12H$_2$O		8		
温度/℃	70~90	51~62	室温	80~95
阳极电流密度/(A/dm^2)	2~5	0.85~6	调制电压的交流信号幅值 4~10V,周期 T0.02s	1~3
时间/min	1~15	4~20	2~10	1~20

电极之间的距离影响颜色,以表 8-42 配方 2 为例,在 250mL 赫尔槽中,1Cr18Ni9Ti 不锈钢片放在斜边作阳极,直流稳压电源的电流强度为 1A,观察试样的着色膜为:

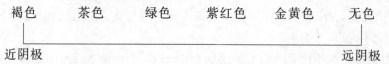

试片阳极电流密度的分布由近阴极端至远阴极端依次减少。电流密度不同,膜的生成速率亦不同。近阴极端电流密度大,着色膜厚,呈茶褐色;远阴极端电流密度小,着色膜薄,呈金黄色,从而在氢氧化钠碱性溶液中可着出不同的颜色。

配方 1 与配方 4 均为 NaOH 电解,配方 4 随时间延长,依次得到青、黄、橙、紫、蓝色。

② 配方 1 色泽的呈现过程。

a. 在配方 1 的介质中，用电化学方法，在不锈钢表面形成一层致密且具有一定厚度的薄膜，随着加工工艺的不同，光对薄膜的干涉，在表面形成各种单色彩色膜。

铬系不锈钢：浅灰色—黑亮色—藏青色—金棕色。

铬-镍系不锈钢：青钢色—蓝色—紫色—金黄色—红色—绿色—金棕色。

b. 彩色膜的组成和厚度。

ⅰ. 彩色膜的组成。用 AES 进行表面分析，表层由氧、镍、铁、碳等组成。

ⅱ. 彩色膜的厚度。根据 Ar 的溅射速率，计算出彩色膜的厚度为 $200.0 \sim 930.0 nm$。

c. 彩色膜的外观。经过着色的不锈钢，不但具有金属的强度和耐蚀的光亮表面，而且披上了各种各样鲜艳的彩色外衣。彩色不锈钢在装饰方面有着与其它材料无与伦比的优点。

③ 以表 8-42 配方 2 为例。

a. 着色工艺条件，不锈钢着各种颜色的工艺条件见表 8-43。

表 8-43　不锈钢着色工艺

色彩	温度/℃	电流密度/(A/dm^2)	时间/min
金黄色	$57 \sim 61$	$1 \sim 2$	$4 \sim 20$
紫红色	$52 \sim 55$	$0.85 \sim 1.7$	$9 \sim 12$
绿色	$52 \sim 55$	$1.7 \sim 3$	$9 \sim 12$
茶褐色	$62 \sim 65$	$3 \sim 6$	$8 \sim 17$

b. 影响电解着色的因素。

ⅰ. 氢氧化钠（NaOH）。主要起导电和溶解氧化膜的作用。膜的厚度主要取决于膜的溶解和生长速率的比。氢氧化钠浓度高，氧化膜溶解快，膜的孔隙率大，硬度与强度低；氢氧化钠浓度低，氧化膜溶解慢，膜的硬度高，反光性好。

ⅱ. 硝酸钠（NaNO$_3$）、磷酸钠（Na$_3$PO$_4$）的加入，可增加导电性和成膜速率，比单纯氢氧化钠溶液出色快、着色时间短。

ⅲ. 温度。提高温度，反应速率加快，同时出色速率也快，色膜较厚。但温度过高，色膜变得粗糙，光泽欠佳。降低温度，上色速率慢，但光洁度较好。温度低于 40℃ 时着不上色。一般控制在 $50 \sim 70℃$。

ⅳ. 电流密度。提高电流密度，可使氧化膜生长加快，色膜增厚，若电流过高，氧化膜则变得粗糙，一般控制在 $0.5 \sim 6 A/dm^2$。

ⅴ. 时间。在同样条件下，膜的颜色因时间的不同而异。颜色随着时间的延长，其变化为金黄色→紫红→绿色→茶褐色。

ⅵ. 搅拌。搅拌可以缩短着色时间、加快成膜速率。

c. 前处理。抛光效果越好，着色膜越均匀、细致、光亮。抛光效果不好，着色质量差，甚至着不上色。

d. 后处理。电化学着色→热水洗→冷水洗→封闭→水洗→烘干。

封闭处理：重铬酸钾 15g/L，氢氧化钠 3g/L，pH $7 \sim 7.5$，温度 $60 \sim 80℃$，时间 $2 \sim 3min$。

e. 着色膜性能检验。

ⅰ. 耐磨实验。在试样上放一绘图橡皮，上面放 500g 砝码，使橡皮沿试样表面做水平运动，记录膜消失时的运动次数。结果见表 8-44，随着着色时间增加而依次出现不同颜色，厚度也不断增加，因此可以看出耐磨性随膜厚度的增加而提高。

ⅱ. 耐酸性。用滴管取 0.5mol/L 硫酸滴在着色膜上，观察表面变蓝的时间，结果如表 8-44 所示，金黄色和紫红色膜的抗蚀性欠佳，需要适当的硬化处理，以提高耐酸性和耐磨性。耐酸性随着膜厚度的增加而提高。

f. 槽液稳定性。当成膜速率明显减慢时，可滤去沉渣，添加氢氧化钠 50g/L 及适量的水，即可重复使用。槽液较稳定，调整简单，维护方便，成本低。

表 8-44　着色膜的性能

颜色	耐磨性	耐酸性
金黄色	17 次	4min
紫红色	33 次	4min20s
绿色	124 次	7min20s
茶色	300 次以上	9min15s

④ 以表 8-42 配方 3 为例。为了改善不锈钢着色过程中高温和重金属离子的环保和耗能问题，室温下，在无 Cr 的 NaOH 溶液中，304 不锈钢交流调制电位法着色处理工艺，具有经济环保的特点，获得稳定的金黄色、黄紫色、紫色、蓝紫色和蓝色膜。着色膜具有良好的耐蚀性、耐磨性、机械加工性和抗污性。着色电压幅值为 7.0～8.0V，着色时间为 4～7min，着色膜稳定性和耐蚀性最好。本工艺简单易行。

a. 着色结果。表 8-45 列出了 304 不锈钢交流调制电位法的着色结果。

表 8-45　304 不锈钢交流调制电位法的着色结果

t/min	电压 E/V						
	4	5	6	7	8	9	10
2	金黄色	—	—	—	紫色	—	—
4	金黄色	—	—	—	蓝紫色	—	—
7	黄紫色	—	—	—	蓝紫色	—	—
10	黄紫色	紫色	紫色	蓝紫色	蓝色	蓝色	蓝色

由表 8-45 可见，着色电压和时间共同影响着色膜的颜色，随着着色电压幅值和时间的变化，颜色依次为金黄色、黄紫色、紫色、蓝紫色、蓝色，共出现 5 种稳定的特征颜色。

b. 电化学着色过程。

ⅰ. 试样准备。304 不锈钢试样面积约 2.4cm^2，经水砂纸逐级打磨、抛光，蒸馏水冲洗，无水乙醇脱水，再蒸馏水冲洗，冷风吹干后，置于干燥器中备用。着色完毕，涂封非工作表面，留出 1cm^2 的工作面积，进行腐蚀测试。

ⅱ. 电化学着色条件及方法。着色液为 0.5mol/LNaOH，采用调制电压的交流信号着色，幅值为 4.0～10.0V，周期 T 为 0.02s，具体着色参数为：温度为室温，着色时间为 2～10min，着色完毕后高温水进行封闭处理。

c. 着色膜耐蚀性能检测。

ⅰ. 腐蚀介质为 0.5mol/L H$_2$SO$_4$。

ⅱ. 采用动电位阳极极化曲线和线性极化阻力技术研究着色膜。阳极极化曲线测试按照美国材料试验学会 ASTM G59—97（2003），比较测试体系的维钝电流密度 I_p、过钝电位 E_1 等电化学参数，研究着色膜的钝化稳定性。

d. 着色工艺对着色膜形貌的影响。

ⅰ. 电压 8.0V 下，着色膜表面形貌随时间的变化。2min 时表面形成连续但不均匀的膜层，继续氧化，已形成膜层逐渐变均匀，同时又有新膜生成；新膜层也随氧化时间的延长逐渐均匀连续；10min 时形成比较厚且连续均匀的着色膜；进一步延长着色时间，由于膜层局部溶解速率大于其生成速率，使得膜厚反而减小，且不均匀；7～10min 制备的着色膜在不同腐蚀介质中的耐蚀性有一定的选择性。

ⅱ. 着色处理过程中的电压变化。刚开始电压升高，电流下降；延长着色时间，电流与电压都趋于稳定。一定时间后，电压开始降低，电流升高。这是因为着色时，形成的着色膜使得表面的反应电阻增大；当延长时间后，表面膜比较完整且不再增厚，所以电阻趋于稳定。当进一步延长时间，在电场作用下，晶界变得粗大，空隙增大，表面溶解加快，使得较多的局部表面变薄，因此表面反应电阻反而降低，所以着色处理一段时间后，出现电压降低、电流升高的现象。

ⅲ. 当着色电压低于 8.0V 时，着色时间为 7min 时，不锈钢表面即可形成完整的着色膜；当电压高于 8.0V 时，着色时间为 4min 时，就已经形成了完整的着色膜。

着色膜橡皮轮加压 500g，摩擦 300 次不变色；往返弯曲 180℃，膜层无任何裂纹与损伤；油污浸渍后清洗，色泽不变。

（4）钼酸盐电解体系

① 不锈钢电化学着彩色酸性溶液成分和工艺条件，见表 8-46，为阴极电沉积法，从钼酸盐溶液中电解获得蓝色不锈钢转化膜。

表 8-46　不锈钢电化学着彩色工艺规范

序号	溶液配方		工艺条件		
	成分名称	含量/(g/L)	温度/℃	阴极电流密度/(A/dm²)	时间/min
1	钼酸钠 柠檬酸 硫酸锰 硫酸锌 硫酸铵	40～60 30～50 3～5 15～30 10～30	54～62	0.2～0.3	5～25
2	钼酸铵 硫酸锰	100 5	35	0.2	
3	钼酸钠	100	40	直流电流 0.5	

② 工艺过程。以配方 3 为例，1Cr18Ni9 不锈钢，经沾有氧化镁粉的细砂纸打磨，在 5% 硝酸溶液中活化和水洗后，直接浸入钼酸钠 100g/L 溶液中，在 pH＝6.5、温度 40℃ 和电流密度 0.15A/dm² 的条件下进行阴极处理 20s，即可得到蓝色的不锈钢膜层。

③ 膜层的热稳定性。将蓝色膜层置于烘箱中 60℃ 老化 30min，膜层颜色不变。继续延长老化时间，膜层也不发生变化。表明蓝色不锈钢适于在一般环境下作为装饰层。

④ 蓝色膜层的厚度分析。用 40kV 和 15μA 的 Ar⁺ 流对不锈钢的蓝色表面膜进行深度剥蚀，同时测定各组成元素的原子分数随时间的变化曲线，即得 AES 深度剥蚀图。

若把图中元素 O 与基体 Fe 的深度剥蚀曲线的交点处所对应的剥蚀时间与相同条件下涂有 100nm 标准氧化钽（Ta_2O_5）的钽片用 Ar^+ 测射至 Ta_2O_5/Ta 界面所需的时间作为 100nm 的厚度进行比较，按下式即可求得不锈钢蓝色膜层的厚度：

$$\delta = \frac{t_1}{t_2} \times 100$$

式中，δ 为膜的厚度，nm；t_1 为剥蚀蓝色膜至界面所需时间，min；t_2 为剥蚀至 Ta_2O_5/Ta 界面所需时间，min。

由 AES 深度剥蚀图和标准 Ta_2O_5/Ta 剥蚀图求得蓝色不锈钢彩色膜层的厚度为 42.7nm。

8.3 锌及锌合金钝化

以锌为主的金属锌及合金，极少在生产过程中用于制造零件。所以锌及合金的钝化与着色工艺主要用于锌及合金镀表面膜层（电镀或浸镀层）的处理，通过表面处理增加腐蚀电阻，提高耐腐蚀性能。

8.3.1 金属锌或锌镀层的钝化

8.3.1.1 原理

金属锌或锌镀层的钝化，是把金属锌或锌镀层零件放在以铬酸盐为主的溶液中进行化学处理，使其表面生成一层铬酸盐薄膜的工艺过程。钝化膜厚大约有 $0.5\mu m$，能使锌的耐蚀性能提高 $6\sim8$ 倍。目前工业上仍主要应用铬酸钝化工艺。钝化处理除具有提高耐蚀性、耐磨性，使镀层光亮的作用外，还能使钝化膜表面生成各种色彩，有彩虹色、白色、军绿色、金黄色和黑色等，这些钝化膜耐蚀性强弱的顺序是军绿色＞黑色＞彩虹色＞金黄色＞白色。传统的钝化工艺是三酸一次、三酸二次处理。根据含铬钝化液含铬量的高低，可分为高铬钝化、中铬钝化、低铬钝化和超低铬钝化。目前国内六价铬钝化已经应用很少，主要以三价铬钝化为主。

六价铬的钝化液主要成分是铬酐，铬酐溶于水后生成铬酸和重铬酸。当锌浸入钝化液时，锌与 Cr^{6+} 进行如下氧化还原反应：

$$Cr_2O_7^{2-} + 3Zn + 14H^+ === 3Zn^{2+} + 2Cr^{3+} + 7H_2O$$

$$2CrO_4^{2-} + 3Zn + 16H^+ === 3Zn^{2+} + 2Cr^{3+} + 8H_2O$$

随着以上两个反应的进行，金属锌或锌镀层与钝化液界面中的 Cr^{3+} 及 Zn^{2+} 的浓度不断增加。另外，以上两个反应消耗了大量 H^+，使锌与钝化液界面层中 pH 值逐渐上升，而且更多的 $Cr_2O_7^{2-}$ 离子将转变为 CrO_4^{2-} 离子。从而发生下列反应：

$$Cr_2O_7^{2-} + 2OH^- === 2CrO_4^{2-} + H_2O$$

$$Cr^{3+} + OH^- + CrO_4^{2-} === Cr(OH)CrO_4$$

$$2Cr^{3+} + 6OH^- === Cr_2O_3 \cdot 3H_2O$$

$$2Zn^{2+} + 2OH^- + CrO_4^{2-} === Zn_2(OH)_2(CrO_4)$$

$$Zn^{2+} + 2Cr^{3+} + 8OH^- === Zn(CrO_2)_2 + 4H_2O$$

这些反应生成的 $Cr(OH)CrO_4$、$Cr_2O_3 \cdot 3H_2O$、$Zn_2(OH)_2(CrO_4)$、$Zn(CrO_2)$ 构成了钝化膜。

钝化膜的形成的同时伴随着膜的溶解过程。开始时，以膜的生成为主，随着膜的生长，膜的溶解速度加快。这是因为溶液中的 H^+ 向界面扩散，使界面 pH 值降低，加快了膜层的溶解。因此，钝化时控制时间是很重要的。

简单地说就是铬酐、氧化锌形成 Zn^{2+}、Cr^{3+}，活化剂酸溶解氧化膜导致 pH 升高成膜。Cr^{3+} 构成钝化膜骨架部分，是不溶的，而 Cr^{6+} 依附骨架，构成膜的可溶部分。Cr^{3+} 呈淡绿色或绿色；Cr^{6+} 呈橙黄色至红色；不同价态和不同量的铬相混合，就呈现出了五颜六色。

当高铬钝化时，锌层的氧化占主导地位，铬酐与 H^+ 源源不断地扩散到锌层表面，锌层表面 pH 不够高，所以在溶液中不能成膜；当离开钝化液，锌层表面有限的 Cr^{6+} 转化为 Cr^{3+}，所以高铬钝化 H^+ 被消耗，pH 升高，形成不溶的 Cr^{3+} 骨架部分，可溶的 Cr^{6+} 依附于膜层的骨架部分，所以高铬钝化需在空气中停顿进行二次成膜。空停时间的不同，以及 Cr^{3+} 与 Cr^{6+} 的不同比例，使膜呈现不同颜色。低铬和超低铬钝化，锌层表面 pH 容易升高成膜，在溶液中就能成膜，无需离开液体。但一些酸度极高的低铬钝化和超低铬钝化，在钝化液中 pH 不能升高到成膜要求，仍需采取空气中停留的方式成膜。

由于依附于 Cr^{3+} 骨架的 Cr^{6+} 尤其可溶于热水，所以钝化后热水清洗的时间和温度都很重要。温度高，清洗时间长，会使 Cr^{6+} 溶解，钝化膜较大程度呈现 Cr^{3+} 颜色，反之则呈现 Cr^{6+} 颜色。如果钝化后清洗热水温度过高，膜层易脱落。当钝化后进行热水漂洗时，热水温度不要超过 60℃，时间宜短，以免造成可溶性成分的丢失。通常清洗的热水中加入少量重铬酸钠或铬酐，温度可适当提高。

钝化膜由不溶性的 Cr^{3+} 化合物和可溶性的 Cr^{6+} 化合物组成。具有足够强度和稳定性的不溶性部分形成膜的骨架，可溶性部分填充在骨架内部，形成均质结构。可溶于水的 Cr^{6+}，可以从膜孔中渗出，当钝化膜受到损伤时，与露出的锌层作用使该处钝化，自动修复损伤，抑制损伤部位镀锌层的腐蚀。但实验表明当膜层浸泡在溶液中时，Cr^{6+} 也容易点状腐蚀。三价铬钝化的不足之处是膜层中无 Cr^{6+}，当膜层损伤时无法自我修复，从而影响膜层耐腐蚀性。

不同成分的钝化液，在不同工艺条件下会得到不同颜色的钝化膜。

另外，膜的颜色还可能与膜的厚度有关，从而与钝化时间有关。高铬钝化与空停时间有关，低铬和超低铬钝化与在溶液中钝化时间有关。据光波干涉原理，入射光到达钝化膜表面，一部分被反射，一部分透过钝化膜由锌表面再反射出来，于是从外表面和内表面反射出来的光就产生光程差。当光程差等于某种颜色的光波之半或其奇数倍时，就会发生光波干涉而抵消一部分。光波干涉就形成了钝化膜的五颜六色。

膜的形成还与溶液及空停的空气温度有关。温度高，形成速度快，反之则慢。所以热天钝化时间可短一些，冷天钝化时间可适当延长。

钝化中铬酸、硝酸、硫酸三者之间的比例极为重要。如硝酸浓度高，膜色偏淡，容易脱膜；硫酸浓度高，钝化膜表面的铬酸不易洗净，容易出现彩色不均匀或偏红。三者比例控制可靠经验掌握。在低铬和超低铬钝化中，常加入 SO_4^{2-}、Cl^-，都是催化阴离子，配槽液时加入，平时不必添加；由于对锌层无抛光氧化层的能力，所以低铬和超低铬钝化前常进行硝酸出光。醋酸的作用是增强钝化膜与锌层的结合力。钝化液中 Zn^{2+}、Cr^{3+} 浓度超过一定值时，钝化膜会出现雾状，此时应更换 1/2 或全部钝化液。

应当注意的是，锌钝化后有时会出现裂纹，影响钝化膜耐腐蚀性。以金属锌或镀锌零件彩色钝化为例，彩色钝化膜耐腐蚀性较高，操作不当很容易出现裂纹，而使耐腐蚀性反而不如本色钝化等。这种裂纹大致为数百纳米宽，如图 8-42 所示。

由于裂纹，所以钝化后再进行封闭处理，能大大提高镀层耐腐蚀性能。采用稍后所述的

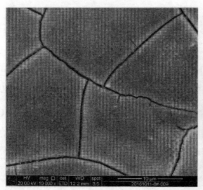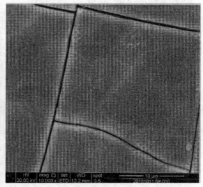

图 8-42　镀锌彩色钝化后出现的裂纹

综合处理技术可以进行较好的封闭。

钝化膜在存放过程中容易变色、发黑、脱落，这是由于金属锌前处理或锌镀层电镀及钝化前后清洗不良，有机物未洗干净；或者锌镀层电镀时电流密度过大，使镀层夹杂了有机添加剂。因此添加剂应少加勤加。若使用水质差，会使钝化层变色、脱落、受到腐蚀。镀锌层宜稍厚，钝化膜宜稍薄，出光工序要去掉氧化膜。

8.3.1.2　钝化液成分及工艺条件的影响

① 铬酐。成膜的主要成分，其浓度可为 $2\sim300g/L$。铬酸浓度高，扩散动力大，反应速度快，浸渍时间可缩短。浓度低则相反。低浓度配方含量 $2\sim5g/L$，铬酐浓度与钝化膜颜色和膜的耐蚀性能方面无必然联系，低铬钝化完全能达到高铬钝化的指标，关键是主盐与活化剂要搭配恰当。一般用酸作活化剂，铬酐将锌层氧化，活化剂酸将氧化层溶解、阻止氧化层形成，形成钝化膜。铬酐与活化剂的比例决定了成膜。一般活化剂浓度依铬酐而定，大致比例 $CrO_3/SO_4^{2-}=(5\sim10):1$；$CrO_3/Cl^-=1:(1\sim1.2)$

钝化液的成分必须包括主盐（一般为铬酐）、活化剂（酸）及一定浓度的 H^+ 三要素。

② 硝酸。它溶解金属锌及锌镀层，起整平作用。它可使镀层的微观凸起处先溶解，给镀层以光泽的外观。含量过低，钝化膜光泽性差；含量过高，会加速钝化膜溶解，使钝化膜变薄。

③ pH 值。pH 值是一个相当重要的因素。对于高铬酸钝化液，因该溶液呈强酸性，膜的溶解速度大于膜的形成速度，因此，必须采用气相成膜或二次钝化。所谓"气相成膜"，就是在溶液中钝化后，提起零件在空气中停留数十秒钟才能成膜，工艺上常常对零件在溶液中和在空气中的时间作出规定。在低铬及超低铬酸钝化工艺中，由于 pH 值较高，成膜速度大大高于膜的溶解速度，可以使钝化膜在钝化液中一次形成，但生产中往往仍然考虑一定的空停时间。pH 值过低，钝化膜薄而疏松。高 pH 影响铬酐对锌的氧化，pH＞2 时，成膜速度很慢，pH＞3 不能成膜。pH 偏低，可适量加入铬酐或适量碱调整。若 pH 过高可加入硝酸或硫酸调整。

④ 温度。以 $20\sim35℃$ 最好。温度愈高，传质速度愈快，成膜愈容易，可以适当缩短钝化时间，且钝化膜的色彩也较均匀，但温度过高，钝化膜疏松多孔易脱落；温度过低，成膜速度慢，钝化膜颜色浅，且钝化时间长。

⑤ 时间。随钝化溶液的类型而确定。对于高铬酸钝化，无论是气相成膜还是二次钝化成膜，零件均不能在钝化液中停留时间过长，应在膜生长至最大厚度之前就停止钝化，以免

由于膜在钝化液中溶解加速，而使钝化膜的厚度减小，或使锌表层变得疏松多孔。在低铬酸或超低铬酸钝化液中，钝化膜的形成速度比膜的溶解速度大得多，因此随着钝化时间的延长、膜层不断增厚，但钝化时间不能过长，否则膜层将变得疏松多孔，结合强度低，钝化膜色泽暗淡。在钝化过程中，工艺上往往不但要考虑在钝化液中的时间，而且要考虑在空气中的停留成膜时间，一些钝化工艺与钝化膜颜色有关。在自动化生产过程中，要将在空气中的停留时间与行车运行速度结合起来。

⑥ 出光。在钝化前，把镀锌件在硝酸（30g/L）中浸一下，此工序叫"出光"，经清洗再钝化，这样可提高钝化膜的光亮度。若镀层质量好时，此工序也可省略。某些工艺在出光前还需增加辅助处理，例如对于锌镀层而言，采用锌酸盐镀锌工艺时，出光前增加醋酸中和处理；而采用氯化物镀锌工艺时，出光前增加稀碱液中和处理等。出光液配方有几种，常用出光溶液与操作条件见表 8-47。

表 8-47　常用出光溶液与操作条件

序号	名称	用量和操作参数	备注
1	$HNO_3(\rho=1.40g/mL)/(mL/L)$	30～40	常用、简便
2	$HNO_3(\rho=1.40g/mL)/(mL/L)$ $HF(\rho=1.13g/mL)/(mL/L)$	30～40 2～4	光亮度高
3	$HNO_3(\rho=1.40g/mL)/(mL/L)$ $HCl(\rho=1.19g/mL)/(mL/L)$ 或 $NaCl/(g/L)$	30～40 5～10 10	膜色略黄，适用于彩虹色钝化
4	$HNO_3(\rho=1.40g/mL)/(mL/L)$ $30\%H_2O_2/(mL/L)$	5～10 15～20	出光后要清洗干净，否则过氧化氢会影响钝化液
	温度/℃ 时间/s	10～30 3～5	室温

⑦ 对于铸件、焊接件及表面粗糙的工件，镀锌清洗后应在热水中煮 5～10min，以排除工件孔隙中残存的碱，才可以进行钝化处理，并得到牢固的钝化膜。

⑧ 零件钝化时与钝化液要相对运动，有利于溶液的对流扩散，防止零件粘叠，使膜层均匀一致。自动线上钝化一定要用压缩空气剧烈搅拌。

⑨ 老化处理。清洗后浸热水，温度要低于 50℃，否则易掉膜。清洗要彻底。清洗后的零件在一定温度下进行烘干处理，使钝化膜进一步强化、耐蚀性提高，这一过程叫老化处理。老化处理的温度一般控制在 60℃ 左右。温度过高，易出现钝化膜龟裂现象，使耐蚀性下降。钝化膜烘干温度对抗腐蚀性的影响见表 8-48。

表 8-48　钝化膜烘干温度对抗腐蚀性的影响

烘干温度/℃	各式钝化膜耐盐水喷雾的时间/h			
	白色	彩虹色	黑色	军绿色
60	72	144	192	360
80	48	72	96	288
150	24	24	18	18
200	18	24	12	12

8.3.1.3　高铬酸彩虹色钝化

（1）工艺规范

高铬酸彩虹色钝化工艺规范见表 8-49、表 8-50。

表 8-49　高铬酸彩虹色钝化工艺规范

工艺条件	一次钝化(气相成膜)	二次钝化(液相成膜)	
		甲槽	乙槽
$\rho(CrO_3)/(g/L)$	$250\sim300$	$170\sim200$	$40\sim50$
$HNO_3(\rho=1.40g/mL)/(mL/L)$	$30\sim40$	$7\sim8$	$5\sim6$
$H_2SO_4(\rho=1.84g/mL)/(mL/L)$	$10\sim20$	$6\sim7$	2
温度/℃	$15\sim40$	$15\sim30$	$15\sim30$
时间/s	溶液浸渍 $5\sim15$ 空气搁置 $5\sim15$	浸渍 $20\sim30$	浸渍 $20\sim30$

注：新配钝化液中要加入锌粉 2g/L 或硫酸亚铁 5g/L。

表 8-50　高铬酸彩色钝化工艺规范

工艺条件	质量浓度 ρ_B(除注明外)/(g/L)									
	配方 1	配方 2	配方 3	配方 4	配方 5		配方 6		配方 7	
					一次	二次	一次	二次	一次	二次
铬酐	$150\sim$ 180	$180\sim$ 250	$250\sim$ 300	$150\sim$ 200	$60\sim$ 80	$4\sim$ 6	$150\sim$ 180	$40\sim$ 50	$250\sim$ 270	$17\sim$ 18
硝酸($\rho=1.40g/mL$)	$10\sim$ 15	$30\sim$ 35	$30\sim$ 40	$20\sim$ $50mL/L$	$8.5\sim$ 11.5	$0.56\sim$ 0.76	$7\sim$ 9	$5\sim$ 6.5	$15\sim$ 25	$1\sim$ 2
硫酸($\rho=1.84g/mL$)	$5\sim$ 10	$5\sim$ 10	$15\sim$ 20	$10\sim$ $15mL/L$	$7.5\sim$ 11	$0.5\sim$ 0.7	$6\sim$ 8	$2\sim$ 3	$15\sim$ 30	$1\sim$ 2
重铬酸钠										
$FeSO_4 \cdot 7H_2O$							$10\sim15$	$5\sim8$		
锌粉							$1.2\sim1.7$	$6\sim7$		
氧化锌							$4\sim6$			
温度/℃	室温	室温	室温	室温	室温	室温	室温	室温	室温	室温
溶液中时间/s 空气中时间/s	$10\sim15$ $5\sim10$	$5\sim15$ $5\sim10$	$5\sim10$ $5\sim10$	$10\sim15$ $5\sim10$	$10\sim20$	$5\sim15$	$3\sim10$	$5\sim10$	$10\sim20$	$5\sim10$

新配钝化液使用一定时间后，要进行调整。在第一次钝化中，钝化不亮，应补充铬酸、硝酸；钝化发雾，可能是硝酸过量，加硫酸消除；钝化膜发暗、发黑，可能是硫酸过多，应降低酸度，用水稀释，再加铬酐调整。在第二次钝化中，浓度超过工艺规范时，要用水稀释。酸度低了，要适当延长钝化时间。硝酸含量过多，可缩短钝化时间。硝酸含量过多，钝化膜易发花和发暗，且结合不牢，调整方法是加入少量氧化锌，降低酸度即可。在第二次钝化液中，一般不补充铬酐和硫酸，因零件上附着的钝化液不断带入。二次钝化工艺的第一次钝化具有抛光作用，两次钝化间不清洗。

（2）工艺流程

除油去锈→清洗→出光→清洗→钝化→空气搁置→清洗三遍→浸温水（不高于60℃）→烘干。新的镀锌层无需除油去锈。

（3）成分和工艺条件的影响

① 铬酐。浓度高，钝化膜厚，色彩浓，光亮度好。但对于锌镀层而言，浓度太高会降

低镀层厚度；浓度偏低,,彩色淡且不光亮。只有铬酸而无硫酸时，不可能获得彩色钝化膜。这是因为铬酸是强氧化剂，锌浸入铬酸盐液中很快生成一层无色透明的氧化膜，使锌层处于钝态，阻碍了锌层和六价铬继续进行氧化还原反应。硫酸的作用在于防止了锌层氧化，使锌层保持活化状态，使氧化还原反应得以顺利进行。当硫酸含量逐渐增加时，钝化膜的生长速度增加。若硫酸含量过高，钝化膜形成速度反而下降，通过膜的孔隙进入膜的内部溶解，使膜的结构变得疏松多孔。

② 硝酸。浓度高些，钝化膜光亮。但硝酸浓度太高会加速膜和锌层的溶解，同时还会使膜层与锌层之间附着不牢固，容易脱落。多加硝酸，钝化膜红色较多。

③ 硫酸。硫酸浓度高些，能获得较厚的钝化膜。其原因是硫酸浓度增高，溶液黏度增大，减慢了离子的扩散速度，使膜的溶解速度减慢。所以在生产中常通过提高硫酸浓度来获得较厚的绿色钝化膜。但硫酸过多，会使膜层疏松发雾；浓度偏低，钝化膜色彩淡。硫酸及其可溶性硫酸盐、盐酸及其可溶性盐可作为活化剂，例如利用它们的钠盐。活化剂浓度依铬酐浓度而定，并要保持一定的比例。

④ Cr^{3+} 膜层起骨架作用。Cr^{3+} 直接影响膜的形成。在新配的溶液中若无 Cr^{3+}，钝化膜色彩淡而偏黄。为生成 Cr^{3+}，一般采用加入锌粉或硫酸亚铁，把部分 Cr^{6+} 还原成 Cr^{3+}。可加锌粉 2～3g/L 或硫酸亚铁 4～5g/L。

⑤ 钝化液温度。温度偏向上限，钝化反应加快，要缩短空气搁置时间，钝化膜色泽才均匀。但温度过高，造成膜层疏松，抗腐蚀性差；温度偏低，钝化时间即使延长，色泽也偏淡。一般控制在 20～30℃ 较好。

⑥ pH 值。锌层与钝化液反应会消耗 H^+，使镀液 pH 值升高，直接影响铬的氧化还原速度，当 pH 值达 3 时，铬酸氧化还原能力很低，不能形成彩色钝化膜，所以必须维持一定 pH 值。低浓度钝化液 pH 值范围为 1～1.5。pH 值过低钝化膜薄而疏松，pH＞2 成膜速度很慢。

⑦ 钝化时间。一般控制在 5～20s 为宜。钝化时间可根据主盐浓度、pH 值、活化剂浓度和温度而定。其它条件相同时，夏季钝化时间相应缩短，冬季则适当延长。

⑧ 清洗与成膜。将镀件在钝化液中取出，若立即用水清洗，膜层薄，彩虹色淡；若零件从钝化液中取出后，空气搁置几十秒，钝化膜就会充分生成，所以钝化搁置时间也是钝化操作的一个重要环节，此法的缺点是有钝化液的流挂痕迹，色泽不均匀。也可采用二次成膜，色泽均匀。

（4）故障及处理方法

高铬酸彩虹色钝化故障及处理方法见表 8-51。

表 8-51 高铬酸彩虹色钝化故障及处理方法

故 障 现 象	可 能 的 原 因	处 理 方 法
钝化膜呈红色而且色泽淡	硝酸偏低	适量补充硝酸
钝化膜上沾有铬酸迹	①铬酸偏低 ②清洗不彻底	①补充铬酸 ②加强清洗，翻动
钝化膜易脱落	①钝化液温度太高 ②硫酸含量偏低 ③钝化后搁置时间太长 ④镀层夹杂有机物多 ⑤钝化后浸入温度过高的热水	①降低温度 ②适量补充硫酸 ③缩短搁置时间 ④用 50g/L NaOH 漂洗后，经清洗再钝化，或对电镀液大处理 ⑤把热水温度降至 60℃

故 障 现 象	可 能 的 原 因	处 理 方 法
钝化膜光泽差	①硝酸偏低 ②铬酸偏低 ③镀层粗糙	①补充硝酸 ②补充铬酸 ③改进镀层质量
钝化膜呈棕褐色	①铬酸偏低 ②硫酸偏高	①补充铬酐 ②适量降低硫酸
钝化膜呈黄色而且色泽浅	①空气搁置时间短 ②铬酸含量偏高或硫酸含量低	①延长搁置时间 ②纠正酸含量

8.3.1.4 低铬与超低铬彩虹色钝化

铬酸彩虹色钝化的溶液浓度低，易变化，要求熟练调整。其工艺简便，如 $5g/L$ 铬酐，$9.5g/L$ Cl^-，$25℃$钝化 $15s$，即得红色偏重彩色膜。

（1）工艺规范

低铬酸彩虹色钝化工艺规范见表 8-52。

表 8-52 低铬酸彩虹色钝化工艺规范

工艺条件	质量浓度 ρ_B（除注明外）/(g/L)				
	配方 1	配方 2	配方 3	配方 4	配方 5
CrO_3	1.2～1.7	5	5	5	5～10
$HNO_3(\rho=1.40g/mL)$	0.4～0.5mL/L		2～3mL/L	3～5mL/L	2～4mL/L
SO_4^{2-}	用 K_2SO_4,0.4～0.5	用 $ZnSO_4$,1～2	用 $NiSO_4$,2～3	用 Na_2SO_4,1～2	用 H_2SO_4,0.3～0.8
HAc	4～5($w36\%$)mL/L	0～5mL/L		4～8mL/L	1～2mL/L
$KMnO_4$				1～1.5	
NaCl	0.3～0.4				
pH 值	1.6～2	1～2			
温度/℃	室温	15～30			
时间/s	浸 30～60,空停 30～40	溶液浸渍 15～45,空气中略为搁置			

工艺条件	质量浓度 ρ_B（除注明外）/(g/L)						
	配方 6	配方 7	配方 8	配方 9	配方 10	配方 11	配方 12
CrO_3	4	5	5	8～10	5	5	3
$H_2SO_4(\rho=1.84g/mL)$	0.1～0.15mL/L	0.1～0.15mL/L		0.5～0.8mL/L	0.4mL/L	0.3L/L	
$HNO_3(\rho=1.40g/mL)$		3mL/L	3mL/L	3～5mL/L	3mL/L	3mL/L	
氯化钠	4～5	2.5～3					
硝酸钠							3
无水硫酸钠		0.6～1					1
冰醋酸			4～6	5～10		5	
高锰酸钾				0.1～0.2	0.1		
pH 值	1.4～1.8	1.2～1.6	1～1.5	1～1.5	0.8～1.3	0.8～1.3	1.6～1.9
温度/℃	室温	室温	室温	室温	室温	室温	室温
钝化时间/s	15～40	8～12	15～25	15～25	3～7	3～7	10～30
操作方式	自动线或手工	手工	自动线或手工	自动线或手工			

注：配方 2 效果最好；配方 4 寿命最长。

（2）工艺流程

除油去锈→清洗→去氢→30g/L 硝酸出光（或低铬白钝化）→清洗→低铬酸彩虹色钝化→空气搁置→清洗→浸温水（不高于60℃）→烘干。新镀锌零件无需除油去锈。也可经硝酸出光，清洗后，即可进行彩色钝化，而不进行白钝化工序。

工艺中清洗一定要彻底，尤其高浓度铬酸钝化，如果残留有铬迹或重铬酸锌时，将成为过早"泛白点"腐蚀的主要原因。

装饰件可以不进行去氢处理，但受力件必须进行去氢处理，否则零件受力时极易断裂。譬如弹簧，如果不去氢，可能会有 1/5 发生断裂。

（3）成分和工艺条件的影响

① 可用低铬酸白钝化液作出光用。

② 铬酐含量 3～5g/L 便可形成钝化膜，低于 2g/L 成膜速度减慢，色泽暗淡。铬酐浓度高于规范规定浓度，成膜速度加快，较高的情况可为 5～102g/L。100L 的钝化液，当钝化零件的总面积约 50cm² 后，铬酐浓度约降低 0.05g/L，可据分析进行添加。铬酐含量升高时，硫酸根含量也同时会升高。

③ 铬酐含量低时成膜速度很慢，色泽也不悦目。当铬酐为 5g/L 时，硫酸 0.4～0.6mL/L 为佳。但要注意，硫酸含量过多时，膜层疏松，容易脱落。铬酐含量浓度低于 0.5g/L 时，钝化膜表面发雾。

④ 不少配方是不用硝酸的，钝化膜仍可形成。但加入硝酸，成膜反应较快，又有轻微抛光作用，膜层也比较光亮。当钝化液 pH 值升高时，用硝酸调 pH 值较适合。其浓度低于 2mL/L 和高于 4mL/L 时，钝化膜表面发雾。在实践中发现，用硫酸盐全部代替硫酸或取代部分硫酸，对钝化膜的色泽均匀有好处，并提高了结合强度。常用的有硫酸镍、硫酸锌、硫酸钠和硫酸钾等。

就低铬钝化而言，质量浓度 ρ_B 比值范围大致为 $\rho(CrO_3)/\rho(SO_4^{2-}) = (5～10):1$；$\rho(CrO_3)/\rho(Cl^-) = 1:(1～1.2)$。活化剂不足，成膜速度慢，易发生白蒙。采用氯化物作活化剂还有利于提高膜层的结合力。

加入硫酸镍以后，钝化时间的范围显著放宽，从 5s 到 90s 均可，时间只影响色泽深浅，而膜层色泽鲜艳，不易发生脱膜。

加入硫酸锌补充了锌离子，使新配溶液老化，因而配好后能立即使用。

硫酸钠、硫酸钾加入后，对钝化液的 pH 值起缓冲作用。

⑤ 醋酸。能显著提高膜层的结合强度，且色泽均匀、光亮度提高。当钝化时发现不易出现膜层，可适量加入，提高成膜速度。但过多地加入，将使膜层易老化，色泽呈暗褐色。其浓度低于 3mL/L 时钝化膜色泽好，但是容易脱膜。高于 3mL/L 时不易脱膜。

⑥ 加入高锰酸钾也可提高膜层的结合力，使色泽偏红。

⑦ 实际生产中，应注意 pH 值的变化，及时调整。pH 值一般在 1～2。pH 值低（酸度高）成膜快，但 pH 值太低，会使膜层发暗，无光泽，而且膜层疏松，结合力差，易脱落；若 pH 值升高，成膜速度显著减慢，在钝化过程中，pH 值是不断上升的，成膜速度也随之降低。硝酸的损耗较快，硫酸根的消耗较慢。硝酸和硫酸钠的补充量要通过小试验来确定。pH 值偏高时，可用铬酐、硝酸或硫酸进行调整。pH 值过高，甚至会不成膜。

⑧ 严格控制低铬酸彩虹色在钝化液中成膜，浸渍时间越长，膜越厚，但过厚就会发生脱膜，色泽也变差，一般 3～7s。pH 值高时，时间要延长。液温高时，时间要短。浸渍时

要翻动或空气搅拌。空气中稍作搁置有利于钝化膜的形成，一般 2～5s。钝化操作时零件要抖动，不动时成膜速度慢。

⑨ 钝化液使用一段时间后，随着锌离子、Cr^{3+} 的增多，钝化质量越来越差，这时可适当补充原料。过于老化的钝化液可更新一半或倒掉重配。

其它浸热水、烘干等工序与高铬酸彩虹色钝化相同。

（4）故障及处理方法

低铬酸彩虹色钝化故障及处理方法见表 8-53。

表 8-53　低铬酸彩虹色钝化故障及处理方法

故障现象	可能的原因	处理方法
钝化膜易脱落或擦去	①镀锌层电镀液有机物多,使镀层也夹杂过多 ②钝化液温度太高 ③醋酸少 ④钝化时间太长使钝化膜过厚 ⑤钝化液 pH 值太高 ⑥清洗水质不良 ⑦干燥工序没有做好	①电镀液用活性炭处理并过滤 ②降低温度至 30℃ ③增加醋酸 ④纠正钝化时间 ⑤适量补充硝酸或硫酸 ⑥检查并纠正 ⑦钝化膜要加温烘干,不能任其阴干
不出现彩虹色或彩虹色极淡	①钝化液 pH 值不在工艺范围内 ②钝化液被稀释 ③硫酸含量太低	①调整 pH ②重配钝化液 ③补充硫酸或硫酸盐
钝化膜不光亮	①钝化液 pH 值太低 ②出光溶液成分不正常 ③镀层本身不光亮 ④钝化液老化	①调整 pH 或加水稀释 ②重配出光液 ③改进镀层质量 ④重配钝化液
钝化膜呈红色而且色泽淡	硝酸偏低	适量补充硝酸
钝化膜上沾有铬酸迹	①铬酸偏低 ②清洗不彻底	①补充铬酸 ②加强清洗,翻动
钝化膜色浅或无彩色膜	①钝化时间短 ②铬酐少 ③pH 值太低或太高 ④活化剂不足	①延长钝化时间 ②酌情补充铬酐 ③调整 pH 值 ④增加活化剂
钝化膜有白蒙	①活化剂不足 ②钝化液锌、Cr^{3+} 高 ③锌层本身发雾 ④出光液锌高	①增加活化剂 ②用阳离子交换树脂处理金属阳离子杂质 ③检查镀锌质量 ④部分更换出光液

（5）低铬酸彩虹色钝化的新发展

铬酸含量再度降低，铬酐由 5g/L 降至 2g/L 以下。新配液要加锌粉 0.05～0.1g/L，使色彩鲜艳。当钝化液锌离子达到 1.5g/L 时，溶液老化，膜层发雾，要更新部分溶液。

由于超低铬酸彩色钝化的铬酸含量极低，附在镀件上的量就更微了，因此省略了清洗工序，钝化后直接浸热水，温度低于 60℃，再干燥。据试验，膜的色泽很好，耐腐蚀性也很好，该项工艺已在部分厂投产。工艺规范见表 8-54。

此工艺虽省了清洗水，但热水中六价铬却逐步累积，当六价铬超过 100mg/L 时，膜层发雾，这时就要更换热水了。超低铬酸钝化后直接干燥的工艺正在扩大试验。

表 8-54　超低铬酸彩虹色钝化工艺规范

工艺条件	质量浓度 ρ_B（除注明外）/(g/L)	
	配方 1	配方 2
CrO_3	1.2～1.7	1.5～2
SO_4^{2-}	用 K_2SO_4，0.4～0.5	用 Na_2SO_4，0.3～0.5
HNO_3（$\rho=1.40g/mL$）	0.4～0.5mL/L	0.4～0.5mL/L
NaCl	0.3～0.4	
HAc	2mL/L	
pH 值	1.5～1.8	
温度/℃	15～30	
时间/s	溶液浸渍 30～60，空气中略为搁置	

8.3.1.5　白色钝化

白色钝化有蓝白钝化和银白钝化两种，都可以从高铬钝化后漂洗获得，或者直接从低铬钝化与超低铬钝化直接获得。白色钝化耐腐蚀性较差，可罩有机涂层或用有机硅烷处理等。

（1）彩虹色膜的漂白处理

以稀碱液漂白后得到蓝白钝化膜，以不含硫酸根（加碳酸钡去除）的纯铬酸漂白为银白色。漂白反应可简述如下。

彩色钝化膜中的 Cr^{6+} 化合物在碱性溶液中容易溶解而使彩色钝化膜褪去；Cr^{3+} 化合物常温下在碱性溶液中不溶解，因而被保存下来。

① 工艺规范见表 8-55，以 1 号配方质量较好。

表 8-55　常用彩虹色钝化膜漂白溶液工艺规范

序号	成分	质量浓度 ρ_B/(g/L)	色泽
1	CrO_3 $BaCO_3$	50～100 2～4	银白色
2	Na_2S NaOH	3～7 10～20	蓝白色
3	Na_2S NaOH	20～30 10～20	蓝白色
4	NaOH	10～20	银白色
5	CrO_3 $BaCO_3$	150～200 1～6	白色

② 彩钝后溶薄工艺流程：镀锌→清洗→清洗→30g/L HNO_3 溶液出光→清洗→彩色钝化→清洗→清洗→碱漂（Na_2S 20g/L，NaOH 20g/L，室温下漂 20s 左右）→清洗两次→90℃以上热水烫洗→迅速甩干或烘干。

目前市售白钝化、蓝钝化和彩色钝化溶液一般采用超低铬，光亮氯化物镀锌、光亮氰化物镀锌等可采用超低铬钝化。碱漂也可用表 8-55 所列溶液。

③ 成分和工艺条件的影响。铬酸漂白液的主要成分是铬酸，若有硫酸则会生成彩色膜，所以要加少量碳酸钡以沉淀硫酸根，如出现彩色则要再加碳酸钡。硫酸的来源是铬酐原料本身含有以及前道彩虹色钝化清洗不净带入。漂白液温度以 40～50℃较好。硫化钠漂白液能

漂出带蓝白色光泽的膜。漂白后清洗要彻底，膜表面带碱性不利于贮存。NaOH 漂白成膜色泽不够美观。

从彩虹色钝化出来的零件，要立即水洗漂白，最忌空气搁置，因生成彩虹色膜越厚漂白越麻烦。

（2）低铬与超低铬白钝化

包括银白色钝化和蓝白色钝化，银白色钝化不含硫酸根，因此钝化液中常加入碳酸钡。

① 工艺规范。低铬酸银白钝化工艺规范见表 8-56。

表 8-56　低铬酸银白钝化工艺规范

工艺条件	质量浓度 ρ_B（除注明外）/(g/L)							
	配方1	配方2	配方3	配方4	配方5	配方6	配方7	配方8
CrO_3	5	2~5	2~5	1~2	15	2~5	1.5	8
HNO_3($\rho=1.40g/mL$)	0.5~1mL/L	0.5mL/L	0.5mL/L	1~2mL/L		0.5mL/L	0.3~0.8mL/L	
醋酸镍	1~3						1~3	
碳酸钡	1	1~2	1~2	1~2	0.5	1~2	0.5~1	0.5
温度/℃	室温	10~30	室温	室温	室温	80~90	室温	80
pH值				1.5~2.5			1.5	
溶液中时间/s 空气中时间/s	3~8 5~10	3~10 5~15	15	10~30	15~30	10~20	10~30	15

② 工艺流程。除油去锈→清洗→低铬酸白钝化→空气搁置→清洗三遍→浸热水封闭（90℃以上）→干燥。新镀锌零件无需除油去锈。

③ 成分和工艺条件的影响。

a. 铬酐含量偏低时，钝化膜呈灰白色，抗蚀性差。适当提高铬酐含量，能使钝化膜光亮和抗腐蚀性提高。但铬酐含量过高，钝化膜上会出现淡的彩虹色，使白色膜显得不白净。

b. 若硝酸偏低，钝化膜不光亮、发雾；当硝酸含量高时，光亮度大为提高，但锌溶解剧烈，钝化膜的抗腐蚀性也下降。

c. 硫酸可提高总酸度，对成膜和化学抛光都有利。硫酸过少或没有硫酸时，钝化膜暗黑且不牢；但硫酸含量偏高时，膜层溶解快，钝化膜抗腐蚀性能下降。

d. 氟化物是化学抛光作用的增强剂，使钝化膜细致清亮。若含量过多，钝化膜会发雾。

e. 新配液中应适当加入 $CrCl_3$，膜层呈蓝白色，但在使用过程中，Cr^{6+} 会不断还原成 Cr^{3+}，所以钝化过程中不必补充，Cr^{3+} 含量较高膜偏蓝但属正常。含量过高会引起发雾。

f. 一般操作在室温下进行，超过 35℃，膜层发雾。

g. 配方1钝化液由四酸组成，酸度高，对锌层溶解快，钝化时间不宜太长，3~7s 为妥。

h. 氯化物镀锌白钝化膜易变色，钝化后放入少量 $Ni(Ac)_2$ 可防变色。白钝化之后一定要用近沸的热水烫洗，以彻底除去夹带的六价铬有色膜，并迅速干燥。钝化后的空气搁置也很重要，在搁置时，膜层色泽会随时间而变化：银白色→浅蓝色→深蓝色→湖蓝色→黄绿色。在色泽达到要求时，立即清洗。这也适用于直接蓝白钝化。

i. 为提高钝化膜的抗腐蚀性，在干燥前放入铬酐含量为 0.1~0.2g/L 的热水浸一下，此工序非常重要，经此封闭处理的钝化膜能经受盐雾试验48h，与铬酸漂白不相上下。不经此封闭的零件盐雾试验2h也不能通过。此点也适用于直接蓝白钝化。

j. 钝化液在使用后会老化。锌含量不断提高，当锌达到15g/L时，就达到了容许的极限，但钝化膜不光亮、发雾，此时虽可用冲淡的方法来处理，但还是丢去较为合算。更新时可保留约十分之一的老溶液，这样新配时可不加三氯化铬，配好后即可使用。

④ 故障及处理见表8-57。

表8-57　低铬酸白钝化故障及处理方法

故障现象	可能原因	处理方法
钝化膜不光亮	①F⁻含量不足 ②硝酸含量偏低 ③镀层本身不光亮 ④钝化液温度偏高	①适量补充F⁻ ②补充硝酸 ③改进镀层质量 ④降低温度
钝化膜色泽不均	①铬酸含量偏高,钝化液温度太高 ②氟化物含量偏高 ③锌镀层镀锌后清洗不良或搁置过久 ④封闭热水中铬酸含量高或水质差 ⑤操作时翻动不均匀	①适当稀释,降低温度 ②调整氟化物含量,平时不宜多加 ③加强清洗,尽快钝化 ④冲淡或重配 ⑤改进操作
钝化膜呈雾状	①钝化液酸度不足 ②氟化物不足或过多 ③钝化液中铁、锌、Cr^{3+}过高 ④空气搁置时翻动过少 ⑤钝化液温度偏高	①补充硫酸或硝酸 ②补充氢氟酸或冲淡 ③稀释或重配 ④增加翻动次数 ⑤降温至30℃
钝化膜不呈天蓝色	①新配钝化液Cr^{3+}少 ②空气搁置时间不足 ③硫酸含量偏低	①补充三氯化铬 ②延长钝化后在空气搁置时间 ③适量补充硫酸

（3）直接蓝白钝化

工艺规范见表8-58。配方3、4用于氯化物镀锌；配方1、2、5用于其它镀锌体系。

表8-58　直接蓝钝化工艺规范

工艺条件	质量浓度ρ_B(除注明外)/(g/L)				
	配方1	配方2	配方3	配方4	配方5
铬酐	3~5	2~5	2~5	2~5	2~5
氯化铬($CrCl_3 \cdot 6H_2O$)	1~2	1~2	1~2	1~2	1~5
氟化钠	2~4	2~4	2~4	2~4	
硝酸($\rho=1.40$g/mL)	30~50mL/L	30~50mL/L	30~50mL/L	30~50mL/L	25~35mL/L
硫酸($\rho=1.84$g/mL)	10~15mL/L	10~15mL/L	6~9mL/L	10~15mL/L	10~15mL/L
盐酸($\rho=1.19$g/mL)		10~15mL/L		10~15mL/L	
醋酸镍			1~3	1~3	
氢氟酸($\rho=1.13$g/mL)					2~4
温度/℃	室温	室温	室温	室温	10~30
溶液中时间/s 空气中时间/s	5~8 5~10	2~5 5~10	3~8 5~10	3~8 5~10	3~10 5~10

直接蓝钝化的工艺流程：除油去锈→清洗→去氢→清洗→出光→清洗→蓝钝化→充分清

洗两次→在含 $0.1\sim0.2g/L$ 铬酐的 $80\sim100℃$ 热水中烫洗→甩干→干燥。新镀锌层零件无需除油去锈。

操作维护中的注意事项:

① 配方中的三氯化铬在新配溶液时一次加入,以后不必补充;氟化钠可用 HF、NH_4Cl 或 KF 替代。氟化物是化学抛光增强剂,若含量过高会使膜层发雾。

② 操作温度要低于 $35℃$,过高则膜发雾。

③ 本钝化液酸度高,锌溶解快,钝化时间以 $3\sim7s$ 为宜。

④ 其它参见低铬酸白钝化。

8.3.1.6 军绿色和黑色钝化

（1）军绿色钝化

军绿色钝化膜是铬酸盐转化膜层和磷酸盐转化膜层结合的产物,在酸性介质中,溶解的锌离子与界面上的磷酸根反应:

$$Zn^{2+} + HPO_4^{2-} \longrightarrow ZnHPO_4 \downarrow$$
$$Zn^{2+} + PO_4^{3-} \longrightarrow Zn_3(PO_4)_2 \downarrow$$

钝化液中 Cr^{3+} 与 PO_4^{3-} 反应:

$$Cr^{3+} + PO_4^{3-} \longrightarrow CrPO_4 \downarrow$$

同时,少量六价铬及其化合物也参加反应吸附于膜层中,对膜层的色泽和耐蚀性起到一定作用。在军绿色钝化膜形成过程中,几种难溶盐以不同的速度共析于镀层表面,结晶细小的铬酸盐以填充方式嵌附于结晶粗大的磷酸盐转化膜之间,因此军绿钝化膜耐蚀性能优于其它颜色钝化膜。

① 工艺规范见表 8-59。

表 8-59　军绿色钝化工艺规范

工 艺 条 件	质量浓度 ρ_B（除注明外）/(g/L)	
	配方 1	配方 2
$\rho(CrO_3)$	$30\sim35$	30
$H_2SO_4(\rho=1.84g/mL)$	$5\sim8mL/L$	$5mL/L$
$HNO_3(\rho=1.40g/mL)$	$5\sim8mL/L$	$5mL/L$
$HCl(\rho=1.19g/mL)$	$5\sim8mL/L$	$5mL/L$
$H_3PO_4(\rho=1.70g/mL)$	$10\sim15mL/L$	$10mL/L$
温度/℃	$20\sim35$	室温
pH 值	$1\sim1.5$	
时间/s	$45\sim90$	$60\sim120$
空中停留时间/s	$10\sim20$	$10\sim15$

锌在上述溶液中钝化后,需在 $60\sim70℃$ 条件下老化处理 $5\sim10min$。钝化膜的颜色呈军绿色,耐蚀性强,与涂料结合力好。但由于溶液成分多,维护比较困难;在钝化膜未干时不牢固,不能用水猛冲,否则会使膜脱落。清洗后应立即进行烘干老化。常用于涂料的底层。该种工艺又称五酸钝化工艺,配制溶液时先溶解好铬酐,然后加入其它成分,新配时应加少量锌粉,放置 $4\sim8h$,让钝化液自然冷却即可试镀。

② 工艺流程。除油去锈→清洗→出光→清洗→军绿色钝化→清洗三遍→干燥。新镀锌

层零件无需除油去锈。

③成分和工艺条件的影响。钝化液中含有磷酸根离子，所得军绿色膜是由铬酸盐和磷酸盐复混的、结构很复杂的膜。铬酸、磷酸、硫酸是钝化液的基本成分，硝酸对钝化膜的结合力影响很大，不宜太高。盐酸对膜层结合力和抗蚀性能均有一定影响。

钝化操作的夹具或盛器可用铝、塑料或镀过锌的铜丝，钝化时不得遮挡或碰撞，要轻轻晃动零件缓缓来回移动，钝化后在空气中稍作搁置 5～10s 使膜层老化。钝化膜未干时很嫩，清洗时间也不能太长，防止六价铬溶解。钝化过程中产生的三价铬的含量与溶液中的六价铬的含量比例不能小于 4.5，低于此比例要调整。

钝化膜外观应为油光草绿色。允许轻微淡绿色、淡黄色或微灰色；允许轻微干涉色；允许轻微划伤。

军绿色钝化不适用于滚镀的小零件、镀层厚度小于 5μm 的镀锌件、镀层厚度 6μm 以下的螺纹紧固件。

（2）黑色钝化

包括铜盐黑钝和银盐黑钝，比较适合环境条件不太恶劣的情况。

① 工艺规范见表 8-60。

表 8-60　黑色钝化工艺规范

工艺条件	质量浓度 ρ_B/(g/L)（除注明外）			
	配方 1	配方 2	配方 3	配方 4
CrO_3	6～10	15～30	15～30	18～20
$CuSO_4 \cdot 5H_2O$		30～50	30～50	
$AgNO_3$	0.3～0.5			0.4～1
甲酸钠		20～30	70	
HAc($\rho=1.05$g/mL)	40～50mL/L	70～120mL/L	70～120mL/L	
H_2SO_4($\rho=1.84$g/mL)	0.5～1mL/L			5～6
磷酸二氢钠				2～4
温度/℃	20～30	20～30	室温	10～25
pH 值	1～1.8	2～3	2～3	0.5～1.5
溶液中时间/s 空气中时间/s	120～180	120～180	2～3 15	30～180 10～20

对于配方 1，若转化膜有彩色，添加铬酐。另一种添加剂的配方如下：

A 剂：铬酐 250g/L；磷酸二氢钠 120g/L；硫酸 60mL/L；

B 剂：硝酸银 15g/L（调色剂）；

C 剂：OP-1010g/L、氯化钾镀锌高温载体 50g/L。

钝化液组成及其操作条件：

A 剂 100mL/L；B 剂 60mL/L；C 剂 10mL/L；开缸时加锌粉 0.5～1.0g/L；pH 值 0.5～1.5；温度 20～30℃；操作时间：溶液中 30～80s，空气中 10s；钝化时，缓缓移动。

操作注意事项：

a. pH 值正常生产中变化不大，可用硝酸降低 pH 值（补充 A 剂可同时降低 pH 值），提高 pH 值用 10% 稀氢氧化钠溶液。

b. 当钝化膜出现彩虹色，可适当增加 A 剂，或提高温度，延长钝化时间。

c. 当钝化膜黑色较淡时，可适量加入 B 剂。

d. 当钝化膜均匀度差时，可适量加入 C 剂。

e. A 剂消耗量参考量：$20\sim25mL/m^2$。

锌或镀锌层的黑色钝化成膜机理与彩虹色钝化成膜机理基本相同。不同的是，界面上发生氧化还原反应，产生了 Cu_2O、Ag_2O 及金属银的细小黑色颗粒，夹杂于钝化膜中，使钝化膜呈黑色。目前，不用铜与银作黑化剂的黑色钝化剂也已经研究成功，其配方未见公布。

② 工艺流程。除油去锈→清洗→出光→清洗→黑色钝化→清洗两遍→封闭（浸 1g/L 铬酸溶液）→清洗→干燥。新镀锌层零件无需除油去锈。

③ 成分和工艺条件的影响。钝化液的硫酸铜使钝化膜呈黑色。若 Cu^{2+} 含量低，铬酸盐多，钝化膜呈黄绿色。反之，Cu^{2+} 过多，造成氧化铜颗粒多，钝化膜虽黑但结合力差，呈疏松粉末状，结合力下降。

铬酸含量低时，钝化膜呈灰褐色；过多又会使钝化膜呈军绿色。铬酐不仅起还原作用，还能提高钝化膜的抗腐蚀性与钝化膜在基体上的结合力。

甲酸钠是钝化过程中的活化剂。含量低时，钝化膜黑色夹杂军绿色。浓度提高则钝化膜黑色也提高，厚度也增加；过多则钝化膜发花，结合力下降。

醋酸在钝化液中起提供和稳定氢离子浓度的作用，还能影响钝化膜的黑色及光泽。含量低时钝化膜发黄；过高又使钝化膜呈黄褐色。

钝化过程中 pH 值比较稳定。若 pH 值低于 2，钝化膜薄，呈灰褐色；pH 值高于 3.5 时，钝化液不稳定，钝化膜发黄。

钝化时镀件应缓慢移动。若剧烈搅拌，因冲击作用而使钝化膜发花；若静止不动，又会使膜层疏松，结合力下降。

钝化时间短，膜薄且呈彩虹色；时间过长会使钝化膜部分溶解，所以时间以 $120\sim180s$（配方 2）为宜，并在空气搁置 5s 左右为好。

钝化并清洗后，要在 1g/L 铬酸溶液中浸渍封闭，以提高钝化膜的抗腐蚀性及减少水渍。如果钝化后不封闭容易变色，用 $60\sim70℃$ 的热液快速封闭能增加黑度且易干燥。

钝化前清洗要严格，不要把出光硝酸带入钝化液中。黑钝化后的水洗，在洗净的前提下，时间要尽量缩短些。清洗后要热风快速干燥。干燥时间过长或温度高于 60℃ 均会造成发黄发花。若用离心机甩干，要防止划伤。

黑色钝化膜外观应光洁呈黑色，或乌黑发亮，否则应调整镀液。应涂一层油或清漆。

8.3.1.7 金黄色钝化

金黄色工艺为：CrO_3 3g/L；H_2SO_4（$\rho=1.84g/mL$）0.3mL/L；HNO_3（$\rho=1.40g/mL$）0.7mL/L；室温；$10\sim30s$。

该钝化工艺适用于氯化钾锌镀层的金黄色钝化处理，具有钝化液成分简单、铬含量低、污染水不需处理、易于维护、钝化色调均匀、不变色等特点。

8.3.1.8 三价铬钝化

目前三价铬钝化生产应用广泛。

（1）原理

金属锌或镀锌层三价铬钝化膜的形成有三个过程，即锌的溶解、钝化膜的形成及钝化膜的溶解。钝化剂中必须含有氧化剂，使锌层溶解，常用的氧化剂为硝酸盐与锌反应，反应方程式为：

$$3Zn+2NO_3^- +8H^+ \longrightarrow 3Zn^{2+}+2NO\uparrow+4H_2O$$

氧化剂对锌与 Cr^{3+} 都有氧化作用，加入络合剂将 Cr^{3+} 络合，氧化剂只与底层锌作用。钝化液一般都呈酸性，所以：

$$Zn+2H^+ \longrightarrow Zn^{2+}+H_2\uparrow$$

因锌的溶解消耗掉了溶液中的 H^+，使锌表面溶液 pH 上升，Cr^{3+} 直接与 Zn^{2+}、OH^- 反应，生成不溶性的锌铬氧化物和氢氧化物组成的隔离层，即在锌的表面形成钝化膜，这种膜不含六价铬，因此不具有自愈能力，膜层一旦受到损伤，腐蚀将很快发生，尤其是滚镀零件钝化时容易被擦伤，损坏了膜层。应该说，三价铬钝化的其它方面性能已经与六价铬相当。如果采用封闭剂或后处理涂层的保护措施，可在一定程度上弥补这一缺陷。

一般工艺流程：除油去锈→水洗→出光→水洗→钝化→水洗→热水烫干。

当浸封闭涂层时工艺流程：除油→水洗→酸洗→水洗→镀锌→水洗→出光→水洗→钝化→水洗→浸保护剂→烘干。新镀锌层零件无需除油去锈。

三价铬钝化效果对于镀锌层而言，常受到镀锌方法的影响，酸性电镀或碱性电镀、电流密度等不同电镀条件所得镀层的钝化膜耐腐蚀性和膜厚度有差别。

（2）钝化液成分

包括 Cr^{3+} 盐、氧化剂、络合剂、稳定剂、成膜促进剂、封孔剂及其它金属盐。Cr^{3+} 是钝化溶液成膜的主要成分，常见的 Cr^{3+} 盐有三氯化铬、硝酸铬、硫酸铬、乙酸铬等。

氧化剂要求既要使锌层氧化为 Zn^{2+}，又不能将 Cr^{3+} 氧化为 Cr^{6+}，符合条件的有双氧水、硝酸盐、卤酸盐、过硫酸盐、高锰酸钾及四价铈等。其中双氧水不太稳定。

络合剂将 Cr^{3+} 络合，使其不被钝化液中氧化剂氧化，氧化剂专门氧化镀锌层，最早络合剂采用氟化物，后期采用有机酸及混合物，现在还有钝化后封孔，工艺更加先进。络合剂在溶液中的作用是，能控制成膜速度和钝化液稳定性。络合能力太强，成膜速度慢，膜层薄，甚至不能形成膜；络合能力太弱，钝化液稳定性差，膜层无光泽。络合剂有氟化物、有机羧酸如草酸、丙二酸、戊二酸、马来酸、酒石酸、柠檬酸和苹果酸等，以及它们的混合物如柠檬酸中加入苹果酸等。其实多数络合剂也是稳定剂。适当的络合剂，是获得优质钝化膜和使钝化溶液稳定的一项非常重要的参数。

稳定剂能稳定钝化溶液中三价铬的形态，如原来带紫色的溶液不使其变为绿色；稳定剂还用来稳定钝化溶液的 pH 值，因为彩色钝化溶液的 pH 值在 1.8～2.3 范围内，一些低碳链的羧酸盐有较好稳定 pH 值的能力。

成膜促进剂能调整钝化膜层的颜色。选择不同的成膜促进剂，可形成不同的彩色。可用有机或无机阴离子，如 NO_3^-、SO_4^{2-}、PO_4^{3-}、F^-、Cl^-、SiO_3^{2-}、SiF_6^{2-}、BF_4^-、$RCOOH$ 等。

其它金属盐主要调整钝化膜的外观与耐腐蚀性，这些可用的金属元素有 Ag、Cu、V、Ti、Y、Nb、Ta、Al、Ga、In、Mn、Sb、Fe、Mo、Co、Ni、Ce 和镧系稀土元素等，最常见的有 Fe、Co、Ni、Mo、Mn、Sb、Ti 等。主要使用它们的硝酸盐或硫酸盐，使用较多的包括硝酸钴或硫酸钴、硫酸锰、硫酸铝等。

为了克服三价铬钝化剂耐蚀性差的难题，在钝化剂中直接加入具有纳米级微粒的硅溶胶作封孔剂，来填充钝化膜层的微孔，可大大提高钝化膜的耐蚀性。水解后的有机硅可用作封孔剂。

不是所有钝化剂都含有这些成分，而是根据需要进行增减。

（3）Cr^{3+} 蓝白色钝化

① 溶液配方与操作条件。Cr^{3+} 蓝白色钝化工艺规范见表 8-61。

表 8-61　Cr^{3+} 蓝白色钝化工艺规范

工艺条件	质量浓度 ρ_B（除注明外）/(g/L)						
	配方 1	配方 2	配方 3	配方 4	配方 5	配方 6	配方 7
Cr^{3+}	1.0~1.3						
$Mo^{3+}+Co^{2+}$	0.2~0.4						
$NaNO_3$					25~30		
$Co(NO_3)_2$			5~8		3~5		
$Cr_2(SO_4)_3$						10	
$KCr(SO_4)_2$							10
Na_2SO_4				0.5~1			
Na_2SiO_3							10
$CrCl_3$		4.8	30~50	3~4	10~15		
F^-	0.2~0.4						
$KAl(SO_4)_2$						30	
NH_4VO_3						2.5	1
HCl						5	
NaF				3~4			
NH_4HF_2			1.2~2.5				
HAc		2.5mL/L					
NO_3^-	5~8						
SO_4^{2-}	0.5~0.8						
$H_2SO_4(\rho=1.84g/mL)$		1.0mL/L					
$HNO_3(\rho=1.40g/mL)$		1.0mL/L	3~5mL/L	3~5mL/L			
醇类添加剂		2.5mL/L					
纳米硅溶胶					5~10		
温度/℃	15~30	15~25(25)	15~30	15~35	15~35	室温	20
pH 值	2~2.5	1.6~1.8(1.8)	1.6~2.2	1.8~2.2	1.8~2.5	1.8~2.5	1.6
溶液中时间/s	15~30	10~15	10~30	5~10	30~40	40	30
空气中时间/s		8(15)	3~5	5~10	5~10		15

配方 1 锌层经上述钝化液处理后获得光亮的蓝白色钝化膜，经中性盐雾试验，蓝白色膜的抗白锈时间可达 48h，经过封闭剂处理过的可达 96h。该三价铬蓝白色钝化液稳定性好，消耗量小，适用温度及时间范围较宽。

② 钝化液的配制方法和维护。在干净钝化槽内（应是塑料槽或内衬塑料的钢槽）注入三分之二体积的净水。然后加入三价铬盐，搅拌至全部溶解。然后加入其它原料并搅拌至溶解。补水至规定刻度后搅拌调整 pH 至规定值。用 1g/L 锌粉处理钝化液后便可试钝化生产。

新开缸钝化液在使用一段时间后会使 pH 升高，造成钝化膜发雾，这时应使用盐酸或硝酸调整钝化液的 pH，以恢复钝化液的使用。当发现调整已不能解决钝化膜发雾问题时，钝化液中锌离子已达到临界浓度，应部分更换新液或彻底更换新液。

掉入钝化液中的工件应及时捞出，以防止工件在钝化液中浸泡造成大量铁离子进入钝化膜中，引起钝化膜的抗蚀性能下降。

在调整 pH 时，如果酸加入过多使 pH 过低时，应采用质量分数为 5% 的氢氧化钠水溶液进行回调。测定钝化液的 pH 时，应使用 0.5～5.0 精密 pH 试纸。

③ 常见故障及排除方法。三价铬蓝白钝化常见故障、可能原因及排除方法见表 8-62。

表 8-62　三价铬蓝白钝化常见故障、可能原因及排除方法

故障现象	可能原因	排除方法
膜色淡,不蓝	①钝化时间短 ②钝化液浓度不足 ③温度太低 ④新配液中缺锌离子	①延长钝化时间 ②补加浓缩液 ③升高钝化液温度 ④用锌粉处理
膜呈绿黄色或紫色	①钝化时间太长 ②温度太高	①缩短钝化时间 ②降低钝化液温度
色发黄,边变黄	①铁离子浓度高 ②钝化液老化 ③搅拌不均 ④pH 太高	①加入 0.5～1g/L 柠檬酸 ②更换新液 ③改变搅拌方式 ④用硝酸调 pH
存水处发黄	①存水时间长 ②清洗水质差 ③烘干温度太高	①及时吹干 ②更换水 ③调整烘干温度
膜表面有条纹状白雾	①出光前清洗不良 ②出光液浓度太低 ③锌镀层镀锌时电流太大 ④基体酸洗过度 ⑤钝化液失效 ⑥钝化液温度低	①加强镀后水洗 ②更换出光液 ③降低电流密度,并延长电镀时间 ④改善电镀前酸洗质量 ⑤更换钝化液或部分更换 ⑥提高钝化液温度

（4）Cr^{3+} 彩色钝化

① Cr^{3+} 彩色钝化工艺规范见表 8-63。

表 8-63　Cr^{3+} 彩色钝化工艺规范

工艺条件	质量浓度 ρ_B(除注明外)/(g/L)									
	配方 1	配方 2	配方 3	配方 4	配方 5	配方 6	配方 7	配方 8	配方 9	配方 10
$CrCl_3 \cdot 6H_2O$	50	Cr^{3+} 0.2～20	10～16	8～12			硝酸铬 7.5	硝酸铬 15	硫酸铬 40	$Cr_2(SO_4)_3$ 0.5～1
$Cr_2(SO_4)_3 \cdot 6H_2O$					15～20	4～8				
$CoSO_4 \cdot 7H_2O$						2～3				H_2O_2 3～7
$NiSO_4$		Cl^- 0.6～60	40	0.59		NH_4Cl 1～2		草酸 10	硝酸 25mL/L	NH_4Cl 0.1～2.5
氯化锌		NO_3^-			2～5	NaCl 2			硼酸 2	
$NaNO_3$	80～100	8～300	20	9	20～25	3～6	1	10		$Ce(SO_4)_2 \cdot 4H_2O$ 1～4
硝酸钴	3		NaF10						3	
丙二酸	31	Zn^{2+} 0.05～15	丙烯酸乳液 30	氟化氢铵 1.5			柠檬酸 6			$Fe(NH_4)_2(SO_4)_2$ 0.25
添加剂					10～15					润湿剂 0.1
温度/℃	30		50	40～70	40	室温	35	30	70	

工艺条件	质量浓度 ρ_B（除注明外）/(g/L)									
	配方 1	配方 2	配方 3	配方 4	配方 5	配方 6	配方 7	配方 8	配方 9	配方 10
pH 值及酸碱调节剂	1.8～2.0 HCl 与 NaOH	1～3.5	2.7	1.2～1.6 磷酸	2	2～5 硝酸	2.5	2	3～4	
时间/s	40～60		60		180	20～40	浸 90 空停 15	40	60	
颜色	彩虹色	彩虹色	彩色	彩色	彩虹色	彩色	彩色	彩色	彩色	彩色

配方 2 钝化膜经盐水浸渍试验（GB 9794）表明其耐蚀性与低铬酐（Cr^{6+}）钝化的彩虹色膜相当，抗白锈时间可达 121～131h。配方 7 电吹风干燥。在三价铬彩色钝化液中添加铈 1.5g/L 时，钝化膜的表面质量及耐蚀性最好。配方 10 随铈离子浓度升高，膜层黄色加深。

② 钝化液的配制方法和维护。在干净钝化槽内（塑料桶或衬塑钢槽）注入三分之二体积的净水。先加入三价铬盐并搅拌直至溶解。然后再分别加入其它固体原料。待加入的原料溶解后再加入下一种原料。固体原料加完后再加入液体原料。全部加完后补水至规定刻度，搅拌后调 pH 至规定值，最好加入 1g/L 锌粉搅拌 10～20min 即可试钝化生产。

钝化液在使用过程中会使 pH 升高。应随时测定 pH 并用酸调整。调 pH 使用的酸应根据所选用的配方来定，一般种方法是选用盐酸或硝酸。对于何时调整 pH，一种方法是根据钝化膜表面状况来确定，一般是当表面膜层发雾时表明 pH 已经高了。当反复调整 pH 值无效时，则应配制新液。第二种方法是随时用 pH 试纸进行监测。pH 试纸应选用同一厂家出的 0.5～5.0 精密试纸，而不能使用广泛 pH 试纸。

在钝化过程中及时捞出掉入钝化槽中的工件，以防止铁杂质进入钝化膜，造成钝化膜抗蚀性能下降。

钝化过程中，要不停地摆动工件，或使用空气搅拌。无论是摆动工件还是搅拌溶液，都不要过于剧烈。三价铬钝化的成膜速度较慢。

要控制钝化液的温度和钝化时间。三价铬钝化液中无强氧化剂，反应速度较慢，所需要的温度较高，钝化时间也较长。

③ 常见故障及排除方法。三价铬彩色钝化常见故障、可能原因及排除方法见表 8-64。

表 8-64　三价铬彩色钝化常见故障、可能原因及排除方法

故障现象	可能原因	排除方法
膜色泽发白	①钝化时间短 ②钝化液温度低 ③pH 高	①延长时间 ②提高温度 ③用盐酸或硝酸降低 pH
膜发黄，发白	①钝化液浓度稀 ②pH 太高	①补加浓溶液 ②调整 pH
膜发花，发雾	①镀锌后水洗不足 ②出光液太稀 ③锌镀层光亮不足 ④钝化液中锌高 ⑤新配液中缺锌离子	①加强镀后水洗 ②补加硝酸 ③镀锌槽补加光亮剂 ④更换钝化液或部分更换 ⑤加入锌粉处理钝化液

故障现象	可能原因	排除方法
钝化膜露底	①镀层太薄 ②钝化液 pH 太低	①延长电镀时间 ②用 5%NaOH(w)溶液调高 pH
局部有黑点	镀层中含铁杂质	处理镀锌溶液中铁杂质
钝化膜易变色	镀层中含铅杂质	用锌粉处理镀锌溶液
钝化膜抗蚀性能差	①锌镀层太薄 ②镀锌时电流太大 ③基体酸洗过度 ④钝化液失效 ⑤钝化液温度低	①延长镀锌时间 ②降低电流密度，并延长电镀时间 ③改善电镀前酸洗质量 ④更换钝化液或部分更换 ⑤提高钝化液温度

（5）Cr^{3+} 黑色钝化

溶液配方与操作条件见表 8-65。

表 8-65　Cr^{3+} 黑色钝化工艺规范

工艺条件	质量浓度 ρ_B（除注明外）/(g/L)						
	配方 1	配方 2	配方 3	配方 4	配方 5	配方 6	配方 7
$Cr_2(SO_4)_3$	25	醋酸铬 14.6	35	Cr^{3+} 3～5	Cr^{3+} 4.5	氯化铬 18～30	20
$FeSO_4$	COO^- 0.3	Fe^{2+} 4	10	1～2	磷酸三乙酯 10～20	硝酸铬 1～5	（有机羧酸 X）5
NaH_2PO_4	15	$NH_4H_2PO_4$ 15	15	8～12	二硫醇二羟基乙酸 1.5～3	10～20	柠檬酸 50
$NiSO_4$	$c(Fe^{2+})/c(Co^{2+})$ 2:1	（有机羧酸 M）6	（有机羧酸 X）6	丙二酸 3～6	五水磷酸钠 5～15	1～6	
氯化锌						羧酸类配位剂 15～30	
$NaNO_3$	NO_3^- 11	10	7	NO_3^- 1～2	六水硫酸钴 5		
草酸	磺基水杨酸 5	羟基乙酸 22.8	柠檬酸 32	3～6	15	硫酸钴 1～6	硝酸钴 15
丙二酸			过渡金属硫化物 2	Co^{2+} 1～2	丁二酸 2		磷酸 20
添加剂		Co^{2+} 1.5		甲酸 1～2g	甲酸 3		
有机羧酸					Zn^{2+} 5～10		5
温度/℃		室温	室温	15～20	25～30	40～60	室温老化温度 80
pH 值	2	2	1.3～1.8	1.8～2.0	2～3	2
时间/s	30	30	15～50	60		30

注：配方 4 加入低纳米级（粒径小于 10nm）酸性硅溶胶 0.4～2g/L，该工艺不需封闭。配方 5 含硫有机化合物作为发黑剂的三价铬钝化液，其钝化膜层外观较好，出现白锈（红锈）的时间较长，耐腐蚀性较优。配方 6 钝化液中添加磷酸（盐）能够显著改善膜层外观。

此外，Cr^{3+} 黑色钝化还有以下工艺。

配方 1：$Cr(NO_3)_3$ 0.03～0.07mol/L，磷酸二氢铵 0.03～0.75mol/L，H_2SO_4 0.02～0.5mol/L，HNO_3 0.06～0.6mol/L，过渡金属离子 0.005～0.5mol/L，有机螯合剂 0.02～0.3mol/L，pH1.5～2.0。

配方 2：Cr^{3+} 1～10g/L，NO_3^- 10～45g/L，Cl^- 0.5～20g/L，硫化物（最好是有机硫化物）1～20g/L，磷酸（亚磷酸）0.5～20g/L，螯合剂 0.5～30g/L，金属离子 0.5～20g/L，

粒径小于100nm的硅溶胶2~40g/L，pH 1.5~3.0，温度20~45℃，时间25~60s。结果表明：采用此钝化液处理后的锌及锌合金，可获得耐腐蚀性能高、外观乌黑、色泽均一的三价铬黑色钝化膜。值得一提的是，此法制备的钝化液稳定且寿命长。

配方3：Cr^{3+} 0.2~5g/L，草酸0.2~13g/L，Co^{2+} 0.2~10g/L，无机酸（HCl、H_2SO_4、HNO_3 1~50g/L，含氧磷酸盐0.5~20g/L，pH 2.0~2.5，温度20~30℃，时间20~60s，Cr/(Cr+Zn)=20/100~60/100，Co/(Cr+Co)=10/100~40/100；三价铬离子与草酸的摩尔比应控制为$n(Cr^{3+})/n(H_2C_2O_4)=0.8/1~1.3/1$。

配方4：Cr^{3+} 0.5~10g/L，Cu^{2+} 30~50g/L，$Fe^{2+}+Co^{2+}$ 0.1~0.2g/L，一元羧酸或盐50~90g/L，温度18~25℃，时间20~60s，外加机械搅拌。三组试验，采用XPS、XRD、金相显微镜、干涉显微镜和耐5% NaCl试验等检测手段得出：①在相同的钝化时间下，三价铬黑色钝化膜最厚；②在5% NaCl溶液中的腐蚀试验表明：由三价铬黑色钝化后的锌层，基体出现腐蚀的时间达400h，远大于同等条件下的锌层经蓝色和黄色钝化，说明三价铬黑色钝化膜具有很好的耐腐蚀性能。

配方5：硫酸铬25g/L，磺基水杨酸5g/L，COO^- 0.3mol/L，$c(Fe^{2+})/c(Co^{2+})=2:1$，磷酸二氢钠15g/L，$NO_3^-$ 11g/L，pH 1.8~2.5，温度5~35℃，时间30~60s，采用某种商品封闭剂做钝化膜的后涂覆处理。试验结果表明：虽然能够获得黑亮的膜层，其耐中性盐雾试验达96h以上，但其溶液的使用寿命不及三价铬彩色钝化液的寿命长。

配方6：磷酸铬25g/L，丙二酸25g/L，硫酸钴2.2g/L，醋酸镍2.3g/L，氟化钠0.5g/L，磷酸二氢钠12g/L，硝酸根0.18g/L，自制硅溶胶1g/L，pH 1.5，温度30~40℃，时间60~120s，每升钝化液含Cr^{3+} 4.5g。试验表明：通过中性盐雾试验挂镀出现红锈的时间为120h。磷酸铬中的三价铬不仅是钝化膜的主要组分，而且磷酸根亦参与成膜，因此膜层具有部分磷化膜的性质。

配方7：该工艺为两步法钝化，第一步，Cr^{3+} 3g/L，柠檬酸16.6g/L，Co^{2+} 0.6g/L，H_3PO_4 44g/L，硫酸亚铁4g/L，磺基水杨酸2g/L，pH=1.8~2.0，温度30℃，时间60s。采用此条件可得到黑色光亮的钝化膜，但膜的附着力及抗蚀性还不能满足工业技术要求；第二步封闭处理溶液的最佳组成为Zn^{2+} 4g/L，Cr^{3+} 5g/L，有机磷酸20g/L，增厚剂5g/L，柠檬酸26g/L，H_3PO_4 12g/L，经封闭烘干后的钝化膜层漆黑光亮，符合膜的耐蚀性，完全达到工业生产的技术要求。第一步处理后无需水洗进入第二步。

（6）Cr^{3+}钝化膜的封闭处理

如前所述，由于三价铬钝化膜中没有可渗出的Cr^{6+}，膜层不具有自修复功能，当三价铬钝化膜破损时，很快就会出现腐蚀。为了提高其使用性能，成膜后增加封闭处理是非常有效的措施，常用的封闭剂如下。

a. 硅酸盐类封闭剂。这种封闭剂是含硅酸或硅酸酯的液体，镀锌钝化后直接浸入硅酸盐混合液中，浸渍温度40~60℃，浸渍时间20~40s，干燥后钝化膜上覆盖一层玻璃化的透明膜，对钝化膜起到很好的防护效果，中性盐雾试验达到168h。

b. 有机漆封闭。水溶性清漆是一种以水作溶剂的丙烯酸乳液，含有交联剂，在干燥过程中分子间能相互交联强化，干燥后得到透明的膜层，对镀锌层钝化膜有较好的保护作用，缺点为封闭后蓝白色或彩虹色钝化膜色泽变差，因而在使用上受到一定的限制。

c. 硅烷基封闭剂。硅烷可与表面层形成共价键，与表面结合牢固，对镀层钝化膜能起到很好的保护作用。乙烯基硅烷（简称VS），适于镀锌层钝化膜。应用这种硅烷偶联剂时，必须经水解合成才有效。

硅烷基封闭剂的合成方法如下：取 10mL 硅烷偶联剂，加入 10mL 蒸馏水，6mL HAc（$w36\%$），搅拌 15min，冷却到室温。再加入 90mL 蒸馏水和一定量的稳定剂，用稀醋酸调 pH 至 5.6～6.6。

封闭剂使用工艺条件：硅烷偶联剂 6～8g/L，稳定剂 0.03mL/L，pH 5.6～6.6，浸渍温度 25℃，浸渍时间 30～50s。

彩色：三价铬钝化膜经上述工艺封闭后，中性盐雾试验可达 120h。

8.3.1.9　无铬钝化

无铬化学钝化技术如钼酸盐、钛酸盐、稀土盐、硅酸盐、钨酸盐、钒酸盐、有机酸及有机硅烷等无铬钝化工艺，钝化处理可分为无机物、有机物或有机无机联合处理，通常无机处理比较耐热、有机处理比较耐蚀。目前，人们采用各种方法综合处理，如对硅酸盐、钼酸盐和有机物等物质共同钝化进行研究，希望找到高耐腐蚀的无铬钝化层。根据处理步骤分为一步处理或多次浸渍钝化处理。在处理方式上甚至有采用电沉积方式的。一些钝化剂，各项性能已经达到或超过含铬钝化剂，但生产上没有广泛应用。这些方法思路，对于提高如磷化膜一类的转化膜性能，很有帮助，也可应用于其它镀层，我们可以用这类方法，对表面层进行综合处理，所以将这样的技术称为综合处理技术。事实上，跨专业处理的技术，如将渗氮与表面处理结合起来的 QPQ 技术，也早已出现并投入应用。

（1）硅酸盐钝化

硅酸盐钝化耐蚀性较差，加入有机物、钛酸盐及稀土共同作用等能提高其性能，硅酸盐钝化目前有黑色钝化、白色（蓝白）钝化及彩色钝化等，目前普遍认为硅酸盐钝化的原理是带负电的 SiO_3^{2-} 与溶液中 Zn^{2+} 相互作用的结果。硅酸盐钝化液配制一定要注意药品加入顺序，一般先加硅酸盐，再加酸，再加其它药品。目前有采用溶胶或通电辅助形成钝化膜的研究，这里限于篇幅，不过多叙述。

① 黑色钝化。锌层硅酸盐无铬黑色钝化液的最佳配比及其最佳工艺条件为：

$Na_2SiO_3 \cdot 9H_2O$ 16～24g/L（最佳 20g/L），HNO_3 11～15mL/L（最佳 13g/L），NaH_2PO_4 15～22g/L（最佳 20g/L），$ZnSO_4$ 8～14g/L（最佳 9g/L），$FeSO_4$ 0.5～1.5g/L（最佳 1g/L），$NaNO_3$ 16～24g/L（最佳 16g/L），（可加 $CuSO_4$ 8g/L），钝化时间 60～120s，pH 值 1.8～3，15～35℃，封闭 5s，吹干或自然干燥，在 60℃下老化 30min。中性盐雾实验条件下出白锈时间可达 60h。

② 蓝白钝化。$Na_2SiO_3 \cdot 9H_2O$ 17g/L，$TiCl_3$ 31g/L，H_2O_2 11mL/L，$CuSO_4 \cdot 5H_2O$ 1g/L，H_2SO_4（98%）3mL/L，KF 9g/L，用 H_2SO_4 调节 pH 至 2.5，钝化时间 40s，50℃，封闭 5s，吹干或自然干燥。中性盐雾实验出白锈时间 75h。试验表明，在硅酸盐钝化中，加入钛盐能大幅度提高钝化膜耐腐蚀能力。

以上钝化液各成分影响由大到小为：$Na_2SiO_3 \cdot 9H_2O$ ＞KF＞ H_2O_2 ＞$CuSO_4 \cdot 5H_2O$＞ $TiCl_3$

另外，亦可采用以下药品：40% 硅酸 40g/L，98% 硫酸 2.5～5g/L，38% H_2O_2 40g/L，10% HNO_3 5g/L，30% 磷酸 2～5g/L，硫脲 5～7g/L，氨基三亚甲基磷酸 80mL，pH 1.8～3.5，室温，20～50s。

一种无色硅酸盐钝化工艺：KH-550 硅烷 2%，KH-560 硅烷 2%，$VOSO_4$ 0.2%，H_2ZrF_6 0.25%，pH 4.5，浸 60s，150～200℃，烘干 150s。硅烷直接加入，搅拌均匀即可。

③ 彩色钝化。配方 1：Na_2SiO_3 15～25g/L，H_2SO_4 4～7mL/L，H_2O_2 15～20mL/L，

$CuSO_4$ 0～2g/L，$ZnNO_3$ 10～20g/L，15～50℃，pH 值 1.8～2.8，钝化时间 20～60s，吹干或自然干燥。中性盐雾试验条件下出白锈时间可达 75h。

配方 2：电镀锌硅钛复合钝化最优配方及最佳工艺参数：10g/L $Na_2SiO_3 \cdot 9H_2O$，10g/L $NaNO_3$，2mL/L $TiCl_3$，5mL/L H_2O_2，2g/L KF，25℃，pH 值 2.0，钝化时间 30s，60℃恒温烘干 10s。

配方 3：硅酸钠 50g/L，氨基三亚甲基膦酸（ATMP）80mL/L，硫脲 5g/L，钝化温度 20～40℃，pH 值 2.0～3.5，钝化时间 0.5～2.0min，90～100℃热水中封闭 3min。

配方 4：一种用电的钝化处理方法，以 Pt-Nb 作阳极，电镀锌钢铁件作阴极，将 SiO_2 和 Na_2O 按照 3.22∶1 的比例配制成硅酸钠溶液（PQ 溶液）倒入电解槽，通过电沉积吸附法对镀锌层进行钝化处理。在沉积吸附之前，镀锌钢铁件要先用丙酮脱脂，并用去离子水清洗。经过 PQ 溶液电解沉积吸附法处理后，在电镀锌钢铁件上会形成亚硅酸锌钝化层。

④ 硅溶胶钝化。用金属醇盐或无机物作为前驱体，在液相中将原料混合均匀，经水解缩合反应后，在溶液中形成稳定的透明溶胶体系。溶胶经老化，胶粒间的缓慢聚合，形成三维空间网络结构。凝胶网络间充满失去流动性的溶剂，形成凝胶。凝胶经过干燥烧结固化，制备出具有特定结构的材料。

单一硅溶胶钝化耐蚀性能较差，使用硅溶胶与 1.8mmol/L $CoSO_4$、4.2mmol/L $Ti(SO_4)_2$ 和 4.2mmol/L $C_2H_4(COOH)_2$ 组成的混合溶液进行钝化，制得的复合膜具有良好的耐蚀性能。加入硝酸盐有助于提高膜层的性能，使用 HNO_3 调节 pH 时引入的 NO_3^- 能起到催化作用；$CoSO_4$ 有利于提高膜层的附着力；Ti^{2+} 能促进硅酸盐胶体的缩合，使得膜层主要以 Si—O—Si 和 Si—O—Zn 交联成键的形式存在，且在宏观上使薄膜致密均匀。在盐雾试验中，该薄膜的耐蚀性能与钝化膜相当。

硅烷的钝化膜与镀锌层表面附着力较差，使用稀土元素和硅烷复合钝化，有利于提高膜层的附着力和耐蚀性能。在阳极区，Zn 作为阳极被氧化；在阴极区，发生 O_2 还原反应，产生 OH^-，进而 OH^- 与 La^{3+} 反应，产生 $La(OH)_3$ 沉淀，在锌表面形成一层薄膜，起到了耐腐蚀的作用，随后再用硅烷封闭处理，使膜层更加致密。有人配制了 0.1mol/L $La(NO_3)_3$，0.02mol/L HBO_3，30mL/L H_2O_2 组成 A 溶液，以及硅烷质量分数为 4% 的 B 溶液。先将锌板浸入 A 溶液进行处理后，再浸入 B 溶液处理，制得钝化膜。使用两步法制得的复合膜的耐蚀性能优于铬钝化膜。单一硅烷钝化膜在中性盐雾试验中暴露 18h，就会有白锈产生；而硅烷、镧盐复合钝化膜可达到 60h。

（2）钛盐钝化

所用钛盐有硫酸氧钛及钛的氯化物等。钛酸盐无毒，钛元素可形成各种不同的氧化钛，锌在钛酸盐溶液中发生氧化还原，相互作用形成钝化膜，其氧化物稳定性远高于铝及不锈钢的氧化膜，在机械损伤后能很快自修复，故它对许多活性介质是很耐腐蚀的。

① 钝化液组成与操作条件。钛酸盐钝化溶液组成和操作条件见表 8-66。

② 各成分作用。硫酸氧钛在所有的钛盐中是最稳定的一种。硫酸氧钛能在体积分数为 0.5%～1.0% 的稀硫酸中完全溶解。镀锌零件浸入硫酸氧钛的溶液中，锌与钛离子发生氧化还原作用，锌把部分的 Ti^{4+} 还原成了 Ti^{3+}。硫酸氧钛是钝化液中的主要成分，是钝化膜成膜剂。它易生成 $M_2[TiO(SO_4)_2]$ 型的配位化合物。溶液中若没有硫酸氧钛存在，则镀锌层只发生化学溶解，表面被抛光，但不能生成彩色钝化膜。若硫酸氧钛含量不足或过多，形成的膜外观和耐腐蚀性均达不到要求。硫酸氧钛含量以 3～6g/L 为最佳。硫酸可防止钛盐

水解并使钝化膜颜色加深。

表 8-66　钛酸盐钝化溶液组成和操作条件

工艺条件	质量浓度 ρ_B（除注明外）/(g/L)					
	配方 1	配方 2	配方 3	配方 4	配方 5	配方 6
95%硫酸氧钛（$TiOSO_4 \cdot H_2SO_4 \cdot 8H_2O$）	3~6	2~6	10	2~5	4	2~5
30%过氧化氢（H_2O_2）	50~80	50~80	60mL	50~80	50	50~80
65%硝酸（HNO_3）	4~8mL/L	3~6mL/L	6mL/L	8~15mL/L	8~15mL/L	—
98%磷酸（H_3PO_4）	8~12mL/L	12~20mL/L	硫酸 5mL/L		硫酸 4mL/L	10~20mL/L
六偏磷酸钠[$(NaPO_3)_6$]	6~15		15			
柠檬酸（$C_6H_8O_7$）		—		5~10	5~10	5~10
单宁酸（$C_{76}H_{52}O_{46}$）或聚乙烯醇[$(C_2H_4O)_n$]	2~4					
pH 值	1.0~1.5	1.0~1.5	1.0~1.5	0.5~1.0	1.0~1.5	0.5~1.0
温度/℃	室温	室温	室温	室温	室温	室温
钝化时间/s	10~20	10~20	10~20	8~15	8~15	8~15
空气中停留时间/s	5~15	5~15		5~10		5~10

注：1. 配方 1 和配方 2 是彩色钝化，一些工艺硝酸用量高达 12mL，还有用硫酸 5mL/L 的。配方 1 可用单宁酸，也可用聚乙烯醇，但两者不可以同时使用。用单宁酸生成的膜带金黄色，类似于铬酸盐钝化膜，用聚乙烯醇生成均一的蓝紫色钝化膜。

2. 配方 3~配方 6 是白色钝化，溶液组成简单，一次能生成白色钝化膜。适用于碱性无氰锌镀层和氯化物锌镀层，可获得银白色的外观。如果要使膜层带蔚蓝色，可以在 1~3g/L 硫酸氧钛（$TiOSO_4 \cdot 2H_2O$）和过氧化氢溶液中浸 5~20s。注意，浸的时间切勿过长，否则会出现彩虹色。另一种白色钝化工艺：氟化钛钾 3~4g/L，硼酸 0.8g/L，硫酸钠 1.2g/L，硝酸钠 1g/L，葡萄糖酸钠 1g/L，pH 1~2，室温，25s。

3. 配方 4 适用于氯化物锌镀层，能一次性获得蔚蓝色的白钝化膜。

4. 另一种粉红色钝化工艺，$TiCl_3$ 8g/L，双氧水 0.012%，硝酸 0.003%，氟硅促进剂 0.015%，添加剂 4g/L，pH 1.5~4，15~50℃，15~300s，随着钝化时间增加，颜色在蓝、黄、红、绿、白之间过渡。

由于硫酸氧钛的水解，Ti^{4+} 极易和过氧化氢形成配位化合物 $[TiO(H_2O_2)]^{2+}$，此配位化合物不易水解。过氧化氢含量以 50~80mL/L 为佳。含量过低，对镀锌层化学抛光性能差，钝化膜的色泽、均匀性、透明度和耐腐蚀性也都比较差；含量过高，钝化膜的彩虹色反而减少，表面甚至会产生一层白斑。

六偏磷酸钠和磷酸根参与并加速钝化膜的形成，改变了钝化膜的性能，形成了胶体膜，提高了锌镀层的耐蚀性。有资料介绍加磷酸盐到钛酸的硫酸溶液中，可以得到一种复盐。钝化溶液中磷酸根含量不能过高，过高会使膜层透明度下降；含量过低，则钝化膜结合力不牢。由钝化膜的外观和耐腐蚀性确定，六偏磷酸钠的含量以 7~15g/L 为宜。

硝酸是强氧化性的酸，对锌镀层有较好的化学抛光作用，同时还能增加膜层的结合力，这可能与 pH 值有关。硝酸还能使钝化膜产生干涉色。硝酸含量过高，会增加锌镀层的损耗，还会降低钝化膜的厚度，并使彩虹色变淡。其允许含量为 3~9mL/L。

单宁酸对钛离子有配合作用，配合后呈深红色。加入单宁酸后，使钝化膜的色泽加深，带有金黄色，可获得类似于铬酸盐钝化膜的外观。单宁酸的含量以 2~4g/L 为佳。

过氧化氢是钛盐钝化溶液中的主要配位剂，加入 8-羟基喹啉、焦磷酸钠和氢醌，都能抑制过氧化氢的分解速度，而使过氧化氢溶液变得稳定。

③ 操作条件影响。pH 值直接关系到膜的生成和生长，影响钝化膜的色泽。pH 值过低，对锌镀层有较强的腐蚀作用，形成的钝化膜也较薄。pH 值较高，形成的钝化膜较厚，但溶液不稳定，膜层质量也下降。对于彩色钝化，pH 在 1.0～1.5 最理想，这时膜层为均匀的彩色。

钛酸盐钝化通常在室温下进行。钝化溶液温度升高，钝化膜溶解速度加快，同时加速过氧化氢的分解，钝化溶液稳定性下降。最好控制到 25℃以下。

钝化时间对膜层的厚度和钝化膜的色泽都有较大的影响。少于 5s，膜层光泽度差，彩色淡，一般应控制在 10～20s，并在空中停留 5～15s。

钝化后应迅速仔细清洗，清洗不彻底影响钝化膜外观及耐蚀性。钝化膜多孔，孔中残留的钝化溶液在存储、装配和使用过程中会渗出来，使钝化膜出现腐蚀斑点。

锌镀层钛酸盐钝化膜和铬酸盐的结构差不多，都是无定形的多孔膜，能吸附一些物质于其中。钛酸盐钝化膜在含铬酸溶液中封闭后，能提高在高温下的耐蚀性；在含高锰酸钾溶液中封闭后，能加深钝化膜的色彩。

铬酸封闭法是在清洗后于最后一道烫热水的工序中加入 0.3～0.5g/L 的铬酐，浸渍 5～10s，烫后可直接干燥。铬酐浓度不要超过 1g/L，否则会有铬酸迹。

高锰酸钾封闭法是在最后一道热水中加入 0.3～0.5g/L 高锰酸钾，浸渍 5～10s，清洗过后再进行干燥。

钝化膜热水清洗可控制在 60～90℃。热水温度高一点，钝化膜的彩虹色可以变得深一些。钛盐钝化膜也可以进行烘干。

④ 溶液配制。

a. 将所需固体硫酸氧钛用少量热水调成糊状，加 50～100 倍的水稀释，然后加入浓硫酸（1g/L 硫酸氧钛加 1mL/L 浓硫酸），搅拌待其溶解。常温下溶解需 4～6h，如要加快溶解速度可加温到 50℃左右，大约 0.5h 即可溶解。

b. 加入所需量的过氧化氢。过氧化氢很快与溶液中的钛离子配合，形成 $[TiO(H_2O_2)]^{2+}$ 配离子，溶液由无色变成橙红色。

c. 加入所需量的硝酸，最好事先用水稀释 1 倍后加入。

d. 把所需量的磷酸事先稀释 1 倍后加入。六偏磷酸钠先要用冷水溶解，然后在搅拌情况下加入，这时溶液的红色稍变淡。

e. 加入用 50 倍冷水预先溶解的单宁酸，或加入先用热水溶解的聚乙烯醇。加入单宁酸后，溶液颜色又稍变深。

f. 加水至规定体积，搅拌均匀即可。

⑤ 钛酸盐钝化常见故障现象及处理方法见表 8-67。

表 8-67　钛酸盐钝化常见故障现象和产生原因及处理方法

故障现象	产生原因	处理方法
钝化膜光泽和结合力差	磷酸含量低	加入适量磷酸
钝化光亮，但色彩很淡	硝酸高或单宁酸及磷酸低	加入单宁酸及磷酸
钝化膜表面有白斑	①过氧化氢及硫酸氧钛含量过高 ②磷酸含量低	①控制过氧化氢或硫酸氧钛加入量 ②提高磷酸含量
钝化溶液浑浊	过氧化氢含量低或 pH 值太高	视情况调整

故障现象	产生原因	处理方法
钝化膜变黑	①镀层中含铜杂质较高 ②钝化槽或出光槽铁离子高	①镀锌槽除铜 ②防止铁离子进入

水溶剂型钛溶胶钝化工艺为：12.5mL/L 钛酸四丁酯，4mL/L 乙酰丙酮，5mL/L HNO_3，3mL/L H_2SO_4，5mL/L CH_3COOH，5mL/L H_2O_2，微量 NaOH，200mL/L 乙醇，余量水，钝化时间 15s，40℃；非水溶剂型钛溶胶钝化工艺为：25mL/L 钛酸四丁酯，8mL/L 乙酰丙酮，3mL/L HNO_3，1mL/L H_2SO_4，1mL/L HCl，余量乙醇，钝化时间 10s，钝后室温下风干处理，并通过添加等物质的量的硅烷偶联剂 KH560 对钝化液进行改性，制备硅烷偶联剂和钛溶胶的复合钝化膜。

最佳配方组分及工艺条件：三氯化钛 8mL/L，双氧水 10mL/L，硝酸钠 15g/L，葡萄糖酸钠 4g/L，pH 1.5，钝化时间 25s，30℃，60℃恒温烘干。使用该配方及工艺条件获得的钛盐彩色钝化膜，目视观察膜层呈红绿彩色，色彩鲜艳，光亮度较好。影响钝化膜外观色彩及耐蚀性的化学组分由主到次依次为三氯化钛、硝酸钠、双氧水、葡萄糖酸钠。

（3）钼酸盐与钨酸盐钝化

钼酸盐钝化以阴极电解法较好，成膜时间短。如用化学浸渍法，则需要较长的时间。钼酸盐大多与磷酸盐配合，形成杂多酸，同时加入有机酸如丙烯酸等，以改善性能。当 Mo/P 物质的量比为 0.6 时，形成的钝化膜性能最好，与六价铬钝化相当。

① 白色钝化。钼酸钠 30g/L，磷酸钠 15g/L，硫酸 2mL/L，有机酸 10g/L，20～70℃，10～70s。该钝化液低毒、稳定性好、成本低、钝化工艺简单、所得钝化膜的颜色为蓝白色，且耐腐蚀性能与铬酸盐钝化膜相当。

② 彩色钝化。

配方 1：钼酸钠 10～20g/L，乙醇胺 2～5g/L，用磷酸调整 pH 至 2～5，50～70℃，20～60s。

配方 2：钼酸钠 30g/L，磷酸 8mL/L，磷酸钠 10g/L，硝酸 3mL/L，硝酸铈 12g/L，HEDP 2g/L，pH 2.0，钝化时间 120s，35℃。

根据浓度、温度和浸入时间的长短，钝化膜的颜色将会发生变化，可从微黄、灰蓝色、军绿色直至黑色。

配方 3（磷钼杂多酸钝化）：钼酸钠 10g/L，硫酸钴 1.5g/L，磷酸 5.0mL/L，硝酸 4mL/L，羟基亚乙基二膦酸 mL/L，温度 35～60℃，pH 2～4，钝化 20～40s，60～80℃烘干 5～20min。

配方 4：钼酸钠 10g/L，磷酸 5.0g/L，硝酸 4.0g/L，适量羟基亚乙基二膦酸，40℃，30s，烘干 70℃，15min。

配方 5（黑色钝化）：300g/L 钼酸铵，600mL/L 氨水，温度为 30～40℃，时间为 10min。该溶液稳定性好，成分简单，易维护，每天加入 20mL/L 氨水，每月加入 30g/L 钼酸钠。

配方 6：钼酸盐与硅酸盐协调作用。

一步法具体工艺条件如下：5g/L $NaH_2PO_4 \cdot 2H_2O$，其它添加剂适量，7%（体积比）乙烯基硅烷，甲醇与蒸馏水之比为 10：90，pH 4，温度 40℃，水解 6h，浸渍 2min 后，自然干燥。

二步法具体工艺条件如下。

a. 钼酸盐处理：$10g/L$ $Na_2MoO_4 \cdot 2H_2O$，$10g/L$ $NaH_2PO_4 \cdot 2H_2O$，H_3PO_4 及其它添加剂适量，pH 5，温度 60℃，时间 40s。

b. 硅烷处理：7%（体积比）乙烯基硅烷，甲醇与蒸馏水之比为 10∶90，pH 4，40℃，水解时间 6h，浸渍 2min 后，自然干燥。

钨酸盐与锌镀层也能形成钝化膜，但钨酸盐钝化膜的耐蚀性要比钼酸盐差。

配方 7：钨酸钠 $30g/L$，用硼酸钠调 pH 值至 9.0，阴极电流密度 D_k $0.5A/dm^2$，20℃，阴极电解 10s，阳极电解 10s，钝化 2～5 次，得到彩虹色钝化膜，但耐蚀性不如铬酸盐钝化膜好。

配方 8：钨酸铵 $5g/L$，硝酸铬 $15g/L$，75%磷酸 $25g/L$，60%硝酸 $25g/L$，用氨水调 pH 值至 2.0，将镀锌铁板浸入处理液中 1min 就可得到膜层，并在成膜后进行水洗和干燥。处理后的试样在中性盐雾试验中耐蚀性达到 120h。

（4）稀土钝化处理

稀土中的铈盐、镧盐和镨盐也能与锌镀层形成钝化膜。稀土钝化原理是稀土氧化物和氢氧化物在锌镀层表面沉积，镀层溶解受阻，提高了锌镀层的耐蚀性。从钝化膜的耐蚀性来看，铈盐钝化膜的质量接近铬酸盐钝化膜，镧盐和镨盐钝化膜的质量优于钼酸盐钝化膜。稀土钝化可用化学法、电化学成膜。复合稀土盐与有机硅烷共同作用，能提高钝化膜的耐腐蚀性。

常温下，将金属锌或镀锌零件在 $0.005mol/L$ 硝酸铈或三氯化铈与双氧水的混合液中，就能得到一定颜色（黄色或灰色）的钝化膜。

另一种工艺为 $40mL/L$ 过氧化氢，$40g/L$ 氯化铈，pH 4，30℃，溶液中浸渍 1min，可得到金色的转化膜层。该钝化膜中含有铈的氧化物，有很好的耐蚀性。

稀土化合物可用可溶解性的硝酸盐、硫酸盐和氯化物。在铈盐钝化液中加入硫代乙酰胺，能大幅度提高铈盐转化膜的耐腐蚀能力。

配方 1：铈盐改性转化工艺。$10g/L$ $Ce(NO_3)_3$，$16g/L$ $Na_6P_6O_{18}$，0.1～2.0g/L 硫代乙酰胺，25～75℃，pH 值 0.50～4.30，时间 1～25min。

配方 2：混合稀土和双氧水配制的钝化液工艺。最佳工艺为：混合稀土 $80g/L$，双氧水 $60mL/L$，钝化温度 30℃，pH 值 4.0，钝化时间 60s。

二步法：先浸铈盐钝化液，然后再浸有机硅烷溶液钝化液。

Ce 盐钝化液：$Ce(NO_3)_3 \cdot 6H_2O$ $20g/L$，H_2O_2 $20mL/L$，添加剂适量，pH 4，室温下，钝化时间 30min，自然干燥。

硅烷溶液：7%（体积比）乙烯基硅烷，甲醇与蒸馏水之比为 10∶90，pH 4，40℃，水解时间 6h，浸渍 2min 后，自然干燥。

一步法：将稀土盐与有机硅烷溶液混合，一次浸泡钝化液，$Ce(NO_3)_3 \cdot 6H_2O$ $0.02g/L$，H_2O_2、添加剂适量，7%（体积比）乙烯基硅烷，甲醇与蒸馏水之比为 10∶90，pH 4，40℃，水解时间 6h，浸渍 2min 后，自然干燥。

几种具有自愈合能力的钝化膜如下。

第一种：在 30℃时，将锌试片浸入 $0.001mol/L$ $Ce(NO_3)_3$ 溶液中 30min，清洗后，向锌试片的表面添加 $55\mu g/cm^2$ 的 $Na_3PO_4 \cdot 12H_2O$ 和 $10\mu g/cm^2$ 的 $Ce(NO_3)_3 \cdot 6H_2O$，添加的 $Na_3PO_4 \cdot 12H_2O$ 和 $Ce(NO_3)_3 \cdot 6H_2O$ 是均匀混合溶液，在 90℃下干燥 23h。

第二种：与第一种工艺相近，只是添加的溶液为 $19.9\mu g/cm^2$ 的 $Ce(NO_3)_3 \cdot 6H_2O$ 和 $55.2\mu g/cm^2$ 的 $Na_3PO_4 \cdot 12H_2O$。

第三种：添加的溶液为 $55.2\mu g/cm^2$ 的 $Na_3PO_4 \cdot 12H_2O$。

第四种：在 30℃ 时，将锌试片浸入 $0.001mol/L$ $Ce(NO_3)_3$ 溶液中 30min，清洗后，向锌试片的表面添加 $11\mu g/cm^2$ 的 $Ce(NO_3)_3$ 的水溶液，暖风吹干后，向表面添加 $162\mu g/cm^2$ 的 $Na_2Si_2O_5$ 水溶液，在 90℃ 下干燥 22h。虽然该工艺较为复杂，但是所得的钝化膜耐蚀性和自愈合能力是四种钝化工艺中最好的。

用 $30\sim80mg/L$ OP 乳化剂，$70\sim20mg/L$ Ce^{4+} 配制成缓蚀溶液，这种溶液对锌层表现出很强的缓蚀效果，缓蚀率可达 98%，而且基本保持不变。而如果 OP 乳化剂和铈单独用作缓蚀剂，则其最大缓蚀率仅为 40% 和 8%，可见两者发生了协同效应。

（5）有机酸钝化

用于锌层钝化的有机酸包括单宁酸、环氧树脂、丙烯酸及植酸等。

① 单宁酸钝化。单宁酸又称鞣酸，无毒，易溶于水。在水中呈酸性，能少量溶解锌层。

a. 单宁酸 $40g/L$，硝酸 $5mL/L$，锆氟化物，60℃，20s。

b. 单宁酸 $40g/L$，硝酸 $5mL/L$，35℃，30s。

c. 单宁酸 $40g/L$，硝酸 $5mL/L$，氟钛酸钾 $10g/L$，双氧水 $60mL/L$，25℃，$20\sim30s$。

② 另一种锌层钝化工艺则有一个活化过程：将锌层浸入 $pH=13.5\sim14$ 的 KOH 溶液中，温度为 50℃ 左右，活化 $0.5\sim1min$，然后在 $3\sim5g/L$ 单宁酸液中于 60℃ 钝化 30s，能达到六价铬的钝化效果。

当钝化后还需涂漆时，加入磷酸，与单宁酸共同作用，能增加涂层附着力。

③ 环氧树脂钝化。将环氧树脂和一些无机盐混合后形成混合酸，对镀层进行钝化处理，可获得与铬酸盐钝化相当的效果。据报道，有三种组合形式：环氧树脂＋偏钒酸钠＋硼酸钙；环氧树脂＋乙酸铈；环氧树脂＋偏钒酸钠＋乙酸铈＋草酸铈。

④ 丙烯酸钝化。改性丙烯酸（如水性硅丙树脂）与硅酸钠、钼酸钠、偏钒酸铵等组成的钝化体系，据报道达到了六价铬钝化效果。一种丙烯酸钝化工艺：丙烯酸树脂 $40mL/L$，硝酸钠 $20g/L$，硅酸钠 $40g/L$，双氧水 $15mL/L$，pH 11，25℃，钝化 30s，恒温烘干。

⑤ 植酸钝化。植酸又称肌醇六磷酸，无毒，易溶于水，酸性较强，含有 12 个未反应的磷羟基，24 个能同金属络合的氧原子等。所以，植酸可在很宽的 pH 范围内与金属离子形成多个螯合环，得到十分稳定的络合物。植酸在锌层表面与锌离子络合时很容易在表面形成一层致密的单分子保护膜。

a. 单一植酸转化膜工艺：植酸 $10mL/L$，pH 4，处理温度 80℃，处理时间 5min。成膜速度较快，随处理时间的延长，膜层增厚，开始出现微裂纹。

b. 植酸 3.5%，氧化剂 0.1%，硫酸锌 0.2%，改性硅溶胶 5.2%，硝酸 1.2%，50℃ 钝化 $30\sim40s$，pH $2\sim3$，70℃ 烘干 $2\sim3min$。将前述成分依次溶解于去离子水中，用硅酸钠（硅酸钠边搅拌边滴加）调 pH 至 $2\sim3$，应为透明溶液。

通常在钝化前有一道硝酸清洗工艺，洗去锌层表面氧化膜。耐蚀性接近或超过六价铬钝化，但色泽单一，附着力较差，且无自愈能力。

钝化液组成也可为：50% 植酸溶液 1.6%，粒径 200 目硅胶 3%，聚乙烯醇 5.0%，去离子水 89.4%，$(NH_4)_2TiF_6$ 1.0%。

c. 植酸与钛盐结合的工艺。$Ti(SO_4)_2$ 1g/L，H_2O_2 60mL/L（w 30%），pH 0.5～1.0，处理温度 25～30℃，处理时间 10min。改进型钛盐成膜工艺为在单一钛盐成膜工艺的基础上添加含量为 20mL/L 的植酸。单一钛盐转化膜随处理时间的延长而增厚，当处理时间达到 10min 时，膜层表面开始出现微裂纹；当处理时间超过 10min 后，膜层增厚，微裂纹继续增长导致膜层开裂，耐蚀性能下降。改进型钛盐转化膜成膜速度快，在处理时间为 1min 时，在锌表面即生成了连续完整致密的膜层；当处理时间超过 10min 后，膜层出现裂纹，且随处理时间的延长，裂纹逐渐变宽，并开裂翘起。

d. 植酸-铈盐复合膜工艺：在植酸处理后，再进行处理，$Ce(NO_3)_3 \cdot 6H_2O$ 20g/L，植酸 20mL/L，pH 3～4，处理温度 40℃，处理时间 30min。

（6）其它

包括有机无机协同作用、有机硅烷钝化等。

① 有机无机协同作用钝化液。

配方 1：0.01%～40.00%磷钼酸铵，1.00%～30.00%氟硅酸，0.01%～20.00%烷氧基硅烷，1.00%～30.00%磷酸，0%～40.00%成膜乳液，0%～5.00%润滑剂，pH 值调节剂，水。

配方 2：3～10g/L $(NH_4)_6Mo_7O_{24} \cdot 4H_2O$ 或 $Na_2MoO_4 \cdot 2H_2O$，2～4mL/L H_3PO_4，1～3g/L 酸性硅溶胶，用草酸或植酸将钝化液的 pH 值调整在 2～5 之间，室温，钝化时间 80～100s。试样钝化完成后，80℃热风干燥 15min。

② 有机硅烷钝化。A组分配方为：表面活性剂（SDS＋OP-10）为（5＋10）g/L，有机硅烷偶联剂 60mL/L，水性丙烯酸改性环氧树脂乳液 250mL/L，磷钼酸盐溶液 100mL/L。B组分为：水性改性胺固化剂 LI810。A组分与固化剂B组分的固化比为 1∶0.7（体积比），制备的复合无铬钝化液处理锌板的最佳条件为钝化温度 25℃，钝化时间 60s，干燥温度 80℃，干燥时间 40min。

8.3.2　锌及锌合金着色

锌是有青白色光泽的金属。锌钝化形成的膜具有各种颜色，钝化与着色难以完全分开。前面已经详细阐述了钝化及所产生的颜色，这里介绍的是前面未介绍的着色工艺。

锌及其合金的直接着色法有铬酸盐法、硫化法和置换法。锌合金还可用间接法进行着色。

在这些方法中，铬酸盐法应用最广，通常习惯称作锌钝化。锌的钝化工艺见前面所述。其它方法着色工艺规范如表 8-68 所示，锌合金着色工艺规范见表 8-69。

表 8-68　锌着色工艺规范

颜色	序号	溶液配方		工艺条件			备注
		成分名称	质量浓度 ρ_B（除注明外）/(g/L)	pH 值	温度/℃	时间/min	
黑色	1	硫酸镍铵[$NiSO_4 \cdot (NH_4)_2SO_4 \cdot 2H_2O$] 硫氰化钠($NaSCN$) 氯化铵($NH_4Cl$)	200 100 5	5～5.5			加入少量铜离子，可使色泽鲜艳
	2	钼酸铵[$(NH_4)_2MoO_4$] 氨水(28%)($NH_3 \cdot H_2O$)	30 47mL/L		30～40	10～20	此溶液要经常补充氨水

颜色	序号	成分名称	质量浓度 ρ_B（除注明外）/(g/L)	pH 值	温度/℃	时间/min	备注
黑色	3	铬酐(CrO_3) 硫酸镍铵[$NiSO_4 \cdot (NH_4)_2SO_4 \cdot 2H_2O$] 硝酸银($AgNO_3$)	5～8 10 0.5～1.5		室温	10～60 s	因有银盐,配制该溶液要用蒸馏水。镀锌零件要用3%硝酸浸亮后,经清洗再着色
	4	硫酸铜($CuSO_4 \cdot 5H_2O$) 氯化钾(KCl)	45 45		室温		
蓝色	5	A 液:亚硫酸钠(Na_2SO_3) 水(H_2O) B 液:醋酸铅[$Pb(CH_3COO)_2 \cdot 3H_2O$] 水($H_2O$)	45 500 mL 少量				使用时,将 A、B 液混合煮沸
钢盔绿色	6	铬酐(CrO_3) 氯化钾(NaCl) 硫酸铜($CuSO_4 \cdot 5H_2O$)	50 30 30		室温	10s	适于氯化钾镀锌层,经硝酸浸亮后在此液中着色,得牢固亮如瓷漆的钢盔绿色膜
红色	7	酒石酸铜($CuC_4H_4O_6$) 氢氧化钠（NaOH）	150 200		40		注意控制温度在规范之内
深红色	8	硫酸铜($CuSO_4 \cdot 5H_2O$) 酒石酸氢钾($KHC_4H_4O_6$) 碳酸钠(Na_2CO_3)	50 50 150				

表 8-69　锌合金着色工艺规范

颜色	序号	成分名称	质量浓度 ρ_B（除注明外）/(g/L)	温度/℃	时间/min	备注
草绿色	1	铬酐(CrO_3) 盐酸($\rho=1.19g/mL$)(HCl) 磷酸(H_3PO_4)	120 50mL/L 10mL/L	30～35	数秒钟	适用于 Cu-Mg-Al-Zn 合金
	2	重铬酸钾($K_2Cr_2O_7$) 硫酸($\rho=1.84g/mL$)(H_2SO_4) 盐酸($\rho=1.19g/mL$)(HCl)	100 15mL/L 150mL/L	30～50	数十秒	适用于 Cu-Mg-Al-Zn 合金
黑色	1	铬酐(CrO_3) 硫酸($\rho=1.84g/mL$)(H_2SO_4) 硫酸铜($CuSO_4 \cdot 5H_2O$) 硝酸($\rho=1.42g/mL$)(HNO_3)	150 5mL/L 2～3 13mL/L	室温	10s	适用于 Mg-Zn 合金,用于光学器械、枪支上
灰色	2	硫酸铜($CuSO_4 \cdot 5H_2O$) 氨水(28%)($NH_3 \cdot H_2O$) 氯化铵(NH_4Cl)	20 50mL/L 30	20～25	数分钟	适用于 Cu-Mg-Al-Zn 合金

颜色	序号	溶液配方		工艺条件		备注
		成分名称	质量浓度 ρ_B（除注明外）/(g/L)	温度/℃	时间/min	
仿古铜色	1	多硫化钾(K_2S_x) 氯化铵(NH_4Cl)	20～25 50	50	30s	溶液稳定性好，使用寿命长，K_2S_x 可用 K_2S 和硫黄制备
	2	硫化钾(K_2S) 氯化钠($NaCl$)或 氯化铵(NH_4Cl)	5～15 3	40～60	10～15s	先配制 K_2S 备用液，使用时取一定量 K_2S 备用液，按比例加入 NH_4Cl，搅拌均匀即可着色
仿古青铜色	1	碱式碳酸铜[($CuCO_3 \cdot Cu(OH)_2 \cdot H_2O$)] 氨水($NH_3 \cdot H_2O$)	4 15mL/L	室温	2～15s	先用一定量的氨水溶解一定量的碱式碳酸铜，作备用液，放置 24h 以上，使用时取计量的备用液用水稀释至规定体积，搅拌均匀即可使用
	2	碱式碳酸铜[($CuCO_3 \cdot Cu(OH)_2 \cdot H_2O$)] 氨水($NH_3 \cdot H_2O$)	60～120 150～300mL/L	室温	5～15s	

以上仿古铜色和仿古青铜色为锌合金间接着色方法。工艺过程是，经滚光、除油、酸洗活化后的锌合金零件，先预镀铜（氰化镀铜）或仿金（含 Cu 60%，Zn 40%）作为仿古铜的底层，然后进行着色。

8.3.3 锌铁合金钝化

这种钝化既适于锌铁合金金属，亦适于锌铁合金镀层，但需注意含铁量不同，适宜的钝化方法不同。锌铁钝化处理能隔离金属或其镀层与腐蚀介质，可以数倍提高镀层的耐腐蚀性。低铁含量的合金镀层，容易铬酸盐钝化处理。据报道可以首先将 Zn-Fe 合金镀层进行刻蚀性铬酸盐钝化处理，使其表面生成含 Cr 50～100mg/m² 的钝化膜；经刻蚀性铬酸盐钝化处理后的 Zn-Fe 合金再用含有有机聚合物的非刻蚀性铬酸盐钝化溶液进行涂布处理。高铁含量的锌铁合金，可以在其上镀一锌层，再进行钝化处理；还可磷化处理，磷化后再涂漆，可以获得高耐腐蚀性的镀涂层。钝化膜颜色一般为黑色、彩虹色和白色。黑色钝化膜耐蚀性最高，彩虹色次之，蓝钝效果最差。锌铁合金钝化后出红锈时间可达 400h 以上。白色也称本色，即金属颜色，有时稍带蓝色，也称为蓝钝。

铬酸盐钝化膜的显色离子主要是 Cr^{3+} 与 Cr^{6+}，其中三价铬化合物为绿色，六价铬化合物为橙红色，调配二者的比例可获得各种颜色的钝化膜，如橄榄绿色、黄色、彩色等，但却无法得到黑色，因此需要引入能产生黑色的显色离子。

（1）锌铁合金黑色钝化

锌铁合金黑色钝化工艺规范见表 8-70。

表 8-70　锌铁合金黑色钝化工艺规范

工艺条件	质量浓度 ρ_B（除注明外）/(g/L)					
	配方 1	配方 2	配方 3	配方 4	配方 5	配方 6
铬酐(CrO_3)	15～20	15～30	15～25	15～20	25～30	5
硫酸铜($CuSO_4 \cdot 5H_2O$)	40～45	30～50	35～45	(45)	30～35	

工艺条件	质量浓度 ρ_B（除注明外）/（g/L）					
	配方 1	配方 2	配方 3	配方 4	配方 5	配方 6
硫酸						0.5～1
硝酸						3～8
醋酸（HAc）	45～50	70～125	40～60	45～50	80mL/L	
醋酸钠（NaAc）	15～20			15～20		
硝酸银				0.4～0.5		
甲酸铜[Cu(HCOO)$_2$]			15～25			
钠盐		20～30			25	
pH 值	2～3	2～3	2～3	2～3	2～3	1.0～1.6
温度/℃	室温	室温	室温	室温	室温	室温
时间/s	30～60	2～3	100～150	30～60	180～300	10～45
空停		15s				无需空停
颜色	黑色	黑色	黑色	黑色		彩虹色

黑色钝化主要有铜盐法和银盐法。银盐在溶液中活性氢的还原作用下，被还原成银微粒夹杂在铬酸盐膜中，银微粒呈黑色外观，使钝化膜呈黑色。近年来也有不用铜盐和银盐作发黑剂的工艺。

（2）锌铁合金其它颜色钝化

锌铁合金其它颜色钝化的工艺规范见表 8-71。

表 8-71 锌铁合金钝化工艺规范

工艺条件	质量浓度 ρ_B（除注明外）/（g/L）								
	配方 1	配方 2	配方 3	配方 4	配方 5	配方 6	配方 7	配方 8	配方 9
铬酐	1.5～2.0	5	2～5	1～2		150～250	5～10		
硝酸（w=65%）	0.5mL/L	3～8	25～35 mL/L		钠盐 6	15～20 mL/L	3～5 mL/L	NO_3^- 8～300	20mL/L
硫酸盐	0.5		70～90		无水钠盐 5				
EDTA									EDTA= 钠盐 3
柠檬酸钠					10				
硫酸（w=98%）					硫酸钴 1.6	10～25 mL/L	3～5 mL/L		10mL/L
三氯化铬					18			Cr^{3+} 0.2～20	12
重铬酸铵									5
氯化钠	0.2							Cl^- 0.6～60	
氟化物	2～3								
硫酸		0.5～1.0	10～ 15mL/L						

工艺条件	质量浓度 ρ_B（除注明外）/（g/L）								
	配方1	配方2	配方3	配方4	配方5	配方6	配方7	配方8	配方9
氢氟酸			3~4mL/L						钠盐2
硝酸锌			0.5~2	0.5~0.8					
氯化铵			0.5~2.5	0.5~0.8	水溶性20%硅胶16				
pH值	1.5~1.7	1.0~1.6			1.5	1~2		2~3	1.5~2.0
温度/℃	室温	室温	10~30	室温	25~30	室温	室温		15~35
时间/s	30~40	10~45	10~30	5~20	20	10~15	30~40		10~20
颜色	彩虹色	彩虹色	白色	白色	蓝色	彩色	彩色	彩虹色	蓝白色

超低铬金黄色钝化：铬酐 3g/L；硝酸 2mL/L；硫酸 0.3mL/L；pH 1~2；室温；10~40s；空停 10s；干燥温度 50~60℃。

低铬彩钝化：铬酐 5g/L；硝酸 3mL/L；硫酸 0.6mL/L；pH 1.8~2；室温；时间 10~12s；空停 8~10s。

白色钝化液配方：0.5~1.0mL/L HNO$_3$；1~5g/L CrO$_3$；0.5~1.0g/L BaCO$_3$。10~40℃，钝化时间 10s。

（3）三价铬钝化工艺

三价铬钝化目前应用广泛。该工艺性能稳定，最主要的问题是若钝化膜受到损伤，Cr^{3+} 缺乏像 Cr^{6+} 那样对膜层的自我修复能力。

① 三价铬蓝白钝化工艺。

配方1：$CrCl_3$ 8~12g/L；HNO$_3$ 6mL/L；NaF 6g/L；室温；时间 5~10s。

配方2：$CrCl_3$ 20~40g/L；硝酸钠 5~15g/L；羧酸盐（如柠檬酸盐）20~30g/L；无水硫酸钠 4~8g/L；七水硫酸钴 3~8g/L；20%硅胶 7~14g/L；温度 20~30℃；时间 20~30s；pH 1.7~2.3。

② 黑色钝化工艺。

配方1：氯化铬 40g/L；硫酸镍 20g/L；磷酸二氢钠 16g/L；硝酸 2g/L；羧酸类配位剂 10g/L；硼砂 12g/L。pH 1.8~2.0；温度 45~50℃；时间 20~30s。在该配方下得到的锌铁合金黑色钝化膜外观深黑，光亮均匀。

氧化剂将基体变为离子，附近镀液 pH 上升，沉淀为膜层。配位剂在钝化液中主要起配位作用，早期三价铬钝化液中一般采用氟离子作配位剂，但氟离子对人体和环境都有很大危害，所以现在已经不用。现在三价铬钝化液一般采用有机酸或强碱弱酸盐作为配位剂，因为配位剂影响成膜，若配位性太强会导致成膜速度慢，膜层薄甚至不能成膜；若配位性太弱会造成钝化液稳定性差，膜层无光泽。有报道称柠檬酸的效果较好。钝化后选用硅酸钠封闭，据报道效果好。

配方2：氯化铬 18~20g/L；硝酸钠 5~6g/L；柠檬酸钠 8~10g/L；金属离子硫酸钴 16g/L；封闭剂 20%；硅胶 16g/L；硫酸钠 5~6g/L；温度 25~30℃；pH 1.8~2.2；时间 20~30s。

对钝化膜耐腐蚀性能的影响程度大小为：氯化铬＞硝酸钠＞柠檬酸钠。在钝化液配制完成后到钝化液使用前的这一段时间内，对钝化液控制老化，钝化液老化 24s，温度 60℃。

其中，氯化铬为钝化液中的主盐，为钝化膜提供三价铬离子；柠檬酸钠是配位剂，起调节钝化液稳定性的作用，并与钝化液中的三价铬离子形成络合物；硝酸钠为氧化剂，起氧化镀层的作用；无水硫酸钠为成膜促进剂，并能增加钝化层的附着力；钴离子起活化钝化液、增加钝化膜耐蚀性的作用；硅胶为封闭剂，提高钝化膜的致密程度和均匀程度。

（4）稀土转化处理

$CeCl_3$ 10g/L；H_2O_2 13mL/L；浸泡时间 1h。

8.3.4 锌镍合金钝化

锌镍合金经钝化处理后，钝化膜阻隔锌镍合金镀层与腐蚀介质，可进一步提高耐蚀性。经过铬酸盐钝化处理的彩虹色钝化膜，其耐蚀性比镀锌层的彩色钝化膜要提高 5 倍以上。但在锌镍合金上形成彩色钝化膜比镀锌层上要困难得多，且随着合金中镍含量的增加，困难越大。一般合金中镍含量在 10％以内，钝化比较容易；含镍量在 13％左右时，钝化则比较困难；当镍含量超过 16％时，则很难钝化。锌镍合金镀层的钝化处理，可分为彩色、黑色和白色等。通常采用 Cr^{6+} 钝化，当钝化膜被碰伤后，生成的铬酸盐有自我修复功能。

8.3.4.1 彩色钝化

钝化液的主要成分是铬酐或铬酸盐。典型彩色钝化见表 8-72 的配方 2。加一定量的氯化镍，有助于保持锌镍合金的硬度。三价铬化合物是膜的主要成分，是构成膜层的"骨架"。在新配制的溶液中无三价铬离子，钝化膜色彩淡而偏黄。为了生成三价铬，采用加入锌粉或硫酸亚铁的方法，把六价铬还原成三价铬。锌镍合金彩色钝化膜比本色钝化耐腐蚀性更高，但若生产中处理不恰当，会使钝化膜层出现裂纹，使其耐腐蚀性还不如本色钝化。

钝化液中铬酸的浓度低时，彩色膜颜色较淡，成膜速度也较慢，钝化时间较长；铬酸浓度较高时，彩色膜色泽发暗，严重时为土黄色，有时钝化膜结合力不好，可缩短钝化时间，一般不易控制。

钝化液的 pH 值对成膜也有较大的影响。当过低时，合金中锌溶解过快，成膜不牢；若 pH 值过高，形成的钝化膜比较疏松，容易脱落。钝化液的温度升高，可提高钝化反应速度。当钝化液中铬酸的浓度比较低时（这是为了减少对环境的污染），应适当提高钝化液的工作温度，才能保证钝化工艺的正常进行。钝化时间可根据钝化液成分的浓度、工作温度及 pH 值的大小而定。几种彩虹色钝化工艺如表 8-72 所示。

表 8-72　锌镍合金彩虹色钝化的工艺规范

工艺条件	质量浓度 ρ_B（除注明外）/（g/L）								
	配方 1	配方 2	配方 3	配方 4	配方 5	配方 6	配方 7	配方 8	配方 9
铬酐（CrO_3）		10～12.5	5		10～15	2	10	5～10	5
氯化钠		38～50			34～50				
Ti^{4+}				0.8					
SO_4^{2-}				3.9					
F^-				2.5					
三氯化铬			3						
浓盐酸			10～14 mL/L						

工艺条件	质量浓度 ρ_B（除注明外）/（g/L）								
	配方 1	配方 2	配方 3	配方 4	配方 5	配方 6	配方 7	配方 8	配方 9
硝酸									3mL/L
$NiCl_2 \cdot 6H_2O$		1～3			1～5				
锌粉		1～3			2～5				
硫酸亚铁		3～5							
$Na_2Cr_2O_7 \cdot 2H_2O$	60			20					
硫酸（H_2SO_4）	2					0.1	1	10	0.4mL/L
高锰酸钾									0.1
$ZnSO_4 \cdot 7H_2O$				1					
$Cr_2(SO_4)_3$				1					
温度/℃	34	80～85		50	55～85	40	30	30	室温
pH 值	1.8	2.5～3.5		2.1	2～3	1.8	1.2		1～1.5
钝化时间/s	15	25～50	10～20（空停 1～2）	25		15	30	10	<10

注：配方 2 和配方 3 适合镍含量在 14% 左右镀层。配方 3 钝化方式，移动镀件；也可采用以下配方：Cr^{6+} 5g/L；Cr^{3+} 2g/L；SO_4^{2-} 2～4g/L；HNO_3 1mL/L；室温。

8.3.4.2 黑色钝化

对于锌镍合金的黑色钝化主要有两种类型，一种是以银离子为黑化剂的钝化工艺，该类工艺得到的黑色钝化膜比较致密，黑度高；另一种是以铜离子为黑化剂的钝化工艺，钝化膜外观质量不如前者，黑度也略差。锌镀层的黑色钝化工艺并不能简单照搬用于锌镍合金镀层钝化。

通常使用的（含银盐）黑色钝化工艺见表 8-73。

表 8-73　锌镍合金黑色钝化工艺规范

成分	质量浓度 ρ_B/（g/L）		工艺条件	耐蚀型	装饰型
	耐蚀型	装饰型			
铬酐（CrO_3）	10～20	30～50	工作温度/℃	20～25	20～25
磷酸（H_3PO_4）	6～12		钝化时间/s	30～40	100～180
醋酸（CH_3COOH）		40～60	外观色泽	暗深黑	真黑
硫酸根离子（SO_4^{2-}）	10～15	5～8	钝化液寿命	长	短
银离子（Ag^+）	0.3～0.4	0.3～0.4	耐蚀性（中性盐雾试验出白锈）/h	120～140	10～48

8.3.4.3 普通白色钝化

常用锌镍合金白色钝化工艺如下。

配方 1：Cr^{6+} 5g/L；Cr^{3+} 2g/L；SO_4^{2-} 2～4g/L；HNO_3 1mL/L；30～50℃；钝化液中停留 20～30s，空中停留 20～30s。

配方 2：CrO_3 5g/L；NH_4HF_2 2g/L；$NaSiO_4$ 2g/L；HAc 10mL/L（适合镍含量在 4.51%～6.72% 的合金镀层）。

配方 3：CrO_3 4g/L；NH_4HF_2 2g/L；H_2SO_4 2mL/L（适合镍含量在 10.14%～

17.70％的合金镀层）。

配方 4：CrO_3 2g/L；Na_2SO_4 2g/L；Na_2WO_4 10g/L；H_2SO_4 2mL/L（适合镍含量约17.70％的合金镀层）。

8.3.4.4 三价铬钝化

采用 Cr^{3+} 钝化能减少污染，虽缺乏自修复能力，但目前应用广泛。有黑色、彩色、蓝白钝化及绿色钝化等各种颜色，总体耐腐蚀性较六价铬差，但一些三价铬钝化可达到六价铬钝化。三价铬钝化液的主要成分有：成膜剂、氧化剂、配位剂、发黑剂、润湿剂、稳定剂、封孔剂等。常常选用多种物质作为某一功能成分，如选用 Co＋Ni 为发黑剂，EDTA＋苹果酸为络合剂。

（1）三价铬钝化液的主要成分

① 成膜剂。通常以三价铬的盐为主盐，如硫酸铬、硝酸铬、氯化铬、醋酸铬、磷酸铬、草酸铬等。由于现在的研究方向均倾向于使三价铬钝化与无铬钝化、磷化等工艺相结合，所以还含有 NaH_2PO_4、钛酸盐、钼酸盐、植酸、有机多磷酸、丙烯酸树脂、硅烷等成膜物质。

② 氧化剂。用以使锌镀层溶解而产生锌离子，目前应用较多的氧化剂是硝酸或硝酸盐，高锰酸钾、高铈盐、钼酸盐等也能起到一定的作用。

③ 配位剂。三价铬盐在水中极易水解，因此须加入配位剂，在一定的 pH 范围内稳定铬离子与其它金属离子，控制锌、铬及其它金属离子的沉积速度，即成膜的速度、质量、颜色。目前常用的配位剂为有机羧酸，如甲酸、草酸、乙酸、酒石酸、丙二酸、丁二酸、苹果酸、柠檬酸等。

④ 发黑剂。主要调整外观颜色与耐蚀性，黑钝常用的过渡金属离子有：铜、银、铁、钴、镍等，也有报道使用有机硫化物。

⑤ 润湿剂。一般选用十二烷基苯磺酸钠（0.6g/L）或十二烷基磺酸钠（0.6g/L）等阴离子表面活性剂，能提高钝化膜的均一性。

⑥ 成膜促进剂。加入一定量的无机酸或盐，如硫酸、盐酸、磷酸、氢氟酸及其盐等，用以调整 pH，促进锌层溶解，或直接参与成膜等。

⑦ 封孔剂。有机硅烷、纳米 SiO_2 等的加入使三价铬黑钝的孔隙得到填充，提高了钝化膜的耐蚀能力。

（2）三价铬钝化工艺

配方 1：硝酸铬（$Cr(NO_3)_3 \cdot 9H_2O$)77g/L；草酸 13g/L；马来酸酐 2g/L；$CH_2(COOH)_2$ 15g/L；六水硝酸钴 8g/L；含硅化合物 5mL/L；pH 1.8（配槽时以氢氧化钠调整）；65℃；60s。

配方 2：锌镍合金镀层三价铬黑色钝化工艺，醋酸铬 12g/L；氯化铬 8g/L；有机羧酸 32g/L；硝酸钠 20g/L；氯化钴 4g/L；氯化镍 2g/L；pH 1.8；室温（20±5）℃；浸渍时间 60s。该工艺所得膜层均匀黑亮，结合力良好，经过封闭处理，耐腐蚀性好。

配方 3：77g/L $Cr(NO_3)_2 \cdot 9H_2O$；13g/L 草酸；2g/L 马来酸酐；15g/L $CH_2(COOH)_2$；8g/L $Co(NO_3)_2 \cdot 6H_2O$；5mL/L 含硅化合物；pH＝1.8（配槽时以 NaOH 调整）；时间 60s；温度 65℃。

8.3.4.5 无铬钝化综合处理技术

这里的综合处理技术与镀锌后综合处理相同，包括硅烷处理、钼酸盐处理、钛盐处理和有机酸处理等。与镀锌后综合处理类似，往往是几种方法的协同处理。事实上，无铬综合处理可与铬酸钝化处理协同处理。笔者在生产中发现，如铬酸盐彩色钝化处理，钝化后常出现裂纹，若钝化后再进行有机物钝化封闭处理，会大大延长出白锈的时间，也就能大大提高膜的耐腐蚀性。

（1）铈处理工艺

硝酸铈 20g/L，硝酸铵 1.5mol/L，硝酸钠 0.5mol/L，硼酸 2g/L，电流密度 300mA/dm^2，pH 值 5.5，60℃，阴极沉积 90s，阳极采用不溶性不锈钢网。钝化后，取出试样，用蒸馏水冲洗干净并用热风吹干，放置一段时间后即可获得彩虹色或黄色稀土转化膜。

稀土阴极电解钝化能使镀层表面更平整，提高了镀层的耐蚀性，其耐蚀效果可与六价铬钝化相媲美。

（2）钼酸盐钝化

10～20g/L 钼酸铵，1～2g/L 磷酸钠，2g/L 添加剂 XZ-03B，0.08～0.15g/L OP-10，pH 值 3.0～4.5，45～55℃，1.0～1.5min。其中 XZ-03B 是用过渡金属的硫酸盐与硫酸混合而成的，用作成膜催化剂，使成膜的氧化还原反应加快。所得膜层中性盐雾试验和 w(NaCl) 5% 溶液中浸泡出现白锈的时间分别为 68h 和 168h，稍逊于铬酸盐膜（72h 和 192h）。

（3）钛盐钝化

5～7g/L 钛盐，8～12mL/L 有机配位剂，70～80mL/L 双氧水，10～14mL/L 硝酸，pH 值 1.0～2.0，常温，时间 120s，最后用高锰酸钾溶液在 70～80℃下封闭处理 10～15s。

（4）硅酸盐结合磷化处理技术

$Na_2SiO_3 \cdot 9H_2O$ 16～24g/L，HNO_3 11～15mL/L，NaH_2PO_4 15～22g/L，$ZnSO_4$ 8～14g/L，$FeSO_4$ 0.5～1.5g/L，$NaHSO_4$ 16～24g/L，浸渍时间 60～120s，pH 1.8～3，温度 15～35℃，封闭时间 5s，钝化后冷风吹干或自然干燥。

8.3.5 锌钴合金钝化

含钴量很低的锌钴合金或锌钴镀层很容易钝化处理，其工艺与锌层的钝化处理差不多，可以得到彩虹色钝化膜，耐蚀性比锌层提高两倍；还可以得到橄榄色钝化膜，耐蚀性比锌层提高 3 倍以上。由于锌钴合金中钴含量较低，故一般锌钝化液可用于锌钴。为了提高锌钴合金耐蚀性，又发展了专用于锌钴合金的钝化液，它是由锌镀层低钴彩虹色钝化液发展而来的。另外，锌钴合金的黑色钝化可以采用无银钝化液，成本大大降低。锌钴合金有彩虹色、橄榄色、白色与黑色四种钝化。当钴含量大于 2% 时，镀层难以钝化。黑色钝化也可采用三价铬钝化。

（1）工艺规范

锌钴合金钝化工艺规范见表 8-74。

表 8-74 锌钴合金钝化工艺规范

工艺条件	质量浓度 ρ_B（除注明外）/(g/L)				
	配方 1	配方 2	配方 3	配方 4	配方 5
铬酐	5	5～8	5～10	20～30	
硫酸（$\rho=1.84$g/mL）	0.5mL/L	5～6mL/L			5～10mL/L
硝酸（$\rho=1.40$g/mL）	3mL/L	3～4mL/L			30～40mL/L

工艺条件	质量浓度 ρ_B（除注明外）/(g/L)				
	配方 1	配方 2	配方 3	配方 4	配方 5
HAc				70～80	氟化钠 2～6
甲酸钠				10～14	锌粉适量
氯化物			6～15	硝酸银 0.1～0.3	成膜剂、润湿剂及
硫酸镍			1～2	硫酸铜 20～30	分散剂适量
pH	1.3～1.7	1.4～1.8	1.2～1.8	2～3	0.5～1
温度/℃	20～30	室温	20～40	20～35	25～30
时间/s	20～30	20～30	20～30	120～180	2～6s,空停 5～15s
颜色	彩虹色		橄榄色	黑色	白色

配方 5 白色钝化封闭温度 80～100℃，封闭时间 2～5s，老化温度 60～80℃。

（2）锌钴合金的耐蚀性

锌钴合金的腐蚀电位、腐蚀电流亦与合金中钴含量有关。含 1%钴的锌钴合金腐蚀电流与含 13%镍的锌镍合金相近，比含 0.3%Co 的锌钴合金小。

锌钴合金的中性盐雾试验见表 8-75。

表 8-75　锌钴合金的中性盐雾试验（镀层厚度＝$7\mu m$）

镀层	铬酸盐钝化	出白锈时间/h	出红锈时间/h
Zn	彩虹色	144	400
Zn-Co	彩虹色	240	1200 未出红锈
Zn-Co	橄榄色	260	1200 未出红锈

锌钴合金二氧化硫试验见表 8-76。从表 8-76 可以看出：锌合金对二氧化硫具有很好的耐蚀性，比锌层高三倍以上，这是锌合金又一特点。

表 8-76　锌钴合金二氧化硫试验（镀层厚度＝$7\mu m$）

镀层	铬酸盐钝化	出白锈时间/h
Zn	彩虹色	3
Zn-Co	彩虹色	10
Zn-Co	橄榄色	12

8.4　铜及合金钝化与着色

8.4.1　铜的钝化处理

对于不再镀覆盖层或只是在铜层表面进行有机层涂覆的零件，为了防止铜层变色，可进行钝化处理。铜和铜合金在铬酸或重铬酸盐溶液中钝化处理，能提高氧化膜的耐蚀性，在工业大气环境中防止因硫化物作用而变色，保持原有的装饰外观。铜和铜合金化学钝化的溶液组成和操作条件见表 8-77。

除表 8-77 所列工艺外，将 4g/L 苯并三氮唑（BTA）与 4g/L 甲基苯并三氮唑（TTA）复配，辅以氧化剂 20mL/L H_2O_2，对纯铜以 pH 值为 4、钝化时间 3min、钝化温度 40℃、自然风干老化 1d 的钝化工艺处理后，可以生成明显的钝化膜。其表面致密，耐蚀性较好，在盐雾试验中腐蚀缓慢，平均腐蚀速率为 0.76mg/d，自腐蚀电流密度仅为 $1.5660\mu A/cm^2$，缓蚀率达到 81.9%，接近铬酸盐钝化的抗腐蚀效果。在基体表面生成 $Cu/Cu_2O/Cu$（Ⅰ）BTA 聚合物保护膜，同时 TTA 的非极性甲基形成的单分子层膜的疏水性更好，两者共同作用，形成较为致密的钝化膜覆盖在铜基体表面，可明显提高纯铜表面耐蚀性。

表 8-77　铜及合金钝化工艺规范

工艺条件	质量浓度 ρ_B（除注明外）/（g/L）								
	配方 1	配方 2	配方 3	配方 4	配方 5	配方 6	配方 7	配方 8	配方 9
铬酐	100~150			100~150		15		100~200	
重铬酸钾		150							
重铬酸钠			70~130	100~150					
硫酸（$\rho=1.84$g/mL）	8~12	10mL/L		1~2	5~10	27.4		10~20	
硝酸（$\rho=1.40$g/mL）				1~2		21.2			
苯并三氮唑							3~5		0.5~1.5
十二烷基磺酸钠							0.5~1		
丁炔二醇							0.3~0.5		
氯化钠	0.5~1.5				4~7				
pH（冰醋酸调节）			2.5~3			1~2			
温度/℃	室温	室温	室温	室温	室温	65~70	室温		50~60
时间/min	10~15s	2~5	2~10		3~8s		2	1~2	2~3
电流密度/（A/dm²）			0.1~0.2						

注：配方 2~配方 4 经重铬酸盐钝化后钝化膜带有色彩，电阻较大，不易进行锡钎焊。铬酸钝化后钝化膜为金属本色，易于锡钎焊。工件钝化前应先除油，然后进行光亮浸蚀和弱腐蚀处理、表 2-27 配方 18 铬酸洗。

对钝化膜要求高时，可先进行前处理。前处理的溶液组成和操作条件如下：

草酸 40g/L，氢氧化钠 16g/L，苯并三氮唑 0.2g/L，30% H_2O_2 10mL/L，pH 3~5，25~40℃，2~5min。由于 H_2O_2 易分解，失效快，可加入少量稳定剂，以延长溶液使用寿命。

在铜表面前处理浸蚀工序中，表 2-27 配方 18 用于处理铜，就是常说的"铬酸洗"，处理清洗后即可进行钝化，效果较好。

钝化时，工件浸入钝化液中应抖动，以防工件粘贴。取出后在空气中停留片刻，以保证钝化膜的生成。钝化后，一定要清洗干净。对于有盲孔和弯管的工件，一定要注意清洗干净。否则，钝化膜呈暗色，影响美观和抗变色能力。清洗干净后，应在 70℃ 以上热水中烫干，然后再经压缩空气吹干，以确保抗变色能力。

不合格的氧化膜或钝化膜可在 HCl 或 H_2SO_4 溶液中退除。

以下三种工艺适用于铜锌合金钝化处理。

配方 1：重铬酸钠 120g/L；硫酸 8mL；氯化钠 6g/L；温度，室温；时间，10s 左右。该方法适合于铜锌二元合金的表面处理。

配方 2：苯并三氮唑（BTA），1~2g/L；温度，室温；时间，45~60s。

钝化处理后浸漆：聚氨酯清漆 1 份，二甲苯 4 份，苯并三氮唑 0.13%；或浸一薄层 X98-11 胶。

配方3：温度65℃，BTA 0.1g/L，时间70min，$CeCl_3$ 6g/L，此优化钝化工艺下处理的Cu-24Zn合金的耐腐蚀性能大幅提升；继续添加KI和OP-10可以进一步提升Cu-24Zn合金的耐蚀性，且可以起到抑制色变的作用。

以下工艺适宜锡青铜钝化。

在常规前处理中，弱浸蚀前铬酸洗工序，CrO_3 90g/L，室温，0.5～2min。

钝化：$NaCr_2O_7 \cdot 2H_2O$ 120～130g/L，NaCl 7～8g/L，4.8～5.2g/L硫酸调pH，常温，4s左右。

8.4.2 铜和铜合金的化学着色

铜和铜合金的着色也属于化学氧化，着色膜很薄，一般为0.025～0.05μm，不耐磨。着色膜的颜色主要由膜的组成决定，例如氧化亚铜能显示出黄、橙、红、紫和褐色；氧化铜能显示出褐色、黑色；硫化铜可显示出褐色、灰色和黑色；碱性铜盐可显示出蓝色或绿色。铜和铜合金化学着色工艺主要用于装饰品及工艺美术品的表面装饰处理。

铜和铜合金化学着色溶液的组成中，常用的有硫化物、硫代硫酸盐、氯酸钾、碱式碳酸铜溶液等。在不同溶液中所得膜层成分和颜色都不相同。这里的着色工艺也是一种化学氧化过程，其工艺过程、前处理要点及其一些药品的氧化原理与4.5.2节所述相同。

（1）铜化学着色工艺

铜化学着色工艺见表8-78。铜层着色处理工艺规范见表8-79。

表8-78 铜化学着色工艺

颜色	工艺号	配方		温度/℃	时间/min	备注
		成分	质量浓度 ρ_B/(g/L)			
黑色或蓝色	1	K_2S	10～50	<80	4～6	用加入适量Na_2CO_3的水溶解K_2S，使溶液呈微碱性，调节浓度和温度，控制铜层呈现黑色的速度。若过快，黑色膜发脆，且结合不牢
	2	NaOH	50～100	100	5～10	
		NaClO	5～饱和			
巧克力色	3	Na_2SO_3	124	95～100	1～3	
		$Pb(CH_3COO)_2 \cdot 3H_2O$	38			
蓝黑色	4	$Na_2S_2O_3 \cdot 5H_2O$	160	60	至所需颜色	浸渍颜色变化过程：红→紫红→紫→蓝→蓝黑→灰黑
		$Pb(CH_3COO)_2 \cdot 3H_2O$	40			
蓝色	5	$CuSO_4 \cdot 5H_2O$	130	室温		浸渍后放置一定时间
		NH_4Cl	13			
		NH_4OH,28%	3%①			
		CH_3COOH,30%	1%①			
	6	$KClO_3$	100	室温	数分钟	
		NH_4NO_3	100			
		$Cu(NO_3)_2 \cdot 3H_2O$	1			

颜色	工艺号	配方		温度/℃	时间/min	备注
		成分	质量浓度 $\rho_B/(g/L)$			
紫色	7	$CuSO_4 \cdot 5H_2O$	6	95~100	5~15	
		$Cu(CH_3COO)_2 \cdot H_2O$	4			
		$AlK(SO_4)_2 \cdot 12H_2O$	1			
	8	$CuSO_4 \cdot 5H_2O$	30	80	数十分钟	
		$KClO_3$	10			
古青铜色	9	K_2S	10~50	室温~70		工件放入溶液中,至铜层呈紫红色取出冲洗,用干刷刷后即呈古青铜色
蓝色	10	硫化钡	24	45	数分钟	
		氯化铜	24			
		乙酸铜	30			
		$CuSO_4 \cdot 5H_2O$	24			
古铜色	11	$CuCO_3 \cdot Cu(OH)_2 \cdot H_2O$	40~120	15~25	5~15	让铜件在溶液中先形成一层棕褐色或灰黑色的膜,然后用软填料擦光或滚光,使零件凸出部分膜层薄一些或露出铜的本色,而凹穴部分相对厚些,这样在一个制品上呈现深浅不同的色调,就得到了类似古铜的色泽
		氨水($NH_3 \cdot H_2O$,28%)	20%[①]			
	12	氢氧化钠($NaOH$)	45~55	60~65	10~15	
		过硫酸钾($K_2S_2O_8$)	5~15			
金黄色	13	硫化钡(BaS)	0.25	室温		
		硫化钠(Na_2S)	0.6			
		硫化钾(K_2S)	0.75			
	14	硫化钾(K_2S)	3	室温		
绿色	15	盐酸(HCl,$\rho=1.19g/cm^3$)	33%[①]	100	10~12	
		醋酸铜[$Cu(CH_3COO)_2 \cdot H_2O$]	400			
		碳酸铜($CuCO_3$)	130			
		亚砷酸(H_3AsO_3)	65			
		氯化铵(NH_4Cl)	400			
	16	氯化钙($CaCl_2$)	32	100	数分钟	
		$Cu(NO_3)_2 \cdot 3H_2O$	32			
		氯化铵(NH_4Cl)	32			
红色	17	亚硫酸钠(Na_2SO_3)	100	160	数分钟	表面氧化铜很快剥落,底层成为红色
		氯化铵(NH_4Cl)	30			
	18	氯化铵	40	室温	数分钟	
		氯化铜	40			

颜色	工艺号	配方 成分	配方 质量浓度 $\rho_B/(g/L)$	温度 /℃	时间 /min	备注
古铜色	19	硫酸铜($CuSO_4 \cdot 5H_2O$)	25	50	5～10	
		氯化钠(NaCl)	200			
橄榄绿色	20	醋酸铅	15～40	40～60	2～6	
		30%醋酸	15～35			
		硫代硫酸钠	25～60			
仿金色	21	硫代硫酸钠($Na_2S_2O_3$)	120	60～70	数秒	如时间过长,颜色将会由金黄转为浅红、紫色、蓝色至暗灰色
		醋酸铅[$Pb(CH_3COO)_2$]	40			

① 体积分数。

表 8-79　铜层着色处理工艺规范

工艺条件	质量浓度 $\rho_B/(g/L)$ 蓝色	红色	绿色	黑色
$Fe(NO_3)_3 \cdot 9H_2O$	0.25			
$Na_2S_2O_3 \cdot 5H_2O$	38			
Na_2SO_3		100		
NH_4Cl		30	40	20～200
$CuCl_2$			40	
K_2S				5～13
温度/℃	50～70	160	室温	室温
时间/min	2	数分钟	数分钟	数分钟

（2）黄铜着色工艺

铜锌合金作为装饰镀层时,常对其进行着色。铜锌合金着色可以参照铜着色,但有其特点。黄铜材质常温化学仿古着色工艺流程:抛光→脱脂→清洗→发黑→水洗→二次发黑→水洗→烘干。

① 发黑。

配方1:棕古铜色工艺规范,SeO_2 2～3g/L,$CuSO_4 \cdot 5H_2O$ 2～4g/L,$Zn(H_2PO_4)_2$ 4～5g/L,EDTA 1g/L,棕色剂 3～4g/L,pH 值 1.5～2.5,一次时间 1.5min,二次时间 0.5min,温度 25～35℃。

配方2:深黑棕色工艺规范,SeO_2 4～5g/L,$CuSO_4 \cdot 5H_2O$ 2～4g/L,$Zn(NO_3)_2$ 4～5g/L,$NiCl_2 \cdot 7H_2O$ 2～3g/L,调黑剂 1g/L,添加剂 3～4g/L,OP 表面活性剂 0.5g/L,pH 值 1.5～2.5,一次时间 1.5min,二次时间 0.5min,温度 25～35℃。

$CuSO_4 \cdot 5H_2O$ 的质量浓度小于 2g/L 时,黑度不佳;高于 4g/L 时,发黑层结合力较差。SeO_2 质量浓度小于 4g/L 时,发黑层偏红;过高,成本高,带出损失大。$Zn(NO_3)_2$ 为辅助剂,用于增加着色层光泽度。$NiCl_2 \cdot 7H_2O$ 为催化剂,提高成膜速率,其质量浓度小于 2g/L 时,催化不明显;大于 3g/L 时,反应过快,结合力差。调黑剂为磺酸盐,以增加黑度。添加剂是由配位剂和稳定剂组成的,一是可以配位铜、镍等金属离子,控制置换速率，保证着色层的结合力；二是可以抑制沉淀物的生成，拓宽溶液对材质的适用性。OP 表面活性剂可以消除着色层发花现象，使着色层色泽均匀一致。

② 氧化着色。

a. 着红古铜色：亚锡酸-过硫酸盐体系，室温，1.5min。

b. 着仿金色：硫酸-H_2O_2 抛光体系，室温，1min。

c. 着仿银色：亚锡-硫脲-次磷酸钠体系，室温，1min。

此外，氧化体系着色原理参见化学氧化处理一章。

着色后钝化，适用于红古铜色、仿金色及仿银色拉链的钝化液，配方为：BTA（苯并三氮唑）3～4g/L，$La(NO_3)_3 \cdot 6H_2O$ 0.3～0.4g/L，$Na_2MoO_4 \cdot 2H_2O$ 0.6～0.8g/L，聚乙二醇 6000 1g/L。该配方简单且安全无毒。经钝化及涂油处理后，黄铜拉链的耐蚀性和耐热性明显提高。最佳钝化温度为 30℃，钝化时间为 2min。

表 8-78 工艺中，配方 2、4、5、11、12、13、15 及 16 比较适用于铜锌合金工艺。

（3）铜合金着色工艺

铜合金着色工艺见表 8-80。

表 8-80　铜合金着色工艺

颜色	工艺号	配方		温度 /℃	时间 /min	备注
		成分	质量浓度 ρ_B/(g/L)			
黑色	1	硫酸铜（$CuSO_4 \cdot 5H_2O$）	25	80～90	数分钟	若加 16g/L 的氢氧化钾,可在室温下着色
		氨水（$NH_3 \cdot H_2O$,28%）	少量			
	2	碳酸铜（$CuCO_3$）	400	80	数分钟	
		氨水（$NH_3 \cdot H_2O$,28%）	35%[①]			
	3	亚砷酸（H_3AsO_3）	125	室温		溶液配制后放置 24h 再用
		硫酸铜（$CuSO_4 \cdot 5H_2O$）	62			
橄榄绿	4	硫酸镍铵[$NiSO_4 \cdot (NH_4)_2SO_4 \cdot 6H_2O$]	50	60～70	2～3	硫代硫酸钠要经常补充
		硫代硫酸钠（$Na_2S_2O_3 \cdot 5H_2O$）	50			
古铜色	5	硫酸镍铵[$NiSO_4 \cdot (NH_4)_2SO_4 \cdot 6H_2O$]	60	70～75	数分钟	
		硫代硫酸钠（$Na_2S_2O_3 \cdot 5H_2O$）	60			
古绿色	6	氯化钙（$CaCl_2$）	125	40		涂布后放置
		氯化铵（NH_4Cl）	125			
	7	氯化铵（NH_4Cl）	12.5	100	数分钟	
		硫酸铜（$CuSO_4 \cdot 5H_2O$）	75			
灰绿色	8	硫化锑（Sb_2S_3）	12.5	70	数分钟	
		氢氧化钠（NaOH）	35			
		氨水（$NH_3 \cdot H_2O$,28%）	2.5			
褐色	9	硫化钡（BaS）	12.5	50	数分钟	
淡绿色褐色	10	硫化钾（K_2S）	12.5	82	数分钟	
红色	11	硝酸铁[$Fe(NO_3)_3 \cdot 9H_2O$]	2	75	数分钟	
		亚硫酸钠（Na_2SO_3）	2			

颜色	工艺号	配方		温度 /℃	时间 /min	备注
		成分	质量浓度 ρ_B/(g/L)			
蓝色	12	硝酸铁[$Fe(NO_3)_3 \cdot 9H_2O$]	50	75	数分钟	
		亚硫酸钠(Na_2SO_3)	6.5			
	13	亚硫酸钠(Na_2SO_3)	6.25	75	数分钟	
		硝酸铁[$Fe(NO_3)_3 \cdot 9H_2O$]	50			
巧克力色	14	硫酸铜($CuSO_4 \cdot 5H_2O$)	25	100	数分钟	
		硫酸镍铵[$NiSO_4 \cdot (NH_4)_2SO_4 \cdot 6H_2O$]	25			
		氯酸钾($KClO_3$)	25			
橙色	15	氢氧化钠($NaOH$)	25	60~75	数分钟	
		碳酸铜($CuCO_3$)	50			
淡绿色	16	NaOH	50	30~40	30	
		酒石酸铜	30			

① 体积分数。

8.4.3 铜及铜合金电解着色

铜及铜合金电解着色工艺见表8-81。

表 8-81 铜及铜合金电解着色工艺

方法	配方		电压 /V	电流 /(A/dm²)	对极	温度 /℃	时间 /min	备注
	成分	质量浓度 ρ_B/(g/L)						
阳极电解氧化法	NaOH	100~120	2~6	0.5	钢	铜 80~90 黄铜 60~70	20~30	
阴极电解还原法	As_2O_3	119	2.2~4	0.32~2.2	钢	20~40		铜阴极颜色随时间延长依次得到紫红、淡黄、金黄、橙黄、粉红、草绿等色
	NaOH	119						
	NaCN	3.7						
	$CuSO_4 \cdot 5H_2O$	30~60	0.05~ 0.35		钢	室温		
	NaOH	80~120						
	柠檬酸钠($2H_2O$)	60~120						
	乳酸	8%~14%①						

① 体积分数。

8.5 锡的钝化与着色

锡的钝化包括金属锡或锡镀层的钝化。

锡镀层后续处理包括软熔与钝化。软熔是采用特定方法如施加低频交流电加热，使镀层加热到锡的熔点（232℃）以上，然后快速淬水的过程。软熔的目的是提高镀层质量。马口铁的生产工艺，钝化就是重要环节，常常在高温软熔之后立刻浸入重铬酸盐中钝化，或者以电化学方法钝化，然后涂油保护。非镀层金属锡不宜软熔，只宜钝化。

锡的钝化，有助于保护锡层不被腐蚀，增强与漆膜的结合。在食品行业中应注意 Cr^{6+} 的危害，一些采用 Cr^{6+} 钝化的工艺，虽然钝化后涂酚醛树脂涂料，但也不能检测出 Cr^{6+}，而无铬无害的钝化工艺，则是如罐头盒等食品行业的首选。

锡层可进行有机钝化、无机钝化及有机无机钝化，包括铬钝化和无铬钝化、化学钝化和施加电流钝化等。对锡层进行钝化是为了提高其防变色能力和可焊性。以四丙氧基硅烷作为无机前驱体与有机硅烷进行复合，可在锡层表面形成耐腐蚀性能优良的转化膜，在替代有铬产品实现镀锡钢板表面无铬钝化方面具有较大潜力。此工艺较铬酸盐钝化更环保，操作工艺简单，成本较低，可工业化应用，值得推广。

8.5.1 化学钝化

配方1：重铬酸钾 8～10g/L，碳酸钠 18～20g/L，3～10min。

镀液维护方法：每天吸出 25％左右槽体积的槽脚，同时补加相同体积的新液；每周更新钝化液一次。

配方2：将 0.3mL 钛酸四丁酯加入 10.0mL 无水乙醇中，搅拌 30min 后，依次加入 0.6mL 乙酰丙酮、0.2mL 醋酸和 0.6mL 正丁醇，搅拌 30min 后，添加 0.5mL 硅烷偶联剂 KH858，充分搅拌 2h，静置 1d 后待用。

配方3：磷酸三钠 20～30g/L，氯化钴 0.1～5.0g/L，磷酸 20～75g/L，其余为水，pH 值 3～5。

配方4（黄铜镀锡防变色工艺）：苯并三氮唑 2g/L，钼酸铵 8g/L，磷酸钠 11g/L，促进剂 0.8 gmL/L；30℃，2min。该工艺可提高黄铜镀锡镀层的防变色能力，效果接近铬酸盐钝化工艺。

8.5.2 电化学钝化

配方1：钼酸铵 20～25g/L，植酸 6～7mL/L，六次甲基四胺 3～4g/L，pH 值 4.0～5.0，150～200mA/dm^2，40～50℃，10～15s。得到的钝化膜为微黄色至黄色，其耐蚀性比镀锡层的耐蚀性好，但比铬酸盐钝化膜的耐蚀性差。

配方2：在 50g/L CrO_3＋0.5g/L H_2SO_4 的钝化液中，阴极钝化电流密度控制在 6～10A/dm^2、温度保持在 50～60℃较为合适；在此条件下得到的钝化膜总 Cr 含量达到 10mg/m^2 且 $Cr(OH)_3/Cr_2O_3$ 含量比 0.9～1.5，钝化膜附着力较优，耐蒸煮。

配方3：重铬酸钾 30～40g/L，pH 值 4.0～5.0，250～300mA/dm^2，45～50℃，3～8s。

配方4：钨酸钠 30g/L，pH 值 9.0，0.5A/dm^2，30℃，25s。

配方5（阴极电解钝化）：重铬酸钠 25g/L，pH 4.2（用氢氧化钠和铬酐溶液调节），1.08A/dm^2，45℃，3s。

① 钝化电量对铬含量、耐蚀性和漆膜结合力均有较为显著的影响，其中对漆膜结合力的影响最大；生产高钝化电量镀锡板时，避免采用过大的电流以免钝化膜的性能下降。

② pH 值对铬含量与耐蚀性影响最大，控制钝化液的 pH 值在 4.2 左右为最佳。

③ 浓度和温度对钝化膜的性能影响不大，分别控制在 20～30g/L、30～40℃范围内即可。上述结果在实际生产中具有一定的指导意义。

8.5.3 锡着色

锡的着色有间接法和直接法两种。直接法是指在锡的表面着色；间接法是在锡的表面先镀上易着色的其它金属镀层，如铜、黄铜、锌、镉等，然后再着色，也可以镀黑镍和彩色镍。锡着色工艺见表 8-82。

表 8-82　锡着色工艺

颜色	工艺号	配方		温度/℃	时间	电压/V	备注
		成分	质量浓度 $\rho_B/(g/L)$				
黑色	1	氧化亚砷（As_2O_3）	567g	室温			使用时按 1:1 加水稀释成溶液
		硫酸铜（$CuSO_4 \cdot 5H_2O$）	280g				
		氯化铵（NH_4Cl）	57g				
		盐酸（HCl,$\rho=1.19g/cm^3$）	3.8L				
	2	硝酸（HNO_3,$\rho=1.42g/cm^3$）	5%[①]	至表面发暗			用于锡基合金，产生古铜色表面
		硫酸铜（$CuSO_4 \cdot 5H_2O$）	3				
	3	硝酸（HNO_3,$\rho=1.42g/cm^3$）	0.9%[①]	室温	数十分钟		可得到无光泽优雅黑色
		硫酸（H_2SO_4,$\rho=1.84g/cm^3$）	10%[①]				
	4	磷酸二氢钠（NaH_2PO_4）	200	90	数十分钟	2	零件为阳极
		磷酸（H_3PO_4,$\rho=1.7g/cm^3$）	2%[①]				
	5	磷酸钠（Na_3PO_4）	100	60～90		电流 4A/dm^2	零件为阳极，可得硬而易于抛光的黑色
		磷酸（H_3PO_4,$\rho=1.7g/cm^3$）	2%[①]				
	6	金属锑（Sb）	40～50g	<20			使用时用水稀释。涂布几秒钟后擦去，用干净布擦拭几次，干后涂油或树脂
		亚砷酸（H_3AsO_3）	17～20g				
		硫酸（H_2SO_4,$\rho=1.84g/cm^3$）	6～7mL				
		硝酸（HNO_3,$\rho=1.42g/cm^3$）	1～1.5mL				
		盐酸（HCl,$\rho=1.19g/cm^3$）	500～600mL				
		硫黄粉（S）	50～60g				
青铜色	7	硫酸铜（$CuSO_4 \cdot 5H_2O$）	50	室温			溶液涂覆在零件表面。干燥后抛光，着色后涂油
		硫酸亚铁（$FeSO_4 \cdot 7H_2O$）	50				
褐色	8	硫酸铜（$CuSO_4 \cdot 5H_2O$）	62.5	70	数分钟		着色后涂油
		硫酸亚铁（$FeSO_4 \cdot 7H_2O$）	62.5				

① 体积分数。

8.6　银的钝化与着色

包括金属银零件或镀银零件的钝化。

8.6.1　化学钝化

化学钝化分为一般化学钝化和络合物钝化。

（1）一般化学钝化

用化学方法使银层表面生成一层钝化膜，以防止银层与硫化物发生作用。具体工艺一般分为以下几步：

① 成膜。银层首先在如表 8-83 所示的溶液中生成一层疏松黄膜，由 AgCl、Ag_2CrO_4 和 $Ag_2Cr_2O_7$ 组成。注意该步溶液成分在工艺范围内。

表 8-83　成膜工艺规范

工艺条件	质量浓度 ρ_B/(g/L)		
	配方 1	配方 2	配方 3
CrO_3	80～100	80～85	30～50
NaCl	12～15	15～20	1～2.5
Cr_2O_3			3～5
温度/℃	室温		
时间/s	约 15	5～15	10～15

② 清洗。铬酸处理后经回收，再流水清洗，洗净残留液。

③ 去膜。用氨水将黄膜溶解，则银层金属晶格露出来，使银层细致而有光泽，至薄膜去净为止。a. 氨水 300～500mL/L，室温，浸 20～30s；或 b. $K_2Cr_2O_7$ 10～15g/L，硝酸 5～10mL/L，室温，浸 10～20s；或 c. $K_2Cr_2O_7$ 38～42g/L，硝酸 25～30mL/L，室温，15～25s。

④ 清洗。流水清洗，脱膜液洗净。

⑤ 浸酸。为使镀层更加光亮，可用 a. $w(HCl)=5\%\sim10\%$ 中浸 5～20s，室温；或 b. 硝酸 $w(HNO_3)=5\%\sim15\%$，室温，时间 3～20s。酸浓度越高，浸蚀时间越短；或 c. 盐酸 $w(HCl)=5\%\sim10\%$，室温，5～20s。

⑥ 清洗。流水清洗，洗净出光液。

⑦ 化学钝化。使镀层在溶液中形成一层由 $Cr_2(CrO_4)_3$、Ag_2CrO_4 和 $Ag_2Cr_2O_7$ 组成的钝化膜。工艺规范见表 8-84 所示。

表 8-84　化学钝化工艺规范

工艺条件	质量浓度 ρ_B/(g/L)(除注明外)						
	配方 1	配方 2	配方 3	配方 4	配方 5	配方 6	配方 7
CrO_3	35～45	150～250		40		2～5	2～4
重铬酸钾			10～15		40	7.35	
磺基水杨酸							3～4
十二烷基磺酸钠							0.2～0.5
硝酸($\rho=1.40$g/mL)			10～15			13	
Ag_2O	3～8			0.2			
HAc	0.1～0.3	80～120		5	0.2		
pH				4.0～4.2	4.0～4.2		2～3
温度/℃	10～35	室温	10～35(室温)			25	室温
时间/s	5～10	5～15	10～30				2～4min

⑧ 清洗。回收铬酸液后，流水清洗，洗净钝化液。

⑨ 干燥。热水洗后，甩干进干燥箱，烘干为止。

经化学钝化后银层表面生成一层化学钝化膜，以隔离银层表面与腐蚀介质的接触，从而防止银层变色。但由于此钝化膜较薄，实践证明单独使用效果不理想，抗变色能力较差。经此化学钝化工序，银层的厚度要减少 $1\sim3\mu m$，对于需化学钝化的镀银零件，必须加厚镀层。钝化液污染环境。

对于大型工件，钝化前不便浸亮时，可采用玻璃丝布以手工擦光代替。滚光可以提高银层表面光洁度，越光洁越不易变色。工艺流程：PVC滚筒滚15min→流水清洗→甩干→烘干。

滚光液：氢氧化钠10～12g/L，医用皂片10～15g/L，其余为水。滚磨时间15～20min，滚筒转速60r/min。

除表所列化学钝化（包括铬酸盐钝化和有机化合物钝化）外，还有以下配方。

配方1：重铬酸钾20～25g/L＋Na_3PO_4 30～40g/L＋KCN适量，pH 7～8，30～60℃，3～5min。

配方2：在100g/L CrO_3溶液中浸渍10～30s，然后清洗、干燥。该法只用于短时间防银层变色。

（2）表面络合物钝化

在含硫、氮活性基团的直链或杂环化合物钝化液中浸渍一定时间，防银变色剂等有机物与银镀层表面生成一层非常薄的中性难溶聚合络合物，形成保护膜。这种方法的抗潮湿、抗硫性能比铬酸盐钝化膜好，但抗大气光照的效果要差一些。应用较多的有机保护膜主要是硫醇或氮唑化合物，如十六烷基或十八烷基硫醇、苯并三氮唑（BTA）、苯并四氮唑、2-巯基噻唑、1-苯基-5-巯基四氮唑（PMTA）、TX防银变色剂等。研究表明，1-苯基-5-巯基四氮唑（PMTA）的防变色效果更好，而浸涂BTA防护SO_2效果佳。对于硫醇类有机保护膜，经研究含氟的酰胺类硫醇$F(CF_2)_nCONH(CH_2)_2SH$（$n=6$～8）效果较好。

市场上已有许多品种的商业防银变色剂出售。有机物钝化工艺规范见表8-85。

表8-85 有机物钝化工艺规范

工艺条件	质量浓度ρ_B（除注明外）/(g/L)							
	配方1	配方2	配方3	配方4	配方5	配方6	配方7	配方8
BTA（苯并三氮唑）	3		2.5	0.1～0.15		3	0.5	1～3
苯并四氮唑				0.1～0.15				0.1～0.5
STG（磺胺噻唑硫代甘醇酸）		1.5			1			
无水乙醇					100mL/L		300mL/L	
碘化钾	2	2	2			2	4	
去离子水					400mL/L		溶剂	
1-苯基-5-巯基四氮唑	0.5					0.5		
pH值	5～6	5～6	5～6			5～6		
温度/℃	室温	室温	室温	90～100	90	室温	室温～60	室温
时间/min	2～5	2～5	2～5	0.5～1	5s	2～5	6s	3～5

在上述方法中，前三种采用较多。尤其是前三种方法的复合使用效果更佳。除此之外，也可采用BTA（苯并三氮唑）2～4g/L，磺基水杨酸3～4g/L，十二烷基硫酸钠0.2～0.5g/L，pH 2～3，室温。

除表列有机物钝化工艺外，还有以下配方。

配方1：A剂（BTA 100g及四氮唑100g，先用4L酒精溶解，后加水至5L），B剂（六次甲基四胺 125g，用适量的水溶解，再加水至 5L）。配槽时 10mL/L A 剂＋10mL/L B 剂，在 50℃下钝化 1～3min。

配方 2：PMTA（1-苯基-5-巯基四氮唑）71.5g/L ＋ 聚乙二醇 10g/L，pH 6，50℃，5min。

配方 3：1.2～1.5g/L PMTA（乙醇为溶剂），室温，浸泡 60s，自然晾干。

配方 4：BTA 2g/L＋KI 2g/L，pH 6，50℃，3min。

配方 5：BTA 3g/L＋KI 2g/L＋PMTA 0.5g/L，pH 5～6，室温，2～3min。

8.6.2 电解钝化

电解钝化一般在铬酸盐溶液中进行，钝化膜层。用金属银或镀银件作为阴极通以电流进行电解钝化，使银表面结晶变细而致密并形成一层由 $Cr_2(OH)_3$ 和 $Cr_2(CrO_4)_3$ 的混合物组成的钝化膜。这层膜的氧化还原电位较正，抗硫性能较好。它的处理过程为：铬酸成膜→氨水去膜→浸酸→电解钝化。也可光亮镀银后直接电解钝化。电解钝化液的主要成分是重铬酸钾、氢氧化铝、硝酸钾、碳酸钠。这种方法也存在污染环境和损耗银的缺点。

电化学钝化在银层出光后进行。由于这层电化学钝化膜比较致密，其抗硫性能要优于单一的化学钝化。实践证明：化学钝化后再进行电化学钝化，银层的抗硫性能比单一的化学钝化或单一的电化学钝化好。这种电化学钝化膜几乎不影响银镀层原有的接触电阻、焊接能力和外观色泽，故在银层处理中应用较多。工艺规范见表 8-86 和表 8-87。

表 8-86 电化学钝化工艺规范（一）

工艺条件	质量浓度 $\rho_B/(g/L)$							
	配方 1	配方 2	配方 3	配方 4	配方 5	配方 6	配方 7	配方 8
$K_2Cr_2O_7$	30～40	25～35	55～65	30～50	30～40	$KCrO_4$ 6～8		8～10
CrO_3							40	
碳酸铵							60	
K_2CO_3	30～40				40～55	8～10		6～10
KOH	30～40			30～50				
$Al(OH)_3$		0.5～1.0						
KNO_3			10～15					
pH 值		6～8	5～7	13～14	10.5～11.5	12	8～9	10～11
温度/℃	室温							
阴极电流/(A/dm²)	1～3	0.1～0.5	2～3	1～2	0.5～5	2～5	4	0.5～1
时间/min	1～5	2～3	1～5	3～5	1～2	3～5	5～10	2～55
阳极	不锈钢							

表 8-87 电化学钝化工艺规范（二）

工艺条件	质量浓度 $\rho_B/(g/L)$						
	配方 9	配方 10	配方 11	配方 12	配方 13	配方 14	配方 15
$K_2Cr_2O_7$	30	45～67	8～10	30～40	25～35	30～40	20～30
K_2CO_3			6～8				
$Al(OH)_3$	0.5～0.8	10～15		0.5～1		0.5～1	0.5～1

工艺条件	质量浓度 $\rho_B/(g/L)$						
	配方 9	配方 10	配方 11	配方 12	配方 13	配方 14	配方 15
明胶	2.5						多元醇 0.5～1
pH 值		7～8	9～10	5～6	6～9	6～8	
温度/℃	室温	10～35	10～35	10～35		室温	室温
阴极电流/(A/dm²)	0.1	2.0～3.5	0.5～1	2.0～3.5	0.1	0.05～0.1	0.4
时间/min	2～10	1～3	2～5	1～3	1	2～5	2～5

在电化学钝化时，用铝板或锌板接触工件效果更佳，配方 2 中氢氧化铝的胶体需用硫酸铝铵（稀溶液）和氨水（稀溶液）反应制得。反应后用蒸馏水洗涤数次，以除去硫酸根离子。氢氧化铝是带电粒子，在电化学钝化液中会聚沉，因此在使用前要适当搅拌。电化学钝化时，在电流作用下电泳至阴极表面以填补钝化膜孔隙，使钝化膜致密，从而提高银镀层抗硫性能。

8.6.3　银及银合金着色

银及银合金着色范围较窄，主要方法是在表面形成硫化物，多用在工艺美术装饰上，工艺见表 8-88。

表 8-88　银及银合金着色工艺

颜色	工艺号	配方		温度 /℃	时间 /min	备注
		成分	质量浓度 $\rho_B/(g/L)$			
黄褐色	1	硫化钡	5	室温		
绿蓝色	2	$Cu(CH_3COO)_2 \cdot H_2O$	15g	90～100		
		$CuSO_4 \cdot 5H_2O$	1.3g			
		醋酸(CH_3COOH,36%)	1.2mL			
		水(H_2O)	4.5L			
	3	$Cu(CH_3COO)_2 \cdot H_2O$	3g	90～100		
		$CuSO_4 \cdot 5H_2O$	2g			
		水(H_2O)	4.5L			
绿灰色	4	盐酸(HCl,$\rho=1.19g/cm^3$)	30%[①]	室温	至所需 色调	
		碘(I_2)	100			
浅灰色- 深灰色	5	$Cu(NO_3)_2 \cdot 3H_2O$	10	室温		
		$CuCl_2$	10			
		$ZnSO_4 \cdot 7H_2O$	30			
		$HgCl_2$	15			
		$KClO_3$	25			
	6	$Cu(NO_3)_2 \cdot 3H_2O$	20	室温		
		$HgCl_2$	30			
		$ZnSO_4 \cdot 7H_2O$	30			
蓝黄色	7	硫化钾(K_2S)	1.5	80		

颜色	工艺号	配方		温度 /℃	时间 /min	备注
		成分	质量浓度 $\rho_B/(g/L)$			
蓝黑色	8	Na₂S	25～30	室温	10～14	电流 0.08～0.1A/dm²，阳极为不锈钢，黑化后涂油，用于波导管镀银的后处理
		Na₂SO₃	35～40			
		丙酮(C_3H_6O)	0.3%～0.5%①			
	9	硫化钾(K_2S)	2～3	60～80	至所需色调	硫化钾可用多硫化铵代替
		氯化铵(NH_4Cl)	5～6			
	10	硫化钾(K_2S)	5	80		浸渍时要摇动，必要时取出摩擦
		(NH_4)₂CO_3	10			
黑色	11	硫化钾碱	15	室温	由着色要求而定	硫化钾碱可用 1 质量份硫黄与 2 质量份钾碱共溶 10～20min 制得
		氯化铵(NH_4Cl)	40			
	12	硝酸铵(NH_4NO_3)	30～50			配制时，先将硝酸铵与硫酸混合，再加硝酸银搅拌至完全溶解
		硝酸银($AgNO_3$)	10～15			硝酸银量决定着色时电流大小，含量 10g/L，电流 0.8A/dm²；含量 25g/L，电流 1.7A/dm²
		硫酸(H_2SO_4)	0.5%～1%①			
两步法黑化	13	第 1 步：在 0.2mmol/L 硫化钠醇溶液中预黑化 15min				黑化后膜仍具有一定导电性
		第 2 步：在 0.2mol/L 的 $C_{12}H_{25}SH$ 醇溶液中黑化 15min				
古代银	14	A 液	K_2S	25	室温	A 中 2～3s B 中 2～3s	按 A、B 次序浸渍，若是电镀银层，要有一定的厚度
			NH_4Cl	38			
		B 液	BaS	2			
	15	硫代硫酸钠	5%～6%②	85～95	至所需色调	

①体积分数。②质量分数。

8.7 镉的钝化与着色

8.7.1 镉层钝化

用镉金属制造的零件极少，一般镉的钝化与着色为镉镀层的钝化与着色。镉层的钝化处理与锌层的钝化工艺过程相似，可借鉴锌层钝化的一些方法。

在钝化前，需要除氢的零件应在 $180\sim200℃$ 保持 $1.5\sim2h$，然后在空气中冷却，再进行钝化处理。若外观质量要求不高，亦可钝化后再进行除氢。钝化时温度不宜过高，这是因为镉的熔点低，高温下容易引起镀层熔融而渗入基体，从而对零件基体材料造成脆断。熔融金属使材料破坏表现为延迟破坏，但不影响材料的屈服强度。原则上镉镀层及镉合金镀层去氢和使用都不宜超过 $230℃$。

镉层为银白色，经钝化处理具有多种彩色，如经铬酸盐钝化为金黄色，经五酸钝化为淡绿色，经磷化处理为浅灰色等。

通常镉钝化膜的耐蚀强弱顺序为：绿色＞黑色＞彩虹色＞金黄色＞淡蓝色＞白色。

钝化前可选以下工艺之一出光：

① 硝酸（$\rho = 1.42g/mL$）10～20mL/L，室温下浸 3～6s；

② 双氧水（31%）60～105mL/L，硫酸（$\rho = 1.84g/mL$）15～20mL/L，室温下浸 5～10s。

出光清洗后立即浸入钝化液中。

钝化后经碱漂洗后可染色，染料在一定 pH 条件下（添加醋酸）吸附于钝化层，经流动纯水清洗后烘干，涂罩光漆。镉镀层钝化工艺规范见表 8-89。

表 8-89　镉镀层钝化工艺规范

工艺条件	质量浓度 ρ_B（除注明外）/(g/L)			
	配方 1	配方 2	配方 3	配方 4
铬酐（CrO_3）	180～220	5	2	
98% 硫酸（H_2SO_4）	15～20	0.4		
65% 硝酸（HNO_3）	20～25	3		6～10
硝酸钠（$NaNO_3$）			2	
硫酸镍（$NiSO_4 \cdot 6H_2O$）			1	
硝酸铬［$Cr(NO_3)_3 \cdot 4H_2O$］				40～50
硫酸钴（$CoSO_4 \cdot 7H_2O$）				5～8
苹果酸（$C_4H_6O_5$）				6～10
封孔促进剂				20～40
pH 值		0.8～1.3	1.4～2.0	1.8～2.3
温度/℃	室温	室温	15～35	40～70
时间/s	5～10（溶液中）10～30（空气中）	5～8	10～30	30～70

8.7.2 镉着色

镉是有光泽的灰色金属，有毒，主要用在化工、原子能工业。镀镉后经钝化处理可着彩色，其工艺同镀锌后钝化。其它着色工艺见表 8-90。

表 8-90　镉着色工艺

颜色	工艺号	配方		温度/℃	时间/min	备注
		成分	质量浓度 ρ_B/(g/L)			
黑色	1	硝酸铜［$Cu(NO_3)_2 \cdot 3H_2O$］	30	60～80	数分钟	
		高锰酸钾（$KMnO_4$）	2.5			
	2	氯酸钾（$KClO_3$）	6	60～80	2～3	
		氯化铜（$CuCl_2$）	7			
	3	醋酸铅［$Pb(CH_3COO)_2 \cdot 3H_2O$］	1.5	60～90	3～5	
		硫代硫酸钠（$Na_2S_2O_3 \cdot 5H_2O$）	72			
	4	氯酸钾（$KClO_3$）	19	60～90	2～3	也可加入氯化钠 19g/L
		$CuSO_4 \cdot 5H_2O$	124			

颜色	工艺号	配方		温度/℃	时间/min	备注
		成分	质量浓度 ρ_B/(g/L)			
黑色	5	钼酸铵	15	60~70	5~10s	
		硝酸钾	8			
		硼酸	8			
	6	$CuSO_4 \cdot 5H_2O$	19	93		
		KCl	23			
		NaCl	23			
褐色	7	高锰酸钾($KMnO_4$)	160	50~90	5~10	用硝酸保持酸度
		硝酸镉[$Cd(NO_3)_2$]	60~250			
		硫酸亚铁($FeSO_4 \cdot 7H_2O$)	5~10			
	8	重铬酸钾(K_2CrO_7)	6~8	60~70	2~10	刚开始出现褐色就进行擦刷,然后再次浸渍,使褐色加深
		硝酸(HNO_3,$\rho = 1.42g/cm^3$)	3~4			

8.8 铬着色

金属铬基本不用于制造零件,铬的着色一般用于铬镀层着色,且应用较少,工艺参见表 8-91。

表 8-91 铬着色工艺

颜色	工艺号	配方		温度/℃	时间/min	电流密度/(A/dm²)	备注
		成分	质量浓度/(g/L)				
黑色	1	铬酐(CrO_3)	30~90	50~60		20~30	
		H_2SO_4	0.3~0.9				
	2	铬酐(CrO_3)	250~300	18~35	15~20	35~60	溶液中不能有硫酸根;着色后涂油。黑色膜层耐蚀性、耐磨性好,广泛用于精密仪器仪表
		硝酸钠($NaNO_3$)	7~11				
		硼酸(H_3BO_3)	20~25				
		氟硅酸(H_2SiF_6,30%)	0.01%				
	3	铬酐(CrO_3)	270	20~35	15~30	4~6	
		硫酸钡($BaSO_4$)	50				
		醋酸(CH_3COOH)	175				
		硒酸钠(Na_2SeO_4)	6				
		三价铬(Cr^{3+})	6				
	4	铬酐(CrO_3)	250~400	20~30	10~60	7~13	
		$(NH_4)_3BO_3$	10~30				
		$Ba(OH)_2$	2.5~3				
	5	氰化钠(NaCN)	100g	400~550	20~30		比镀黑铬层耐蚀性差
		碳酸钠(Na_2CO_3)	50g				
		硫(S)	10g				

颜色	工艺号	配方		温度 /℃	时间 /min	电流密度 /(A/dm²)	备注
		成分	质量浓度 /(g/L)				
金色	6	铬酐(CrO₃)	15~75	10~15		5~60	
		硫酸(H₂SO₄)	0.1~0.3				
		磷酸(H₃PO₄)	5~50				
蓝灰色	7	铬酐(CrO₃)	110~450	15~38		5~60	
		CH₂Cl COOH	75~265				
彩虹色	8	铬酐(CrO₃)	30~90	50~60		20~30	镀层有彩虹色,结合力好。此法系镀铬与形成彩色钝化膜同时进行。若先镀铬后再在此槽中形成钝化膜,则电流密度为10~20A/dm²
		硫酸(ρ=1.84g/cm³)	0.3~0.9				
褐色	9	氮气流或空气	650	650	2~5		氮气流中加热比空气加热所得膜层结合力和色调要好。温度不同,色调也不同,成膜后要涂油,用于工艺美术品

注:工艺8是将镀铬与生成彩虹色钝化同时进行;另一个方法是先镀铬,再放入槽内生成彩虹色钝化膜,电流密度比前一种方法小一些,只需10~20A/dm²。镀后清洗吹干,在50~60℃中烘1min老化即成。基体先镀一层亮镍。若在此镀液中再加入2~6g/L甲基磺酸和10~25mL/L乙酸,效果更好。

8.9 铝及铝合金钝化与着色

铝通常的表面处理方式是阳极氧化,阳极氧化后可以再着色处理。这在前面第5章已详细叙述。这里介绍的内容是直接在金属铝基体上着色与转化处理。铝及铝合金着色分两类:化学着色法和电解着色法。

8.9.1 直接钝化

铝非常容易与氧结合。一般铝件不作钝化处理。铝件钝化可在30~50g/L重铬酸钾溶液中,90~95℃处理5~10min;或在20~25g/L铬酐溶液中常温下处理5~15s。

8.9.2 铝及铝合金化学着色

铝及铝合金化学着色多在阳极氧化膜上进行。直接在铝及铝合金表面进行化学着色的方法较少。所生成的色膜有耐磨、耐蚀的特点,色彩范围较广。但一般不单独作为防护层,较多应用在表面还需进行涂饰的零件上作为底色。铝及铝合金氧化膜着色工艺见铝及铝合金阳极氧化膜着色一节,本节介绍几种化学直接着色的方法,其工艺规范见表8-92~表8-93。

8.9.3 铝及铝合金电解着色

铝及铝合金电解着色工艺所获得的色膜具有良好的耐磨、耐晒、耐热性及抗化学腐蚀性能,广泛应用于现代建筑用铝型材的装饰与防蚀上。随着太阳能的利用与开发,以及日用商品的多样化,铝及铝合金的电解着色工艺必将得到更广泛的开发和利用。

表 8-92　铝直接化学着色工艺规范

| 颜色 | 序号 | 溶液配方 | | 工艺条件 | | 备注 |
		成分名称	质量浓度 ρ_B (除注明外)/(g/L)	温度 /℃	时间 /min	
黑色	1	高锰酸钾($KMnO_4$)	5～30	90～100		
		二氧化锰(MnO_2)	5～30			
		硫酸($d=1.84$)(H_2SO_4)	10～20mL/L			
		硫酸铜($CuSO_4 \cdot 5H_2O$)	10			
	2	碳酸钠(Na_2CO_3)	50～60	90～100	30	适用于铝及铝合金，可得氧化铜似的黑色。需进行蒸汽封闭处理
		铬酐(CrO_3)	15～18			
		氢氧化钠($NaOH$)	150	40～60		
	3	铬酐(CrO_3)	10	70～80	20～30	
		碳酸钾(K_2CO_3)	25			
		硫酸铜($CuSO_4 \cdot 5H_2O$)	25			
		铬酸钠(Na_2CrO_4)	25			
蓝色	4	钼酸铵(NH_4MoO_4)	15	82		
		氯化铵(NH_4Cl)	30			
		硼酸(H_3BO_3)	8			
		硝酸钾(KNO_3)	8			
	5	氯化铁($FeCl_3$)	5	66		
		铁氰化钾[($K_3Fe(CN)_6$)]	5			
红色	6	亚硒酸(H_2SeO_3)	10～30	50～60	10～20	红色为析出的硒
		碳酸钠(Na_2CO_3)	10～30			
灰色	7	磷酸铵[($NH_4)_3PO_4$]	100	50	10～15	色膜耐蚀性好
		硝酸锰[$Mn(NO_3)_2$]	5			
	8	氟化锌(ZnF_2)	6	60～70	10～20	膜层因锌的析出而呈灰色
		钼酸钠(Na_2MoO_4)	4			

表 8-93　铝合金化学着色工艺规范

| 色调 | 溶液配方 | | 工艺条件 | | 备注 |
	成分名称	质量浓度 ρ_B/(g/L)	温度 /℃	时间 /min	
白-白褐	Na_2CO_3	0.5～2.6	80～100	10～20	适用合金：Al-Si，Al-Mg，Al-Zn，Al-Ni，Al-Cu-Si，Al-Cu-Mg
	$Na_2Cr_2O_7 \cdot 2H_2O$	0.1～1.0			
多种色调	ZnF_2	24	60～70	数分钟	此法获得的色调与 Al-Cu-Pb 合金相似，即：黑色、淡黄色、黄褐色、绿色、褐色、青铜色等。适用合金：Al-Cu-Si 系，Al-Cu-Mg 系，Al-Ni-Cu 系
	Na_2MoO_4	16			
	水	4L			
随合金不同呈不同颜色	Na_2CO_3	51.3	95～100	30～60	一般情况下，不含铜的铝合金有金属光泽，硅铝合金呈灰色，各种合金色调如下：①Al-Mg 合金：银白色，光泽稍暗；②Al-Mg-Si 合金：银白色，稍带灰色，有的稍带乳白色；③Al-Cu-Mg 合金：银白色，稍带乳白色；④Al-Si 合金：金属光泽，稍带彩虹色，有的稍带灰色；⑤Al-Mg 合金：金属光泽，稍带彩虹色。适用合金：Al-Mg，Al-Mg-Si，Al-Cu-Mg，Al-Mn，Al-Cu，Al-Mg-Mn-Si
	Na_2CrO_4	15.4			
	Na_2SiO_3	0.07～1.1			

色调	溶液配方		工艺条件		备 注
	成分名称	质量浓度 ρ_B/(g/L)	温度 /℃	时间 /min	
随合金不同呈不同颜色	Na_2CO_3 Na_2CrO_4	46 14	90~95	20~25	此方法也称 MBV 法,合金着色色调如下。①Al-Mn 合金:黄褐色;②Al-Mn-Mg-Si 合金:灰绿色;③Al-Si 合金:红褐色。 MBV 法 2min,在 $KMnO_4$ 4g/L 溶液中染:①Al-Mn 合金:红褐色;②Al-Mn-Mg-Si 合金:暗褐色;③Al-Si 合金:红铜色。 MBV 法 10min,在 $KMnO_4$ 4g/L 溶液中染色:①Al-Mn 合金:红褐色;②Al-Mn-Mg-Si 合金:暗黄褐色;③Al-Si 合金:暗黄褐色。 MBV 法 80min,硝酸铜 25g/L,$KMnO_4$ 10g/L,硝酸(65%) 0.4mL/L,80℃,2min,即可着色。①Al-Mn 合金:浓黑色;②Al-Mn-Mg-Si 合金:浓黑色;③Al-Si 合金:浓黑色
加不同重金属盐而呈不同颜色	盐基性碳酸钠 (Na_2CO_3) Na_2HPO_4	2% 0.2%	90~100	10~20	适用合金:Al-Si、Al-Mg、Al-Mg-Si、Al-Cu-Si 等。若添加 0.5%的硝酸和分别加入 Zn、Cr、Ni、Co、Cu 等重金属盐于此着色液中,则重金属盐会沉淀在铝合金表面,而呈现不同色调;如加硫酸铬会呈绿色,加硝酸铜会呈红蓝色
	KNO_3 $NiSO_4 \cdot 7H_2O$ Na_2SiF_6 10% 钼酸钠溶液 (Na_2MoO_4) 水	25 10 5 1mL 4L	60~70		适用范围:铝合金 此液可着黄色、青铜色、黄褐色、红色等

电解着色法按其发色特点分"一步法"与"二步法"。

通过阳极氧化着色可参见第 5 章着色法相关内容,这里介绍铝合金木纹着色的相关内容。

也可以在有机酸氧化着色基础上,再用金属离子电解着色。

8.9.4 铝合金木纹着色

铝合金挤压型材(6063A)表面可通过电化学处理得到木纹图样,而且耐蚀、耐磨性较好,广泛用于建筑、家具、汽车、柜台、电器等。

(1)工艺流程

预处理(从除油至酸洗出光必须严格)→水洗→形成壁垒型膜→木纹的形成→交流电解→阳极氧化→着色→水封闭。

(2)壁垒型膜的形成工艺

将经预处理的零件在壁垒型膜电解液中进行阳极处理,由于新鲜表面接通阳极后,电流突然增大,生成的 Al_2O_3 与基体牢固结合,形成壁垒型膜,这个过程在 5min 内即可完成。

壁垒型膜电解液的组成与工艺规范为:磷酸钠 23~27g/L,H_3PO_4 6~9g/L,20~25℃,2~2.5A/dm²,<5min,阴极材料为不锈钢,两极间距离 300mm。电源采用硅整流

器，工艺条件必须严格控制，温度和电流密度都不能太高。时间不能超过 5min，否则氧化膜会破裂。

（3）木纹的形成工艺

形成壁垒型膜的零件，在形成木纹电解液中利用外加电流进行处理，通过析氢，形成木纹图样。

形成的机理是：挤压铝型材形成壁垒型膜后，由于有轧制缺陷及点腐蚀，在外加电流的作用下，这些缺陷和点腐蚀就是木纹的起源。在电解的过程中，由于析氢的累积，压力越来越大，在点缺陷处把氧化膜渐渐地撕裂，露出基体，形成活性点，继续产生氢气。这样在氧化膜被撕裂的位置形成自催化效应，结果就形成了木纹的花样。形成木纹电解液的组成与工艺规范为：磷酸钠（Na_3PO_4）23～27g/L，H_3PO_4 6～9g/L，硝酸钠 3～5g/L，<40min，20～25℃，3～3.5A/dm^2，铝板。

电解时间越长，形成的木纹越深。但时间不能超过 40min，否则木纹的沟处太深，容易露出基体。电流密度不能太小，否则不能形成木纹。木纹的形状可以通过改变吊具、工具等来获得，可以是竖条状、交叉网状或旋涡状等。电解液必须保证清洁。

（4）阳极氧化

木纹形成后要进一步阳极氧化，形成多孔型氧化膜，以便进行着色。氧化工艺规范如下：

硫酸 150～190g/L，<10min，3～3.5A/dm^2，电极材料铝板，阳极氧化时间不能超过 10min，否则氧化膜不耐蚀。电流密度一定要在工艺范围之内。

（5）着色

经氧化后的零件，可进行化学着色和电化学着色。通过改变着色液的种类和方法，可以得到淡黄色、黄色、棕色、深棕色、金黄色、紫铜色、蓝色、茶色等一系列颜色。

① 浸渍化学着色。草酸铵 23～27g/L，45～50℃，2～15min；着色色系：淡黄色、黄色、棕黄色、深棕色及紫铜色。

② 电解着色。在 $NiSO_4$ 中可着茶色；还可在其它电解液中着金黄色、蓝色、琥珀色等。

8.10 镍及镍合金着色

镍及镍合金着色工艺见表 8-94。

表 8-94 镍及镍合金着色工艺

颜色	配方		电压/V	电流密度/(A/dm^2)	温度/℃	时间/min	pH	备注
	成分	质量浓度 ρ_B/(g/L)						
黑色	硫酸镍铵[$NiSO_4 \cdot (NH_4)_2SO_4 \cdot 6H_2O$]	62.5	2～4	0.5	室温	3～5		3～5min 为黑色膜，若电镀时间长，得普通镍色调
	硫酸锌（$ZnSO_4 \cdot 7H_2O$）	78						
	硫氰酸钠（NaCNS）	156						
灰色	亚砷酸（H_3AsO_3）	32		阴极 0.5～4	室温	5		阴极电解
	NaCN	2						
	NaOH	75						

颜色	配方		电压/V	电流密度/(A/dm²)	温度/℃	时间/min	pH	备注
	成分	质量浓度 ρ_B/(g/L)						
蓝黑色	硫酸镍($NiSO_4 \cdot 7H_2O$)	25g	阴极电解					先用 100mL 盐酸溶解亚砷酸，然后依次加其它药品
	硫酸铜($CuSO_4 \cdot 5H_2O$)	6g						
	盐酸($HCl, \rho=1.19g/cm^3$)	2000mL						
	亚砷酸(H_3AsO_3)	200g						
	亚砷酸(H_3AsO_3)	100g	阴极 0.5~2					先用盐酸溶解亚砷酸，再加入其它原料，然后电解着色
	硫酸镍($NiSO_4 \cdot 6H_2O$)	13						
	硫酸铜($CuSO_4 \cdot 5H_2O$)	3						
	盐酸($HCl, \rho=1.19g/cm^3$)	1000mL						
褐色	加热法				500~600	25~45s		在全损耗系统用油中急冷
彩色	氯化镍($NiCl_2 \cdot 6H_2O$)	75~80		阴极电流 0.1~0.2	15~25	3~5	5~6	色泽随时间的变化为：黄→橙→红→棕红→褐蓝→灰黑
	氯化锌($ZnCl_2$)	25~35						
	氯化铵(NH_4Cl)	25~35						
	硫氰化铵(NH_4SCN)	13~15						
古铜色	硫酸镍($NiSO_4 \cdot 7H_2O$)	80		阴极电流 0.1	35	60	5.5	滚镀后在木屑中滚动，摩擦中增着色效果，干燥后需涂罩光漆
	硫酸镍铵[$NiSO_4 \cdot (NH_4)_2SO_4 \cdot 6H_2O$]	40						
	硫酸锌($ZnSO_4 \cdot 7H_2O$)	40						
	硫氰化钾($KSCN$)	20						

对于表 8-94 中"彩色"工艺，要严格控制温度，温度高会使色泽不均匀。若色泽淡，可能锌盐含量低、温度低或镀液浓度低，可适当延长电镀时间。若温度低，电流小，则色泽变化缓慢并呈多样化。

对于表 8-94 中"古铜色"工艺，钢铁工件不宜直接镀古铜色，应镀一层光亮铜打底。硫酸镍含量若偏低，镀层呈黄色，色彩易擦掉；若偏高，外观粗糙。硫酸锌质量浓度低于 10g/L 时，色泽呈灰色；质量浓度大于 45g/L 时，镀层出现条纹。控制硫酸镍与硫酸锌的浓度比为 2:1 为宜。硫氰酸盐的质量浓度低于 5g/L 时，镀层为无光的灰色；若含量偏高，则镀层发花或出现条纹，结合力也差。硫酸镍铵的质量浓度不能低于 10g/L，否则镀层粗糙无光。pH 值 4.5~6 范围内，都能获得良好的镀层。若 pH 值大于 6，镀层脆性；pH 值偏低，难以形成古铜色。着色电流密度宜小，若电流密度偏高，镀层粗糙呈粉末状。温度应在 30~40℃ 之间，温度高则出现浅黄至棕色条纹，温度低则呈灰色。镀完后将工件与皮革角料或木屑在滚筒内干摩擦，把凸出处镀层磨去，以增加古旧幽雅效果；再筛去磨料，经清洗、干燥后，涂罩光漆，再烘干即可。为使色调批量一致，要严格控制成分与操作条件。

8.11 钛及钛合金着色

钛及钛合金经阳极氧化处理，随电压和时间变化可以得到各种颜色的膜层。膜层颜色与不锈钢着色一样，都是由光的干涉形成的。参见第 5 章阳极氧化钛合金部分，这里作补充说明。钛及钛合金的着色膜强度较高，化学稳定性较好，有较高装饰和实用价值。钛及钛合金黑色及彩色阳极氧化法着色工艺见表 8-95，钛及钛合金阳极氧化着彩色电压与颜色的关系见表 8-96，钛及钛合金阳极氧化着黑色时间与膜的颜色关系见表 8-97。

表 8-95　钛及其合金黑色及彩色阳极氧化法着色工艺

| 颜色 | 配方 | | 温度/℃ | 时间/min | pH | 电流/(A/dm²) | 电压/V | $S_阳$：$S_阴$ | 阴极材料 |
	成分	质量浓度 ρ_B/(g/L)							
黑色	重铬酸钾($K_2Cr_2O_7$)	20～30	15～28	15～30	3.5～4.5（用硼酸调整）	0.05～1	初始 3 终止 5	(3～5)：1	不锈钢
	硫酸锰($MnSO_4 \cdot 5H_2O$)	15～20							
	硫酸铵[$(NH_4)_2SO_4$]	20～30							
彩色	磷酸(H_3PO_4,$\rho=1.74g/cm^3$)	50～200	室温	20	1～2		由色调而定	10：1	
	有机酸	20～100							

钛及钛合金阳极氧化着黑色的工艺规范见表 8-95。阳极氧化的过程中，外观颜色的变化有一过程，通常的变化过程为：钛及钛合金本色→浅棕→深棕→褐色→深褐→浅黑→深黑。变化的时间为：开始通电的 2～5min 形成的膜为浅棕色，经过 5min 后，膜层颜色变深，呈深棕或褐色。10～20min 呈深褐色至浅黑色，20～25min 呈黑色至深黑色。

表 8-96　钛及其合金阳极氧化着彩色电压与颜色的关系

电压/V	5	10	20	25	30	40	60	80
颜色	灰黄	土黄	紫	蓝	青	淡青	金黄	玫瑰红

表 8-97　钛及其合金阳极氧化着黑色时间与膜的颜色关系

时间[①]/min	5	10	20	25
颜色	浅棕	深棕或褐色	深褐至浅黑	黑至深黑

① 时间自通电开始计算。

8.12　金着色

（1）金的性质与用途

金是金黄色的金属，在空气中极稳定，不氧化变色。不溶于酸，同硫化物也不起作用，仅溶于王水和氰化碱溶液中，是热和电的良导体。金在贵金属中应用最广，如金饰物、金币、牙科材料及电子元件等。纯金多用于装饰，但由于金的价格昂贵，应用受到限制。为适应不同的需要，改善金的性质，节约用金，往往用金的合金，如金-银合金、金-铂合金、金-铝合金、金-铜合金及金-铁合金等。

合金中金的含量（成色），习惯上用"K"表示。K 与含金量、色泽的关系见表 8-98。

表 8-98　K 与含金量、色泽的关系

K	24	22	18	14	12
含金量(w)/%	100	91.7	75	58.3	50
色泽	黄略带青	柠檬黄	金黄	玫瑰红	桃红

金粉末在反射光中呈棕色，透光时呈绿蓝色。镀金合金时，适当调整成分，可镀得赤

金、黄金、青金、白金等各种色泽。金化合物中，$AuCl_3$ 为黄色，$NaAuO_2$ 为黄色，Au_2S_3 为黑色。

（2）金的着色

金与金合金对着色膜的要求较高，一般采用电化学法。金的着色处理工艺规范见表 8-99。

表 8-99　金的着色处理工艺规范

工艺条件	质量浓度 ρ_B（除注明外）/(g/L)						
	配方 1	配方 2	配方 3	配方 4	配方 5	配方 6	配方 7
氰化金钾	6～48	6～15	4～6	4～6	4.1	氯化金 0.25	3.5
氰化银钾	0.08～0.4		0.05～0.1			氯化钯 3	
氰化铜钾		7～15	15～30			0.5	
氰化钾	10～200	10～100	10～100	39	7.5		
氰化钠						3	7
亚铁氰化钾				28		磷酸三钠 60	
碳酸钾				30			
氰化银					0.7～1.5		
氯化金							
氰化镍钾						3	10
电流/(A/dm²)	0.3～0.5	0.3～0.5	0.7～0.8	0.1	1～2	0.7～0.8	0.7～0.8
温度/℃	室温	室温	室温	80	40～50	55～65	80
时间/min	0.5μm/min	10～15	5～10	10			
颜色	金黄色具有抛光作用	红色铜含量影响色调	桃红色；需机械抛光	蔷薇色	绿色	淡红色，高温时，铜易析出，若搅拌色调会变化	浅白色

8.13　钴着色

（1）钴的性质与用途

钴是有钢灰色光泽的金属，化学性质稳定，与镍相似，与水和空气不起反应，在稀盐酸和硫酸中能缓慢溶解，易溶于硝酸。钴应用于制造坚硬耐热合金钢、磁性合金、化工原料及灯丝等。

电镀一般不单纯镀钴，因为钴的价格较贵，多用作改善镀层质量的辅助金属，如镀镍-钴合金、铜-钴合金等，其中钴的质量分数不超过 10%。钴的化合物中：$Co_3(AsO_4)_2 \cdot 8H_2O$ 为红色、$Co_3(PO_4)_2$ 为紫色，$Co(OH)_2$ 为玫瑰色，$Co_3[Fe(CN)_8]_2$ 为棕红色，CoO 为褐色，Co_3O_2 为黑色，CoS 为黑色，$K_3[Co(NO_2)_6]$ 为黄色，$CoSO_4$ 为蓝色，$Co(AlO_2)_2$ 为蓝色。

（2）钴的着色处理

钴的化学着色法较少，大多是高温氧化法。

① 红色。先把钴的表面清洗干净，在 600℃ 中保持数分钟，就成为红色。但是一定要注意，钴的表面绝对不能有水分，即使有很少的水分，也会使红色变成灰色。

② 黑色。在 700℃ 红热状态中，把雾状水蒸气喷在表面，生成四氧化三钴的黑色层，其膜厚，结合力差。

③ 褐色。在氰化钠与黄丹混合溶液中，250℃ 煮数分钟，表面即生成褐色膜。

8.14 镁合金钝化与着色

（1）钝化

在含硅酸钠的溶液中，镁合金表面能形成一层透明的钝化膜，从而提高了它的耐蚀性。当硅酸钠的浓度为 10mmol/L、pH 为 10.5 ~12.5 时效果最佳。硅酸钠溶液钝化时，溶液模数（即 SiO_2 与 Na_2O 的摩尔比）往往对钝化膜性能产生影响。

（2）着色

对于镁合金的着色技术，目前国内外的研究报道极少，相关基础理论研究更少。鉴于镁合金阳极氧化膜与铝合金阳极氧化膜相似，故可借鉴铝合金的氧化膜着色技术进行研究。前面提到，在工业上应用的铝及铝合金阳极氧化膜着色技术主要有化学染色法和电解着色法。化学染色法是使染料吸附在膜层的孔隙内，因此，配制不同的染色液，可以染成不同的色彩，具有良好的装饰效果，且设备简单，操作方便。但是膜的颜色耐光性较差，易掉色。

能进行化学染色的阳极氧化膜必须具备的条件：①氧化膜必须有足够厚度，具体厚度取决于要染的色调，如深色需较厚膜层，而浅色则要求较薄的膜层。②氧化膜必须有足够的孔隙和吸附能力。③氧化膜应均匀，膜层本身的颜色应为无色或浅色，适于进行着色处理。因此，借鉴铝合金化学着色的经验，对镁合金进行阳极氧化后，再利用各种颜色的染色液对其进行化学染色，可以得到美观的表面，也将成为镁合金表面装饰防护技术的一个重大突破。

电解着色的氧化膜具有古朴、典雅的装饰效果，与染色法相比，氧化膜又有很好的耐晒性，故广泛应用于建筑领域。电解着色分两步进行：第一步合金在硫酸溶液中进行常规阳极氧化；第二步阳极氧化后的多孔性氧化膜在金属盐的着色液中电解着色。氧化膜的颜色与合金的成分、电解液和阳极氧化条件都有关。电解着色工艺着色范围窄，操作工艺严格而复杂，膜层颜色受材料成分、加工方法等因素的影响很大，因此，在应用上受到一定限制。

8.15 铁的钝化与着色

① 着钢蓝色。三氯化铁 57g，硝酸汞 57g，盐酸 57g，乙醇 227g，水 227g，室温，将工件浸 20min，取出后空气中放置 12h。重复一次，然后在沸水中煮 1h，干燥，磨光并除油。

② 快速发蓝。硫酸铜 2~4g/L，氯化亚铁 4~6g/L，亚硒酸 8~10g/L，室温。

③ 着蓝色。硫代硫酸钠 60g/L，乙酸铅 15g/L，沸腾。

第 **9** 章

化学转化膜性能测试

9.1 外观检测

9.1.1 测定方法

外观检测包括色泽、光泽、缺陷等方面的检测。一般在光线充足的条件下，通过目视观察。也有一些行业标准规定，外观检验应在天然散射光线或无反射光的白色透射光线下目视检测，光的照度应不低于 300lx（相当于在 40W 荧光灯下距离 500mm 处的光照度），工件与肉眼的距离约为 350mm。对于有颜色的试样，可采用目视法和比色仪法两种方式进行检测。

① 目视法外观检验是在光线充足的条件下，用目视观察。将商定的标样和待测试样放在同一水平面上，观察者在散射光下距离 300mm，在垂直于试样的方向。观察待测试样与标样的差别是否在允许范围内。这种方法简单直观，但主观性较大，结论因人而异，容易产生争议。

② 比色仪（色差计）法。该仪器可将任何一种颜色分解成红、蓝、绿三种基本色，这三种颜色构成一个三维色度空间，任一种颜色在其色度空间中都会有一个确切位置。比色仪可用这种色度空间中一组坐标数据（x、y、z）来精确地描述任何一种颜色。因此，它既可测出两个试样之间颜色上极其微小的差异，还可指出颜色的差异是由哪一种或哪几种基本色偏差造成的，偏差有多大。这种方法公平精确，可作仲裁用。

9.1.2 检测标准

不同材料各种膜层的表面色泽、特征及状态见表 9-1。不同材料各种膜层允许或不允许的缺陷见表 9-2。

在进行转化膜外观检查时注意以下几点：

① 基体金属材料本身或加工方法造成的如砂眼、气孔、划痕、腐蚀、杂物、熔渣及焊缝等缺陷，若采用允许的方法在化学转化处理过程中未能消除，不应视为膜层本身的缺陷。

② 工件上允许有无法避免的装挂痕迹，当对其位置和面积有要求时，可由供需双方商定。

③ 除有特殊规定之外，直径（宽度）在 12mm 以下的盲孔、螺纹孔、槽，直径（宽度）在 6mm 以下的通孔，在其深度大于 1.5 倍直径（宽度）的地方无膜层。

④ 要注意膜层厚度符合相关要求，特别是主要表面。

表 9-1　处理膜层表面色泽、特征及状态

处理方法	基体材料		表面色泽	表面特征	表面状态
化学钝化	不锈钢		基体本色、褐色、灰褐色或其它颜色，$2Cr_{13}$ 零件为深灰色	半光亮、暗面或无光缎面	光滑平整
	铝及铝合金		基体本色或带彩虹色		
	铜及铜合金		铬酸盐钝化：基体本色、略带彩虹色；重铬酸盐钝化：彩虹色至古铜色		
	锌合金		浅蓝色、绿色带彩虹色、棕褐色	半光亮、暗面	
化学氧化	钢铁	碳钢低合金钢	黑色、蓝黑色	半光亮、暗面或无光缎面	致密均匀，光滑平整
		高碳工具钢铸造合金钢	黑色带灰色或(深)褐色或棕红色		
		铸铁硅合金钢	浅黄色到深褐色		
		高合金钢	深灰色到深褐色，可带樱桃红色		
		不锈钢	褐色或黑色		
	铝及铝合金		无色、浅黄、金黄、轻微彩虹色至暗褐色、深灰等		
	铜及铜合金		蓝黑色到黑色或黑褐色		
	镁合金		草黄、米黄、金黄、棕色到深棕色，深灰色到黑色、草绿色		
	钢铁		化学镀铜：粉红色到砖红色	半光亮、缎面	
磷化(复合磷化)	钢铁		浅灰色到黑色、彩虹色、红褐色	暗面、细鳞光缎面、无光缎面	致密均匀，平整
	铝及铝合金		无色；浅灰色；灰蓝色到深蓝色，可带红绿色；浅蓝绿色到绿色		
阳极氧化	铝及铝合金		普通法(硫酸法、草酸法)：灰白色到基体本色，浅灰色到深灰色或灰黑色、深褐色。铬酸盐封闭后呈浅绿色到黄绿色	光亮、半光亮、暗面、缎面	致密均匀，光滑平整
			硬质法：浅灰色、黑色、灰褐色、古铜色、灰黄色或黄绿色。铬酸盐封闭后呈黄绿色到绿色或黑褐色		
			铬酸法：乳白色到灰色，带彩虹色		
			瓷质法：不透明白色	光亮、半光亮、釉质、缎面	
	镁合金		酸性溶液：草黄色到绿色；碱性溶液：浅棕色到深棕色	半光亮缎面、暗面	均匀，光滑平整
	铜及铜合金		蓝黑色、黑色或深褐色	暗面、半光亮、无光缎面	

表 9-2　处理膜层表面缺陷

处理方法	基体材料	表面缺陷	
		允许缺陷	不允许缺陷
化学钝化	不锈钢	①因材料和加工状态的不同而引起的色泽差异；②彩虹色调；③轻微的水迹	①黑点、锈蚀斑和残留的氧化物；②未钝化到的部位；③过腐蚀；④未洗净的盐迹

处理方法	基体材料	表面缺陷	
		允许缺陷	不允许缺陷
化学钝化	铝及铝合金	①因材料和加工状态的不同而引起的色泽差异； ②局部擦黑； ③轻微的水迹； ④铸造合金带黑褐色花斑； ⑤大理石状花纹及无光泽银白色	①灰白及黑色粉末状斑点； ②过腐蚀； ③未洗净的盐迹
	铜及铜合金	①因材料和加工状态的不同而引起的色泽差异； ②无光泽的白色斑点，局部有轻微白雾状； ③轻微的局部擦伤； ④铜合金零件上玫瑰红色铜斑点； ⑤轻微流痕	①黑点、锈蚀斑和残留的氧化物； ②未钝化到的部位； ③过腐蚀； ④未洗净的盐迹
	锌合金	①因材料不同而引起的色泽差异； ②轻微的铬酸盐痕迹； ③轻微的局部擦伤	①疏松的膜层； ②未钝化到的部位； ③未洗净的盐迹
化学氧化	钢铁	①因材料和加工状态的不同而引起的色泽差异； ②皂化液的痕迹及轻微水迹； ③轻微的红色附着物	①局部无氧化膜层或局部膜层脱落； ②明显的棕红色或绿色附着物、锈迹、污物及基体的过腐蚀； ③未洗净的盐迹
	铝及铝合金	①因材料和加工状态的不同而引起的色泽差异； ②轻微水迹、铬酸盐痕迹； ③轻微擦伤或划痕	①局部无膜层或局部膜层脱落； ②过腐蚀； ③污物、疏松、附灰、斑痕或条纹
	铜及铜合金	①因材料和加工状态的不同而引起的色泽差异； ②轻微水迹； ③轻微擦伤或划痕； ④轻微的腐蚀； ⑤光泽和颜色不均匀； ⑥氧化膜的轻微变色、紫铜点	①局部无膜层或局部膜层脱落； ②过腐蚀； ③污物、疏松、斑痕
	镁合金	①因材料和加工状态的不同而引起的色泽差异； ②轻微水迹； ③轻微擦伤或划痕； ④由于合金成分的偏析而引起的白点、斑痕	①局部无膜层； ②过腐蚀； ③疏松氧化膜； ④未洗净的盐迹
化学镀	钢铁 铜及铜合金 铝及铝合金	①因材料和加工状态的不同而引起的色泽差异； ②轻微水迹； ③轻微发暗和有氧化色； ④轻微擦伤或划痕	①局部无镀层、镀层疏松、脱落、粗糙； ②锈迹、斑点、黑点、针孔； ③条纹状或雾状镀层； ④未洗净的盐迹

处理方法	基体材料	表面缺陷	
		允许缺陷	不允许缺陷
磷化 （复合磷化）	钢铁 铝及铝合金	①因材料和加工状态的不同而引起的色泽差异； ②轻微水迹和封闭溶液的流痕； ③结晶不均匀； ④轻微的擦伤或划痕； ⑤轻微的白色附着物； ⑥铸锻件非加工表面局部膜层不连续。 ⑦焊缝处及深孔无磷化膜	①明显未磷化到的部位； ②膜层疏松； ③锈迹、发花； ④过腐蚀； ⑤未洗净的盐迹
阳极氧化	铝及铝合金 铜及铜合金 镁合金	①因材料和加工状态的不同而引起的色泽差异； ②轻微水迹和封闭溶液的流痕； ③轻微的擦伤或划痕； ④灰黑色的斑点、条纹、大理石状花纹； ⑤非主要表面上的不可控气袋； ⑥深孔无氧化膜	①局部无膜层； ②膜层疏松； ③锈迹、发花； ④过腐蚀； ⑤未洗净的盐迹； ⑥当着色工序为阳极氧化膜最终工序时，不允许表面有颜色差异； ⑦局部烧伤

9.2 化学保护层厚度测量

一些转化膜层厚度见表 9-3 及表 9-4。

表 9-3 化学氧化膜层厚度

基体材料	膜层用途	氧化膜层厚度/μm
铝及铝合金	防护、导电、涂漆层底层	0.4～4.0
镁合金	防护、防护装饰、消光层、涂漆层底层	0.5～3.0
铜及铜合金	防护、防护装饰、消光层	—
钢铁	防护、防护装饰、黑色消光层	0.5～1.5

表 9-4 阳极氧化膜层厚度

基体材料	处理方法	膜层用途	阳极氧化膜层厚度/μm
铝及铝合金	铬酸法	防护、防护装饰、涂漆层底层	2～5
	硫酸法	防护、防护装饰、消光层、涂漆层底层	5～20
	草酸法	防护、绝缘	8～20
	瓷质法	防护、防护装饰、耐磨	6～20
	硬质法	防护、耐磨、绝缘	20～250
镁合金	酸性溶液法	防护、防护装饰、涂漆层底层	10～40
	碱性溶液法		20～50
铜及铜合金		防护、防护装饰、消光层	—

厚度的测量按膜层损坏情况分为破坏法与非破坏法。按测定方式分为仪器法与化学法。一些仪器方法见表 9-5。

表 9-5 覆盖层厚度测量仪的典型厚度范围

仪器类型	典型厚度范围/μm	有关标准
磁性法（用于钢铁上非磁性覆盖层）	5～7500	GB/T 4956
电压击穿法		GB/T 8754
涡流法	5～2000	GB/T 4957
X 射线光谱法	0.25～25	GB/T 16921
β 射线反向散射法	0.1～1000	ISO 3543
双光束显微镜法	2～100	GB 8015.2
显微镜法	4～数百	GB/T 6462
扫描电子显微镜法	1～数百	ISO 9220

注：规定的厚度范围是以下情况下的厚度范围：市场出售的标准型号仪器，使用大的、平的及光滑的试样，普通方法制作的转化膜以及仔细的操作。规定的厚度范围会因仪器的型号与操作技术而有所变化。一台仪器不一定能测量所有厚度范围，可能一些膜的厚度范围更宽，而另一些膜更窄。

9.2.1 涡流测厚仪法

该法适用于非磁性金属基体上非导电覆盖层的测量。详细的测量原理等参见 GB/T 4957。

涡流测厚仪是利用一个带有高频线圈的探头来产生高频磁场，使置于探头下方的待测试样内产生涡流，这种涡流的振幅和相位是探头和待测试样之间非导电层厚度的函数。覆盖层厚度可从测量仪器上直接读取。

本方法可测量非磁性金属基体上的非导电层（如铝阳极氧化膜）、非导体上单层金属镀层以及非磁性基体上与其电导率相差较大的镀（涂）层的厚度。影响测量精度的因素与磁性法相似。涡流测厚除了受基体电导率、基体厚度、覆盖层厚度影响外，还受试样的曲率、表面粗糙度、边缘效应和加在探头上的压力大小等影响。通常测试误差在 $\pm 10\%$ 以内，厚度小于 $3\mu m$ 的覆盖层测量精度偏低，当膜厚小于 $5\mu m$ 时应测多点平均，测量起点厚度大于 $0.5\mu m$。注意测量端头应垂直于被测膜层表面。

对于厚度大于 $25\mu m$ 的覆盖层，测量的不确定度等于某一近似恒定的分数与覆盖层厚度的乘积。

用涡流仪器测量厚度会受基体金属电导率的影响，金属的电导率与材料的成分及热处理有关。电导率对测量的影响随仪器的制造和型号不同而有明显的差异。

每一台仪器都有一个基体金属的临界厚度，大于这个厚度，测量将不受基体金属厚度增加的影响。由于临界厚度既取决于测头系统的测量频率又取决于基体金属的电导率，因此，临界厚度值应通过实验确定，除非制造商对此有规定。通常，对于一定的测量频率，基体金属的电导率愈高，其临界厚度越小；对于一定的基体金属，测量频率越高，基体金属的临界厚度越小。

涡流仪器对试样表面的不连续敏感，因此，太靠边缘或内转角处的测量是不可靠的，除非专门为这类测量进行了校准。不要在靠近试样的边缘、孔洞、内转角等处进行测量，除非为这类测量所做的校准的有效性已经确证。

试样的曲率影响测量。曲率的影响因仪器制造和类型的不同而有很大差异，但总是随曲率半径的减小而更为明显。因此，在弯曲的试样上进行测量将是不可靠的，不要在试样的弯曲表面上进行测量，除非仪器为这类测量做了专门的校准。

基体金属和覆盖层的表面形貌对测量有影响。粗糙表面既能造成系统误差又能造成偶然误差；在不同的位置上做多次测量能降低偶然误差。如果基体金属粗糙，还需要在未涂覆的粗糙基体金属试样上的若干位置校验仪器零点。如果没有适合的未涂覆的相同基体金属，应用不浸蚀基体金属的溶液除去试样上的覆盖层。

涡流仪器的测头必须与试样表面紧密接触，因为仪器对妨碍测头与覆盖层表面紧密接触的外来物质十分敏感。应该检查测头前端的清洁度。测量前，应除去试样表面的任何外来物质，如灰尘、油脂和腐蚀产物等，但不能除去任何覆盖层。

使测头紧贴试样所施加的压力影响仪器的读数，因此，压力应该保持恒定。这可以设计一个合适的压力恒定的夹具用于专门测试。

仪器测头倾斜放置，会改变仪器的响应。因此，测头在测量点处应该与测试表面始终保持垂直。这也可设计一个合适的专门夹具来进行。测头可能使软的覆盖层或薄的试样变形。在这样的试样上进行测量可能是不可靠的，或者只有使用特殊的测头或夹具才可能进行。由于温度的较大变化会影响测头的特性，所以应该在与校准温度大致相同的条件下使用测头测量。

由于仪器的正常波动性，因此有必要在每一测量位置上取几个读数。覆盖层厚度的局部差别可能也要求在任一给定的面积上进行多次测量；表面粗糙时更是如此。

9.2.2 金相显微镜法

GB/T 6462—2005《金属和氧化物覆盖层　厚度测量 显微镜法》国家标准，等效采用 ISO 1463 国际标准，规定了金属镀层和氧化膜层利用金相显微镜对其横断面厚度进行测量的方法。该法为破坏膜层方法。

金相显微镜法测量精度高，重现性好。但此法操作复杂，要求有一定的技术和设备，故一般不作为现场生产车间检验之用，但可作为生产单位实验检测机构之用。

本方法适用于测量 $2\mu m$ 以上的各种金属镀层和化学保护层的厚度。当厚度大于 $8\mu m$ 时，可作为仲裁检验方法使用，测量误差一般为 $\pm 10\%$。当厚度大于 $25\mu m$ 时，可使测量误差小于 5%。

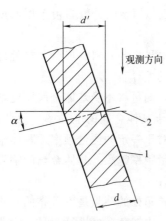

图 9-1　横断面偏离角

1—覆盖层表面；2—断面

影响测量精度的因素很多。例如，覆盖层或基体的表面粗糙度会引起基体与覆盖层横断面的界面不规则，影响测量的精确性；当试样的横断面不垂直于待测覆盖层时，测得的厚度将大于真实的厚度，见图 9-1，覆盖层厚度 d 可按公式进行计算。图中 α 为横断面与覆盖层表面的垂直面的偏离度；d 为 $\alpha=0$ 时的厚度，d' 为 $\alpha \neq 0$ 时的厚度；$d=d'\cos\alpha$。

此外，在镶嵌试样时如果引起覆盖层变形、边缘倒角、真实边界不规则、浸蚀质量不高使界面不清晰等缺陷，都会影响测量精度。为了保护覆盖层的边缘，避免测量误差，常在覆盖层上再加镀一层附加镀层。除此之外，测量时的放大倍数、显微镜的载物台测微计和目镜测微计的标定、显微镜本身的质量等因素对测量的精度影响也很大。如果不能排除这些因素的干扰，测量的精度会降低。

由于横断面测厚试样的制备质量直接关系到厚度的测量精度，为此国际标准对测定镀层厚度试样的横断面制备方法提出了具体的技术要求。

制备横断面时，为使各层界面清晰，可加入浸蚀剂，常见浸蚀剂见表 9-6。

表 9-6　加入的浸蚀剂

序号	浸 蚀 剂	应 用
1	硝酸溶液（$\rho = 1.42g/mL$）5mL；乙醇溶液（φ 95%）95mL。警告：本混合物不稳定，可爆炸，加热时尤其要注意安全	用于钢铁上的镍和铬镀层，浸蚀钢铁，这种浸蚀剂应是新配制的
2	六水合三氯化铁（$FeCl_3 \cdot 6H_2O$）10g；盐酸溶液（$\rho = 1.16g/mL$）2mL；乙醇溶液（φ 95%）98mL	用于钢铁、铜及铜合金上的金、铅、银、镍和铜镀层，浸蚀钢、铜及铜合金
3	硝酸溶液（$\rho = 1.42g/mL$）50mL；冰醋酸溶液（$\rho = 1.16g/mL$）50mL	用于钢和铜上的多层镍镀层的单层厚度测量，通过显示组织来区分每一层镍，浸蚀镍，过度腐蚀钢和铜合金
4	过硫酸铵 10g；氢氧化铵溶液（$\rho = 0.88g/mL$）2mL；蒸馏水 93mL	用于铜及铜合金上的锡和锡合金镀层，浸蚀铜及铜合金，本浸蚀剂须是新配制的
5	硝酸溶液（42g/mL）5mL；氢氟酸溶液（$\rho = 4g/mL$）2mL；蒸馏水 93mL	用于铝及铝合金上的镍和铜镀层，浸蚀铝及铝合金
6	铬酐（CrO_3）20g；硫酸钠 0.5g；蒸馏水 100mL	用于锌合金上的镍和铜镀层，也适用于钢铁上的锌和镉镀层，浸蚀锌、锌合金和镉
7	氢氟酸溶液（1.14g/mL）2mL，蒸馏水 98mL	用于阳极氧化的铝合金，浸蚀铝及其合金

金属镀层的横断面厚度还可以用扫描电镜进行测量。它的测量精度比金相显微镜法高，最小测量误差为 $\pm 0.1\mu m$，适用于测定特别薄的覆盖层厚度。GB/T 31563—2015《金属覆盖层　厚度测量　扫描电镜法》标准可供参考。

① 测试仪器。使用经过校准的、带有螺钉游动测微计或目镜测微计的各种类型的金相显微镜。

② 试样制备。一般可从零件主要表面的一处或几处切取试样。镶嵌后，对横断面进行适当的研磨、抛光和浸蚀。常用的浸蚀剂成分：氢氟酸（HF，$\rho = 1.14g/cm^3$）2mL；蒸馏水 98mL。

浸蚀完毕后，试样先用清水冲洗，然后用酒精洗净，以热风快速吹干。化学保护层的试样（如铝氧化膜）不必浸蚀。

③ 测定方法。采用带螺钉游动测微计或目镜测微计的金相显微镜，按仪器规程进行测量。测量仪器在测量前和测量后至少要标定一次，标定和镀层厚度测量都应由同一操作者完成。载物台测微计和镀层应放在视场中央。在同一位置上，每次测量值至少是两次读数的平均值。如需要测量平均厚度，则应在镶嵌试样的全部长度范围内测量 5 个点，然后取平均值。

使用这一方法测量镀层厚度时，测量误差一般是随着放大倍数的减小而增大。所以，选取放大倍数时，通常应使视场直径为镀层厚度的 1.5～3 倍。

9.2.3　电压击穿法

击穿电压的大小取决于氧化膜的厚度及许多其它因素，尤其是表面状态、基体金属成分、封孔质量、工件的干燥及陈化程度。

此法参见标准 GB/T 8754，是用专用击穿电压仪测出氧化膜的击穿电压值，并从仪器刻度盘上直接读出或由氧化膜厚度-击穿电压对照表查得氧化膜的厚度。表 9-7 为铝合金氧化膜厚度-击穿电压对照表。

表 9-7　铝合金氧化膜厚度-击穿电压对照表

氧化膜厚度/μm	5	10	15	20
击穿电压/V	400	600	1000	1200

测量时两个电极相距 25mm，单电极系统一个电极接其它电极，另一电极接膜层表面。双电极则两个电极接膜层表面。电极为直径 3～8mm 的相同金属球，接触压力 0.5～1N，电压上升速度 25V/s。注意测试时的湿度环境等。

两个电极放在平滑或经过加工的试样上，间距应为 10～50mm，两个电极也可放在曲率半径大于 5mm 的曲面上，但应距锐角边缘 5mm 以上。对于窄试样，检验应在长轴上进行，但电极应距边角至少 1mm，试样的各个部位测量 10 次，记录膜被电击穿的电压。如采用单电极测量法，测量结果为该膜击穿电压值。如采用双电极测量法，测量结果则大致为该膜击穿电压值的两倍。

9.2.4　质量法

（1）阳极氧化膜

参见 GB/T 8015.1。用与被测零件相同的材料制成 50mm×100mm×(0.8～1.0)mm 的试片，经前处理后随同被测零件一起入槽进行阳极氧化。氧化结束后，经清洗、干燥、称重，记录试片质量后退除氧化膜。

退除氧化膜后，用水洗涤试片，干燥后称重，将退除氧化膜前后试片的质量相减，即可得出氧化膜的质量。

表面密度（单位面积上的氧化膜质量）可按下式计算：

$$\rho_A = \frac{m_1 - m_2}{A}$$

式中　ρ_A——表面密度（单位面积上氧化膜的质量），g/mm^2；

　　　m_1——氧化膜溶解前的试样质量，g；

　　　m_2——氧化膜溶解后的试样质量，g；

　　　A——试样待检的氧化膜面积，mm^2。

氧化膜平均厚度可按下式估算：

$$\delta = \frac{\rho_A}{\rho} \times 10^3$$

式中　ρ_A——表面密度（单位面积上氧化膜的质量），g/mm^2；

　　　δ——氧化膜平均厚度，μm；

　　　ρ——氧化膜密度（封闭后的氧化膜密度约为 $2.6kg/dm^3$，未封闭的氧化膜密度约为 $2.4kg/dm^3$），g/mm^3。

（2）磷化膜厚度的测量

由于磷化膜较薄，通常不测量其厚度，往往测量单位面积基体表面上磷化膜的质量，见表 9-8。

表 9-8　磷化（复合磷化）膜层质量

单位面积膜层质量/(g/m²)	膜层用途
0.4～2	防护、涂漆层底层
1.1～4.5	防护、绝缘、涂漆层底层
4.6～7.5	防护、绝缘、减摩、涂漆层底层
>7.5	防护、绝缘、减摩

测量单位面积上磷化膜质量的方法，是将覆有磷化膜的试样在适当的溶液中溶去磷化膜，根据溶解前后试样的质量变化求出磷化膜的质量，再与试样面积相除，即得到单位面积上磷化膜的质量。表 9-9 给出了各种基体表面退除不同转化膜测量质量的方法。注意单独的磷化膜烘烤温度不宜超过 60℃，否则会损坏磷化膜晶体结构，出现表面无磷化膜的情况，给测试带来误差。

表 9-9 转化膜质量测试的膜退除溶液组成和操作条件

膜层种类	退除溶液组成/(g/L)	温度/℃	时间
钢铁基体锌铁锰磷化膜	CrO_3 50	70～80	15min，反复浸渍、漂洗、干燥、称重，至质量恒定
钢铁基体磷化膜	$w(CrO_3)$ 5% $w(H_2O)$ 95%	70	浸 15min
钢铁基体锌系磷化膜	NaOH 100 EDTA-4Na 90 三乙醇胺 4	70～80	5min
钢铁基体磷化膜	$w(NaOH)$ 9% $w(EDTA-4Na)$ 12% $w(三乙醇胺)$ 4% $w(H_2O)$ 75%	70	浸 5min
镉或锌基体磷化膜	20g/L $(NH_4)_2Cr_2O_7$ 溶解于 $w(NH_4OH)$ 25%～30%	室温	浸 3～5min
钢铁基体锌系磷化膜	NaOH 180 NaCN 90		浸渍至少 10min、漂洗、干燥、称重，至质量恒定
镉基体磷化膜	$w(NaOH)$ 9% $w(EDTA-4Na)$ 12% $w(三乙醇胺)$ 4% $w(H_2O)$ 75%	70	浸 5min
锌基体锌系磷化膜	① 2.2% $(NH_4)_2Cr_2O_7$，27.4% NH_3，70.4% H_2O ②$w(CrO_3)$5% $w(H_2O)$95%	25	①或②浸 5min
钢铁基体磷化膜	20g/L Sb_2O_3 溶于 1L 浓盐酸		室温下浸渍，擦去疏松物质
镁阳极氧化膜	CrO_3 300	室温	在该液中反复浸渍、漂洗、干燥、称重，至质量损失小于 3.9mg/dm³，在溶液中放置一片工业纯铝，但不能与镁接触
铝合金阳极氧化膜	磷酸($\rho=1.72$) 35mL/L CrO_3 20	90～100	10～15min，在该液中反复浸渍、漂洗、干燥、称重，至质量损失恒定。 此方法适用于钢的质量分数不大于 6% 的铸造或变形铝及铝合金生成的所有阳极氧化，不适用于含铜、镍的非均质的铝合金

膜层种类	退除溶液组成/(g/L)	温度/℃	时　　间
铝基体铬酸盐膜	①98%NaNO₃＋2%NaOH ②1体积水＋1体积浓硝酸	326～354 或室温	在熔融①中浸2min,冷水漂洗后室温下在②中浸30s
铝及合金老化铬酸盐膜	①NaNO₂ ②1体积水＋1体积 $w(HNO_3)$ 65%～70%	370～500 或室温	在熔融①中浸2～5min,冷水漂洗室温下在②中浸15～30s
铝及合金新铬酸盐膜	1体积水＋1体积 $w(HNO_3)$ 65%～70%	室温	成膜后3h内的膜,室温下浸1min
铝合金新老铬酸盐膜	①500mL 1%硫酸 ②(NH₄)₂S₂O₈		沸点时浸入①中10min,蒸发至50mL左右,用②(非临界浓度)将Cr(Ⅲ)氧化至Cr(Ⅵ),测量波长为445nm时的光度值
锡的铬酸盐膜	100g KNO₃＋100g KCl溶于1L的水中		浸渍、漂洗、干燥、称重(或容量法测量)
锌的铬酸盐膜	100g KCl或NaCl溶于1L的水中		浸渍、漂洗、干燥、称重(或容量法测量)
镉或锌的铬酸盐膜	50g/L NaCN或KCN＋5g/L NaOH	室温	15A/dm² 的电流密度阴极电解(GB/T 9792),电解阳极用石墨
铝及合金无定形磷酸盐膜	1体积水＋1体积 $w(HNO_3)$ 65%～70%	室温	浸1min
铝及合金结晶型磷酸盐膜	$w(HNO_3)$ 65%＋$w(H_2O)$ 35%	75或室温	75℃浸5min,或室温浸15min

测定方法：取有磷化膜的干燥试样,用分析天平称重,然后将试样浸入规定的退除溶液中退除磷化膜,取出试样用清水洗净,干燥,用分析天平称重。单位面积上磷化膜质量的计算公式为：

$$\rho_A = \frac{m_1 - m_2}{A}$$

式中　ρ_A——表面密度(单位面积上磷化膜的质量),g/mm²；

　　　m_1——磷化膜溶解前的试样质量,g；

　　　m_2——磷化膜溶解后的试样质量,g；

　　　A——试样待检的磷化膜面积,mm²。

注意事项：

测定单位面积上磷化膜质量时,为保证测试数据可靠,根据单位面积上磷化膜的质量规定了试样的最小面积,见表9-10。

表9-10　不同质量的磷化膜对应的试样最小面积

单位面积上磷化膜的质量/(g/m²)	<1	1～10	11～25	26～50	>50
试样最小面积/dm²	4	2	1	0.5	0.25

通常不测量黑色金属的氧化膜和磷化膜、镁合金的氧化膜的厚度。一般只测定铝合金硬质阳极氧化膜厚度。其它铝的阳极氧化膜在必要时才进行厚度测量。

9.3 成分含量测定

9.3.1 化学分析方法

将转化膜用物理方法剥离，用化学方法进行分析。不同膜层采用不同剥离方法、样品溶解方法及分析方法。这里限于篇幅，仅介绍锌、镉镀层上铬酸盐转化膜的试验方法。

锌、镉镀层上铬酸盐转化膜性能的测定是一项重要的质量控制方法。GB/T 9791—2003《锌、镉、铝-锌合金和锌-铝合金的铬酸盐转化膜 试验方法》国家标准，参照采用 ISO 3613：2000 国际标准，规定了七个方面的试验内容：证明无色铬酸盐转化膜的存在；无色和有色铬酸盐转化膜中是否存在六价铬；无色和有色铬酸盐转化膜中单位面积上六价铬含量的测定；无色和有色铬酸盐转化膜中单位面积上总铬量的测定；有色转化膜附着力的测定；铬酸盐转化膜单位面积上膜层质量的测定；铬酸盐转化膜的耐蚀性测定。

（1）无色铬酸盐转化膜的测定

用此方法测定锌、镉镀层经过铬酸盐钝化处理以后，表面上是否有铬酸盐转化膜存在。试验溶液为乙酸铅溶液：将 50g 乙酸铅 $[Pb(CH_2COO)_2 \cdot 3H_2O]$ 溶于水，稀释至 1L，pH 值保持 5.5～6.8。如果新配制的溶液有沉淀，可加入少量乙酸溶解，如果 pH 值已经低于 5.5 沉淀仍不溶解，溶液必须重配。

在试样上滴一滴乙酸铅溶液，如果基体为锌镀层，滴试验溶液后至少 1min 才形成暗色或黑色斑点，说明锌镀层上有铬酸盐转化膜存在；如果经 3min 以后才形成黑斑，则膜层上可能有附加层。《轻工产品镀锌白色钝化膜的存在试验及耐腐蚀试验方法》国家标准明确指出，滴一滴乙酸铅溶液于试验表面，如果只停留 5s，吸去液滴后表面上就有暗色或黑色斑点存在，则锌镀层上肯定无钝化膜存在。如果基体是镉镀层，在滴试验溶液之后至少 6s 才形成黑斑，说明镉镀层上有铬酸盐转化膜存在，如果经 1min 以后才形成暗色或黑色斑点，则说明膜层上可能有附加层。

（2）无色和有色铬酸盐转化膜中六价铬的测定

用此法可证实钝化膜层中是否有六价铬存在。它关系到转化膜的耐蚀性高低。试验溶液的成分为：0.5g 二苯碳酰二肼溶于 25mL 丙酮和 25mL 乙醇的混合物中，加 20mL 体积分数为 85% 的磷酸和 30mL 水，保存于深色瓶中。如果试验溶液变浑或失效，必须重新配制。滴 1～5 滴试验溶液于试样上，如果几分钟内出现红色到紫色，说明膜层中存在六价铬。必要时可用已知未经铬酸盐处理的表面做空白试验。

（3）无色和有色铬酸盐转化膜中单位面积上六价铬含量的测定

将铬酸盐转化膜溶于热的氢氧化钠溶液中，用硫酸酸化。六价铬在 0.1～0.2mol 硫酸中与二苯碳酰二肼生成紫红色配位化合物，用磷酸二氢钠缓冲溶液降低显色液的酸度以稳定该配位化合物，然后用分光光度计测量其吸光度，减去试剂空白的吸光度，再在工作曲线上查出铬的含量。

配制铬标准溶液，用分光光度计测量其吸光度，减去试剂空白的吸光度，并绘制工作曲线。转化膜中六价铬单位面积的含量以 mg/m^2 表示，按下式计算：

$$Cr(Ⅵ) = \frac{m\dfrac{V}{V_1}}{A} \times 10$$

式中　m——从工作曲线上查得的铬（Ⅵ）含量，μg；

V_1——分取试样溶液的体积，mL；

V——试样溶液的体积，mL；

A——试样上转化膜的总表面积，m^2。

（4）无色和有色铬酸盐转化膜中单位面积上总铬含量的测定

将转化膜溶于热硫酸中，用高锰酸钾将铬氧化成六价，在尿素的存在下，以亚硝酸钠还原过量的高价锰，六价铬在 $0.1\sim0.2mol$ 硫酸中与二苯碳酰二肼生成紫红色配位化合物，用磷酸二氢钠缓冲溶液降低显色液的酸度以稳定该配位化合物，然后用分光光度计测量其吸光度，减去试剂空白的吸光度，再在工作曲线上查出铬的含量。

配制铬标准溶液，用分光光度计测量其吸光度，减去试剂空白的吸光度，并绘制工作曲线。转化膜中总铬的单位面积含量以 mg/m^2 表示。

按 GB/T 9792—2003《金属材料上的转化膜　单位面积膜质量的测定　重量法》标准中的规定进行测试。

9.3.2　电子能谱分析方法

电子能谱分析，就是通过检测电离出的电子能量的方法，对样品表面元素种类及含量进行分析。生产上用的电子能谱仪器（图 9-2）有俄歇电子能谱与 X 射线光电子能谱（XPS）等，前者由电子束激发电子，后者由 X 射线激发电子。

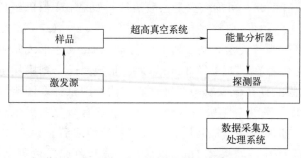

图 9-2　电子能谱仪装置框图

俄歇电子能谱常对样品导电性有一定要求，生产上应用不多。X 射线光电子能谱适宜于分析固体样品，以表面光滑的片状为好。如将粉末样品用适当的方法固定在样品托上后，也可进行分析。原则上样品表面应维持待分析状态。对表面已被污染的样品，可根据需要采用适当的措施予以清洁。安装时，应尽量使样品与样品托有良好的电接触。对具有放射性、磁性和挥发性的样品，分析时应关注对能谱仪的影响并采取相应的措施。X 射线从样品中激发出的光电子涉及束缚电子能级，因而携带了各元素原子的特征信息，在谱图中呈现特征光电子谱峰，根据这些谱峰的位置和化学位移，可以获取表面元素成分、化学态和分子结构等信息。XPS 能检测周期表中除氢、氦以外的所有元素，一般检测限为 0.1%（原子百分数）。

分析前进行能量标尺校正。有两种方法：用单标样、双阳极源法和用单阳极源、三标样法。

9.4　形貌分析

9.4.1　扫描电子显微镜

扫描电子显微镜（SEM）是金属表面形貌分析最常用的仪器，可给出金属在不同时期的表面形貌，观察金属表面的局部腐蚀行为。扫描电子显微镜不仅可以对各种固体样品的表面进行高分辨率形貌观察，而且可以观察切开的断面，可以很方便地研究氧化物表面、晶体的生长或腐蚀的缺陷。

扫描电子显微镜的工作原理是利用二次电子成像法，从电子枪灯丝发出的电子束，受到阳极高压的加速作用后射向镜筒，经过聚光镜和物镜的汇聚作用，缩小成狭窄电子束射到样品上，电子束与样品相互作用将产生包括二次电子在内的多种信号。通过控制显像管的电子束的扫描，形成样品的图像。扫描电子显微镜图像的分辨率取决于电子束斑的直径、电子枪亮度、样品的性质、相互作用的方式以及扫描速度等因素。扫描电子显微镜具有很多优异的性能：相对于光学显微镜而言，它具有较大的景深，即使对于粗糙的样品表面，也可得到清晰的图像；能在较大的放大倍数范围工作，从几十倍到几十万倍；可对微区进行无损检测等。

但是扫描电镜也有一些局限性：必须在高真空环境下进行样品检测；只能研究样品表面的形貌，不能获得样品内部结构的信息等。

9.4.2　双束聚焦离子束系统

双束聚焦离子束系统是材料纳微米级尺度结构加工、修改、分析和形成的重要工具。利用该仪器的离子束微加工功能，可以实现微尺度样品的制备和成形。结合电子束显微表征方法，进而在纳微米尺度获得材料三维缺陷结构及分布信息、成分信息和三维微观形态信息。结合相应微控和成分、晶体取向分析装置，在微加工样品上施加相应的耦合环境场（力、电/磁、温度），原位观察材料在实际环境中的显微或微观晶体结构演化。目前该设备已在传统材料、先进新材料、生物/医用材料、半导体材料、纳米科技、磁性材料、陶瓷材料、催化材料和高分子复合材料等方面获得广泛的应用，并在新材料、环境、能源和化学等领域显现出了极大的潜力。

双束聚焦离子束系统在金属的腐蚀与防护领域也有着极为重要的作用。以前由于技术的限制，对于金属局部腐蚀的孔内观察一直难以进行，只能提出可能的腐蚀形貌。如果利用聚焦离子束加工功能，不仅可以利用成像系统进行电镜观察，使用能谱仪进行成分分析，通过气体注入系统进行 Pt、SiO_2 沉积和金属、非金属刻蚀，还可以结合样品微操作系统对纳微米级样品进行取出和移动操作，测量器件及其局部的电学性能，利用微力测量系统实现对样品的微力测试。虽然聚焦离子束能直接观察腐蚀样品的形貌，并能对样品各个部位进行剥离，进而分析各层的元素组成及腐蚀的发展趋势，但是它不能判断具体的腐蚀产物结构。

9.4.3　原子力显微镜

原子力显微镜是在微观上观察材料表面形貌的显微镜。相对于扫描电子显微镜，原子力显微镜具有许多优点。电子显微镜只能提供二维图像，而原子力显微镜能够提供三维立体的表面形貌图，可以在纳米尺度上直观地描绘出金属材料在大气腐蚀过程中的表面形貌，且可进行原位测量。对于不导电的样品，如果利用电子显微镜观察样品的表面，就必须喷金或喷碳，但是利用原子力显微镜就不需要对样品进行喷金或喷碳的预处理，避免了对样品原始状态的不可逆损伤。另外，样品在电子显微镜下进行观察时，需要在较高真空条件下进行，而原子力显微镜在常压下就可以进行。但是原子力显微镜的成像区域较小，成像速度较慢，对样品的平整度要求极高。

9.4.4　激光扫描共聚焦显微镜

激光扫描共聚焦显微镜是一种进行非接触性的表面显微观察的显微镜。用激光作为扫描光源，逐点、逐行、逐面快速扫描成像，扫描的激光与荧光收集共用一个物镜，物镜的焦点即扫描激光的聚焦点，也是瞬时成像的物点。由于激光束的波长较短，光束很细，所以共焦激光扫描显微镜有较高的分辨力，大约是普通光学显微镜的 3 倍。激光扫描共聚焦显微镜系统经一次调焦，扫描限制在样品的一个平面内。调焦深度不一样时，就可以获得样品不同深度层次的图像。因此激光扫描共聚焦显微镜能够同时提供三维形貌和表面粗糙度的测试。

对样品采取不同粒径的水磨砂纸研磨，使其表面具有不同的表面粗糙度。使用激光扫描共聚焦显微镜进行表面粗糙度的测试，在波长为543nm的激光作用下进行扫描。选取 $100\mu m \times 100\mu m$ 的区域进行激光扫描。每条扫过的线段长度上面有512个扫描点。表面粗糙度可以近似用每个扫描面上的不规则峰谷的平均高度和平均长度来表示。

9.5 暴晒试验

把各种金属覆盖层、转化膜和其它无机覆盖层的试样静置在户外暴晒场的试样架上，进行自然大气条件下的腐蚀试验，定期观察及测定其腐蚀过程特征和腐蚀速度，并进行记录，这种方法称为静置户外暴晒腐蚀试验，又叫大气暴晒试验。其试验的目的在于：

① 获得保护覆盖层在自然大气环境中的耐腐蚀性能；
② 评价不同保护覆盖层在特殊大气类型条件下的耐腐蚀性能；
③ 比较在给定的试验条件下和户外暴晒条件下的试验结果；
④ 研究特殊保护覆盖层的腐蚀机理；
⑤ 获得不同地区大气的腐蚀严酷性的资料；
⑥ 说明零件的设计对抗腐蚀性能的影响。

大气暴晒试验是判断保护覆盖层耐蚀性能的一个重要方法，其试验结果通常作为制定金属覆盖层厚度标准的依据。

9.5.1 大气暴晒场的选择和要求

（1）大气暴晒场的位置

大气暴晒场应设在较为空旷的场地或建筑物的屋顶，四周不宜有高大建筑物。在暴晒场周围设置栅栏，以防止外界对试验造成可能的干扰。周围建筑物和树林等阴影不要投射到场内任何一件试样上。

（2）暴晒场应适合观察试样

暴晒场应选择在既能便于定期观察试样，又能每天记录和评价标准中所规定的大气因素的场地。

（3）暴晒场周围的条件

除作为特殊目的用的试验外，暴晒场附近不得有排放各种化学气体、烟尘等的烟囱和通风口等设施。

（4）暴晒场的分类

大气暴晒场按所处地区的环境条件可分为两类。

① 建在一定环境条件地区的永久性暴晒场，其中主要有：

a. 工业性大气环境。在工厂集中的工业区内，具有被工业性介质（如 SO_2、H_2S、NH_3、煤灰等）污染较严重的大气条件。

b. 海洋性大气环境。距海边200m以内的地区，容易受到盐雾污染的大气条件。

c. 农村大气环境。远离城市的乡村，空气洁净，基本上是没有被工业性介质和盐雾污染的大气条件。

d. 城郊大气环境。在城市边缘地区、轻微地被工业性介质污染的大气条件。

② 仅在预定时期内定期地建在特殊气候和腐蚀条件区域的特殊暴晒试验场。

（5）暴晒场的类型

根据试验目的，可以选择三种暴晒方式，因而有三种类型的暴晒场。

① 露天暴晒场。把试样直接暴晒在大气中。

② 半封闭暴晒场。把试样放在有顶棚遮盖下进行暴晒，以防止直接受太阳辐射和大气降水的作用，或者试样暴晒在部分封闭的空间，例如百叶箱中。

③ "全封闭"暴晒场（室内暴晒场）。此时外界因素对试样的影响是非常有限的。

9.5.2 试样要求和暴晒方法

（1）大气暴晒试验用的试样

① 专门制备的试样一般选用 5cm×10cm 的片状试样，厚度以 1～3mm 为宜，其上覆盖有受试保护区。

② 试样也可为经镀覆好的零件或零件的某一部分。

③ 在任何一批试验中，就某一规定项目的评定而言，同一种试样的数目不得少于三件。

④ 每件试样必须做好标记。标记要始终清晰可认，不应标在会影响外观检查及其功能作用的表面上。标记形式可以是：a. 镀覆前打上标记孔（最佳方法）；b. 用钢号打上号码；c. 吊挂号码标牌，吊挂时要用非金属线，且不得与试样相接触；d. 用合适的耐候涂料涂于试样反面。标记应在试样正面的下端部位。标记可用图或字母、数字表示。

（2）试验前准备

试样在试验前，应该用专门的记录卡分别记录试样编号、厚度、外观光泽等项目。编写试验纲要（包括试验目的、试验要求、检查周期等）。每种试样需留 1～3 件保存在干燥容器内，供试验过程中比较观察用。

（3）暴晒用框架

暴晒腐蚀试验时，试样应置于能容纳大量试样的试样框架上。试样框架涂覆防保漆（环氧铁红底漆两层气干醇酸铝粉漆两层），架子距离地面高度 0.8～1m。架面与水平方向成45°角，并面向南方。试样架和搁置试样的磁绝缘子，如图 9-3 所示。

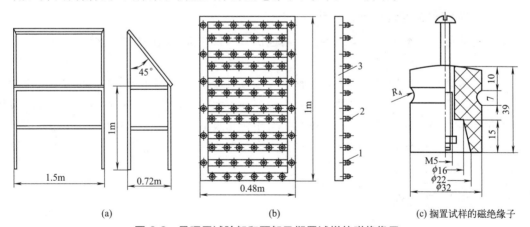

图 9-3 暴晒用试验架和面架及搁置试样的磁绝缘子

设置在沿海地区的暴晒场，为了防止台风吹倒试样架，对试样和试样架要采用有效的固定装置。

（4）试样的放置

对于露天暴晒情况，除特殊规定外，通常要求将试验架朝南放置，主要部位向上，试样与地面成 45°角倾斜。

对于半封闭暴晒情况，除另有规定外，试样通常要求垂直放置或与垂直方向呈 15°或 45°倾斜放置。

拿放试样时不可用手指与试样的主要表面接触，不允许试样之间直接接触或互相重叠摩擦。试样应分区放置，同一种试样要放置在一起，便于目测评价。各试样所处条件要基本一致，要使试样均匀地接触来自各个方向的空气。冬季暴露的试样如遇下雪时（指冬季有下雪的地方），应定期拂去试样上的雪。

（5）试验的时间

根据试验内容与目的，决定总的试验时间。因为大气腐蚀是以很慢的速度进行的，因此试验时间一般为 1～20 年。

（6）试验过程中检查和记录

试样在大气中暴晒后，第一个月内每十天检查记录一次，以后每月检查记录一次。暴晒时间超过两年以后，可每隔 3～6 个月检查记录一次。对有特别要求的试样，需要编写试验纲要，规定检查、记录日期。按 GB 6464 有关要求做好相应记录。

（7）气象资料的收集

在大气暴晒过程中，应收集如下气象资料，供试验结果分析用。

① 地区累年界限温度，温度出现频率统计表；

② 月及日最高、最低、平均温度和相对温度；

③ 雨量及雨日数、晴日数、露日数、雾日数、日照数等。

以上气象资料可从当地气象台获得，亦可在暴晒场内设置安放气象仪器的百叶箱，指定专人按时记录。按 GB 6464 有关要求做好相应记录。

（8）大气污染介质的定期分析记录

在大气暴晒过程中，应根据暴晒的大气类型，定期分析相应大气中的污染介质（如 SO_2、NO、尘埃），并按 GB 6464 附录 A 的有关要求作好相应记录。

9.5.3 试验结果的定性和定量评定

定性评定除对该覆盖层体系或零件的腐蚀试验结果评价方法已作规定外，通常按 GB/T 6461 评价。

转化膜及镀层的定量评价，主要用称重方法，可以用单位时间内转化膜的腐蚀失重，求出腐蚀速率。但对于转化膜，腐蚀产物的清洗是一个大问题，清洗液使用不当，会导致转化膜的溶解，也给测定带来误差。目前资料上对于转化膜清洗规定的清洗液极少，还有待于进一步研究试验，但转化膜的暴晒，可以非常真实地考察转化膜在自然条件下开始出现腐蚀的时间及对表面状况的影响等。

9.6 光线照射试验

9.6.1 铝及铝合金阳极氧化膜耐晒度试验

GB/T 6808—1986《铝及铝合金阳极氧化 着色阳极氧化膜耐晒度的人造光加速试验》国家标准，等效采用 ISO 2135—1984 国际标准，规定了人造光加速试验方法，用于评定不同用途、不同方法制取的着色阳极氧化膜的耐晒度。耐晒度的级数越高，着色氧化膜在光照射下发生颜色变化的周期越长。如果用室外暴晒方法测得的氧化膜耐晒度等级已低于 6 级，这种氧化膜已不值得再用人造光进行加速试验。

着色阳极氧化膜经人造光加速试验后出现的颜色变化，是与按 GB/T 250—2008《纺织品 色牢度试验 评定变色用灰色样卡》标准规定的要求评定出来的灰卡进行对比而检查出来的。灰卡三级相当于颜色损失达到 25%。着色阳极氧化膜的耐晒度试验是放在日晒气候试验机或褪色计中进行的。试验机及光源在使用前应该用符合 GB/T 730—2008《纺织品 色牢度试验 蓝色羊毛标样（1～7）级的品质控制》要求的 6 级色布标准进行校准。6 级标样的颜色变化相当于灰卡三级时所需的时间，定为该设备的曝光周期。

试验机上使用的光源应该是辐射强度比较稳定的光源，通常采用氙灯或碳弧灯。通常 6 级色布标样用氙弧灯照射 300h 或用碳弧灯照射 150h，其颜色的变化正好相当于灰卡三级，可以算作一个曝光周期。GB/T 6808—1986《铝及铝合金阳极氧化 着色阳极氧化膜耐晒度的人造光加速试验》国家标准规定了受检试样的颜色变化，相当于灰卡三级时应经历的曝光周期数，列于表 9-11 中。

铝阳极氧化膜试样按标准规定的方法进行光照试验之后，即可求得曝光周期数，然后按表评出耐晒度等级。

表 9-11　试样耐晒度级数与曝光周期数的关系

曝光周期数	试样耐晒度级数	曝光周期数	试样耐晒度级数
1	6	8	9
2	7	16	10
4	8		

9.6.2　铝及铝合金阳极氧化膜耐紫外光性能测定

GB/T 12967.4—2022《铝及铝合金阳极氧化膜及有机聚合物膜检测方法 第 4 部分：耐光热性能的测定》国家标准，规定了着色阳极氧化膜耐紫外光性能的参比检验法，适用于氧化膜的紫外光性能检验，是一种快速检验法。由于深色表面在紫外光的照射下会产生表面升温，本标准不适用于热敏性的着色阳极氧化膜的测定。

氧化膜试样经紫外光照射之后，应和标准或控制标样进行比较，通过观察试样经照射后所发生的变化，评定其耐晒性能。紫外光的照射试验在专门的照射室内进行。光源是提供紫外光的中等压强汞弧灯，灯泡外面涂有二氧化硅涂层。由于汞蒸气发射的光源具有光谱的不连续性和紫外光辐射强的特点，故本方法的试验结果必须和太阳光照射的试验结果对照验证。

阳极氧化膜试样放在照射室内进行紫外光照射，直到试样或控制样的颜色变化达到预定标准为止。本方法是一种比较苛刻的试验方法，大多数着色阳极氧化膜照射 100h 颜色就能发生明显的变化。着色阳极氧化膜的耐紫外光性能就是以刚达到允许变色程度所需要的光照时间来评定的。为了便于比较，试样和控制样同时照射，而且在试样和控制样的局部表面上同样都用不透明材料粘贴，避免紫外光的照射，这样有利于颜色变化的检查和对比。光照时间多少与所使用的照射装置、氧化膜的颜色、照射室内温度和试样表面的温度等许多因素有关，在试验时应注意保持试验条件的一致。在试验时会产生臭氧，试验装置应该具有防止臭氧危害人身体健康的安全措施。

9.7 化学保护层的耐蚀性试验

9.7.1 自然暴晒

可以测试自然条件下转化膜耐腐蚀情况，自然暴晒已在前节叙述，可以采用观察与重量测试方法测试耐腐蚀情况。观察法主要观察颜色、表面形貌、腐蚀开始出现时间及腐蚀发生的面积等。

9.7.2 点滴实验

点滴试验是在洁净的试样表面滴一滴腐蚀溶液，从滴上溶液到出现腐蚀变化所需时间作为耐蚀性能的评定标准。

点滴试验是考察腐蚀介质穿透转化膜与基体反应的情况，也称连续性试验。转化膜是一种多孔性膜，膜中可能存在隐形孔隙、互连孔隙、通达基体的贯通孔隙。它们或以闭孔形式、或以开孔形式存在于膜层中，其中尤以贯通孔隙危害最大，它们破坏了氧化膜的连续性，以致破坏了基体与自然环境之间的隔离屏障。转化膜相对于基体呈阴极性质，膜层存在开孔、特别是贯通基体的孔隙，不仅不能保护基体，甚至会促进或加速基体的破坏，因此在转化膜层中必须杜绝贯通基体的孔隙。对于大多数基体，当硫酸铜液扩散到基体，都能与其接触发生置换反应，出现接触铜点典型现象，所以这种方法可以用来测量比较膜层的连续性，也就是其耐腐蚀性能。点滴法试验溶液组成及试验条件见表9-12，铝及铝合金点滴试验的腐蚀时间及时间标准见表9-13和表9-14，镁合金氧化膜耐蚀性评价标准见表9-15。

表 9-12 点滴法试验溶液组成及试验条件

序号	膜层	试验溶液组成	试验条件		终点变化
			试验温度/℃	测试时间/min	
1	钢铁氧化膜	硫酸铜 $CuSO_4 \cdot 5H_2O$（分析纯）（30 ± 0.01）g/L（试液配制后用分析纯氧化铜中和，然后滤去过量的氧化铜）	$15\sim20$ $21\sim25$ $26\sim30$	32s 28s 25s	无玫瑰红色的接触铜析出
2	钢铁磷化（复合磷化）膜	硫酸铜 $CuSO_4 \cdot 5H_2O$（分析纯）（41 ± 0.01）g/L 氯化钠 NaCl（分析纯）（33 ± 0.01）g/L 0.1mol/L 盐酸 HCl（分析纯）（13 ± 0.01）mL/L	$15\sim25$	30s（锌盐磷化膜） 3（普通磷化膜） 4（复合磷化膜）	无玫瑰红斑点出现
3①	奥氏体不锈钢钝化膜	H_2SO_4(98%) 1mL HCl(36%) 5mL $K_3[Fe(CN)_6]$ 5g 蒸馏水，余量（稀释至 100mL）	常温	在选定的金属表面上用 0.5mL 玻璃注射器滴出 0.1mL 蓝点液，开始计秒表计时，当蓝点液覆盖区内出现蓝点数量达到 8 个点时，终止	
4	不锈钢钝化膜	将 $K_3[Fe(CN)_6]$ 10g 溶于 500mL 蒸馏水，加 30mL 硝酸[$w(HNO_3)=$70%]，(稀释至 1000mL)	常温	30s	变黑不合格，用 10% 醋酸＋8% 草酸清洗。合格用温水清洗
5	钢铁化学转化膜	$w=5\%$ 的草酸溶液	常温	1min 无变化合格	由无色变为淡黄绿色
6	铜及铜合金氧化膜	冰醋酸 CH_3COOH（分析纯）10mL 蒸馏水 100mL	$15\sim25$	50s（氨液氧化膜） 120s（电解氧化、过硫酸盐氧化膜）	不出现明显铜迹

序号	膜层	试验溶液组成	试验条件		终点变化
			试验温度/℃	测试时间/min	
7	铜及铜合金钝化膜（重铬酸盐法）	硝酸 HNO_3（分析纯）100mL	15～25	5s	试液颜色不变为天蓝色
8	铝及铝合金阳极氧化膜（硫酸法）	盐酸 HCl（分析纯）(250 ± 0.1)mL/L 重铬酸钾 $K_2Cr_2O_7$（分析纯）(30 ± 0.01)g/L（试液放在棕色的磨口瓶中）	18～21	8（纯铝）	试液未由橙黄色变为绿色
				5（硬铝及铝合金）	
				4（铝硅合金）	
			22～26	5.5（纯铝）	
				3.5（硬铝及铝合金）	
				2.5（铝硅合金）	
			27～32	4.5（纯铝）	
				2.5（硬铝及铝合金）	
				1.5（铝硅合金）	
		20g（$CuSO_4 \cdot 5H_2O$）；20mL 盐酸（HCl，$d=1.18$）；100mL 蒸馏水	常温		出现玫瑰红铜迹
9	镁合金氧化膜	1 氯化钠 1g，酚酞 0.1g，乙醇 50mL，蒸馏水 50mL	根据测试温度及应用场景等确定时间		液滴呈现玫瑰红色
		2 高锰酸钾 0.05g，硝酸（$\rho=1.42$g/L）1mL，蒸馏水 100mL	3min 时红不消失为合格		液滴呈红色不消失
		3 硫酸 2mol/L，高锰酸钾 1g/L	根据测试温度及应用场景等确定时间		液滴呈红色不消失

①测试结束后，擦干测试面，用棉纱蘸取 20% 的醋酸溶液擦洗测试面上残留的蓝色斑痕，用蒸馏水冲洗干净后，再滴上 40% 硝酸溶液修补钝化膜，5min 后用蒸馏水冲洗。该法习惯称为蓝点法。碳钢等钝化膜可采用硫酸铜点滴法（红点法）。测试完成后，使用滤纸将测试面上残留的红点液吸干，再用水磨砂纸磨去测试面上的红色斑痕，用棉纱蘸取 pH＝10 的 5% 亚硝酸钠钝化液擦洗打磨过的测试表面，以恢复金属表面的钝化膜。

表 9-13 铝合金氧化膜在不同温度下耐点滴腐蚀的时间

温度/℃	不同铝合金耐点滴腐蚀的时间/min			温度/℃	不同铝合金耐点滴腐蚀的时间/min		
	纯铝及包铝的铝合金	无包铝的锻铝、硬铝、超硬铝	铝-硅合金		纯铝及包铝的铝合金	无包铝的锻铝、硬铝、超硬铝	铝-硅合金
11～13	20	8.5	2	22～26	8	3.5	1.5
14～17	15	7	2	27～32	7	2.5	1.5
18～21	12	4.5	1.5	33～36	5.5	2	1.0

表 9-14 铝和铝合金阳极氧化膜点滴试验时间标准

氧化方法	材料	在不同温度下试验时间标准/min				
		11～13℃	14～17℃	18～21℃	22～26℃	27～32℃
硫酸法	包铝材料（膜厚 10μm 以上）	30	25	20	17	14
	裸铝材料（膜厚 5～8μm）	11	8	6	5	4

氧化方法	材料	在不同温度下试验时间标准/min				
		11～13℃	14～17℃	18～21℃	22～26℃	27～32℃
铬酸法	包铝材料	—	—	12	8	6
	裸铝材料	—	—	4	3	2
硬质氧化法	ZL104	10	8	5	4	3
	LY12	10	8	5	3.5	2.5

表 9-15 镁合金氧化膜的耐蚀性评价标准

镁合金代号	不同温度下的试验时间/min				
	20℃	25℃	30℃	35℃	40℃
ME20M	2	1.33	1.05	0.86	0.66
Mg99.50M	2	1.33	1.05	0.86	0.66
AZ61M	2	0.66	0.58	0.43	0.33

进行点滴试验时，转化膜表面应清洁无油污。进行试验时先在试件表面选取一块大小约为 $100mm^2$ 的受试面积，用有机溶剂除去受试表面的油污，待干燥之后在试验面积范围内滴 4 滴试验溶液，在室温下根据情况放置，然后检查受试表面出现特征腐蚀点的时间与特征腐蚀点的数量，以一定表面内有无黑点或黑点数作为评价的依据。

进行相同情况下耐腐蚀性比较时，根据情况，各生产科研单位使用的药品及标准可能会略有差异。

9.7.3 黑色金属化学保护层的浸渍试验

将除去油污的氧化试样或磷化试样浸渍在氯化钠溶液（30g/L）中（零件悬挂，不得接触槽壁）。氧化膜零件浸渍到出现棕色斑点或一片棕色薄膜、氯化钠溶液发生浑浊时为止。在试验前和试验后称量，求出腐蚀失重，衡量腐蚀深度。浸渍 2h 后观察磷化试样，没有出现腐蚀锈点认为合格。

9.7.4 盐雾试验

包括中性盐雾试验、醋酸盐雾试验和铜加速醋酸盐雾试验。中性盐雾试验是一种广泛使用并与实际情况符合较好的方法。

（1）试验溶液

① 中性盐雾试验溶液。盐雾试验所用试剂采用化学纯或化学纯以上的试剂。在温度为 25℃±2℃ 时电导率不高于 $20\mu S/cm$ 的蒸馏水或去离子水中溶解氯化钠，配制成浓度为 50g/L±5g/L。溶液的 pH 值为 6.5～7.2，日常可用测量精度 0.3 的精密 pH 试纸检验，溶液使用前须过滤。根据收集的喷雾溶液的 pH 值调整盐溶液到规定的 pH 值，可加入分析纯盐酸、氢氧化钠或碳酸氢钠来进行调整。喷雾时溶液中二氧化碳损失可能导致 pH 值变化。应采取相应措施，例如，将溶液加热到超过 35℃ 再送入仪器或由新的沸腾水配制溶液，以降低溶液中二氧化碳的含量，可避免 pH 值的变化。

所收集的喷雾液浓度应为 50g/L±5g/L。在 25℃ 时，配制的溶液密度在 1.029～1.036g/mL 范围内。喷雾后收集的盐溶液不能再次喷雾使用。

氯化钠中的铜含量应低于 0.001%(w)，镍含量应低于 0.001%(w)。铜和镍的含量由原子吸收分光光度法或其它具有相同精度的分析方法测定。氯化钠中碘化钠含量不应超过 0.1%（w）或以干盐计算的总杂质不应超过 0.5%（w）。如果在（25±2）℃时配制的溶液的 pH 值超出 6.4～7.0 的范围，则应检测盐或水中是否含有不需要的杂质。

② 乙酸盐雾试验溶液。在①所配溶液中加入适量的冰醋酸，以保证盐雾箱内收集液的 pH 值为 3.1～3.3。如初配制的溶液 pH 值为 3.0～3.1，则收集液的 pH 值一般在 3.1～3.3 范围内。pH 值的测量应在（25±2）℃用酸度计测量，也可用测量精度 0.1 的精密 pH 试纸进行日常检测。溶液的 pH 值可用冰醋酸或氢氧化钠调整。

③ 铜加速醋酸盐雾试验溶液。在②制备的盐溶液中，加入氯化铜（$CuCl_2 \cdot 2H_2O$），其浓度为（0.26±0.2）g/L［即（0.205±0.15）g/L 无水氯化铜］。溶液 pH 值的调整方法与②同。

溶液在使用前进行过滤，以避免溶液中的固体物质堵塞喷嘴。

（2）试验设备及使用

① 设备运行检验。

a. 中性盐雾试验。参比试样采用 4 块或 6 块符合 ISO 3574 CR4 级冷轧碳钢板，其板厚 1mm±0.2mm，试样尺寸为 150mm×70mm。表面应无缺陷，即无孔隙、划痕及氧化色。表面粗糙度 Ra＝0.8μm±0.3μm，从冷轧钢板或带上截取试样。

参比试样经小心清洗后立即投入试验。切割应不损坏转化膜覆盖层，应清除一切尘埃、油及影响试验结果的其它外来物质，清洗液不应腐蚀转化膜覆盖层。采用清洁的软刷或超声清洗装置，用适当有机溶剂（沸点在 60～120℃之间的碳氢化合物）彻底清洗试样。清洗后，用新溶剂漂洗试样，然后干燥。清洗后的试样吹干称重，精确到±1mg，然后用可剥性塑料膜保护试样背面。试样的边缘也可用可剥性塑料膜进行保护。

试样放置在箱内四角（如果是六块试样，那么将它们放置在包括四角在内的六个不同的位置上），未保护一面朝上并与垂直方向成 20°±5°的角度。用惰性材料（例如塑料）制成或涂覆参比试样架。参比试样的下边缘应与盐雾收集器的上部处于同一水平。试验时间 48h，在验证过程中与参比试样不同的样品不应放在试验箱内。

试验结束后应立即取出参比试样，除掉试样背面的保护膜，按 ISO 8407 规定的物理及化学方法去除腐蚀产物。在 23℃下于分析纯级别的柠檬酸二铵 20%（w）水溶液中浸泡 10min 后，在室温下用水清洗试样，再用乙醇清洗，干燥后称重。试样称重精确到±1mg。通过计算参比试样暴露面积，得出单位面积质量损失。每次清除腐蚀产物时，建议配制新溶液。

经 48h 试验后，每块参比试样的质量损失在 70g/m^2±20g/m^2 范围内，说明设备运行正常。

b. 醋酸盐雾试验。试样制备与放置同中性盐雾试验。试验时间 24h 后，按照完全与中性盐雾试验相同的方法进行测试，每块参比试样的质量损失在 40g/m^2±10g/m^2 范围内说明设备运行正常。

c. 铜加速醋酸盐雾试验。其它与中性盐雾试验完全相同，经 24h 试验后，每块参比试样的质量损失在 55g/m^2±15g/m^2 范围内，说明设备运行正常。

也可用锌块方法：使用 4 块或者 6 块参比试样，每块试样杂质的质量分数小于 0.1%。参比试样的尺寸应为 50mm×100mm×1mm。试验前，应用碳氢化合物溶剂仔细清洗试样以去除能影响腐蚀速率测量结果的明显污迹、油剂或其它外来物质。干燥后，参比试样称重精确到±1mg。用可去除的涂层保护试样背面，如吸附性塑料膜。

试样放置同中性盐雾试验。

试验结束后，立即去除保护性涂层，然后按照 ISO 8407 的规定反复清洗，去除腐蚀产物。化学清洗方法：在 1000mL 去离子水中加入 250g±5g 的氨基乙酸配成饱和溶液。化学清洗工序最好重复浸泡 5min，每次浸泡后应在室温下用流动水轻轻刷洗试样，用丙酮或乙醇清洗。干燥后称重，参比试样称重精确到±1mg。按 ISO 8407 中所述绘制试样质量随清洗次数的变化曲线。为了在浸泡过程中更有效地溶解腐蚀产物，可以搅动清洗液，最好使用超声清洗。按照 ISO 8407 标准规定，从质量随清洗次数变化曲线上可以得到去除腐蚀产物后试样的真实质量，用参比试样试验前质量减去试验后去除腐蚀产物后的试样质量，再除以参比试样的有效试验面积，计算得出参比试样每平方米的质量损失。若腐蚀情况与表 9-16 符合，则设备运行良好。

表 9-16　验证盐雾箱腐蚀性能时，锌参比试样和钢参比试样质量损失的允许范围

试验方法	试验时间/h	锌参比试样质量损失的允许范围/(g/cm²)	钢参比试样质量损失的允许范围/(g/cm²)
中性盐雾试验	48	50±25	70±20
醋酸盐雾试验	24	30±15	40±10
铜加速醋酸盐雾试验	24	50±20	55±15

② 设备使用。目前盐雾试验设备基本为商业设备，用户在使用过程中应注意正确操作。温度测量区应距箱内壁不小于 100mm。喷雾装置由一个压缩空气供给器、一个盐水槽和一个或多个喷雾器组成。供应到喷雾器的压缩空气应通过过滤器，去除油质和固体颗粒。喷雾压力应控制在 70~170kPa 范围内。雾化喷嘴可能存在一个"临界压力"，在此压力下盐雾的腐蚀性可能发生异常。若不能确定喷嘴的临界压力，则通过安装压力调节阀，将空气压力波动控制在 10kPa 范围，以减少喷嘴在"临界压力"下工作的可能性。

为防止雾滴中水分蒸发，空气在进入喷雾器前应进入装有蒸馏水或去离子水的饱和塔中湿化，其温度应高于箱内温度 10℃以上。调节喷雾压力、饱和塔水温及使用适合的喷嘴，使箱内盐雾沉降率和收集液的浓度符合规定。表 9-17 给出了在不同喷雾压力下盐雾试验饱和塔水温度的指导值。水位应自动调节，以保证足够的湿度。

表 9-17　不同喷雾压力下盐雾试验饱和塔水温度的指导值

喷雾压力/kPa	当进行不同类型的盐雾试验时，饱和塔水温度的指导值/℃	
	中性盐雾试验(NSS)和醋酸盐雾试验(AASS)	铜加速醋酸盐雾试验(CASS)
70	45	61
84	46	63
98	48	64
112	49	66
126	50	67
140	52	69

要求盐雾收集器收集的是盐雾，而不是从试样或其它部位滴下的液体。若盐雾试验箱曾用于醋酸盐雾实验和铜加速醋酸盐雾试验，则应彻底清洗盐雾试验箱，并用上述方法重新检查试验设备运行情况，参比试样溶解速率应在规定范围内。

（3）试样测试

试样的类型、数量、形状和尺寸，根据被试材料或产品有关标准选择，若无标准，有关双方可以协商决定。除非另有规定或商定，用于试验的有机涂层试板应符合 ISO 1514 规定的底材要求，尺寸约为 150mm×100mm×1mm。若无其它规定，试验前试样应彻底清洗干净，清洗方法取决于试样材料性质，试样表面及其污物清洗不应采用可能浸蚀试样表面的磨料或溶剂。试样清洗后应注意避免再次污染。

① 试验材料。用于制造试验设备的材料，必须抗盐雾腐蚀和不影响试验结果。试验箱的容积不小于 $0.2m^3$，最好不大于 $0.4m^3$，聚集在箱顶的液滴不得落在试样上。要能保持箱内各个位置的温度达到规定的要求。温度计和自动控温元件距箱内壁不小于 100mm，并能从箱外读数。喷雾装置应包括喷雾气源、喷雾室和盐水储槽三个部分。压缩空气经除油净化后，进入饱和塔（装有蒸馏水，其温度高于箱内温度数度）而被湿化，通过控压阀，使干净湿化的气源压力控制在 70～170kPa 范围内。喷雾室由喷雾器盐水槽和挡板组成。

② 试样。试样的数量可根据具体情况，一般不少于 3 件，也可按有关方面协商确定。试验前必须对试样进行洁净处理，但不得损坏膜层和膜层的钝化膜。试样在盐雾箱中一般有垂直悬挂或与垂直线角度成 15°～35°两种放置方式。试样间距≥20mm。试样支架用玻璃或塑料等材料制造，支架上的液滴不得落在试样上。试验后用流动冷水冲洗试样表面沉积的盐雾，干燥后进行外观检查和评定等级。

③ 试验条件。试验前，应在盐雾箱内空置或装满模拟试样，并确认盐雾沉降率和其它试验条件在规定范围内后，才能将试样置于盐雾箱内并开始试验。盐雾箱设计简图见图 9-4 和图 9-5。

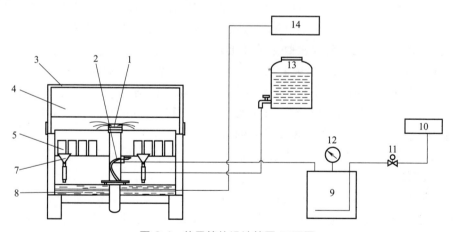

图 9-4　盐雾箱的设计简图-正面图

图中数字所代表含义见图 9-5 注释

试验条件见表 9-18。试验时间，应按被测试样覆盖层或产品标准的要求而定；若无标准，可经有关方面协商决定。推荐的试验时间为：2h、6h、16h、24h、48h、96h、240h、480h、720h。通过一定时间观察，至膜层锈蚀为止。盐雾沉降的速度应在连续喷雾至少 24h 后测量。

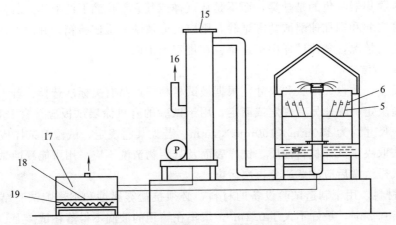

图 9-5　盐雾箱的设计简图-侧面图

1—盐雾分散塔；2—喷雾塔；3—试验箱盖；4—试验箱体；5—试样；6—试样支架；

7—盐雾收集器；8—给湿槽；9—空气饱和器；10—空气压缩机；11—电磁阀；12—压力表；

13—溶液箱；14—温度控制器；15—废气处理；16—排气口；17—废水处理；18—盐托盘；19—加热器

表 9-18　试验条件

试验方法	中性盐雾试验	醋酸盐雾试验	铜加速醋酸盐雾试验
温度/℃	35±2	35±2	50±2
80cm² 的水平面积的平均沉降率/(mL/h)	1.5±0.5		
收集液的氯化钠浓度/(g/L)	50±5		
收集液的 pH 值	6.5～7.2	3.1～3.3	3.1～3.3

在规定的试验周期内喷雾不得中断，只有当需要短暂观察试样时才能打开盐雾箱。如果试验终止取决于开始出现腐蚀的时间，则应经常检查试样。因此，这些试样不能同要求预定试验周期的试样一起试验。可定期目视检查预定试验周期的试样，但在检查过程中，不能破坏被试表面，开箱检查的时间与次数应尽可能少。

④ 试验结果的评价。试验结束后取出试样，为减少腐蚀产物的脱落，试样在清洗前放在室内自然干燥 0.5～1h，然后用温度不高于 40℃ 的清洁流动水轻轻清洗以除去试样表面残留的盐雾溶液，接着在距离试样约 300mm 处用气压不超过 200kPa 的空气立即吹干。注意，可以采用 ISO 8407 所述的方法处理试验后的试样。

通常试验结果的评价标准，应由被覆盖层或产品标准提出，无机覆盖层可采用 GB/T 6461 所规定的方法进行评定。

就一般试验而言，常规记载的内容有以下几个方面：

试验后的外观，去除腐蚀产物后的外观，腐蚀缺陷，如点蚀、裂纹、气泡等的分布和数量，开始出现腐蚀的时间。

腐蚀缺陷的数量及分布（即：点蚀、裂纹、气泡、锈蚀或有机涂层划痕处锈蚀的蔓延程度等），可按照 ISO 8993 和 ISO 10289 所规定的方法以及 ISO 4628-1、ISO 4628-2、ISO 4628-3、ISO 4628-4、ISO 4628-5、ISO 4628-8 中所述的有机涂层的评价方法进行评定。

9.7.5　湿热试验

为了模拟膜层在湿热条件下的腐蚀状况，由人工创造洁净的高温、高湿环境进行试验。

但由于这种试验对膜层的加速腐蚀作用不是很显著，故湿热试验一般不单独作为膜层工艺品质的鉴定，而是作为对产品组合件、包括电镀层在内的各种金属防护层的综合性鉴定。

（1）试验设备

可采用湿热试验箱或湿热试验室。

（2）试验方法

常用的湿热试验规范有三种。

① 恒温恒湿试验：温度为（40±2）℃，相对湿度≥95％，用于模拟产品经常处于高温高湿条件下的试验。

② 交变温湿度试验：箱内温度开始保持在（30±2）℃，相对湿度≥85％，然后开始试验；在1.5～2h内升至（40±2）℃，相对湿度达到≥95％，然后在此条件下保持14～14.5h；开始降温，在2～3h内从（40±2）℃降至（30±2）℃，相对湿度降至≥85％；然后再将相对湿度升至≥95％，温度保持不变，在此条件下试验5～6h，依靠箱内温度的变化，造成凝露环境条件。

③ 高温高湿试验：箱内温度保持在（55±2）℃，相对湿度≥95％，在有凝露的条件下暴露试验16h，然后关掉热源只保留湿热箱的空气循环，使箱内温度降至（30±2）℃，在此条件下保持8h，作为一个试验周期。

（3）膜层湿热试验的品质评定

评定办法如下。

良好：色泽变暗，镀层和底层金属无腐蚀。

合格：镀层的腐蚀面积不超过镀层面积的1/3，但底层金属除边缘及棱角外无腐蚀。

不合格：镀层腐蚀面积占总面积1/3或更多，或底层金属出现腐蚀。

9.8 硬度测量

表面处理膜层的硬度是一项重要的物理性能，直接影响膜层的一些重要性能，如耐磨损性、耐摩擦性以及产品清洗难易等。按照表面处理膜层的不同，分别进行压痕硬度试验、铅笔硬度试验和显微硬度试验。

9.8.1 压痕硬度试验

主要用于检测高聚物涂层的硬度，试验采用巴克霍尔兹压痕仪进行检测，尤其用于膜厚要求较高的产品的抗压痕性。

由于压痕深度受涂层厚度的影响，因此只有在涂层厚度符合规定值时，所测得的抗压痕性结果才是有效的。另外，本试验所测定的结果与时间、温度和湿度有关，为了使测得的结果具有可比性，必须保证试验在符合规定的条件下进行。试验一般在温度（23±2）℃、相对湿度（50±5）％的条件下进行。操作时将压痕仪轻轻地放在试板适当的位置上，放置时应首先使装置的两个脚与试样接触，然后小心地放下压痕仪，放置（30±1）s后，将压痕仪移去，移去压痕仪时应注意先抬起压痕仪，接着抬起装置的两个脚。移去压痕仪后（35±5）s内用精确到0.1mm的显微镜测定所产生的压痕长度，并计算出其抗压痕性。为了减小偶然误差，一般应在同一试样的不同部位进行5次测量，并计算算术平均值。其具体操作参见GB/T 9275—2008。在GB/T 5237.4和欧洲规范Qualicoat中对压痕性作了规定，要求涂层的抗压痕性不小于80。

9.8.2　铅笔硬度试验

本试验主要适用于有机高聚物涂层硬度的测定。试验采用已知硬度标号的铅笔刮划涂层，并以铅笔的硬度标号来确定涂层硬度。由于铅笔尖对试验结果有重要的影响，因此本试验对于铅笔尖的制备有严格规定，要求笔芯应呈圆柱状，并将笔芯垂直靠在砂纸上慢慢研磨，直至铅笔尖端磨成平面，边缘锐利为止。本试验方法取自 GB/T 6739—2022《色漆和清漆 铅笔法测定漆膜硬度》，该标准等同采用 ISO15184：2020 的规定。对于铅笔硬度试验通常有两种试验方法：一种是试验机法，另一种是手动法。这两种试验方法在 GB/T 6739—1996 中都有规定，在 GB/T 6739—2006 中推荐采用试验机法，对于手动法虽然认可，但未给出具体的操作方法。

试验机法是采用铅笔硬度试验仪进行测定，首先将已削好的铅笔插入试验仪器中并用夹子将其固定，使仪器保持水平，铅笔的尖端放在涂层表面，当铅笔的尖端刚接触到涂层后立即推动试板，以 0.5mm/s 的速度朝离开操作者的方向推动至少 7mm 的距离，在 30s 后目视检查涂层表面是否有划痕，根据涂层表面出现划痕的情况再进行如下操作：①如果未出现划痕，则在未进行过试验的区域采用较高硬度标号的铅笔重复试验，直至出现至少 3mm 长的划痕为止；②如果已经出现超过 3mm 的划痕，则在未进行过试验的区域采用较低硬度标号的铅笔重复试验，直至超过 3mm 的划痕不再出现为止，然后以使涂层出现 3mm 及以上划痕的铅笔的硬度标号表示涂层的铅笔硬度。本试验应平行测定两次，并确保两次试验结果一致，否则应重新试验。GB/T 5237.3—2017 中规定电泳涂层硬度≥3H。GB/T 5237.5—2017 中规定静电喷涂涂层硬度≥1H，而美国 AAMA 2603—2002 规定涂层硬度至少达 H，AAMA 2604—2005 和 AAMA 2605—2005 规定涂层硬度至少达 F 为合格。

9.8.3　显微硬度试验

试验采用显微硬度计进行测量，以规定的试验力，将具有一定形状的金刚石压头以适当的压入速度且垂直地压入待测覆盖层，保持规定时间后卸除试验力，然后测量压痕对角线长度，并将对角线长度代入硬度计算公式进行计算或根据对角线长度查表，从而获得维氏和努氏显微硬度值。本试验适用于金属覆盖层中的电沉积层、自催化镀层、喷涂层的维氏和努氏显微硬度测定，也适用于铝合金阳极氧化膜的维氏和努氏显微硬度测定。

由于试验采用显微镜直接观察试样上的压痕对角线长度，这就要求试样待测表面不允许粗糙，而涂层表面相对比较粗糙，因此一般都在试样的横截面上测定显微硬度，试验前应对试样进行适当的化学、电解或机械抛光处理。

本试验有诸多影响硬度准确度的因素，比如采用的试验力、压头的速度、试验力的保持时间、振动、试样的表面粗糙度和表面曲率、试样的方位、显微镜分辨率以及压痕位置等。根据覆盖层不同，应选择相适应的试验力，对于铝合金阳极氧化膜，宜采用 0.490N 的试验力。在正常清洗时，试验力应保持 10~15s，若保持时间小于 10s，则硬度值可能偏高。另外，为了获得准确的结果，试样的膜厚应符合规定的要求，并应选择适当的显微镜和放大倍数。其具体规定参见 GB 9790—2021 和 ISO 4516—2002。

9.9　耐磨性与摩擦性能测试

9.9.1　落砂试验

这种方法通过砂粒与膜层表面撞击，测试撞击前后的连续性（硫酸铜点滴）、中性盐雾试验及膜层电阻等性能变化，用以评价膜层耐磨性能。

将表面粗糙度 $Ra \leqslant 3.2$ 的试样，用酒精除去油污后，置于落砂试验仪上（见图 9-6）。将 100g 粒度为 0.5～0.7mm 的石英砂（定期部分更换）放在漏斗中，砂子经内部直径为 5～6mm、高 500mm 的玻璃管自由下落，冲击试片表面。砂落完后，用脱脂棉擦去试片上的灰尘，并在冲击部位滴一滴用氧化铜中和过的硫酸铜溶液（5g/L），经 30s 后，将液滴用水冲洗或用脱脂棉擦去，直接目测观察，不得有接触铜出现。

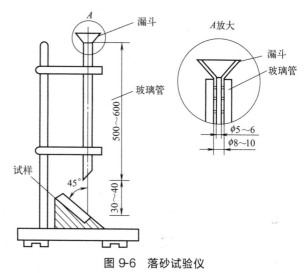

图 9-6　落砂试验仪

9.9.2　落砂试验改进

落砂试验的改进，比如在落砂的管中设置控制阀，而落砂管的长度及内径也可根据情况调整。该法适合于试验铝、镁、铜和锌及其合金上氧化膜的耐磨性，也可用于测量磷化膜的耐磨性。

若将磨料（如碳化硅砂粒）从位于 1000mm 高、内径为 20mm 的诱导管内落到与垂直方向成 45° 角放置的试片表面上，测定单位厚度膜层被磨穿所需要的时间（s），以此来评定耐磨性。对于 $9\mu m$ 以上厚度的铝合金硫酸阳极氧化膜能通过 250s 以上的试验，即被认为合格；而对于 $9\mu m$ 以上厚度的铝合金草酸阳极氧化膜，则需通过 500s 以上试验，才被认为合格。

该方法的优点是可用于非平面试样的测试，缺点是磨穿和磨损深度不易确定。

一般来说，$14\mu m$ 以上厚度的铝合金硫酸氧化膜能通过 25s 以上的试验，即被认为合格；而对于 $14\mu m$ 以上厚度的铝合金草酸氧化膜，则需通过 50s 以上的试验才被认为合格。

9.9.3　喷磨试验仪检测耐磨性

试验采用喷磨试验仪测定表面处理膜的平均耐磨性，本试验适用于膜厚不小于 $5\mu m$ 的所有氧化膜的检验，尤其适用于检验较小试样和表面凹凸不平的试样。由于不同批次的磨料会使试验结果产生一定的误差，所以本试验只是一种相对的检验方法。喷磨试验参考试验条件见表 9-19。

表 9-19　喷磨试验参考试验条件

项　目	试验条件		
	普通阳极氧化膜	硬质阳极氧化膜	有机聚合物膜
角度/(°)	55±1	55±1	55±1
磨料流量/(g/min)	25±1	25±1	25±1
气流压力/kPa	7.5±0.5	15±0.5	15±0.5
喷嘴下端距试样距离/mm	10±1	10±1	10±1

试验时将磨料装入供料漏斗。磨料对试验结果会有影响，因此应该对磨料作出规定。例如试验推荐采用碳化硅颗粒作为试验用磨料，其粒度最好为 $105\mu m$ 和 $106\mu m$。也可根据具

体情况，选用一定型号的筛子筛分沙砾，一般沙砾粒度都在 $100\sim200\mu m$ 左右。磨料使用前应在 $105℃$ 下进行干燥；然后进行粗筛，以保证磨料中没有大的颗粒或条状物。磨料经多次使用后会有磨损，因此在使用一定次数后（一般可重复使用 50 次）应弃置，而改用新的磨料进行试验。A 型喷磨试验仪的基本结构见图 9-7。

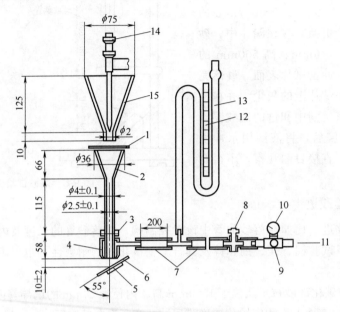

图 9-7　A 型喷磨试验仪的基本结构示意图

1—阀门；2—漏斗；3—接头；4—喷嘴；5—支撑架；6—试样；7—导管；8—截止阀；9—控制阀；
10—压力表；11—空气或惰性气体供应；12—刻度；13—流量计；14—磨料流量调节；15—供料漏斗

在试验前应对仪器进行校正，以便得到试验所需的喷磨系数；在一系列的检测中，每天按校正步骤检验 $1\sim2$ 次，以便对喷射流或磨损特性随时间的变化进行校正。校正时应选好标准试样的磨损面并作标记，用测厚仪精确地测量受检面的厚度。将标准试样固定在试样支座上，其受检面与喷嘴相对，并与喷嘴成正确角度（通常为 $45°\sim55°$）。再在供料漏斗中加入足够量的碳化硅；如果耐磨性能是按磨料用量来测量的，则应称量供料漏斗中的磨料质量，精确到 1g。把压缩空气或惰性气体的流速调整到 $40\sim70L/min$、压强为 15kPa，并在整个试验周期始终保持在这一设定值。在整个试验周期内应保证磨料喷射自如，当磨损面中心出现一个直径为 2mm 的小黑点时，应立即停止喷砂和计量器，记录试验时间。如果需要，还应称取供料漏斗中所剩磨料的质量，精确到 1g，从两次称量中计算出磨穿膜层所需的碳化硅质量。然后，在标准试样的其它部位至少再进行两次测量。

测试时，用待测试样置换标准试样按校正步骤进行。为了达到控制质量的目的，在试验中可以使用协议参比试样进行比较；当需要时，也可以用协议参比试样来替代标准试样进行校正。其具体操作参见 GB/T 12967.1—2020。

喷磨系数 K 计算：

$$K=\frac{d_s}{S_s}\times10$$

式中　K——喷磨系数，$\mu m/g$ 或 $\mu m/s$；

　　　S_s——标准试样的磨耗时间或耗砂质量，s 或 g；

d_s——标准试样的试验位置平均膜厚，μm。

以标准试样为基准的平均耐磨性 R：

$$R=\frac{KS}{d}$$

式中　R——以标准试样为基准的平均耐磨性，无量纲；

　　　S——试样的磨耗时间或耗砂质量，s 或 g；

　　　d——试样的试验位置平均膜厚，μm。

以协议参比试样为基准的平均耐磨性 R_x：

$$R_x=\frac{S}{d}\times\frac{d_r}{S_r}\times 100$$

式中　R_x——以协议参比试样为基准的平均耐磨性，无量纲；

　　　d_r——协议参比试样平均膜厚，μm；

　　　S_r——协议参比试样的磨耗时间或耗砂质量，s 或 g。

B 型喷磨试验仪的基本结构见图 9-8。

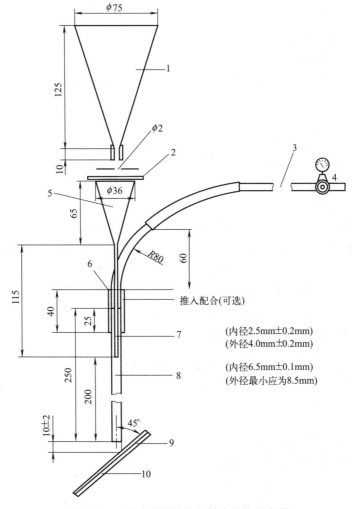

图 9-8　B 型喷磨试验仪的基本结构示意图

1—供料漏斗；2—挡板；3—压力计；4—供气口；5—漏斗；6—金属套管；7—内管；8—外管；9—试样；10—试样架

9.9.4 耐磨耗试验法

这是一种对特定材料施加一定压力，摩擦零件，测量零件膜层厚度或质量损失的方法。可通过与标准件磨损的比较，计算厚度耐磨系数或质量耐磨系数。

试验用试片应根据使用仪器制作。如规格为 $65mm \times 35mm \times 1mm$，氧化膜或磷化膜厚度应大于 $5\mu m$。测试时，试片水平放置于试验工作台上，膜层受磨损的区域为 $30mm \times 12mm$。采用平面磨损试验机进行试验，从试片下方向试片施加负荷，磨轮上有碳化硅砂纸（根据氧化膜的耐磨性，砂纸的粗糙度可相应变换）。磨轮直径为 $50mm$，宽度为 $12mm$，行程为 $30mm$，试验时磨轮做往返运动。每往返一次，磨轮便转动一个角度（$0.9°$），使下一次试验时使用新的砂纸面，从而保证试验条件的一致性。

试验结果有两种表示法：

① 称量试验前后试片的质量，用磨损失重与摩擦次数的关系值表示。

质量磨耗性 R_{MW}，按以下公式计算，数值按 GB/T 8170 的规则修约为个位：

$$R_{MW} = N/(m_{1t} - m_{2t})$$

式中　R_{MW}——质量磨耗性，次/mg；

　　　　N——试样的双行程次数，次；

　　　m_{1t}——磨损前试样质量，mg；

　　　m_{2t}——磨损后试样质量，mg。

② 将磨损后的试片横切下来，经镶嵌和研磨后，用金相显微镜测量摩擦前后氧化膜的厚度，用下式表示耐磨性

$$W_R = \frac{N}{\delta_1 - \delta_2}$$

式中　δ_1——试验前氧化膜的厚度，μm；

　　　δ_2——试验后氧化膜的厚度 μm；

　　　N——摩擦次数，次；

　　　W_R——耐磨性，表示每 $1\mu m$ 厚的氧化膜可承受的摩擦次数，次/μm。

厚度耐磨系数 I_W，按以下公式计算，无量纲，数值按 GB/T 8170 的规则修约至个位：

$$I_W = (d_{1t} - d_{2t})/(d_{1s} - d_{2s})$$

式中　d_{1t}——磨损前试样平均膜厚，μm；

　　　d_{2t}——磨损后试样平均膜厚，μm；

　　　d_{1s}——磨损前标样平均膜厚，μm；

　　　d_{2s}——磨损后标样平均膜厚，μm。

用以下公式计算相对质量磨耗系数

$$W_{cw,m} = \frac{m_{1r} - m_{2r}}{m_{1t} - m_{2t}} \times 100$$

式中　m_{1r}——磨损前试样的质量，mg；

　　　m_{2r}——磨损后试样的质量，mg；

　　　m_{1t}——磨损前标样的质量，mg；

　　　m_{2t}——磨损后标样的质量，mg。

以上分母为标样值，分子为样件值。

9.9.4.1 纸质轮式磨损试验仪检测耐磨性

这是一种通过轮式摩擦样件，测定样件的厚度损失或质量损失的方法。如果将测试用的碳化硅纸缠绕在轮上，轮转动摩擦样件，这就是纸质轮式磨损试验仪。纸带轮磨损试验仪的基本结构示意图见图9-9。

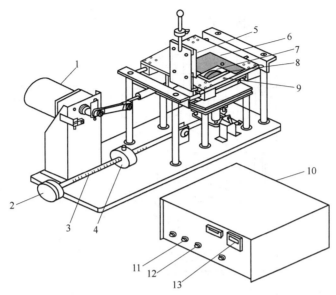

图9-9 纸带轮磨损试验仪的基本结构示意图

1—试样往复电机；2—载荷；3—加载标尺；4—加载调节；5—试样压块；6—试样夹具；7—试样；
8—磨轮；9—试验台；10—试样往复控制单元；11—启动按钮；12—停止按钮；13—双行程计数器

可用轮式磨损试验仪测定铝及铝合金表面处理膜的耐磨性及磨损系数。适用于氧化膜的厚度不小于 $5\mu m$ 的板片状试样检验，对于氧化膜的整个层厚以及表层或任意选定的氧化膜的某一层，都可以用本方法测定其耐磨性和磨损系数，而表面凹凸不平的阳极氧化试样不适合采用本方法。

试验所采用的研磨纸带及固定在摩擦轮上的方法可专门规定。如纸宽12mm，碳化硅的粒度为 $45\mu m$。在试验前应对仪器进行校正。校正时应选定标准试样的磨损面并作标记，用测厚仪测量受检面的平均膜厚。将标准试样固定于仪器的检测位置，在研磨轮的外缘上绕上一圈碳化硅纸带，调节研磨轮，保证在规定的研磨宽度内检验表面的磨损量均匀一致，研磨轮与检验表面之间的力应可调，如调节到3.92N。仪器运行400次双行程后，取下标准试样仔细清扫，并测量检验面上的平均膜厚。然后在标准试样的其它部位至少再进行两次测量。

测试时，用待测试样置换标准试样按校正步骤进行，并计算出相对磨损率。为了减小误差，所用研磨纸带应与校正时使用的纸带是同一批次的。对于着色阳极氧化膜或硬质阳极氧化膜的检验，如果检验面上的膜厚损失小于 $3\mu m$，可通过调节研磨条件进行研磨，例如：增加研磨轮与检验面之间的力；采用较粗的碳化硅纸带；增加双行程的次数等方法。

可通过称量试验前后的质量损失量，并计算出相对磨损率来评价膜的耐磨性能。另外，为了检验膜层沿厚度方向每层的耐磨性能变化情况，可采用分层检验法进行检验。其操作是，采用适宜的双行程数，一层一层地重复磨损与测量厚度，直至基体金属裸露为止。然后计算出膜厚和耐磨性变化的关系，以及耐磨性和磨耗系数。还可以绘制膜厚和双行程之间的关系图。其具体操作参见 GB/T 12967.1—2020。

9.9.4.2 橡皮摩擦法

这种方法是对橡皮擦施加一定压力，与零件摩擦行走一定行程与次数后，根据基体裸露情况评价膜层耐磨性能。橡胶轮磨试验仪基本结构示意图见图 9-10。

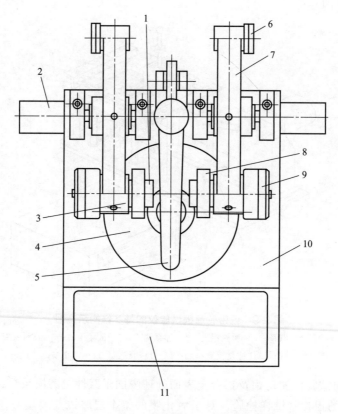

图 9-10　橡胶轮磨试验仪基本结构示意图

1—砂轮螺母；2—吸尘器接口；3—磨头；4—转台；5—吸尘嘴；6—平衡砝码；

7—加压臂；8—橡胶砂轮；9—倚重砝码；10—底座；11—控制面板

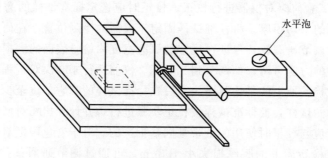

图 9-11　摩擦系数测量仪结构示意图

试验仪带计数器，记录转台的循环（运转）次数。试验仪还带有吸尘装置，有两个吸尘嘴，一个吸尘嘴位于两个砂轮之间，另一个则位于沿直径方向与第一个吸尘嘴相反的位置。两个吸尘嘴轴线之间的距离为 75mm±2mm，吸尘嘴与试板之间的距离为 1～2mm。吸尘嘴定位后，吸尘装置中的气压应比大气压低 1.5～1.6kPa。砝码能使每个橡胶砂轮上的负载逐渐增加，以摩擦圆片的形式存在，用于整新橡胶砂轮。

9.9.5 摩擦系数测定

还有一些设备通过摩擦测试与作用力大小与面积相关的摩擦系数，可用于评价润滑涂层。摩擦系数测量仪结构示意图见图 9-11，摩擦系数测量仪试验原理见图 9-12。

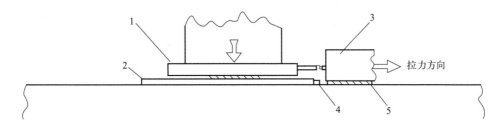

图 9-12　摩擦系数测量仪试验原理图
1—滑块；2—下试样；3—测力计；4—防滑装置；5—垫片

静摩擦系数 U_j 按以下公式计算，无量纲，按 GB/T 8170 的规则修约至三位有效数字：

$$U_j = \frac{\overline{F_j}}{mg}$$

式中　$\overline{F_j}$ 为三次测量的静摩擦力平均值，N；m 为滑块质量，kg；g 为重力加速度，9.8N/kg。

动摩擦系数 U_d，按以下公式计算，无量纲，按 GB/T 8170 的规则修约至三位有效数字：

$$U_d = \frac{\overline{F_d}}{mg}$$

式中，$\overline{F_d}$ 为三次测量的动摩擦力平均值，N；m 为滑块质量，kg；g 为重力加速度，9.8N/kg。

9.9.6 附着性试验

转化膜的附着力包括膜层在基体上的附着力及膜层表面结晶体颗粒间的附着力。耐磨性实际上受晶体间附着力与膜层硬度的共同影响。习惯上也把表面结晶体颗粒间的附着力归结为转化膜附着力。

（1）擦拭试验

这种方法实际上是一种耐磨性的测试方法，这里根据习惯归结为附着力的方法。

这种方法就是用纱布一类材料，用手握住擦拭磷化零件等的转化膜，考察转化膜在擦拭物体上的附着情况。这种方法从用力大小到材料的选择都存在一些不确定因素。目前尚未有专门商业仪器出售，仅仅是一些生产单位内部使用。

钢铁、锌与镉等有色铬酸盐转化膜附着力试验：手持无砂橡胶或软纸以通常的压力在转化膜表面来回摩擦试样表面 10 次，然后检查转化膜的附着力。如果转化膜不磨损、不脱落，则说明转化膜具有满意的附着力。

（2）干式附着性试验方法

本试验方法是以直角网格图形切割涂层穿透至基材来评定涂层从基材上脱离的抗力。本试验方法主要用于实验室检验，但也可以用于现场检验。本试验方法不适用于涂层厚度大于 $250\mu m$ 的涂层，也不适用于有纹理的涂层。

为了保证测试结果的准确性,应确保切割刀具规定的形状和刀刃情况良好。一般规定切割刀具的刀刃为 $20°\sim30°$,但也可以选择其它尺寸。黏胶带对试验结果也有影响,因此对黏胶带应作出规定,一般规定采用宽 25mm、黏着力 (10 ± 1)N/25mm 的黏胶带(国际标准规定采用美国 3M 公司 Scotch610 黏胶带)。由于涂层厚度会影响附着性,因此试验用样品的涂层厚度必须符合规定的要求。对于切割间距应该作出规定,GB/T 9286—2021 对于切割间距的规定如下:切割间距取决于涂层厚度和基材类型,一般来说,对于硬质材料,膜厚度小于 $60\mu m$,其间距为 1mm;对于软质材料,膜厚度小于 $60\mu m$,其间距为 2mm;硬质与软质材料膜厚度 $60\sim120\mu m$,其间距为 2mm;硬质与软质材料膜厚度 $121\sim250\mu m$,其间距为 3mm。我们一般涉及的转化膜大多数情况下可视为硬质材料。

试验时应先在试样表面切割 6 条规定间距的平行直线,所有切割线都应划透至基材表面。然后重复上述操作,在与原先切割线垂直方向作相同数量的平行切割线,并与原先切割线相交,以形成网格图形。用软毛刷在网格图形上清扫几次,再将黏胶带紧密地贴在网格图形上,为了确保黏胶带与涂层接触良好,可用手指尖用力蹭黏胶带。在贴上黏胶带 5min内,在 $0.5\sim1.0$s 内以尽可能接近 $60°$ 的角度平稳地撕离黏胶带。然后按标准的规定进行评级,在 GB/T 9286—2021 中将试验结果分六级,0 级为切割边缘完全平滑,无一格脱落;5级最差,有较大面积的脱落。在 GB/T 5237.3~GB/T 5237.5、欧洲 Qualicoat 和美国 AAMA 2605 等标准中都规定涂层无脱落(0 级)为合格。其具体操作参见 GB/T 9286—2021 和 ISO 2409—2020。

(3)湿式附着性试验方法

GB/T 5237.3~GB/T 5237.5 和美国 AAMA2605 等标准中对湿式附着性也作了规定,其具体操作是按干式附着性试验方法的规定进行划格,接着把试样放在 (38 ± 5)℃的蒸馏水或去离子水中浸泡 24h,然后取出擦干试样,在 5min 内进行检查,其检查方法与干式附着性相同。要求涂层无脱落(0 级)为合格。

(4)沸水附着性试验方法

GB/T 5237.4、GB/T 5237.5 和美国 AAMA 2605 等标准中还对沸水附着性作了规定,其具体操作是按干式附着性试验方法的规定进行划格,接着把试样放在温度不低于 95℃的蒸馏水或去离子水中煮沸 20min,试样应在水面 10mm 以下,但不能接触容器底部。然后取出并擦干试样,在 5min 内进行检查,其检查方法与干式附着性相同。要求涂层无脱落(0级)为合格。

9.10 导电性与绝缘测试

通常化学转化膜电阻较小,可认为导电。进行导电氧化,自然效果更佳。要求较高的情况下,需进行导电性检测。按照图 9-13 所示位置分别测试 10 次,取算数平均值。导电性检测有专门的方法,如图 9-14 所示,压在所测定零件上的压力不同,所测得的电阻值不同。将试验板预先用酒精或丙酮擦拭干净,在空气中干燥后置于压力试验机两电极中间,施加 1.4MPa 的压力,测定电阻值。

阳极氧化膜等绝缘性的检验主要针对以绝缘性能为目的的氧化膜以及以击穿电位原理制定工艺规范的氧化膜。参见 9.2 节厚度测量的电压击穿法。

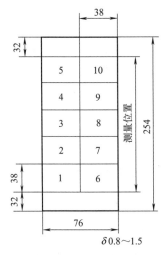

图 9-13　试验板及测量位置

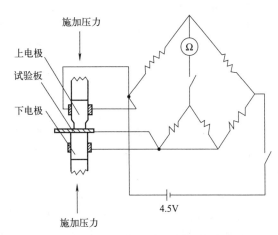

图 9-14　表面接触电阻测量线路图

9.11　孔隙率测试与封孔质量评定

9.11.1　磷化膜孔隙率的电化学测试

磷化膜孔隙率的测试通常是以电化学和腐蚀测量为基础，其基本依据是阳极或阴极的电流密度大小与孔隙上裸露基体金属的面积有关。

（1）线性极化法

只有满足两个条件时，才可用线性极化法测定磷化膜的孔隙率：①与基体金属相比，磷化膜的极化电流可以忽略不计。②测试溶液不会使基体金属发生钝化。磷化膜绝缘，故其不参与基体的电化学溶解，基体金属（钢铁）在中性氯化钠溶液中不会发生钝化。此时，试验条件满足线性极化法测孔隙率的两个要求，相应的表达式为：

$$\lg R_p = K - \frac{b_A}{b_A + b_K} \lg k$$

式中，R_p 为线性极化范围内的极化电阻；b_A 为阳极极化时的塔菲尔常数；b_K 为阴极极化时的塔菲尔常数；K 为常数；k 为磷化膜的孔隙率。

在此条件下，孔隙率 k 的定义式如下：

$$k = \frac{S_A}{S_A + S_K}$$

式中，S_A 为阳极面积；S_K 为阴极面积。

通过线性极化实验测出 R_p、b_A 和 b_K，即可计算出磷化膜的孔隙率。

由于线性极化测试时可能会使磷化膜发生溶解，改变电极的表面状态和电极过程，影响金属的溶解动力学，故用极化电阻算得的表面孔隙率可能比用电化学阻抗法算得的孔隙率大一些。

（2）交流阻抗法

被磷化膜不连续覆盖的金属可看成是局部封闭的电极，而这些电极的电化学特性可通过电化学交流阻抗测量来确定。不同特性的电化学阻抗体系，磷化膜孔隙率的计算方法不同。

① 无扩散阻抗时磷化膜孔隙率的测试：这时阻抗谱在整个频率范围内均为半圆弧状，

表明电极体系在测试溶液中没有扩散阻抗的特征。当电极体系不具有扩散阻抗时，与阻抗谱相对应的等效电路如图 9-15 所示。

在图 9-15 中，R_s 为溶液电阻，C_{dI} 为双电层电容，R_p 为极化电阻。从阻抗谱可算得等效元件 R_p 和 C_{dI} 的值，根据下式即可算出磷化膜的表面覆盖率 θ 和孔隙率 k：

$$\theta = 1 - \frac{R_{p0}}{R_p} = 1 - \frac{C_{dI}}{C_{dI0}}$$

$$k = 1 - \theta$$

式中，R_{p0} 为由用纯磷酸溶液（与磷化液中磷酸浓度相等）处理的试样的阻抗谱求得的极化电阻；C_{dI0} 为由用纯磷酸溶液（与磷化液中磷酸浓度相等）处理的试样的阻抗谱求得的双电层电容。

② 有扩散阻抗时磷化膜孔隙率的测试：当电极体系存在扩散阻抗时，所测得的电化学阻抗谱及磷化膜孔隙率的计算方法均更为复杂。当阻抗谱低频端的半圆弧发生畸变时，通常表明电极体系在电解质溶液中存在扩散阻抗的特征。测试表明，阻抗谱的高频端仍为半圆弧，但低频端的圆弧受到抑制，出现了直线段。这表明此电极体系具有半无限扩散的特征。当电极体系具有扩散阻抗时，与阻抗谱相对应的等效电路如图 9-16 所示。

图 9-15　电极体系不具有扩散阻抗时的等效电路　　图 9-16　电极体系有扩散阻抗时的等效电路

在图 9-16 中，Z_w 表示扩散阻抗，其它符号的意义同图 9-15。Z_w 可以看成是 $R_d(\omega)$ 和 $C_d(\omega)$ 两个频率函数并联而成的，则有

$$R_d = \frac{1}{k} \times \frac{RT}{n^2 F^2 D_{c_0}} \times \frac{1}{\sqrt{\dfrac{\omega}{2D} + \dfrac{\sqrt{2}}{r_a}}}$$

$$\frac{1}{\omega C_d} = \frac{1}{k} \times \frac{RT}{n^2 F^2 D_{c_0}} \times \frac{1}{\sqrt{\dfrac{\omega}{2D}}} = \frac{\sigma}{\sqrt{\omega}}$$

$$\sigma = \frac{\sqrt{2} RT}{k n^2 F^2 c_0 \sqrt{D}}$$

式中，R 为气体常数；T 为热力学温度，K；F 为法拉第常数；n 为电极的电荷转移数；D 为扩散常数；ω 为角频率；c_0 为通过扩散到达试样表面的反应物浓度；r_a 为孔隙的平均尺寸；σ 为 Warburg 系数。

从阻抗谱算得各等效元件 R_p、C_{dI}、$R_d(\omega)$ 和 $C_d(\omega)$ 的值，根据上面各式算得试样由纯磷酸处理时的斜率（$\sigma_{R_{d0}}$ 和 $\sigma_{C_{d0}}$）与由磷化液处理时的斜率（σ_{R_d} 和 σ_{C_d}），就可算出磷化膜的覆盖率 θ 和孔隙率 k：

$$\theta_{R_d} = 1 - \frac{\sigma_{R_{d0}}}{\sigma_{R_d}}$$

$$\theta_{C_d} = 1 - \frac{\sigma_{C_{d0}}}{\sigma_{C_d}}$$

$$k = 1 - \theta_{R_d} = 1 - \theta_{C_d}$$

孔隙率除了可以评定磷化膜的耐蚀性能，还可推测磷化膜的沉积情况，故电化学阻抗技术也可用于研究磷化膜的原位生长情况。

③ 注意事项：使用电化学技术评价磷化膜的孔隙率时，电化学测试溶液的选择非常重要。溶液选择不当，将使孔隙率产生偏差。研究发现电解质溶液中 Cl^- 或 SO_4^{2-} 的渗入，或磷化膜下 PO_4^{3-} 的溶解都将使磷化膜的性质发生变化。因此，只有正确选择一种对磷化膜无侵蚀的测试溶液才能真实反映磷化膜的孔隙率，该溶液必须使浸入其中的磷化膜的性质不发生显著变化，即该溶液可快速地获得稳定的电化学条件，且对磷化材料和未磷化材料所表现的电化学参数有明显的差异。

PO_4^{3-} 比 Cl^- 或 SO_4^{2-} 的腐蚀性小，当用磷酸盐溶液来检测磷化膜的性能时，其引起的表面变化比用氯化钠和硫酸钠溶液要小。如采用 5mmol/L 的 Na_2HPO_4 溶液、控制 pH 值在 8.5 左右，发现对钢及镀锌钢表面的磷化膜的侵蚀较小，即磷化前后两种材料的电化学参数（腐蚀电势、极化电阻和双电层电容）有显著的差异，可快速获得稳定的电化学条件，所以该溶液适用于钢及镀锌钢上磷化膜孔隙率的测试。

9.11.2 铝及铝合金阳极氧化膜封孔质量的评定

（1）酸处理后的染色斑点法

GB/T 8753.4—2005《铝及铝合金阳极氧化 氧化膜封孔质量的评定方法 第 4 部分：酸处理后的染色斑点法》国家标准，等效采用 ISO 2143：2017 国际标准，规定用酸处理后的抗染色能力来评定氧化膜的封闭质量。该方法适用于检验那些将在大气暴晒与腐蚀环境下工作的阳极氧化膜，更适用于有耐污染要求的氧化膜的检验。

酸处理后的染色斑点试验方法如下：用蘸有丙酮的棉花球将受试表面擦拭干净并保持干燥。用 1 滴酸溶液 A 或酸溶液 B 滴在试件表面上，精确保持 1min，试验溶液的温度为 23℃±2℃。除去酸滴，将受试表面清洗干净并干燥。用 1 滴染色溶液 A 或染色溶液 B 滴在已经用酸处理过的表面上，精确保持 1min。洗净染色液滴，用浸泡过软磨料（如氧化镁）的干净布将受试表面擦拭干净。将做过染色斑点试验的表面与标准染色斑点进行对照，评出染色强度等级。抗染色能力强表明封闭质量优良。酸处理及染色斑点试验用的酸溶液和染色溶液的组成见表 9-20。

表 9-20　酸溶液和染色溶液的组成

酸溶液		染色溶液	
A	B	A	B
硫酸($d=1.84$)　25mL/L 氟化钾　10g/L	氟硅酸($d=1.29$) 25mL/L	铝蓝 2LW　5g/L pH 值 5±0.5 （用硫酸或氢氧化钠调节） 温度：23℃±1℃	山诺德尔红 B3LW 或铝红 GLW　10g/L pH 值 5±0.5 （用硫酸或氢氧化钠调节） 温度：23℃±1℃

本方法不适用于检验在高硅 $[w(Cu)>2\%,w(Si)>4\%]$ 铝合金上形成的氧化膜；用重铬酸钾封闭的氧化膜；涂油、打蜡、涂漆处理过的氧化膜；深色氧化膜；厚度小于 $3\mu m$

的氧化膜。当封闭槽中含有镍、钴或有机添加剂时，氧化膜的抗染色能力可能会有所降低。不过抗染色能力稍有降低，并不意味着氧化膜质量较差，因它还和其它因素有关。

（2）导纳法

GB/T 8753.3—2005《铝及铝合金阳极氧化　氧化膜封孔质量的评定方法　第3部分：导纳法》国家标准，等效采用 ISO 2931：1983 国际标准，规定用导纳法评价在水溶液或水蒸气中封孔的铝及铝合金阳极氧化膜的封孔质量，是一种无损、快速的测试方法。它既可作为验收的方法，也可作为阳极氧化过程的质量控制方法。

阳极氧化膜可以等效为由若干电阻和电容在交流电路中经串联和并联组成的电路。用导纳法测定封孔后的阳极氧化膜的表观导纳值，即可了解氧化膜的电绝缘性，从而可以判断阳极氧化膜的封孔质量。导纳值受铝合金的材质、封孔工艺、氧化膜的厚度与密度、着色方法、封孔与测试工序之间的间隔时间以及存放的条件等因素的影响。

用导纳法测定氧化膜封孔质量时使用的仪器为导纳仪和电解池。导纳仪的量程通常在 $3\sim300\mu S$，精度为 $\pm5\%$，工作频率为 $1000Hz\pm10Hz$；电解池的内径为 13mm，厚度为 5mm，截面积为 $133mm^2$，表面粘着橡胶密封环。溶液为 35g/L 的硫酸钾或氯化钠。

用水蒸气或热水封孔后的试样，必须在冷却至室温以后的 $1\sim4h$ 之内进行测试，不得超过 48h；室温封孔的试样应在封孔 24h 以后、72h 以内进行测试。

用导纳法测试封孔质量的方法：将导纳仪的一个电极接到试样上，并保持良好的电接触；将电解池粘到受试表面上，受试部位的氧化膜厚度必须大于 $3\mu m$，且有足够大的受试面积（直径约 20mm 的圆），如果因受试表面形状的影响而改变了电解池的面积，则电解池的面积必须重新测定；将溶液注入电解池，在溶液中插入导纳仪的另一根电极，2min 以后开始读数。如果导纳值还在继续增加，则等 3min 后再读取导纳值，然后按标准中规定的计算公式，将从仪表中读出的导纳值修正到电解池面积为 $133mm^2$ 时和温度为 25℃下的导纳值。

9.12　结合力测试

结合力测试包括膜层与基体结合力测试，以及转化膜与漆膜结合力测试。转化膜通常作为漆膜底层，因此与漆膜结合力是转化膜的一项比较重要的性能。

结合力测试可用划格法与划圈法。划格法可以作为转化膜与基体及其与漆膜结合力测试。划圈法一般只作为转化膜与漆膜结合力的测试方法。

9.12.1　划格法

划格法测试结果一般分为 6 级。当用于多层涂层体系时，可用来评定该涂层体系中各道涂层从每道其它涂层脱离的抗性。划格试验方法适用于硬质底材（钢）和软质底材（木材和塑料）上的涂料，但这些不同底材需要采用不同的试验步骤。该试验方法不适用于涂膜厚度大于 $250\mu m$ 的涂层。

（1）所用器具

① 切割刀具。确保切割刀具有规定的形状和刀刃情况良好是特别重要的。

a. 单刃切割刀具的刀刃为 $20°\sim30°$ 以及其它尺寸，如图 9-17 所示。

b. 六个切割刀的多刃切割刀具。刀刃间隔为 1mm 或 2mm。在所有情况下，单刃切割刀具是优先选用的刀具，即适用于硬质或软质底材上的各种涂层。多刃刀具不适用于厚涂层（>120μm）或坚硬涂层，或施涂在软底材上的涂层。以上刀具适用于手工操作，这是较常用的方法。刀具也可以安装在可获得更均匀切割的电机驱动的仪器上，仪器的操作程序应经有关双方商定。

② 导向和刀刃间隔装置。为了把间隔切割得正确，当用单刃切割刀具时，需要一系列导向和刀刃间隔装置，一个适用的装置如图9-18所示。

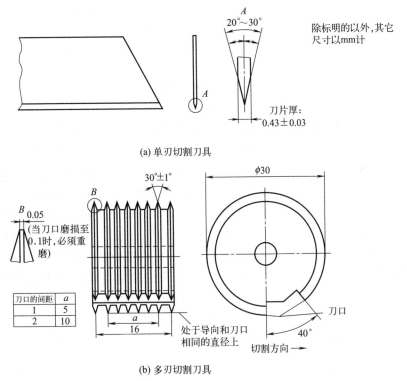

(a) 单刃切割刀具

(b) 多刃切割刀具

图 9-17　适合的切割刀具

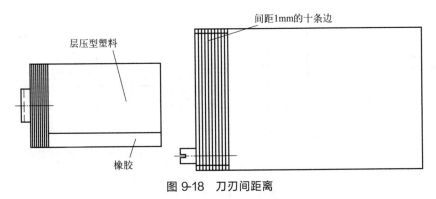

图 9-18　刀刃间距离

③ 软毛刷及透明的压敏胶黏带。采用的胶黏带，宽25mm，黏着力（10±1）N/25mm或商定。目视放大镜手把式的，放大倍数为2倍或3倍。

（2）试板

试板应该平整且没有变形。试板的尺寸应能允许试验在三个不同位置进行，此三个位置的相互间距和与试板边缘间距均不小于5mm。当试板是由较软的材料（例如木材）制成时，其最小厚度应为10mm。当试板由硬的材料制成时，其最小厚度应为0.25mm。一般尺寸约150mm×100mm的长方形试板是适宜的。除非另有商定，漆膜附着力按GB/T 9271的规定处理每块试板或按GB/T 1727的规定制备样板。转化膜层按不同转化膜种类工艺制作，转化膜应达到测试使用状态，测试前应按有关方法测量厚度。样板确认达到规定或商定的状态。测定时，尽可能在靠近测定位置划格。

（3）测定

切割图形每个方向的切割数应是6。每个方向切割的间距应相等，且切割的间距取决于涂层厚度和底材的类型：$0\sim60\mu m$ 硬底材，1mm 间距；$0\sim60\mu m$ 软底材，2mm 间距；$61\sim120$ 硬或软底材，2mm 间距；$121\sim250\mu m$ 硬或软底材，3mm 间距。

用手工法切割涂层：将样板放置于坚硬、平直的物面上，以防在试验过程中样板的任何变形。试验前，检查刀具的切割刀刃，并通过磨刃或更换刀片使其保持良好的状态。握住切割刀具，使刀具垂直于样板表面，对切割刀具均匀施力，并采用适宜的间距导向装置，用均匀的切割速率在涂层上形成规定的切割数。所有切割都应划透至底材表面。如果不可能做到切透至底材是由于涂层太硬，则表明试验无效，并如实记录。重复上述操作，再作相同数量的平行切割线，与原先切割线成90°角相交，以形成网格图形。用软毛刷沿网格图形每一条对角线，轻轻地向后扫几次，再向前扫几次。只有硬底材才另外施加胶黏带。按均匀的速度拉出一段胶黏带，除去最前面的一段，然后剪下长约75mm 的胶黏带。把该胶黏带的中心点放在网格上方，方向与一组切割线平行，如图9-19（a）所示，然后用手指把胶黏带在网格区上方的部位压平，胶黏带长度至少超过网格20mm。为了确保胶黏带与涂层接触良好，用手指尖用力蹭胶黏带。透过胶黏带看到的涂层颜色全面接触是有效的显示。在贴上胶黏带5min 内，拿住胶黏带悬空的一端，并在尽可能接近60°的角度，在$0.5\sim1.0s$ 内平稳地撕离胶黏带［见图9-19（b）］。可将胶黏带固定在透明膜面上进行保留，以供参照用。如果切割刀具采用电动机驱动装置，务必遵守在手工操作步骤中规定的操作，特别是对于切割的间隔及试验次数。

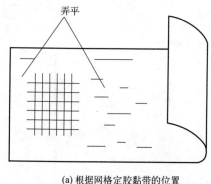

(a) 根据网格定胶黏带的位置

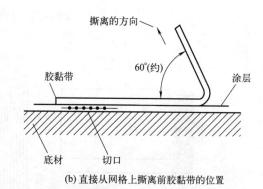

(b) 直接从网格上撕离前胶黏带的位置

图 9-19　胶黏带的定位

（4）结果

分为六级。

第0级：切割边缘完全平滑，无一格脱落。

第1级：在切口交叉处有少许涂层脱落，但受影响的交叉切割面积不能明显大于5%，见图9-20（a）。

第2级：在切口交叉处和/或沿切口边缘有涂层脱落，受影响的交叉切割面积明显大于5%，但不能明显大于15%，见图9-20（b）。

第 3 级：涂层沿切割边缘部分或全部以大碎片脱落，和/或在格子不同部位上部分或全部剥落，受影响的交叉切割面积明显大于 15％，但不能明显大于 35％，见图 9-20（c）。

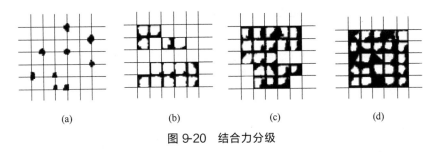

(a)　　　　　(b)　　　　　(c)　　　　　(d)

图 9-20　结合力分级

第 4 级：涂层沿切割边缘大碎片剥落，和/或一些方格部分或全部脱落。受影响的交叉切割面积明显大于 35％，但不能明显大于 65％，见图 9-20（d）。

第 5 级：剥落的程度超过 4 级。

9.12.2　划圈法

参照 GB/T 1720—2020，一般只用于测试转化膜漆膜附着力。

9.13　恒电位和动电位极化测量

9.13.1　原理

① 将金属浸渍在溶液中，阳极反应速度和阴极反应速度会在开路电位处相等（自腐蚀电位，E_{cor}）。若电极电位偏离开路电位值，测量的实际电流表示阳极反应电流和阴极反应电流之间的差值。如果电位偏移足够大，净电流基本上等于阳极或阴极反应动力学电流，这取决于分别施加的电位是否比开路电位值更正或更负，如图 9-21 所示，图 9-21（a）在酸性溶液中金属处于活化状态，图 9-21（b）在暴露于空气的中性溶液中。

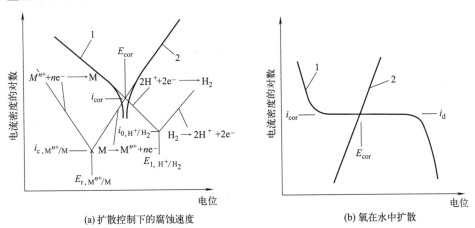

(a) 扩散控制下的腐蚀速度　　　　　　　　(b) 氧在水中扩散

图 9-21　在一个阴极反应是质子还原体系中金属腐蚀的阴极和阳极极化曲线示意图

1—阴极；2—阳极；E_{cor}—腐蚀电位；i_{cor}—腐蚀电流密度；E_r—阴极反应区可逆电极电位；i_0—交换电流密度；i_d—与氧在溶液中最大扩散速度相对应的极限扩散电流密度；i_c—阴极电流密度；E_1—阳极反应区的平衡电位

② 在某些金属与环境相接触的状态中，金属可能处于钝化状态（图 9-22）。如果存在某些侵入性阴离子，同时相对于开路电位施加正向电位（变为更正）至钝化膜局部击穿（如点蚀、缝隙腐蚀或晶间腐蚀），会导致电流随之增加，该电流相对应的电位可作为一种金属对

局部腐蚀阻力的衡量尺度。

③ 若在局部腐蚀发生后施加反向电位（变为更负），则当实际电流回到接近于钝化电流值时，与其相对应的电位为再钝化电位，该电位可用来表示金属对局部腐蚀发展的阻力；电位越正，阻力越大。

④ 根据试验的应用和目的选定一个电位，恒定一段时间，测量相关数据。再增加电位，恒定一段时间。电位的位移可以是阶梯形的，并具有电位步长的数量和时间大小。这种类型的试验称为恒电位法。

⑤ 若在扫描（偏移）速度的控制下以连续方式移动电位，这种试验称为动电位法。

⑥ 发生在表面的电化学动力学过程可能依赖于时间，例如由于在表面形成薄膜，因此在恒电位试验或动电位试验的电位扫描速度中，电位保持在某一特殊电位值时的时间可能是临界时间。例如，电位改变速度太快可能会导致对局部腐蚀的击穿电位评估过高。因此，应该仔细考虑极化数据的解释，特别是应用于服役条件时。

⑦ 测量的电极电位可能会受到溶液欧姆降的影响。对电导率低的溶液应该进行修正。

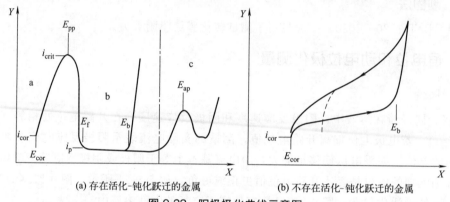

(a) 存在活化-钝化跃迁的金属　　　　(b) 不存在活化-钝化跃迁的金属

图 9-22　阳极极化曲线示意图

X—电位；Y—电流密度的对数；E_{cor}—腐蚀电位；i_{cor}—腐蚀电流密度；E_{pp}—致钝电位；i_{crit}—致钝时的临界电流；

i_p—致钝电流密度；E_f—Flade 电位；E_b—击穿电位；E_{ap}—二次致钝电位

a—活化；b—钝化；c—过钝化

9.13.2　测试步骤

采用的试验步骤，取决于所使用的电解池类型。即试样是否是在加入溶液之后再安装到电解池上，还是如冲洗式电解池那样，将试样先装在电解池上，然后再加溶液。

① 测量参比电极和其它 2 个标定电极之间的电位差。这些标定电极的电位应可被追溯到标准氢电极，并且仅用于维持电极有效性的目的，若电位差大于 3mV，这个参比电极应被抛弃。

② 标定电极应储存在最适宜的条件下，并有规律地进行比较。若标定电极之间的电位差变化大于 1mV，应被替换。

③ 测量试样的表面暴露面积。测量面积的精度取决于试验目的。

④ 装配电解池的辅助电极，要监测探头和鲁金毛细管位置。

⑤ 测试。

a. 在电解池中加入试验溶液。

b. 当试验在充气的溶液中进行时，可用气泵或圆筒压缩空气确认试验条件的持久性。在使用净化气体时，应使用合适的气体净化溶液，并维持足够的时间以达到平衡。注意，净化电解池中溶液的时间取决于试验体系对微量氧的敏感性。在无酸环境、室温条件下去除溶液中空气的程度可在最初暴露于空气的溶液中使用极化铂金丝的方法来评估。在氧还原的极限传输体系电位（室温下约为 $-0.4V$ 饱和甘汞电极），监视电流随时间的衰减。因为水的还原电流非常小，电流减小反映了溶液净化的程度。当试验在 H_2S 溶液中进行时，在注入 H_2S 前必须先净化溶液。H_2S 气体有毒性，应采取适当的预防措施。

c. 把试验电解池浸在一个控制温度的水浴中，或用其它便利的方法（如有温度控制储水池的循环液体双壁容器）将温度控制在 $\pm 1℃$ 范围内。

d. 将试样安装到电极架上。

e. 将试样放置到试验电解池中，调整鲁金毛细管前端，使其与工作电极的距离约为毛细管前端直径的 2 倍，但不能小于 2 倍。

f. 按照 b 和 c 步骤将溶液加入到电解池中。

g. 在试样浸入溶液后，记录试样开路电位随时间的变化，即自腐蚀电位。极化前在开路电位下的浸泡时间取决于试验的目的。在某些应用中，允许开路电位达到一个稳定值。否则应浸泡 1h。注意，当试样浸入溶液中，随浸泡时间的增加，在空气中形成的反映其特点的初始表面膜可能会分解或发生特性改变，由此导致电位的改变。

h. 从某一初始电位开始电位扫描或电位步进，并记录电流随时间的变化；该初始电位的确定以及电位移动方向取决于试验的目的。

注意，在某些应用中，金属表面在空气中形成的薄膜很容易被还原，在阴极电位保持一段时间后开始阳极极化；扫描速度或电位步进速度的选择取决于试验目的。对测定一般趋势或进行不同材料之间的比较，采用 $0.17mV/s$ 的扫描速度。对电位步进，则采用每步 $0.05V$、$300s$ 的驻留时间。然而在准稳态条件下，为在每一电位都获得一个稳定的电流值，需要有足够的驻留时间。以上是相关标准的推荐。在进行测试时，应根据情况延长驻留时间，使每一电位都获得一个稳定的电流值，逐渐降低扫描速度，直到观察不到极化行为。

i. 对点腐蚀和再钝化研究，通常采用扫描电位或步进电位方式，直到电位超过击穿电位，随后再逐渐地将电位降低至开路电位值。

j. 对持续时间长的试验，在试验后作为一个溶液化学性质的恒定测量值，应该测量溶液的 pH 值。

9.14　点蚀电位测定

这里根据标准 GB/T 17899 测试不锈钢点蚀电位，其它金属点蚀电位的测试可参照此方法。此外，还可以参照 GB/T 32550 等标准。

（1）试验准备

从板材上取样，试验面应是板材的轧制面。非板材的取样，由供需双方之间的协议决定。试样的取样方法，原则上用锯断、切削或磨削的方法。用剪切取样时，应注意使试验面不受剪切的影响。试验面用符合 GB/T 2481.1 规定的砂纸按顺序进行研磨，一直磨到粒度为 W20 的砂纸。研磨时要注意避免试样发热。为了防止缝隙腐蚀，研磨后可以进行钝化处理（在 $50℃$、$20\%\sim30\%$ 的硝酸中浸泡 1 h 以上）。用钎焊（比如锡焊）或点焊的方法将导线焊在试样上。试样的绝缘，应使最终暴露的试验面的面积为 $1cm^2$，板材试样为 $10mm\times 10mm$，并使试验面处于试样上未受钎焊或点焊热影响的部位。非试验面部分和导线用环氧树脂、乙烯树脂或石蜡松香混熔物等绝缘物进行涂覆或镶嵌。经过钝化处理的试样，通常留出约 10mm×10mm 的试验面不予涂覆。在测定前，用符合 GB/T 2481.1 规定的粒度为 W28 号的砂纸对试验面进行仔细打磨。对于钝化过的试样，通常是在未涂覆面的中部打磨约 10mm×10mm 的面积以除去钝化膜。打磨面不能与绝缘物相连。这样制成的试样，其试验面的面积仍看成是 $1cm^2$。

试样的试验面积，若无法满足 $1cm^2$ 的要求，则按供需双方协议的规定。打磨后用蒸馏水或去离子水冲净，再用丙酮或酒精去油。试验前，至少准备三个平行试样。

（2）试验步骤

① 将试验溶液注入电解槽中，单位试样面积的溶液体积不小于 $200mL/cm^2$。

② 将试验溶液加热至试验温度并在恒温槽中保温，试验温度为 30℃±1℃。注意，若在 30℃下不发生点蚀，可在 50℃或更高的温度下进行。

③ 测量前向溶液中通入纯氮或纯氩（纯度不低于 99.99%）进行半小时以上的预除氧。试验过程中保持对溶液连续通气。通气速度按每升试验溶液约 0.5L/min 控制。

④ 把经过最终打磨试样的试验面全浸于溶液中，试样的试验面要完全浸在溶液液面下约 0.5～1cm。放置约 10min 后，从自然电位开始，以 20mV/min 电位扫描速度进行阳极极化，直到阳极电流达到 $500～1000\mu A/cm^2$ 为止。若由于装置方面的原因而无法采用 20mV/min 的条件时，可以用接近 20mV/min 的电位扫描速度进行。

⑤ 试验后，除去绝缘物，用 10 倍以上的放大镜检查有无缝隙腐蚀发生，若有发生，则舍去此测量值。

⑥ 每次试验要使用新的试样和试验溶液。

（3）试验结果

所得阳极极化曲线样图如图 9-23 所示，以阳极极化曲线上对应电流密度 $10\mu A/cm^2$ 或 $100\mu A/cm^2$ 的电位中最正的电位值来表示点蚀电位。

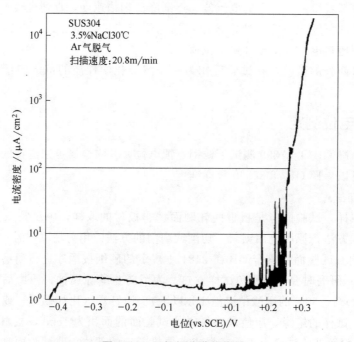

图 9-23　阳极极化曲线样图

参 考 文 献

［1］ 张允诚，胡如南，向荣. 电镀手册. 4版. 北京：国防工业出版社，2011.

［2］ Plieth W. 材料电化学. 北京：科学出版社，2008.

［3］ 沈品华. 现代电镀手册. 北京：机械工业出版社，2010.

［4］ 谢无极. 电镀工程师手册. 北京：化学工业出版社，2011.

［5］ 李荻. 电化学原理. 3版. 北京：北京航空航天大学出版社，2013.

［6］ 陈天玉. 不锈钢表面处理技术. 2版. 北京：化学工业出版社，2016.

［7］ 陈志民. 现代化学转化膜技术. 北京：机械工业出版社，2018.

［8］ 陈昌国，司玉军，余丹梅，刘渝萍等. AZ31镁合金在$MgSO_4$溶液中的电化学行为. 中国有色金属学报，2006，16（05）：781-785.

［9］ 舒余德，杨喜云. 现代电化学研究方法. 长沙：中南大学出版社，2015.

［10］ 朱家骅，叶世超，夏素兰. 化工原理. 北京：科学出版社，2006.

［11］ 王涛，朴香兰，朱慎林. 高等传递过程原理. 北京：化学工业出版社，2005.

［12］ 朱祖芳. 铝合金阳极氧化与表面处理技术. 北京：化学工业出版社，2016.

［13］ 宋仁国，孔福军，等. 微弧氧化技术与应用. 北京：科学出版社，2018.

［14］ 李惠友，罗德福，等. QPQ技术的原理与应用. 北京：机械工业出版社，2008.